T.コホネン 著

徳高平蔵／大藪又茂／堀尾恵一
藤村喜久郎／大北正昭…監修

自己組織化マップ

Self-Organizing Maps 改訂版

丸善出版

Translation from the English language edition:
Self-Organizing Maps by Teuvo Kohonen
Copyright © Springer-Verlag Berlin Heidelberg 1995, 1997, 2001
Springer is a part of Springer Science+Business Media
All Rights Reserved

第3版への序

本書の第2版が1997年の初めに出た後に,自己組織化マップに関して出版された科学論文の数はその頃の約1500から現在の約4000まで増大した.ニューラルネットワークの会議での沢山のSOMセッションは言うまでもないが,特にSOMだけに関する2つの特別に企画されたワークショップが組織された.このますます高まってゆく興味の観点から,本書をさらに改訂することは望ましいと思うようになった.それらは以下である.

統計的なパターン解析は,以前よりもより慎重に取り扱われている.統計学でよく出会う対称マトリックスの固有ベクトルと固有値の,より詳細な議論は1.1.3節でなされた:ファクターアナリシス(要素分析)のような新しい確率的な概念についてはまた,1.3.1節で議論した.古典的なパラダイムにSOMを関連づけるために,射影方法に関する文献調査(1.3.2節)を加えた.

現在,ベクトル量子化が1節全部を使って議論されている.また,コードブックベクトルの点密度の導入は,偏差を積分する方法で加えられた.これは,そうでなければ,複雑な統計的な解析に頼らなければならないところを読者により慣れ親しんでもらうためである.

また,ニューロモデルの考え方についての議論については,主な主題の,より広い見解を含むべきであると感じられた.2.2節での歴史をたどったレビュー,および2.3,2.5,および2.14節における一般的な考え方は,現在,特に新しくSOMを始める人達が現代のニューロモデルの大量の情報の中で彼ら自身をより正しく方向づけをするのを助けることが期待される.

3章の基本SOMの理論は,まず最初に3.1節の一般的で定性的な導入によって説明された.3章で議論する他の完全に新しい概念は,モデルベクトルの点密度(3.12節)とSOMのマップ化の解釈(3.16節)である.

4章は少しだけ改訂されている.

5章での新しい変形SOMの中で,記号列のSOM(そして,他の非ベクトル項目)は5.7節で議論された.そして,進化学習の方向でのSOMの一般化は5.9節でなされた.

6章では,LVQ1のバッチ計算の概念が追加されている.

7章においての大幅修正ではWEBSOM（大きい文書ファイルのSOM）の新バージョンを扱う．これによって，今までになされた最も広いANNの応用の1つ（すなわち700万の特許のアブストラクトのSOM）を実装することは可能であった．したがってマップ化されたテキストの量は百科辞典ブリタニカのそれの20倍である！

第3版に加えられた中で最もはっきりと見え，そして最も要求されていたものが新しい8章である．これは，我々が期待するソフトウェアツールに関して書かれており，実践家には有益であると考えられる．

しかし，第2版ですでに出版された以上の新しいSOMの応用の調査を拡張することは可能ではなかった．新しいハードウェアの実装は9章の終わりで議論されているが，10章での文献調査における主要な変更は，その再構築である：内容の分類と索引の付与は，第2版のものよりもっと論理的になっている．

初版への序文では，私は本書をまず読み始めた方々に本書の読み方を教えた．しかし，本書では節の番号が変わったので，SOMを始めるに当たっての短い入門コースとして以下の順に読まれることをお勧めする：2.2, 2.9, 2.10, 2.12, 3.1–3, 3.4.1, 3.5.1, 3.6, 3.7, 3.13, 3.14, 3.15, 6.1, 6.2（導き方は省略する），6.4–9, 7.1 そして 7.2．

再び，私は私の秘書，*Leila Koivisto* からこの改訂において再び多くの助けを得た；私は大変彼女に感謝している．ワープロ処理のいくつかの部分は *Mikko Katajamaa* 氏の世話になった．私は我々の大学の全ての若い同僚諸君によってなされた科学的な良い仕事から自然に便宜を得ている．

Samuel Kaski 博士は，親切にも彼によって編集された1.3.2節の内容を私が使うのを許可してくれた．

本書の全3版を書いた後で，私は，私にその保護の下でこの書き物を完成する許可を与えて頂いたことに対してフィンランドの科学アカデミーにもう一度私の感謝の気持ちを表したい．

2000年10月 エスポー，フィンランド　　　　　　　　　　　　　　　　T. コホネン

第2版への序

　本書の改訂第2版は，元々計画されていたよりもすぐに出版された．主な理由は，新しい重要な結果がちょうど得られたからである．
　ASSOM（適応-部分空間SOM）は，不変現象の特徴検出器が教師なし学習過程において現れる新しい構想である．その基本原理は初版ですでに導入されているけれども，第2版に書かれた動機づけと理論的な議論はより完全で，しっかりした結果も得られている．新しい材料が5.9節に付け加えられている．そして，この節はすっかり書き直されている．対応して，1.4節では一般的に適応-部分空間分類器を扱っており，この節はまた，ASSOMの原理の必要条件を構成している．このため，内容はまた拡張されて，すっかり書き直されている．
　別の新しいSOMの発展はWEBSOMである．これは，インターネットやWorld Wide Webで見つけられるような完全なテキストドキュメントの非常に大量の収集データの組織化のために意図された2層構造を持ったSOMである．初版が出た後にこのWEBSOM構造は発表された．考え方と得られた結果は大変に重要だと思えるので新しい7.8節が現在第2版に追加されている．
　新しい結果を含んでいる別の追加は3.15節である．そこでは，非常に大きいSOMの計算の高速化を記述している．
　また，7章はSOMの応用を扱っているが，その内容は拡張しなければならないと感じた．
　要約すると，1, 3, 5, 7, および9章は大幅に追加されたり改訂されたりしている．また，2, 4, 6, 8, および10章は初版とほとんど同じかそれらのテキストに2,3の小さい修正を施した．
　この改訂での編集では，私は*Marko Malmberg*氏から多くの助けを借りた．

1996年9月 エスポー，フィンランド　　　　　　　　　　　　　　　　T. コホネン

初版への序

　皆さんの手元にある本書は，私がシュプリンガー・フェアラークに書いた4番目の本である．"自己組織化と連想記憶"(Springer Series in Information Sciences, 第8巻)という題目の以前の本は1984年に出版された．それ以来，SOMやLVQと呼ばれる自己組織化ニューラルネットワーク・アルゴリズムは，9章で概評されている多くの仕事でわかるように非常に一般的になってきた．過去10年程の間に得られた新しい結果は，新しい本の出現を認めるようになってきた．これらの年月にわたって，私は多くの質問に答えてきた．その内容は，本書に影響を与えている．

　もし私を現在のSOM研究に導いた色々な場面や，新しい研究の各段階に横たわっている動機を最初に簡単に記述するなら，読者の興味を引き出し，本書を読む助けになるだろう．

　私は，1960年頃にニューラルネットワークに興味を持つようになったが，大学院での物理学の研究を中断するわけにはいかなかった．1965年にエレクトロニクスの教授に任命された後，大学での教授法を組織化するのに数年を要した．1968年から1969年に，私は，ワシントン大学で研究することになった．D. Gaborは，ちょうど，自己連想記憶の畳み込み相関モデルを発表した．私は，その方法には完全に正しくない何かがあることにすぐに気が付いた：容量が不十分で，本来のノイズやクロストーク(混信)は我慢ができない程であった．だから，1970年に私は自己連想相関行列記憶モデルを言い出した．ちょうど，同時期にJ. A. AndersonやK. Nakanoも同じモデルを発表した．

　相関行列メモリの実用的なパターン認識(像と音声)への応用の最初の試みは，いくらか失望するものであった．それから，1972年から1973年頃，私は問題を逆にしようと試みた：もし我々が対の入出力パターンを持っているなら，残余誤差が最小になる最適変換演算子とはどんなものであろうか？結果として出てきた数学的な解は最適な連想マップであった．そこには，因子として入力観測行列の*Moore-Penrose*の擬逆行列が導入されている．連想記憶としては，このマップは*J. Hopfield*によって議論されたネットワークの3倍の容量を持っている．しかし，自然なデータに対する認識精度は，非線形(多項式)前処理をおこなったときでさえ本質的には改良されていない！明らかに，我々の思考にはまだなお何か誤りがある：連想記憶とパターン認識

は，同じものではありえない．

　1976年から1977年に，私には新しい考えが浮かんだ．連想記憶の理論を扱っているとき，他の問題と共にいわゆる新奇性フィルタの仕事をしていた．これは適応直交射影演算子のことである．私は，パターンの全クラスを表すニューロンを考え出そうとしていた．そして，単にニューロンというよりも，むしろ新奇性フィルタとして記述できる相互干渉ニューロンの小さな集合について色々と考えを巡らしていた．もしそれがうまくいくと，格納された参照パターンの任意の線形結合は，自動的に同じクラス（または，多様体）に属することになるだろう．パターン認識の理論で知られている，いわゆる，線形部分空間の形式化は数学的には私の考えと等価であることがわかってきた．それから，私はさらに一歩進んだ：我々自身の実験によると，基本的な部分空間法はなおまだあまりにもクラス分け問題には不正確であるので，部分空間または，その基本ベクトルのある種の教師あり"訓練"を試みたらどうであろうか？まもなく，私は最初の教師あり競合学習アルゴリズムである学習部分空間法 (LSM) を発明した．この方法は，以前のものと比べてほぼ3倍以上の正確さで結果を出した！その欠点はスピードの遅いことである．しかし我々は，LSM の仕事を実時間で処理するために"ニューラルネットワーク"の計算に対処する早いコプロセッサ・ボードを開発した．我々は，最初の音声認識ハードウェア系をこの考えの下に製作した．このアルゴリズムは数年間使用された．我々の研究室での半ダースの博士論文は，この系を使ってなされたものである．

　自己組織化マップ (SOM) に関する我々の研究は，その基本的な考えを私のノートに 1976 年には書き留めていたけれども，1981 年の初め頃までは正式には始まっていなかった．私は，出力空間で隣接する位置に同じようなパターン（入力信号空間でお互いに近いパターン・ベクトル）を効果的にマップ化するアルゴリズムをちょうど欲していた．$Ch.v.d.Malsburg$ は，1973 年にその先駆的な結果を得ていた．しかし，私は彼の系の記述を一般化し，同時に最終的には簡単化したかった．我々は，簡単化された，しかし，同時に大変丈夫な SOM アルゴリズムを使って音素マップを含む多くの類似性（クラスタ化）図形を作った．1983 年に試験的に音声認識のために SOM を試みたとき，まず最初，LSM ですでに達成されているレベル以上の改良をすることはできなかった．それから 1984 年に私は再び教師あり学習について考えた．5.8 節に記述した教師あり SOM はこの問題を解決した．我々は，今までのところ一番良いアルゴリズムを開発した．

　1985 年から 1987 年に，我々の研究室は日本で最大の化学会社である $Asahi\ Chemical\ Co., Ltd$ との間に音声認識に関する共同プロジェクトを持って研究した．最初の段階で，私は（ちょうど 2,3 年早く始めていた研究に基づいた）2 つの新しいアルゴリズムを導入した：1 つは，学習ベクトル量子化 (LVQ) である．これは SOM を教師ありに改作したもので，特に統計的なパターン認識に適している．次は，動的に拡張している文脈 (DEC) である．この両方の方法は本書で記述されている．この後，多くの年月にわたってこれらの方法は我々の音声認識系の基礎を形成している．

多年にわたって，我々は SOM についての多くの他の実践的応用例を手がけた．これらのプロジェクトは，参考文献にあげている．

本書には，真新しいなおまだ出版していない結果，すなわち適応部分空間 SOM (ASSOM) も入れている．これは，古い学習部分空間法と自己組織化マップを結びつけたものである．ほとんどのニューラルネットワーク (ANN) アルゴリズムがなす以上の何かをおこなっている：このアルゴリズムは不変な特徴を検出する．例えば，基本的なパターンに対しての移動不変を達成するために "勝者が全てを取る" 関数は，根本的に修正されなければならない．5.9 節，5.10 節に記述された洗練された解は，一度で作り上げることはできない；これらの結果は，小さい修正をたくさん積み重ねた長い工程で得られるものである．"代表勝者" と "競合エピソード学習" の考えは，以前には思いついていなかった；これらの考えを使うと，一般的に知られているウェーブレットとガボール・フィルタ前処理は，今や，自動的に出現するようにすることができる．

本書には，555 個の関連ある用語や頭文字語よりなる小辞典と同様に，広範囲の数学的導入部をも含んでいる．文献の宝庫とも言える SOM に関して書かれた少なくとも 1500 もの論文があるので，読者を最新の結果へと導き，図書館での骨の折れる時間から開放するためにできるだけ多くの論文を調査し，本書に入れておくことは，また必要であると感じた．

しかしきわめて率直に言わせてもらうと，SOM や LVQ は可能性として大変に有効であるけれども，正しい方法でいつも使われてはいない．だから，立派なジャーナルで発表され，尊敬すべき科学者達の手になる，特に，ベンチマーク（性能評価）問題として報告された結果でさえもいつも正しいとは限らない．適当な方法で問題を解く前に，どの程度細かいことを考慮に入れなければならないかを指摘しておくことは必要であると感じている．また，以下の事実を強調しておこう：1) SOM は，統計的なパターン認識を意味してはいない；それは，クラスタ化，視覚化と抽象化の方法である．意思決定とクラス分け処理をおこないたい人達は，SOM の代わりに LVQ を使うべきである．2) 前処理を無視してはいけない．ANN アルゴリズムは，生材料（データ）を入力として一方から挿入し，結果が他方から出てくるようなソーセージ製造機ではない．どの問題も特徴変数には注意深い選択が必要である．この選択は今までのところほとんど手でおこなわれてきた．我々は，ちょうど今，ASSOM のような ANN モデルを使って自動化特徴抽出ができる幕開けのところにいる．3) 性能評価問題や実用問題では，極限的な精度ばかりではなく計算スピードもまた比較すべきである．精度において数パーセントの相対的な差というものは，実際上ほとんど気がつくことはできない．一方，実際の動作においてはスピードの小さい差というものは非常に目につくものなのである．

SOM を初めて読もうとしている読者にとっては，その理論的な議論をいささか難しいと感じるであろう：それらの内容はあまりにも洗練されており，なお，ほんの部分的な結果へしか導いてくれない．だから，以下に 3 人の著名なフランスの数学者，

M.Cottrell 教授，*J.-C.Fort* 教授 と *G. Pagès* 教授の言葉を引用しておこう："広範囲の使用例や多次元環境における色々と違った実行例にもかかわらず，コホネン・アルゴリズムは完全な数学的研究に驚くほど耐えている"．多分 SOM アルゴリズムは，"くせのある難しい" 問題のクラスに属しており，しかし数学的には多くの重要な問題を含んでいる．実際上，人々は，どんな形でも数学的な理論が存在する前に，長い間かかって，そしてまた，たとえ全く何も存在しなくても多くの方法を応用してきた．歩くということについて考えてみよう；もし重力や摩擦がないなら，我々は全く歩くことができないということを理論的には知っている．重力や摩擦があるので，我々も，地球上の他の動物も，地球を進行方向と反対に蹴ることによって歩くことができる．しかし，人々も動物も，この理論を知らなくても常に歩いている．

　本書は，先生につかなくても読めるように配慮されている．だから，これらの結果を実際に応用したい人々にとってのハンドブックとして役立つだろう．私は，読者が多くの問題や困難に遭遇し，そのとき，本書がその障害を取り除き手助けすることを楽しみにしている．

　本書は，大学の教科書として使うことができるか？答えは，イエスである．このことに関しては多くの努力が本書を通してなされており，だから，助けになりうるはずである．ニューラルネットワークのコースのための副読本として，特に役立つべきである．

　もし SOM に関しての，ほんの短い導入コースが企画されるなら，以下の節から教材をとるのがよい：すなわち，2.6 – 8, 2.12, 3.1, 3.2, 3.3.1, 3.4.1, 3.5, 3.9, 3.10, 3.11, 6.1, 6.2（そこでは，式 (6.6) の導出は飛ばしてもよい），6.4 – 7, 7.1，と 7.2 の各節である．これは，また，本書をさっと見るためのお勧めの順番にもなっている．

　SOM 全体に関する特別コースを計画している先生方には，以下のことを言っておきたい．もし生徒が，すでに，線形代数，ベクトル空間，行列，またはシステム理論についてのいくらかの予備知識があるなら，1 章を飛ばし，2 章から始め，本書の終わり（8 章）まで進むことができる．しかし，もし生徒が十分な数学的な背景を持っていないなら，アルゴリズムの応用においてのつまらない誤りを避けるために，1 章は注意深く読むべきである．行列の計算には，多くの落とし穴がある！

謝辞

　本書は，私の周りの多くの人々からの十分な援助がなければ，決して完成することはなかったであろう．まず最初に，*Mrs. Leila Koivisto* をあげる．彼女は非常に大きな仕事をした．つまり，私が書き上げた断片から，本書をすばらしいタイプ仕上げに変換し，非常なスタミナで数々の改訂，そして最後の割りつけまでおこなった．本書の見栄えの良さは，彼女に負っているところが非常に大きい．

　Jari Kangas 博士には，SOM や LVQ の広範囲の文献の整理を責任を持ってやって

いただいた．彼の努力で，本書には参考文献の章を設けることができた．

以下の人々には，多くのシミュレーションを作成するのを手助けしていただいたことで感謝したい．その一部は，また，研究論文や博士論文として出版されている．*Samuel Kaski* 氏は，生理学的 SOM モデルのシミュレーションをした．*Harri Lappalainen* 氏は，適応部分空間 SOM(ASSOM) の研究で私を助けた．

Ville Pulkki 氏は，SOM に関するハードウェアの実行例の研究結果を集めた．私は，彼のいくつかの説明図を使用した．私は，また，雲のクラス分類についての擬似カラー像を使った．これは，*Ari Visa* 博士がリーダの研究プロジェクトで得られたものである．いくつかの他の結果もまた，同様の敬意を払って利用させていただいた．

以下の人々は，言語処理で私を助けてくれた：*Taneli Harju* 氏，*Jussi Hynninen* 氏と *Mikko Kurimo* 氏である．

私はまた，*Bernard Soffer* 博士に感謝する．彼からは本書に対して価値あるコメントをいただいた．

フィンランド・アカデミーとヘルシンキ工科大学からの私のプロジェクトに与えられた寛大な援助によって私の研究は可能になった．

1994 年 12 月 エスポー，フィンランド　　　　　　　　　　　　　　　　T. コホネン

訳者前書き

　動くもの，動かないもの，そして，工学はもちろん，医学，農学，さらには社会科学の領域まであらゆる分野に応用できる脳の機能を模した視覚的情報処理の決定版．関係技術者，研究者，必携の書，これがこの本を一言で表した内容である．このように自己組織化マップ (SOM) の応用分野の広さには目を見張るものがある．私自身コホネン先生の自己組織化マップと出会い，そのとりこになり研究に没頭している．そして，以前の書である「自己組織化と連想記憶」がより工学的応用に基礎を置いた形で整理され，新たに「自己組織化マップ」として出版されることを知りその翻訳をかって出た次第である．

　以上が初版の訳を引き受けたときの訳者前書きの書き出しである．この考えは8年経った現在でも変わらない．SOM 研究者の数もますます増えている現況である．さて，初版が95年，その訳本が96年に出てから既に時間が経過している．その間，原著は2001年に初版を大改訂した3版が出版された．また，初版の訳本も増刷を重ねている．そして，昨年，また増刷の承諾を依頼されたのでここで，3版の翻訳を決意した．前回は鳥取大学のメンバーで遂行したが，わが国での SOM の研究者も増えていることから，毎年3月におこなっている SOM 研究会の発表メンバーを中心に翻訳業務を依頼した．また，出版社の強固なバックアップも得たので，非常にスムースに業務ははかどったと考えている．

　訳の各章担当は以下である：

　　1章　倉田 耕治
　　2章　徳高 平蔵，中塚 大輔
　　3章　大藪 又茂，徳高 平蔵
　　4章　内野 英治
　　5章　大北 正昭，堀尾 恵一，山川 烈
　　6章　藤村 喜久郎
　　7章　和久屋 寛
　　8章　伊藤 則夫
　　9章　加藤 聡
　　10章　堀尾 恵一，山川 烈
　　11章　徳高 平蔵

全体のチェック監修は，徳高，大藪，堀尾，藤村，大北の5人でおこなった．ここで

は，翻訳初期でのTEX編集態勢の構築，全章を通しての訳語の統一，出版社から直接指摘された訳内容の検討，図内の言葉の翻訳検討，索引の繰り返してのチェック，段落の原著との厳密な整合，微妙な訳内容の言い回し，いくつかの式のチェック等を含んでいる．なお，各章の校正は各章の翻訳担当者がそれぞれおこなった．

この3版の訳本の出版にあたっては翻訳を特に許可していただいたコホネン先生，Springer-Verlag社に厚く謝意を表します．また，本書の翻訳にあたった始めから適切なる指示と絶間ない励ましを下さり懇切丁寧に原稿の校閲をしていただいたシュプリンガー・フェアラーク東京株式会社の皆様に深く感謝致します．

最後にあたり本書は，訳者自身の浅学のため訳の適切でないところが出ているかも知れません．もしお気づきのところがありましたら章，該当ページ，問い合わせ内容をご記入の上，シュプリンガー・フェアラーク東京株式会社に直接お問い合わせ下さい（住所などは奥付をご参照ください．メールの場合はwebmaster@svt-ebs.co.jpへお送りください）．機会があれば検討して訂正，参考にさせていただきます．

2005年5月2日　　　　　　　　　　　　　　　　　　　訳者代表　徳高 平蔵

目 次

第1章 数学的準備 ... *1*
- 1.1 数学的概念と記法 ... *2*
  - 1.1.1 ベクトル空間に関する諸概念 ... *2*
  - 1.1.2 行列の表記 ... *9*
  - 1.1.3 行列の固有ベクトルと固有値 ... *12*
  - 1.1.4 行列の他の性質 ... *15*
  - 1.1.5 行列の微分計算について ... *17*
- 1.2 パターンの距離測度 ... *19*
  - 1.2.1 ベクトル空間における類似度と距離の測度 ... *19*
  - 1.2.2 記号列間の類似度と距離の測度 ... *23*
  - 1.2.3 非ベクトル変数の平均 ... *30*
- 1.3 統計的パターン解析 ... *32*
  - 1.3.1 基礎的な確率論の概念 ... *32*
  - 1.3.2 射影法 ... *36*
  - 1.3.3 教師あり分類 ... *41*
  - 1.3.4 教師なし分類 ... *47*
- 1.4 部分空間分類法 ... *49*
  - 1.4.1 基本部分空間法 ... *49*
  - 1.4.2 モデル部分空間の入力部分空間への適応 ... *52*
  - 1.4.3 学習部分空間法 ... *56*
- 1.5 ベクトル量子化 ... *61*
  - 1.5.1 定義 ... *61*
  - 1.5.2 VQアルゴリズムの導出 ... *62*
  - 1.5.3 VQの点密度 ... *65*
- 1.6 動的に拡張する文脈 ... *67*
  - 1.6.1 問題の設定 ... *67*
  - 1.6.2 文脈独立生成規則の自動決定 ... *69*
  - 1.6.3 衝突ビット ... *70*
  - 1.6.4 文脈依存生成規則のためのメモリの構築 ... *71*
  - 1.6.5 新しい記号列を修正するためのアルゴリズム ... *71*
  - 1.6.6 探索失敗のための推定手法 ... *72*
  - 1.6.7 実用的な実験 ... *72*

第2章 ニューロのモデル化 ... *74*
- 2.1 モデル，範例や方法 ... *74*
- 2.2 神経系のモデル化におけるいくつかの主流の歴史 ... *76*

2.3	人工知能での問題	79
2.4	生物学的神経系の複雑さについて	80
2.5	脳回路ではないところのもの	81
2.6	生物ニューラルネットワークと人工ニューラルネットワーク間の関係	83
2.7	脳のどんな機能が普通モデル化されるか？	84
2.8	どんなときに我々はニューラル・コンピューティングを使わなければならないのか？	85
2.9	変換，緩和や復号器	86
2.10	ANN の範疇	89
2.11	ニューロンの簡単な非線形動的モデル	91
2.12	ニューロモデルの発展の 3 つの段階	93
2.13	学習則	95
	2.13.1 ヘッブ (Hebb) の法則	95
	2.13.2 リッカチ (Riccati) 型学習則	96
	2.13.3 PCA 型学習則	99
2.14	ある実際に難しい問題	100
2.15	脳マップ	103

第 3 章 基本 SOM — 110

3.1	SOM の定性的な紹介	111
3.2	最初の漸進的な SOM アルゴリズム	114
3.3	"内積型 SOM"	120
3.4	位相保持マップ化のその他の予備的な例示	121
	3.4.1 入力空間における参照ベクトルの順序づけ	121
	3.4.2 出力空間での順序づけ応答の例示	125
3.5	自己組織化の基本的な数学的アプローチ	132
	3.5.1 1 次元の場合	133
	3.5.2 もう 1 つの 1 次元 SOM に対する順序づけの構成的な証明	138
3.6	バッチ・マップ	143
3.7	SOM アルゴリズムの初期化	148
3.8	"最適な"学習率係数について	148
3.9	近傍関数形の効果	151
3.10	SOM アルゴリズムは歪み測度から結果として発生するのか？	152
3.11	SOM 最適化の試み	154
3.12	モデルベクトルの点密度	158
	3.12.1 初期の研究	158
	3.12.2 有限 1 次元 SOM での点密度の数値解析的チェック	159
3.13	良いマップを構築するための実用的な助言	165
3.14	SOM によって得られたデータ解析の例	168
	3.14.1 全データ行列を持つ属性マップ	168
	3.14.2 不完全データ行列（欠けたデータ）を基にした属性マップの例："貧困マップ"	171
3.15	グレー・レベル（濃淡階調）を用いた SOM 中のクラスタ表示	172
3.16	SOM マップの説明	175
	3.16.1 "局所主成分"	175
	3.16.2 クラスタ構造への変数の寄与	176
3.17	SOM 計算の高速化	177
	3.17.1 勝者探索の近道	177
	3.17.2 SOM での単位ユニットの増加	179
	3.17.3 平滑化	181

	3.17.4 平滑化，格子成長，および SOM アルゴリズムの組み合わせ	182

第 4 章　SOM の生理学的解釈　　183
- 4.1 脳内における抽象的特徴マップの条件 183
- 4.2 2 つの異なった側方制御の仕組み 184
  - 4.2.1 側方活性制御に基づいた WTA 関数 185
  - 4.2.2 可塑性の側方制御 189
- 4.3 学習方程式 191
- 4.4 SOM のシステムモデルとそのシミュレーション 191
- 4.5 生理学的 SOM モデルの特徴の要約 194
- 4.6 脳マップと模擬特徴マップの類似性 194
  - 4.6.1 拡大 195
  - 4.6.2 不完全マップ 195
  - 4.6.3 重複マップ 195

第 5 章　色々な SOM　　196
- 5.1 基本 SOM を修正するための考え方の概要 196
- 5.2 適応テンソル荷重 200
- 5.3 探索における木構造 SOM 202
- 5.4 異なった近傍の定義 204
- 5.5 信号空間内の近傍 206
- 5.6 SOM に追加された動的要素 210
- 5.7 記号文字列のための SOM 211
  - 5.7.1 データ文字列に対する SOM の初期化 212
  - 5.7.2 記号列のバッチ・マップ 212
  - 5.7.3 タイ・ブレイク（均衡破壊）の規則 213
  - 5.7.4 簡単な例：音素録音の SOM 213
- 5.8 演算子マップ 214
- 5.9 進化学習 SOM 218
  - 5.9.1 進化学習フィルタ 218
  - 5.9.2 適合関数に従う自己組織化 218
- 5.10 教師あり SOM 221
- 5.11 適応部分空間 SOM (ASSOM) 223
  - 5.11.1 不変的な特徴の問題 223
  - 5.11.2 不変特徴と線形部分空間の関係 225
  - 5.11.3 ASSOM アルゴリズム 228
  - 5.11.4 確率論的な近似による ASSOM アルゴリズムの導出 233
  - 5.11.5 ASSOM の実験 234
- 5.12 フィードバック制御適応部分空間 SOM (FASSOM) 247

第 6 章　学習ベクトル量子化　　250
- 6.1 最適意思決定 250
- 6.2 LVQ1 252
- 6.3 最適化学習率 LVQ1(OLVQ1) 255
- 6.4 バッチ-LVQ1 256
- 6.5 記号列のためのバッチ LVQ1 257
- 6.6 LVQ2 (LVQ2.1) 258
- 6.7 LVQ3 258
- 6.8 LVQ1, LVQ2 と LVQ3 の違い 259
- 6.9 一般的な考察 259

- 6.10 ハイパー（超越）マップ型 LVQ 261
- 6.11 "LVQ-SOM" 267

第 7 章 応用 268

- 7.1 視覚的なパターンの前処理 269
  - 7.1.1 ぼかし 270
  - 7.1.2 全体的な特徴に関する展開 271
  - 7.1.3 スペクトル解析 272
  - 7.1.4 局所的な特徴に関する展開（ウェーブレット） 272
  - 7.1.5 視覚的なパターンの特徴の要約 273
- 7.2 音響的前処理 273
- 7.3 処理過程と機械装置の監視 274
  - 7.3.1 入力変数の選択とその尺度 275
  - 7.3.2 大規模システムの解析 275
- 7.4 発声音声の診断 279
- 7.5 連続音声の転写 280
- 7.6 テクスチャ解析 285
- 7.7 文脈マップ 287
  - 7.7.1 人工的に発生させた文節 287
  - 7.7.2 自然な文章 291
- 7.8 大規模文書ファイルの組織化 292
  - 7.8.1 文書の統計モデル 292
  - 7.8.2 投影法による非常に大きな WEBSOM マップの構成法 298
  - 7.8.3 全ての電子的な特許抄録のための WEBSOM 303
- 7.9 ロボット腕の制御 306
  - 7.9.1 入出力パラメータの同時学習 306
  - 7.9.2 別の単純なロボット腕の制御 310
- 7.10 電気通信 310
  - 7.10.1 量子化された信号に対する適応検出器 310
  - 7.10.2 適応的 QAM における通信路均一化 312
  - 7.10.3 1 組の SOM による耐誤差性の画像伝送 313
- 7.11 評価装置としての SOM 315
  - 7.11.1 対称的な（自己想起型）写像 315
  - 7.11.2 非対称的な（相互想起型）写像 316

第 8 章 SOM 用ソフトウェア 318

- 8.1 必要な要求 318
- 8.2 望ましい補助的な特徴 321
- 8.3 SOM プログラム・パッケージ 322
  - 8.3.1 SOM_PAK 323
  - 8.3.2 SOM Toolbox 324
  - 8.3.3 Nenet (Neural Networks Tool) 325
  - 8.3.4 Viscovery SOMine 326
- 8.4 SOM_PAK の使用例 327
  - 8.4.1 ファイル書式 327
  - 8.4.2 SOM_PAK 内のプログラムの種類 330
  - 8.4.3 典型的な学習順序 334
- 8.5 SOM の選択肢を持つニューラルネットワーク・ソフトウェア ... 335

第9章　SOM用ハードウェア　　337
9.1　アナログ・クラス分類回路　　338
9.2　高速ディジタル・クラス分類回路　　341
9.3　SOMのSIMDによる実装　　345
9.4　SOMのトランスピュータによる実行　　348
9.5　SOMのシストリック・アレイによる実行　　349
9.6　COKOSチップ　　351
9.7　TInMANNチップ　　351
9.8　NBISOM_25チップ　　353

第10章　SOM文献の総覧　　355
10.1　単行本やレビュー記事　　355
10.2　競合学習の初期の仕事　　356
10.3　数学的解析の状態　　357
10.3.1　ゼロ次の位相（古典的VQ）結果　　357
10.3.2　その他の位相マップ　　358
10.3.3　その他の構造　　358
10.3.4　機能的な変種　　359
10.3.5　基本SOMの理論　　360
10.4　学習ベクトル量子化　　367
10.5　SOMの多様な応用例の調査　　367
10.5.1　マシン・ビジョンと画像解析　　367
10.5.2　光学的文字と手書き文字の読み取り　　369
10.5.3　音声解析と認識　　369
10.5.4　音響研究と音楽の研究　　371
10.5.5　信号処理とレーダ測定　　371
10.5.6　テレコミュニケーション（遠距離通信）　　371
10.5.7　工業的および他の実世界測定　　372
10.5.8　プロセス制御　　372
10.5.9　ロボット工学　　373
10.5.10　電子回路設計　　373
10.5.11　物理学　　374
10.5.12　化学　　374
10.5.13　画像処理以外の生物医学的な応用　　374
10.5.14　神経生理学的研究　　375
10.5.15　データ処理と解析　　375
10.5.16　言語学とAI問題　　376
10.5.17　数学的また他の理論的な問題　　377
10.6　LVQの応用　　378
10.7　SOMとLVQの実現例の調査　　380

第11章　ニューロ用語の小辞典　　382

参考文献　　402

索　引　　461

第1章
数学的準備

　本書では，人工的なニューラルネットワークと生物学的なニューラルネットワークを取り扱う．これらのニューラルネットワークを定性的および定量的に記述するには，理論的（数学的）なモデル系を作らなければならない．複雑なシステムを構成する各要素が集まったとき生じる相互作用の性質を理解できなければ，認識作用の多くを解釈することはできない．

　パターンを構成する信号の値は，空間的，時間的に関係し合っている．これを扱うには，信号値間の相互関係を定量的に記述する数学的枠組みが必要となる．それには一般的なベクトルによる定式化が適している．また，ベクトル空間における操作は行列演算によってうまく表せる．まず1.1節ではこうした概念を導入する．

　パターン同士を比較するには，そのパターンがベクトルで表現されたものであろうとなかろうと，その表現間の距離や類似性を計る尺度が必要となる．1.2節ではそのための様々な標準的な尺度を概観する．

　探索的データ解析とは，単純で，普通は可視化された概観をデータの集合に対して作成するための方法である．そのような概観は様々な射影法を使って作れる場合が多い．これについては1.3.2節で議論する．

　自然界の観測データの同定と分類は，そのデータの統計的な性質によっておこなうことができる．したがって，パターンの出現確率を考慮した確率的決定と検出の理論の古典的な枠組みは，より高度な理論のための出発点として役立つと思われる．統計的な意思決定法と推定法は，1.3.3節から1.3.4節で議論する．その分野（5.11, 5.12節）におけるごく最近のニューラルネットワーク・アルゴリズムの基礎となっている新しい方法は部分空間分類法である．これは1.4節で論ずる．

　本書が主として扱うのは自己組織化マップ(Self-Organizing Map, SOM)であるが，これはベクトル量子化(Vector Quantization, VQ)と関係がある．ベクトル量子化は1.5節で導入する．

　ニューラルネットワーク理論は高次の記号規則（シンボリック・ルール）を扱うことができる．そして1.6節で導入される"学習文法"を使えば，構造を持つ記号（シン

ボル）系列を，その本質を捉えて非常にうまくマップ化することができる．

このように，本章では主に，後で議論するニューラルネットワーク理論で使うはずの様々な方法について述べている．本書と並行して読むべき数学の参考書を1冊だけ推薦することは難しい．おそらく，Albert [1.1] と Lewis and Odell [1.2] が役に立つはずである．

1.1 数学的概念と記法
1.1.1 ベクトル空間に関する諸概念
表現ベクトル

特に，情報処理の物理学的理論においては，時間的または空間的に隣り合った1つながりの信号の値はパターンをなすと考えられる．これは順序づけられた実数の集合と見なすことができる．パターン解析やパターン認識の理論で開発された方法を実行する場合，そのような集合は表現ベクトルを用いて記述される．これは平面や立体の幾何学におけるベクトルの一般化である．別々に定義されてはいるが，何らかの相互関係のある n 個の実数値 $\xi_1, \xi_2, \ldots, \xi_n$ があるとすると，これらの数は n 次元空間の座標と見なすことができる．この空間を R^n と書く．これは全ての可能な n 個の実数の組のなす集合である．そのひとつひとつの実数は区間 $(-\infty, +\infty)$ から取ってくることができる．（スカラは $\Re^1 = \Re$ の中にあることに注意すること．）特に指定しない限り，スカラはギリシア文字の小文字で書き，ベクトルはイタリックの小文字で書く．行列（1.1.2節）とスカラ値の汎関数はイタリックの大文字で書く．ベクトル x は $\Re^n$ の中の1点であり（$x \in \Re^n$ と表す），その座標は $(\xi_1, \xi_2, \ldots, \xi_n)$ である．ベクトルを目に見えるように思い浮かべるには（これは高次元の場合は難しいことだが），原点からその点までの，向きの付いた線分を想像すればよい．しかし，自動的におこなわれる情報処理の過程では，ベクトルは単なる1並びの数字として取り扱われる．

光学的なパターンを表す表現ベクトルを考えてみよう．そのようなパターンは普通，モザイクのような"画素"（ピクセル）の集まりであり，どの画素にも数値が与えられている．画素の添え字は好きな順に付けておけばよい．図1.1 に3種類の異なる添え字の付け方を示した．

そのどれにおいても，形式的な表現ベクトルは $(\xi_1, \xi_2, \ldots, \xi_9)$ の形をしている．元々の画像は2次元だが，この表現ベクトルは1次元に並んだ数字の列であることに注意してほしい．

線形ベクトル空間

解析のため，ベクトル空間を定義する必要がある．（実数体上の）線形ベクトル空間 $\mathcal{V}$ とは次のような条件を満たす要素つまりベクトルの集合である．すなわち，ベクトル間の加法 (+) とスカラ倍 (·) という演算が定義され，以下の条件が成立しなければならない：もし，$x, y, z \in \mathcal{V}$ がベクトルで，$\alpha, \beta \in \Re$ がスカラならば，

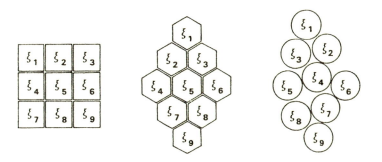

図 **1.1**: パターン・"ベクトル" の例

A1) $x + y = y + x \in \mathcal{V}$ （交換律）
A2) $\alpha \cdot (x + y) = \alpha \cdot x + \alpha \cdot y \in \mathcal{V}$ ⎫
A3) $(\alpha + \beta) \cdot x = \alpha \cdot x + \beta \cdot x$ ⎭ （分配律）
A4) $(x + y) + z = x + (y + z)$ ⎫
A5) $(\alpha \cdot \beta) \cdot x = \alpha \cdot (\beta \cdot x)$ ⎭ （結合律）
A6) ゼロベクトル 0 が存在し，
　　任意の $x \in \mathcal{V}$ に対し $x + 0 = x$ が成り立つ．
A7) スカラ 0 と 1 に対し，$0 \cdot x = 0$ であり，$1 \cdot x = x$ である．

$\mathcal{V}$ の1例は $\Re^n$ である．そのとき，2つのベクトルの和は，その2つのベクトルのそれぞれの要素の和を要素とするベクトルとして定義される．スカラ倍は，ベクトルの全ての要素にそのスカラをかける演算である．（簡単のため，スカラ倍を表す点 $\cdot$ は省略してよい．）

内積とドット積

内積とは2つの引数を持つスカラ値関数 (x, y) のことである．内積はある種の幾何学的な演算を解析的に簡単に記述するために導入された．内積の非常に重要な定義の1つは，ベクトル $x = (\xi_1, \ldots, \xi_n)$ と $y = (\eta_i, \ldots, \eta_n)$ に対し，それらのスカラ積

$$(x, y) = \xi_1 \eta_1 + \xi_2 \eta_2 + \ldots + \xi_n \eta_n \tag{1.1}$$

として与えられるものである．そして，これ以外の定義が特に書いていない限り，内積はこの式によって与えるものと仮定する．このスカラ積は "ドット積" とも呼ばれ，$x \cdot y$ とも書き表す．しかし注意しなければならないのは，内積には無限に多くの定義が可能だということである．例えば，式 (1.1) の中のベクトルの各要素に異なる重み

づけしたり，各要素の異なるベキを使って，関数 (x,y) に導入することがある．注1

一般的に，ある集合に属する2つの要素 x と y の内積は，慣例により以下の性質を満たさねばならない．要素間の加法と要素のスカラ倍が定義されているとしよう．一般的な内積を (x,y) と表すとき，以下の条件が成り立たねばならない．

B1) $(x,y) = (y,x)$
B2) $(\alpha x, y) = \alpha(x,y)$
B3) $(x_1 + x_2, y) = (x_1, y) + (x_2, y)$
B4) $(x,x) \geq 0$，ここで等号成立は x が 0 要素であるときのみ．

距離

観測可能なベクトルは通常，距離を持つ空間の中で表現されるべきである．距離を持つ空間は，任意の2つの要素の間の距離と呼ばれる新たな関数によって特徴づけられる．この関数は $d(x,y)$ と書き表される．距離関数を選ぶ場合は，次の条件を満たすようにしなければならない：

C1) $d(x,y) \geq 0$，ここで等号成立は $x = y$ であるときのみ．
C2) $d(x,y) = d(y,x)$
C3) $d(x,y) \leq d(x,z) + d(z,y)$.

距離の例として，直交座標系におけるユークリッド距離 $d_E(x,y)$ がある．本書ではほとんどこれを使う：ユークリッド距離の定義は，ベクトル $x = (\xi_1, \ldots, \xi_n)$ と $y = (\eta_1, \ldots, \eta_n)$ に対し，

$$d_E(x,y) = \sqrt{(\xi_1 - \eta_1)^2 + (\xi_2 - \eta_2)^2 + \ldots + (\xi_n - \eta_n)^2} \qquad (1.2)$$

である．

もう1つの距離の例はハミング距離である．これは最も簡単な場合，2値ベクトルに対して定義される；2値ベクトルとは，その要素が 0 または 1 であるようなベクトルのことである．ハミング距離は，2つのベクトルが何ヶ所で（何個の要素において）異なっているかを数えたものである．ハミング距離に関しても C1) から C3) までの規則は明らかに成り立つ．

ノルム

ベクトルの長さは色々な方法で定義することができる．そうした定義にはノルムという名前が用いられる．一般に，要素に対するスカラ倍，要素間の加法，そしてゼロ

注1 訳注：実際には，内積の定義の各要素のベキ数として 1 以外の数が用いられることはない．1 乗以外のベキを用いると一般的な内積の性質の B2) や B3) を満たさなくなるからである．これに対し，後で述べるノルムの定義では 2 以外のベキが用いられる場合がしばしばある．

要素が定義された集合に対してノルムは定義される．ノルムは要素 x の関数 $\|x\|$ で，以下の条件を満たすものである：

D1) $\|x\| \geq 0$，ここで等号成立は x がゼロ要素であるときのみ
D2) $\|\alpha x\| = |\alpha|\,\|x\|$ ここで $|\alpha|$ は α の絶対値
D3) $\|x_1 + x_2\| \leq \|x_1\| + \|x_2\|$．

ユークリッド・ノルムはスカラ積を使って次のように定義される．

$$\|x\|_E = \underset{+}{\sqrt{(x,x)}} = \underset{+}{\sqrt{\xi_1^2 + \xi_2^2 + \ldots + \xi_n^2}}. \tag{1.3}$$

これ以後，$\|\cdot\|$ と書いたときは常にユークリッド・ノルムを意味するものとする．ユークリッド距離 $d_E(x,y)$ はユークリッド・ノルム $\|x-y\|$ に等しいことに注意してほしい．ユークリッド距離とユークリッド・ノルムが定義された空間をユークリッド空間と呼ぶ．ユークリッド空間に属するベクトルをユークリッド・ベクトルと呼ぶ．

角度と直交性

通常の角度の概念は，そのまま高次元空間に一般化できる．2つのユークリッド・ベクトル x と y のなす角度は

$$\cos\theta = \frac{(x,y)}{\|x\|\,\|y\|} \tag{1.4}$$

と定義される．

これに従って，2つのベクトルはその内積が 0 であるとき，直交するといい，$x \perp y$ と書く．

線形多様体

ベクトル，$x_1, x_2, \ldots, x_k$ は，それらの荷重和すなわち線形結合

$$\alpha_1 x_1 + \alpha_2 x_2 + \ldots + \alpha_k x_k \tag{1.5}$$

が，$\alpha_1 = \alpha_2 = \ldots = \alpha_k = 0$ のとき以外は 0 となりえないとき，線形独立であると言う．したがって，その全てが 0 ではないような係数 α を選んで，式 (1.5) を 0 にできるなら，それらのベクトルは線形従属である．このとき，それらのベクトルのうちのあるものは，それ以外のベクトルの線形結合で表すことができる．線形従属の例は 3 次元空間 $\Re^3$ の中に描くことができる：3 本以上のベクトルは，それらが原点を通る 1 枚の平面上に乗っているなら線形従属である．なぜなら，各々のベクトルはそれ以外のベクトルの荷重和で表せるからである（図 1.2 の破線でその構成を示した）．

ベクトル，$x_1, x_2, \ldots, x_k$ の全ての可能な線形結合を考えよう．k はベクトルの次元 n 以下とする；その線形結合の集合は，係数 α が区間 $(-\infty, +\infty)$ の全ての実数値をとるとき得られるものである．この全ての線形結合の集合は $\Re^n$ の線形部分空間と呼

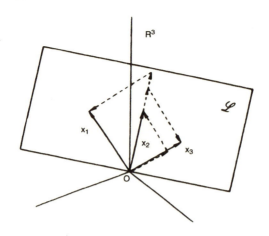

図 **1.2**：線形従属の例

ばれ，$\mathcal{L}$ で表される．$\Re^3$ 内の原点を通る平面や直線は，線形部分空間の例である．高次元空間において非常に重要な部分空間は，$n-1$ 本の線形独立なベクトルによって定義される超平面である．この超平面は $\Re^n$ を 2 つの半空間に分割する．$\Re^n$ 自身も含め，全ての線形部分空間は**線形多様体**という名前で呼ばれることがあり，線形多様体を定義したベクトルの集合はその多様体を張ると言う．上記の k 本のベクトルが線形独立であるとき，それらのベクトルの張る多様体は k 次元であることに注意してほしい．このとき，ベクトル，$x_1, x_2, \ldots, x_k$ は $\mathcal{L}$ の**基底ベクトル**と呼ばれる．

直交空間

あるベクトルが部分空間 $\mathcal{L}$ 内の全てのベクトルに直交するとき，そのベクトルは $\mathcal{L}$ に直交するという（$x \perp \mathcal{L}$ と略記する）．部分空間 $\mathcal{L}_1$ の任意のベクトルが部分空間 $\mathcal{L}_2$ の任意のベクトルに対して直交するとき，2 つの部分空間 $\mathcal{L}_1$ と $\mathcal{L}_2$ は互いに直交すると言う（$\mathcal{L}_1 \perp \mathcal{L}_2$）．$\Re^3$ 内の直交する多様体の 1 例は，直交座標系の 1 本の座標軸と，他の 2 本の座標軸が張る平面である．

直交射影

$\mathcal{L}$ が $\Re^n$ 内の部分空間であるとき，任意のベクトル $x \in \Re^n$ は，$\mathcal{L}$ に属するベクトル $\hat{x}$ と $\mathcal{L}$ に直交するベクトル $\tilde{x}$ の 2 つの和に，ただ 1 つのやり方で分解できるということを以下に示す．

仮に 2 つの分解が存在したと仮定する．

$$x = \hat{y} + \tilde{y} = \hat{z} + \tilde{z}. \tag{1.6}$$

ここで，$\hat{y}$ と $\hat{z}$ は $\mathcal{L}$ に属し，$\tilde{y} \perp \mathcal{L}, \tilde{z} \perp \mathcal{L}$ である．すると $\tilde{z} - \tilde{y} \perp \mathcal{L}$, しかし $\tilde{z} - \tilde{y} = \hat{y} - \hat{z}$ だから $\tilde{z} - \tilde{y} \in \mathcal{L}$. したがって，$\tilde{z} - \tilde{y}$ はそれ自身に直交することが示

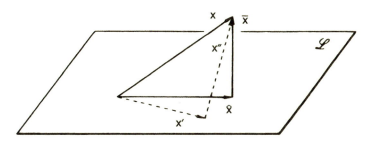

図 1.3：$\Re^3$ 内の直交射影

された．すなわち，$(\tilde{z}-\tilde{y},\tilde{z}-\tilde{y})=0$．これは $\tilde{z}=\tilde{y}$ のとき以外は決して成立しない．これで分解が一意であることが証明された．

分解の存在の証明は直交基底の概念が導入されるまでおこなわない．ここではとりあえず，分解が存在すると仮定しておこう．

$$x = \hat{x} + \tilde{x}, \quad \text{ここで} \quad \hat{x} \in \mathcal{L} \quad \text{そして} \quad \tilde{x} \perp \mathcal{L}. \tag{1.7}$$

ここで，$\hat{x}$ を x の $\mathcal{L}$ への**直交射影**と呼ぶ；ここではまた部分空間 $\mathcal{L}^\perp$ を導入しておくと役に立つ．これは $\mathcal{L}$ の**直交補空間**と名づけられている；これは $\mathcal{L}$ に直交する $\Re^n$ の全てのベクトルからなる集合である．$\tilde{x}$ は x の $\mathcal{L}^\perp$ 上への直交射影と呼ばれる．直交射影は，本書で議論される部分空間分類器と適応部分空間 SOM の基礎として非常に重要である．

定理 1.1.1 $x = x' + x''$（ただし，$x' \in \mathcal{L}$）の形の全ての分解の中で，直交射影による分解は $||x''||$ が最小であるという性質を持つ．

この定理を証明するには，$||x'||^2 = (x',x')$ という定義と $\hat{x}-x' \in \mathcal{L}, x-\hat{x} = \tilde{x} \perp \mathcal{L}$，したがって $(\hat{x}-x', x-\hat{x}) = 0$ という事実を使う．すると，次のように展開できる．

$$||x-x'||^2 = (x-\hat{x}+\hat{x}-x', x-\hat{x}+\hat{x}-x') = ||x-\hat{x}||^2 + ||\hat{x}-x'||^2. \tag{1.8}$$

ノルムの2乗は常に0または正だから，次のように書ける．

$$||x-x'||^2 \geq ||x-\hat{x}||^2. \tag{1.9}$$

これより直ちに $x'' = x - x'$ は $x' = \hat{x}$ のときノルム最小となることがわかる．このとき $x'' = \tilde{x}$ である．■

3次元空間内の直交射影を図 1.3 に示した．

グラム・シュミットの直交化法

直交射影を計算するためと，任意のベクトルが前に議論したように一意に分解されることを証明するため，グラム・シュミットの直交化法という名前の古典的な方法を

使うことができる．この方法の本来の目的は，任意の線形空間 $\Re^k$ の直交ベクトル基底を構成すること，つまり，互いに直交していて，$\Re^k$ を張る基底ベクトルの集合を見つけることである．

はじめに，$\Re^k$ を張ることのできる 0 でないベクトル $x_1, x_2, \ldots, x_p$，$p \geq k$，を考えよう．基底ベクトルは 1 つの方向は自由に選べるので，慣習に従って新しい基底ベクトルの 1 番目として，$h_1 = x_1$ を選ぶことにする．x_2 が x_1 と同じ方向を向いてない限り，次のベクトルが $h_1 = x_1$ と直交することを示すのは容易である（まだ正規化されてはいない）；

$$h_2 = x_2 - \frac{(x_2, h_1)}{\|h_1\|^2} h_1 \tag{1.10}$$

なぜなら，(h_2, h_1) を計算すると 0 になるからである．したがって，この h_2 を 2 番目の基底ベクトルとして採用する．もし，x_2 が x_1 と同じ方向を向いていたら，x_2 は x_2 で表すことができるので，これは無視して捨ててよい．ここで，次の再帰的な規則で次々と構成されるベクトルの系列 $\{h_i\}$ を考えよう．

$$h_i = x_i - \sum_{j=1}^{i-1} \frac{(x_i, h_j)}{\|h_j\|^2} h_j . \tag{1.11}$$

ここで，j についての和は，ゼロでない h_j 項のみでおこなう．このようにしてベクトル h_i の集合が得られる．全ての h_i が相互に直交することを証明するために，数学的帰納法を使うことができる．今，式 (1.11) の規則が $i-1$ まで正しいと仮定する．すなわち，$h_1, h_2, \ldots, h_{i-1}$ は相互に直交している．つまり，全ての $q < i$ と，ゼロでない h_j, h_q に関して $(h_j, h_q) = \|h_j\| \cdot \|h_q\| \cdot \delta_{jq}$ となる．ここで，δ_{jq} はクロネッカのデルタ（$j = q$ のとき 1 で，$j \neq q$ のとき 0 になる）である．これを代入して計算することにより以下の結果が得られる．

$$(h_i, h_q) = \begin{cases} (x_i, h_q) - (x_i, h_q) = 0 & \text{もし } h_q \neq 0 \text{ なら}, \\ (x_i, h_q) = 0 & \text{もし } h_q = 0 \text{ なら}. \end{cases} \tag{1.12}$$

だから，この直交化法は i までは正しい．こうして一般に正しいと言える．

h のベクトル群が作られる方法から，$h_1, \ldots, h_i$ は $x_1, \ldots, x_i$ が張るのと正確に同じ空間を張るという結論が直ちに得られる．k 個の線形独立なベクトルが存在するのがわかっているベクトル $x_1, x_2, \ldots, x_p$ に対して，上記の直交化処理を進めるとき，空間 $\Re^k$ は正確に張られるであろう．

もし空間 $\Re^k$ に属するかもしれないし属さないかもしれないまた別のベクトル $x \in \Re^n$ を，その直交射影の $\hat{x} \in \Re^k$ と，$\tilde{x} \perp \Re^k$ に分解したいなら，グラム・シュミットの処理をさらに 1 歩進めて，$\tilde{x} = h_{p+1}$，$\hat{x} = x - h_{p+1}$ が得られる．

以上の処理は常に可能であり，すでに分解は一意であると示しているので，以下の **分解定理** が表現できる．

定理 1.1.2 任意のベクトル $x \in \Re^n$ は，1 つは $\Re^n$ の部分空間 $\mathcal{L}$ の中にあり，他は

それと直交する 2 つのベクトルに一意に分解することができる．

1.1.2 行列の表記
行列，行列の和と行列の積

　行列の概念は一般に知られている．行列は，形式的には 1 対の添え字がついて並べられた数，つまりスカラ変数の順序づけされた集合であることを指摘しておく必要がある．もし添え字 k が $(1, 2, \ldots, p)$ の範囲で動き，l が範囲 $(1, 2, \ldots, q)$ で，そして m が $(1, 2, \ldots, r)$ の範囲にあるなら，以下の要素 α_{kl} と β_{lm} が並んだ集合を行列と呼んでよい．(同じ次元の) 2 つの行列の和とは，結果となる行列のどの要素も，それぞれ対応する行列の要素の和になっている行列のことである．集合 $A = (\alpha_{kl})$ と $B = (\beta_{lm})$ の行列の積は，次の式で定義される．

$$AB = C. \tag{1.13}$$

ここで C は，以下の式で定義された要素を並べたもう 1 つの集合 (γ_{km}) である．

$$\gamma_{km} = \sum_{l=1}^{q} \alpha_{kl} \beta_{lm}. \tag{1.14}$$

　行列の積の定義は，線形変換を記述するために導入された．結果として連続した変換は演算子の積で表される．行列は，線形演算子と見なされる．

　行列の積は，上の例の添え字 l のように範囲が共通である添え字の対に関してのみ定義される．スカラと行列の積は，行列の全ての要素にそのスカラをかけることによって定義される．

行列の配列表現

　見やすくするために，行列は数の矩形配列で表現できる．以下では，実数で構成される行列のみを考える．行列の次元数は，行と列の数の積によって表す；例えば，$m \times n$ 行列は，m（水平）行と n（垂直）列を持つ．行列は，大文字のイタリック体で表示する．そして，行列を要素を使って書くときには，配列の両側を角括弧（大括弧）でくくる．

　行列の転置は，全ての列を行として書き直すことによって得られる．そのとき，記号 X^{T} を X の転置を表すために使う．例えば以下のように表す．

$$X = \begin{bmatrix} 1 & 5 \\ 2 & 1 \\ 3 & 3 \end{bmatrix}, \quad X^{\mathrm{T}} = \begin{bmatrix} 1 & 2 & 3 \\ 5 & 1 & 3 \end{bmatrix}. \tag{1.15}$$

行ベクトルと列ベクトル

　1 行の行列と 1 列の行列は，1 列の数の並びであるので，それら行列は，それぞれ，行ベクトルと列ベクトルと呼ばれ，ベクトルと見なされる．そのようなベクトルは，普

通小文字のイタリック体で書かれる．

行列とベクトルの積

行列 $A = (\alpha_{kl})$ と，4つのベクトル $b = (\beta_k)$, $c = (\gamma_l)$, $d = (\delta_l)$, と $e = (\varepsilon_k)$ を考える．ここで k は $(1, 2, \ldots, p)$ ，そして l は $(1, 2, \ldots, q)$ の範囲でそれぞれ動くことにする．ここで b と c は行ベクトル，d と e は列ベクトルである．すると，以下の行列とベクトルの積が定義される：

$$c = bA, \quad ここで \quad \gamma_l = \sum_{k=1}^{p} \beta_k \alpha_{kl},$$

$$e = Ad, \quad ここで \quad \varepsilon_k = \sum_{l=1}^{q} \alpha_{kl} \delta_l. \tag{1.16}$$

ここでも，添え字の一致していることに注意する．

行列とベクトルの積では，行ベクトルは常に左側に置き，列ベクトルは右側に置く．後の方でより明らかになる理由から，パターンの表現は，普通，列ベクトルと見なされている．より明確にするために，列ベクトルは，普通，x のように簡単に小文字で表す．一方，列ベクトルは，x^{T} として転置記号で書かれている．文章の中では組版の理由で，列ベクトルは，普通，$[\xi_1, \xi_2, \ldots, \xi_n]^{\mathrm{T}}$ と書かれる．このとき，コンマははっきり表示するために使用する．したがって行ベクトルは，$[\xi_1 \xi_2 \ldots \xi_n]$ のようになる．

線形変換

行列を導入する主な理由は，連続しておこなう線形変換を演算子の積に変換するためである．ベクトル x のベクトル y への変換は，一般に関数 $y = T(x)$ の形で示される．T が線形変換だと言うためには，$x_1, x_2 \in \Re^n$ に関して成り立つ以下の関係が必要十分条件となる．

$$T(\alpha x_1 + \beta x_2) = \alpha T(x_1) + \beta T(x_2). \tag{1.17}$$

ベクトル $x = [\xi_1, \xi_2, \ldots, \xi_n]^{\mathrm{T}}$ の，ベクトル $y = [\eta_1, \eta_2, \ldots, \eta_m]^{\mathrm{T}}$ への一般的な線形変換は，以下のように要素の形で表すことができる．

$$\eta_i = \sum_{j=1}^{n} \alpha_{ij} \xi_j \ , i = 1, 2, \ldots, m. \tag{1.18}$$

式 (1.18) は，また，行列とベクトルの積として記号的に表すことができる．もし A が変換を定義しているパラメータ (α_{ij}) を並べた集合であるなら，上の定義から以下の関係が得られる．

$$y = Ax. \tag{1.19}$$

この行列とベクトルの積の表記を使うことによって，推移演算子による連続しておこなう変換の記述が可能になる：つまり，もし $y = Ax$ で $z = By$ なら，$z = BAx$

になる.

対称，対角と単位行列

転置したとき，その行列が同じで変わらないなら，この行列を対称行列と呼ぶ．すなわち，行列が主対角線に対して対称である．このとき，行列は，また，正方行列でなければならない．もし主対角線を除いて他の要素が全て 0 であるなら，この正方行列を対角行列と呼ぶ．対角行列の全ての対角要素が 1 であるなら，この対角行列を単位行列と呼び，記号 I で表す．

行列の分割

時には特別な意味を持つ行または列から長方形の行列を作り出すことが必要である：例えば，いわゆる**観測行列** X において，表現ベクトル $x_1, x_2, \ldots, x_n$ は列として現れる．観測行列は，このとき（コンマを取って）$X = [x_1 x_2 \ldots x_n]$ と書くことができる．

行列は，また，長方形の部分行列に分割できる．分割された行列を転置するとき，その部分行列は普通の行列におけるスカラのようにその位置を変え，その後，それぞれの部分行列が転置される：

$$\begin{bmatrix} A & B \\ C & D \end{bmatrix}^{\mathrm{T}} = \begin{bmatrix} A^{\mathrm{T}} & C^{\mathrm{T}} \\ B^{\mathrm{T}} & D^{\mathrm{T}} \end{bmatrix}. \tag{1.20}$$

分割された行列の積をおこなう場合，部分行列を普通の行列の積における要素と同じ規則に従って計算すればよい．このとき部分行列は，行列の積が定義される次元数を持たなければならない．例えば以下のように書ける．

$$\begin{bmatrix} A & B \\ C & D \end{bmatrix} \begin{bmatrix} E \\ F \end{bmatrix} = \begin{bmatrix} AE + BF \\ CE + DF \end{bmatrix}. \tag{1.21}$$

コメント

実数の $m \times n$ 行列は，実空間 $\Re^{m \times n}$ の要素と見なすことができる．

行列演算のためのいくつかの公式

一般に，行列の積は可換ではない．しかし，以下の公式に示すように，結合律と分配律は成立する．これらは，要素の形で書けば証明可能である：

E1) $IA = AI = A$
E2) $(AB)C = A(BC)$
E3) $A(B + C) = AB + AC$
E4) $(A^{\mathrm{T}})^{\mathrm{T}} = A$
E5) $(A + B)^{\mathrm{T}} = A^{\mathrm{T}} + B^{\mathrm{T}}$
E6) $(AB)^{\mathrm{T}} = B^{\mathrm{T}} A^{\mathrm{T}}$.

2つの行列の積においては，左側の行列の列の数と右側の行列の行の数は，常に同じでなければならないことに注意しておく必要がある．そうでないと，全ての添え字にわたっての積和演算は定義できなくなり計算できない．

1.1.3 行列の固有ベクトルと固有値

以下の形式のベクトル方程式を考えてみる．

$$Ax = \lambda x. \tag{1.22}$$

ここで A は，次元数 $n \times n$ の正方行列であり，λ はスカラである；x に対するどの解も A の固有ベクトルと呼ばれる．その要素の相対的大きさに対応して決まる固有ベクトルの"方向"は，A を乗じても変わらないことに注意する．また，式 (1.22) は同次方程式であることにも注意してほしい：したがって，これを解いても x の要素間の比を決めることができるだけである．

一般の行列に対して固有ベクトルを構成する方法は，多くの行列代数の教科書に載っているが，ここでは省略する．その代わり以下では，A が対称である場合を議論する；その結果は本書で必要である．

固有ベクトルを求めるより，それに対応する λ の値を求める方がはるかに簡単である．λ は A の固有値と呼ばれる．正方行列 M の要素で形成される行列式を $|M|$ の記号で表す．もし $(A - \lambda I)x = 0$ が自明な解である $x = 0$ 以外の解を持つなら，線形連立方程式ではよく知られた以下の条件が得られる．

$$|A - \lambda I| = 0. \tag{1.23}$$

行列式は，明らかに λ のベキ乗の項を使って書くことができる．そして，式 (1.23) は以下の形を持たなければならない．

$$\lambda^n + \gamma_1 \lambda^{n-1} + \ldots + \gamma_n = 0. \tag{1.24}$$

ここで $\gamma_i, i = 1, n$ は行列 A の要素に依存するパラメータである．この多項式は A の固有方程式と呼ばれ，n 個の根 $\lambda_1, \lambda_2, \ldots, \lambda_n$ を持つ．そのいくつかは等しいかもしれない．これらの根は A の固有値である．

行列 A のスペクトル半径は，$\rho(A) = \max_i\{\lambda_i(A)\}$ と定義する．ここで，$\lambda_i(A)$ は A の固有値である．

次に，実対称行列のある重要な性質を示す．

定理 1.1.3 ある実対称行列の異なる固有値に対応する 2 つの固有ベクトルは直交する．

この定理を証明するため，実対称行列の C の 2 つの固有ベクトルを u_k と u_l とおき，それぞれが固有値 λ_k と λ_l に対応するものとする．すると，

$$Cu_k = \lambda_k u_k, \tag{1.25}$$

$$Cu_l = \lambda_l u_l \tag{1.26}$$

が成り立つ．

C が対称であることを考慮して式 (1.25) の両辺を転置すると，

$$u_k^T C = \lambda_k u_k^T \tag{1.27}$$

を得る．式 (1.27) の両辺に右から u_l をかけると，

$$u_k^T C u_l = \lambda_k u_k^T u_l \tag{1.28}$$

を得る．式 (1.26) の両辺に左から u_k^T をかけると，

$$u_k^T C u_l = \lambda_l u_k^T u_l \tag{1.29}$$

を得る．したがって代入により，

$$(\lambda_k - \lambda_l) u_k^T u_l = 0 \tag{1.30}$$

を得る．これより，$\lambda_k \neq \lambda_l$ ならば $u_k^T u_l = 0$ であり，2 つの固有ベクトル u_k と u_l は直交することがわかる．■

固有ベクトルによる対称行列の表現

行列 C の全ての固有ベクトルは正規直交（直交していて正規化されている）であり，固有値は全て異なっていると仮定しよう．このとき，u_k は $\Re^n$ の完全基底系となる．これらの固有ベクトルを列ベクトルとして，行列 U を作る：

$$U = [u_1, \ldots, u_n]. \tag{1.31}$$

また同様に，λ_k を対角要素とする $(n \times n)$ の対角行列を作る：

$$D = \begin{bmatrix} \lambda_1 & & 0 \\ & \ddots & \\ 0 & & \lambda_n \end{bmatrix}. \tag{1.32}$$

全ての k に対して $Cu_k = \lambda_k u_k$ であるから，分割行列の積を作ることで，

$$CU = UD \tag{1.33}$$

を示すことができる．u_k は正規直交だから，$UU^T = I$ であることは容易に示せる．式 (1.33) の両辺に右から U^T をかけると，

$$CUU^T = C = UDU^T = [u_1, \ldots, u_n] D [u_1, \ldots, n_n]^T \tag{1.34}$$

を得る．

しかし，この式の最後の行列積を，行列の分割を使って具体的に計算すると

$$C = \sum_{k=1}^{n} \lambda_k u_k u_k^{\mathrm{T}} \tag{1.35}$$

となる．

実対称行列の固有値

実対称行列の固有値を近似的に求めるための反復解法がいくつか考案されている：例えば，*Oja* [1.4] を参照せよ．ニューラルネットワーク型の解法は [1.4] にある．

比較的高次元でも手ごろな速さで固有値を近似的に求められる大変単純明快な方法がある．式 (1.35) の表現による C を自乗すると：

$$C^2 = \sum_{k=1}^{n} \sum_{l=1}^{n} \lambda_k \lambda_l u_k u_k^{\mathrm{T}} u_l u_l^{\mathrm{T}} \tag{1.36}$$

となる．しかし，$u_k^{\mathrm{T}} u_l = \delta_{kl}$ （クロネッカのデルタ）なので，

$$C^2 = \sum_{k=1}^{n} \lambda_k^2 u_k u_k^{\mathrm{T}} . \tag{1.37}$$

ここで，C^2 を表現している各項の相対的な大きさは，C の場合と違っている：もし $\lambda_1 > \lambda_2 > \ldots > \lambda_n$ ならば，$k = 1$ の項は他に比べて大きくなり始めている．自乗を繰り返せば

$$\lim_{p \to \infty} C^{2p} = \lambda_1^{2p} u_1 u_1^{\mathrm{T}} \tag{1.38}$$

となる．この式は適当な数で割ってもよい．なぜなら我々は最初から，u_1 の要素の相対的な値にしか興味がないからである．式 (1.38) の両辺に任意のベクトル $a \in \Re^n$ をかけると，次の式を得る．

$$u_1 \approx \mathrm{const.}\, C^{2p} a . \tag{1.39}$$

ここでベクトル a を選ぶ唯一の条件は，a が u_1 と直交してはならないことである．定数係数 (const.) は a を含む内積に反比例することに注意してほしい．こうして，a の選び方による違いは相殺される．また，C^{2p} は近似的に特異であることにも注意してほしい．この後 $C^{2p} a$ を正規化すれば u_1 は求められる．u_1 が得られたら，λ_1 は式 (1.38) から求められる．

u_2 を求めるためには，まず

$$C' = C - \lambda_1 u_1 u_1^{\mathrm{T}} \tag{1.40}$$

を計算する．この C' からは固有ベクトル u_1 は取り除かれ，C' の最大固有値は λ_2 となっている．同じ自乗操作を C' に対して繰り返せば u_2 が得られ，この繰り返しで他の固有値も得ることができる．

1.1.4 行列の他の性質

行列の値域とゼロ空間

行列 A の値域は，全ての x の値に関するベクトル Ax の集合である．この集合は，$\mathcal{R}(A)$ と記される線形多様体である．この集合は，A の列で張られる部分空間である．これは，$A = [a_1, a_2, \ldots, a_k]$ および $x = [\xi_1, \xi_2, \ldots, \xi_k]^\mathrm{T}$ と書くことによって示すことができる．式 (1.16) によって $Ax = \xi_1 a_1 + \xi_2 a_2 + \ldots + \xi_k a_k$ になることに注意したい．ここで Ax は，A の列の一般的な線形結合であるとわかる．

A のゼロ空間とは，$Ax = 0$ である全てのベクトル x の集合である．それは，少なくとも 1 つの要素，すなわちゼロ・ベクトルを持っている．ゼロ空間も，線形多様体であり $\mathcal{N}(A)$ で表す．

行列の階数

行列 A の階数は略して $r(A)$ と表す．これは線形多様体 $\mathcal{R}(A)$ の次元数である．特に，$m \times n$ 行列 A は，$r(A) = \min(m, n)$ であるとき行列は**最大階数**にあると言う．証明はしないが，どの行列 A に関しても以下の式が成り立つ．

$$r(A) = r(A^\mathrm{T}) = r(A^\mathrm{T} A) = r(A A^\mathrm{T}) . \tag{1.41}$$

特に，$r(A) = r(A^\mathrm{T} A)$ は，もし A の列が線形に独立であるなら，$A^\mathrm{T} A$ は最大階数であることを意味している．同様に，$r(A^\mathrm{T}) = r(A A^\mathrm{T})$ は，A の行が線形に独立であるなら，$A A^\mathrm{T}$ は最大階数であることを意味している．

特異行列

もし A が正方行列であり，そのゼロ空間がゼロ・ベクトルだけで成り立っているなら，A は非特異（正則）行列と呼ばれる．正則行列は，$AA^{-1} = A^{-1}A = I$ で定義される逆行列 A^{-1} を持つ．そうでないとき，正方行列 A は特異行列である．$Ax = b$ がベクトル方程式であるとする．これを b の各要素に対して別々に書き下せば，ベクトル x の各要素 ξ_i に関する連立線形方程式になる．すると A が特異であるということは，一般にこの連立方程式にはただ 1 つの解が決まらないことを意味する．

特異行列の要素から計算した行列式はゼロである．ab^T の形をなす全ての正方行列は特異行列である．このことは，その行列式の各要素をはっきりと書き出すことにより容易に証明することができる．

行列方程式を取り扱うとき，例えば，行列の式に特異であるかもしれない行列を乗じるときには特に注意が必要である．スカラ方程式の一方，または両側にゼロを乗じるときと同じように間違った答えを得る可能性がある．

ベキ等行列

もし $A^2 = A$ なら，行列 A はベキ等と呼ばれる．この条件を繰り返し用いると，どの正の整数 n に対しても $A^n = A$ が成り立つ．$(I - A)^2 = I - A$ になることに注意

すること．これによって $I-A$ もまたベキ等になる．単位行列 I は当然ベキ等である．

正の定符号と正の半定符号行列

もし A が正方行列で，全てのゼロでない $x \in \Re^n$ に関してスカラ $x^\mathrm{T} A x$ が正であるなら，A は正の定符号であると定義する．もし $x^\mathrm{T} A x$ が正またはゼロであるなら，A を正の半定符号と呼ぶ．式 $x^\mathrm{T} A x$ を x の2次形式と名づける．

証明はしないが，以下のどの条件も正の半定符号（非負定符号とも言う）行列の定義として用いることができる [1.1]．ここで，以下の定義は対称行列だけに限る．

F1) $A = H H^\mathrm{T}$ が，ある行列 H に対して成り立つ．
F2) $R^2 = A$ のような対称行列 R が存在する．
このとき，$R = A^{1/2}$ は，A の平方根である．
F3) A の固有値は正またはゼロである．
F4) すでに述べたように $x^\mathrm{T} A x \geq 0$ である．

さらに，もし A が非特異（正則）であるなら，その行列は正の定符号である．

正の半定符号行列は，例えば線形変換で出てくる．ベクトルを与える変換 $y = Mx$ を考える．内積 $(y, y) = y^\mathrm{T} y$ は非負でなければならない．これによって $x^\mathrm{T} M^\mathrm{T} M x$ は非負である．そして $M^\mathrm{T} M$ は，どの M に対しても正の半定符号行列になる．

基本行列

線形方程式の系の解で広く使われたり，また射影演算でも出てくる行列が存在する．それは基本行列と呼ばれ，一般に $(I - uv^\mathrm{T})$ の形を取る．ここで，u と v は同じ次元の列ベクトルである．

行列のノルム

行列のノルムはいくつかの違った方法で定義することができる．そして，明らかにそれは，任意の集合におけるノルムに要求される一般的な条件を満足しなければならない．行列のユークリッド・ノルム は，その要素の2乗の和の平方根と定義される．

$\mathrm{tr}(S)$ と表示する正方行列 S の固有和は，全ての対角要素の和として定義される．任意の行列 A のユークリッド・ノルムは，以下の式で与えられる．これは要素を陽に計算して示すことができる．

$$\|A\|_\mathrm{E} = \sqrt{\mathrm{tr}(A^\mathrm{T} A)}.$$

ユークリッド・ノルムとは異なる行列のノルムの定義は，$\|\cdot\|$ の記号によって表されたベクトル・ノルムの任意の定義から導くことができる．そのような行列のノルムは，そのベクトル・ノルムと両立すると言われる．そして，定義は次のようになる．

$$\|A\| = \max_{\|x\|=1} \|Ax\|. \tag{1.42}$$

行列のユークリッド・ノルムは，ベクトルのユークリッド・ノルムと両立しないことに注意すること．

アダマール積

より簡単なかけ算の規則を持っている別の形の行列積が存在する．これはアダマール積と呼ばれ非線形問題に応用されている．行列 $A = (\alpha_{ij})$ と $B = (\beta_{ij})$ のアダマール積 $C = (\gamma_{ij})$ は，以下のように定義される．

$$C = A \otimes B, \quad \text{ここで } \gamma_{ij} = \alpha_{ij}\beta_{ij}. \tag{1.43}$$

このように，それぞれの行列要素は相互に乗じられている．

1.1.5 行列の微分計算について

代数的行列方程式は，スカラ型方程式よりも取り扱いが難しい．同じように，行列型微分方程式は，スカラ型微分方程式とは違った振舞いをするものと考えられる．これにはいくつかの理由がある：行列の積は一般に可換ではないため．行列は特異行列になるかもしれないため．中でも一番の理由は，行列微分方程式は，行列要素に関する方程式が結合した1つの系であり，それによって解の安定条件はより複雑になるためである．だから，行列微分方程式を取り扱うときは特に注意が必要である．

行列の微分

もし行列の要素がスカラ変数，例えば時間の関数であるなら，行列の微分は，要素の微分をすることによって得られる．例えば，行列 A に関して以下の式を得る．

$$A = \begin{bmatrix} a_{11} & a_{12} \\ a_{21} & a_{22} \end{bmatrix}, \quad dA/dt = \begin{bmatrix} da_{11}/dt & da_{12}/dt \\ da_{21}/dt & da_{22}/dt \end{bmatrix}. \tag{1.44}$$

行列の偏微分は，要素の偏微分を取ることによって得られる．

行列関数と他の行列関数の積の微分は，非可換であることを考慮に入れておかなければならない．例えば，以下のようになる．

$$d(AB)/dt = (dA/dt)B + A(dB/dt). \tag{1.45}$$

この規則は，行列のベキ乗を微分する場合にも重要である：例えば，もし A が正方行列であるなら以下のようになる．

$$dA^3/dt = d(A \cdot A \cdot A)/dt = (dA/dt)A^2 + A(dA/dt)A + A^2(dA/dt). \tag{1.46}$$

一般に上の式の形は，それぞれの項を結合できないので簡単にすることはできない．

以下の事実を考慮すれば，一般的な整数ベキ乗の微分の公式を見つけることができ

る：もし逆行列 A^{-1} が存在するなら，以下の式が成り立つ．

$$d(AA^{-1})/dt = (dA/dt)A^{-1} + A(dA^{-1}/dt) = 0 \text{ （ゼロ行列）};$$

$$dA^{-1}/dt = -A^{-1}(dA/dt)A^{-1}. \tag{1.47}$$

一般に以下の式が得られる：

$$\begin{aligned} dA^n/dt &= \sum_{i=0}^{n-1} A^i(dA/dt)A^{n-i-1}, \ n \geq 1, \ \text{のとき}, \\ dA^{-n}/dt &= \sum_{i=1}^{n} -A^{-i}(dA/dt)A^{i-n-1}, \ n \geq 1, |A| \neq 0 \ \text{のとき}. \end{aligned} \tag{1.48}$$

勾配

スカラの勾配はベクトルである．行列の微分においては，勾配演算子は以下の形を持つ微分演算子の列ベクトルである．

$$\nabla_x = [\partial/\partial \xi_1, \partial/\partial \xi_2, \ldots, \partial/\partial \xi_n]^{\mathrm{T}}. \tag{1.49}$$

そして，スカラ α の微分は形式的にはベクトル ∇_x と α の行列積に等しい：

$$\nabla_x \alpha = [\partial \alpha/\partial \xi_1, \partial \alpha/\partial \xi_2, \ldots, \partial \alpha/\partial \xi_n]^{\mathrm{T}}. \tag{1.50}$$

勾配を表すために，これとは別の記法も本書で使われることがある．つまり，$\nabla_x \alpha = \mathrm{grad}_x \alpha = \partial \alpha/\partial x$ （ここでは x はベクトルであることに注意）．

もしスカラ値の関数がベクトル x の関数であるなら，微分規則は要素で書き出して最も簡単に見つけることができる．例えば，

$$\nabla_x(x^{\mathrm{T}}x) = [\partial/\partial \xi_1, \partial/\partial \xi_2, \ldots, \partial/\partial \xi_n]^{\mathrm{T}}(\xi_1^2 + \xi_2^2 + \ldots + \xi_n^2) = 2x. \tag{1.51}$$

∇_x はベクトルであるので，それは任意の次元数の全ての行ベクトルに適用できる．そのとき，結果として行列が生成される．例えば，$\nabla_x x^{\mathrm{T}} = I$ である．もしかけた結果がスカラまたは行ベクトルなら，この微分演算子をベクトル同士の積，またはベクトルと行列の積に適用できる．以下の例は，要素に書き出すことによって証明可能である：もし a と b が x のベクトル関数であり，p と q が定ベクトルであるなら，以下の式が成り立つ．

$$\nabla_x[a^{\mathrm{T}}(x)b(x)] = [\nabla_x a^{\mathrm{T}}(x)]b(x) + [\nabla_x b^{\mathrm{T}}(x)]a(x), \tag{1.52}$$

$$\nabla_x(p^{\mathrm{T}}x) = p, \tag{1.53}$$

$$\nabla_x(x^{\mathrm{T}}q) = q. \tag{1.54}$$

2次形式 $Q = a^{\mathrm{T}}(x)\psi a(x)$ を考える．ここで ψ は対称である．このとき以下の式

が成り立つ．

$$\nabla_x Q = 2[\nabla_x a^{\mathrm{T}}(x)]\psi a(x) \ . \tag{1.55}$$

これは，$\psi = \psi^{1/2}\psi^{1/2}$ と書くことによって証明できる．このとき $\psi^{1/2}$ は対称である．

1.2 パターンの距離測度
1.2.1 ベクトル空間における類似度と距離の測度

見方によれば，距離と類似度とは逆の考え方である．もし距離を非類似度と呼べば，これは述語の問題になる．以下に距離と類似度について具体的な例をあげる．

相関

信号やパターンの比較は，しばしば類似度の普通の測度であるそれらの相関に基づいておこなわれる．2つの順序づけられた集合，つまり一連の実数値サンプル $x = (\xi_1, \xi_2, \ldots, \xi_n)$ と $y = (\eta_1, \eta_2, \ldots, \eta_n)$ を考える．その正規化なしの相関は次の通りである．

$$C = \sum_{i=1}^{n} \xi_i \eta_i \ . \tag{1.56}$$

もし x と y がユークリッド（実数）ベクトルと解釈されるなら，C はそのスカラ積つまり内積である．

一方の数列が他の数列に対して任意の量だけ移動しているかもしれない場合，例えば以下の式に示すような並進移動に対して不変な測度に基づいて比較するのがより良い方法であろう．つまり特定の移動区間での最大相関を取るのである：

$$C_m = \max_k \sum_{i=1}^{n} \xi_i \eta_{i-k}, \ \ k = -n, -n+1, \ldots, +n \ . \tag{1.57}$$

相関の方法は，ガウス型ノイズ（雑音）で汚された信号の比較に最も適した方法であることを強調しておく；自然パターンの分布はしばしばガウス型ではない場合もあるので，そのいくつかは後で議論するが比較のための他の基準も考えなければならない．

方向余弦

もしパターンまたは信号内の意味のある情報が，その要素の相対的な大きさだけで表されるなら，その類似度を以下の方法で定義する方向余弦によって，よりよく測ることができることが多い．もし $x \in \Re^n$ と $y \in \Re^n$ がユークリッド・ベクトルなら，以下の式は，相互の角度の方向余弦を定義する．

$$\cos\theta = \frac{(x,y)}{||x||\,||y||}, \tag{1.58}$$

ここで，(x,y) は x と y のスカラ積であり，$||x||$ は x のユークリッド・ノルムである．もしベクトルのノルムが 1 に正規化されているなら，式 (1.56) は式 (1.58) と一致し，$\cos\theta = C$ になる．もしベクトル x と y を，それぞれ一連の確率変数 $\{\xi_i\}$ や $\{\eta_j\}$ とするなら，式 (1.58) の表現は，統計学における伝統的な相関係数の定義と一致する．

値 $\cos\theta = 1$ は，x と y 間の最高の一致を表すとされる；このとき，ベクトル y は x をスカラ倍したものに等しくて $y = \alpha x \; (\alpha \in \Re)$ になる．一方，$\cos\theta = 0$ または $(x,y) = 0$ ならば，ベクトル x と y は直交していると言われる．

ユークリッド距離

類似度の別の測度，実際には非類似度の測度であって前出の測度に密接に関係したものがある．それは，x と y のユークリッド距離に基づいていて以下のように定義される．

$$\rho_E(x,y) = ||x - y|| = \sqrt{\sum_{i=1}^{n}(\xi_i - \eta_i)^2}. \tag{1.59}$$

ミンコフスキ計量法による類似度

ミンコフスキ (*Minkowski*) 計量法は，式 (1.59) を一般化したものである．この測度は，例えば実験心理学で使用される．そこでの距離は以下のように定義される．

$$\rho_M(x,y) = \left(\sum_{i=1}^{n} |\xi_i - \eta_i|^\lambda\right)^{1/\lambda}, \; \lambda \in \Re. \tag{1.60}$$

$\lambda = 1$ のときは，いわゆる "都市ブロック距離" が得られる．

タニモトの類似度

タニモト [1.10] によって導入された測度によって x と y の間の類似度を決定すると，時に良い結果をもたらすことがいくつかの実験で示されている [1.3 – 7]；それは以下のように定義されている．

$$S_T(x,y) = \frac{(x,y)}{||x||^2 + ||y||^2 - (x,y)}. \tag{1.61}$$

この測度の起源は集合の比較にある．A と B が，例えば文書の識別子や記術子，またはパターンの離散的な特徴というような，はっきりとした（非数字の）要素からなる 2 つの順序づけられていない集合であると仮定する．A と B の類似度とは，その共

通する要素の数と，全ての異なった要素の数との比と定義してよいだろう；$n(X)$ を集合 X 中の要素の数とするなら，類似度は次のようになる．

$$S_T(A, B) = \frac{n(A \cap B)}{n(A \cup B)} = \frac{n(A \cap B)}{n(A) + n(B) - n(A \cap B)}. \tag{1.62}$$

もし上で述べた x と y が，特別な要素があるかないかによってその値が $\in \{0, 1\}$ を持つ 2 値ベクトルであるなら，$(x, y), \|x\|$ と $\|y\|$ は，直接上記 2 つの式を比較して，それぞれ $n(A \cap B), n(A)$ と $n(B)$ に相当することに注意する．明らかに式 (1.61) は，式 (1.62) を実数値ベクトルの範囲にまで拡張したものである．

タニモトの測度は，文書間の関連性の評価に使われ成功している [1.8]；そこでは，個々の記述子は個々の重みで表現されている．もし a_{ik} が i 番目の文書の k 番目の記述子に割り当てられた重みであるとするなら，x_i と x_j の 2 つの文書間の類似度は以下の定義によって得られている．

$$(x_i, x_j) = \sum_k a_{ik} a_{jk} = \alpha_{ij}. \tag{1.63}$$

そして，

$$S_T(x_i, x_j) = \frac{\alpha_{ij}}{\alpha_{ii} + \alpha_{jj} - \alpha_{ij}}.$$

類似度の重みづき測度

確率的な諸概念は 1.3 節まで導入しないが，前もってここで次のような測度を導入しておく；ψ をある荷重行列とすると，内積は次のように定義することができる．

$$(x, y)_\psi = (x, \psi y). \tag{1.64}$$

また，距離は以下のように定義される．

$$\rho_\psi(x, y) = \|x - y\|_\psi = \sqrt{(x - y)^\mathrm{T} \psi (x - y)}. \tag{1.65}$$

確率論では，荷重行列 ψ は x と y の共分散行列の逆行列であり，T は転置を表す．この測度は，マハラノビス(*Mahalanobis*) 距離と呼ばれている．

ψ は対称で正の半定符号であることが示せるので，$\psi = (\psi^{1/2})^\mathrm{T} \psi^{1/2}$ と表すことができる．だから x と y は，変換 $x' = \psi^{1/2} x, y' = \psi^{1/2} y$ を使って，前処理をすると考えてもよい．その後，x' と y' でのユークリッド測度（スカラ積または距離）に基づいて比較をすることができる．

残念なことに，この方法にはいくつかの欠点がある：(i) 高次元数 n のパターンの

共分散行列を評価するために，非常に多数の ($\gg n^2$) 標本を集めなければならないだろう．(ii) 行列とベクトルの積の計算は，スカラの積よりもずっと計算量が多い．

連続値論理の演算による比較

多値論理の基本演算は，始めルカシービッチ(*Lukasiewicz*) [1.11] とポスト(*Post*) [1.12] によって導入され，その後，ザデー(*Zadeh*) [1.13] その他により，ファジィ集合の理論で幅広く利用された．ここでは，比較演算において高速で簡単な計算が可能と信じられているほんの 2, 3 の概念を採用することにする．

以下の推論に基づき，連続値論理を適用して比較演算をする．スカラ信号によってもたらされる "情報量" は，ある "中立の" 参照レベルからの差に比例すると仮定する．例えば，ξ_i, η_i が区間 $(0, +1)$ に属するような連続の尺度を考える．信号値 $1/2$ とは，不確定であることとする．しかし，情報表現が 0 または $+1$ により近づくと，この情報はより信頼できるか，またはより確定的であると見なす．ξ_i と η_i の一致の度合は，論理的同値の一般化として表現される．ブール代数の変数 a と b の論理的同値（$a \equiv b$ で表す）の通常の定義を以下に示す．

$$(a \equiv b) = (\bar{a} \wedge \bar{b}) \vee (a \wedge b), \tag{1.66}$$

ここで $\bar{a}$ は，a の**論理否定**，$\wedge$ は**論理積**，そして $\vee$ は**論理和**を意味する．連続値論理では，$(\wedge)$ と $(\vee)$ は，それぞれ，最小値 (min) と最大値 (max) を選ぶことによって置き換える．また，その尺度に対する補数を取ることによって否定を表す．このようにして，式 (1.66) は，以下の "同値" な表現 $e(\xi, \eta)$ で置き換わる．

$$e(\xi, \eta) = \max\{\min(\xi, \eta), \min[(1-\xi), (1-\eta)]\}. \tag{1.67}$$

次の課題は，この計算結果 $e(\xi_i, \eta_i)$ をどのように組み合わせるかということである．1 つの可能性は，演算子 $\min_i$ を用いて論理積を一般化することである．しかし，たった 1 つの要素の食い違いがこのとき致命的な効果として出てくる．別の可能性は，式 (1.59) でのように $e(\xi_i, \eta_i)$ の線形和を取ることである．妥協案として，例えば以下に示すような，その引き数に対して対称なある関数の助けを借りて x と y の類似度を定義してみよう．

$$S_M(x, y) = \varphi^{-1}\left\{\sum_{i=1}^{n} \varphi[e(\xi_i, \eta_i)]\right\}. \tag{1.68}$$

ここで，φ はある単調関数であり，φ^{-1} はその逆関数である．例えば 1 つの可能性として，p をある実数値として以下のようになる．

$$S_M(x, y) = \left(\sum_{i=1}^{n} [e(\xi_i, \eta_i)]^p\right)^{1/p}. \tag{1.69}$$

上の式で，$p = 1$ で線形和が得られ，そして $p \to -\infty$ とすれば，$S_M(x, y)$ は $\min_i[e(\xi_i, \eta_i)]$ に近づく．

この方法は，例えば相関法と比較するとき特に2つの利点がある：(i) 低い信号値の一致，非一致が考慮に入れられている．(ii) max や min の演算は，ディジタルやアナログ的な方法を使えば，相関法で必要な積の形成よりも計算はずっと簡単である．この理由にもより，式 (1.69) で $p = 1$ が考慮されるだろう．

色々と異なった類似度測度に基づいて多くの応用例で比較したが，大きな差がないことがわかった．だから，計算の簡単さを次には考慮すべきである．

1.2.2 記号列間の類似度と距離の測度

書類中の言葉も，パターンと見なせる．その要素はいずれかのアルファベットに属する記号である．しかし，そのようなパターンはほとんどベクトル空間中でのベクトルとは見なし難い．他の同じような例は，情報理論で長い間研究されてきた通信のコードである．これらの文字列がどのように形成されるかは議論しない．一方，変換処理そのものや，それに続く取り扱いや，伝送で発生する誤りで，それらの文字列が変質するということは理解できる．文字列の統計学的な比較をするに当たって最初になすべき仕事は，それら文字列間のある種の合理的な距離測度を定義することである．

ハミング距離

コード表現された情報間での最もよく知られた類似度の測度，実際には非類似度の測度として**ハミング距離**がある．元々この測度は，2値コード用に定義されたものである [1.14]．しかしそれは，離散値要素よりなる**順序づけられた**どの集合同士の比較にも容易に適用可能である．

論理符号の 0 や 1，または英語のアルファベットの文字のような離散的な非数字記号よりなる2つの順序づけられた集合 x と y を考えてみる．ここでの非類似度の比較は，この集合中でのお互いに異なった記号の数に基づいている．この数は，等しい長さの文字列においてのみ定義することができる**ハミング距離** ρ_H として知られている：

$$x = (1, 0, 1, 1, 1, 0)$$
$$y = (1, 1, 0, 1, 0, 1) \quad \rho_H(x, y) = 4$$

そして

$$u = (p, a, t, t, e, r, n)$$
$$v = (w, e, s, t, e, r, n) \quad \rho_H(u, v) = 3 \ .$$

2値パターンの $x = (\xi_1, \xi_2, \ldots, \xi_n)$ と $y = (\eta_1, \eta_2, \ldots, \eta_n)$ に関して，ξ_i と η_i をブール代数の変数と仮定すると，このハミング距離は形式的には算術論理演算として以下のように表すことができる：

$$\rho_H(x,y) = \text{bitcount}\left\{(\bar{\xi}_i \wedge \eta_i) \vee (\xi_i \wedge \bar{\eta}_i)|i=1,\ldots,n\right\}. \tag{1.70}$$

ここで，$\wedge$ は論理積であり，$\vee$ は論理和（OR と記す）である；$\bar{\xi}$ は ξ の論理否定である．関数 bitcount$\{S\}$ は，集合 S で論理値 1 である要素の数を決定する；集合の各変数に対してなされているブール代数の式は，ξ_i と η_i の排他的論理和 (EXOR) 関数である．

順序づけられていない集合間の距離

比較すべき記号列の長さが違っていてハミング距離を適用できない場合もあるだろう．それでも文字列を記号の順序づけられていない集合と見ることはできる．導入的な例題として，記号のような離散的な要素よりなる 2 つの順序づけられていない集合，A と B を考える．集合 S における要素の数を $n(S)$ と記す．以下の距離測度は，順序づけられていない集合間の簡単で効果的な比較測度であることがわかっている：

$$\rho(A,B) = \max\{n(A),n(B)\} - n(A \cap B). \tag{1.71}$$

この測度は，前に議論したタニモトの類似度測度とある程度の類似性を有する．

記号のヒストグラム間の距離

長さの異なる記号列間の距離としてさらに良いのは，記号の出現回数のヒストグラムを利用することである．ヒストグラムはアルファベットの文字の数と同じ次元のユークリッド空間のベクトルと見なせる．そのようなヒストグラム・ベクトルは，ユークリッド距離，内積その他のベクトルに関する類似度によって比較できる．

レーベンシュタイン距離または編集距離

記号列間の統計的に最も正確な距離は，レーベンシュタイン距離 (LD) である．記号列 A と B 間のこの距離は，次の式のように定義 [1.15] される．

$$LD(A,B) = \min\{a(i) + b(i) + c(i)\}. \tag{1.72}$$

ここで記号列 B は，記号列 A での記号を $a(i)$ 個入れ換えて $b(i)$ 個挿入し，そして $c(i)$ 個削除することにより得られる．さて，これをおこなうのに $\{a(i),b(i),c(i)\}$ の無限の組み合わせが存在する．そして最小の数は，以下に示すように例えば動的計画法で探すことができる．

色々な型の誤り（記号の変更，挿入，削除）は違った確率で起こり，出現している記号に依存するので，もし距離測度において編集操作に違った重みを割り当てるなら，普通，距離に基づいた統計的決定はより確かなものになる．そのとき，以下の重みづきレーベンシュタイン距離 (WLD) が導かれる：

$$WLD(A,B) = \min\{pa(i) + qb(i) + rc(i)\}, \tag{1.73}$$

表 1.1：WLD の計算のためのプログラム

```
begin
D(0,0): = 0;
for i: = 1 step 1 until length (A) do D(i,0): = D(i-1,0) + r(A(i));
for j: = 1 step 1 until length B do D(0,j): = D(0,j-1)+q(B(j));
for i: = 1 step 1 until length A do
    for j: = 1 step 1 until length (B) do begin
        m1: = D(i-1,j-1) + p(A(i), B(j));
        m2: = D(i,j-1)+q(B(j));
        m3: = D(i-1,j) + r(A)(i));
        D(i,j) = min(m1, m2, m3);
end
WLD: = D(length(A)), length(B));
end
```

ここで，スカラ係数 p, q と r は，アルファベットのいわゆる混同行列か，または特定の型の誤りが発生する確率の逆数から決めてもよい．

重みづきでないレーベンシュタイン距離に関しては，以下の関係が成り立つことに注意すること．

$$p(A(i), B(j)) = \begin{array}{l} 0 \quad \text{もし } A(i) = B(j) \text{ であるなら,} \\ 1 \quad \text{もし } A(i) \neq B(j) \text{ であるなら,} \end{array}$$
$$q(B(j)) = 1,$$
$$r(A(i)) = 1,$$

ここで $A(i)$ は，記号列 A の i 番目の記号である．そして $B(j)$ は，記号列 B の j 番目の記号である．表 1.1 に，WLD の計算のための動的計画法によるアルゴリズムを示す．

最大事後確率距離

WLD によく似ているものに，**最大事後確率距離 (MPR)** がある．これは，A を B に変換するときの一連の事象の中で最も起こりそうなものを当てはめる [1.16]．そして，以下のように定義される．

$$MPR(A, B) = \text{prob}\{B|A\}.$$

もし誤りが独立に起きると仮定すれば，WLD（表 1.2）の方法に似た動的計画法がまた MPR の計算には適用される．ここで p, q, r は，特定の型の誤り（それぞれ，変更，挿入，削除）が起きる確率である．

表 1.2：*MPR* の計算のためのプログラム

```
begin
D(0,0): = 1.0;
for i: = 1 step 1 until length (A) do D(i,0): = D(i-1,0) * r(A(i));
for j: = 1 step 1 until length B do D(0,j): = D(0,j-1) * q(B(j));
for i: = 1 step 1 until length A do
    for j : = 1 step 1 until length (B) do begin
        m1: = D(i-1,j-1) * p(A(i), B(j));
        m2: = D(i,j-1) * q(B(j));
        m3: = D(i-1,j) * r(A)(i));
        D(i,j) = m1 +m2 + m3
end
MPR: = D(length(A)), length(B));
end
```

基本的なハッシュ・コード化法

IBM の最初のコンパイラが作られた 1950 年代の初期には，普通，項目はその内容に基づいて，ほとんど直接に番地指定されたコンピュータ・メモリ上に配置することができるようであった．だから，このときにはメモリへのアクセスの数は，平均して 1 よりあまり大きくはなかった．この場合，他のほとんどの探索手法のようにとにかく内容を指定する必要はなかった．このハッシュ・コード化またはハッシュ番地指定と名づけられた考えは，（記号表の管理のための）コンパイル技術やデータ・ベースの管理に広く使われた．これらを取り扱っている教科書としては [1.17] を参照のこと．以下では，与えられた記号列を記憶に蓄えられている参照記号列と手っ取り早く比較するのに，ハッシュ・コード化が有効に使える算法であることを見ていこう．

ハッシュ・コード化の基本的な考え方は，格納された項目の番地をその内容についてのある種の簡単な算術的な関数として決定することである．もし記録がキーワードと呼ばれる簡単な記述子または辞句で識別できるなら，キーワードの文としての表現は，ある数を基数にした整数と見なしてもよい．例えば，もし文字 A, B, ..., Z を，26 を基数にした数に対応させて置き換えるなら，キーワードとして，例えば DOG は，$a = D \cdot 26^2 + O \cdot 26 + G = 2398$ に相当するだろう．ここで，D = 3, O = 14, G = 6 である．

最初に遭遇する問題は，全ての許されるキーワードのアドレス空間は非常に大きく，まばらに占有されているということである．キーワードをより圧縮した形で直接にマップする "完全な" または "最適な" 関数が存在する．しかし，計算量は多くてやっかいである．後でわかるように，この問題は別のより簡単な方法で解決できる．まずやることは，上の算術表現をハッシュ関数を使って割り当てられた番地空間にマップすることである．この関数は，ハッシュ番地と呼ばれる擬似乱数 $h = h(a)$ を発生する．

分割アルゴリズムは，最も簡単な乱数発生の方法の1つでありまた有効な方法である．割り当てられた番地が b から $n+b-1$ の範囲にあると仮定する；このとき，ハッシュ関数として以下の形のものを考える．

$$h = (a \bmod n) + b \,. \tag{1.74}$$

良い擬似乱数を発生させるために n は素数であるべきである．関数 h の最も重要な性質はハッシュ番地（しばしば，"ホーム番地" と呼ばれる）が，割り当てられた記憶領域すなわちハッシュ表上に，可能な限り均一に分布していると考えられることである．

次の問題は，ハッシュ番地が剰余として計算されるので，2つの異なったキーワードが同じハッシュ番地を持つかもしれないことである．この出来事を衝突と呼ぶ．解決への第1歩は，バケットと呼ばれる隣接するグループへとメモリを分けることであり，そして各バケット，すなわちその最初の位置をハッシュ番地によって番地づけすることである．各バケット内で衝突している項目にとって，定まった数の予備のスロットが利用できる．この構成は，ハッシュ表がバックアップ・メモリ，例えばディスク・ユニット内に保持されているときしばしば使われる．ここでは，セクタ全体をバケットのために留保しておくことができる．（データ変換は普通セクタでなされる．）バケットさえオーバフロするかもしれない．そして，衝突項目のためにいくつかの留保した番地位置を割り当てなければならない．それらは，簡単な方法でホーム番地から引き出せなければならない．しばしば使われる方法は，留保した番地位置を別のメモリ領域に割り当てることである．そのアドレス（番地）は，最後の項目としてバケット内に格納されたアドレス・ポインタを使って定義されている．留保した番地位置は，その内容がポインタによって示された場所から直接に見つけ出されるので，簡単な1列のリストを形成することができる．

衝突を処理する別の方法は，元のハッシュ表の空の番地位置をホーム番地のために留保した番地位置として使用することである．この場合にはバケットを使う必要がない；ハッシュ表内のどの番地位置も1つの可能なハッシュ番地に相当する．最も簡単な選択は，ホーム番地に続く最初の空の番地位置内に，どの衝突する項目も数の順番を付けて格納することである（図1.4）．例えば，ハッシュ表が半分まで一杯にならない間は，2，3回続いて探索をおこなうことにより留保した番地位置はむしろ早く見つけられる．

このとき起きてくる新しい問題は，データを読み取っているときに正しい項目をどうしたら同定できるかである．異なった項目が計算された同じハッシュ番地を持つかもしれないので，各番地位置でのキーワードのコピーまたは，ある種のより短い唯一の識別子を格納することは明らかに必要である．キーワードを探すとき，ホーム番地とその留保した番地位置は，外部の探索引き数が，格納されたキーワードか，またはその識別子と一致するまで順次に走査されなければならない．もし項目が表内に存在しないなら，識別子の場で一致は見つけられないことになる．

基本的なハッシュ・コード化法には多くの手の込んだ改良が開発されてきた．例えば，項目が表内にあるかどうかを調べるための短絡法を使ってもよい．留保した番地位置は，より速やかに参照するために，ポインタでホーム番地からたどって行けるようにしておいてもよいだろう．キーワードのみがハッシュ表内で符号化されることに注意しておくことは，また重要なことである；それに対応した記録は，特に，もし長さが長ければ，別のメモリ領域に保つことができる．このとき，この領域はより効率的に利用されるだろう．ハッシュ表内に，対応する記録を指すポインタを置くことのみが必要なのである．このように配置したものをハッシュ索引表と呼ぶ．

別の重要な問題は，ハッシュ・コード化法で多重キーワードに関係したことである．その処理に関しては，[1.17] を参照しておけば十分だろう．

ハッシュ・コード化を使えば，それらの文字列の全てを，与えられた（キー）文字列と正確に一致する記憶場所に位置づけることができる．

冗長性ハッシュ番地法 (RHA)

一般的な信頼とは裏腹に不完全なまたは間違ったキーワードに基づいて探索すること，そこで 1.2.2 節で説明したようなテキストのための類似度測度を考慮に入れることは，ハッシュ・コード化 [1.17], [1.18] を使うソフトウェア手法には，容易に受け入れやすいことを指摘しておくことは必要なことだと思う．ほとんど知られていないこの方法は，ハードウェア手法に効率良く対処できるし，コンピュータの普通の使用者にも容易に使用でき，著しく注意を引くべきである．それはまた，ニューラルネットワークの効果的なプログラム作成のために適用されるだろう [1.19]．

冗長性ハッシュ番地法 (**RHA**) と呼ばれるこの方法での中心的な考え方は，同じテキスト（または他の構造的記述），例えば対応するテキストを符号化しているキーワードから多重の特徴を引き出すことである．元々の記録または文書は，辞書と呼ばれる別のメモリ領域に存在し，ハッシュ索引表に格納されたポインタで番地づけされているだろう．基本的なハッシュ・コード化法の場合と違って，いくつかのハッシュ番地が同じキーワードから引き出される．そこでは，全ての相当するホーム番地は格納された記録に対して同一のポインタを有する（図 1.4 参照）．ハッシュ表での衝突と他の組織化した解法の取り扱いは基本的な方法と同じようにできる．

通常この方法は，普通の型の全ての文字列誤りに対して耐性がある．隣接した文字のグループ（n 重字）をテキストの局所的特徴として使おう．特徴として使われる 2 重字 ($n = 2$) と 3 重字 ($n = 3$) の間には著しい差はない．今度は各 n 重字に対して別のハッシュ番地が計算される．付け加えると，n 重字での語内座標はハッシュ表内に格納されなければならない．なぜなら，照合するとき，探索引き数内の n 重字と格納された語との間には，語の挿入や削除誤りによって 2, 3 文字の位置ずれが起こり，相対移動が必要であるかもしれないからである．この移動が許容範囲内にあるかどうかは調べておかなければならない．

1.2 パターンの距離測度　29

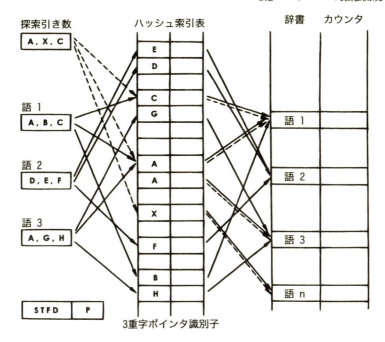

図 1.4：RHA 法の説明．(A, B, ..., X)：特徴．特徴 A にはいくつかの衝突（相反）があること，そしてハッシュ索引表内での次の空の番地は留保した番地位置として使われる．

　探索引き数は間違っていても，特定された移動範囲内に少なくとも 2 つの正しい n 重字を含んでいるなら，ハッシュ表から見つけ出された（照合特徴の）大多数のポインタは正しい項目を指すが，一方，誤った n 重字は，誤ったポインタによって項目を指すということは大いにありそうなことである．明らかにある種の票決手順は必要である．最も簡単な方法は，探索処理中に見つけられた全てのポインタを集めて一覧表にし，後での計数によってその大多数がどれかを見つけ出すことである．そこで語長も，最良の一致を計算するときに考慮に入れることができる．"最も近い" 語列を実際に探索するためのむしろ有用な測度となるものは，表現式 (1.71) に関係していて，ほとんど計算の必要がない**特徴距離 (FD)** によって与えられる [1.17, 18]．元の語列は，全てのその n 重字，すなわち（重なり合っている）n 個の記号よりなっている連続したグループでまず表現される．例えば，語 'table' の 2 重字は，'ta', 'ab', 'bl' と 'le' である．もし記号列の端が定義上含まれており空記号 '_' で表されるなら，2 重字 '_t' と 'e_' が付け加わるだろう．語 A と B の間で "局所特徴" の整合が成り立つということは，2 つの同じ n 重字が，記号配置の中で最大 d 位置だけ相対的にずらされて見つけ出されることを意味しているのだと，ここで仮定する．さらに，そのような基本的な整合の数を n_d で表し，そして n_A と n_B を，それぞれ A と B の n 重字の数とする．このとき，許容された位置ずれ d に関係した特徴距離は以下のように定義される．

$$FD_d(A,B) = \max(n_A, n_B) - n_d . \tag{1.75}$$

例えば，$A =$ '⌴table⌴' とし，$B =$ '⌴tale⌴' とする．$d = 1$ に対する整合 2 重字は，'⌴t'，'ta'，'le'，と 'e⌴' である．このとき，$FD_1(A,B) = \max(6,5) - 4 = 2$ になる．

もしキーワードや字句が長く，そして格納された項目やこのようにして衝突する数がかなり大きいなら，"競り売り" 方法によって票決をおこなうとより探索が早くなる．このとき，辞書内の各語は対向領域（図 1.4 参照）を持っている．この領域は，探索動作中に見つけられたこの項目へのポインタの数を加算している．付け加えると，2 つの補助変数がある．1 つは**最小仮特徴距離 (STFD)** であり，もう 1 つは相当する番地位置 (P) のポインタである．そして，これらは連続して更新される；もし現在のポインタに相当する番地位置での計数 (+1) から計算され，式 (1.75) に従って語長を考慮に入れた仮 FD が，$STFD$ における現在の値よりも小さいなら，この新しい FD が $STFD$ に複写され，相当するポインタも P に複写される．キーワードの全ての n 重字について以上の操作がおこなわれたとき，最良整合の項目のポインタが P に残されることになる．

誤りが常に確率的処理で引き起こされるので，正しい項目は 100 パーセントの確度では同定できないということに注意すること；キーワードが誤りによって別の適正なものに変わる可能性が常にある．

我々は RHA 法を自動音声認識の問題に使い，この語彙的接近の方法で大いに成功した．この装置によって組み立てられた音声翻字は，一定数の確率的誤りを含んでいる．別の広範囲に研究された応用例は，意味的構造へ文章を符号化することであった．ここでは，ノード（語）は RHA によって位置づけされている．

また RHA 法は，多数の最良項目候補を前もって選別することのために使うことができる．その後，ある種のより正確な語列類似度法，例えば，LD またはある種の確率的解析を，最良の候補の最終比較に適用することができる．

1.2.3 非ベクトル変数の平均

算術計算を記号列のような非ベクトル変数に適用することは明らかに不可能である；記号列を比較するときの問題の 1 つはその長さが一定でないことである．しかし，どんな集合に対しても，その要素の対に関する距離関数が定義可能ならば，その "最も中心的な" 要素またはそのようないくつかの要素を決定することができ，したがってその場合，少なくとも全ての要素のある種の平均を計算することができる [1.20]．

いくつかの要素 $x(i)$ を含む基本集合 $\mathcal{S}$ を考え，$d[x(i), x(j)]$ を $x(i), x(j) \in \mathcal{S}$ 間のある種の距離とする．$\mathcal{S}$ の集合中点とは，次の式を最少にするものである．

$$\mathcal{D} = \sum_{x(i) \in \mathcal{S}} d[x(i), m] . \tag{1.76}$$

m を中点と呼ぶ理由は $d[x(i), x(j)] = |x(i) - x(j)|$ とすれば，実数の集合の普通の (集合) 中点が式 (1.76) によって定義されることが比較的簡単に示せるからである．すなわち，$d[x(i), m] = |x(i) - m|$ として，m をここで自由な変数と見なして $\mathcal{D}$ の m による勾配を取れば，それは $[x(i) - m]$ の符号の和となり，m の両側の $x(i)$ の数ができるだけ等しくなるようにすればゼロになるからである．

上では，m は基本集合 $\mathcal{S}$ に属していると仮定した．しかし，$\mathcal{D}$ が本当の最小に到達する仮想的な要素 m を見つけることが可能な場合も多い．集合中点に対し，$\mathcal{D}$ の本当の最小値を与える m の値を表すのに，**一般化中点**という用語を用いることにする．

ここで，**離散的な記号列**に話を限ることにする．

前にも書いたように，記号列に起きうる3つの基本的な誤りは：記号の (1) 変更，(2) 挿入，(3) 削除である．(連続した2つの記号の交換は，上に述べた基本的操作の2つの組合せに色々なやり方で帰着できる．) 挿入と削除はそれより右側の全ての記号の相対的な位置を変化させる．となれば，例えばハミング距離などは適当でない．1.2.2 節では記号列の"歪み"に簡単な方法で対処できる2つの部類（カテゴリ）の距離測度を議論した：すなわち，(1) **動的計画法**によって計算されるレーベンシュタイン距離または重みづきレーベンシュタイン距離，つまり1つの記号列をもう一方の記号列に変えるのに必要な編集操作（記号の変更，挿入，削除）の最小の（重みづき）回数；(2) 記号列の局所特徴つまり N 個の連続した記号からなる部分列（N 重字）による比較，ここでは，各局所特徴は2つの記号列内での相対的な位置が最大でも例えば p 位置分しかずれていないときだけ一致すると言われる；そして記号列間の距離は，記号列の長さと一致個数の関数である．

与えられた記号列間の全ての相互距離を計算し，他の記号列からの距離の和が最小になる記号列を探すことで，集合中点は容易に見つかる．次いで，集合中点の記号列の各記号を系統的に変化させることで，一般化中点は見つかる．記号の変化は，基本的誤り（1つの記号の変更，挿入，削除）を人為的に起こすことにより起こし，アルファベット全体にわたっておこなう．そして他の素子との距離の和が減少すればその変化は採用される．普通，計算時間は大変短くてすむ；次の例では，一般化中点は1または2, 3回の変化サイクルで見つかった．

誤りを含む記号列の中点と一般化中点の例

表 1.3 に示したのは，乱数制御によって選んだ誤りで生成された間違った文字列の典型的な2つの例である．ここでは，各型の誤りの発生率は等しい．集合中点と一般化中点を，それぞれレーベンシュタイン距離と2重字特徴による距離を用いて計算した．

この2つの例からあまり先走った結論を引き出すべきではないが，記号列に対する最も正確な距離は重みづきレーベンシュタイン距離であるということは，かなり一般的に言える；この例では重みなしのレーベンシュタイン距離を使ったが，それは異なる種類の誤りの確率を等しく設定したからである．

表 1.3：誤りを含む文字列の集合平均と一般化平均.
LD：レーベンシュタイン距離；FD：特徴距離

Correct string: **MEAN**
Garbled versions (50 per cent errors):

1. MAN
2. QPAPK
3. TMEAN
4. MFBJN
5. EOMAN

6. EN
7. MEHTAN
8. MEAN
9. ZUAN
10. MEAN

Set median (LD):	MEAN
Generalized median (LD):	MEAN
Set median (FD):	MEAN
Generalized median (FD):	MEAN

Correct string: **HELSINKI**
Garbled versions (50 per cent errors):

1. HLSQPKPK
2. THELSIFBJI
3. EOMLSNI
4. HEHTLSINKI
5. ZULSINKI

6. HOELSVVKIG
7. HELSSINI
8. DHELSIRIWKJII
9. QHSELINI
10. EVSDNFCKVM

Set median (LD):	HELSSINI
Generalized median (LD):	HELSINKI
Set median (FD):	HELSSINI
Generalized median (FD):	HELSSINI

1.3 統計的パターン解析
1.3.1 基礎的な確率論の概念

いよいよ，決定論的な世界から確率的なベクトル空間の概念に進む：大部分の自然界の出来事はランダムで，何らかの確率値が割り当てられている．観測値は，しばしば標本と呼ばれ，ある領域に分布している．この値域は台（サポート）とか多様体と呼ばれる．標本は離散または連続値を取る．連続値の場合，標本は密度関数を持つと言われる．

確率密度関数

確率の数学的理論では，密度関数は解析的な数式で表されるか，そうでなければ，理

論的に定義可能な形で表される．そして，**確率密度関数 (pdf)** と呼ばれる．pdfと観測された分布は同じ概念ではなく，混同してはならないということは理解しておかなければならない．一般に確率論の関数は，標本の集合から近似できるだけであるのが普通である．

まず，有限の数の個別の事象，$X_1, X_2, \ldots, X_s$ のみが起きるかもしれないと考える．その出現の相対的な頻度を $P(X_k), k = 1, 2, \ldots, s$ で表す．ここで $P(\cdot)$ の表記は，普通の確率値と同じである．一方，もし x が連続値を持つ確率変数であるなら，x 空間で x が，区間 dV_x に落ち込む微分確率を dV_x で割り，確率密度関数と呼び $p(x)$ で表す．もし x の領域がユークリッド空間 $\Re^n$ の部分空間であり，体積微分 dV_x に分割できるなら，明らかに $p(x)dV_x$ は，この微分体積内で値 x が出現する通常の確率である．

簡単のために，これからはずっと dV_x を dx と書き表していく．しかし，実際には（理論物理の観点からは）正しくない使い方である；dx の形はベクトルの微分を表そうとしているのに，意図しているのは体積微分の方であることに注意すること！

以下で，離散的事象の確率を大文字 $P(\cdot)$ を使って表す．Y が生起するという条件での X の発生確率は $P(X|Y)$ である．確率密度は小文字 p で表す．そして，Y が生起するという条件での変数 x の確率密度は $p(x|Y)$ である．この約束に従って全く矛盾なく，$P(Y|x)$ とは，連続変数 x がある一定値を取るという条件での Y の発生確率であると言える．

期待値，相関行列，共分散行列

スカラまたはベクトル変数の統計的平均，つまり期待値は $\bar{x}$ と書かれ，次の式で定義される．

$$\bar{x} = \int x p(x) dx \stackrel{\text{def.}}{=} \text{E}\{x\}. \tag{1.77}$$

1.2.1 節の"相関"と"相関係数"の概念は限定された決定論的な意味で用いられていた．何ら確率的な意味のない値の列から計算されるだけであった．実のところ，本書ではもはやこれらの概念は以後必要としない．

我々が定義する第 2 の統計的関数は**相関行列** C_{xx} であり，確率ベクトル $x \in \Re^n$ に対して次のように定義される．

$$C_{xx} = \int x x^{\text{T}} p(x) dx. \tag{1.78}$$

x の十分多くの標本が利用でき，それを $\{x(t) \mid t = 1, 2, \ldots, N\}$ と表せば，相関行列は次の式で近似できる．

$$C_{xx} \approx \frac{1}{N} \sum_{t=1}^{N} x(t) x^{\text{T}}(t). \tag{1.79}$$

もし各々の確率変数の平均がゼロであるような座標系で考えるなら，確率論の議論は，一般性を失うことなく簡単になる．こうして，相関行列の代わりに共分散行列を使うことになる．これは普通 Ψ で表され，次の式で定義される．

$$\Psi = \mathrm{E}\{(x-\bar{x})(x-\bar{x})^\mathrm{T}\} = \int (x-\bar{x})(x-\bar{x})^\mathrm{T} p(x) dx. \quad (1.80)$$

相関行列や共分散行列の固有値や固有ベクトルを計算することが，多くの統計的問題において必要となる．C_{xx} と Ψ は対称であるから，これは一般的な正方行列の固有値と固有ベクトルの計算より簡単であり，したがって 1.1.3 節で導入された方法を使うことができる．

主成分

1.1.3 節で示したように，全ての対称行列は直交する固有ベクトル $u_k \in \Re^n$ と固有値 λ_k を使って書き表せる．C_{xx} は対称だから，次のように書ける．

$$C_{xx} = \sum_{k=1}^{n} \lambda_k u_k u_k^\mathrm{T}. \quad (1.81)$$

ここで，固有ベクトルは 1.1.3 節の方法で計算できる．u_k は任意のベクトル $x' \in \Re^n$ を近似するのに便利である：

$$x' = \sum_{k=1}^{p} (u_k^\mathrm{T} x') u_k + \varepsilon. \quad (1.82)$$

ここでは，$p \leq n$ で ε は最小自乗の意味で最小化された残差である．係数 $u_k^\mathrm{T} x'$ は x' の主成分と呼ばれる．式 (1.82) の項の大きい方から順に取っていくことで x' の近似は次第に正確になっていき，$p=n$ のとき，$\varepsilon = 0$ となる．この近似は 1.3.2 節で議論する直交射影とさらに深く関係している．式 (1.82) は任意の正規直交基底 $\{u_k\} \in \Re^n$ に関して成り立つことに注意すること．

データ解析に主成分を使うという考え方は 1930 年代に現れた [1.21]．データの比較における主成分の重要性は 1950 年代に理解された [1.22]．主成分分析 (PCA) は今日でもデータ比較に広く使われており，いくつかのニューラルネットワークによる研究方法も提案されている [1.3, 23-25]．

因子分析

PCA の目的は，観測したベクトルの次元数を，最大の分散を持つような次元によってデータを張ることで，減少させようということである：第 1 主成分に対応する固有ベクトルは最大の分散の方向を向いており，第 2 主成分に対応する固有ベクトルは，第 1 の固有ベクトルに直交し，残差の分散が最大になる方向を向いており，以下同様である．(分散に関する通論は，例えば [1.3.22] を見よ．) というわけで，質点の力学に

做って，これらの方向を主座標の方向と呼ぶ．固有ベクトルは $x \in \Re^n$ と同じ次元であることに注意すること．しかし，それより少ない数の固有ベクトルを用いて，主成分の数を $m \leq n$ とするのである．そして，それらの主成分を集めてベクトルにすることができる．

$$f = [(u_1^{\mathrm{T}} x), (u_2^{\mathrm{T}} x), \ldots, (u_m^{\mathrm{T}} x)]^{\mathrm{T}} \in \Re^m . \tag{1.83}$$

これは主成分ベクトルと呼ばれ，またしばしば主因子ベクトルとも呼ばれる．画像解析と統計的パターン認識の分野では，特徴ベクトルとも呼ばれるが，これは非常に基礎的な特徴に過ぎない．つまり，ここでは，これらの用語は x の次元を落とした成分を意味している．

因子という名前は，観測されたスカラ変数の間の依存関係をそれらの相関によって説明するため心理学や社会学のような行動科学において開発された古い解析手法から来ている．例えば，$\xi_i, i = 1, \ldots, n$ は，これよりずっと少ない数の，しかし直接観測できない潜在的な変数，例えば $\phi_j, j = 1, \ldots, m, m < n$ のばらつきによって説明できるかもしれない．この ϕ_j が因子と呼ばれた．もちろん，観測値を説明できるためには，因子のいくつかが本物で意味のある観測可能な変数に一致していることが望ましい．よってこれは，決定変数つまり予測因子として使えるかもしれない．この方法はいつも完全に可能とは限らないので，次善の目的は選ばれた因子と最大の相関を持つ変数を見つけることである；元々観測された変数に対する因子の重みは因子負荷量と呼ばれる．

因子分析の基本的な仮定は，第 1 の近似では観測可能変数と因子は線形独立であるということである：

$$\forall i, \ \xi_i = \sum_{j=1}^{m} \alpha_{ij} \phi_j + \varepsilon_i , \tag{1.84}$$

ここで，少なくとも最も簡単な理論的研究方法においては，α_{ij} はスカラの係数で ε_i は統計的に独立な残差である．もっと洗練された分析では，ε_i を反復的に推定することができるが，ε_i に関する先験的な情報が利用できなければ，ε_i はお互いに，また ϕ_j とも無相関であると仮定してよいだろう．

因子分析は人間と関連した科学において広範に使われたし，意味のある説明を得ようという目標の重圧が大きかったので，やがて，分析手続の様々な改良がおこなわれた．この方法の基本的哲学とも矛盾が生じ，この方法の本質の理解もむしろ曖昧なまま残された．したがって，因子分析は PCA と関連づけて理解するのが最も適切であり，またそれは実のところ最初の手順でもあったのだ [1.21]．

式 (1.84) を行列とベクトルの積の形に書き，x の推定値を $\hat{x}$ と書くことにする：

$$\hat{x} = Af . \tag{1.85}$$

ここで，A は α_{ij} からなる行列であり，f は ϕ_j からなるベクトルである．ここで我々は A の mn 個の未知の要素と f の m 個の未知の要素を同時に決めなければならない！これは何か特別な方策がなければ不可能だ．もし分散だけを説明したいなら，最も基本的な手順は PCA の助けを借りることである．ここしばらくは，f は主因子ベクトルと同じと考えることにし，

$$\hat{x} = \sum_{k=1}^{m} (u_k^{\mathrm{T}} x) u_k \tag{1.86}$$

は PCA で使われる x の推定値だったことを思い出そう．さて，式 (1.86) は次の形に書くことができる．

$$\hat{x} = [u_1, u_2, \ldots, u_m] \begin{bmatrix} (u_1^{\mathrm{T}} x) \\ (u_2^{\mathrm{T}} x) \\ \vdots \\ (u_m^{\mathrm{T}} x) \end{bmatrix}, \tag{1.87}$$

ここで，積の最初の項は u_k を列ベクトルとする行列である．一方で分散の問題に対する解を構成していながら，この式はすでに式 (1.85) の形をしている．したがって，これは因子分析に対する採用可能な手順である．

しかし，これとはまた別の最適解も存在する：実は，f が $\Re^m$ の中で直交的に回転するならば，ある種の最小分散条件が満たされることを示すことができる．このように，PCA の場合と違って，我々は主因子の順位に興味を持つ必要はないのである．ある種の"単純な構造"のための基準を座標軸が満たすように，特別な回転を選択することもできる．しかし本書ではこのような，またこれ以外の改良については議論しない．

観測可能変数 ξ_i の重要性，つまり因子と ξ_i の相関を記述するためには，その因子負荷量を計算すればよい：PCA では因子 ϕ_j から ξ_i にかかる荷重は，単純に α_{ij} である．全ての因子の ξ_i に対するいわゆる共通性は以下のように定義される．

$$\text{因子の } \xi_i \text{ に対する共通性}: \sum_{j=1}^{m} \alpha_{ij}^2. \tag{1.88}$$

1.3.2 射影法

探索的データ解析の目的は大きなデータ集合の単純化した記述と要約を作ることである．クラスタリング（1.3.4 節で議論する）はその標準的方法の 1 つであるが，もう 1 つの選択肢は高次元のデータを低次元，通常は 2 次元表示上の点に射影することである．

射影法の目的はデータ・ベクトルの次元を下げることである．これらの射影は，ク

ラスタや距離関係をできるだけ忠実に保存するように，入力データの項目を低次元空間に表現する．また，選ばれた表示出力に応じて，1, 2 または 3 次元といった十分に低い次元が選ばれれば，射影はデータ集合を可視化することができる．

線形射影

この先に進む前に，1.1.1 節の線形部分空間の概念を思い出す必要がある．3 次元ユークリッド空間内なら，そのような部分空間を，平面（2 次元）や直線（1 次元）として描くことができる．m 次元部分空間 $(m \leq n)$ の各ベクトルは，1 次独立であるように選ばれた m 本の基底ベクトルの 1 次結合である．

主成分分析は，高次元のデータ項目を，はるかに低い次元の部分空間への射影として表示し，しかも元々のデータの分散をできる限り保存することができる．線形射影では，単純に，射影されたベクトルの各要素は，元々のデータ要素の線形結合である各要素に特定のスカラ係数をかけた結果を足し合わせれば，射影は作れる．これは形式的には行列とベクトルの積であり，係数を並べれば**射影行列**になる．PCA の例が図 1.5 に示されている．

多次元尺度法

データ集合が高次元で，その分布が高度に非対称であるか，さもなければ構造化されているなら，線形射影を使ってその分布の構造を可視化することは難しいかもしれない．いくつかの非線形の方法が，データの高次元構造を低次元表示上に再現するために導入されている．一番普通の考え方は，データ項目を表示した点の間の距離が，元々の距離空間内の対応するデータ項目間の距離とできる限り同じになるようなマップ化を探すことである．色々な方法があるが，それらは最適化において様々な距離を

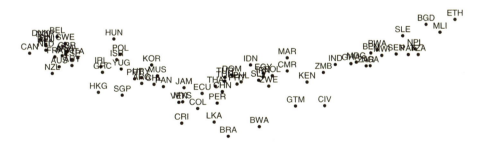

図 **1.5**：この図に示されたデータ集合は，世界銀行発行の World Development Report [1.26] から抜粋した 77 カ国の統計的な指標である．39 次元のデータ・ベクトルの各要素は 1 つの国の繁栄と貧困の様々な側面を表している．欠損データは，主成分を計算するときは無視され，射影を計算するときはゼロで置き換えた．国を表す 3 文字のコードは国名の短縮形なので，説明しなくても理解できるだろう．データ集合は点と見なされ，PCA [1.27] によって得られた 2 次元部分空間上に線形射影された．

どのように重みづけするかで違っているだけである．PCA 理論はここでは必要とされない．

多次元尺度法 (MDS) はあるクラスの手法の代表的なもので，行動科学，計量経済学そして社会科学で広く使われている．MDL には数多くの変種があり，最適化の目標とそのためのアルゴリズムが少しづつ異なっている [1.27-33]．その後 MDL は，データ項目間の距離の大小の順序だけが重要であるような非計量的データを分析できるよう一般化された．その場合，2 つの項目間の非類似性からなる行列だけが利用可能と仮定する．

サモンのマップ化

広く用いられている基本的な非線形マップ化で，いわゆる計量 MDS 法に属するものにサモンのマップ化 [1.34] がある．この方法は，データを低次元で表現したときの 2 項目間の距離を，元々の 2 項目間の距離にできるだけ近づけようとするものである．サモンのマップ化の特別な性質は，誤差を元々の距離によって割り，これによって近い距離を重要視していることである．サモンのマップ化のコスト関数は（正規化定数を省略すると）次のように書ける．

$$E_S = \sum_{K \neq l} \frac{[d(k,l) - d'(k,l)]^2}{d(k,l)}. \tag{1.89}$$

サモンのマップ化を計算するための実際的なアルゴリズムは次のようにして導くことができる．

ベクトルまたは非ベクトルのサンプルの有限の集合 $\{x_i\}$ を考える．$d_{ij} = d(x_i, x_j)$ を，ある測度での x_i と x_j の間の距離とする．距離行列をその要素 d_{ij} で定義する．$r_i \in \Re^2$ を，表示画面上での x_i の像の位置つまり座標ベクトルとする．その原理は，全ての相互のユークリッド距離 $\|r_i - r_j\|$ が，対応する値 d_{ij} にできるだけ近い値を持つように画面上に置くことである．明らかにこれは，近似的にのみできることである．

d_{ij} を $\|r_i - r_j\|$ で近似するため，繰り返し修正をおこなうことができる．例えば，要素 $d_{ij}, i \neq j$ は無作為に距離行列から引き出される．修正量は（発見的に）以下のように定義される．

$$\begin{aligned} \Delta r_i &= \lambda \cdot \frac{(d_{ij} - \|r_i - r_j\|)}{\|r_i - r_j\|} \cdot (r_i - r_j), \\ \Delta r_j &= -\Delta r_i. \end{aligned} \tag{1.90}$$

ここで，$0 < \lambda < 1$ で，λ は，計算過程でゼロに向かって単調に減少させてもよい．統計学的に受け入れられる精度を得るには，サンプル x_i の数の少なくとも 10^4 から 10^5 倍という大量の修正回数が必要となる．

式 (1.90) は，すでに合理的にうまく機能するけれども，[1.34] で提案された数学的に厳密な導出方法を使うことをよりお勧めする．

次の目的関数または誤差関数 E_s を考える：

$$E_s = \frac{1}{\sum_i \sum_{j>i} d_{ij}} \sum_i \sum_{j>i} \frac{(d_{ij} - \|r_i - r_j\|)^2}{d_{ij}}. \tag{1.91}$$

基本的な考え方は，$\Re^2$ 面上での r_i と r_j のベクトルを調節して目的関数 E_s を最小にすることである；こうして，x_i データのクラスタの様子を，その配置から視覚的に識別できるように r_i の点が配置される．

最急降下繰り返し法によって E_s を最小にするために，以下に示すように構成要素の形で最適化方程式を書くことを勧める．(以下の記号表現は，[1.34] とはわずかに異なる.) 次の記法を使う．

$$\begin{aligned} c &= \sum_i \sum_{j>i} d_{ij}\,; \\ d'_{pj} &= \|r_p - r_j\|\,; \\ r_p &= [y_{p1}, y_{p2}]^\mathrm{T}. \end{aligned} \tag{1.92}$$

このとき，引き数 m で繰り返し回数を示すことによって以下の式を得る．

$$y_{pq}(m+1) = y_{pq}(m) - \alpha \cdot \frac{\dfrac{\partial E_s(m)}{\partial y_{pq}(m)}}{\left|\dfrac{\partial^2 E_s(m)}{\partial y_{pq}^2(m)}\right|}. \tag{1.93}$$

ここで再び以下の式を定義する．

$$\begin{aligned} \frac{\partial E_s}{\partial y_{pq}} &= -\frac{2}{c} \sum_j \sum_{p \neq j} \left(\frac{d_{pj} - d'_{pj}}{d_{pj} d'_{pj}}\right)(y_{pq} - y_{jq}), \\ \frac{\partial^2 E_s}{\partial y_{pq}^2} &= -\frac{2}{c} \sum_j \sum_{p \neq j} \frac{1}{d_{pj} d'_{pj}} \\ &\quad \cdot \left[(d_{pj} - d'_{pj}) - \frac{(y_{pq} - y_{jq})^2}{d'_{pj}} \left(1 + \frac{d_{pj} - d'_{pj}}{d'_{pj}}\right)\right]. \end{aligned} \tag{1.94}$$

繰り返し利得パラメータ α として，0.3 から 0.4 の値を使ってよい．そして，完全に実験的に見つけられたこの値は，かなり良い収束性を明らかに保証するので "マジック係数" と呼ばれている．

サモンのマップ化は，全ての統計的なパターン認識の問題での初期解析に特に有用である．なぜなら，特に，クラスの分布，特にその重なり具合を大雑把に可視化できるからである．自己組織化マップに使おうとするデータに対する予備テストとして，サモンのマップ化を使うことを常にお勧めする．

サモンのマップ化の例が，図 1.6 に示されている．明らかにサモンのマップ化の方が，データをわかりやすく広がらせている．

非計量多次元尺度法

元々の計量距離を射影において保存するというのは，必ずしも最良の目標ではない

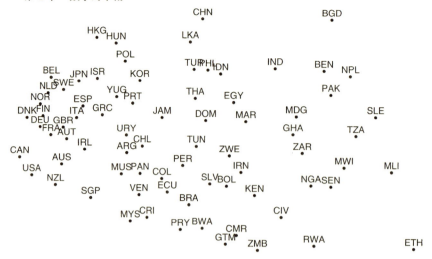

図 1.6：図 1.5 で PCA によって射影されたのと同じデータ集合のサモンのマップ化 [1.27]

かもしれない．非計量 MDS [1.35, 36] では，元々の計量距離の単調増加関数 f を導入する．この関数は射影でマップ化されたデータ間の距離の大小の順序を保存しようとする一方，距離の正確な再現のずれは許す．コスト関数は次のようになる．

$$E_N = \frac{1}{\sum_{k \neq l}[d'(k,l)]^2} \sum_{k \neq l}[f(d(k,l)) - d'(k,l)]^2 . \tag{1.95}$$

ここで，$d(k,l)$ は，それぞれ指数 k と l によって示されるデータ項目間の元々の距離であり，$d'(k,l)$ はそれらに対応する 2 次元空間内の像間の距離である．関数 $f(\cdot)$ は，個々のマップ化に応じて計算過程の中で適応的に最適化される [1.30]．非計量 MDS を次元削減課題に適用した例を，図 1.7 に示す．

主曲線と曲線成分解析

PCA は非線形多様体を形成するものとして，非線形の領域に拡張できる．PCA では線形多様体つまり"超平面"上にデータ集合をうまく射影する方法を構成したが，主曲線または主曲面を構成するときの目的は，集合を非線形多様体つまり曲がった"超曲面"に射影することである．主曲線 [1.38] は，次の特性によって定義される．すなわち，曲線上の任意の点は，その点に射影される全てのデータ点，つまり曲線上でそのデータ点に最も近いのがその点であるような全てのデータ点の平均である．主曲線は，線形の主曲線は主成分であるという意味で，主成分の一般化である．

連続な主曲線という概念は，主成分がどのようにして一般化できるかを理解する助けになるかもしれない．離散化された主曲線を見つけるために Hastie と Stuetzle [1.38] が提案したアルゴリズムは，細かい違いはあるものの，本書の 3.6 節で議論する自己組織化マップ (SOM) のバッチ版に似ている．しかし実際の計算に使えるためには，曲

1.3 統計的パターン解析 41

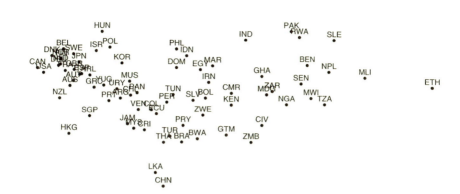

図 1.7：非計量 MDS[1.27] によって構成された非線形射影．データ集合は図 1.5，1.6 と同じ．欠損データは以下のような簡単な方法で取り扱った．この方法は，少なくともパターン認識の分野の良い結果を出すことが実例によって示されている [1.37]．2 つのデータ項目間の距離を計算するとき，利用可能な要素の差（の自乗）だけを計算した．それ以外の差は計算した差の平均に設定した．

線は常に離散化する必要がある．離散化された主曲線は，本質的には SOM と同等である [1.39, 40]．そして SOM は，*Hastie* と *Stuetzle* が主曲線を導入するはるか以前に提案された．主曲線という概念は，SOM アルゴリズムの特性に対する 1 つの可能な視点を与えるという点でだけ，重要であるように見える．

他にもう 1 つ，主曲線と関係した方法，すなわち主曲線分析がある [1.41, 42]．データ項目はまずクラスタ分けされ，それらのクラスタは，大きな距離と小さな距離の相対的な重要度が制御できる高速アルゴリズムによってマップ化される．

本書で議論される自己組織化マップ (SOM) は，クラスタ分けと射影操作の両方をこなすことができる．今までに議論した他の方法との最も本質的な違いは：1. 多変数の項目の開かれた集合を，K ミーンズ・クラスタ化のように，有限個のモデル要素 m_i で表すことができる，2. SOM はそれらの項目を，2 次元の規則的な格子上に順序よく表現することができ，そしてモデル要素はその格子点に対応している，3. 新しい標本が現れるたびにマップ全体を計算し直す必要がない．なぜなら，統計的性質が定常であると仮定できるなら，新しい標本はそれに最も近い既存のモデル要素の上に直接マップ化できるからである．

1.3.3 教師あり分類
比較法

全てのクラス分類またはパターン認識の方法の中で最も平凡なものは，どのクラス

にパターンが属しているかを決定するために，類似度に関する何らかの定義に基づいて未知のパターン x を全ての既知の参照パターン x_k と比較することである．2つのパターン x と x_k 間がどれだけ似ていないかを，ある測度での相互距離 $d(x, x_k)$ で測る．例えばユークリッド測度はしばしばかなり役立つが，1.2.1 節でのどの距離測定でも適用可能である．普通，自然界のパターンは高い次元数を持っているので，もし各クラスからの参照パターンの小さい代表集合を比較のために使うことができないなら，たくさんの計算が必要なことは明白である．**最近接近傍 (NN) 法** では，$d(x, x_k)$ は全ての参照パターンに対して計算される．そしてパターン x はこの最も小さい値に従って分類される．

K 最近接近傍 (KNN) 法

普通，異なったクラスでの参照パターンの分布は重なり合う．そのとき簡単な **NN** 法は，信頼できるクラス境界を定義できない．この場合の伝統的な方法は，クラス分けしたいサンプルへの K 個の最近接参照ベクトルを考え，この K 個の最近接近傍内で遭遇するクラスの中で，**数の多い方に（多数決で）**サンプルを同定することである．こうして定義されたクラス境界は，確率のベイズ (*Bayesian*) 理論に従って導き出した統計的に最適な境界と非常によく似たものになってくる．

角度によるパターン分類

もしパターンの構造が，パターン要素間の相対的な強度によって定義されるなら，その類似度を比較するときにパターン・ベクトルの "方向" を使ってもよい．パターン化された表現は異なったノルムを持っているので，記憶されたパターンとキー（鍵）・パターンとの類似度のため，方向余弦と呼ぶ式 (1.58) でこれらパターン・ベクトル間の角度の余弦を定義しておくことは，しばしば合理的なことである：n 次元空間で，ベクトル x と x_k 間の角度は以下のように定義される．

$$\cos\theta_k = \frac{(x, x_k)}{||x||\, ||x_k||}. \tag{1.96}$$

先験的情報を考慮に入れること

最も平凡なクラス分類法またはパターン認識方法は，未知の項目を全ての参照データと比較し，何かある類似度または距離測度に従って，最もよく合うものを決定することであった．しかし，もし手に入る全ての先験的知識 を使うなら分類精度は著しく改良される．観測結果について物理的または他の性質に基づいて，パターンの分布がある種のよく見慣れた理論的な形をしていると仮定することは，多くの場合に合理的である；このとき，統計学的な観点から最適な判別平面の数学的な表現を導くことが可能になる．

パターンのクラス分けは，意思決定や検出理論などに関係した処理であり，これら

に基づいて議論されるだろう．以下の議論の動機の1つは，分離平面の特定の形，例えば，線形や2次曲面などが統計学的な正当性を有するかもしれないということを指摘することにある．

判別関数

各々のクラス S_i について，いわゆる判別関数 $\delta_i(x)$ を定義することができる．これはパターン・ベクトル x の連続なスカラ値の関数である．$x \in S_i$ ならば，全ての $j \neq i$ に対し，$\delta_i(x) \geq \delta_j(x)$ が成り立つ．x の確率密度関数が連続ならば，等号成立は確率ゼロでしか起きないと考えられる．判別関数には線形や2次など無限個の可能な選択がある．以下では，統計的な議論によって判別関数を定義する．クラス i と j の間の境界つまり分離曲面は，$\delta_i(x)$ を使って次のように定義できる．

$$\delta_i(x) - \delta_j(x) = 0. \tag{1.97}$$

すると，

$$\delta_c(x) = \max_i \{\delta_i(x)\} \tag{1.98}$$

は，x のクラス S_c を定義する．

判別関数の統計学的定義

観測された任意のパターン・ベクトルがクラス S_k に属する先験的確率を $P(S_k)$ と表す．クラス S_k に属するパターン・ベクトルの条件つき密度関数を $p(x|S_k)$ と表す．$p(x|S_k)$ の数学的な形を仮定することができるのはまれな場合である．しかし，ほとんどの場合には，予備的調査で選ばれた典型的なサンプルに基づいてその形をしばしば見積もらなければならない．

意思決定処理の理論は，**損失関数**，または**コスト関数**の概念を中心に基礎づけられている．この関数の値は，発見的手法か，または幅広い経験によって組み立てられた要素に依存している．例えば，特別な出来事を検出することの重要性とか，またはその検出の失敗に依存しているのである．今，$C(S_i, S_k)$ を，あるパターンが実際には S_k に属するのに S_i と誤分類した罰を表す，1回の決定の単位コストであるとする．もし全てのパターンが等しく重要と考えられ，正しい分類のコストが 0 で表されるなら，全ての誤った分類は，単位コスト 1 だけかかると仮定してもよい．(クラス分類では，相対的なコストのみが意味がある．) だから，単位コスト関数の簡単な 1 例は $C(S_i, S_k) = 1 - \delta_{ik}$ である．**平均的条件つき損失** つまり，実際にはクラス $S_i, i = 1, 2, \ldots, m$ の中に統計的に分布するパターンを，クラス S_k に分類したときのコストは，以下のように表される．

$$L(x, S_k) = \sum_{i=1}^{m} P(S_i|x) C(S_k, S_i), \tag{1.99}$$

ここで $P(S_i|x)$ は，値 x を持ったパターンがクラス S_i に属する確率である．この

式は $p(x|S_i)$ と関係がある．これは，x がどのクラスにもある程度の確率で属するので，密度関数 $p(x|S_i)$ は $\Re^n$ で重なり合うという事実が原因であると考えられる．もし $P(X, Y)$ が，事象 X と Y が同時に起きる確率なら，以下の関係は確率理論の基本的な恒等式である．

$$P(X, Y) = P(X|Y)P(Y) = P(Y|X)P(X). \tag{1.100}$$

これは，新しい観察結果に基づく確率を扱ういわゆるベイズ流確率論の基本である．今の例に応用すると，上の公式を使って以下の結果が得られる．

$$L(x, S_k) = \sum_{i=1}^{m} p(x|S_i)P(S_i)C(S_k, S_i). \tag{1.101}$$

今，損失関数に負号を付けたものは，判別関数の条件を満足することがわかる：x をクラス S_k に分類するよりも，それ以外の S_i に分類するコストの方が高いなら，$-L(x, S_k) = \max_i\{-L(x, S_i)\}$ が成り立つ．一方，判別関数の候補を考えるとき，上の式の全ての場合に共通な要素または追加項を省略することが可能になる．こうして，以下の形の判別関数を選ぶことは良い戦略になるだろう．

$$\delta_k(x) = \sum_{i=1}^{m} p(x|S_i)P(S_i)C(S_k, S_i). \tag{1.102}$$

1つの基本的な判別関数は $C(S_k, S_i) = 1 - \delta_{ki}$ とすることで得られる．すなわち，正しい分類の場合のコストはゼロで，誤分類の場合は 1 である．このとき以下の式が得られる．

$$\delta_k(x) = \sum_{i=1}^{m} p(x|S_i)P(S_i) + p(x|S_k)P(S_k). \tag{1.103}$$

今，全ての可能なクラスは $S_i, i = 1, 2, \ldots, m$ なので，このとき以下の恒等式が成り立つ．

$$\sum_{i=1}^{m} p(x|S_i)P(S_i) = p(x). \tag{1.104}$$

そして，$p(x)$ が k に独立であるのでこの項を省略することができる．こうして新しい判別関数として以下の式が再定義される．

$$\delta_k(x) = p(x|S_k)P(S_k). \tag{1.105}$$

もし全ての $\delta_k(x)$ に対して $p(x|S_k)P(S_k)$ の任意の単調増加関数を選んでも，判別関数の定義によれば分離面の形は変わらないということを認識すべきである．

パラメトリック分類の例

任意のクラスのパターン・ベクトルは，多変数（正規化）ガウス確率密度関数によって記述される正規分布であるが，しかし各クラスは異なったパラメータによって以下のように書かれると仮定する：

$$p(x|S_k) = \frac{1}{\sqrt{|\Psi_k|}} \exp\left[-\frac{1}{2}(x-m_k)^{\mathrm{T}}\Psi_k^{-1}(x-m_k)\right], \qquad (1.106)$$

ここで m_k はクラス k での x の平均である．Ψ_k はクラス k での x の共分散行列であり，$|\Psi_k|$ はその行列式である．判別関数として $2\log[p(x|S_k)P(S_k)]$ は，今，以下のように選ぶことができる：

$$\delta_k(x) = 2\log P(S_k) - \log|\Psi_k^{-1}| - (x-m_k)^{\mathrm{T}}\Psi_k^{-1}(x-m_k). \qquad (1.107)$$

これは x の 2 次関数である．結果として分離面は 2 次曲面になり，これはパラメータの有限個の集合によって定義できる．だから，この方法はパラメトリック分類法と呼ばれる．

サンプルの集合に制限があって，Ψ_k^{-1} が存在しない場合が起きる．この場合には，いわゆるムア・ペンローズ (*Moore-Penrose*) の擬逆行列 Ψ_k^+ [1.1] を Ψ_k^{-1} の代わりに使ってもよい．

特別な場合には，等共分散行列 $\Psi_k = \Psi$ を有する判別関数を考えてもよい．これは例えば，1 変量の時系列から導き出されたパターンの場合である．k に依存しない全ての項は落とされている．さらに，共分散行列の対称性を使うと簡単になり，以下の式が得られる．

$$\delta_k(x) = m_k^{\mathrm{T}}\Psi^{-1}x - \frac{1}{2}m_k^{\mathrm{T}}\Psi^{-1}m_k + \log P(S_k). \qquad (1.108)$$

驚くべきことに，密度関数が非線形（ガウス型）であるにもかかわらず，この式は x に関して線形である．

ロバン・モンロの確率近似

学習過程を含む多くの最適化問題では，解は与えられた性能の指標，つまり普通，積分形で表される目的関数を最小にする 1 組のパラメータとして定義される．そのような最適解が閉じた形で決定されうるような理論的な場合もある．しかし，実際の問題はもっと難しい．早くも 1951 年には，確率近似と呼ばれる実際的な近似最適化法が *Robbins* と *Monro* [1.43] によって創案された．一般的な意味において，この問題は数学的統計学の分野に属している．そして，本書のような学際的な本で，数学的な厳密で確率的過程を議論することは大変に難しい．だからここでは，確率近似の中心的な考え方のみを提示し，その流れで，ある典型的な例へ応用する．

最も初期の適応ニューラル・モデルに，*Widrow* [1.44] のアダラインがある．これ

は，出力までは線形に動作するが，出力の場所にしきい値を設けた非線形の装置である．この装置は，1 組の実数値のスカラ信号 $\{\xi_j\}$ を受け取る．それらは一緒になって入力信号ベクトル $x = [\xi_1, \xi_2, \ldots, \xi_n]^T \in \Re^n$ を形成し，その入力に対してスカラ応答 η を作り出す．ベクトル x は確率変数である．線形依存性が仮定されている：$\eta = m^T x + \varepsilon$ であり，ここで，$m = [\mu_1, \mu_2, \ldots, \mu_n]^T \in \Re^n$ は，パラメータまたは重みベクトルである．そして ε はゼロ期待値を持った確率誤差である．(元のアダラインと違って，ここでは x の値にバイアスを考えない．入力ベクトル x にバイアスを加えることは些細なことである．) スカラ値の目的関数 J は，2次の誤差の平均期待値として以下のように定義されている．

$$J = \mathrm{E}\{(\eta - m^T x)^2\}, \tag{1.109}$$

ここで，$\mathrm{E}\{\cdot\}$ は，x のサンプルの無限集合についての数学的な期待値を表す．もし $p(x)$ を x の確率密度関数とするなら，式 (1.109) は次のように書ける．

$$J = \int (\eta - m^T x)^2 p(x) dx, \tag{1.110}$$

ここで dx は，積分がおこなわれる信号値を有する n 次元の超空間での微分体積要素を表す．問題は，J を最小にする m の値 m^* を見つけることである；極値条件は次式で得られる．

$$\nabla_m J = \left[\frac{\partial J}{\partial \mu_1}, \frac{\partial J}{\partial \mu_2}, \ldots, \frac{\partial J}{\partial \mu_n}\right]^T = 0. \tag{1.111}$$

確率密度関数 $p(x)$ は，解析的な形では既知ではないかもしれないので，(例えば，サンプル x の分布が実験的にのみわかっているとき)，手元にあるサンプル値 x を使って J を近似しなければならない．J のサンプル関数を $J_1(t)$ で表す：

$$J_1(t) = [\eta(t) - m^T(t) x(t)]^2, \tag{1.112}$$

ここで，$t = 0, 1, 2, \ldots$ はサンプルの番号である．そして $m(t)$ は，時刻 t における m の (いくらか良い) 近似である．

ロバンとモンロの考え方は，反復によって各段階での $m(t)$ を決定することである．ここで $m(t)$ に関しては，J の勾配は $J_1(t)$ の勾配によって近似する．任意の初期値 $m(0)$ から始めても，一連の $\{m(t)\}$ は最適ベクトル m^* の近傍に収束する．この漸化式は，一連の勾配刻み（ステップ）を用いて以下のように定義できる．

$$m^T(t+1) = m^T(t) - G_t \nabla_{m(t)} J_1(t), \tag{1.113}$$

ここで G_t は利得行列である．収束するための必要条件は，G_t が正の定符号であることが示されている．G_t の行列ノルムにも条件がある．実際の場合の 1 つの重要な選

択は，$G_t = \alpha(t)I$ である．ここで I は単位行列であり（これは，$\alpha(t)$ が小さければ m 空間での最急降下法を意味しており）$\alpha(t)$ はスカラである．

方程式 (1.113) は，こうして以下のようになる．

$$m^{\mathrm{T}}(t+1) = m^{\mathrm{T}}(t) + \alpha(t)[\eta(t) - m^{\mathrm{T}}(t)x(t)]x^{\mathrm{T}}(t) . \tag{1.114}$$

ロバンとモンロは，この数列が以下の条件が満足されるときだけ，J が最小になる局所的な最適値 $m^{*\mathrm{T}}$ に向かって確率 1 でもって収束することを示した：

$$\sum_{t=0}^{\infty} \alpha(t) = \infty , \quad \sum_{t=0}^{\infty} \alpha^2(t) < \infty . \tag{1.115}$$

例えば，$\alpha(t) =$ 定数$/t$ は上の条件を満足する．以下の式 [1.45] を用いると，しばしばさらに早い収束が得られることがわかっている：

$$\alpha(t) = \left(\sum_{p=0}^{t} \|x(p)\|^2 \right)^{-1} . \tag{1.116}$$

この簡単な線形の場合には，収束極限値は正確に $m^{*\mathrm{T}}$ であるが，非線形の場合には，一般に同じことは言えないことを注意しておく必要がある．式 (1.115) の収束条件は一般に妥当である．しかし J には，いくつかの局所的最小値が存在する．そのどれもに収束する可能性がある．

1.3.4 教師なし分類

我々はクラスを先験的には知らないと仮定する．それにもかかわらずサンプルが，例えばその類似関係に従うとかで有限個の部類（カテゴリ）に分かれるなら，この問題は**教師なし分類**と呼ばれ，以下に述べるように数学的に形式化できる．この節で議論するクラスタ法は，項目間のそのような関係を発見するのを可能にしてくれる．

クラスタ法の完全な概説を企てる必要はないだろう：最も中心的な参考文献 [1.46 – 56] のいくつかを述べるだけで十分としよう．

簡単なクラスタ化

クラスタ化問題を例えば以下の方法で準備しよう．$A = \{a_i; i = 1, 2, \ldots, n\}$ は項目の表現の有限の集合であると仮定する．この集合は，互いに素な（ばらばらの）部分集合 $A_j, j = 1, 2, \ldots, k$ に分割し，その分割において，項目間の"距離"を記述するある汎関数が極値に達するようにしなければならない．この汎関数は，同じ A_j に属する全ての a_i 間の相互距離ができるだけ小さく，一方，異なる A_j 間の距離ができるだけ大きいという意味でグループ分けの質を表すだろう．

2 つのベクトル項目間の距離に関しては最も簡単な場合，(重みづけ) ユークリッド

距離測度が選ばれるだろう．また，より一般的なミンコフスキ (*Minkowski*) 測度がしばしば使われている．グループ分けを決めている汎関数は，例えば距離のあるベキ乗（例えば 2 乗）の和を含んでいるだろう．部分集合 A_j の決定は大域的な最適化問題である．これによって，最適化の基準を記述している 1 組の連立代数方程式を，直接または繰り返し法によって解かなければならない．

階層型クラスタ化（分類法近似）

もし部分集合 A_j が，一連のいくつかの段階を踏んで決定されるなら，計算に費やされる労力は著しく削減される．しかし，このときでも最適化の基準は各個々の段階でのみしか適用されないので，最終の組分けは，普通，準最適であるに留まる．しかし，こうした**階層型クラスタ化**は，得られたクラスタ間に存在する一般的な関係を見い出すことが可能である；クラス分け，符号化や経験的データの回復において，この利点はしばしば大変に重要である．階層型クラスタ化が標準の方法である 1 つの大きな応用領域がある．それは，**数値分類法**である．

階層型クラスタ化の主な型には，**分裂**（区別，分割）**法**と，**併合**（団塊化，合体）**法**がある．

分裂法

この簡単な方法に関係した直接的な方法を説明する．集合 A は最初，互いに素な部分集合 A_1 と A_2 に分けられる．このとき，クラス間距離 $d = d(A_1, A_2)$ を最大にする．d には多くの選択が可能である．最も簡単な中の 1 つは，表現空間の中でユークリッド測度を使うものである．

$$d = \sum_{j=1}^{k} n_j \|\bar{x}_j - \bar{x}\|^2, \tag{1.117}$$

ここで n_j は，A_j に属する表現の数である．$\bar{x}_j$ は A_j の平均であり，$\bar{x}$ は A の平均である．普通 $k = 2$ である．A_1 と A_2 はそれぞれ，部分集合の A_{11} と A_{12} に，そして A_{21} と A_{22} に分けられ，このようにして分割は続けられる．部分集合のさらなる分割を自動的に止めるために，（例えば，d がある限界値以下になるなら）終止規則が適用される．そのときこの方法は，直接的に **2 分木構造**を作り出している．

表現空間の距離測度を直接適用する代わりに，まず木構造，いわゆる**最小結合木構造**（全ての表現 "点" を最短距離で結ぶもの；次の段落を参照せよ）を作ってもよい．この構造は，その位相幾何学的な構造によって，その中の任意の 2 点間の相互の距離を定義している．次に，弧切断アルゴリズム [1.56] を使って，その木を最適に分割することができる．

図 **1.8**：クラスタ化の例．(a) 部分集合への分割，(b) 最小結合木構造．

併合法

　これは，分裂法よりも一般的である．単一要素の集合 $A_i^{(0)} = \{a_i\}$ から出発する．それに続く各段階 (s) において，k 個の最もよく似た部分集合 $A_{j1}^{(s-1)}, \ldots, A_{jk}^{(s-1)}$ を併合してより大きな部分集合 $A_j^{(s)}$ を作る．普通 $k=2$ である．以下の場合が起こることに注意すべきである：最近接の部分集合は，(a) 単一要素同士，(b) 単一要素と，>1 のメンバよりなる別の集合，(c) 2つとも >1 のメンバよりなる集合である．併合法においては，2つの素な部分集合 A_i と A_j 間の距離は，適宜に，例えば $d(a_k, a_l)$ の最小値として定義できる．ここで，$a_k \in A_i$ と $a_l \in A_j$ （いわゆる単一結合）である．実際に，もし新しい部分集合に併合されると同時に，最近接の a_k と a_l 間に結合（弧）を結べば，この方法は，直接にいわゆる最小結合木構造を定義していることになる．

　図 1.8 は，点の集合を分割して 2 つの部分集合に分けるのと，その最小結合木構造による表現を説明している．

1.4　部分空間分類法
1.4.1　基本部分空間法
クラスとしての部分空間

　統計的パターン認識においてあまり知られていない技法は，パターンのクラスに含まれるデータを，解析的に定義できる多様体として直接的にモデル化することである．例えば実際に，クラスを線形部分空間に対応させると，多くの重要な変換群が自動的に考慮される [1.3, 57]．その場合，未知の入力パターンのクラスの所属は，そのパターンの表現からそのような多様体までの距離によって表現される．多様体自身は，その基底ベクトルによって表現され，基底ベクトルとして選ぶのは，例えば代表的なサンプルか，以下に議論されるように統計的に決定されたある種の変数などである．入力ベクトルは，基底ベクトルの一般的な線形結合との類似度によって分類される．この方法と，大部分のニューラルネットワーク・モデルでおこなわれているように，荷重ベクトルと未知のベクトルとの距離を直接比較するのとでは大きな違いが生じる．

　この例は，色々なスペクトルの分類の中に見つかる．音信号の信号源を考えよう．大抵の場合，信号は様々な機械的振動モードによって生み出される．共振周波数は固定

しているが，モードの強さは様々な影響を受ける．特に励起の状況の影響は大きく，これはある程度は確率的に変化する．したがって，前に述べた何らかの類似度（例えば，ハミング距離，ユークリッド距離，方向余弦または相関）で，スペクトルを型版（テンプレート）と比較しても，特に良い結果が得られるとは思えない．一方，これらの振動モードの一般的な線形結合は，クラスと見なしてよいだろう．少なくとも振動モードと同じ数の，1次独立な原型ベクトルによって各クラスを表現するとしよう．各クラスについて別々に，原型（プロトタイプ）の線形結合を未知ベクトルに当てはめてみて，特定のクラスに関する残差が他のクラスより小さければ，未知ベクトルはそのクラスに属すると見なせる．クラスからベクトルまでの距離は最小の残差と定義できる．この場合，個々の原型のどれかに近い必要はない．以下に示すように，この分析はベクトル空間の諸概念によって大変簡単に定式化できる．

しかし，部分空間法はスペクトル・パターンに限られるわけではない：例えば，光学的パターンに，統計的な特徴量に基づいて応用して成功している．その例として，織り目模様（テクスチャ）の分類 [1.58, 59] と手書き文字の分類 [1.60] がある．

部分空間法がパターン分類に最初に応用されたのは 1960 年代である [1.57]．

$\Re^n$ の中の部分空間 $\mathcal{L}$ を，基底ベクトル $(b_1, \ldots, b_K, K < n)$ の一般的な線形結合で表現できるベクトル $x \in \Re^n$ の集合と定義する：

$$\mathcal{L} = \mathcal{L}(b_1, b_2, \ldots, b_K) = \left\{ x \middle| x = \sum_{k=1}^{K} \alpha_k b_k \right\}, \tag{1.118}$$

ここで，$\alpha_1 \ldots \alpha_K$ は領域 $(-\infty, +\infty)$ に属する任意の実スカラである．

線形部分空間は基底ベクトルによって一意に定義されるが，その逆は正しくない：同じ $\mathcal{L}$ を定義する基底ベクトルには無限の組合せがある．部分空間に関する計算を最も効率的なものにするには，基底ベクトルは**正規直交基底**にしておくのがよい．つまり互いに直交していて，各々のノルムは1である．人工的なモデルでは，任意の基底に対し，そのような新しい基底を，例えば 1.1.1 節で議論したグラム・シュミット法で構成することができる．

射影

部分空間の基本的な演算は 1.1.1 節で議論した**射影**である．$\mathcal{L} \subset \Re^n$ の中で，任意のベクトル $x \in \Re^n$ に最も近い点を，x の $\mathcal{L}$ 上への射影と呼び，$\hat{x} \in \mathcal{L}$ と書く．

$$x = y + z, \tag{1.119}$$

で，$y \in \mathcal{L}$ であるような全ての分割の中で，$y = \hat{x}$ とする分割は特別なものであることは前に示した．なぜならそのとき，z は $\mathcal{L}$ の全てのベクトルに直交するからである．そのときの z の値は $\tilde{x}$ と書かれ，$\tilde{x} \perp \mathcal{L}$ のように書く．$\|\tilde{x}\|$ は全ての $\|z\|$ の中で最小だから，これを x の $\mathcal{L}$ からの距離とする．$\mathcal{L}$ の基底として正規直交基 $(u_1, u_2, \ldots, u_K)$ を構成してあるとする．普通 K は n よりずっと小さい．すると 1.1.1 節でのグラム・

シュミット法の計算過程と $\|u_k\| = 1$ から次のことがわかる．

$$\hat{x} = \sum_{k=1}^{K}(u_k^\mathrm{T} x)u_k \quad \text{そして} \quad \tilde{x} = x - \hat{x}. \tag{1.120}$$

並列計算機やニューラルネットワークに行列計算をやらせるなら，**直交射影演算子**を定義しておくと色々と便利である．

$$P = \sum_{k=1}^{K} u_k u_k^\mathrm{T}. \tag{1.121}$$

そうすれば，

$$\hat{x} = Px \quad \text{そして} \quad \tilde{x} = (I - P)x \tag{1.122}$$

となる．ここで I は単位行列である．

分類

ここで，パターンのクラスを N 個考え，それらを $S_1, \ldots, S_N$ と書くことにする．各クラスはそれぞれの部分空間 $\mathcal{L}^{(i)}$ とその基底ベクトル $b_1^{(i)}, \ldots, b_{K(i)}^{(i)}$ で表される．多くの基礎的な統計的パターン認識法と同様，x は様々なクラスからの距離によって分類される．そして，前に述べたように，距離は $\|\tilde{x}^{(i)}\|$ で定義するのが目的にかなっている．この距離は，入力ベクトル x を各クラスに関して次のように分解することで計算できる．

$$x = \hat{x}^{(i)} + \tilde{x}^{(i)}. \tag{1.123}$$

x を帰属させるべきクラス S_c は，次のように決定する．

$$\begin{aligned} c &= \arg\min_i \{\|\tilde{x}^{(i)}\|\} \quad \text{すなわち} \\ c &= \arg\max_i \{\|\hat{x}^{(i)}\|\}. \end{aligned} \tag{1.124}$$

部分空間法では，判別関数を次のように定義することができることに注意してほしい．

$$\delta_i(x) = \|\hat{x}^{(i)}\|^2 = \|x\|^2 - \|\tilde{x}^{(i)}\|^2. \tag{1.125}$$

$\mathcal{L}^{(i)}$ を表す射影演算子 (行列) $P^{(i)}$ を使えば，S_i と S_j の間の境界を次の式によって決定できることが，式 (1.97), (1.121), (1.122) そして式 (1.125) から示される．

$$x^\mathrm{T}(P^{(i)} - P^{(j)})x = 0. \tag{1.126}$$

これは x に関する 2 次式であり，境界は 2 次の円錐となる ([1.3] を参照)．

明らかに部分空間は分類誤りを最小化するように設計することができ，それはこの節で議論する．

最適化された部分空間を構成するための統計的また幾何学的方法が以前からあり，そのような方法は部分空間の次元が一般に変化するものであった（例えば，[1.61, 62]）．

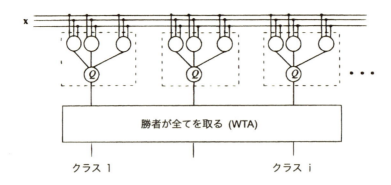

図 1.9：線形部分空間モジュールからなるニューラルネットワーク．Q：2次神経細胞

部分空間分類器の回路構造

図 1.9 に示すように，2層の回路の後に何らかの勝者が全てを取る (WTA) 回路をつけて，部分空間分類器をニューラルネットワークで組むことができる．勝者が全てを取る (WTA) 回路は入力の中で最大のものを検出する．入力 "神経細胞" は線形で，その荷重ベクトルは基底ベクトル $b_h^{(i)}$ に等しい．ここで i は，図の中で破線の囲みで表されているモジュールの1つを表す番号，h はそのモジュールの中での神経細胞の番号である．モジュールの出力細胞の入出力関数は何らかの2次関数 (Q) である．実際の計算では，我々は基底ベクトルを正規化しておき，お互いにできるだけ直交させておくことが多い（これは原理的には必要ではないが）．そのときは，出力 "神経細胞" は各入力の自乗和を計算するだけでよい．この場合，出力神経細胞は入力を線形に足しているだけで，その入力が，1層目の出力の段階ですでに自乗されていると考えることも可能である．数学的に言えば，モジュール i の出力は常に $\|\hat{x}^{(i)}\|^2$ つまり入力 x を $\mathcal{L}^{(i)}$ に射影したものの長さの自乗である．次に，$\|\hat{x}^{(i)}\|^2$ の最大値がWTA回路によって選ばれる．

1.4.2 モデル部分空間の入力部分空間への適応

部分空間 $\mathcal{L}$ の次元つまり $\mathcal{L}$ の1次独立な基底ベクトルの数はあらかじめ決まっていると仮定しよう．この場合でも，$\mathcal{L}$ は，確率的な入力データ x に対し，x と $\mathcal{L}$ の距離の期待値が最小になるように適応させることができる．x と $\mathcal{L}$ の距離の期待値は次の式で与えられる．

$$E = \int \|\tilde{x}^2\| p(x) dx . \qquad (1.127)$$

別の言い方をすれば，E を最小にするという意味で $\mathcal{L}$ を $p(x)$ に当てはめることができる．これは1種の回帰を構成する．

段階的な修正によって E を最小化することもできる．この場合，1つ1つの新しい

サンプル x に対して，その誤差 $\|\tilde{x}\|$ を小さくする．$b_k \in \Re^n$ を $\mathcal{L}$ の基底ベクトルの 1 つとすると，新しい基底ベクトル b'_k は行列とベクトルの積で次のように計算できる．

$$b'_k = (I + \lambda x x^{\mathrm{T}}) b_k, \tag{1.128}$$

ここで，I は単位行列，λ は自由なスカラ ($\lambda > 0$) である．式 (1.128) のかけ算は $\mathcal{L}$ の全ての基底 b_k におこなわれる．こうすれば，x の $\mathcal{L}$ 上への射影はより長くなり，残差 $\tilde{x} = x - \hat{x}$ はより短くなることが示せる．

実は，我々はもっと強い結果を証明するつもりである：もし，確率的ベクトル列 x の全てが線形部分空間 $\mathcal{X}$ に含まれるとする．このとき，次元が最大でも $\mathcal{X}$ と同じであるような任意の部分空間 $\mathcal{X}$ の全ての基底ベクトルに式 (1.128) を連続して適用すると，部分空間 $\mathcal{L}$ は部分空間 $\mathcal{L}^* \subseteq \mathcal{X}$ に収束する．我々はこの結果を 5.9 節で必要とする．

入力ベクトル $x \in \Re^n$ は，以下ではっきり定める確率過程によって，ある部分空間 $\mathcal{X}$ から取られるとする．一般性を失うことなく，ベクトル x は正規化されていると仮定できる．定理の基礎を築くため，まず 2 つの補題を導く．

補題 1 任意のベクトル $b \in \Re^n$，$b \notin \mathcal{X}$ に $P = I + \lambda x x^{\mathrm{T}}$，$x \in \mathcal{X} \subset \Re^n$，$\lambda > 0$ をかけたとすれば，$x \perp b$ でない限り $\|\hat{b}\|^2 / \|b\|^2$ は増加する．

証明 b に P をかけて得られるベクトルを $b^{(r)}$ で表す．

$$b^{(r)} = b + \lambda(x^{\mathrm{T}} b) x . \tag{1.129}$$

また，任意のベクトル a に対し，それを $\mathcal{X}$ 上に射影したものを $\hat{a}$ で表す．すると，a は $a = \hat{a} + \tilde{a}$ と分解できる．ここで $\tilde{a} \perp \hat{a}$ である．

上の分解を b に関しておこない，$\lambda(x^{\mathrm{T}} b) x \in \mathcal{X}$ に注意すると，$b^{(r)}$ を次のように分解できる：

$$\hat{b}^{(r)} = \hat{b} + \lambda(x^{\mathrm{T}} b) x , \quad \text{そして} \tag{1.130}$$
$$\tilde{b}^{(r)} = \tilde{b} . \tag{1.131}$$

一般性を失うことなく $\|b\| = 1$ と仮定できる．等式 $x^{\mathrm{T}} \hat{b} = x^{\mathrm{T}} b$ と仮定 $\|x\| = 1$ を使うと，細かい計算を省略して，次の式を得る．

$$\|\hat{b}^{(r)}\|^2 = \|\hat{b}\|^2 [1 + (2\lambda + \lambda^2) \cos^2 \phi] = \|\hat{b}\|^2 + (2\lambda + \lambda^2) \cos^2 \psi , \tag{1.132}$$

ここで，ϕ はベクトル x と $\hat{b}$ の角度，ψ はベクトル x と b の角度である．このように，b に P をかけたとき，$\|\hat{b}\|$ は増加するのに，$\|\tilde{b}\|$ は一定である．よって明らかに，$x \perp b$ でない限り $\|\hat{b}\|^2 / \|b\|^2$ は増加する（証明終り）．

補題 2 $\mathcal{X} \subseteq \Re^n$ は次元が最低でも k の部分空間，$b_1, \ldots, b_k$ は $\mathcal{B}$ を張る正規化されたベクトルとする．また，$b_1, \ldots, b_{k-1} \in \mathcal{X}$ は直交していて，$b_k \notin \mathcal{X}$ とする．さら

に，$b_1,\ldots,b_{k-1}$ は b_k と近似的に直交していて，$b_j^\mathsf{T} b_k = \lambda_j, j = 1,\ldots,k-1$ と置けるものとする．ここに，全ての λ_j は最大でも下の学習率係数 λ と同じオーダの大きさである．ここで，b_k に $I + \lambda xx^\mathsf{T}$ をかけたとする．ただし，$0 < \varepsilon \leq \lambda \ll 1, x \in \mathcal{X}$ である．続いて，b_k を全ての $b_j, j = 1,\ldots,k-1$ に対して正規直交化したとする．このとき，$x \perp b_k$ でない限り，λ^2 とそれ以上の項にかかわらず，b_k の $\mathcal{X}$ 上への射影のノルムの自乗 $\|\hat{b}_k\|^2$ は増加する．

証明 b_k を演算子 $P = I + \lambda xx^\mathsf{T}$ で回転させた後の値を $b_k^{(r)}$ と書き，回転と b_i, $i = 1\ldots k-1$ に対する直交化の両方をおこなった後の値を b_k' と書く．直交化は例えばグラム・シュミット法によって次のようにできる：

$$b_k' = b_k^{(r)} - \delta b_k , \qquad (1.133)$$

ここで，修正量は $\delta b_k = \sum_{i=1}^{k-1} ((b_k^{(r)})^\mathsf{T} b_i) b_i$ である．近似的直交の仮定により，$\delta b_k = O(\lambda)$ である．

$\delta b \in \mathcal{X}$ であるから，b_k の $\mathcal{X}$ に直交する成分は全く変換されない．

$$\tilde{b}_k' = \tilde{b}_k^{(r)} = \tilde{b}_k , \qquad (1.134)$$

ここで最後の等号は式 (1.131) から導かれる．b_k' の $\mathcal{X}$ に含まれる成分の大きさ（の自乗）は，$\delta b_k \perp b_k'$ という事実を用いて式 (1.133) から得られる．

$$\begin{aligned}
\|\hat{b}_k'\|^2 &= \|\hat{b}_k^{(r)}\|^2 - \|\delta b_k\|^2 \\
&= \|\hat{b}_k^{(r)}\|^2 + O(\lambda^2) \\
&= \|\hat{b}_k\|^2 + 2\lambda \cos^2 \psi + O(\lambda^2) , \qquad (1.135)
\end{aligned}$$

ここで，ψ はベクトル x と b_k の角度である．最後の等号は式 (1.132) から導かれる．

このように，回転と直交化の演算で $\hat{b}_k$ は増加するのに，$\tilde{b}_k$ は一定であるから，$\|b_k\|$ を正規化した後 $\mathcal{X}$ への射影は増加する（証明終り）．

さて，**適応部分空間 (AS) 定理** を述べる準備が整った．次の条件が成り立つと仮定しよう：

(i) 入力ベクトル x の一連の値は，定常な確率過程によって台 $\mathcal{D} \subseteq \mathcal{X}$ から得られる．ここで $\mathcal{D}$ の次元は少なくとも k，また確率密度関数 $p(x)$ の全ての値はゼロでない．

(ii) $b_1,\ldots,b_k$ の初期値は全ての $x \in \mathcal{X} \subseteq \mathcal{D}$ には直交していない．

定理 1.4.1 $b_1,\ldots,b_k \in \Re^n$ は線形部分空間 $\mathcal{B} \subset \Re^n$ を張る正規直交ベクトル，$\mathcal{X} \subset \Re^n$ は別の線形部分空間で，その次元は少なくとも $\mathcal{B}$ と同じとする．$x = x(t_p) \in \mathcal{X}$ は条件 (i) と (ii) を満たすとする．t_p は x のサンプリングの番号である．さて，$b_1,\ldots,b_k$ に $I + \lambda x(t_p)x^\mathsf{T}(t_p)$ をかけ，同じ順序で相互に正規直交化するとする．た

だし，$0 < \varepsilon \leq \lambda \ll 1$ である．そして，これを無制限に繰り返したとする．このとき，次々と新たに得られる $b_1, \ldots, b_k$ によって張られる部分空間 $\mathcal{B}(t_p)$ の系列 $\{\mathcal{B}(t_p)\}$ は，部分空間 $\mathcal{B}^* \subseteq \mathcal{X} \mathcal{B}^* \subseteq \mathcal{X}$ に収束する．そしてその精度は λ を十分に小さく選ぶことでいくらでも良くできる．

証明 b_1 が $\mathcal{X}$ に収束することの証明は，λ が小さくないときでも自明である．補題1によれば，$r = \|\hat{b}_1\|^2 / \|b_1\|^2 \leq 1$ で表される射影の自乗の相対値は一連の回転によって単調に増加する．もし r が $r^* < 1$ に収束するならば矛盾が生じる．なぜなら，任意の有限のステップの後，条件 (i) によれば，正の確率で式 (1.132) に関係した x の値が生じ，$\hat{b}_1$ は固定された小さな正の値 ε より大きな量だけ増加するからである．

このように，b_1 が，$b_2, \ldots, b_k$ にかかわらず，確率1でしかも単調に $\mathcal{X}$ に収束することが示されたのであるから，$b_2, \ldots, b_k$ がその後どうなるかを示しさえすればよい．

さて，$b_1 \in \mathcal{X}$ とし，その修正された値を $b_1' \in \mathcal{X}$ とする．また，$b_1^\mathrm{T} b_2 = \lambda_1 \ll 1$ とする．補題2によれば，自乗ノルム $\|\hat{b}_2\|^2$ は (λ^2 の効果と $x \perp b_2$ の場合を無視すれば) 単調に増加する．よって，b_1 のときおこなった付加的な議論と同様の議論により，b_2 も $\mathcal{X}$ に収束する．

次に $b_1, b_2 \in \mathcal{X}$ のときを考えよう．それらを修正した値を $b_1', b_2' \in \mathcal{X}$ とする．$b_1^\mathrm{T} b_3 = \lambda_1 \ll 1$，$b_2^\mathrm{T} b_3 = \lambda_2 \ll 1$ と置く．補題2を b_3 に適用するとき，b_1' と b_2' はそれらが正規直交化されたものと正確に同じ空間を張ること，b_1' と b_2' の正規直交化は b_3 の修正された値の正規直交化に先だっておこなわれることに注意する．したがって，$\|\hat{b}_3\|^2$ の修正は補題2に述べられた条件下と同様に振る舞う．そして，$\|\hat{b}_1\|^2$ と $\|\hat{b}_3\|^2$ に関するのと同じ付加的な議論により，自乗ノルム $\|\hat{b}_3\|^2$ は単調に増加する．こうして，b_3 は $\mathcal{X}$ に収束する．

これと同じ演繹を，最後の b ベクトルをそれ以前のものとの関係において考慮しながら，$b_4, \ldots, b_k$ に対して繰り返せばよい．全ての $b_1, \ldots, b_k$ が $\mathcal{X}$ に収束してしまえば，その後の学習によって得られるいかなる $b_1, \ldots, b_k$ によって張られる $\mathcal{B}^*$ も $\mathcal{B}^* \subseteq \mathcal{X}$ を満たす（証明終り）．

コメント1：$\mathcal{B}$ が $\mathcal{X}$ に収束した後も，その基底ベクトルは $\mathcal{X}$ の中で，束縛されることなく動き回る．

コメント2：補題2を導いた方法を考えると，b_1 その他がすでに $\mathcal{X}$ に収束したという条件は，b_1 その他と $\mathcal{X}$ の距離がすでに最大でも $\lambda^* \ll \lambda$ の大きさの値に到達したという意味に緩めることができる．実際には，b_1 その他が $\in \mathcal{X}$ に含まれるという近似は，式 (1.134) にのみ影響する．そして，$\mathcal{X}$ に直交する b_k の成分はまだ変化することができ，b_k の $\mathcal{X}$ 上への相対的射影を変化させる．b_1 その他はいくらでも $\mathcal{X}$ に近くできるので，この不都合な変化はいくらでも小さくできる．したがって，$b_2, \ldots, b_k$ の $\mathcal{X}$ への収束は1にいくらでも近づけることのできる確率で成立する．

1.4.3 学習部分空間法

簡単な適応部分空間法では，各クラスの分布に対して最小自乗回帰による部分空間が決定される．クラスの確率密度関数が対称で同じ分散を持つなら，これは正しい．大多数の実際の応用では，この方法は良好な分類精度を保証しない．なぜなら，もし密度関数が大きく異なっていたり，非対称だったりすると，クラス間の判別曲面が最適な場所からひどくずれてしまうからである．

本書の著者は，計算量の少ない基本的な部分空間法が，簡単な改良でベイズ流の判別曲面を近似するようになることを示した [1.63]．この改良版は，学習部分空間法 (**LSM**) と名づけられている．そして，著者らの初期の音声認識システム [1.64, 65] に使われ著しい成功を納めた．LSM の他の側面については [1.45, 46] を見ること．

LSM は**教師ありクラス分類法**である；判別関数の形が基本的な部分空間法から引き出されるので，LSM は，実際には**パラメトリック・パターン認識法**（1.3.3 節）である．ここでは，そのパラメータは，所属のわかったクラスの訓練ベクトルを使って訓練手順中に修正される．訓練の目的は，少なくとも全ての訓練ベクトルを正しくクラス分けすることである．それにもかかわらず LSM に加えられた改良は，単に発見的に定義された修正規則よりもより根本的な統計的意味を持っている．この中心となる考え方は，各クラスの真の原型ベクトルの集合を，別の効果的な基底ベクトルの集合で置き換えることである．これによって判別曲面を最良の分類結果が得られるように調節できる．

LSM の基本的な考え方は，判断に導かれる方法つまり教師ありの方法で $\mathcal{L}^{(i)}$ を回転させれば，分類の精度は改善できるということである．この回転はいわゆる**競合的学習過程**である．本書で議論される自己組織化マップと学習ベクトル量子化も競合的学習過程である；LSM は歴史的にはそれらに先駆けるものと見なせる．

x に最も近い部分空間を $\mathcal{L}^{(c)}$（**勝者**と呼ばれる）とし，その次に近い部分空間（次点）を $\mathcal{L}^{(r)}$ とする．分類は間違っているが，$\mathcal{L}^{(r)}$ ならば正しい部分空間だったとする．ならば，x の $\mathcal{L}^{(c)}$ への射影は短くし，$\mathcal{L}^{(r)}$ への射影は長くしなければならない．論理的にはこの基準は 6.4 節で議論する LVQ2 アルゴリズムによく似ている．x の特定の $\mathcal{L}^{(i)}$ への射影を変化させるには，$\mathcal{L}^{(i)}$ を，つまりその基底ベクトルを回転させればよい．我々は "最適な" 回転方向と回転量を決定するつもりである．その前に，部分空間の次元数をどうやって選択するかを議論しなければならない．

部分空間の次元数

式 (1.125) で定義された判別式は **2 次形式**である；したがって一般的な場合には，意思決定平面はまた 2 次形式である．2 つのクラスが同じ次元数である場合，すなわち，このクラスが等しい数の線形独立な原型ベクトルで張られている場合にのみ，これらクラス間の意思決定平面は超平面である．意思決定平面の形は，近傍のクラスの統計的な性質に従うべきであることははっきりしている；したがって，クラスの部分空間

の次元数がまず決定されるべきである．

次元数を決定するための直接的な学習手法は，原型ベクトルの意思決定制御による選択である；このために，他の学習方法と同じように所属クラスが既知の訓練ベクトルの集合を，まず定義しなければならない．1クラス当たり1原型（プロトタイプ）とした原型ベクトルの初期集合は，訓練ベクトル集合から無作為に選ばれるだろう．その後，もし訓練ベクトルが間違ってクラス分けされたなら，この時のみ，新しい原型ベクトルは受け入れられる．訓練ベクトルそれ自身は，こうして正しい部分空間の基本ベクトルの集合に加えられる．実際の計算での数値計算の不安定性を避けるために，もし新しい原型ベクトルが古い原型ベクトルにほとんど線形依存しているなら，新しい方は受け入れられない．値 $\|\tilde{x}_i\|/\|x\|$ は，原型ベクトルを受け入れるかどうかの目安として使うことができる；例えば，この数字は5ないし10パーセント以上でなければならない．次元数があまりにも大きくなり過ぎないように，例えばベクトルの次元より相当小さな数を，クラス当たりの原型の数の上限と設定することができる．

新しい原型ベクトルが正しいクラスに加えられるときには，同時に原型ベクトルの1つは，訓練ベクトルが間違ってクラス分けされている部分空間から削除される．すなわち，訓練ベクトルと最小角をなすものを除くのである．もしクラス内に，一定最小数の，例えば1個か2個の原型ベクトルが残らない場合には，この削除はおこなわない．

ベクトルの付加や削除の後では，部分空間に対する新しい正規直交基底ベクトルは計算して求め直さなければならない．

部分空間 $\mathcal{L}_i$ の初期値は，原型ベクトルの共分散行列の最大のいくつかの固有ベクトルによって張っておくのが最適で，$\mathcal{L}_i$ の次元数は，最大の固有値を持ったいくつかの固有ベクトルの部分集合を選ぶことによって，最適に決定することができるだろうということも提案されている [1.57, 67]．この場合は，発見的に定めた基底の数の上限を超えてもよい．

我々は，最終結果は部分空間の絶対的な次元数にはあまり依存しないということを見い出した；一方，相対的な次元数はもっと重要である．これは相対的な次元数が判別曲面の形に強く影響することから理解できる [1.3]．

さらに，$\mathcal{L}_i$ の交差を除くための提案もある [1.68]．少なくとも LSM アルゴリズムにおいては，後の方の修正は大体において著しい改良結果をもたらさないようである．一方，固有値の方法は，ある場合には，原型ベクトルを意思決定制御によって選ぶよりもよいかもしれない．

決定制御による部分空間の回転

基本的な部分空間法が誤りを起こすなら，部分空間上の射影の相対的長さを変えるように部分空間を直接的に変更すれば，認識結果は改善しうる．これは部分空間を回転させることで最も簡単におこなうことができる．回転の手順は次のように導出できる．

まず、$\hat{x}^{(i)}$ や $\tilde{x}^{(i)}$ が最も速く変化するような、部分空間 $\mathcal{L}^{(i)}$ の基底 $b_h^{(i)}$ の相対的な回転方向を決める．明らかにそれは $b^{(i)}$ が x に対して直交化される方向と同じ（かまたはその反対方向）である．次の基本的な行列を考えよう．

$$P_1 = \left(I - \frac{xx^{\mathrm{T}}}{x^{\mathrm{T}}x}\right). \tag{1.136}$$

$x^{\mathrm{T}}P_1 b = 0$ だから，これは明らかである．それゆえ，P_1 のことを基本行列と呼ぶことにしてよいだろう．任意の部分空間 $\mathcal{L}^{(i)}$ の全ての基底に P_1 をかければ，x の $\mathcal{L}^{(i)}$ 上への射影はゼロになる．

ここからは，最も速い回転の方向はまさに完全な直交化の方向かその逆だと考えることにする．スカラ係数 α で回転量を小さく抑え，また回転の向きを変えることができる：それには次のように定義すればよい．

$$P_2 = \left(I + \alpha\frac{xx^{\mathrm{T}}}{x^{\mathrm{T}}x}\right). \tag{1.137}$$

ここで，P_2 は強さを調節した射影行列で，$-2 < \alpha < 0$ のときは射影 $\hat{x}^{(i)}$ を小さくし，$\alpha > 0$ のときは同じ方向に伸ばす．α は時間の関数にすることが多い．式 (1.137) の α のことを，**学習率係数**と呼ぶ．

コメント ここでは "回転" という言葉を，ベクトルの方向を変えるのと同じ意味で使っている．したがって一般にノルムも変化する．部分空間法では，射影は基底ベクトルの長さには無関係である．しかし数値計算の精度を上げるには，新しい（同等な）直交基を時々計算し直すべきである．

しかし，たった1つのベクトルに関してだけ部分空間 $\mathcal{L}_i$ を修正しても，全てのベクトルに関して良い結果が得られるとは限らない．だから，訓練ベクトルの集合の全体にわたって，この修正を繰り返しおこなわなければならない．例えば α に適当な値を選ぶことで，このときの回転の程度は，小さく抑えなければならない．適当な値は通常 $\ll 1$ である．

学習の目的となる原則は，誤った部分空間上への射影を小さくし，正しいものへの射影は大きくするということである．どの学習方法でもそうだが適応利得 α は，最終的な精度と収束速度をうまく妥協させるため，訓練ステップ数の適当な関数であるべきである．ある可能なやり方は，各訓練段階での α を最後の訓練ベクトルの誤分類を正すのにちょうど十分なようにすることである．このような規則を**絶対的修正規則**と呼ぶ．

部分空間 $\mathcal{L}^{(i)}$ 上への x の相対的な射影の長さを以下の式のように定義する．

$$\beta_i = \|\hat{x}_i\|/\|x\|. \tag{1.138}$$

与えられた部分空間の全ての基底ベクトルに適用したとき，x の相対的な射影の長さが β_i から β_i' に変化するような回転演算子を考えよう．このとき，以下の関係が成り

立つことをこれから示そう：

$$\alpha = 1 - \frac{\beta_i'}{\beta_i}\sqrt{\frac{1-\beta_i^2}{1-\beta_i'^2}}. \tag{1.139}$$

訓練ベクトルが所属する部分空間を"自身の"部分空間，そして，訓練ベクトルが最も近い部分空間を"競争相手"の部分空間と呼ぼう．このとき，正しい行動を起こさせるのにちょうど十分な α の値を決定するために，以下のことを仮定する．つまり，自身の部分空間上への相対的な射影 β_o が，競争相手の部分空間上への相対的な射影 β_r よりも小さいため，訓練ベクトルのクラス分けが間違ったとする．さて，回転処理が加えられて，新しい射影の長さが以下のようになったとする．

$$\beta_o' = \lambda\beta_o \quad \text{そして} \quad \beta_r' = \beta_r/\lambda. \tag{1.140}$$

このとき正しいクラス分け ($\beta_o' > \beta_r'$) は，次式の関係が成り立てば得られる．

$$\lambda = \sqrt{\beta_r/\beta_o} + \Delta, \tag{1.141}$$

ここで，Δ は小さい正の定数である．β_r と β_o から，式 (1.140) と式 (1.141) によって λ が決まり，さらに α が決まることに注意しよう．我々の実験では，Δ の値は 0.005 から 0.02 までが適切だった．修正処理は訓練集合全体にわたって繰り返しおこなわなければならない．

式 (1.139) の導入に戻る．$\mathcal{L}$ を回転して得られる $\mathcal{L}'$ 上への x の直交射影を $\hat{x}'$ と表し，これが特定の線上への射影として計算できる [1.69] ことをまず示すことは有用だろう．

定理 1.4.2 $\mathcal{L}'$ 上への x の直交射影は，以下に示すベクトル z によって張られる線上への x の直交射影と同等である．

$$z = \hat{x} + \alpha\beta^2 x,$$

ただし，$\hat{x}$ はゼロでなく，x は $\mathcal{L}$ には属さないとする．

証明 ここでは，この射影を $\hat{x}_z$ で表す．ここで $x = \hat{x}_z + \tilde{x}_z$ である．まず他方の直交要素 $\tilde{x}_z$ が，$\mathcal{L}'$ に直交することを示す．そのためには，以下に示す全ての新しい基底ベクトルに直交しなければならない．

$$a_i' = \left(I + \alpha\frac{xx^{\mathrm{T}}}{\|x\|^2}\right)a_i.$$

以下の公式は，直交射影では基本的なものである：

$$\begin{aligned}
\tilde{x}_z &= \left(I - \frac{zz^{\mathrm{T}}}{z^{\mathrm{T}}z}\right)x, \\
\hat{x}^{\mathrm{T}}x &= \hat{x}^{\mathrm{T}}\hat{x} = \beta^2 x^{\mathrm{T}}x, \\
\hat{x}^{\mathrm{T}}a_i &= x^{\mathrm{T}}a_i.
\end{aligned} \tag{1.142}$$

ここでは，次の記法を使う．
$$z = \hat{x} + \xi x. \tag{1.143}$$
代入により以下の式は容易に得られる．
$$\tilde{x}_z^\mathrm{T}\left(I + \alpha \frac{xx^\mathrm{T}}{\|x\|^2}\right)a_i = \frac{(\xi - \alpha\beta^2)(\beta^2 - 1)}{\beta^2 + 2\xi\beta^2 + \xi^2} x^\mathrm{T} a_i. \tag{1.144}$$
仮定したように，$\xi = \alpha\beta^2$ ならば，$\forall i, \tilde{x}_z^\mathrm{T} a_i' = 0$ つまり $\tilde{x}_z \perp \mathcal{L}'$ である．

次に，z は $\mathcal{L}'$ に属することを以下に示す：
$$z = \left(\hat{x} + \alpha \frac{x^\mathrm{T}\hat{x}}{x^\mathrm{T}x}x\right) = \left(I + \alpha \frac{xx^\mathrm{T}}{\|x\|^2}\right)\hat{x}. \tag{1.145}$$
さて，$\hat{x}$ は a_i の線形結合であり（すなわち，$\mathcal{L}$ に属する），$\hat{x}$ は z を得るために，a_i と同じ操作によって回転されるので，z は a_i' の線形結合であり，つまり $\mathcal{L}'$ に属することになる．

$\hat{x}' \in \mathcal{L}'$ なので，$\tilde{x}_z \perp \hat{x}'$ であり，そして $z \in \mathcal{L}'$ であるので，$\tilde{x}' \perp \hat{x}_z$ が成り立つ．$x = \hat{x}_z + \tilde{x}_z = \hat{x}' + \tilde{x}'$（ここで，$\tilde{x}'$ は $\mathcal{L}'$ への直交距離ベクトルである）であることに注意する．すると次式の結果が得られる．
$$\begin{aligned}(\hat{x}_z - \hat{x}')^\mathrm{T}(\hat{x}_z - \hat{x}') &= (x - \tilde{x}_z - x + \tilde{x}')^\mathrm{T}(\hat{x}_z - \hat{x}') \\ &= \tilde{x}'^\mathrm{T}\hat{x}_z - \tilde{x}'^\mathrm{T}\hat{x}' - \tilde{x}_z^\mathrm{T}\hat{x}_z + \tilde{x}_z^\mathrm{T}\hat{x}' = 0,\end{aligned} \tag{1.146}$$
これは，$\hat{x}_z = \hat{x}'$ でなければ成り立たない．（証明終り）

さて，
$$\hat{x}' = \frac{x^\mathrm{T}z}{z^\mathrm{T}z}z, \tag{1.147}$$
そして代入して，
$$\beta'^2 = \frac{\hat{x}'^\mathrm{T}\hat{x}'}{x^\mathrm{T}x} = \frac{\beta^2(1+\alpha)^2}{1 + 2\alpha\beta^2 + \alpha^2\beta^2}. \tag{1.148}$$
α に関する解は次の式のようになる．
$$\alpha = \pm \frac{\beta'}{\beta}\sqrt{\frac{1-\beta^2}{1-\beta'^2}} - 1, \tag{1.149}$$
ここで，平方根の $+$ 記号の方を選ぶべきである．∎

結果をわずかに改善する別の方法は，以下のむしろ自然な条件の結果として出てくる．修正前の x の自分自身および競合相手の部分空間への射影をそれぞれ $\hat{x}_o$ と $\hat{x}_r$ とし，修正後のそれぞれを $\hat{x}_o'$ と $\hat{x}_r'$ と書き表す．適切な α を選ぶには，少なくとも以下の考察が必要である：

i) $\|\hat{x}_o'\| - \|\hat{x}_r'\| > \|\hat{x}_o\| - \|\hat{x}_r\|$.

ii) 修正の結果は単調に収束する一連系列でなければならない．

我々は以下の簡単に計算できる規則で各段階の α を決めた；導出の方法は，他で示している [1.65]．λ を以下のように修正量を調整するパラメータとする．

$$\begin{aligned}\|\hat{x}'_o\| &= \|\hat{x}_o\| + \lambda/2, \\ \|\hat{x}'_r\| &= \|\hat{x}_r\| - \lambda/2;\end{aligned} \quad (1.150)$$

$$\lambda = \begin{cases} \|\hat{x}_r\| - \|\hat{x}_o\| + \Delta\|x\|, & \text{もし } \|\hat{x}_o\| \leq \|\hat{x}_r\|, \\ \|\hat{x}_r\| - \|\hat{x}_o\| + \sqrt{(\|\hat{x}_r\| - \|\hat{x}_o\|)^2 + \Delta^2\|x\|^2}, & \text{もし } \|\hat{x}_o\| > \|\hat{x}_r\|, \end{cases}$$

ここで，Δ は小さい定数（例えば，$\Delta = 0.002$ ）である．α_o と α_r を，それぞれ，自分自身および競合相手の部分空間に関係する値とすれば，射影の結果から以下の関係が成り立つ：

$$\alpha_o = \frac{\|\hat{x}'_o\|}{\|\hat{x}_o\|}\sqrt{\frac{\|x\|^2 - \|\hat{x}_o\|^2}{\|x\|^2 - \|\hat{x}'_o\|^2}} - 1. \quad (1.151)$$

上は α_o に関する結果であるが，α_r に対しても同様の結果が，上の式の添え字 o を r に置き換えれば得られる．（ $\alpha_o > 0, \alpha_r < 0$ となることに注意すること．)

我々の実験では，以上の方法は常に速い学習と部分空間の大きな分離効果をもたらした．この方法はまた，"まれな"クラスに少なくともまあまあの分類精度を保証する．

しかし特別な注意は当然必要である．部分空間法は，特定の応用問題には非常に効果的で，適用とプログラムも簡単であるが，最良の結果（と最高速の収束）を得るためには，α の系列は上の工夫よりもっと注意深く設計すべきである．そのような系列を発見することは，非常に興味深い学問的問題であり，応用上も重要である．手ごろな分類精度でよいなら部分空間法は容易に実際の問題に応用できるが，究極の結果を得るためには，これらの方法に関する専門的知識が必要である．

最後に，部分空間アルゴリズムの，計算の観点から有力で重要な性質について意見を述べたい．もし全ての入力と原型ベクトルが単位長さに正規化されているなら，射影操作は，その全ての要素が同じ $[-1, +1]$ の範囲にある新しいベクトルを作り出す．したがって，固定小数点（つまり整数型）での算術演算が適しており，この性質によってこれらのアルゴリズムはマイクロ・プロセッサに容易にプログラム可能である．これにより計算速度の高速化を達成できる．

1.5 ベクトル量子化
1.5.1 定義

ベクトル量子化 (VQ) は，古典的な信号近似法である（調査文献としては [1.34–37] を見よ）．通常この方法は，有限個のいわゆるコードブック・ベクトル $m_i \in \Re^n, i = 1, 2, \ldots, k$ を使って，$\Re^n$ 内に分布する入力データ・ベクトル x を離散的に近似する．

一旦 "コードブック" が選ばれたなら，x の近似とは（入力空間内で）x に，通常は

ユークリッド測度で最も近いコードブック・ベクトル m_c を見つけることを意味している：

$$\|x - m_c\| = \min_i \{\|x - m_i\|\}, \quad \text{または}$$
$$c = \arg\min_i \{\|x - m_i\|\}. \tag{1.152}$$

m_i にある種の最適値を選ぶと，量子化誤差の自乗の期待値は最小になる．これはしばしば，歪み尺度とも呼ばれ，次の式で定義される．

$$E = \int \|x - m_c\|^2 p(x) dx, \tag{1.153}$$

ここで，積分は x の距離空間全体にわたって取る．dx は 積分空間における n-次元の体積微分要素を略記したもの，$p(x)$ は x の確率密度関数である．

下つき添え字 c は，x と全ての m_i の関数であることに注意しよう．だから今回は，$m_i, i = 1, 2, \ldots, k$ による E の勾配は簡単には求まらない．実際，もし m_i が変化すると，引き数 c は，ある離散値から別の離散値へと不連続に飛び移る．なぜなら，x に最も近い m_i については，新しい最近接の m_i があるとき突然に取って換わってしまうからである．

m_i が式 (1.153) の E を最小化するとき，各ボロノイ集合における平均量子化誤差は等しくなることが，[1.70] において示されている．

ボロノイ・モザイク分割

パターン認識と一般のニューラルネットワークにおけるベクトル量子化法をわかりやすく説明するために役立つ概念は，ボロノイ($Voronoi$)・モザイク分割 [1.76] と呼ばれるものである．2次元空間内の有限個のコードブック・ベクトルつまり参照ベクトルの例を，その座標に相当する点で示したものを図 1.10 に示す．この空間はいくつかの領域に分けられ，線（一般には超平面）で仕切られている．各分割領域は，その領域内のどのベクトルに対しても"最近接要素"になる参照ベクトルを持っている．これらの線つまり隣り合う参照ベクトルの間の"中央面"は，共にボロノイ・モザイク分割を形成する．

ボロノイ集合

その最近接要素として特定の参照ベクトルを持つ全ての x ベクトル，すなわち，ボロノイ・モザイク分割の中の，その参照ベクトルに対応する分割領域内の全ての x ベクトルは，ボロノイ集合を形成するという．

1.5.2 VQ アルゴリズムの導出

少なくとも一般的な $p(x)$ では m_i を決定する閉じた形の解が得られないので，繰

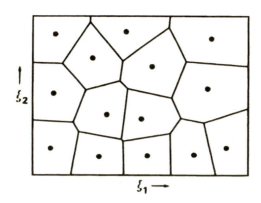

図 1.10：ボロノイ・モザイク分割はここでは，2 次元 (ξ_1, ξ_2) の "パターン空間" を各参照ベクトルの周りの領域に分割している．参照ベクトルは座標系内の点として表されている．同じ分割領域内での全てのベクトル (ξ_1, ξ_2) は，その最近接要素として同じ参照ベクトルを持つ．

り返し近似法の力を借りなければならない．ここで，本書の著者によって導かれた次に示す [1.75] 導出は，数学的に完全に厳密な初めてのものであると信じる．

$p(x)$ は連続であると仮定する．$c = c(x; m_1, \ldots, m_N)$ の不連続性によって生じる問題は，以下の恒等式を使えば回避できる．$\{a_i\}$ を正の実スカラの集合とする；このとき，一般に以下の関係が成り立つ．

$$\min_i \{a_i\} \equiv \lim_{r \to -\infty} \left[\sum_i a_i^r \right]^{\frac{1}{r}}. \tag{1.154}$$

さらに我々が必要とする結果は，次の関数に関するものである．

$$f(x, r) = (1 + |x|^r)^{\frac{1}{r}}. \tag{1.155}$$

f または $\lim_{r \to -\infty} f$ が微分可能でない x の全ての値すなわち $x \in \{-1, 0, 1\}$ 以外の値では，以下の関係が（さらに一般的に）成り立つ：

$$\lim_{r \to -\infty} \frac{\partial f}{\partial x} = \frac{\partial}{\partial x} \left(\lim_{r \to -\infty} f \right). \tag{1.156}$$

勾配 $\nabla_{m_j} E$ を計算するとき，x がある m_i に正確に等しくなる場合を除いて関数 $(\sum_i \|x - m_i\|^r)^{\frac{2}{r}}$ が，連続で 1 価で良定義 (well-defined) で，その引き数で連続微分可能であるという事実をここで使う．さらに，$\|x - m_i\|^r$ の中の 1 つがそれ以外の項の和に正確に等しい場合を除かなければならない（式 (1.155) と式 (1.156) を参照）．変数 x が確率的で，$p(x)$ が連続ならば，議論する過程においては，全てこれらの特異な場合はとにかく確率ゼロである．これらの条件を使えば，以下のように勾配と極限操作を入れ換えることができると納得できる．つまり以下の式を得る．

$$||x-m_c||^2 = \left[\min_i\{||x-m_i||\}\right]^2 = \lim_{r\to-\infty}\left(\sum_i ||x-m_i||^r\right)^{\frac{2}{r}}, \quad (1.157)$$

そして，

$$\nabla_{m_j}E = \int \lim_{r\to-\infty}\nabla_{m_j}\left(\sum_i ||x-m_i||^r\right)^{\frac{2}{r}} p(x)dx. \quad (1.158)$$

次のように置けば，

$$\sum_i ||x-m_i||^r = A, \quad (1.159)$$

次を得る．

$$\begin{aligned}\nabla_{m_j}A^{\frac{2}{r}} &= \tfrac{2}{r}A^{(\frac{2}{r})-1}\cdot\nabla_{m_j}(||x-m_j||^r)\\ &= \tfrac{2}{r}A^{(\frac{2}{r})-1}\cdot\nabla_{m_j}(||x-m_j||^2)^{\frac{r}{2}}.\quad\text{(注意：}j\text{についての和はない．)}\end{aligned} \quad (1.160)$$

簡単な演算と並べ替えにより，以下の式を得る．

$$\nabla_{m_j}A^{\frac{2}{r}} = -2\cdot\left(A^{\frac{2}{r}}\right)\cdot\frac{(||x-m_j||^2)^{(r/2)-1}}{A}\cdot(x-m_j). \quad (1.161)$$

式 (1.157) によって，

$$\lim_{r\to-\infty}A^{\frac{2}{r}} = ||x-m_c||^2. \quad (1.162)$$

以下のように置いて，

$$\begin{aligned}B &= \frac{(||x-m_j||^2)^{(r/2)-1}}{A} = \frac{||x-m_j||^r}{\sum_i ||x-m_i||^r}\cdot ||x-m_j||^{-2}\\ &= \left(\sum_i \frac{||x-m_i||^r}{||x-m_j||^r}\right)^{-1}\cdot ||x-m_j||^{-2}.\end{aligned} \quad (1.163)$$

与えられたどの m_j に対しても，$||x-m_i||^r/||x-m_j||^r$ は，$m_i = m_c$ のとき最大になり，そして次第に他の項より大きくなり始めることに注意すること；だから次の結果が得られる．

$$\lim_{r\to-\infty}B = \lim_{r\to-\infty}\left(\frac{||x-m_j||}{||x-m_c||}\right)^r\cdot ||x-m_j||^{-2} = \delta_{cj}||x-m_j||^{-2}, \quad (1.164)$$

ここで，δ_{cj} はクロネッカのデルタ（$c=j$ のときは $=1$ で，それ以外は $=0$）である．今までに出した部分的な結果を組み合わせて以下の式を得る．

$$\begin{aligned}\lim_{r\to-\infty}\nabla_{m_j}A^{\frac{2}{r}} &= -2\cdot ||x-m_c||^2\cdot\delta_{cj}\cdot ||x-mj||^{-2}\cdot(x-m_j)\\ &= -2\cdot\delta_{cj}\cdot(x-m_j),\end{aligned} \quad (1.165)$$

そして

$$\nabla_{m_j}E = \int \lim_{r\to-\infty}\nabla_{m_j}A^{\frac{2}{r}}\cdot p(x)dx = -2\int \delta_{cj}(x-m_j)p(x)dx. \quad (1.166)$$

時刻 t でのこの勾配のサンプル関数は次のようになる．

$$\nabla_{m_j} E|_t = -2 \cdot \delta_{cj}[x(t) - m_j(t)] . \tag{1.167}$$

"E の地形"での最急降下は $-\nabla_{m_j} E|_t$ の方向で起きる；引き数を変え，定数 -2 を含めて係数 $\alpha(t)$ で刻み（ステップ）の大きさを定義し直して以下の結果を得る．

$$m_i(t+1) = m_i(t) + \alpha(t) \cdot \delta_{ci}[x(t) - m_i(t)] . \tag{1.168}$$

K ミーンズ（平均）(Linde-Buzo-Gray) アルゴリズム

一般の $p(x)$ に対して，入力空間における m_i の最適配置は，通常，閉じた形では得られないが，非常に速く収束する反復解法がある．現実には，LVQ のための便利な計算の体系（スキーム）は，通常 K ミーンズ（平均）アルゴリズムと呼ばれるバッチ計算である．リンデ・ブゾ・グレイ (*Linde-Buzo-Gray*)(LBG) アルゴリズム [1.71] は本質的にはこれと同じで，多くの異なった測度に対して使えることが示されている．その計算手順を以下に示す．

1. 最初のコードブック・ベクトルとして，例えば，最初の K 個の訓練サンプルを採れ．

2. 各マップ素子 i に対し，最も近いコードブック・ベクトルが m_i であるような訓練サンプルのリストを作れ．

3. 各リストの平均をそれぞれ新たなコードブック・ベクトルとせよ．

4. 2 から何度か繰り返せ．

1.5.3 VQ の点密度

[1.70, 74] では非常に網羅的に VQ を取り扱っている．歪み尺度が，量子化誤差の r 乗を使って定義されているとする．

$$E = \int \|x - m_c\|^r p(x) dx , \tag{1.169}$$

ここに，r は実数の指数である．すると以下に説明するように，かなり一般的な条件の下で m_i の点密度 $q(x)$ を決めることができる：

$$q(x) = \text{const.} \left[p(x)^{\frac{n}{n+r}} \right] . \tag{1.170}$$

この結果は，連続極限つまり，m_i の数が無限に近づくときでのみ成り立つ．この結果を得るためのもうひとつの条件は，m_i の配置がかなり規則的でなければならないということである．$p(x)$ が滑らかであれば，VQ では普通はそうなる．

普通，(1.170) の導出は，誤差論の結果を色々と使う非常にやっかいなものである．本書の目的と一般的興味のため，本書の著者は，古典的な変分法に基づくはるかに短

い導出を構成した.

もし $p(x)$ が滑らかで, VQ の解が通常そうであるように, 信号空間における m_i の配置がかなり規則的なら, 多胞体（高次元に一般化された多面体）であるボロノイ集合を n-次元超球で近似してもよいだろう. これはもちろん粗い近似であるが, 事実, VQ の古典的な論文でもすでに使われているし [1.70, 74], 今のところ, これよりよい取り扱いは存在しないのである.

超球の半径を R とすれば, その超体積は kR^n である. ここで, k は定数である. 我々は, $p(x)$ はその多胞体内でほぼ定数だと仮定しなければならない. 歪み $\|x-m_i\|^r = \rho^r$ の超球内での要素積分を計算すると,

$$D = nk \int_0^R p(x) \cdot \rho^r \cdot \rho^{n-1} d\rho = \frac{nk}{n+r} \cdot p(x) \cdot R^{n+r} \quad (1.171)$$

となる. 半径 ρ の n-次元超球の体積を $v(\rho)$ とすれば, $dv(\rho)/d\rho = nk\rho^{n-1}$ はその超球の "超球面積" となることに注意しよう. 同じ大きさの多胞体の場合はもちろん, $(r+n-1)$ 次モーメントは多少異なっているだろう.

しかし, 今度は, 我々は超球が信号空間を正確には埋め尽さないという問題にも直面する. ゲルショー ($Gersho$) の議論に従い [1.70], とにかく歪みの要素積分を信号空間内で加算することにしよう. すると, 真の値から定数倍の違いのある, 歪み尺度の近似を得たことになる. 多少誤差が異なるが, 制約条件 (1.174) でも同じ近似をおこなう. ゲルショーに従い, この方法で最適化の妥当な近似が得られるものと我々は主張する.

我々が上で用いた記法によれば, 点密度 $q(x)$ は $1/kR^n$ と定義されることに気を付けよう. 我々の最初の目的は, "歪み密度" を近似的に求めることであった. これを, $I[x, q(x)]$ と書こう. ここで, $q(x)$ は値 x での m_i の点密度である:

$$I[x, q(x)] = \frac{D}{kR^n} = \frac{n}{n+r} \cdot p(x) \cdot R^r = \frac{np(x)}{n+r}[kq(x)]^{-\frac{r}{n}} . \quad (1.172)$$

我々は, x に応じた "歪み密度" という概念を用い, 連続の極限において, "歪み密度" を信号空間全体で積分して, 全体の歪み尺度の近似値を求める:

$$\int I[x, q(x)]dx = \int \frac{np(x)}{n+r}[kq(x)]^{-\frac{r}{n}} dx . \quad (1.173)$$

量子化ベクトルの総数が N であるという制約条件の下で, この積分を最小化する. 連続の極限で, 制約条件は次のようになる.

$$\int q(x)dx = N . \quad (1.174)$$

古典的な変分問題でよくあるのは, 1 次元の場合で, 1 個の独立変数 x と 1 個の従属変数 $y = y(x)$ の汎関数を最適化する問題である.

$$\int_a^b I(x, y, y_x)dx , \quad (1.175)$$

ここで，$y_x = dy/dx$，また a と b は定まった積分端である．もし制限条件

$$\int_a^b I_1(x, y, y_x) dx = \text{const.} \tag{1.176}$$

が成り立たなければならないなら，広く知られているオイラーの変分方程式は，λ をラグランジュ乗数，$K = I - \lambda I_1$ として次のように書ける．

$$\frac{\partial K}{\partial y} - \frac{d}{dx}\frac{\partial K}{\partial y_x} = 0. \tag{1.177}$$

今の場合，x はベクトルで，x と書かれており，$y = q(x)$．そして I と I_1 は $\partial q/\partial x$ に依存しない．有限の定まった積分境界を導入するためには，有界な台の外では，$p(x) = 0$ と仮定すればよい．すると次のように書ける．

$$\begin{aligned} I &= \frac{nk^{-\frac{r}{n}}}{n+r} \cdot p(x) \cdot [q(x)]^{-\frac{r}{n}}, \\ I_1 &= q(x), \\ K &= I - \lambda I_1. \end{aligned} \tag{1.178}$$

そして，次の結果を得る．

$$\frac{\partial K}{\partial q(x)} = -\frac{rk^{-\frac{r}{n}}}{n+1} \cdot p(x) \cdot [q(x)]^{-\frac{n+r}{n}} - \lambda = 0. \tag{1.179}$$

よって，全ての場所 x で，次の式が成り立つ．

$$q(x) = C \cdot [p(x)]^{\frac{n}{n+r}}, \tag{1.180}$$

ここで定数 C は $q(x)$ を (1.174) に代入すれば求められる．明らかに，(1.180) は (1.170) と同じである．

1.6 動的に拡張する文脈

この節で記述されるアルゴリズムは実際には人工知能の方法である．これは，本書の著者によって"ニューラル音声タイプライタ"の後処理段階のために 1986 年 [1.77] に導入された．*Rissanen* によって 1986 年 [1.78] に導入された情報理論の最小記述長原理 (**MDL**) は，いくつかの関連ある考え方を内蔵している．このアルゴリズムは，実際的な音声認識デバイスから得られた音声翻字のような一連の離散的データから多数の文脈依存生成規則を見つけ出す．そして，それらを間違った文字列を修正するために使用する．

1.6.1 問題の設定

自然なデータから自動的に見つけられた一群の複雑な文法的な変換，または生成規則は，記号列からの誤りを正すために利用できることをこの節で示そう．

誤った翻字結果と，それに対応した，正しいと定義される理想的な翻字結果の両方が，訓練目的のために手に入るという状況を考える；例えば，後者，すなわち理想的な結果の方は，熟練者により手仕事で準備されるだろう．元のデータが何であろうと誤った版からのその正しい形の復活は，一群の特別な文脈依存文法マップによって定義されている変換法で実行することができる．

今，Sを誤った元データを表現している記号列とし，Tをマップに適用した後の正しい変換結果であるとする．マップは局所的であると仮定されている．すなわち，一群の生成規則によって，お互いから得られたSとT内の相当する区分を同定することができる．これらの規則は，1組の代表訓練対 (S, T) から自動的に推定されなければならない．ここでTは理想形を表すものとする．

例えば，もし我々が（フィンランド語の）2重母音 /au/ を発音したつもりでも，ある音声認識装置の転写の結果は，いつも /aou/ と認識されるとする．ならば，矯正用の生成規則の1つはこのとき，/aou/ → /au/ だろう．しかし誤りは，近傍の音素単位の文脈（前後関係）に依存するのがより普通なことである．ここでも矯正用の生成規則は，同じ文脈を使って定義されなければならない．ここでは，しかし基本的な問題に遭遇する．全ての通常の生成規則を，唯一に定義するために必要とされる最低十分な量の文脈とはどれくらいだろう？

表記の約束

この節を通して，文脈依存のマップ化のために表記 x(A)y → (B) を使用する．ここで A は，元の文字列 S の区分であり，B は変換された文字列 T において A に相当する区分であり，そして x(.)y は，A が生じる記号列 S 内での文脈（前後関係）である．言い換えると，A は，条件 x(.)y の下に B で置き換えられる．

コメント

形式言語の理論では，文脈敏感生成規則は x(A)y → x(B)y と書かれる．我々は右側には文脈を書かないのは，後で簡単に結果を連結できるからである．上でおこなった表記の約束は，マップ化を簡単にするためと理解すべきである．

もし文脈をあまりにも広く取ると，これらの規則 x(A)y→(B) が実用上十分な範囲を適用するまでに，非常に多くの x(A)y→(B) の形の例を記録しなければならないだろう；しかし反対に，もし文脈 x(.)y が狭すぎると，規則同士に衝突が起きるかもしれない．すなわち，x(A)y→(B) と x(A)y→(B') の両方がある場合を観察することになるだろう．ここで B ≠ B' である．

この節で推し進められる考え方は，個々の区分 A に対して，訓練例の集合内で全ての衝突が解消できるようなちょうど十分な文脈の量を決めることである；この方法は，規則の正確さと一般性，すなわち規則の選択性と適用範囲の広さの間の最適な妥協を構築できると期待される．

1.6 動的に拡張する文脈

表 1.4：文脈レベルの2つの例

レベル	文脈 I	文脈 II
0 （文脈なし）	–	–
1	i(.)	(.)i
2	i(.)i	i(.)i
3	ei(.)i	i(.)in
4	ei(.)in	ei(.)in

この原理の現実的な実現は，我々が動的拡張文脈と呼ぶ概念に基づいている．その根底にある中心的な考え方は以下のようである．どの区分 A に対しても，まず，段階的に広がる枠の系列を定義する．それぞれの枠は，例えば，区分 A の片側または両側で数が増加していく記号位置より成り立っている．このとき，この系列の中の n 番目の枠は，第 n レベルの文脈に対応すると言われる．正当なレベルは，以下に説明するように各生成ごとに自動的に決定される．読者は，そのような枠が必要とされる 1.6.5 節のアルゴリズムに軽く目を通すことを勧める．

例えば，文字列 "eisinki"（"helsinki" の誤った形）を考える．それは 1.6.2 節で議論されるように，隣接する母音や子音の区分にまず分けられる；あるいはひとつひとつの記号自体を区分としてもよい．ここで区分 (s) を考える．(s) の周りで "eisinki" に関係した枠と文脈レベルについての可能な定義を，表 1.4 に例示する．

この型の文脈は，ある最高レベルにまでは定義することができる．その後，残った文脈上の衝突には 1.6.6 節で説明する推定手法で対処することができる．

この方法の中心的な考え方は以下のようである．つまり，我々は常にまず最も低い文脈レベルの生成規則を見つけることを試みる．すなわち (A)→(B) である．与えられた例で矛盾に遭遇する場合のみ，例えば元のデータで，型 (A)→(B') と同時に型 (A)→(B) の場合も存在し，B' ≠ B なら，我々は，x(A)y→(B) や x'(A)y'→(B') のような形で衝突を解決するために，その次の高いレベルの文脈に頼らなければならない；ここで x(.)y と x'(.)y' は異なった記号列を表している．

1.6.2 文脈独立生成規則の自動決定

この方法を有効性を実例によって示すため，我々は自動音声認識装置から得られた音素列を第 1 の記号列として使用した [1.69]．それらは，上では記号 A と記した区分にまず分けなければならない．最も簡単な区分は音素それ自身である．次の例で使われている別の方法は，音素列を**隣接した母音と子音のグループ**にそれぞれ分けて記号 A に対応させることである．自然のテキストの場合には，これら 2 つのどちらを選んでも実行結果に著しい差はない．

文脈依存生成規則を決定する前に，まず文脈独立生成規則を見つけなければならな

い．すなわち，T（正しい記号列）中のどの区分がS（元の記号列）中の与えられた区分に最もよく一致するかを決定することである．我々は，1.2.2節（[1.77] も参照）で導入したレーベンシュタイン距離 の方法を使った．この方法は，SとTのそれぞれの部分の位置合わせを大域的に最適化する．このアルゴリズムは，いわゆる距離格子 $D(i, j)$ を計算し，この計算によってノード $(i, j)=(0, 0)$ からノード $(i, j)=($長さ$(S),$ 長さ$(T))$ までの最適な経路を見つける．これを WLD と定義する．

SとTの並びは，今，レーベンシュタイン・アルゴリズムから導かれる．重みパラメータ p, q と r には，むしろ任意で非整数の値を選ぶと距離格子を通る最適経路が一意に得られる．このときこの経路は，最小の編集操作回数という意味で最適である，SとTの位置合わせを直接に定義する．S="ekhnilinen" と T="teknillinen" を仮定する；削除された記号を示すためにS中にハイフォンを入れ，同じようにTと比較してSが挿入文字を持つ場所にT中でハイフォンを入れるなら，最適並びは以下のようになるだろう．

$$S=\text{"} - e\ k\ h\ n\ i\ l - i\ n\ e\ n \text{"}$$
$$T=\text{"}\ t\ e\ k\ -\ n\ i\ l\ l\ i\ n\ e\ n\ \text{"}$$

削除誤りに相当するS中のハイフォンは，まず母音または子音の区分に割り当てられる．例えば，先頭のハイフォンは次の区分に割り当てられ，他の全ての場合にはハイフォンは前の区分に割り当てられる．こうして生成された割り当ては，/e/→/te/, /khn/→/kn/, /i/→/i/, /l/→/ll/, /n/→/n/, /e/→/e/ である．（この種の問題の詳細な議論をすると，この節はむしろもっと長くなるので，ここで終わることにする．）

1.6.3 衝突ビット

全ての衝突を解決するためにはどのくらいの幅の文脈が必要かということは前もってわからない；それは，全てのデータを集めた後，実験的に決定されなければならない．実際，データを何度か反復して提示することが必要な場合がある．自由に文脈を決めるためには，まず一番低い文脈レベルから始め，必要に応じてより高いレベルへと上げながら仮の生成規則の系列を作っていかなければならない．文脈 $x(.)y$ の量を増やしながら，仮の生成規則 $x(A)y→(B)$ は，順序づけられた組（xAy, B, 衝突ビット）の形でメモリに格納される．ここで xAy は，単に x, A と y を連結したものであって，衝突ビットは，さらに各組と関係づけられている．このビットは最初 0 であり，規則が有効である限り 0 のままである．もし規則を無効にする必要が生じたら，衝突ビットは 1 にセットされる．規則は，メモリから完全に除去してはいけない．なぜなら，最終の文脈レベルを自動的に決定する階層的探索においてはそれが必要になるからである．

1.6.4 文脈依存生成規則のためのメモリの構築

（xAy, B, 衝突ビット）形の非常に多数の組が，探索引き数 xAy に基づいて接近できる効率的な探索メモリが，この方法には必要である．それは，ソフトウェア（リスト構造）または，ハードウェア（内容アドレス記憶）によって実現できる．

訓練データ中での記号列の対 (S, T) が走査され，文脈独立生成規則 (A)→(B) が1.6.2 節のように形成されると，結果はまず，形 (A, B, 0) で格納される．ここで0 とは，衝突ビットの値が0 であることを示す．しかしその前に，(a) 同じような生成規則がすでに格納されているかどうか，(b) 新しい生成規則で衝突が生じるかどうかを調べるため，探索引き数 A によって探索しなければならない．前者 (a) の場合には格納は必要ではない；後者 (b) の場合には，メモリに蓄えられた古い生成規則は，その衝突ビットを1にセットすることによってまず無効にしなければならない．その後，引き数 A の周りで次の高いレベルの文脈が定義され，新しい生成規則は，形 (xAy, B, 0) でメモリに格納される．ここで x(.)y は，次の高次の文脈である．当然この段階の前に衝突ビットを調べておかなければならない．衝突ビットの値1 が立っていると，さらに次の高次の文脈レベルで照合を続けなければならないし，そして1 が続く限り，この照合はさらに続く．しかし，訓練データを1 つ提示している間にこのようにして処理できるのは，衝突している生成規則の最後のメンバだけであることに注意すること；前のメンバに関係する元の記号列は格納されていないので，それに関する新しい文脈は定義できない．しかし，訓練データをその後また反復して適用すれば，その元の形でメモリに格納された最初の衝突メンバは，繰り返しの次の回で，形 (x'Ay', B', 0) で再び格納されるだろう．ここで x'(.)y' は，元のデータに関する新しい文脈である．メモリを作り上げるために必要な全繰り返し総数は，したがって文脈レベルの数の半分に1 だけ加えたものに等しい；現在の場合には，それは5 回の繰り返し回数を意味する．

例

例えば，文字列 "eisinki" に関しては，区分 (s) に関係した衝突は第3 レベルまで生じていると仮定する．このとき，メモリには全ての型の生成規則，つまり，("s", B, 1), ("is", B', 1), ("isi", B", 1), ("eisi", B"', 1), ("eisin", B"", 0) が存在する．そして，衝突ビット 0 の値は，最後の生成規則のみが有効であることを示している．

1.6.5 新しい記号列を修正するためのアルゴリズム

以下の各ステップは，S の一連の区分を変換して，S から T を得るアルゴリズムを定義している：

0. 処理すべき誤った記号列 S は，まず区分 $X_i, i = 1, 2, \ldots, n$ に分けられ，現れた順に自然に並べられている．これはメモリの構成で使われた区分と同じである．

1. まず，メモリから X_1 を探索する．もし探索が失敗に終わるなら，生成規則は単なる同一変換 $Y_1=X_1$ による；言い換えると，新規の区分はそのまま変えないことが最良の戦略である．一方，もし探索がうまくいったら，1つの組（X_1, B_1, 衝突ビット）がメモリから見つかる．もし衝突ビットが0なら，$Y_1=B_1$ を正しい区分として採用すべきである．

2. もし X_1 に対する探索はうまくいったが，衝突ビットが1だったら，1レベル上げた新しい文脈を試みなければならない．このとき，新しい探索引き数を xX_1y と書く．もし新しい探索が，今うまくいき，そして衝突ビットも0であるなら，新しい値 B を Y_1 に割り当てる．一方，もし衝突ビットがまだ1であるなら，さらに次の高次のレベルの文脈 x'(.)y' を試みなければならない．そして探索を繰り返し，衝突ビットが0になるまでおこなわれる．そして，そのレベルで見つかった B 値が Y_1 として受け入れられる．

3. この処理中のあるステップで，探索がまずステップ1でうまくいき，後のステップで失敗した場合には，見たことのない文脈（記号列の見たことのない断片）に遭遇している．この場合には，1.6.6 節で詳しく説明する推定手続きに頼らなければならない．もし最大の文脈レベルを越えても衝突がまだ解決していないときも，これと同じである．

4. この処理方法は，区分 X_2 や X_3 などに対してもステップ1から始めて繰り返しおこなわれる．この後，正しい記号列 T が $Y_1Y_2...Y_n$ を連結して得られる．

1.6.6　探索失敗のための推定手法

　生成規則は，元の記号列 S の区分のうち，与えられた例の中で見たことのある区分にのみ適用できることは明らかであろう．しかし，見たことのない区分から"知的推測"ができる可能性もある．

　以下の簡単な手順で，訂正精度が数パーセント（正された誤りのパーセンテージに関して）上昇することがわかった．処理すべき各区分 X_i に対して，レベル0の文脈から始めて見たことのない区分が見つかったレベルまでの仮の生成規則を全て列挙する．上の仮の生成規則集合の中で，多数決によって得られた値を，そのとき最もありそうな Y_i として採用してよい．候補の集合の中に X_i を含めることが必要であることがわかった．

1.6.7　実用的な実験

　このアルゴリズムは，フィンランド語音声と日本語音声の自然なデータを使った広範な実験によって調べられた．我々の音声認識システムが，誤った音素列を作り出す

表 1.5：記号列修正実験

	修正前の翻字精度 (%)	修正後の翻字精度 (%)	修正された誤りの割合 (%)
最もよく使われるフィンランド単語	68.0	90.5	70
日本語の名前	83.1	94.3	67
商用手紙（フィンランド語）	66.0	85.1	56

表 1.6：音声データから自動的に得られた文脈依存生成規則の例

a(hk)i	→	(ht)	ai(jk)o	→	(t)
a(hkk)o	→	(ht)	ai(k)aa	→	(t)
a(hko)o	→	(ht)	ai(k)ae	→	(k)
a(hl)o	→	(hd)	ai(k)ah	→	(k)
a(h)o	→	(hd)	ai(k)ai	→	(k)
ai(j)e	→	(h)	ai(k)ia	→	(kk)

ために使われた．その自然な翻字精度は，使用された語彙と定義された音素クラスの数に依存して，65 パーセントないし 90 パーセントであった．切り出された単語だけでなく，連結した音声もこの方法の訓練とテストに使えるということを述べておかなければならない．性能試験は，常に統計的に独立なテスト・データを使っておこなわれ，データは，メモリを組み立てるために使われた日とは別の日に話されたものである．

メモリは，この自然の材料に基づいて完全に自動的に構築された．ここでは，その例が表 1.6 に示されているが，普通 10000 から 20000 の生成規則が確立された．全ての実験は，500 キロバイト以下の本体（メインフレーム）メモリを使って，特別なハードウェアなしに標準的なパーソナル・コンピュータ上で遂行された；プログラムは，アセンブリ言語でプログラムされた探索メモリ以外は高次言語で作られた．我々の実験での変換時間は，1 語につき 100 ミリ秒以下であった．

コメント

表 1.5 に与えられた音声認識精度のむしろ低い数字は，1985–1987 年に開発された我々の古い音声認識システムによって得られたものであるということを述べておく必要がある．平均的話者の商用手紙に対する現在の（1995 年の）翻字精度は，フィンランド語の正書法での個々の文字の精度に関して，後処理前には 80 パーセント以上，後処理後では約 95 パーセントである．

第2章
ニューロのモデル化

2つの異なった動機によりニューロモデル化はおこなわれている．元々のものは，実際の生物学的ニューロンで起こる生物物理学的な現象を記述するための試みである．そこでは，脳での情報処理のいくつかの根本的なまたは基本的な要素が，分離され同定されることが期待できよう．もう1つは，生物学的に影響を受けたしきい値・論理ユニットやまたは形式ニューロンのような簡単な構成要素を基にしているけれども，発見的に思いついた考えに基づいた新たな装置を発展させるための直接的な試みである．それにより設計された回路は，人工ニューラルネットワーク (ANN) と呼ばれている．

1つだけ明らかにしておかなければならないことがある．今，世に出ている ANN モデルは，脳の記述を意図しているのか，それともそれらは，新しい構成要素や技術のための実践的な発明であるのか？ 「1940年代と1950年代のモデルは，なお単純であるけれども，それらは確実に前者のタイプに意味づけされるが，しかし現代のほとんどの ANN は，新しい世代の情報処理装置のために苦心して作られているように見える」とこのように言っておくのが安全なようだ．しかしこれら2つの動機は，いつでも，少なくとも潜在意識としてあるだろう．

2.1 モデル，範例や方法

我々は，いつでも自分の経験をモデル化している．我々の思考は，心に描く像や考えに基づいている．それらは，脳から外部世界へのある内部表現の投影である．その過程において，我々の神経系はモデル化を実行する．話したり，書いたりしている我々の言語は，色々な出来事から簡単化されたモデルを作っている．人類の歴史では，数学的なモデル化は，最初，数を数えることに使われた．それから，土地の利用や，天文学に関係した幾何学で，最後には，全ての正確な科学や，より正確度の低い科学においてさえ使われるようになった．

しかし近代神経生理学は，神経信号や，遅い電場，そして色々な化学伝達物質や媒介分子によって制御された複雑な動的系として各神経細胞を記述している．

2.1 モデル，範例や方法

しかしながら，簡単な神経細胞の記述でさえ，もし全ての既知の神経生理学的や神経化学的事実を"モデル"の中に考慮することを試みるなら，昨今，理論家が手にできる全ての計算用の手段以上のものを我々は必要とするだろう．このことが，また，理論的な脳の研究を妨げているのだろう．

だから，"ニューラルネットワーク"を研究課題に選ぼうとしている前途有望な科学者にとって，そのどれもが可能である3種類の方法をまず始めに区別しておくことは賢明なことであろう．我々は，それらをモデル，範例や方法と呼ぶ．

モデル，特に解析的なものは，普通は有限の変数の集合と変数の定量的な相互作用よりなっている．例えば，既知の簡単化された自然の法則に従って振る舞うとしばしば仮定されている実際の系での状態と信号を，それらは記述するのだと考えられている．**範例**は，複雑な問題への伝統的または典型的な簡単化の方法である．そして範例は，モデル（または，実験的な研究では他の仮定）を組み立てながら研究されるべき変数や処理の選択や，そして研究データの説明の方向づけを普通一般的な方法でおこなう．範例は，一般的な理論では，モデルまたはケース例であると言ってよい．**方法**は，結果としてモデルまたは範例から起こり，または，それらに関係なく発展してもよい．方法というものが応用で効果的に働くこと以外には，方法というものを正当化する根拠と理由はない．

統計的なモデルは，普通には系の物理的な構造を記述するのではなくて，観測可能な現象を作り出すときに働く統計的な処理を記述することを意図している．

以上の様相のどれが，現代の理論的"ニューラルネットワーク"研究に当てはまるかは常には明らかではない．研究者は2つのグループに分かれるように見える：私はこれらの人々を学者と発明家と呼ぶことにする．学者は，古典的な科学から，理論やモデルというものは常に実験によって立証されなければならないというように教育されている；しかし，ニューラルネットワークの研究でこの原則を守ると，構造的な仮定や，非線形性，動的効果，そしてもちろん，ニューラルネットワークを実験に従わせるためのモデルへの多数のパラメータなどのような，さらにさらに細かい修正を加えるように科学者を縛りつける．一方，発明家というものは，彼らが手にする材料や道具を最も効果的に使おうとするものである．だから，もし彼らが人工的神経回路にシリコンを使うなら，例えば，生物学的な神経細胞の動作では本質的な新陳代謝や活発な発火，または，ある脳領野内と脳領野間で起きているのがわかっている同期振動などについては考慮を払わない．古典的な科学的な言葉の定義に従うと，彼らの"モデル"はこの場合"正しく"はない．しかし学者や発明家が，たとえ彼らの目的が（人間の情報処理のある部分を説明したり，または人工的に実行したりするということで）同じであることが起こっていても，彼らは，異なった範例に従っているというべきである．

このとき，違った目的は区別されるべきである：我々は脳をより深く理解しようとしているのか，それとも新しい技術を発展させようとしているのか？ これら両方の見方はもちろん重要なことである．

2.2 神経系のモデル化におけるいくつかの主流の歴史

モデル化と見なされてもよい，思考することに対するいくつかの理論的な見方は，アリストテレス (*Aristotle*) (384–322 B.C.) を草分けにギリシャの哲学者達によってすでに始められた [2.1]．ある者は，神経系に対して機械論的な見方を持った哲学者達のうちで，16 世紀の経験主義者の哲学者達とデカルト (*Descartes*)(1596–1650) とに言及するかもしれない．

1 つの近代的で体系的な探求の中で，例えば 1930 年代シカゴの *Nicholas Rashevsky* など複数の数理生物学者達は，物理学で説明されている多粒子相互作用 のそれと同じ方法で神経細胞からなる系を表現することを試みていた．その主な目的のうち，1 つは細胞集団内での活性の拡散と波動の伝播とを論証することであった．この物理学的な見方は，おそらく，最初，ゴルジ (*Camillo Golgi*) によってなされた様々な形態の神経細胞に関する微視的な研究と，これらの神経細胞，ニューロンが神経線維，軸索を通して，密集して結合されていることを発見したカハール (*Ramón y Cajal*) による研究とに続いて起こった．ゴルジとカハールは共に 1906 年にノーベル医学生理学賞を受賞した．また，ニューロンが電気的なインパルスの引き金を担う能動的な部品であることは，長い間知られていた．

マカロック (*Mc Culloch*) とピッツ (*Pitts*) の有名な論文 [2.2] によって 1943 年に始まった別の研究の理論的枠組みは，ニューロンをしきい値論理素子，すなわち信号値の加重和を作りその和がしきい値を越えたときに能動的な応答を発現する要素，と見なすようにした．原理的には少なくとも任意の計算回路がそのような要素で結果として構成されるだろうという仮説が立てられた．この早い頃の研究の伝統については少なくとも，1954 年のファーレイ (*Farley*) とクラーク (*Clark*) の適応ネットワーク [2.3]，ローゼンブラット (*Rosenblatt*) の "パーセプトロン"[2.4]，ウィドロー (*Widrow*) とホフ (*Hoff*) の "アダライン"[2.5]，カイアニエロ (*Caianiello*) の時間遅れネットワーク [2.6]，そして 1960 年頃のスタインバッハ (*Steinbuch*) の学習行列 [2.7] に言及しなければならない．そのような要素からなる，構造化して，ついには多層化したネットワークを設計しようとすることにおいて潜在的な難しさは，それらの中で切り替えをおこなっているしきい値であった．それらは現象を不連続なものにし，例えばパターン分類の正確さを最適化するための計算法は利用できないようであった．その急勾配のしきい値が滑らかな "シグモイド関数" で置き換えられるまで，勾配降下の手法を平均期待誤差の最小化のために使える時期ではなかった．*Paul Werbos* [2.8] は 1975 年に，階層化された正方向送りネットワークのために，誤差逆伝播と呼ばれる有名な連鎖微分法を開発した．今日ではこれらのネットワークは "多層パーセプトロン (MLP)" と呼ばれている．

生理学的な観察における誤った解釈のうち最も古いものの 1 つは，"全か無か" の原理，すなわち，ニューロンが正規インパルスの引き金を引いているという解釈である．個別のニューロンのインパルスを考慮しないとしても，多くの場合ニューロンの静まっ

た状態を "0", そして十分な周波数でその引き金を引いている状態を "1" とそれぞれ見なしてきた.しかしながら,ある者は,緩電位や,段階的な反応や,段階的な引き金の作動頻度,そして普段の動作の形態に従って変化するスパイク信号の連射を見つけることもあるだろう.統計的な方法による類推も,他の理由から,完全には実際的ではない.たとえ我々が,ニューロンの状態が連続した値になるという考慮をしても,ANN におけるほとんどの理論的枠組みの中では,ネットワークと相互作用は,互いに分離したノードと弦とから,その両方に備えられたいくつかの処理特性によって,構成されているとしか考えられていない.すぐに 2 つの意見が出るだろう:1. 異なる効果,そして少なくともきわめて異なる時定数によって,異なっている多くのニューロンの型と数十の化学的伝達物質が存在し,2. 散在的で,しばしば非特異的である 1 つの手段の下,脳の中の部分的な様々な組織において,情報を処理し,活性の度合と学習時の変化率を制御している,多量の化学的な因子,伝達物質,調節物質が存在する.はっきり言うと,脳とは莫大な数の異種非線形動的システムの混合体であることを理解しておくべきなのである.

しきい値論理素子で構築されたネットワークは "連想ネット" と呼ばれることもあった.統計力学のモデルと同様,それらによって初歩的な連想記憶作用が実装されたことは確かである.しかしながら,ニューラルネットワークの研究者達は,コンピュータ技術の分野において,非常に有効な内容参照可能メモリ (content-addressable memories, CAM) が開発されており,それが 1950 年代中ごろに動き始めていたことを知らなかった.CAM の目的は,しかしながら,非常に実用的で簡単:すなわち,データベースから,そこに格納された,それぞれが検索要求で指定された構成要素からなる小集合を収納しているという記録,を見つけ出すことであった.このような CAM は従来のデジタル部品によって実装可能であるが,アドレスづけされたメモリに比べると高コストになる,すなわち,最低でも,記録されたビットそれぞれに,約半ダースの論理ゲートが必要とされる.CAM は,全体の演算の処理速度を上げるために使われるキャッシュ・メモリと同様に,現代のコンピュータの仮想記憶システムにおいて重要な部分になっている.大規模なデータベースに対しては,しかしながら CAM は,高価すぎる解法であり,プログラミングのうまいやり方で容易に置き換え可能である [1.6]. "神経系" 連想記憶はそれよりもさらにコストがかかるだろう.

1950 年代中ごろから現代に至るも,ANN の用途は,パターン認識すなわち観測ベクトルの同定または分類をおこなうためにと,それとなく言われてもいる.にもかかわらず,多くの様々で明白な理由から,目に見える場面や話し言葉の中で起こるような自然の入力パターンは広い範囲で変化しており,少なくともパターン認識は内容参照の問題ではないということが,1960 年代始めにすでに気が付かれた.このことは,パターン認識が用いられた最初の実用的な仕事:医用画像と人工衛星から撮影されたマルチ・スペクトル画像の解析において立証された.どちらもが,同じ理由から,特にパターン認識に優れたより新しい統計力学のモデルというわけではない.結局のところ,全く異なる,統計上と構造上のアプローチが必要であることが明らかになって

いる．統計的パターン認識において，ある者はまず，固有の特徴からなるある十分な集合を，最初の入力パターンから抽出し，それから同定や後者の分類をするために統計的決定理論を適用する．構造的な手法において，ある者は普通，特徴間の関係に基づく，ある種の統語表示を構築する．現在では，パターン認識に使用されるANNは，ある種の，発見的または数学的に設計された前処理を提供されている．

ANNの3つ目の部類は最も深い起源をデジタル信号処理に持っている．連続的な値を取る入力データ (信号) を効果的に符号化するために，ある者は様々な**ベクトル量子化 (vector quantization, VQ)** の手法を開発しなければらなかった (1.5節)，すなわち，信号空間が，それぞれがコードブック・ベクトルと呼ばれる1つの量子化モデルによって代表されるという格子，に分割されたし，入力空間におけるある入力ベクトルとそれに最も近いコードブック・ベクトルの間の距離が量子化誤差となる [2.9] [2.10]．"符号帳" の最適な設計においては，全ての発生信号を通しての平均期待量子化誤差が最小化される．ベクトル量子化は，入力項目に対する初歩の教師なしクラスタリングや分類をおこない，デジタル電気通信の基礎の1つである．

1970年代中頃に，互いに独立に，モデル化理論から始めて類似の結果に到達した数理心理学者達と数理生物学者達がいた．これらのモデル化理論では "勝者" と呼ばれる最も近いコードブック・ベクトルの選択が，直接的な距離の比較にではなく，ある，脳のような，横方向に相互結合したネットワークに見られる，1つの集団的な相互作用の機構に基づいていた．その全体の適応処理は**競合学習**と呼ばれる．ある者は，少なくともこの手法が発展させられた次の研究，[2.11-23] に言及しなければならない：1つの具体的な，競合学習の理論によって説明される神経生理学的機能は，いわゆる**機能特定細胞**，すなわち，特定の入力信号のパターンに対して選択的に応答するニューロンやニューロンの組織の出現である．教師あり競合学習の1つの手法である "学習部分空間法" [1.3, 63, 64] では，入力パターンは，モデル・パターンの集合とは比較されずに，モデル・パターンの多様体と比較されるが，これについては1.4.3節も参照されたい．

ここまでで，私は実際には，人工ニューラルネットワーク研究を支える3つの主要な部類または理論的枠組みを解説してきた．我々はそれらを1.状態伝達モデル，2.信号伝達モデル，3.競合学習と呼ぶが，2.10節でもそれらに戻ることにする．

実際には，状態伝達モデルは非線形フィードバック回路の特殊な場合であり，信号伝達モデルは，非線形で多段階の関数展開を議論する，数理的な近似の理論における数式に非常に類似している．すでに述べたように，競合学習はベクトル量子化と関係づけられる．ニューラルネットワーク研究に転用され得た多くの数理的な結果は，全ての従来の分野に存在する．

2.3 人工知能での問題

　1960 年頃までの神経のモデル化の早い段階では，人工知能 (AI) の研究の目的とニューラルネットワークのモデル化の間には，はっきりとした違いはまだ存在していなかった．それらが十分に広く発展したときに，人工知能が神経モデルのネットワークから結果として起きるであろうということはたぶん期待されていた．しかし，その当時のコンピュータの容量はどのような大規模シミュレーションをするにも十分ではなく，基本的な ANN 回路はどのように拡張されるべきかはまだ知られていなかったので，ANN の研究が 1960 年代と 1970 年代の初期には静止の状態で停滞していた．1960 年代の中頃では，ほとんどのコンピュータ科学者の興味は大きい第 3 世代のンピュータの発見的なプログラミングに向かっていた．そして，論理と決定の一覧表を実施することは，ディジタル計算機を使って，理論を学ぶより直接的であった．規則ベースの人工的な知能研究は，それ以来 1980 年代までこの状況を支配していた．

　それにもかかわらず，AI 研究の最終目的は，ANN の目的と同様に，常に，自律知能を創造することであった．我々はそれでも，それぞれ強い **AI** と弱い **AI** と呼ばれている 2 つの主体となる考え方の違いを認識することができる．強い AI の線での考え方では，コンピュータは，人間のように考え，理解し，そして，感じるように作られるべきだと信じられている．弱い AI によると，コンピュータは心と認識過程についての理論の開発とテストにおけるよいツールと見なされているだけである．

　私は論理的ならびに規則ベースの AI を**固い情報処理**，そして統計的学習理論と同様に人工ニューラルネットワークを**柔らかい情報処理**とそれぞれ呼びたいと考えている．この専門用語は用語 "柔らかい（ソフト）コンピューティング" と一致している．その言葉には，ANN，ファジィ理論，遺伝的アルゴリズム，およびいくつかのさらなる数学的形式化を含む：他の名前を付けると "実世界のコンピューティング" や "自然なコンピューティング" になる．とにかく，多くの高水準の認識の機能が集中的な計算によって実装されることができることはすでに示されている．こうして，難しい AI を信じる人々はますます少なくなってきている．

　規則ベースの AI における障害の 1 つは，組み合わせ問題である．画像理解などのような自然な仕事が存在する．そこでは，よりこれ以上複雑な自然場面のための完全な規則系を作成することが単に不可能なのである．しかし，また，AI の方法のテストのために使われることができて，クロスワード・パズルを解く別のより簡単で，より親しみやすい仕事が存在する．人がやり続ける方法は，連想し結びつけながら広大な知識データベースを参照することであるけれども，連想的呼び戻しはどのような論理的または簡単な類似比較にも基づくことはできない．整合条件は抽象化の多くの異なったレベルと関連するかもしれない．そのような連想構造が人間の脳の中に存在していることは明らかであるけれども，人は詳細にそれらを理解してはいない．論理的推論において少なくともそれらに関して対応するものは全然ない．

　また，ニューラルネットワークのモデルがこの問題や多くの他の問題に対処するこ

とができる前に，このニューラルネットワークのモデルはより階層的な方向で開発されなければならない．

2.4 生物学的神経系の複雑さについて

　生物学的な神経系は細胞膜に沿って定義されていることを認識すべきである．細胞膜は，しばしば活性な伝送媒体を構成しており，細胞膜の働きは，細胞内や細胞間で発生する化学的な処理過程によって左右される．このような系は，強大な数の大変複雑な非線形偏微分方程式によって記述されるべきである．我々は，問題の次元数を考慮に入れなければならない：人間の脳内の神経細胞の数は 10^{11} のオーダである．そして，1人の人の神経回路の配線軸索の長さは，地球の周りを数ダース回した距離にまで，または，月への往復距離のだいたい2倍にまで引き延ばせば延びることになる．しかし，この記述もまだ遠慮がちなものである．回路配線は大変に特別な方法でおこなわれている．細胞間の主たる信号結合，すなわちシナプスは小さな生物学的な器官のようである．そして，数では 10^{15} のオーダになり，人間の神経系の場合，数ダースの違った型に分かれる．細胞膜は，軽いイオンに関しては，電気化学的なポンプを形成している分子状の塊で覆われている．そして，細胞と細胞の部分は，多くの種類の化学媒介分子を通して連絡している．分子のいくつかは媒体の中に拡散しそして循環している．相互作用の一部は，いわゆる生理学的な電場緊張処理過程によって発生した電界を通して伝達される．地球の周りの大域的な気象学上の系を記述することは，脳の完全な振舞いを記述することに比べると極端に些細なことになるだろう．

　もちろん，一般的な生理学が，動物や人間の生物学的な系をその相互作用を理解するために個々別々の機能へと区分けするのと同じ理由で，脳を，その各々が明確な機能を持つように見える巨視的な部分（必然的に，解剖学的な部分と同じではない）に区分けすることを試みてもよい．このようにして，"覚醒"を制御する特定の神経細胞（脳の構成組織），"感情"やまたは"感覚"を制御することで中心的位置にある他の構成組織，"意思"を活性化させる大脳皮質の部分（いわゆる補足運動皮質）などについて話してもよい．非常に一般的なレベルにおいて，上に述べた構成組織に対して，一般的な制御理論的な原理に従って相互作用する抽象的な系モデルを組み立てることができるかもしれない．

　実験的な脳の研究は，ごく最近では，非常にたくさんの新しいデータを生み出した．確かに，我々の脳についての現在の理解は，例えば，1960年代の頃と比較してみてもはるかに進んでいる；しかし，理論物理のような例と比べても脳理論においては，明快で独自性がありそして一般に受け入れられる範例は出てこなかったということは一方では明白な事実である．これに対する明白な理由の1つに次のことが言える．実験や理論の物理学者は，同じ学界に属し教育を受けているけれども，実験や理論をやる脳の科学者は，全く違った教育文化を代表しており，お互いの言葉，目標や結論を理解し

ていないのである．別のもっと具体的な理由は，研究の目標，すなわち，発達の過程で違った系統分類や個体発生の様子を示す全ての存在する神経系は，伝統的な数学モデルでは記述することができないということである．例えば，量子電気力学では，理論的な予測と測定結果は，たとえ大変簡単な数学的なモデルが使われているときでも，10進法で6桁から7桁の精度で一致するようにすることができる．そして有機量子化学では，定量的でコンピュータ化されたモデルは，数千の原子よりなる分子を作り上げることができる；これらのモデルは，構造内の1つの電子がどんな役割をしているかを予測することができる．神経機能を近似しようとする理論的な方法では，以下のことがまず成り立っているようである．生物学的ニューロンは，簡単な周波数変調パルス振動子のように働き，そして，古典的なホジキン・ハクスレイ (*Hodgkin-Huxley*) 方程式 [2.24] とそれに基づいた動的モデルは，細胞膜での電気化学的な現象をむしろ正確に記述している．しかし，細胞の幾何学的な形はすでに大変複雑であるので，たとえ細胞膜が非常に多数の有限の要素によって記述され，1千もの非線形時間・空間依存の微分方程式で表されても，この"モデル"は，なおいかなる情報処理ユニットをも記述していない：電場や化学反応を通しての近傍細胞との相互作用は，そこではまだ考慮に入れていないし，実際，神経制御に対してどのような解析的な法則があるのか，すなわち，いろいろなシナプス入力のどのような結合の定量的な効果が，細胞の活性へ有効であるのかについて，一般的ないかなる意見の一致も存在しない．科学は正確だという古典的な感覚においては，完全な神経細胞と神経系に対する定量的で正確ないかなる情報処理のモデルもなおまだ存在しないと述べることは正しいだろう．生物物理と生物学的サイバネティクス（人工頭脳の研究）での最も信頼できて実験的に証明されるモデルでもなお，初歩的な現象のみのモデルである．

2.5 脳回路ではないところのもの

　生物の神経系でありえないところのものを確信を持って述べることは，それらの情報処理機能のどのような詳細でも発見することよりずっと容易である．それにもかかわらず，これらの話は，問題を公式化するときにすでに助けることができる．

　この節では，最初に6つの主張を見せて，それから簡潔な形で最も納得できる議論をする．

(i) 生物の神経系は論理回路またはデジタル回路の原理を適用しない．
議論：もし根拠もなしに言われている計算原理が非同期なら，神経信号（インパルス）の継続期間が変化すべきである．結果として不明確である．これは真実ではない．もし原理が同期であるなら，人は包括的な時計が必要である．その時計に，パルスの頻度は同期しなければならない．これらの原則のどちらも可能ではない．全てのニューロンには数千個の可変の入力があり，"しきい値"が時間変数であるので，ニューロンはしきい値・論理回路であるはずがない．そのような回路の精度と安定性は，どのよ

うなブール関数を定義しても簡単には十分ではない．さらに，ニューロコンピューティングにおいて中心的で重要である集合的な処理は簡単な論理回路によっては実行可能ではない．したがって，脳は，アナログコンピュータであるに違いない．もちろん複雑で，順応的なものであるけれども．

いかなるデジタル計算回路も脳からは見つかっていない．我々は，足し算やかけ算表のような最も簡単な計算機能さえ棒暗記によって視覚的か，音響的に学習していることに気が付くべきである．

(ii) ニューロンやシナプスのどちらも双安定の記憶要素ではない．
　命題：スピンの類似性はニューラルネットワークには関連していない．
議論：全ての生理学上の事実はニューロンがアナログ積分器として作動する方を指示している．そして，シナプスの効力は徐々に変化する．少なくとも，それらニューロンは前後には動かない．

(iii) どの機械語命令もまたは並列または時間的な制御コードも神経の計算回路には存在していない．
　命題：そこには"脳コード"は存在しない．
議論：最も重要な理由は，(i) に言及されている．神経系での伝搬におけるそのようなコードの形式（フォーマット）はどのような意味ある期間も維持されることができない．信号を記号化することは十分ではないけれども，それらはまた復号されるべきである．そのような"コード化"通信規約（プロトコル）についてはどの生理学上の証拠も存在していない．コード化された表現と"コード化"回路は成長過程の間に維持されることができない．

(iv) 脳回路は自動機械ではなく，再帰的な計算を実施しない．
議論：(i) によると，ディジタル計算機のように，回路は，機能の再帰的な定義を許すのに十分安定していない．後者では，プログラムの試行過程を実施するために，再帰は何十億ものステップからなるだろう．神経回路では，再帰の数はほとんど6以上の数は出ないだろう．さらに，ディジタル計算機と違って，全ての内部状態は同程度に接近可能なわけではない．このことが自動操作を不満足なものにするであろう．

(v) 脳ネットワークは問題解決，抽象的な最適化，または意思決定のためには本質的に回路を含んでない．
議論：高水準の仕事とは，外部装置が必要で，戦略が長時間の試行錯誤によって見つけられるような文化的な振舞いに属している．問題解決のための形式化は学ばれなければならない．意思決定にはアナログ的な評価操作が必要で，最終的な解決，意識の一種の状態は全体的な"随伴現象"である．伝統的なアナログ型コンピュータの中でのように，神経回路がネットワーク構造のプログラミングを必要とするゆえに，抽象的な最適化問題を神経回路にプログラムとして組み入れることはまた非常に難しいこ

とであろう．

(vi) 最高レベルにおいてさえも，情報処理の性質は，脳の中とディジタル計算機の中とでは違っている．
議論：互いが競争するためには，少なくとも抽象化のあるレベルにおいては，この2つの計算機システムの内部状態は，同等に接近可能でなければならない．そのような同等性は，上で議論されたような脳とプログラミング系の間には存在しない．人工的なコンピュータは，また，価値の評価が基づく全ての人類の経験を収集し，説明することがどちらもできない．

2.6 生物ニューラルネットワークと人工ニューラルネットワーク間の関係

生物ニューラルネットワークと大多数の進歩したANNの両方に共通しているような特徴のいくつかをまず書き出してみよう：

1. アナログ表現と情報処理（これは，連動のない大量の並列計算での，色々な程度の非同期の処理をも含む）．
2. 条件を付けてデータ群を平均化する能力（統計的作業）．
3. 優美な退化や誤りからの回復と同様に誤り許容；この能力は大きな生き残り値になる．
4. 変化している環境への適応やデータに応答しての自己組織化による"知的"情報処理機能の発生．

これらの性質を実行するために（実際，これらの性質はまた大変発散しているので），非常に異なった技術的な解が使われるべきであるということを注意深く認めておくべきである；だからANNは，いかなる生物学的な回路の忠実なモデルである必要はない．しかしANNは，例えばシリコンの特別な性質を利用することはできる．また，たとえアナログ表現が特別な構造的な解を含むように見えても，特に，もしある種の回路技術が，特にそうするのが有利であるなら，アナログ表現はデジタル表現に書き換えられるだろう．

特に生物学的な考え方に傾いている科学者達は，ANNモデルでは，このモデルができるだけ正確に自然を模倣するまでは有効ではないということをしばしば主張している．我々が当然知っている多くの最適化メカニズムを"発明する"ための時間と資源を自然は持っていたということは事実本当である．一方，科学技術は，自然では不可能である多くの解を利用することが可能である：例えば，自由に回転する輪は（軸受けを通してのどのような巡回もありえないので）生物には存在しない．このようにして，エネルギ供給と安定化というようなある簡単な補助的機能に関しても，自然は

複雑な解を使わなければならない．このような補助的機能は，もっとずっと直接的な手段，特に，もし維持，点検することが自動化される必要がないなら，例えば，エレクトロニクスで解決されるだろう．さらに，自然の詳細な部分が何を意味しているのかを完全に理解していないなら，自然からモデルへとその自然の詳細な部分を複写することは，理屈が通っているとは思えない．

簡単化された ANN モデルは，例えば，直径で 2, 3 ミリメートルを越えない一片の組織を記述しているだけかもしれない．この場合のネットワーク構造は，普通，規則的，例えば層状と仮定される．しかし脳のネットワークでは，高度の特異性（違った型のニューロンとネットワーク構造）がすでに顕微鏡的な尺度で存在している．ニューロン間の相互作用は，近傍の細胞をしばしば"飛び越える"．これらの事実により，簡単化された，特に一様なネットワーク・モデルは"正しく"ないという不当な言いがかりを付けられていた．これは基本的な誤解である．そのようなモデルは，完全な解剖学的構造ではなくて，**機能的構造**を記述しようとしているのである．このモデルでは，組織から選ばれ機能的動作のために活性化された要素は，特別な状態でのその要素の役割のみを仮定することになる．そのような細胞の選択と抽出は，神経細胞（ニューロン）での多種類の知られた制御，バイアスやシナプス前入力によって実行されることができる [2.25]．

私の個人的な見解では，特に，多くの教師あり学習モデル，それらはニューラルネットワークのように見えるけれども，低水準の神経解剖学的構造または神経生理学的構造を全く記述していないと思う：むしろそれらモデルは，学習の行動モデルまたは学習の一般的なモデルと見なすべきである．そこでは，ノード（節）やリンク（結合）は，それぞれ抽象的な処理機構や通信経路を表している．

2.7 脳のどんな機能が普通モデル化されるか？

どのような生物学の神経系の目的も，感覚運動の機能，リズム，血行，呼吸，代謝，緊急事態機能などなどの生命の機能の**集中制御**である．行動のより発達した形では，（人を含む）高等動物は，記憶と想像を参照しながら，意識や様々な行動を計画する能力を保持している．さらに神経学と精神医学においては，脳，すなわち**認知機能**や，**感情反応**の中で 2 つの特定の制御系を区別することは普通におこなわれていることである．

モデル化が直接心理学的，または生理学上の効果のシミュレーションを目的としない限り，人工的なニューラルネットワークの範囲は通常もっと限定される．ある研究者は，ANN 研究の最終目的が，自律ロボットを開発することであると考える傾向がある；したがって，それに応じて，実装される主要な機能は以下である：

—感覚機能（また，より一般的には人工知覚）
—運動機能（操作，移動）

- 意思決定（推論，評価，問題解決）
- 言語振舞い（言語理解と言語生成，読み書き，質問応答，告知）．

2.8 どんなときに我々はニューラル・コンピューティングを使わなければならないのか？

いくつかの計量数学的な表現形式は，新しいものと同様に古い伝統的なものも現実世界の状態に対抗するように発展させられている：確率論的な推論，ファジィ論理，ファジィ集合理論，ファジィ推論，人工知能，遺伝的アルゴリズム，そしてニューラルネットワークである．それら全てが思考と関係があると主張されているので，どの点で人工ニューラルネットワークを特別な位置に置くのかを明記するのは容易ではない．しかし，ニューラルネットワークは少なくとも以下の状態で考慮されるべきである：

ノイズ（雑音）があり，間違って定義されたたくさんのデータ

自然なデータを，低い次数（第1次や第2次）の統計的パラメータで常に記述することはできない．その分布は非ガウス型である．その統計は変動している．自然なデータ要素間の関数的な関係はしばしば非線形である．このような状況の下では，適応ニューラルネットワークの計算方法は，今までの伝統的なものよりもより効果的で経済的である．

信号ダイナミクス（動力学）

より進んだニューラルネットワークは，信号の動的変化を考慮に入れる．ところが，例えば人工知能技術やファジィ論理では，動的状況は，記号や抽象的属性（概念）のレベルで主に処理されている．

集団的効果

信号と制御変数間の統計的な依存性は，上に述べたどの数学的な表現形式においても考えられているだろうけれども，ニューラルネットワーク・モデルだけが，空間および時間での表現の冗長性に頼っている．言い換えると，このモデルでは，通常，個々の信号やパターン変数を無視し，変数の集合の集団的性質，例えば，変数同士の相関，条件つき平均や固有値などに注意を集中している．ニューラルネットワークは，古典的な確率論的な方法が失敗する非線形的な推定や制御的な仕事にしばしば適している．

大量並列計算

信号やデータ要素が非同期的に変化する動的変数であるとき，その解析は，アナログ的で大量並列計算によって最もうまく実行される．すなわち，最も自然に，ニューラ

ルネットワーク計算構造によって実行されるのである．（当然，アナログ計算は，ディジタル計算によって書き換えられる．）

適応

変動しているデータを処理するために，ネットワークの信号移動と信号変換を適応的に処理しなければならない．最も簡単な場合には，移動パラメータは，その最適スケーリング（尺度化）と安定化に対しては伝達された信号に依存しなければならない．系の性能は使うにつれて改良される．より一般的には，完全な系の精度と選択性は，ある大域的な性能指数に関して最適化されるべきである．他の望ましい適応効果は，計算資源の最適配分であり，連想記憶機能である．なお，連想記憶機能というのは，雑音があり不完全な入力データ・パターンを修正したり補足したりしてその理想的または標準的な形に直し，そして関係ある項目を想起することである．全てこれらの性質は，ニューラルネットワークでは固有のものである．

知的情報処理機能の発生

ニューラルネットワークのみが，始終発生している信号パターンに応答して，構造化された信号に対する特有な特徴検出器や順序づけされた内部表現化のような新しい情報処理機能を作り出すことができる．また，ニューラルネットワークのみが，生の加工していないデータからより高次の抽象的概念（記号化）を完全に自動的に作り出すことができる．ニューラルネットワークにおける知性というのは，抽象化から結果として起きるのであり，発見的な規則またはお手製の論理的プログラミングからではない．

2.9 変換，緩和や復号器

ニューラルネットワークの論文の文脈で発達してきた大変に異なったニューロ哲学の理解を容易にするために，まず最初に3つの基本的な機能を明らかにすることは役に立つだろう．その機能とは，しばしばニューラルネットワーク構造に現れるもので，すなわち，**信号変換**，ネットワーク活性の**緩和**や信号パターンの**復号**または**検出**である．

信号変換

信号ネットワークで基本的な動作の1つは信号値の変換である（図2.1）．実数値（非負）の入力信号 $\{\xi_i\}$ の集合を考えてみる．それらの信号は，生物学的なニューラルネットワークでは，インパルス周波数によって普通，符号化されるかまたは表示される．これらの信号は，一緒に合わさって n 次元の実数信号ベクトル $x = [\xi_1, \xi_2, \ldots, \xi_n]^T \in \Re^n$（記号表示に関しては第1章を参照のこと）を形成している．ネットワークからの出力信号は，別の集合 $\{\eta_j\}$ を形成している．そこでの符号化は入力の場合と同じである．

2.9 変換，緩和や復号器

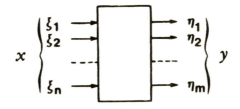

図 **2.1**：信号変換

出力信号は，m 次元の信号ベクトル $y = [\eta_1, \eta_2, \ldots, \eta_m]^T \in \Re^m$ と見なされる．信号の定常状態では，どの出力も全ての入力の関数である．すなわち，

$$\eta_j = \eta_j(x) \ . \tag{2.1}$$

基本的な信号変換ネットワークにおいては逐次記憶がないので，一般には関数 η_j は非線形である：たとえ信号が時間と共に変化しており，ネットワーク内で信号の遅延があっても，どの出力 $\eta_j(x) = \eta_j(x, t)$ も，現在および，より早い時点での入力値 $x(t'), t' \leq t$ で決まる1価関数になる．言い換えると，信号はネットワークを通り異なった遅延を経て伝送されるけれども，信号変換ネットワークの出力は，コンピュータ技術でよく知られたフリップ・フロップ回路，または次に述べる多安定緩和回路のような二者択一の状態を保持するとは仮定されていない．

緩和

帰還系においては，出力信号の一部または結果として全ての信号がそのネットワークの入力部に戻って結合されている．そして ANN では，典型的な例として伝達関係は非線形である．最も簡単な場合，遅延は，全ての帰還信号に対して同一であると仮定する（図 2.2）．あまり一般性を失うことなしに記述すると，時間連続信号は，サンプリングから次のサンプリングまでの時間間隔では一定値を取るとしばしば近似されている．**離散時間表現**において，ネットワークに対する系の方程式は次のようになる．

$$y(t+1) = f[x(t), y(t)] \ , \quad t = 0, 1, 2, \ldots \ . \tag{2.2}$$

ベクトル値を持つ入出力伝達関数 f は，普通非常に非線形である．その代表的な形は，y の各成分 η_j が低および高の極限値に縛られており，この間では f は，ほとんど線形の性質を持っているようである．上の性質を持った系は，しばしば多安定である：同じ入力 x に関して，安定状態の出力 y は多くの安定な解を持っている．このような解は，そのときこのネットワークのアトラクタ（牽引子）と呼ばれている．より一般的な場合には，アトラクタ・ネットワークは次の式の型の連続時間微分方程式によって記述される．

$$dy/dt = f_1(x, y) \ , \tag{2.3}$$

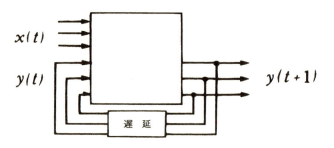

図 2.2：フィードバック（帰還）系．

ここで f_1 は，f_1 の要素が y のそれぞれの要素の低および高の値でゼロに向かう性質を持っている．本書では，ある特別な場合を除いてはアトラクタ・ネットワークの収束性質を解析していない：これらの議論に関しては，非線形系理論やカタストロフィ理論などの多くの教科書で見つけることができる．

ニューラルネットワークの文脈では，アトラクタ（牽引子）・ネットワークは次の方法で動作すると普通考えられている．始めに，ある入力情報を表している初期条件 $y = y(0)$ を定義する．その後，系の状態は一連の遷移を起こすかまたは緩和する．結果としてアトラクタで終わる．アトラクタは，このとき計算結果として，しばしばある基本的な統計的な特徴を表している．アトラクタ・ネットワークは連想記憶として使われ，簡単な最適化問題への解を見つけるために使われている．本書の 4 章で議論される生理学的な SOM モデルのような多くの競合学習ネットワークは，部分的にアトラクタ・ネットワークに属している．

復号器

復号器は，コンピュータ技術ではよく知られている．記憶番地の位置は，アドレス・デコーダ（番地解読器）と呼ばれる特別な論理回路によって読み書きのために活性化される．デコーダは，2 進入力値の一定の組み合わせ（アドレス）で読み書きのための番地の 1 つを選び出す（図 2.3）．

ニューラルネットワークでのいわゆる**特徴敏感細胞**は，2 進信号の代わりに実数値信号の組み合わせが使われるということを除いて，ある程度は同じような方法で動作する．したがって，入力ベクトル $x \in \Re^n$ に関して，ネットワークの m 個の出力の中たった 1 つが "能動的" な応答をし，一方，残りの出力は受動のままで残っている．多くの種類の "デコーダ" または特徴敏感細胞が本書では議論されている．そこではそれらは，特徴検出やパターン認識などのために使われている．そのような回路では，フィードフォワード・ネットワークでのように，まず第 1 に入出力変換の振幅関係を考慮しないということをはっきりと認識しなければならない．正確な出力値はほとんど重要ではない：入力を解釈してくれるものは，ネットワークにおける応答の位置である．

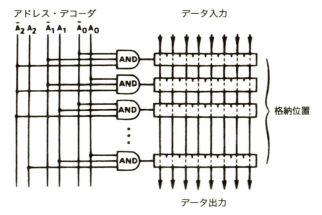

図 2.3：アドレス・デコーダ（番地解読器）つきの番地記憶メモリ．A_0, A_1, A_2：アドレス・ビット．$\overline{A}_0, \overline{A}_1, \overline{A}_2$ は：それぞれ，その論理否定．AND は：論理積である．

2.10 ANN の範疇

伝統的には，次の3つの範疇に分かれるモデルが，"純粋な" ANN として認識されている：それらは，信号転送ネットワーク，状態転送ネットワークそして競合学習である．

信号転送ネットワーク

信号転送ネットワークでは，出力信号値は唯一入力信号に依存している．これらの回路はこのように信号変換として設計されている．マップ化はパラメータによって決まる：それは例えば，手に入る構成パーツの技術に依存する固定化された"基底関数"によって定義される．基底関数は，代数的な計算または勾配きざみによる最適化によってデータに合わすことができる．代表的な例は，多層パーセプトロン [2.26] のような層状フィードフォワード・ネットワーク，マダリン (*Madaline*)[1.44]，そして学習が誤差逆伝搬アルゴリズム [2.6, 7] によって定義されるフィードフォワード・ネットワークである．動径基底関数ネットワーク [2.28] は，また信号転送ニューラルネットワークと見なすことができる．

信号転送ネットワークは，入力パターンの識別と分類のために，制御問題のために，座標変換のために，そして入力データの評価のために使われる．

状態転送ネットワーク

緩和効果に基づいた状態転送ネットワークでは，帰還性と非線形性が非常に強いので，活性状態はその安定値の1つであるアトラクタに大変に早く収束する．入力情報は最初の活性状態を準備し，最終状態は計算結果を表す．代表的な例は，ホップフィールド (*Hopfield*) ネットワーク [2.29] やボルツマン (*Boltzmann*) マシン（機械）[2.30]

である．双方向連想記憶 (BAM) [2.31] はまたこの範疇に属している．

状態転送ネットワークの主な応用は，様々な連想記憶機能と最適化問題にある．それらはまたパターン認識用に使われたけれども，その精度は他の ANN の精度のずっと以下に留まっている．

競合学習

競合学習ネットワークにおいては，少なくとも最も簡単な構造においては細胞は競合する同一の入力情報を受け取る．正と負の側方相互作用の手段によって細胞の 1 つは完全な活性化状態で "勝者" になる．そして，負帰還によって他の全ての細胞の活性度を抑える．この種の行動については 4.2.1 節で後でもっと詳しく述べることにする．異なった入力に対しては "勝者" は交代する．もし活性細胞だけが長期で入力を学習するならば，各細胞は，ベクトルの入力信号値の異なった領域に敏感になり，その領域の復号器として活動する [2.11-14]．

ニューラル・モデル化の関係では，ある研究者は**特徴敏感神経細胞**の形成と動作を説明するために 1.5 節で議論されているベクトル量子化と同じ考えを追求した [2.15, 16, 22, 23]．これらのモデル化による研究方法は，神経機能の最も重要な範疇の 1 つの理論への基礎を敷いた．

脳組織の多くの部分，例えば大脳皮質は，ある特別な脳の領野でのある特徴を示す座標値でもって，神経機能の明白な幾何学的局所順序づけが認められるというような方法で空間的に組織化されている．そのような組織化の説明をねらった初期の理論的な仕事については [2.24-26] を参考にするのがよい．

層状ニューラルネットワーク上に，色々な感覚特徴の大域的に順序づけられたマップを効果的に作りながら，実際に確実に働く学習原理を実行する試みの中で，本書の著者は，自己組織化処理過程を 1981 年と 1982 年に，今，**自己組織化（特徴）マップ (SOM)** と呼ばれているアルゴリズムの形で形式化をおこなった [2.35-37]．SOM アルゴリズムは本書の主要な課題である．純粋な形で SOM は，順序づけられた形で入力信号空間の密度関数を近似するために，信号空間に適合している点（パラメータ，参照ベクトル，またはコードブック・ベクトル）の "弾性ネット" を定義する．SOM の主な応用例は，このようにして**複雑なデータの 2 次元表示への可視化**にあり，多くのクラスタ化技術でのように抽象化の創造にある．

ベクトル量子化法の別の展開は，**学習ベクトル量子化 (LVQ)** と呼ばれる教師あり学習アルゴリズムである [2.38-41]．そこでは，ベクトル入力サンプルの各クラスは，それ自身のコードブック・ベクトルの集合によって表される．LVQ のたった 1 つの目的は，最近接近傍を探す規則によってクラスの境界を記述することである．このようにして LVQ の主な応用例は，統計的なパターン認識やクラス分類にある．

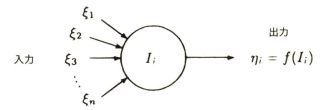

図 2.4：ニューロンの静的非線形モデル．ここで $f(\cdot)$ は，ある単調な関数で低域および高域での飽和極限値を持つとする．

他

人工ニューラルネットワークでは，一般にどのような特徴が顕著であるかを特定することは難しい．例えば，数学的な統計学を使った多くの新しいアルゴリズムが，雑誌や学会で ANN 法として報告されている．例えば主成分分析 (PCA) ネットワーク [1.23–25] や独立成分分析 (ICA) [2.42, 43] などがある．

2.11 ニューロンの簡単な非線形動的モデル

今までほとんどの ANN モデルでは，特に信号転送フィードフォワード・ネットワークは，30 年以上も前に導入されたのと同じニューロンを仮定している．この構成は，すなわち（図 2.4 に示すように）多入力 1 出力の静的要素からなる．このとき，入力信号値 ξ_i の重みづけ加算をおこない入力活性度と呼ばれる I_i を形成する．それから，I_i を非線形出力回路で増幅して出力 η_i を形成する．

そのような構成要素は作るのは簡単である．しかしまたこの構成要素が動的な問題を解決するのに，古典的なアナログ・コンピュータ（いわゆる微分解析器）のように出力回路へ積分器を付け加えることはほぼたやすいことである．

他の極限的な生物物理学的な理論においては，生物ニューロンの活性な細胞膜でどのような電気・化学的な発火現象が起きているかを記述することを試みるニューロン・モデルがまた存在する：古典的なホジキン・ハクスレイ (*Hodgkin-Huxley*) 方程式 [2.24] は，この種の話では非常にしばしば引用されている．その方法では，入力と出力パルスの観測可能なリズムはむしろ忠実に記述されるけれども，複雑なニューラルネットワークでの信号変換を記述するために計算するには，あまりに重たく大変で解析レベルには到底達しない．このため，集団的な適応効果や計算機による構成について話を進めるのはほとんど不可能である．

多年にわたって生物物理学者と生物数学者は，ニューロン方程式を書くに当たって正確さと簡潔さの間で妥協することを試みてきた．例えば，フィッツヒュウ (*FitzHugh*) 方程式 [2.44] を取り上げてみよう．この式はホジキン・ハクスレイ (*Hodgkin-Huxley*) 方程式を簡単にしたもので，その結果，軸索は活性な伝送線として簡単に記述される．

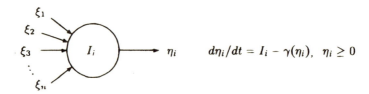

図 2.5：ニューロンに関する非線形動的モデル．

ニューロン系における適応信号処理，そこでは伝送線効果はもはや考慮に入っていないが，細胞膜のシナプス脱分極の効果はむしろ現実に即して記述されている．このような適応信号処理は，いろいろな種類のグロスバーグ (Grossberg) の膜方程式によって記述することができる [2.15, 16, 20]．

本書の著者が，1988 年に提案した [2.40] ものは，上記の仕事と同じ意味で新しい生物物理学的な理論ではなく，最終的に単純化された実践的で（現象論的な）方程式である．その方程式の解がなお，多くの種類のニューロンの代表的な非線形の動的な振舞いをむしろ忠実に表している．一方，シミュレーションや電子回路的な遂行の点からは，計算を実行するには重荷にならない程に軽い．この方程式の定常安定な解は，また以下に見られるように大変直裁的な方法で，一種の"シグモイド"非線形関数 $f(\cdot)$ を定義する．膜電位でもって神経細胞の活性度を確認する多くの他の物理的指向のモデルとは逆に，この簡単なモデルでは，非負信号値はインパルス周波数を直接に記述しており，またより正確には，逐次的ニューラル・インパルス間のパルス間隔の逆値を直接に記述している．

図 2.5 を考えてみる．ここで ξ_j と η_i は非負のスカラ変数であり，入力活性度 I_i は，ξ_j と内部パラメータの集合のある関数である．もし I_i が線形化されているなら，しばしば，またシナプス荷重と呼ばれている入力結合強さ μ_{ij} が，こうしてモデルに入ってくる．今やニューロンは，"漏出積分器"のように働く．このモデルでの漏れ効果は非線形である．多くの他の簡単なモデルと同じ方法で，入力活性度 I_i は次の式によって近似されるだろう．

$$I_i = \sum_{j=1}^n \mu_{ij}\xi_j \,. \tag{2.4}$$

また，ξ_j の非線形関数である入力活性度に関する他の法則は考慮されてもよい．図 2.5 の"非線形漏出積分器"に対する系の方程式は次のように書くことができる．

$$d\eta_i/dt = I_i - \gamma_i(\eta_i)\,, \tag{2.5}$$

ここで $\eta_i \geq 0$，$\gamma_i(\eta_i)$ は漏れの項であり出力活性度の非線形関数である．特に帰還ネットワークにおいて良い安定性を保証するためには，少なくとも η_i の大きな値に関してこの関数 $\gamma_i(\eta_i)$ は凸状でなければならない．すなわち引き数 η_i に関する 2 階微分は正でなければならない．そのような漏れの項は，ニューロンにおける全ての異

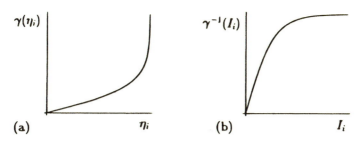

図 2.6：損失関数が，安定状態において飽和可能な非線形性をいかにして決定するかの説明図. (a) は $\gamma(\eta_i)$ 対 η_i の関係. (b) は $\eta_i = \gamma^{-1}(I_i)$ の関係.

なった損失や不動時間効果のような結果を活性度の漸進関数としてむしろ現実に即して記述する．さらに次の注意が必要である：もし η_i が正またはゼロであるなら，このときのみ式 (2.5) は成立する．η_i の低い方の束縛値はゼロであると仮定しているので，もし η_i がゼロで右辺が負であるなら，$d\eta_i/dt$ はまたゼロでなければならない．しかし，もし η_i がゼロで右辺が正であるなら，$d\eta_i/dt$ は正でなければならない．これを形式的により正確に表すために，式 (2.5) は簡潔な形でこうして次の式のように書くべきである：

$$d\eta_i/dt = \phi[\eta_i, I_i - \gamma_i(\eta_i)], \quad \text{ここで } \phi[a,b] = \max\{H(a)b, b\}, \qquad (2.6)$$

そして H はヘビサイド関数 である：ヘビサイド関数は，$a < 0$ のとき $H(a) = 0$ で $a \geq 0$ のとき $H(a) = 1$ である．

もし入力信号が十分な時間にわたって安定であるなら，興味ある結果が得られる．この場合，系は定常状態 $d\eta_i/dt = 0$ に収束する．そのとき，γ_i が定義される領域で，我々は η_i を解くことができる：

$$\eta_i = \gamma_i^{-1}(I_i), \qquad (2.7)$$

ここで γ_i^{-1} は γ_i の逆関数である．関数 γ_i を適当に選ぶことによって，式 (2.7) は定常状態でのニューラル伝達関数の色々な"シグモイド"の形を表すように作ることができる（図 2.6）．反対に，もし"シグモイド"の形が測定できるなら，式 (2.7) は，この簡単なモデルで使うための $\gamma_i(\cdot)$ を定義するだろう．そのとき，式 (2.7) によって記述される要素は，2.10 節で導入されたどの範疇の静的ニューラルネットワークをも実行するために使用することができるだろう．しかし，モデルを動的に形式化することで，これらの回路は静的なものよりもさらにより一般的に作製される．

2.12 ニューロモデルの発展の3つの段階

ニューラルネットワーク理論のモデルの世代をクラス分けするためのもう1つの試

メモリなしモデル

モデル化の最初の段階においては，古典的なマカロック・ピッツ (*McCulloch-Pitts*) のネットワーク [2.2] から始めてネットワークの転送の性質は固定されていると仮定する．もしローゼンブラット (*Rosenblatt*)[2.26] によってすでに考案されているある種の側方相互結合ネットワークにおいてや，ある種の現代の状態転送モデルの中でのように帰還結合が付け加えられるなら，それによって具体化される主な効果は活性分布の緩和である．信号活性度 A が位置の関数であるニューラル媒体を考えてみる：A はこの場合数学的にはスカラ場と同じである．I を同じ位置に作用している外部入力"場"として見る．このとき動的状態方程式は一般に次のように書かれる．

$$dA/dt = f(I, A), \tag{2.8}$$

ここで f は，I と A それに位置の一般的な関数である．

適応モデル

適応と記憶は，ネットワークにおけるパラメータの変化から生じる性質である．一般的な方法で系のパラメータの集合を変数 M によって表してみると次のようになるだろう．

$$\begin{aligned} dA/dt &= f(I, A, M), \\ dM/dt &= g(I, A, M), \end{aligned} \tag{2.9}$$

ここで f と g は，I, A, や M の一般的な関数である．

これらの方程式は，適応信号転送回路を記述している．変数 M は位置の関数で適応バイアスを表している．しかしより一般的には，M は2つの位置の関数であると見なされている．それによって M は，これらの位置間の適応信号結合を記述することになる．適応回路の一般的な性質は，M の方程式の時定数が A の方程式の時定数よりもずっと大きいということである．特徴敏感細胞のモデル発現への最初の試みと，自己組織化のマップ化の初歩的な形はこれらの式に基礎を置いている．

可塑性制御モデル

お互いに割り当てられた多少の固定値を持った適応結合性パラメータを持つモデルは，自己組織化の全ての面を十分に捉えるには満足すべきものではないことは，本書の著者が1980年頃に感じていたことである．神経生理学においては，シナプス結合のような相互結合の学習率は**可塑性**と呼ばれている．可塑性は年齢の関数であるが，また一時的に変化するかもしれないということは知られている．可塑性は明らかに化学的に制御されている．本書の著者は最近の理論 [2.45] で，可塑性は以下に示す P と

呼ばれる第3のグループの状態変数によって記述され制御されるべきであるという考えを進めている．MとPの動力学的な分離に対する制限はない．モデル化に対する第3番目の段階に関して，我々は以下に系の方程式を書く．

$$dA/dt = f(I, A, M),$$
$$dM/dt = g(I, A, M, P),$$
$$dP/dt = h(I, A, M, P), \qquad (2.10)$$

ここでf, g, とhはなおまだ一般的な関数である．上の式で，Mと違ってPは，Aの活性度を制御するのに寄与していない．この考えは，1981年以来本書の著者のSOM方程式で表されており，自己組織化の最も効果的な形を結果としてもたらしている．本書の主たる目的の1つは，この種の考えとモデル化を推し進めることである．

制御可能な可塑性についての仮定は，記憶の時定数に関係するある特定の問題を解決する．もしも記憶が信号の簡単な積分であるならば，どのように記憶の軌跡が即座に形成され，無限期間留まることができるかを理解することは難しいことであった．さて，可塑性制御Pがオンであるときだけに，記憶の軌跡が形成されると仮定することは自然であるだろう：これは例えば，注意持続状態に相当する特別な求心性入力(I)によって決定されることができる．Pの制御がオフであるとき，記憶状態は無限に一定のままに留まることができる．

2.13 学習則

信号が，学習中に適応"シナプス"入力荷重μ_{ij}またはニューロンの他のパラメータをどのように修正すべきかを規定する前に，ニューラルネットワークは何をすべきだと仮定されているかを明らかにすることが必要である．例えば，そのような機能の1つは連想記憶であり，他には初歩的なパターンの検出や特徴の抽出である．しかしまた，多くの他の機能もニューラルの領域に入っている．

2.13.1 ヘッブ(Hebb)の法則

図2.4で定義されている形式ニューロンに対する最も簡単な古典的な学習則をまず考えてみる．もしそのようなニューロンで作られたネットワークが，特に連想記憶や内容アドレス記憶の中での簡単なメモリ効果を表すと仮定するなら，相互結合における変化を記述する伝統的なモデル的法則は，ヘッブの仮定に基づいている[2.46]：

"細胞Aの軸索が細胞Bを興奮させるのに十分近くにあるとき，そして，繰り返しまたは根気強くBを発火させようとしているとき，ある成長過程または代謝の変化が，1つまたは両方の細胞で起こる．このようにしてBを発火する細胞の1つとしてのAの効率は増加する．"

解析的にはこれは，荷重 μ_{ij} が次の式に従って変化することを意味する．

$$d\mu_{ij}/dt = \alpha \eta_i \xi_j, \tag{2.11}$$

ここで ξ_j はシナプス前 "活性度" であり，η_i はシナプス後 "活性度" である．そして α は学習率係数と名づけられたスカラ・パラメータである．この法則は一般にヘッブの法則と呼ばれており，例えば [2.47–49] に出ている相関行列記憶と呼ばれるいくつかの初歩的な連想記憶モデルの基になった．ANN 理論における多くの学習方程式は，その場合，式 (2.11) の形が根本的に修正されているけれどもヘビアン (*Hebbian*) と呼ばれている．

しかし，式 (2.11) には以下のようなある厳しい弱点がある：すなわち ξ_j と η_i は周波数を記述し，このようにして非負であるので，μ_{ij} だけが単調に変化することができる．例えば $\alpha > 0$ に関して μ_{ij} は制限なしに増大するだろう．当然ある飽和極限値が用意されるだろう．しかし，生物学やより発達した ANN では μ_{ij} の変化は可逆であるべきである．明らかに，ある種の忘却効果または他の正規化効果が式 (2.11) に加えられるべきである．

この文脈では連想記憶機能は省略されている．たとえ省略されていなくても連想記憶機能のモデル化は以下で作られる修正で良くなるだろう．我々は**特徴敏感細胞**に強い関心を持っている．この細胞は，ニューラルネットワークの内側でと同様に入力層の両方でクラス分類機能に重要な役割を持っている．ここでは，ヘッブの法則のみに 2 つの基本的な修正を考えることで十分だろう．それらはそれぞれ，リッカチ (*Riccati*) 型の学習則と主成分解析 (*PCA*) 型学習則である．

2.13.2　リッカチ (Riccati) 型学習則

ヘッブの法則に我々がおこなう最初の改定は，μ_{ij} での修正が同じ細胞の出力活性度に正確に比例すべきかどうかを疑問視することである．最近の研究によると，シナプス可塑性はすぐ近くのニューロンの活性度に依存し（多数の仕事があり，例えば [2.50, 51] を参照のこと），多分，（ニューロン i で μ_{ij} が定義されている）ニューロン i 自身の出力活性度は，そのためゼロになることさえありうるだろう．後者の種類の学習は，シナプス前的と呼んでもよい．この現象は，大分昔にアメフラシのような原始動物で測定されている [2.52]．一般的な観点から始めると，今，スカラ値の可塑性制御関数 P を導入する．その関数 P は多くの要因に依存するかもしれない：例えば，活性度や拡散した化学的制御などである．この関数は，信号 ξ_j の学習において時間依存のサンプリング効果を持つ．一方，少なくとも第 1 次近似において，μ_{ij} は ξ_j に比例して影響を受けていると仮定しておくのが安全なようである．そのとき，学習方程式の最初の項は $P\xi_j$ と書くことができる．ここで P は，ニューロン i の周りの活性度の効果を記述している一般的な（スカラ）関数である．

第 2 の改定は，ある種の "活発な忘却" の項を含めることである．この項は，μ_{ij} が

有限のまま留まって，むしろ全体の荷重ベクトル $m_i = [\mu_{i1}, \mu_{i2}, \ldots, \mu_{in}]^T \in \Re^n$，またはそのベクトルの大部分は正規化されて一定長さになるべきであることを保証する．終わりに我々は忘却率汎関数 Q を導入する．その Q は細胞 i の細胞膜でのシナプス活性度のある関数である．しかし我々は，受動的な入力が入ると μ_{ij} はゼロに収束するという学習方程式を使うことには用心すべきである．だから可塑性制御 P は全学習率に影響しなければならず，そして我々は，この種の "活発な学習と活発な忘却" を次の式によって書くことができる．

$$d\mu_{ij}/dt = P(\xi_j - Q\mu_{ij}). \tag{2.12}$$

この式の表現で，P は細胞外効果そして Q は細胞内効果を記述しているように思われる．このことは以下でもっと詳しく述べることにする．

今 P は，学習の速度全体を制御し，モデル化するときには任意のスカラ値を仮定することができる：その速度は，**学習率時定数** $1/P$ を主に定義する．Q の選択に対しての自由度は，いくらか P に比べて少ない．活性なシナプスは，少なくとも長時間経つと，同じ細胞の他のシナプスを多分かき乱し，ともかく，細胞またはその分枝内で手に入る局部的な分子的でエネルギ的な資源の有限の量（その量は正確には保存する必要はないけれども）を分け合うという考えに我々は頼ってしまう．そのかき乱し効果は，近似的に信号結合または活性度に比例して，シナプス j で $\mu_{ij}\xi_j$ と記述できると仮定してよい．当然我々は，個々のシナプスの差，例えば細胞膜でのシナプスの相対的な位置などを考慮に入れるべきである．しかしどこかで我々はモデル化に一線を画さねばならない．シナプス j での "活発な忘却" 効果は，少なくとも平均して $\sum_{r=1}^{n} \mu_{ir}\xi_r$ に比例すると近似的に仮定することは適切である．そこではその合計が，細胞全体かまたはシナプス j それ自身を含む尖頭樹状突起のような細胞の主要部分にわたって広がっている．こうして，式 (2.12) は以下のようにはっきりと書くことができる．

$$d\mu_{ij}/dt = P\left(\xi_j - \mu_{ij}\sum_{r=1}^{n}\mu_{ir}\xi_r\right). \tag{2.13}$$

この方程式は本書の著者が 1984 年 [2.53] に導入し解いたリッカチ型方程式に似ている：式 (2.13) はベクトル形式で次のように書くことができる．

$$dm_i/dt = \alpha x - \beta m_i m_i^T x, \tag{2.14}$$

ここで $\alpha = P$ で $\beta = PQ$ である．一般的な関数形式 $x = x(t)$ に関して，式 (2.14) は，閉じた形では積分することはできない．しかし，もし x が一定のよく定義された統計的な性質を持つと仮定するなら，$m_i = m_i(t)$ の，いわゆる "最も起こりやすい" または "平均" 軌跡を解くことができる．(このような問題の一般的な状況に関しては [2.54] を参照せよ．)

本書の著者によって以下のことが示された [2.53]．確率的な式 $x = x(t)$ のようなむしろ一般的な条件の下で，解 $m_i = m_i(t)$ はベクトル値に収束する．そのベクトルの

ノルムは α と β のみに依存し, 初期値 $m_i(0)$, 処理中の正確な $x(t)$ の値, または正確な P の表現などには全く依存しない. この結果は次の定理によって言い表されている.

定理 2.13.1 $x = x(t) \in \Re^n$ を定常的な統計学的性質を持った統計的ベクトルとし, $\bar{x}$ を x の平均とし, そして $m \in \Re^n$ を他の統計的ベクトルとする. $\alpha, \beta > 0$ を 2 つのスカラ・パラメータとする. 以下のリッカチ型の微分方程式の解 $m = m(t)$ を考えてみる.

$$\frac{dm}{dt} = \alpha x - \beta m(m^T x) . \qquad (2.15)$$

任意の非ゼロ x と $m^T x > 0$ に関して, ユークリッド・ノルム $\|m\|$ は, 常に漸近値 $\sqrt{\alpha/\beta}$ に近づき, 統計的な x に関しては, 最もありそうな軌跡 $m = m(t)$ は次の式に向かう.

$$m^* = \bar{x}\sqrt{\alpha}/\|\bar{x}\|\sqrt{\beta} . \qquad (2.16)$$

証明 統計的な問題を進める前に我々は重要な補助的な結果を以下に引き出す. 式 (2.16) の両辺に $2m^T$ をかけて, $x = x(t)$ のむしろ一般的な値に関して m のユークリッド・ノルム $\|m\|$ の収束性を解析することは可能である. それによって $\dot{m} = dm/dt$ とすることによって次の式を得る.

$$2m^T \dot{m} = \frac{d}{dt}(\|m\|^2) = 2m^T x(\alpha - \beta \|m\|^2) . \qquad (2.17)$$

この方程式は, なお, 決定論的な形で表されることに注意しよう. もし今 $m^T x > 0$ が成立するなら, $\|m\|^2$ は $\alpha/\beta \stackrel{\text{def}}{=} \|m^*\|^2$ に収束することはすぐに明らかになる. 言い換えると, $\|m\|$ またはベクトル m の長さは, $m^T x > 0$ のようなどの $x = x(t)$ に関しても値 $\|m^*\|$ に向かう. もちろん数学的には表現 $m^T x$ は ≤ 0 でもありうる. ニューロ・モデルにおいて $m^T x$ の非負性は, 少なくとも m のほとんどの要素が正である**興奮性**シナプスを我々が主として研究の対象にしていることを意味しているのかもしれない. 興奮性と抑制性のシナプスが混じっている場合には, $\|x\|$ の適当な値を選ぶことと m の初期条件によって $m^T x \geq 0$ の場合に動作を制限することは可能である.

統計学的な問題は一般的には数学的に大変にわずらわしい. もし基本操作の理解に満足することがないなら, 理屈の通った簡単化をした後でさえも議論はまた複雑な証明で隠されてしまう. ここでなされた最初の理屈の通った簡単化は, 次のような入力ベクトル $x(t)$ のみを考えることである. そのベクトルの統計学的な性質は, 時間に一定, すなわち定常的な確率的過程であり, その過程の後での値は統計学的に独立である. 実際にこれは, "均された" 軌跡 $m = m(t)$ が, 式 (2.15) の両辺を, m を条件として期待値を取ることによって得られることを意味する.

$$E\{\dot{m}|m\} = E\{\alpha x - \beta m^T x m|m\} . \qquad (2.18)$$

x と m は独立と仮定されるので，我々は以下を示すことができる．

$$E\{x|m\} = \bar{x} \ (x \text{ の平均値}). \tag{2.19}$$

今 $\bar{x}$ は時間一定のベクトルであるので，m の方向は $\bar{x}$ の方向に対してどのように変わるかを解析することができる．m と $\bar{x}$ 間の角度を θ と定義する．それによって容易に以下の式を得る．

$$E\{d(\cos\theta)/dt|m\} \stackrel{\text{def.}}{=} E\left\{\frac{d}{dt}\left(\frac{\bar{x}^\mathrm{T} m}{\|\bar{x}\| \cdot \|m\|}\right)|m\right\} \tag{2.20}$$
$$= E\left\{\frac{d(\bar{x}^\mathrm{T} m)/dt}{\|\bar{x}\| \cdot \|m\|} - \frac{(\bar{x}^\mathrm{T} m) d(\|m\|)/dt}{\|\bar{x}\| \cdot \|m\|^2}|m\right\}.$$

式 (2.20) の 2 行目の第 1 項は，$\bar{x}^\mathrm{T}/(\|\bar{x}\| \cdot \|m\|)$ を式 (2.15) の両辺にかけることによって計算できる．そして第 2 項は，$d(\|m\|^2)/dt = 2\|m\| \cdot d(\|m\|)/dt$ を考慮に入れて式 (2.17) から得ることができる．それで，

$$E\{d(\cos\theta)/dt|m\} = \frac{\alpha\|\bar{x}\|^2 - \beta(\bar{x}^\mathrm{T} m)^2}{\|\bar{x}\| \cdot \|m\|} - \frac{(\bar{x}^\mathrm{T} m)^2(\alpha - \beta\|m\|^2)}{\|\bar{x}\| \cdot \|m\|^3}. \tag{2.21}$$

この方程式は，簡単化して次のようになる．

$$E\left\{\frac{d\theta}{dt}|m\right\} = -\frac{\alpha\|\bar{x}\|}{\|m\|}\sin\theta. \tag{2.22}$$

ゼロでない $\|\bar{x}\|$ に関して m の "平均的な" 方向は，$\bar{x}$ の方向に単調に向かうと見なすことができる．

式 (2.17) によると，m の大きさは値 $\|m^*\| = \sqrt{\alpha/\beta}$ に近づくので，そのとき漸近的な状態は次の式でなければならない．

$$m(\infty) = m^* = \frac{\sqrt{\alpha}}{\sqrt{\beta} \cdot \|\bar{x}\|} \cdot \bar{x}. \tag{2.23}$$

このベクトルは $\bar{x}$ の方向を持ち，その長さは $\sqrt{\alpha/\beta}$ に正規化されている．

またこの値は，$\mathrm{E}\{\dot{m}|m\} = 0$ から決められ m^* と表された m のいわゆる固定点を決定することによって得られる．mm^T は行列であることに注意しよう．そのとき次の式が得られる．

$$\alpha\bar{x} - (\beta m^* m^{*\mathrm{T}})\bar{x} = 0. \tag{2.24}$$

スカラ定数 p を使い $m^* = p\bar{x}$ の形にすると次の式が得られる．

$$\begin{aligned} a\bar{x} &= \beta p^2 \bar{x}(\bar{x}^\mathrm{T}\bar{x}), \\ m^* &= \frac{\sqrt{\alpha}}{\sqrt{\beta}\|\bar{x}\|}\bar{x}. \end{aligned} \tag{2.25}$$

2.13.3 PCA 型学習則

$E.Oja$ [2.55] によって導入された学習則の別の候補を次に議論する．この方法は，

式 (2.14) の右辺に次の表現をかけること以外は式 (2.14) と同じである.

$$\eta_i = \sum_{j=1}^{n} \mu_{ij} \xi_j . \tag{2.26}$$

この法則が線形適応モデルの考え方で導入されたということは注意しなければならないことである．この考えで使われる上の式 (2.26) 中の η_i は真の出力を表す．そのとき式 (2.14) を利用した第 1 項では，$\eta_i \xi_j$ に比例した純粋のヘビアン項を得る．そして第 2 項は，2.13.2 節での議論と同じ正規化に寄与している．リッカチ型学習（そこでは線形変換 $\eta_i = \sum_{j=1}^{n} \mu_{ij} \xi_j$ は考える必要なし）と同じように生理学的正当性を考えることはもはや妥当ではないので，我々はこのモデルを数学的モデルとしてのみに考えて話を進める.

定理 2.13.2 $x = x(t) \in \Re^n$ を定常的な統計学的性質を持った確率的ベクトルとし，$\bar{x}$ を x の平均とし，C_{xx} を x の共分散行列とし，そして $m \in \Re^n$ を別の統計的ベクトルとする．$\alpha, \beta > 0$ を 2 つのスカラ・パラメータとする．次の微分方程式の解 $m = m(t)$ を考えてみよう.

$$\frac{dm}{dt} = \alpha \eta x - \beta \eta^2 m = \alpha x x^{\mathrm{T}} m - \beta (m^{\mathrm{T}} x x^{\mathrm{T}} m) m . \tag{2.27}$$

任意の非ゼロ x と $\eta > 0$ に関して，ノルム $\|m\|$ は常に漸近値 $\sqrt{\alpha/\beta}$ に近づく．そして統計的な x に関しては，最もありうる軌跡 $m = m(t)$ は最大の固有値を持った C_{xx} の固有ベクトル の方向と一致した方向に向かう.

元の証明は [2.55] に載っている．別の証明は [2.53] の 96 頁から 98 頁に指摘したように定理 2.13.2 と似た方法で引き出すことができる.

リッカチ型学習則は，第 1 次の統計力学を学習することであり，一方 PCA 型学習則は，第 2 次の統計力学を学習するのだと言及しておくのは興味あることである.

2.14 ある実際に難しい問題

以下の長年の問題は，それらを満足ゆくように解決する試みに抵抗してきた．それらは早くから，心理学，サイバネティクス（人工頭脳研究），人工知能，およびパターン認識の分野で認識されていた．それを以下の項目にまとめて見よう：1. 知覚における不変性. 2. 一般化. 3. 抽象化. 4. 階層的情報処理. 5. 動的事象の表現. 6. 知覚と行動の統合. 7. 意識.

そのようなものとしての伝統的な人工的なニューラルネットワークはそれらの入力パターンと荷重ベクトル・パターン間でのテンプレート整合だけを実行する．もし移動，回転，大きさの変更，または変形があるとしても大変に制限された不変性を持っている．1 度に 1 変化のグループについての不変を達成する 1 つの些細な試みは，入

力パターンを前処理変換することになっている：例えば，いくつかの技術的問題において，横移動の不変は十分可能であるかもしれず，入力パターンのフーリエ変換は望ましい特性を持っている．しかし，違う種類のいくつかの変化を連続して結合することは非常に難しいと判明した．自然な連続はそのとき，**ガボール機能**[2.56] に基づいたような局所に定義された変化を使うことである：入力パターンは，多くの異なる局所特徴に分解すると考えられる．その各々は，ある変化に対して不変な特別な"ウエーブレット・フィルタ"によって別々に検出されることができる．異なった種類の変化に対してより一般的なウェーブレット・フィルタがどのように自動的に続いて起こるかを我々は後で 5.11 節において見ることになる．

ニューラルネットワークはそのとき，そのような検出された特徴の混合に基づいた分類をおこなう．これは現代の画像解析での優先的な戦略の 1 つである．しかし，これさえまだ例えば生物学上の視点には従わない．文字または大きさが変化する他の物体を貴方が見ていると想像して見よう．貴方の注意の方向は，物体に順応し，焦点を合わせることである：最初のいくつかの動的に適合した"チャネル（通路）"が増強されて，その後で知覚システムはこれらのチャネルを使い始める．私の研究所では小規模の未発表の実験が遂行された．そこでは被験者は，コンピュータ画面を見ている．そして画面には異なった大きさの文字が現れ，彼がそれらを認識する時間が測定された．この時間は，もし文字の大きさが一定であれば，大きさには依存しなかった．しかし，続いて現れる文字の大きさが不規則に変われば文字の大きさに比例して増大した．

多くの人々は一般化をクラスタ化で識別する．すなわち，ある測度に基づいて一群の表現を一緒にしてグループ分けする．2 つ以上の測度表現の最も平凡な一般化はそれらの平均である．しかし，これは十分に"一般的"観点であることはできない．まず第一に，一般化とは不変性で何かをする必要がある：目的物体の同じ変換グループに属している全てのメンバーはこの目的物体の一般化である．しかし，表現間でのそのような類似性さえ十分に"一般的"ではない．例えば，**機能的類似性**の概念は，それらが同じ使用価値（すなわち主題への"適応性"）を持っているならば，2 つの項目が同じであることを意味している．サンダルと長靴などの靴 2 足は完全に違うように見えて，ほとんど共通の部分を持たないようである．それでも，それらはほとんど同じ使用価値を持っている．例えば，進化学習で使われた**適応機能**が一般化の基礎として役立つことができて，そのような一般化した類似性のためのグラフは自動的に構成されているように現時点では見える [2.57]．我々は 5.9.2 節でこの問題に戻る．

自動的な**抽象化**の問題は，与えられた原則的なレベルで（航空または衛星写真などの）画像を分割し，分類し，例えば土地利用に専念して，全く実用的に取り扱うことができる．また，ますますより不変のまたは一般的な概念によって観察の意味を説明するより野心的な目標を持つことができる．問題の一部は，これらの概念，すなわちそれらの必須の内容，および独特な特性が自動的に見つかるべきことである．

脳は疑いなく**階層的**に組織化されている．例えば感覚運動の制御において，入力から出力への情報の流れは順序に従っておこなわれる：感覚の器官 → 感覚神経 → 神経

核がある中枢神経系への通路 → 感覚皮質 → 連想皮質 → 運動皮質 → 運動神経がある運動通路 → 運動神経 → 筋肉．しかし，視覚だけ見ると各段階で異なった性質の多くの並列の通路や，各段階間のフィードバックが存在する．例えば，大量のフィードバックが皮質と視床の間に存在する．情報処理は最初，特別な機能の中に"区分けされている"．そして区画された間にはある種の通信システムがあると言うように見える．上の例は大変よく知られた1つの統合された機能に当てはまる．しかし，認知や感情の情報処理がおこなわれる皮質平面上には階層構造が多分また存在する．これらの構造をモデルに組み立てたり，また，ロボットのような人工システムでこれらが出現することを期待したりすることは圧倒的によくおこなわれることである．人が瞬間にまた人工的になすことができる最大のものは，多分ある種の活発な感覚処理を実行することである：例えば，現実のコンピュータ上の視覚とは，環境への視覚組織の適応，最高の情報内容がある場所への注意と凝視の制御，物体の区分けと認識，より高水準での改良された認知のための視覚組織の再調整などを意味するのであろう．

主題すなわち，人，動物，およびロボットなど，は自然環境では通常動いている（それらは，非常に可変で，相互に咬合する観察をそこから得ている）．問題は，どのようにそれが動的観察を符号化し，そのような観察に基づいてどこかに物体の表現を生み出すことができるかである．私が"どこか，"と言うときには，それはただ，場所だけを意味している．そして，表現は局所に閉じ込められなければならない．すなわち，限定された自動制御機械でのような帰還の手段によって動的事象または感覚での出来事の記憶を人は再生産することができるけれども，目的物体や動きの表現における少なくともいくつかのパラメータは静的でなければならない．動的事象の記憶が，少なくとも脳の固まりのような不安定で，異種の媒体の中で動的な形で蓄えられることができたと信じることは不可能である．

特に，下等動物についての生理学上の観察から感覚系が運動機能から分離されることができないということがわかった：その両方は，ある種の統合された機能的な構造に埋め込まれなければならない．しかし，最も低い種さえその挙動がすでにとても複雑で，動的なので，ある種の設計機能はそのために必要なので，そのような神経系が簡単なフィードフォワード(MLP)構造を持つだろうという考えをこれは支持しない．これらの動物が持っている唯一の"脳"である中枢の小さいネットワークからどのように複雑な感覚運動の行動が，結果として起こるかを理解することが，より一層の研究のための興味をそそる具体的な問題であり続ける．

最近注意を引きつけている大きな問題の1つは意識の性質である．約30年前には，意識とは，観察または主題自身について言葉で表現する能力を意味するのであるということが，哲学者間での一般的な考え方であった．しかし，プログラマが観察結果を記述してもコンピュータによって作成された言葉での表現は，プログラマの意識に基づいており，機械の意識ではない．一方では，言葉で表現する人の能力が人の意識の証拠であるけれども，動物，少なくともより高等の動物がまた意識があることが実験的に確認されているので，意識は定義として使われることができない．脳の一部の活動がそれが意識があることを意味していると一般には言うことはできない：それらと

関連しているどのような意識もなしに，しばしば必然的に活性である神経系の中の部署がある．多分，活動の変化は意識の結果である．逆もまた同様である．感情の状態だけでなく，意識は明快な生理学上の定義を持ってはいない．そのような定義なしで，それらのためのネットワーク・モデルを構築することは不可能である．

しかし，通常，精神的であると見なされているけれども意識を参照する必要なしに，具体的な説明を持っている多くの概念があることに我々は気が付く必要がある．例えば精神的な場合を考えてみよう：それらは，感覚の刺激が全然ないと言う実際の認知とは異なっている．しかし，精神的な画像は，スポットライトによって照明されたいわゆるフレネル・ホログラムを見ているときの虚像に類似している．物体の虚像は，ホログラムの後ろまたは前で見ることができる．それにもかかわらず，この物体はもうそこには存在しない：3次元でないフィルム上の光学的な軌跡だけが保存される．物体の幻想は見る人の感覚系と目に入ってくる光波面に基づいて脳内で見る人によって構築されるけれども，"記憶"はホログラムだけに存在している．本書の著者は，同様な"虚像"が生成されているニューラルネットワークのモデルについて実験をした [2.58]，[2.53]．

2.15 脳マップ

脳，特に大脳皮質の色々な領野は，異なった感覚様相に従って組織化されていることは長い間知れわたった事実である：ここには専門的に仕事を処理していく領野がある．例えば，音声制御と感覚信号の解析（視覚，聴覚，体性感覚など）である（図 2.7）．全皮質領野のたった 10 パーセントだけを構成している基本的な感覚領野の間に，違った感覚組織の信号が互いに近づき合っているあまりよく知られていない**連合領野**がある．行動の計画は前頭葉でなされる．より最近の実験的研究は多くの領野内の**微細構造**を明らかにした：例えば，視覚や体性感覚などについては，その応答信号は大脳皮質上でいつも同じ局所解剖学的な順序関係で得られる．すなわち応答信号は，その皮質上の相当する感覚器官のところで受け取られる．これらの構造は**マップ**と呼ばれる．例えば図 2.8 に体性感覚マップを示す．

先に進む前に，脳内に 3 つの違う種類の"マップ"を認識することができることを強調することは必要なことである：1. 空間の位置が，どのような特徴値とも相関するようでない特徴–固有の領域．そのような領域の例は人の顔にも相当する場所がある．2. 例えば大脳皮質上へのある受容野表面の解剖学的写像．例は視覚や体性感覚の皮質内の領域である．3. ある抽象化された特徴の順序づけられたマップはあるが，これに関しての受容野の表面は存在しない．例は視覚野 V4 色マップである．

疑いなく脳のネットワークの主な構造は遺伝的に決定される．しかしまた，感覚投射に関しては経験によって影響されるという証拠がある．例えば，若い時に感覚器官または脳組織の切除，もしくは感覚遮断があったりするとある投射は全く発達しない．

そして相当する脳の領域は残りの投射で占拠されてしまう [2.59–61]．経験に頼る違った仕事をすると神経細胞が活発化してくることはよく知られている．これらの効果は神経細胞の可塑性によって説明されるべきである．これらの効果は，主に知覚的情報によって制御される簡単な自己組織化を実証することになる．

特徴–固有の領域のためのモデルは 2.10 節で述べた競合学習の理論によってなされる．神経結合の純粋な位相的または局所解剖学的な順序関係はむしろまた簡単に説明される：神経細胞の軸索は，その行く先に向かって成長するとき，細胞構造によって離され，その向かう先はケミカル・マーカ（化学標識物質）の制御行動に従って見つけ出される（例えば [2.62–64]）．それにもかかわらず，結合が常に 1 対 1 ではないといういくらか混乱した様相がある．なぜなら，信号伝送路中に信号が混ぜ合わされる処理部署（神経細胞）があるからである．上記の成長についての説明は，基本的な信号パターンがより**抽象的**な方法で順序づけられたある種のマップでは完全に壊れてしまう．例えば聴覚皮質には，細胞の応答の空間的な順序が知覚された音声の高さまたは音調の音響周波数に相当する**音位相マップ**が存在する（図 2.9 参照）；研究者の中には，この順序づけは内耳上の基底膜での共鳴位置に相当すると主張する人もいるけれども，神経の結合は聴覚通路内の多くの神経核を経ているので，もはや直接的には結びついていない．より困ったことには次のような混乱した事実も存在する．最も低い音調に相当する神経信号は共鳴の位置によって符号化されていない．それにもかかわらず聴覚皮質上での音響周波数のマップは完全に順序づけられており，周波数，すなわち違った音調についても統計学的な出現とみてその平均を取ったものに対してほとんど対数的に並んでいる．

感覚経験に従うものでさえ脳系の他のどこかにより抽象的なマップが形成されるというある種の形跡も存在する．位置的環境についてのある種のマップが**海馬**で測定された．海馬というのは大脳の中央にあり，2 つに分かれた部分で形成されている．さて例として，ネズミが迷路内の位置を学習するとき，海馬皮質上のある特定の細胞が，

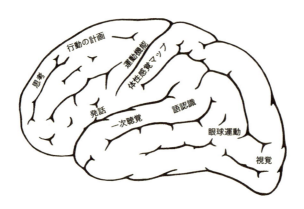

図 **2.7**：脳領野．

2.15 脳マップ

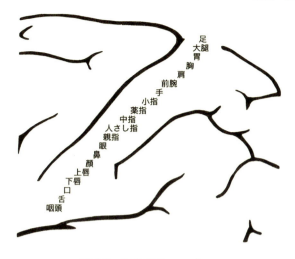

図 2.8：体性感覚マップ.

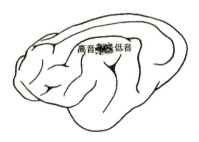

図 2.9：（猫の）音位相マップ.

この動物，ネズミが特別な隅にいるときのみ反応する [2.65]．多くの他の種類のマップが，大脳皮質，視床，海馬や脳系の他の部位に存在すると信じられている．他の特徴マップの例には，フクロウの中脳 [2.66] 内の指向-聴覚マップと聴覚皮質内の目標-領域マップ がある [2.67]．これらのマップは普通少し小さくて，直径で（2-3 mm）である．そのような抽象特徴に関しての受容野表面は存在しないので，表現の空間的順序づけは，ある自己組織化過程で生成されなければならない．これは主に出生後に生じる．

大量の実験データと観察が，脳機能の意味がある空間の順序づけと組織化の存在を示し，そしてこの順序づけは，神経系の中のどこにでも見られるようであるけれども，人工ニューラルネットワーク上の大多数の仕事がどのような点でもそれを考慮していないことは驚くべきことである．この順序づけは多くの異なった理由で有益である：
1. 相互に関係ある機能を空間的に近くに持ってくることによって，配線結合は最小化されることができる．2.（潜在的なネットワークが張られるかもしれないけれども）応答が空間的に分離されるならば，機能間の"混信"は最小になるであろうし，脳の機

構はより論理的で頑強になることができる．3. 知識の効果的な表現と処理のために，ある種の測度での"概念空間"[2.68] が自然な概念の出現を容易にすることをとにかく，誰もが必要としているように見える．古典的な考え方で作られるように，論理的な概念がその属性についてだけ定義されたならば，概念はその上位の全ての属性を含むべきであるので，人は"財産相続"問題 [2.69] に遭遇するであろう；しかし，それら属性はどこに蓄えられることができるであろうか？ 順序づけられた"表現空間"内の近傍に置かれた最も適切な概念によって，概念が表されていることはもっと自然なことであろう．

順序づけられた表現，すなわち，方向-固有の神経細胞がシミュレーションで生成されるという最初の仕事は 1973 年に *v.d. Malsburg* によりなされた [2.32]．後には，神経層間の位相的に順序づけられた解剖学的写像は，例えば甘利 [2.34] や多くの他の人達によって解析された．

特別な範疇に属する事柄についての知識の表現の仕方として，脳の相当する部分にわたって幾何学的に組織化された特徴マップが形成されるということを一般に仮定してもよいだろうという可能性が，本書で報告されている一連の理論的な研究の動機づけをした．その得られた結果によって本書の著者は徐々に以下のことを信じるようになってきた．ただ 1 つの一般性がありそしていつでも同じ形の機能的な原理が，情報という広く色々な形で現れてくるものの自己組織化に責任があるのだろう．さらに，一様で 1 つづつ結びついた 1 水準の媒体に作用する全く同じ機能的な原理は，一様な媒体の異なった下部領域を異なった抽象化のレベルで表された情報に割り当てることによって，階層的に関係のあるデータを表現することがまた可能であるということをいくつかの結果は示している．このようなマップによる表現は，普通よく用いられている分類学的方法や，クラスタリング（集団化）法によって得られる木構造に似ている（1.3.4 節参照）．この結果は階層表現の新しい様相を示しているので，理論的には非常に基本的である．普通考えられているように次のレベルを形成するために処理ユニットを配列することは必要ではないし，常に可能なことではないかもしれない．そのようなレベルはなお存在するかもしれないが，一様な記憶領域を構造的に占有したり利用したりすることからより基本的な階層的組織化が形成されるのである．

自己組織化処理はどのような要素を集めて用いても実現することができる．例えば，図 2.10 で概念的に説明している．ここではほんのわずかの基本的な動作条件が仮定されている．簡単のために要素（例えば，単一ニューロンまたは密接に協調作動するニューロンの集合）が規則的に整然と平面格子を形成配列するようにする．そして，各要素はモデルと呼ばれる 1 式の数値集合 M_i で表すとする．これらの値は神経系のいくつかのパラメータと一致することができる．そして，現代のコンピュータ処理での神経科学においては，これらをシナプスの有効性と関係づけることはよくなされることである．各モデルでは，要素が受け取る入力メッセージによって修正されることはまた仮定されている．

ここで以下のメカニズムを考える．すなわち，入力メッセージ X（並列信号値の集

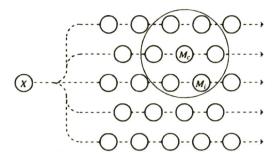

図 2.10：1 組の自己組織化モデル．入力信号 X はモデル素子の集合 M_i に伝搬される．ここで M_c は入力 X に最整合している．M_c の近くの全てのモデル素子（大きい方の円内にある）は入力 X と整合するように内容を変える．M_c はある入力と別の入力では異なることに注意すること．

合）が全てのモデル M_i と比較することができることである．脳理論では，要素が共通の入力によって刺激されるとき，要素間での"競合"について言及するのはよくある一般的なことである．そして，この入力に最も適合する要素が最大に活性化される．もし要素が，近傍ニューロン，例えば側抑制の活動を抑制することに成功するならば，この要素は"勝者"と呼ばれている．"勝者"モデルは M_c によって示されている．自己組織化のための別の要件は，モデルが勝者の局所近傍だけで修正されることとし，全ての修正されたモデルが前よりもより広く入力メッセージに似ることである．

勝者の近傍内のモデルが，優勢な入力メッセージ X に同時によりよく似始めるときに，それらはまた，お互いによりよく似てくる傾向があり，すなわち，M_c 近傍の全てのモデルの違いは滑らかになるのである．異なった別の学習回数での異なった入力メッセージはモデルの集合の別の部分に影響する．こうして，多くの学習回数の後では，M_i は，"信号空間"における元々の入力メッセージ X がするのと同じ方法で，配列全体にわたって滑らかになるようにお互いに関係がある値を取得し始める；すなわち，感覚の出現と位相的に関連したマップが，本書で数学的に証明されるように出現し始める．これらの 3 つの区分処理過程–入力の伝搬，勝者の選択，および勝者の空間近傍でのモデルの適応–は，位相的に組織化された"マップ"の出現をそのとき，結果としてもたらす自己組織化過程を定義することについて一般的な場合には十分であるように見える．

我々は，簡単な物理的な系で起きる適応現象として基本的な自己組織化過程に近づく．いくらかよく似ており，むしろより簡単な現象が，いわゆる網膜のマップ化で起きている [2.33]．そのマップ化は，組織の成長中での化学的なラベルづけによって明らかにしばしば実行されている．一方，現在の議論は，感覚信号によって影響される理想化された仮説的な神経構造に関係している．その議論の目的は，どのような種類の構造的で機能的な系の性質が自己組織化の実行のためには十分であるかを示すこと

である．このようにして，我々が主として興味があるのは処理でありその特別な実行ではない．もし正確な化学的な現象についての十分な知識が利用できるなら，同じ原理は純粋に化学的なモデルによってまた示されるだろう．しかし神経構造は，大変に高分解能で任意のレベルでの抽象化が可能な特徴マップの形成に特に都合がよい十分に細かな内容とそして機能を持っているように見える．

応答が得られるネットワーク内の細胞の位置は，入力信号の集合内の一定の特有な特徴に対して具体的になってくるというような方法で，相互結合の適応ユニットからなるある決まった層状ネットワークはその応答を変える能力を持っていることが，いくつかの研究 [2.36, 45] において判明してきた．この特定は，入力信号パターンの測度（類似度）関係を記述している同じ位相的な順序で起こっている．上に指摘したように細胞またはユニットはどこにも動かない；この特殊性を定義し，変化するように作られているのはその内部パラメータの集合である．普通，そのようなネットワークは主として平面（2次元）配列であるので，この結果はまた表現空間の次元数の削減をしながら位相的な関係を保存することが可能であるマップ化が存在していることを意味している．

理論的な見地からは，我々の主な仕事はこのようにして脳マップに似ているマップが形成される抽象的な自己組織化過程を見つけることである．そのときマップが，進化，生後の成長，または学習のどれによって形成されるかはあまり興味がないことである．本書で議論されているほとんどの自己組織化アルゴリズムは数学的な処理であり，その処理に関する生物学的な実施例については明記する必要はない．それでもなお理論的な学習条件には，我々が知っている確かな生物学的な効果に同等と見られるようなものがあるように見える；4 章で作られた特別な生理学的なモデル化の試みは，1つの場合の例として理解されなければならない．しかしそれは，必然的に他の説明を排除するものではない．

多分，最も興味を引く理論的な発見は，ニューロンの2次元格子のような整然としたネットワーク構造は，どの（測度での）高次元信号空間の順序づけられたマップをも作り出すことができるということである．この場合，そこで作られるマップの主な次元は入力信号の最も顕著な特徴に相当している．マップの例を以下にあげる：

— 音響周波数 [2.37]

— 音声の音素 [2.37]

— 色（色合いと彩度）[2.70]

— 初歩の光学的特徴 [2.37]

— テクスチャ（織り目模様）[2.71]

— 地理的な位置 [2.37]

など．

2.15 脳マップ

　別の重要な範疇に入るマップでは，記号列で起きるある文脈上の特徴を位置が記述している．例えば，もし記号が自然言語の単語を表すなら，そのようなマップは，名詞，動詞，副詞や形容詞などのような範疇に属するとして単語を同定することができる [2.73–75] など．脳にもまたそのような範疇マップが存在するという実験的な証拠もある [2.76–78]．

　脳マップのためのモデルとして役立つことに加えて，SOM は数学的な道具として使われることができて，音声認識，画像解析，および工場の工程管理 [2.72, 79] から文書図書，財務記録の視覚化，および脳内の電気信号の自動順序づけまでに及ぶ実用化がされている．文献 [2.80] は SOM アルゴリズムに基づいたほぼ 4000 個の仕事を取り上げ整理している．計算された SOM は多くの脳マップと大変によく似ている．そしてまた，同様に動的に振る舞う．例えばその拡大は刺激の出現に比例して調整される．

第3章
基本SOM

2.15節で議論された脳マップに対して明らかに密接な関係を持ち，そして空間的に相互作用をおこなうある種のニューラルネットワークに生じる非常に重要な現象を説明しよう．この現象は特別な種類の適合の1つとして類別できるが，回帰にも関係している．回帰においては，普通，簡単な数学的関数は入力データのサンプル値の分布に合わされる．しかしこの章で考察される"非パラメータ回帰"は1.5節で議論されたコードブック・ベクトルと似た**順序づけされた離散参照ベクトル**を，入力ベクトルサンプルの分布に適合させることを含む．連続関数を近似するために，ここでは参照ベクトルは一種の仮想的な"弾性ネットワーク"のノードを定義するために使われている．それによって，マップ化の位相順序づけ特性とある程度の隣接したベクトルの規則性が，ある種の"弾性"を反映し局所相互作用から結果として生じることになる．このような"弾性"を満足できる可能性があるとすれば，それは信号空間における [3.1–7] ノード間の局所相互作用を定義することである．一方，ニューロモデル化の観点から，より現実的な空間相互作用はニューラルネットワークに沿ったニューロン間で定義できる．後者のニューラル的な方法は主に本書でおこなわれている．

信号空間からこの"回帰"によってニューラルネットワーク上へ位相的に順序づけされたマップ化の形成は，すでに興味のある重要な結果である．しかし実用的な点からみれば，より興味をそそる結果は，様々なニューロンが入力空間におけるそれぞれの信号領域の特定の復号器または検出器に発展することである．あたかも特徴座標系がネットワーク上で定義されるかのように，これらの復号器は意味のある順序でネットワーク上に形成される．

このようなマップ化が形成される過程は本書の主題である**自己組織化マップ (SOM)** アルゴリズムとして定義される．こうして実現された"特徴マップ"は，しばしばパターンを認識するための前処理のために有効に使うことができる．あるいは，もしニューラルネットワークが規則性のある2次元配列であるなら，2次元表示上に高次元信号空間を投影したり，可視化したりするために効果的に使われることがある．一方では理論的な形式としては，適応SOMの処理過程は，色々な脳構造で見られる組織化を

一般的な方法で説明できる．

3.1 SOM の定性的な紹介

　自己組織化マップ (SOM) は，高次元データの視覚化のための新しくて有効なソフトウェアツールである．SOM は入力データの類似度を，SOM の基本的な形の中で描画する．SOM は，高次元のデータ間に存在する非線形な統計学的関係を，簡単な幾何学的関係を持つ像に変換する．それらは通常は 2 次元のノードの格子上に表示される．このように SOM は，位相と（あるいは）距離といった最も重要な関係を保存しながら，原始的データの要素を表示画面上に圧縮するので，ある種の抽出を生成すると考えることができる．視覚化と抽出という 2 つの面は，プロセス解析，機械の知覚機能，制御，通信のような複雑な仕事において，多くの方法で利用することができる．

　現在の SOM の形は，1982 年に著者により発案された．現在まで SOM について，約 4,000 の研究論文が発表されている．そのリストについてはインターネットで見ることができる [2.80]．SOM についての多くの教科書や解説が現れている（10 章）．SOM の中心的な計算処理部全てや多くの監視や診断，表示プログラム，模範的なデータを含んだソフトウェアパッケージもまた，いくつかはインターネットで無料で入手できる（8 章）．

　SOM は，高次元データの多様体を非線形に順序づけ，滑らかに低次元の規則的な配列の要素上に写像することと，形式的には記述できる．この写像は，古典的なベクトル量子化（1.5 節）と似た次のような方法で実行される．最初に簡単のために，入力変数 $\{\xi_j\}$ の集合が実数ベクトル $x = [\xi_1, \xi_2, \ldots, \xi_n]^T \in \Re^n$ として定義できると仮定してみる．SOM 配列のそれぞれの要素に，モデル と呼ばれるパラメータ的な実数ベクトル $m_i = [\mu_{i1}, \mu_{i2}, \ldots, \mu_{in}]^T \in \Re^n$ を結びつける．$d(x, m_i)$ で示される x と m_i 間の一般的な距離を仮定すると，SOM 配列上の入力ベクトル x の像は，x と最整合する配列要素 m_c として定義される．すなわちモデルは次の指標を持つ．

$$c = \arg\min_i \{d(x, m_i)\} . \tag{3.1}$$

伝統的なベクトル量子化と異なり，我々の仕事は，写像によって x の分布が順序づけられて記述されるように m_i を定義することである．先に進む前に，"モデル" m_i はベクトル変数である必要はないことを強調しておかなくてはならない．もし距離の測度 $d(x, m_i)$ が，生成した全ての x と m_i の十分に大きい集合に対して定義されるならそれで十分なのである．

　ノードが 2 次元配列されている図 3.1 を考えてみよう．図では，それぞれのノードは自分自身に結びつけられた一般的なモデル m_i を持つ．m_i の初期値は，無作為でよいが，なるべくなら入力サンプルの領域から選ぶのがよい．次に入力サンプル $x(t)$ のリストについて考えてみる．ただし t は整数値の指標とする．この図 3.1 の形式では，$x(t)$ と m_i はベクトルでも記号の並びでもよいし，もっと一般的な項目でもよい

112　第 3 章　基本 SOM

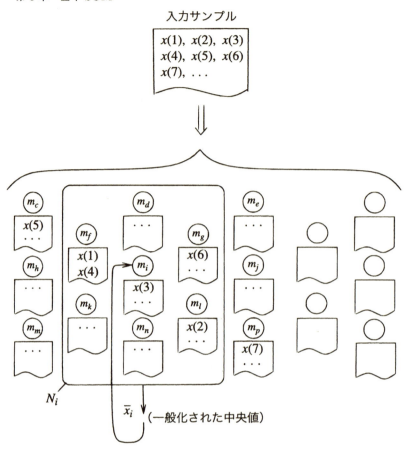

図 3.1：バッチ処理を描いた図．入力サンプルが最整合モデルの下の副リストに分配される．その後新しいモデルは，近傍 N_i 中の副リストの（一般化された）中央値として決定される．

ことを思い起こそう．それぞれの $x(t)$ と全ての m_i を比較し，一般的な距離測度において $x(t)$ とモデルベクトルが最も類似しているノードに対して，$x(t)$ をノードに結びつけられた副リストに複写する．このようにして，全ての $x(t)$ がそれぞれの副リストへ分配されてしまった後，モデル m_i の近傍集合を考えてみる．ここで N_i というのはノード i からのある半径までのグリッドに含まれる全てのノードからなる．次の仕事は，N_i 中の全ての副リストの集合体の中で "一番真ん中" のサンプル $\bar{x}_i$ を見い出すことである．$\bar{x}_i$ は全てのサンプル $x(t), t \in N_i$ からの距離の総和が最小となるものと定義される．今ここで，このサンプル $\bar{x}_i$ は，副リストの集合体の一般化された中央値と呼ぶことにする（1.2.3 節参照）．もし，$\bar{x}_i$ がサンプル $x(t)$ の中の 1 つに限定されるならば，その通り集合内の一般化された中央値と呼ぼう．一方では，$x(t)$ は入力領域全てを含むわけではないので，$x(t), t \in N_i$ からの距離の総和がもっと小さいもう 1 つの項 $\bar{x}'_i$ を見い出すことが可能である．はっきり区別するために，これからこの $\bar{x}'_i$

3.1 SOM の定性的な紹介

を一般化された中央値と呼ぶことにしよう．ユークリッド空間のベクトルに対しては，次のことにも注意しておこう．すなわち，もし副リストの集合体の中で，全てのサンプル $x(t)$ からユークリッド距離の最小の2乗和を持つ任意のユークリッド空間のベクトルを探すとすれば，一般化された中央値は算術平均ベクトルに等しくなる，ということである．

処理過程の次の段階は，ノード i 周りの近傍集合 Ni を考慮しながら，上述の方法でそれぞれのノードに対して $\bar{x}_i$ または $\bar{x}'_i$ を形成し，そして m_i の古い値をそれぞれ $\bar{x}_i$ または $\bar{x}'_i$ で置換する演算を同時におこなう．

上の手順は繰り返さなくてはならない．言い換えれば，元の $x(t)$ は再び副リストの中に分配され（m_i が前に変化しているので，副リストはここで変化する），新しい $\bar{x}_i$ または $\bar{x}'_i$ が計算され，m_i に置換され，この作業が続いていく．これは一種の回帰過程である．

現時点で，我々が完全に答えることのできない重要な問題がある．その問題というのは，たとえ $x(t)$ をずっと同じままに保つとしても，この処理過程は収束するのか？ m_i は最終的に $\bar{x}_i$ と一致するのか？というものである．もし $x(t)$ と m_i がユークリッド空間のベクトルであり，少し修正された距離の測度（局所的に滑らかになっている）が $d(x, m_i)$ の代わりに使用されれば，収束は改善されることが $Cheng$[3.8] により証明されている．一方で，ようやく次に議論しようとする元の SOM の過程の形式は，今まで述べてきたことに密接に結びついている．

上に述べた過程または元の SOM のアルゴリズムのどちらかは，モデル m_i の漸近的な収束値を形成しそうである．モデルの集まりは，入力サンプル $x(t)$ の分布を，順序づけられた様式においてさえ近似するであろう．音響スペクトルの自己組織化マップを示す図3.2を見てみよう．これらのスペクトルは，（フィンランド語の）音声から20ミリ秒間隔で採取された．丸い記号は SOM のノードを表している．ノード内の曲線はスペクトルのモデルである．すなわち低周波数は左側に，高周波数は右側にある．スペクトルの縦方向は色々なスペクトルチャンネルにおける音声の強度に相当している．直ちに空間的に向かい合っているモデルの類似性を認めることができる．すなわち近くのモデル同士は，さらに遠く離れたモデルに比べてより類似している．モデルの集合体もまた入力スペクトルの分布を近似しているように想像できる．

一見して，"マップ"の中の大域的な順序づけが，ある種の調和を反映していると考えられるかもしれない．すなわち，調和関数の理論に見られるように，どのモデルもあたかも近傍の平均であるかのように見える．しかし注意してみると，調和とは違う SOM のいくつかの性質を見い出すことができる．まず最初に，端に位置するモデルに対しては固定された境界値がない．すなわち端のノードの近傍集合 N_i が内部の格子のノードを含めば，その値は回帰の過程で束縛なしに決定される．回帰の特性は，端と格子の内部とではわずかに異なり，ある種の境界効果を生み出している．調和とのもう1つの違いはモデル同士が非常に似ている領域があるが，しかし近傍のモデル間でより大きな"ジャンプ"が認められる場所もまたマップの中にあるということであ

114 第3章 基本SOM

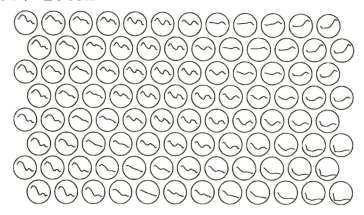

図3.2：この典型的な応用例では，6角形に配置された処理要素は，自然音声（フィンランド語）の短時間のスペクトルのモデルを保持している．近くのモデルは互いに似ていることに注意せよ．

る．これらは，後で多くの例で示される．もしモデルの集まりが入力の分布を近似しなくてはならないなら，このような一様でない領域がマップの中に存在しなくてはならない．

一方もし図3.1で描かれた過程を検討してみると，入力データを描写するために"調和"の定義がどのように修正されなければならないかを容易に理解することができる．すなわち，もしそれぞれのモデルが近傍にマップ化された入力データの平均に等しいならば，モデルの集まりは定義により順序づけられる．

3.2 最初の漸進的な SOM アルゴリズム

それでは最初のSOMアルゴリズムを出発点として，自己組織化マップの理論に進んでいこう．このアルゴリズムは，再帰的な特殊な過程を定義していると見ることができる．その過程では，モデルの部分集合だけがステップごとに処理される．

図3.3を検討してみよう．ここではSOMは，入力データ空間 $\Re^n$ からノードの2次元配列上への写像を定義している．パラメータとしての，参照ベクトルと呼ばれる全てのモデルベクトル $m_i = [\mu_{i1}, \mu_{i2}, \ldots, \mu_{in}]^T \in \Re^n$ はそれぞれノード i と結びつけられている．再帰的な計算をおこなう前に，m_i は初期化されなければならない．予備的な例では，m_i の成分として乱数を選ぶ．そして任意の初期状態から出発して，m_i の長い計算の過程で，2次元的に順序づけられた値を達成していくことを示す．これは自己組織化の基本的な効果である．後の3.7節では，もし m_i の初期値が規則的に選択されるならば，計算過程ははるかに早く収束させうることを示そう．

配列の格子型は長方形や6角形や不規則の形であったりする．しかし，6角形は視覚的な表示には有効である．最も簡単な場合において，入力ベクトル $x = [\xi_1, \xi_2, \ldots, \xi_n]^T \in$

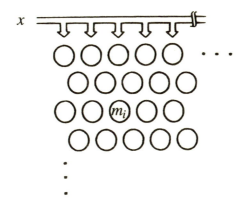

図 3.3：2 次元 SOM 配列におけるノード（ニューロン）の配列．以下で述べる x と m_i の並列比較のための機構については示していない．

$\Re^n$ は，可変のスカラ重み μ_{ij} を介して並列に全てのニューロンと結合している．要約した形式では，入力 x はいくつかの並列計算機構によって全ての m_i と比較され，ある測度における最整合の位置は "応答" 位置として定義されると想像できる．後の 4 章で，どのような種類の生体的，結果として生理学的な並列計算機構がこの位置決めをすることができるかを説明する．もちろん，コンピュータ・プログラミングによれば最整合の位置決めはありきたりの簡単な仕事である．その応答の正確な大きさは決定される必要はない．単に入力は復号器でおこなわれるような形でこの位置にマップ化される．

$x \in \Re^n$ を確率データベクトルとする．このとき SOM は，高次元入力データベクトル x の確率密度関数 $p(x)$ の 2 次元表示上への "非線形射影" であると言うことができるかもしれない．ベクトル x は何らかの測度で全ての m_i と比較される．多くの実際の応用では，**ユークリッド距離** $\|x - m_i\|$ を最小にするノードが**最整合ノード**と定義され添え字 c によって表される．

$$c = \arg\min_i \{\|x - m_i\|\}, \text{ これは次の式と同じ意味である}$$
$$\|x - m_c\| = \min_i \{\|x - m_i\|\}. \tag{3.2}$$

3.4 節と 4 章では，x と m_i の内積に基づいた別の "生物学的" 整合基準について検討する．

学習中，すなわち "非線形射影" が形成される過程の間，ある幾何学的距離内までの配列内で，位相的に近い複数のノードは，同じ入力 x から何かを学習するようにお互いに活性化するだろう．このことはこの隣接したニューロンの重みベクトル上に，局所的な緩和すなわち平滑効果を生む．そして，連続して学習することで**大局的な順序づけ**へと導く．$m_i(0)$ の初期値は任意になりうるとして，例えば乱数を使い，以下での学習過程の最終的な収束の極限を考えてみよう．

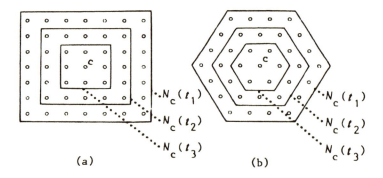

図 3.4：(a), (b) 位相的近傍の2つの例 ($t_1 < t_2 < t_3$).

$$m_i(t+1) = m_i(t) + h_{ci}(t)[x(t) - m_i(t)], \quad (3.3)$$

ここで $t = 0, 1, 2, \ldots$ は整数すなわち離散時間座標である．緩和過程では，関数 $h_{ci}(t)$ は非常に中心的な役割を果たす．すなわち，格子点上に定義される平滑カーネル，いわゆる近傍関数として振る舞う．収束するために，$t \to \infty$ のとき $h_{ci}(t) \to 0$ であることが必要である．普通，$h_{ci}(t) = h(\|r_c - r_i\|, t)$ であり，ここで $r_c \in \Re^2$ と $r_i \in \Re^2$ は，それぞれ配列の中でノード c と i の位置ベクトルである．$\|r_c - r_i\|$ が増加するにつれて $h_{ci} \to 0$ となる．h_{ci} の平均幅と形は，データ点群に合うように "弾性表面" の "かたさ" を定義する．

文献では，h_{ci} に対して2つの簡単な選択がしばしばおこなわれる．2つのうちの簡単な方は，ノード c の周りの配列点の近傍集合を参照する（図 3.4）．上で示した集合を N_c と定義しよう（時間の関数として $N_c = N_c(t)$ と定義できることに注意しよう）．それによって，もし $i \in N_c$（N_c 内のノード）なら $h_{ci} = \alpha(t)$，$i \notin N_c$（N_c 外のノード）なら $h_{ci} = 0$ である．このとき $\alpha(t)$ の値は学習率係数である（$0 < \alpha(t) < 1$）．$\alpha(t)$ と N_c の半径は両方とも，(順序づけ過程中の) 時間において普通，単調減少をする．

他の広範囲な応用例では，より滑らかな近傍カーネルをガウス関数で書くこともできる．

$$h_{ci} = \alpha(t) \cdot \exp\left(-\frac{\|r_c - r_i\|^2}{2\sigma^2(t)}\right), \quad (3.4)$$

ここで，$\alpha(t)$ は別のスカラ値 "学習率係数" であり，パラメータ $\sigma(t)$ はカーネルの幅を定義する．すなわち，後者は上の N_c の半径に相当する．$\alpha(t)$ と $\sigma(t)$ の両方は時間の単調減少関数である．

ここで予備的シミュレーションのために選んだアルゴリズムは，他の多くの形式の中の1つに過ぎない．もし SOM ネットワークがあまり大きくないもの（といっても，せいぜい数百ノード）であれば，過程パラメータの選択はそう難しいものにはならな

い．我々は，$h_{ci}(t)$ の単純な近傍集合の定義もまた使用できる．

しかしながら，$N_c = N_c(t)$ の大きさの選択には特に注意が必要である．もし最初に近傍があまりにも小さ過ぎると，そのマップは大域的に順序づけがされないであろう．その代わりに，モザイク模様に似てこまごまとした様々なマップの断片化が見られ，その断片同士間の順序づけの方向が不連続に変化する．この現象は，$N_c = N_c(0)$ を最初かなり広い範囲に取り，そして時間と共にしだいに縮小させていくことによって避けることができる．N_c の初期半径はネットワーク全体の直径の半分以上にさえできる！ 最初の 1000 ステップぐらいの間に（適度な順序づけが起こり $\alpha = \alpha(t)$ が十分大きいとき），N_c の半径は例えば 1 ユニットへと直線的に縮めることができる．微調整段階になっても N_c は細胞 c の最近傍のユニットを含んだままにしておくことができる．

もし初期値が無作為に選択されていたら，最初の約 1000 ステップの間では，$\alpha(t)$ はまず 1 に近い値で開始し，その後単調に減少させるべきである．正確な時間関数であることは重要ではない．$\alpha = \alpha(t)$ は 時間 t に対して線形的，指数関数的あるいは反比例的であればよい．例えば $\alpha(t) = 0.9(1 - t/1000)$ などは妥当な選択である．m_i の順序づけはこの初期期間におこなわれ，一方残りのステップはマップの微調整のためだけに必要とされる．順序づけ段階の後，$\alpha = \alpha(t)$ は長い期間を経て小さな値（例えば 0.02 より小さな値，あるいはそのオーダ）に達する．最終段階における $\alpha(t)$ の減少の仕方は，線形的あるいは指数関数的であるかどうかは決定的な問題ではない．

しかしながら非常に大きなマップでは，全体の学習時間を最小にすることは重要であろう．その場合，最適な $\alpha(t)$ の選択は決定的である．3.7 節では，基本的には t に反比例する $\alpha(t)$ の"最適な"選択について検討しよう．今までは，関数とパラメータの効果的な選択は実験的な方法のみで決定されていた．

学習は確率過程であるので，マップの最終的な統計学上の精度は最終的な収束段階のステップ数で決まり，それは適度に長くなくてはならない．この要求を避ける方法はない．"経験則"から，統計学上良い精度を得るためには，処理ステップの数は少なくともネットワーク・ユニットの数の 500 倍はなければならない．一方 x の成分数は反復ステップの数には影響を与えない．もしハードウェアのニューラル・コンピュータが使われるなら非常に高次元の入力が可能である．典型的な例として，シミュレーションには 100000 ステップ以上用いていたが，"高速学習"であるため，例えば音声認識では 10000 ステップ，時としてそれ以下の回数でさえ十分であった．このアルゴリズムが計算機にとっては極端に軽いことに注目してほしい．比較的少ないサンプルしか使えないのなら，それらは望むステップの数に見合うように再利用しなくてはならない．

コメント

最初に述べる予備的な例の中では，我々の目的は，無作為な初期状態から出発すれ

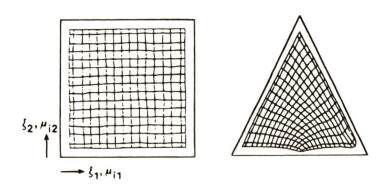

図 3.5: 入力ベクトル（枠で囲った領域）の 2 次元分布とそれらを近似する参照ベクトルの網目模様.

ば，有限の学習ステップでマップ化が順序づけられることを示すことである．しかし実際の応用では，すでに順序づけられ，大まかに入力密度関数に適応した初期状態から開始することができる．もしこうするならば（3.7 節参照），たとえ近傍関数が非常に狭く（最終の形のオーダくらい），かつ $\alpha(t)$ が 0.2 とか 0.1 のような非常に低い値であったとしても，学習過程は急速に収束する．

順序づけの例

初期値 $m_i(0)$ を無作為に選んだとき，参照ベクトルが長い行程の中で，たとえ高い次元の空間の中でさえ順序づけされた値に達することは驚くべきことである．この順序づけを，任意の分布構造を持つ 2 次元の入力データ $x = [\xi_1, \xi_2]^T \in \Re^2$ でまず例証する．簡単に示せば，もし x が確率ベクトルであるなら，この例ではその確率密度関数 $p(x)$ は，図 3.5 に示す区切られた領域内で一様であり，それらの外ではゼロと仮定される．正方形の配列内にあるニューロン間の位置関係は近傍参照ベクトルすなわちコードブック・ベクトル（信号空間内の点）の間に引かれた補助線によって可視化される．今，その図中の参照ベクトルは，補助線による網目模様の交差点や終点に相当する．それによって相対的な位相順序が直ちに可視化される．

コードブック・ベクトルは，順序づけされている間に x の確率密度関数である $p(x)$ を近似するようになる．しかしながら，この近似は後にわかるように必ずしも正確とは言えない．

図 3.5 のこの例は，荷重ベクトルのほぼ収束した状態を表している．この順序づけ形状において，違ったユニットは入力ベクトルの違った領域に明らかに敏感に反応するようになっている．図 3.5 では境界効果が見られ，そこでマップの端が少し縮んでいるのがわかる．この効果については 3.5.1 節で解析する．逆に荷重ベクトルの密度は，収縮しているあたりでその度合に比例して高くなっている．この相対的な収縮効

果は，配列の大きさが増加すると減少する．

自己組織化過程の間に起こる中間段階の例は図 3.6 と図 3.7 に示されている．初期値 $m_i(0)$ は，ある（円形の）指定された領域内で無作為に選ばれ，ネットワークの構造はある程度の時間が経つと現れてくる．図 3.7 は，ベクトルが 2 次元であり配列が 1 次元である例であることに注意してほしい．それによって作られた"順序づけ"は，ペアノ曲線あるいはフラクタル形状に似ている．

較正

十分な数の入力サンプル $x(t)$ が示され，$m_i(t)$ が式 (3.2)，式 (3.3) によって定義された処理過程において実際に定常値に収束するとき，次の段階は，違った入力データ項目の像をそのマップ上に位置づけるためのマップの較正である．そのようなマップが実際使われる応用例では，特定の入力データ群がどのように説明され，ラベルづけされるべきかは多分自明である．式 (3.2) に従って，マップ上で最もよく合うところがどこにあるのかを調べ，そしてそれに相当するようにマップのユニットをラベルづけしながら，手作業で解析された多数の代表的なデータ群を入力することによってそのマップは較正される．このマップ化は，仮想的な"弾性表面"に沿って連続であると仮定されるので，未知の入力データは最も近い参照ベクトルによってベクトル量子化のように近似される．

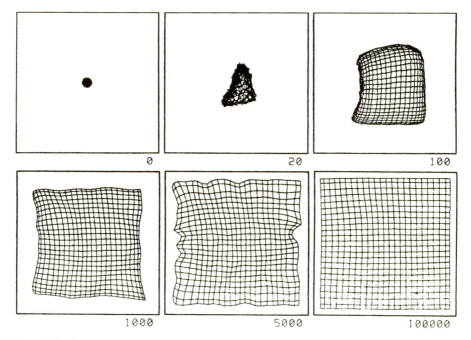

図 3.6：順序づけ過程中の参照ベクトル（正方形配列）．右下の隅に書かれている数字は学習回数を示す．

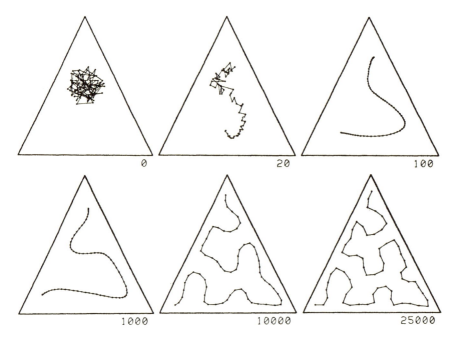

図 3.7：順序づけ過程中の参照ベクトル（線形配列）．

コメント

"最適なマップ化"とは，出力平面内に少なくとも確率密度関数 $p(x)$ の局所構造を保持しながら，最も忠実な形で $p(x)$ を射影するものだろう（$p(x)$ を押し花として考えてもよろしい！）．

しかし，SOMによって $p(x)$ の正確な形を描写することは，最も重要な仕事ではないことを強調しておかなければならない．x が回帰問題における一般原理に従って，この x が非常にたくさんのサンプル値を持つ信号空間において，SOMがこれらの次元や領域を自動的に見つけることが指摘される．

3.3 "内積型 SOM"

時には x をアルゴリズムで使う前に規格化しておくようにと提案される．規格化は本質的には必要ではないが，参照ベクトルが同じ動的範囲を結果として持つという傾向があるので，数値精度を改善するかもしれない．

別の状況では，整合において多くの異なった測度を適用することが可能である．しかしこのとき整合則と更新則は同じ測度に関して相互に互換でなければならない．例えば，もし x と m_i の類似度の内積定義が適用されるなら，学習則は次のようになる．

$$x^{\mathrm{T}}(t)m_c(t) = \max_i \{x^{\mathrm{T}}(t)m_i(t)\}, \tag{3.5}$$

$$m_i(t+1) = \begin{cases} \dfrac{m_i(t) + \alpha'(t)x(t)}{||m_i(t) + \alpha'(t)x(t)||} & \text{もし } i \in N_c(t) \text{ なら,} \\ m_i(t) & \text{もし } i \notin N_c(t) \text{ なら,} \end{cases} \quad (3.6)$$

ここで，$0 < \alpha'(t) < \infty$ で，例えば $\alpha'(t) = 100/t$ となる．この処理過程は，各段階で自動的に参照ベクトルを規格化する．その規格化計算は，訓練アルゴリズムの速度を下げる．一方，整合時には，認識中に応用された内積定義はとても簡単で速度が速く，電子的あるいは光学的コンピュータの両方で多種類の簡単なアナログ計算になじみやすい．その内積基準は，次の4章で述べるように生理学的処理過程に結びつくものがあるように見える．

ユークリッド距離と内積の他に，他の多くの整合基準を SOM に使うことができる．3.12節では，いかに多く他の SOM のアルゴリズムを導けるかを示そう．

本書の著者は，しばしば図3.8に示されたような機械的仕かけの手段によって自己組織化過程を可視化した．4×4 の規則的に配列している各回転板がニューロン素子を表し，台上にピン留めしてある．各盤上に描かれた矢印は，規格化された2次元参照ベクトル m_i を表している．参照ベクトルの最初の向きは乱数で与えることができる．確率密度関数 $p(x)$ のサンプルを表すために一連の訓練ベクトルの値もまた乱数で与えられている．"勝者"ニューロン素子とは，入力ベクトルに対する参照ベクトルの角度が最小のものである．つまり，近傍集合（図3.8において，枠で囲まれたところ）における全てのニューロン素子の参照ベクトルは，ベクトル x と m_i との間の角度の何分の1かだけ修正される．数回の修正段階を経た後，ベクトル m_i の値は，図3.8の一連の図からわかるように滑らかに順序づけられたように見え始める．

3.4 位相保持マップ化のその他の予備的な例示
3.4.1 入力空間における参照ベクトルの順序づけ

この節で用いられるコンピュータ・シミュレーションは，参照ベクトルが入力ベクトルの様々な分布を整った形で近似する傾向があるという効果をさらに説明する．たいていの場合，入力ベクトルは可視化するために2次元に選ばれる．また，入力ベクトルの確率密度関数を境界線によって区分される領域上で一様であるとする．これらの境界線の外側では確率密度関数はゼロの値を持つ．ベクトル $x(t)$ は独立かつ無作為に密度関数から得られ，その後，参照ベクトル m_i を適応的に変化させる．

ベクトル m_i は，たいていは $x(t)$ が表される同じ座標系における点として描かれてきた．以前のように，各 m_i がどのユニットに属するかを示すために，m_i の終点は処理ユニットの配列の位相に一致する線で格子状に結ばれる．2つの荷重ベクトル m_i と m_j を結ぶ線は，2つの対応するユニット i と j が"ニューラル"ネットワークにおいて近接していることを示すためにのみこのように使われている．

もし入力ベクトルとその配列が異なった次元を持つなら，その結果はなおいっそう

122 第3章 基本SOM

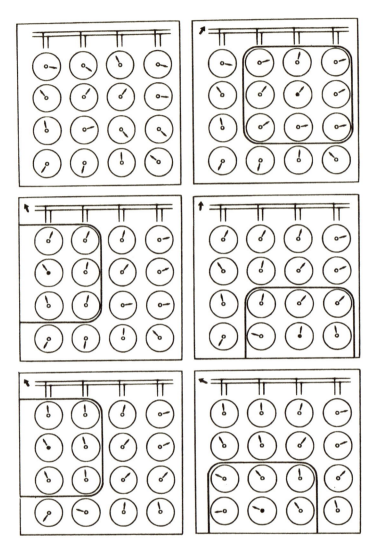

図 3.8：この一連の図は，2次元の入力ベクトルと参照ベクトル（矢印）を持った2次元の内積型 SOM の動きの逐次的様子を図示している．最初の図は初期状態を表す．残りの図について各図の左上隅にある小さい矢印は，入力ベクトル x を表す．そしてそのベクトル x は，一番似通った参照ベクトルを "勝者ニューロン" に指定する．"勝者ニューロン" の周りの囲まれた線は，近傍集合 N_c を定義する．（このデモにおいて）近傍内では，各矢印の修正はベクトル x と m_i の角度の差の半分である．ベクトル m_i が滑らかにそろってくるのがわかる．

3.4 位相保持マップ化のその他の予備的な例示　**123**

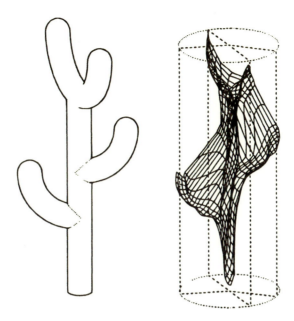

図 3.9：構造化された分布 $p(x)$ の SOM. わかりやすくするために，"サボテン"の形の内側で一様な密度値を持っており，その外側ではゼロである 3 次元の $p(x)$ は左図に表されている．一方参照ベクトルの"ネット"は右図のように同様の座標系で示されている．

興味深いものである．例えば，図 3.9 は入力ベクトルが 3 次元，その配列が 2 次元の場合を図示している．図 3.9 の説明で示されているように，$p(x)$ と m_i で形成されたネットワークはわかりやすく別々に描かれている．

コメント

　図 3.9 について，1 つのことに注目してみよう．いくつかの参照ベクトルが外側の $p(x)$ に残ったままのように見える．しかし，SOM という"ネット"がある程度の"かたさ"を持ち，かつ非パラメータ回帰を表していると見なされる限り，このことを誤りであると解釈してはいけない．5.4 節では，SOM が構造化された $p(x)$ をどのようによりよく記述するようになるのかを示そう．しかしそれでも回帰と言えるのだろうか？

　さらに先に進む前に，マップの特定の方向づけを定義する要因がまだ存在しないことに注意しなければならない．したがって，後者，すなわちマップの向きは，鏡面対称あるいは点対称反転の処理で実現できる．もしこの特定の方向づけが優先されなければならないなら，この結果を得る最も簡単な方法は非対称に初期値 $m_i(0)$ を選ぶことである．その対称性は自己組織化の性質そのものほど関心がないので，少なくともここでの例題ではそれらを無視する．この種の実践的な問題は 3.13 節で議論される．

非線形，適応射影スクリーンとしての SOM

　図3.9はまた，SOM のもう1つの面を表している．すなわち，SOM の非線形射影という一面である．弾性ネットワークは，データ点の分布にまず合わされる，形状が変化する射影スクリーンと考えることができる．そうすると，$\Re^3$ の点（一般的な場合は任意次元の入力空間）は"スクリーン"の最も近いノードに射影されるようになる．もっとも，スクリーンは連続ではないので，この射影は直交ではないであろう．つまり近似的に直交なだけである．

特徴次元の自動選択

　自己組織化の過程において2つの相反する傾向がある．1つ目は荷重ベクトルの集合によって入力ベクトルの密度関数を表現しようとすることである．2つ目は処理ユニット間の局所的相互作用が，荷重ベクトルの2方向への並び（2次元）の連続性を保存する傾向があることである．これらの相反する"力"の結果として，滑らかな超表面に近似する傾向のある参照ベクトルの分布状態はまた，入力ベクトル密度の全体構造を最もよく真似るパターン空間において，最適な方向と形状を探し求める．

　上記の参照ベクトル分布を詳しく調べると大変重要な結果が得られる．これらの2次元のパターン空間（ここでは，入力ベクトルは高い分散を持っており，よってマップ内でこの空間を描写すべきである）が，自動的に見つかる傾向にあるということである．この効果は他の不明瞭なところが少し残っているので，次のきわめて単純な実験でどういう意味なのかを説明するつもりである．ここでは，1次元位相（処理ユニットの線形配列）と簡単な2次元入力密度関数を用いることで例示されている結果は，より高次の位相や入力密度関数の任意の次元数，入力サンプルの構造化された分布に容易に一般化できると思われる．

　両端が開いた線形配列で連続した5つのニューロンだけからなる系を仮定してみよう．それらの参照ベクトル $m_i = [\mu_{i1}, \mu_{i2}]^\mathrm{T}, i = 1, 2, \ldots, 5$ と入力ベクトル $x = [\xi_1, \xi_2]^\mathrm{T}$ の成分は，今までと同じように図3.10における例で表される．ξ_1 と ξ_2 の分散は，図3.10の境界線で示されるように異なるように選択されている．その分散の1つがかなり高くなる限り，その荷重ベクトルは大きい方の分散の方向に沿ってほぼ直線に形成される．

　一方で，分散がほぼ等しいかあるいはその配列の長さが側方相互作用の範囲よりもずっと大きなものであるなら，分布の直線的形状は"ペアノ曲線"に切り替えられる．図3.11に示されるように，直線から曲線への変化はむしろ急激である．ここでは，分散を固定し配列の長さを変えている．すなわち，ボロノイ集合の境界もまたその図に描かれている．

　次の図3.12は入力ベクトルがネットワークの位相（この場合は2）よりも高次元数であるとき何が起きるかをさらに例証したものである．第3番目の次元（ξ_3）における分散が十分小さい限りマップは平坦なままである．しかし，分散と短い側方相互作用

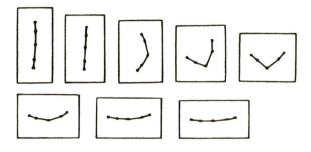

図 3.10：マップ化の次元の自動選択.

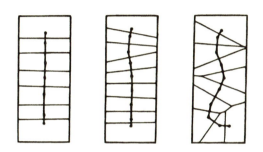

図 3.11：色々な長さの線形配列を持つ参照ベクトルの分布.

の範囲が増加するに従ってマップにはしわが寄る傾向がある．そしてこの点については，実験的に脳マップ内ですでに発見された "シマウマの縞模様" に注目しなければならない．ここでその "縞模様" は単純で自然な解釈がなされる．すなわち，2次元マップが2次元以上の次元でのかなりの分散を持つ高次元信号分布を近似しようとするときには，いつでもこのような縞模様が生じるのである．

　読者の中にはこのおもしろい自己順序づけ効果の数学的説明に強い興味を持つ人もいるだろう．実際その現象はむしろ慎重な扱いを要し，本書の残りで見られるように時間をかけた検討が必要である．3.5節でその数学的検討を始めることにしよう．

3.4.2　出力空間での順序づけ応答の例示

　この小節で報告されたすべてのシミュレーションは1982年に我々のグループでおこなわれ，そのほとんどを [2.37] に出している．

"不思議なテレビ"
　図3.13に示す以下の例では，別のもっと具体的な自己組織化の例を示す．それは，仮想的な画像転送システム（ここでは，"不思議なテレビ" と呼ぶ）である．そのシス

126   第3章 基本SOM

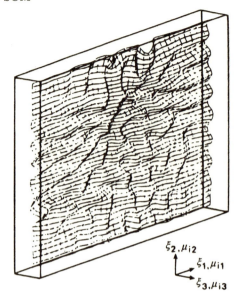

図 **3.12**："縞模様"の形成.

テムには，画素の位置を符号化する制御装置はないが，出力表示における画像点の順序づけは，結果として自己組織化学習過程での位相的な制約から自動的に起こる．その結果は，入力面の点から出力面の点への1対1のマップ化である．しかし，信号の伝達においてのこの順序づけは明示的には定められていない．伝達された信号に暗黙的に含まれている関係から，その系は順序づけを徐々に推論していかなければならない．この系は，簡単な"テレビカメラ"と上に述べたような性質を持つ適応システムから構成される．そのカメラは，大変貧弱な光学系を持っていると考える．どの程度かと言うと，光点が入力面状に現れるたびに，この光学系は光電陰極上に大変ぼんやりした焦点を形成する．その陰極は3つに分かれた領域を持ち，その各々は幅広い焦点で照射されている面積に直接比例した信号を出すと仮定する．今，正方形の領域上に一様である確率密度で光点を入力面上の異なった位置に無作為に動かそう．それから，発生する信号 ξ_1, ξ_2, ξ_3 は，処理ユニット配列に伝達され，そこで信号は適応的な変化を生じる．この処理を十分な時間続けてみよう．その後，系のテストが実行される．例えば，各ユニットの出力を順番に記録し，出力面上のユニットに最もよく対応する入力面内の点を見つけて，その位置を確定することによってこのテストは完了する．

　生じた出力マップは，次の方法のいずれかでテストされる．A) 各入力テスト・ベクトルにどの処理ユニットが一番整合しているかを順番に調べ，このユニットをテスト・ベクトルの像と呼ぶ．このようにして配列はラベルづけされる．B) 各ユニットが，(分類が既知である) どの訓練ベクトルに最も敏感であり一番整合しているかをテストすることができる．

3.4 位相保持マップ化のその他の予備的な例示

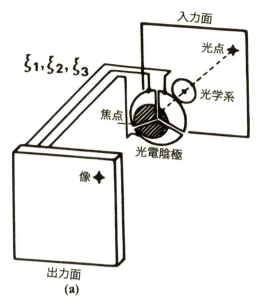

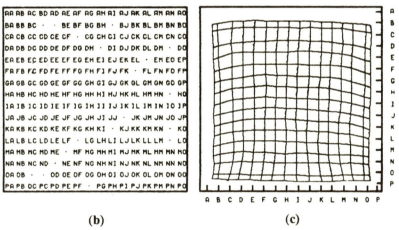

図 3.13: "不思議なテレビ"(a) 系 (b) 出力面．文字の対は，((c) で定義される座標を持った) テスト・ベクトルの像によってラベルづけされた処理ユニットに相当する．(c)（網のノードに相当する）様々な処理ユニットが最も敏感になる点を表す入力面．

　明らかにこれら 2 つのテストは関連している．しかし，それぞれの出力マップはわずかに違って見える．テスト A では，2 つまたはそれ以上のテストベクトルが同じユニット上にマップ化される．一方，いくつかのユニットは分類されないままである．テスト B は，どの出力ユニットにも唯一整合した入力を常に定義する．しかし，いくつかの入力ベクトル，特に端近くのベクトルが最終的には全くマップ化されないことになる．

128 第3章 基本SOM

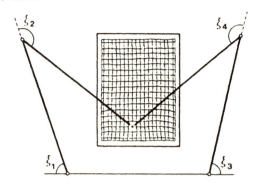

図 3.14：触覚機構によるマップ．入力面上に描かれた網目状の線は，荷重ベクトルの"仮想画像"を表す．この網目の交点は入力点を表す．そして SOM 配列における相当するニューロンが，その入力点に"適合"させられる．

触角機構によるマップ化

　この例の目的は，対象が置かれている周囲の状況のマップが自己組織化過程において形成可能だということを立証することである．自己組織化過程によって観測結果は，腕と回転角の検出器のようなとても粗く非線形のそして相互に依存している機構によって伝えられる．この例示において，各々が2つの間節を持つ2つの人工的な腕は，平面の様子を感じ取るために使われる．その仕組みを図3.14 に示す．両腕の先は平面上の同じ点に触れている．その点は，訓練中，枠で囲まれた領域上で一様な確率密度でもって無作為に選ばれる．同時に，屈折角に比例する2つの信号が各腕から得られる．これらの信号は，先に述べたような自己組織化配列に送られパラメータの適応がおこなわれる．

　この図において，枠内の領域上に描かれた格子状の線は，参照ベクトルの仮想画像を表している．すなわち，その仮想画像というのは各ユニットが平面上のどの点に最もよく反応するかを表している．この面上の点に触れたとき，対応する処理ユニットは x と m_i 間で最大整合を作り出す．このマップを配列ユニットの受容野マップとも定義できる．両方の腕は別々にテストできる．すなわちその各腕を面に触れさせ，各腕が特定のユニットで最大反応を引き起こす点を捜すのである．こうして得られる2つのマップはほぼ完全に一致する．

多くの異なったチャネルによる環境の位相マップの形成

　この例は，空間認知を作り出すことができる別の機構を明らかにする．次のシミュレーションにおいて，その環境の観測結果は1つの目と2つの腕によって伝達されている．両方の腕は入力平面のある点（その点に向かって目はじっと向けられている）に触れている．その目の回転角と腕の屈折角を検出する．画像解析がまだおこなわれていないことに注意しよう．入力平面上の各点は，変数 $\xi_i, i = 1, \ldots, 6$ として表された

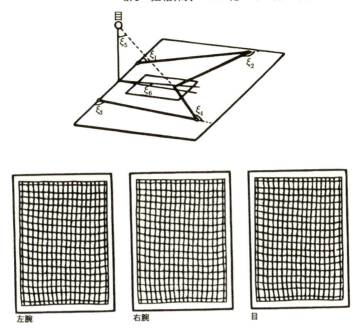

図 3.15：1つの目と2つの腕を同時に使っている環境の位相マップの形成.

6つの伝送信号で表される.

訓練は目標点を無作為に選択し，結果として生じる信号 ξ_i を適応システムに影響させることでなされる．それから，漸近的な状態は各腕とその目で別々にテストされる．言い換えれば，各処理ユニットの出力が次々に記録されるとき，それは，例えばこのユニットで最大整合を引き起こす凝視する目の方向を見つけることが可能となった．(その結果，他の信号はゼロである．) 図 3.15 は細い線の網目として目標平面上に再び射影されたこのテストの結果を示したものである．それらの交点は処理ユニットに相当し，これらの網目は相当する荷重ベクトルの逆マップ化として決定されている．それらの交点は処理ユニットに相当し，これらの網目は相当する荷重ベクトルの逆マップ化として決定されている．

視覚のみを使った自由移動観測体による舞台の位相マップの構築

この例で我々は，空間の完全な像がその部分的な観察からどのように形成されているかを説明するために意図された実験結果を示す．ここで観測系の構造は，簡単な光学素子と8つの感光部分を持った円筒形の網膜よりなっている大変簡単なものである．背景となる壁を備えつけられた舞台を上から見た図 3.16 を考察してみよう．バックグラウンドは暗く，壁は白にした．このような構成でできた背景の投影図が網膜上に形成される状態を仮定しよう．観測体は制限された領域内を無作為に動き，そしてこの単純な例示の実験中，観測体の方向は固定されている．網膜部分から得られた信号は，

130　第3章　基本 SOM

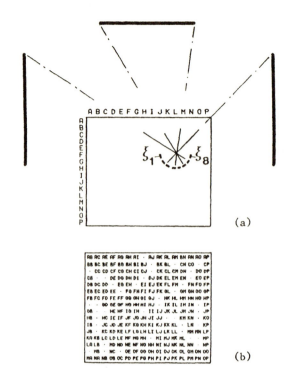

図 3.16：舞台の位相マップ (a) 太い線：背景．枠で囲った領域で観測体は移動する．座標は1組の文字によって示される．(b) 処理ユニットに相当して対の文字を持った出力マップ．ユニットは，舞台上の点の座標によってラベルづけされている．その点の像は，問題にしているユニット上に形成されている．

自己組織化処理ユニット配列に導かれる．適応後，特定の位置に観測体を立たせて，マップの中で相当する画像点の座標を記録することによってマップはテストされる．

音位相マップ

　次の効果は，最初の SOM の実験ですでに見い出されていたが，その後ずっと無視されてきた．それにもかかわらず，その効果は非常に重要な自己組織化特徴を示している．すなわち，異なった"ニューロン"への色々な入力について，ある種の測度に基づいた位相的な順序づけが保存される限り，マップユニットへの入力は同じである必要はないし，同じ次元数さえ持つ必要はない．この性質は，生物モデルにおいて必要である．なぜならばニューロンへの入力数は決して固定ではないからである．この効果を，最小限の精密さでマップ形成の可能なモードすなわち音位相マップの形成に関係した簡単なモデルで示すことにしよう．この実験は，全てのユニットに対する信号に相関があり，それぞれの信号の部分空間での入力ベクトルの位相的順序づけが同

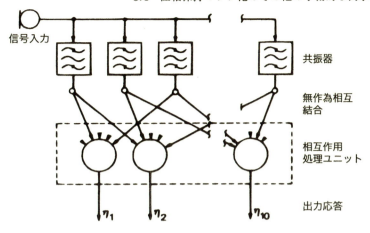

図 3.17：音位相マップをシミュレーションするための系.

表 3.1：周波数マップの形成. Q 値 $Q = 2.5$ を持った 20 個の 2 次フィルタがある（ここで Q は共振曲線の相対幅に逆比例している）. そして，共振周波数は，範囲 $[1, 2]$ にわたって無作為に分布している. 訓練周波数は，範囲 $[0.5, 1]$ から無作為に取り出される. 表の中の数は，各処理ユニットが最も敏感になるテスト周波数を示している.

ユニット	1	2	3	4	5	6	7	8	9	10
実験 1, 訓練回数 2000	0.55	0.60	0.67	0.70	0.77	0.82	0.83	0.94	0.98	0.83
実験 2, 訓練回数 3500	0.99	0.98	0.98	0.97	0.90	0.81	0.73	0.69	0.62	0.59

じである限り，入力は識別することができないことを示している．1 次元配列の処理ユニットを描いている図 3.17 を考える．この系は正弦波信号を受け，そして正弦波信号の周波数に従って順序づけされる．無作為に同調された 1 組の共振器すなわち帯域フィルタがあると仮定する．帯域フィルタは，かなり浅い共振曲線を持つかもしれない．配列ユニットへの入力（各々に対して 5 つ）は今また，異なる配列ユニットに対して異なるサンプルというふうに共振器の出力から無作為に選ばれている．そのため，いかなる構造やいかなる初期パラメータにおいても順序づけまたは相互関係はない．次に，無作為に選ばれた周波数の正弦波信号が新しく発生するたびに，一連の適応操作が実行される．たくさんの繰り返し回数の後，ユニットは昇順あるいは降順で，異なった周波数に対して敏感になり始める．2 つの実験の最終結果は表 3.1 に示されている．

132   第3章 基本SOM

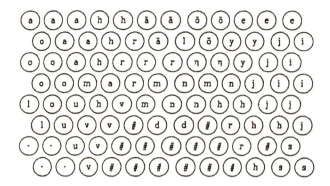

図 **3.18**：円で表されたニューロンは，それらが最も整合した音素の記号にラベルづけされている．このマップでは，/k,p,t/の識別は信頼できないので，この音素のクラスは，記号 # で示されている．補助的マップによるこれらの音素の過渡的なスペクトルの解析は必要である．

音声マップ

より実際的な例というのは，自然音声から選ばれた短時間スペクトルのような自然の確率的なデータのネットワーク上へのマップ化である．この例では，入力ベクトル x は 15 次元で，その構成要素は，200 Hz から 6400 Hz の間で選ばれたフィルタの中心周波数で，10 ミリ秒の間隔で平均されている 15 チャネルの周波数フィルタ・バンクの出力に相当する．スペクトルのサンプルは，SOM の入力として入ってきた自然な順番で割り当てられる．学習後，マップは既知の入力サンプルで較正され，そして，サンプルの音素記号に従ってラベルづけされている．音声サンプルの取得システムの詳細は，7.2 と 7.5 節で与えられる．図 3.18 は信号空間ではなくて，ニューラルネットワーク上での結果を直接に示している．様々なニューロンは，異なった範疇の音素に"一致"するようになっている．(この実験で使用された言語はフィンランド語であるが，音声学的にはむしろラテン語に近い．) 同じ音素記号でラベルづけされた細胞は，実際においては，いくらか異なった参照ベクトルすなわちコードブック・ベクトルに相当するが，ベクトル量子化 (VQ) での様々なコードブック・ベクトルのようにこれらベクトルは，特定のサンプル集合の確率密度関数を近似する．/k,p,t/は，他の音素に比べ非常に弱い信号出力を持つので，それらは一緒に集められ，記号"#"を持った広い音声クラスで表されている．

3.5 自己組織化の基本的な数学的アプローチ

先に述べた系の基本原理は単純に見えるけれども，特により複雑な入力表現に関係した学習過程の動作は数学的な言葉で記述するのは大変に難しい．以下でなされる最

初の研究方法では，最も簡単な形の学習過程について述べる．しかし，基本的に同じ結果は，より複雑な系でもまた得ることができると思われる．この節でなされる他の研究方法は，また簡単で基礎的な理解を意図している．より精細な議論は文献に見ることができる（10章）．

3.5.1　1次元の場合

まず，非常に簡単な系のモデルを用いて自己組織化の能力を解析的に証明しよう．自己順序づけ現象に対する理由づけは実際には非常に難解で，最も単純な場合についてのみ厳密に証明されている．この小節ではまず，この学習過程の本質を理解するのに役立つ基本的なマルコフ過程の説明の枠づけをする．

まず最初に，我々が扱うネットワークを1次元，線形，開放端の機能ユニットの配列と限定し，それぞれにはスカラ値の入力信号 ξ が結合されているとする．ユニットは $1, 2, \ldots, l$ と番号を付ける．各ユニット i は，1つのスカラ入力荷重すなわち参照値 μ_i を持ち，それによって ξ と μ_i の間の類似度はそれらの差の絶対値 $|\xi - \mu_i|$ によって定義される．また，最整合は次のように定義される．

$$|\xi - \mu_c| = \min_i \{|\xi - \mu_i|\} . \tag{3.7}$$

更新されるユニット集合 N_c は，以下の式で定義する．

$$N_c = \{\max(1, c-1), c, \min(l, c+1)\} . \tag{3.8}$$

言い換えると，ユニット i は $i-1$, $i+1$ の隣接ユニットを持つが，配列の端点では例外で，それぞれユニット1の隣は2であり，ユニット l の隣は $l-1$ である．よって N_c とは単に，ユニット c とそのすぐの隣接ユニットよりなるユニット集合である．

学習過程の一般的な性質は，異なった $\alpha > 0$ の値に対しても同じである．α によって変化するのは主に学習過程の進行速度である．連続時間形式では，更新式は次のように書ける．

$$\begin{aligned} d\mu_i/dt &= \alpha(\xi - \mu_i) & i \in N_c \text{ では,} \\ d\mu_i/dt &= 0 & \text{以外では．} \end{aligned} \tag{3.9}$$

命題 3.5.1　ξ を確率過程の変数であるとする．始めに，μ_i の初期値を無作為に選ぶ．この数集合 $(\mu_1, \mu_2, \ldots, \mu_l)$ は，式 (3.7) から式 (3.9) に記される過程の間，次々と新しい値に変化していく．そして $t \to \infty$ となったとき，数集合 $(\mu_1, \mu_2, \ldots, \mu_l)$ は昇順あるいは降順に順序づけされている．集合が一度順序づけされると，その状態はその後の全ての t について持続する．さらに，μ_i の点密度関数は最終的に ξ の確率密度関数 $p(\xi)$ を近似する単調な関数になる．

この議論はそれぞれ2つの部分に行き着くであろう．それは，μ_i の一連の順序づけの形成と各 μ_i のある"固定点"への収束である．

重みの順序づけ

命題 3.5.2 式 (3.7) から式 (3.9) で定義される過程では，μ_i は $t \to \infty$ で昇順あるいは降順に確率 1 で順序づけされる．

順序づけがほぼ間違いなく起こる（すなわち確率 1 で）ということの厳密な証明を得たいであろう．関係する問題に対して *Grenander* によって示された議論に従うと [3.9]，順序づけの証明は以下に示すように述べられる．$\xi = \xi(t) \in \Re$ を有限の台集合にわたって確率密度 $p(\xi)$ を持ち，無作為の（スカラ値の）入力としよう．ただし，任意の $t_1 \neq t_2$ に対して $\xi(t_1)$ と $\xi(t_2)$ は独立であるとする．

マルコフ過程の一般的性質，とりわけ自分自身への遷移確率が 1 である吸収状態の性質からこの命題の証明が得られる．任意の初期状態から始めて，吸収状態が正の確率を持つある一連の入力によって達成されるならば，無作為の一連の入力により，その状態は $t \to \infty$ でほぼ間違いなく（すなわち確率 1 で）達せられる，ということを示すことができる [3.10]．

今，吸収状態は順序づけされた μ_i の並びと見なされる．（共に吸収状態を構成する 2 つの異なった順序づけされた系列が存在することに注意せよ．）実数直線上で，ξ が正の確率を持つような区間を選ぶ．この区間から ξ の値を繰り返し選ぶことにより，有限時間内に全ての μ_i をその区間内に導くことが可能である．その後，例えばもし $\mu_{i-2}, \mu_{i-1}, \mu_i$ が最初順序づけされていないならば，他の系列の相対的な順序づけを変えずに μ_{i-1} を μ_{i-2} と μ_i の間に導く，というような ξ の値を繰り返し選ぶことは可能である．ユニット i が選択されたとき，ユニット $i+1$ と $i-1$ は変化することに注意しよう．もし i の両側の順序に乱れがあるなら，先に順序づけされる側を考えればよい．そして，この時点で式 (3.9) の適用をやめる．これを基本並べ替え操作と呼ぶ．例えば，もし $\mu_{i-1} < \mu_{i-2} < \mu_i$ であるとき，ξ が μ_i の近傍から選択されたなら，μ_{i-1} は μ_{i-2} と μ_i の間へと導かれるだろう（μ_{i-2} は変化しないことに注意すること）．並べ替えは，同様に規則正しく続けられる．有限回数の試行により，結果として全体の順序づけが得られる．そのような ξ が得られる確率は正であるから，命題 3.5.2 の証明は結論できる．

Cottrell と *Fort* [3.11] は上記の 1 次元における順序づけ過程について，徹底的に，数学的に厳密な証明をおこなっているが，それは非常に長い（40 ページに及ぶ）のでここでは省略する．代わりに読者には，3.5.2 節に記されているほぼ同様の論法でより短く構成された証明を学習してほしい．

系 3.5.1 全ての値 $\mu_1, \mu_2, \ldots, \mu_l$ が順序づけされているとき，それ以降の更新で，それらの値の順序づけが崩れることはありえない．

この証明は，全ての部分列が順序づけされている場合，処理の式 (3.9) は，どの要素対 (μ_i, μ_j), $i \neq j$ に対しても相対的な順序を変えることができないことに注目すれ

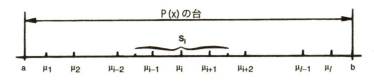

図 **3.19**：順序づけ後の参照値．

ば直接導かれる．

収束過程

　μ_i が順序づけされた後，それらの最終的な漸近値への収束は特に興味深い．というのは，最終状態は入力分布 $p(\xi)$ の様子を表現するからである．

　故に，この小節では $\mu_i, i = 1, 2, \ldots, l$ はすでに順序づけされており，系 3.5.1 に従って，後の更新過程を残すのみであると仮定する．ねらいは μ_i の漸近値を計算することである．非常に厳密にすれば，漸近値は 2 乗平均の意味で得られ，さもなくば式 (3.9) における "学習率係数" $\alpha = \alpha(t)$ がゼロに減少したときのみ，ほぼ完全に収束した値となる．ここで，一連の値 $\{\alpha(t)|t = 0, 1, \ldots\}$ は明らかにロバン・モンロの確率近似過程に課せられたものと同じ（1.3.3 節参照）特定の条件を満たさねばならない．

　μ_i の収束の性質は，あまり制限を付けないという意味でこの節で議論される．すなわち期待値 $\mathrm{E}\{\mu_i\}$ の動的な振舞いのみ解析される．これらの数値は固有の極限値へ収束することが示されるだろう．μ_i の分散は，$t \to \infty$ での $\alpha(t)$ を適当に選ぶことにより任意に小さくすることができる．

　μ_i を実数直線上に置いた図 3.19 を参照してほしい．上で述べたように，μ_i はすでに順序づけがなされているものとする．そして昇順の場合に限定しておこう．また区間 $[\mu_1, \mu_l]$ は，$p(\xi)$ の台すなわち区間 $[a, b]$ 内の適当な部分集合であると仮定するが，このことは上記の処理過程を通じて順序づけが終了しているなら明らかに当然である．

　μ_i は順序づけされていると仮定しているので，また選択されたノードはそのすぐ隣のノードにしか影響をもたらさないので，式 (3.7) から式 (3.9) より，明らかに，ある特定の μ_i は ξ が以下の方法で定義される区間 S_i に当たったときのみ影響を受ける．ここで $l \geq 5$ と仮定する．

$$\begin{aligned}
3 \leq i \leq l-2 \quad &\text{では：} \quad S_i = [\tfrac{1}{2}(\mu_{i-2} + \mu_{i-1}), \tfrac{1}{2}(\mu_{i+1} + \mu_{i+2})], \\
i = 1 \quad &\text{では：} \quad S_i = [a, \tfrac{1}{2}(\mu_2 + \mu_3)], \\
i = 2 \quad &\text{では：} \quad S_i = [a, \tfrac{1}{2}(\mu_3 + \mu_4)], \\
i = l-1 \quad &\text{では：} \quad S_i = [\tfrac{1}{2}(\mu_{l-3} + \mu_{l-2}), b], \\
i = l \quad &\text{では：} \quad S_i = [\tfrac{1}{2}(\mu_{l-2} + \mu_{l-1}), b].
\end{aligned} \quad (3.10)$$

　$d\mu_i/dt \stackrel{\text{def}}{=} \dot{\mu}_i$ の期待値は，$\mu_1, \ldots, \mu_l$ が式 (3.9) に従うという条件で以下のように

書ける．
$$\langle \dot{\mu}_i \rangle \stackrel{\text{def}}{=} E\{\dot{\mu}_i\} = \alpha(E\{\xi|\xi \in S_i\} - \mu_i)P(\xi \in S_i), \tag{3.11}$$

ここで $P(\xi \in S_i)$ は ξ が区間 S_i に入る確率である．今，$E\{\xi|\xi \in S_i\}$ は式 (3.10) で示された S_i の重心の中心であり，その重心は $p(\xi)$ を定義したときの μ_i の関数である．この問題を単純化された閉じた形で解くために，台区間 $[a,b]$ 全体にわたって $p(\xi) \equiv$ 一定 であり，区間の外ではゼロであるとする．それによってまず以下が得られる．

$$3 \leq i \leq l-2 \text{ では：}$$
$$\langle \dot{\mu}_i \rangle = \frac{\alpha}{4}(\mu_{i-2} + \mu_{i-1} + \mu_{i+1} + \mu_{1+2} - 4\mu_i)P(\xi \in S_i),$$
$$\langle \dot{\mu}_1 \rangle = \frac{\alpha}{4}(2a + \mu_2 + \mu_3 - 4\mu_1)P(\xi \in S_1),$$
$$\langle \dot{\mu}_2 \rangle = \frac{\alpha}{4}(2a + \mu_3 + \mu_4 - 4\mu_2)P(\xi \in S_2), \tag{3.12}$$
$$\langle \dot{\mu}_{l-1} \rangle = \frac{\alpha}{4}(\mu_{l-3} + \mu_{l-2} + 2b - 4\mu_{l-1})P(\xi \in S_{l-1}),$$
$$\langle \dot{\mu}_l \rangle = \frac{\alpha}{4}(\mu_{l-2} + \mu_{l-1} + 2b - 4\mu_l)P(\xi \in S_l).$$

任意の初期条件 $\mu_i(0)$ から始めて，最もありそうな"平均的"軌跡である $\mu_i(t)$ は，式 (3.12) に相当する等価の微分方程式の解として得られる．すなわち，

$$dz/dt = P(z)(Fz + h), \tag{3.13}$$

であり，ここで
$$z = [\mu_1, \mu_2, \ldots, \mu_l]^{\mathrm{T}},$$

$$F = \frac{\alpha}{4}\begin{bmatrix} -4 & 1 & 1 & 0 & 0 & 0 & 0 & \ldots & & \\ 0 & -4 & 1 & 1 & 0 & 0 & 0 & & & \\ 1 & 1 & -4 & 1 & 1 & 0 & 0 & & & \\ 0 & 1 & 1 & -4 & 1 & 1 & 0 & & & \\ \vdots & & & & & & & & & \\ & & & & & & & & \vdots & \\ & & & 0 & 1 & 1 & -4 & 1 & 1 & 0 \\ & & & 0 & 0 & 1 & 1 & -4 & 1 & 1 \\ & & & 0 & 0 & 0 & 1 & 1 & -4 & 0 \\ & & \ldots & 0 & 0 & 0 & 0 & 1 & 1 & -4 \end{bmatrix}, \tag{3.14}$$

$$h = \frac{\alpha}{2}[a, a, 0, 0, \ldots, 0, b, b]^{\mathrm{T}}$$

である．$P(z)$ は今，$P(\xi \in S_i)$ の対角要素を持つ対角行列である．式 (3.12) から式

3.5 自己組織化の基本的な数学的アプローチ

表 3.2 : $a = 0, b = 1$ としたときの μ_i の漸近値

配列の 長さ (l)	μ_1	μ_2	μ_3	μ_4	μ_5	μ_6	μ_7	μ_8	μ_9	μ_{10}
5	0.2	0.3	0.5	0.7	0.8	—	—	—	—	—
6	0.17	0.25	0.43	0.56	0.75	0.83	—	—	—	—
7	0.15	0.22	0.37	0.5	0.63	0.78	0.85	—	—	—
8	0.13	0.19	0.33	0.44	0.56	0.67	0.81	0.87	—	—
9	0.12	0.17	0.29	0.39	0.5	0.61	0.7	0.83	0.88	—
10	0.11	0.16	0.27	0.36	0.45	0.55	0.64	0.73	0.84	0.89

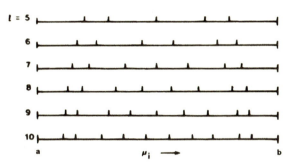

図 3.20 : グラフ状に示した異なった配列長に対する μ_i の漸近値.

(3.13) を生成する平均化は,Geman によって与えられた論法に沿って厳密になされるだろう [2.54]. 式 (3.13) は一定の係数を持つ 1 次微分方程式である. これは 1 つの固定点の解,すなわち $dz/dt = 0$ での特殊解を持つ. それは ($P(z)$ が対角行列であり,正に限定されていることを考慮すると),F^{-1} が存在するとすれば,

$$z_0 = -F^{-1}h \tag{3.15}$$

と表される. これは著者によって厳密に示されているが [3.12],その証明は非常にやっかいで長いのでここでは省く. 式 (3.13) の一般解を得ることは難しい. いくつかの最近の研究(例えば [3.11])では,固定点への収束は一般的に正しいことが示されており,故にここでは漸近的な解のみを考えることとする.

μ_i の漸近値は,台区間 $[0,1]$ にわたって一様な $p(\xi)$ について,いくつかの配列の長さ l について計算し,表 3.2 に示し,その結果を図 3.20 に示している.

よって以下のことが結論できる.

―最も外側の値 μ_1 と μ_l は,均等に分割させると端から $1/2l$ となるはずであるが,端から約 $1/l$ だけ内側へずれた所へ落ち着く. これは,3.4 節で見られた "境界効果" であり,l を大きくすることによって消滅する.

一値 μ_3 から μ_{l-2} は大体等間隔に分布する．

3.5.2 もう1つの1次元SOMに対する順序づけの構成的な証明

元々のSOMアルゴリズムの順序づけの証明が可能であるけれども難しいことがわかったので，我々は今，多少修正をしているが論理的によく似た系のモデルについての簡単な証明をおこなう．この証明は [3.13] にある．主な違いの1つは"勝者"の再定義であり，この修正モデルでは，同点の場合全ての"勝者"について学習計算がおこなわれる．学習則は全ての"勝者"の隣接ユニットに適用され，近傍ユニット集合は"勝者"自身は除外されるというように修正される．これらの修正により，1次元における順序づけの厳密な構成的な証明が可能となる．

問題． 開放端線形配列のユニット集合を仮定し，ノード集合と名づける．ノード集合は添え字 $1, 2, \ldots, l$ で表される．

全てのノードは，時間の関数である実数値 $\mu_i = \mu_i(t) \in \Re$ を持っていると考える．そして，$\xi = \xi(t) \in \Re$ を台区間 $[a, b]$ で固定の確率密度関数 $p(\xi)$ を持つ無作為の入力変数とする．

自己組織化過程は次のように定義される．すなわち，ξ と数値 μ_i との類似度は，どの時刻 t においても距離の項 $\xi - \mu_i$ で評価され，1つまたは複数の"勝者"ノード c は次の式で定義される．

$$|\xi - \mu_c| = \min_i \{|\xi - \mu_i|\}. \tag{3.16}$$

数値 μ_i は次の式によって連続的に更新される．

$$\begin{aligned} \frac{d\mu_i}{dt} &= \alpha(\xi - \mu_i) \quad i \in N_c \text{ では}, \\ \frac{d\mu_i}{dt} &= 0 \qquad\qquad \text{それ以外では}, \end{aligned} \tag{3.17}$$

ここで α は"利得係数" (> 0) であり，N_c は次の方法で定義される添え字の集合である．

$$\begin{aligned} N_1 &= \{2\}, \\ N_i &= \{i-1, i+1\} \quad 2 \leq i \leq l-1 \text{ では}, \\ N_l &= \{l-1\}. \end{aligned} \tag{3.18}$$

c がただ1つに決まらない場合，全ての集合 N_c の合併集合が式 (3.17) 中の N_c の代わりに用いられなくてはならない．ただし，全ての選択されたノード自身は除外する．c の非唯一性は定理 3.5.1 の証明の中で述べられている．

以下の議論は，もし一定のむしろ穏やかな条件が満たされるのなら，時間が経てば数値集合 $(\mu_1, \mu_2, \ldots, \mu_l)$ はほぼ確実に順序づけされることを証明するのがねらいである．

順序づけの程度は，乱れ指標 D の項によって都合良く表現できる．

$$D = \sum_{i=2}^{l} |\mu_i - \mu_{i-1}| - |\mu_l - \mu_1|, \tag{3.19}$$

ここで，$D \geq 0$ である．

定義

数値 $\mu_1, \mu_2, \ldots, \mu_l$ は，$D = 0$ であるとき，そしてそのときのみ順序づけされている．順序づけされているということは，$\mu_1 \geq \mu_2 \geq \ldots \geq \mu_l$ または $\mu_1 \leq \mu_2 \leq \ldots \leq \mu_l$ のどちらかである．

この定義はまた，μ_i の部分集合が等しい，あるいは全ての μ_i が等しい場合でも成り立つことに注意しよう．現在の処理過程では，このようなことは入力がその全ての値を十分に何度も取らないのなら実際にありうる．しかしながら多くの計算機シミュレーションでは，定理 3.5.1 の仮定の下で漸近値はいつも厳密に単調な数値列に順序づけされている．

定理 3.5.1 $\xi = \xi(t)$ を以下の仮定を満たす不規則な過程であるとする．

(i) $\xi(t)$ は，有限区間でほぼ確実に積分可能である．

(ii) $\xi(t)$ の確率密度 $p(\xi)$ は t に対して独立であり，区間 $[a, b]$ では厳密に正であり，それ以外ではゼロである．そして，$\xi(t)$ は全時間区間 $[t, \infty)$ 内でほぼ確実に区間 $[a, b]$ 中の全ての値に達する．

(iii) μ_i の初期値は，区間 $[a, b]$ 上の完全に連続な分布から無作為に選ばれる．

そして式 (3.16)，式 (3.17)，式 (3.19) で定義される処理では，μ_i はほぼ確実に漸近的に順序づけされるであろう．

証明

ξ についての上述の仮定の下で，ほぼ確実に異なった初期値から開始された場合，2 つの値 $\mu_i(t), \mu_j(t), i \neq j$ は次の場合を除いてほぼ確実に異なった値を取る．それは，ある時刻 t において，もし c が "勝者" あるいは "勝者集合" の 1 つであるとき，μ_{c-1} あるいは μ_{c+1} が μ_c と同じ値になってしまう場合である．すると添え字，言うなれば $c-1$ は "勝者集合" の添え字の集合に加えられる．今，$d\mu_c/dt = d\mu_{c-1}/dt = 0$ であるから，μ_c と μ_{c-1} の値は，c が "勝者" の 1 つである限り等しい値で留まる．その結果として，最終的な添字集合，言うなれば $\mu_{c-r}, \mu_{c-r+1}, \ldots, \mu_{c+p}$，ただし $r \geq 0, p \geq 0$ は，正の時間区間にわたって等しくなるであろう．そのとき，そしてそのときのみ，正の確率で c はただ 1 つではない．

約束 3.5.1

上記の見解では，常に $\mu_{c-1} \neq \mu_c$ かつ $\mu_{c+1} \neq \mu_c$ であるただ 1 つの c の場合にはあまり考慮を必要としない．もし c がただ 1 つでないのなら，添え字は $c-1$ が $c-r-1$ を，かつ $c+1$ は $c+p+1$ を，かつ μ_c は $\mu_{c-r}, \ldots, \mu_{c+p}$ 全てを表すように再定義されなくてはならない．この約束は，以後特に触れなくともこの証明を通じて続くものとする．

ステップ 1

まず，$\xi = \xi(t)$ が仮定 (i) を満たすのなら，$D = D(t)$ は単調減少する時間の関数であるということを示そう．

式 (3.17) での処理は，最大で一度に（約束 3.5.1 に従って）3 つの連続する μ_i の値に影響を与える．故に，D を変化させるそれらの項のみを観察すれば十分である．これらを使って以下の方法で c に依存する部分和 S を作り上げよう（$\|\mu_l - \mu_1\|$ は，$c = 2$ または $c = l - 1$ のときのみ変化することに注意しよう）．

$$
\begin{aligned}
3 \leq c \leq l-2 \text{ では，} & \quad S = \sum_{i=c-1}^{c+2} |\mu_i - \mu_{i-1}|; \\
c = 1 \text{ では，} & \quad S = |\mu_3 - \mu_2| + |\mu_2 - \mu_1|; \\
c = 2 \text{ では，} & \quad S = |\mu_4 - \mu_3| + |\mu_3 - \mu_2| + |\mu_2 - \mu_1| - |\mu_l - \mu_1|; \quad (3.20) \\
c = l-1 \text{ では，} & \\
& \quad S = |\mu_l - \mu_{l-1}| + |\mu_{l-1} - \mu_{l-2}| + |\mu_{l-2} - \mu_{l-3}| - |\mu_l - \mu_1|; \\
c = l \text{ では，} & \quad S = |\mu_l - \mu_{l-1}| + |\mu_{l-1} - \mu_{l-2}|.
\end{aligned}
$$

明らかに，$c = l-1$ は $c = 2$ と，$c = l$ は $c = 1$ とそれぞれ対称関係になるので別々に議論をする必要はない．

任意の与えられた時刻 t，任意の c で，S 中の差分 $\mu_i - \mu_{i-1}$ の符号は，最大 16 通りの組み合わせの中の 1 つである．いくつかの特定の組み合わせについて，dS/dt の表現が以下になされている．全ての異なった場合で，半分は対称的であるので同じ解析的表現で生成できる．したがって，以下に列挙した場合のみ別々に議論する必要がある．c の周りでは，それぞれは以下の式を得る（$\dot{\mu}_i = d\mu_i/dt$ である）．

$$
\begin{aligned}
\dot{\mu}_{c-2} &= 0, \\
\dot{\mu}_{c-1} &= \alpha(\xi - \mu_{c-1}), \\
\dot{\mu}_c &= 0, \\
\dot{\mu}_{c+1} &= \alpha(\xi - \mu_{c+1}), \\
\dot{\mu}_{c+2} &= 0.
\end{aligned} \quad (3.21)
$$

これらの線形微分方程式は，仮定 (i) によるただ 1 つの連続解をほぼ確実に持つ．

3.5 自己組織化の基本的な数学的アプローチ

今, $3 \leq c \leq l-2$, $c = 1$, $c = 2$ の各場合を別々に考慮しよう.

A. $3 \leq c \leq l-2$ のとき, $\mu_{c-1} \geq \mu_{c-2}$ と仮定.

場合	$\mu_c - \mu_{c-1}$	$\mu_{c+1} - \mu_c$	$\mu_{c+2} - \mu_{c+1}$
$a0$	> 0	> 0	≥ 0
$a1$	> 0	> 0	≤ 0
$a2$	> 0	< 0	≥ 0
$a3$	> 0	< 0	≤ 0
$a4$	< 0	> 0	≥ 0
$a5$	< 0	> 0	≤ 0
$a6$	< 0	< 0	≥ 0
$a7$	< 0	< 0	≤ 0

$a0$ から $a7$ までの記号を, それぞれの場合の S を区別するための添え字として用い, $\dot{S} = dS/dt$ であるとすると, 式 (3.22) を考えることにより以下を得る.

$$
\begin{aligned}
&S_{a0} = -\mu_{c-2} + \mu_{c+2}, & &\dot{S}_{a0} = 0 \ ; \\
&S_{a1} = -\mu_{c-2} + 2\mu_{c+1} - \mu_{c+2}, & &\dot{S}_{a1} = 2\alpha(\xi - \mu_{c+1}) < 0 \ ; \quad *) \\
&S_{a2} = -\mu_{c-2} + 2\mu_c - 2\mu_{c+1} + \mu_{c+2}, & &\dot{S}_{a2} = 2\alpha(\mu_{c+1} - \xi) < 0 \ ; \\
&S_{a3} = -\mu_{c-2} + 2\mu_c - \mu_{c+2}, & &\dot{S}_{a3} = 0 \ ; \\
&S_{a4} = -\mu_{c-2} + 2\mu_{c-1} - 2\mu_c + \mu_{c+2}, & &\dot{S}_{a4} = 2\alpha(\xi - \mu_{c-1}) < 0 \ ; \\
&S_{a5} = -\mu_{c-2} + 2\mu_{c-1} - 2\mu_c + 2\mu_{c+1} - \mu_{c+2}, & & \\
& & &\dot{S}_{a5} = 2\alpha[(\xi - \mu_{c-1}) \qquad (3.22)\\
& & & \qquad\quad + (\xi - \mu_{c+1})] < 0 \ ; \\
&S_{a6} = -\mu_{c-2} + 2\mu_{c-1} - 2\mu_{c+1} + \mu_{c+2}, & &\dot{S}_{a6} = 2\alpha(\mu_{c+1} - \mu_{c-1}) < 0 \ ; \\
&S_{a7} = -\mu_{c-2} + 2\mu_{c-1} - \mu_{c2}, & &\dot{S}_{a7} = 2\alpha(\xi - \mu_{c-1}) < 0 \ .
\end{aligned}
$$

*) "勝者" c については, $\frac{1}{2}(\mu_{c-1} + \mu_c) \leq \xi \leq \frac{1}{2}(\mu_c + \mu_{c+1})$ であることに注意せよ.

B. $c = 1$ のとき: ノード 1 と l のときの証明は同じなので, 1 の場合についてのみおこなう. このとき, ただ 4 つの場合のみ考慮する必要がある.

場合	$\mu_2 - \mu_1$	$\mu_3 - \mu_2$
$b0$	> 0	≥ 0
$b1$	> 0	≤ 0
$b2$	< 0	≥ 0
$b3$	< 0	≤ 0

$$
\begin{aligned}
S_{b0} &= -\mu_1 + \mu_3, & \dot{S}_{b0} &= 0; \\
S_{b1} &= -\mu_1 + 2\mu_2 - \mu_3, & \dot{S}_{b1} &= 2\alpha(\xi - \mu_2) < 0; \\
S_{b2} &= \mu_1 - 2\mu_2 + \mu_3, & \dot{S}_{b2} &= 2\alpha(\mu_2 - \xi) < 0; \\
S_{b3} &= \mu_1 - \mu_3, & \dot{S}_{b3} &= 0.
\end{aligned}
\tag{3.23}
$$

C. $c = 2$ のとき：$\mu_l \geq \mu_1$ の場合のみ考えれば十分である．$\mu_l \leq \mu_1$ の場合は前の場合と対称である．

場合	$\mu_2 - \mu_1$	$\mu_3 - \mu_2$	$\mu_4 - \mu_3$
$c0$	> 0	> 0	≥ 0
$c1$	> 0	> 0	≤ 0
$c2$	> 0	< 0	≥ 0
$c3$	> 0	< 0	≤ 0
$c4$	< 0	> 0	≥ 0
$c5$	< 0	> 0	≤ 0
$c6$	< 0	< 0	≥ 0
$c7$	< 0	< 0	≤ 0

$$
\begin{aligned}
S_{c0} &= -\mu_l + \mu_4, & \dot{S}_{c0} &= 0; \\
S_{c1} &= -\mu_l + 2\mu_3 - \mu_4, & \dot{S}_{c1} &= 2\alpha(\xi - \mu_3) < 0; \\
S_{c2} &= -\mu_l + 2\mu_2 - 2\mu_3 + \mu_4, & \dot{S}_{c2} &= 2\alpha(\mu_3 - \xi) < 0; \\
S_{c3} &= -\mu_l + 2\mu_2 - \mu_4, & \dot{S}_{c3} &= 0; \\
S_{c4} &= -\mu_l + 2\mu_1 - 2\mu_2 + \mu_4, & \dot{S}_{c4} &= 2\alpha(\xi - \mu_1) < 0; \\
S_{c5} &= -\mu_l + 2\mu_1 - 2\mu_2 + 2\mu_3 - \mu_4, & \dot{S}_{c5} &= 2\alpha[(\xi - \mu_1) + (\xi - \mu_3)] < 0; \\
S_{c6} &= -\mu_l + 2\mu_1 - 2\mu_3 + \mu_4, & \dot{S}_{c6} &= 2\alpha(\mu_3 - \mu_1) < 0; \\
S_{c7} &= -\mu_l + 2\mu_1 - \mu_4, & \dot{S}_{c7} &= 2\alpha(\xi - \mu_1) < 0.
\end{aligned}
\tag{3.24}
$$

ステップ 2

$D(t)$ は単調減少し，また負にはならないので，ある極限値 $D^* = \lim_{t \to \infty} D(t)$ へ向かうはずである．今，もし $\xi(t)$ が仮定 (ii) を満たすのなら，確率 1 で $D^* = 0$ となることが示される．

D^* は t に関して一定であるから，全ての t について $dD^*/dt = 0$ である．なお，D^* は $D(t)$ と同じ微分方程式を満足する．今，$D^* > 0$ と仮定する．そのとき，集合 $(\mu_1, \ldots, \mu_l)$ は順序づけされていない．一般性を欠くことがないよう，$\mu_j > \mu_{j+1}$ かつ $\mu_j > \mu_{j-1}$ である添え字 j, $2 \leq j \leq l-1$ があると仮定する．(この証明は $\mu_j < \mu_{j+1}$ かつ $\mu_j < \mu_{j-1}$ である場合の証明と同様であるだろう．ここでまた，等しい値を持つものを全て同じ添え字 μ_j で書くことが可能であることに注意しよう．)

仮定 (ii) により，確率 1 で $\xi(t)$ は j が $j = c$ すなわち "勝者" となる値へ結果として達する．もし $j = 2$ （あるいは $j = l - 1$）なら，矛盾を意味する $dD^*/dt < 0$ となる場合 $c2$ か，$dD^*/dt = 0$ となる場合 $c3$ かどちらかを得る．

場合 $c3$ に相当する μ_i の値の大小関係とは，$\mu_2 > \mu_1$ かつ $\mu_3 < \mu_2$ かつ $\mu_4 \leq \mu_3$ である．仮定 (ii) によると，確率 1 で $\xi(t)$ は $c = 3$ が "勝者" になり，$\xi < \mu_3$ であるような値を取ることが起こりうる．もし μ_i が上記のようであるなら，$c = 3$ は $\mu_{c-1} > \mu_{c-2}$ かつ $\mu_c < \mu_{c-1}$ かつ $\mu_{c+1} \leq \mu_c$ と書くことができる．そのとき，$\mu_{c+1} \leq \mu_c$ において等号がありうるという違いがあるけれど，これは場合 $a6$ あるいは $a7$ に相当する．しかしながら，式 (3.22) 中の $\dot{S}_{a6}$ と $\dot{S}_{a7}$ は今，負である．これは，再び矛盾へと導く $dD^*/dt < 0$ を意味することになる．

もし "勝者" c が，$3 \leq j \leq l-2$ である j と等しいなら，矛盾を意味する $dD^*/dt < 0$ となる場合 $a2$ か，それによって $dD^*/dt = 0$ となる場合 $a3$ のどちらかが適当である．$a3$ に相当する μ_i の値の大小関係は，$\mu_j > \mu_{j-1}$ かつ $\mu_{j+1} < \mu_j$ かつ $\mu_{j+2} \leq \mu_{j+1}$ である．再び，仮定 (ii) によると，確率 1 で $\xi(t)$ が $j+1 = c$ を "勝者" とし，$\xi < \mu_{j+1}$ であるような値に達することが起こりうる．もし μ_i が上記のようであるなら，$c = j+1$ は $\mu_{c-1} > \mu_{c-2}$ かつ $\mu_c < \mu_{c-1}$ かつ $\mu_{c+1} \leq \mu_c$ と書くことができる．そのとき，これは場合 $a6$ あるいは $a7$ に相当し，その違いは $\mu_{c+1} \leq \mu_c$ において等号がありうるということである．しかしながら，式 (3.22) 中の $\dot{S}_{a6}$ と $\dot{S}_{a7}$ はまたも負であり，矛盾 $dD^*/dt < 0$ へと導く．

上記より，D^* はゼロでなければならないということが結論できる．さもなくば矛盾が発生する．それ故，漸近状態は順序づけされた状態にならなければならない．

3.6 バッチ・マップ

式 (3.3) で定義される一連の収束極限値 m_i^* が実際に出現するかということを理解することは有効であるだろう．

ある順序づけされた状態への収束は真であると仮定すると，たとえそのとき $h_{ci}(t)$ がゼロでない値を取っていたとしても $t \to \infty$ では $m_i(t+1)$ と $m_i(t)$ の期待値は等しくならねばならない．言い換えると，定常状態では次のようになっていなくてはならない．

$$\forall i, \ \mathrm{E}\{h_{ci}(x - m_i^*)\} = 0 \ . \tag{3.25}$$

最も単純な場合 h_{ci} は次のように定義される．もし i が，ある細胞配列中の細胞 c の位相的近傍集合 N_c に属するのなら，$h_{ci} = 1$ であり，それに対してそれ以外のとき $h_{ci} = 0$ である．この h_{ci} により以下のようになる．

$$m_i^* = \frac{\int_{V_i} x p(x) dx}{\int_{V_i} p(x) dx}, \tag{3.26}$$

ここで V_i は，ベクトル m_i を更新させることができる被積分関数中の値 x の集合で

144　第3章　基本SOM

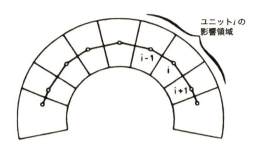

図 **3.21**：自己組織化における平衡状態と"影響領域"の定義の説明図.

ある．言い換えれば，任意の $x \in V_i$ に対する"勝者"ノード c は，細胞 i の近傍集合 N_i に属さなければならない．

　今，図 3.21 を用いて，式 (3.25)，式 (3.26) を例示しよう．この特別な場合では，細胞 i の近傍は細胞 $i-1, i, i+1$ で構成されるが，配列の端では例外でただ1つの近傍しか存在しない．

　図 3.21 に記述した場合では，入力として2次元ベクトルを与え，$x \in \Re^2$ の確率密度関数は，枠組みされた領域にわたって（値 x を台として）均一であり，その外ではゼロである．近傍集合 N_c は，上で定義された単純な形をしている．この場合，少なくとも平衡条件，式 (3.25) または式 (3.26) は，各 m_i^* がそれぞれの影響領域の重心に一致しなくてはならないことを意味する．少なくともこの場合，平衡状態とは以下のことを表していることが直観的に明らかであるだろう．ここでは m_i^* の周りのボロノイ集合が，ニューロン配列中のノード間の"位相的な結合"が定義されたのと同じ順番で互いに接触している．一般的には，より複雑なネットワーク構造では，同様の位相的な一致が [3.14] で議論されている．

　一般的な確率密度関数 $p(x)$ についての平衡条件，式 (3.25) または式 (3.26) は，各 m_i^* がそれぞれの影響領域にわたっての $p(x)$ の重心に一致せねばならないことを意味する．そしてこれは順序づけされた状態の定義であるとしてもよいだろう．一般次元数においてそのような平衡は，m_i の特定の配置の場合のみ有効でありうることが直観的に明らかになるだろう．

　方程式 (3.26) は，非線形方程式を解く場合に使われたいわゆる繰り返し縮小写像が，すでに直接適用できる形になっている．z を方程式 $f(z) = 0$ を満足しなければならない未知ベクトルとしよう．このとき，方程式を $z = z + f(z) = g(z)$ と書くことは常に可能であるので，その根の一連の近似は数列 $\{z_n\}$ として計算することができる．ここで z_n は以下のようになる．

$$z_{n+1} = g(z_n). \tag{3.27}$$

　ここでは，どのような収束問題も議論しない．SOM に限って言えば，そのような収束問題は決して生じなかった．しかしもし収束問題が存在するなら，式 (3.27) をい

わゆるヴェグスタイン（Wegstein）修正をすることによって以下のように克服されるだろう．

$$z_{n+1} = (1-\lambda)g(z_n) + \lambda z_n , \text{ここで } 0 < \lambda \leq 1. \tag{3.28}$$

x の多数のサンプルは，まずそれぞれの V_i 領域にクラス分けされる．そして m_i^* の更新が，式 (6.18) によって定義されるように繰り返しおこなわれる．この繰り返し処理は以下のステップで表現できる．"バッチ・マップ" [3.26, 27] と呼ばれているアルゴリズムは，1.5 節で議論されたリンデ・ブゾ・グレイ (Linde-Buzo-Grey) アルゴリズムに似ている．そこでは全ての訓練サンプルは学習が始まるときには利用できるものと仮定している．学習手順は以下のように定義されている．

1. 最初の参照ベクトルのために，例えば K 個の訓練サンプルを取り出す．ここで K とは参照ベクトルの数である．
2. マップの各ユニット i のために，その最近接参照ベクトルがユニット i に属する，全ての訓練サンプル x を複写したもののリストを集める．
3. N_i 中のリストの総平均を，各々の新しい参照ベクトルとする．
4. 2 からのステップを数回繰り返す．

このアルゴリズムが，3.1 節での一般的な設定で述べられていたのと同じ過程であることを容易に見て取れる．もし今，一般的な近傍関数 h_{ji} が使われ，h_{ji} がボロノイ集合 V_j の平均であるなら，V_j のサンプル数 n_j と近傍関数で参照ベクトルに重みづけをする．すると，

$$m_i^* = \frac{\sum_j n_j h_{ji} \bar{x}_j}{\sum_j n_j h_{ji}}, \tag{3.29}$$

ここで，j の総和は SOM の全てのユニットに対して取られる．あるいはもし h_{ji} が矩形型に取られているなら，総和は m_i が定義される近傍集合 N_i にわたって取られる．その場合には，近傍での重みづけは不要である．

$$m_i^* = \frac{\sum_{j \in N_i} n_j \bar{x}_j}{\sum_{j \in N_i} n_j}. \tag{3.30}$$

バッチ SOM 型のアルゴリズムの収束と順序づけについては，[3.8] で議論される．

もし参照ベクトルの初期値が，すでに大体順序づけられているなら，たとえそれらが，まだなおサンプルの分布を近似していなくても，このアルゴリズムは特に有効である．上のアルゴリズムは，学習率パラメータを含んでいないことに注意すべきである．だからここでは，収束問題は起こらないし，基本的な SOM よりも m_i に関してはより安定な漸近値をもたらす．

上での近傍集合 N_i の大きさは，基本的な SOM アルゴリズムで使われる大きさと同じにできる．このアルゴリズムにおける N_i の "縮み" は，ステップ 2 と 3 を繰り返している間に近傍半径が減少することを意味している．最後の数回の繰り返しま

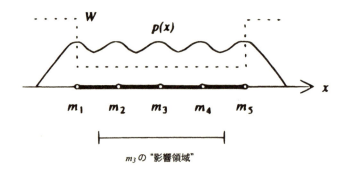

図 **3.22**：確率密度関数 $p(x)$ を近似し，重み関数 W の輪郭を描いている 5 つの参照 "ベクトル" m_i（スカラ）を持った 1 次元 SOM.

で来ると，N_i はユニット要素 i を含むだけになるかもしれない．このときアルゴリズムの最終段階は，入力サンプルの密度関数の最も正確な近似を保証している K ミーンズ・アルゴリズムと同等になっている．このアルゴリズムは，2 ないし 3 回繰り返すことで十分である．

低次元信号に対する境界効果の除去

図 3.22 を調べてみると，1 次元 SOM における境界効果がさらに明らかになってくる．そして，どのようにしてそれらが除去できるかを理解する助けになるだろう．

SOM のどの細胞も両端を除いて 2 つの近傍を持つなら，細胞 i（$i > 2$ そして $i < k - 1$）（または，細胞 i に影響を与えることができる x 値の範囲）の "影響領域" は，$V_i = [\frac{1}{2}(m_{i-2} + m_{i-1}), \frac{1}{2}(m_{i+1} + m_{i+2})]$ と定義される．漸近平衡の場合には，式 (6.18) に従ってどの m_i もそれぞれの V_i 上での $p(x)$ の重心と一致しなければならない．しかし，SOM の境界近くの "影響領域" の定義は異なっている．だから m_i は，同じ方法では全ての場所で $p(x)$ を近似しない．

今，重心を計算するときに，引き数 i と，x と m_i の相対的大きさとに依存する条件つき重み W でもってサンプル x を準備することは可能である．この重みづけは，（近傍集合 N_c の定義を与えられた）古いタイプの順次型の SOM と，またバッチ・マップの両方で使うことができる．前者では，重みは学習率係数 α に適用されるべきで x ではない．このとき，安定性を保証するために $\alpha W < 1$ でなければならない．だからこの仕かけは，α がまだ大きい最初の段階では適用されない．しかしバッチ・マップ・アルゴリズムでは，サンプル x は常に直接に重みづけされている．だからそのような制限は存在しない．これからは，バッチ・マップが使われているということを仮定する．

以下の規則は，初め少し複雑に見えるかもしれない．しかしそれらはプログラムを

作るのに簡単である．そして実用上，これらの規則は大変効果的で，広範囲に境界効果を除くのに大変丈夫にできている．m_i の値がすでに順序づけられていると仮定する．

<u>1 次元 SOM のための重みづけ規則：</u>

更新するとき，各サンプル x には重み W を用意する．通常は $W = 1$ である．しかし，x が最大の m_i より大きいかまたは最小の m_i より小さい場合で，境界の細胞の更新（しかし近傍の更新ではない）が当然なされるときには，境界（端）細胞に関しては $W > 1$ である．

ある単一に連結された x の領域で $p(x)$ が一様で，その外側ではゼロである特別な場合を考えてみよう．このとき，もし我々が特別な重みとして $W = 9$ の値を選ぶなら，漸近的平衡状態において，全ての m_i は等距離になるだろうということを図 3.22 と上の重みづけ規則に基づいて推論することは容易である．このときには，バイアスなしの方法で $p(x)$ を記述している．当然，$p(x)$ の他の形に対しては W の他の値を取るべきである．しかし多くの実際の応用例では，デフォルト値の $W = 9$ は一般に境界効果のほとんどの部分を補正している．

もしバッチ・マップを 2, 3 回繰り返し操作した後で近傍集合 N_i が $\{i\}$ で置き換えられるなら，すなわち，最後には 2, 3 回の簡単な K ミーンズ繰り返し操作をおこなっている状態なら，完全に境界効果を除去することは可能である．

2 次元 SOM では，重みづけ規則はわずかに異なっている．例えば，1 次元配列では端の細胞の更新に $W = 9$ の値を使っているが，2 次元配列の更新では隅の細胞の更新には違った重み W_1 を用い，隅でない端の細胞には別の値 W_2 を使わなければならない．配列の中では重みは 1 に等しい．

<u>2 次元 SOM のための重みづけ規則:</u>

以下の 2 つの条件の両方が満足されるなら，値 W_1 が適用される：**A1.** x の値が 4 つの"外側隅領域"の中の 1 つにある場合，すなわち，配列の外側にあって，ある隅の細胞の m_i が最も近い場合である．**A2.** この選ばれた m_i の更新（しかし，その位相的近傍にある他のどれをも更新しないが）がおこなわれる場合である．

以下の 2 つの条件の両方が満足されるなら，値 W_2 が適用される： **B1.** x の値が m_i 配列の外側にあるが，しかし最も近い m_i がどの 4 隅の細胞にも属さない場合である．**B2.** この選ばれた端の細胞，または端の細胞の位相的近傍に属する細胞（結果として，隅の細胞になるかもしれない）の更新がおこなわれる場合である．

もし 2 次元入力空間での $p(x)$ が正方領域上で一様であり，そしてその外側ではゼロであるなら，1 次元の場合の類推から m_i の値の等距離平衡分布を考えて，$W_1 = 81$,

$W_2 = 9$ でなければならないことは容易に推定できるだろう．また，他の $p(x)$ の場合には，これらの重みの値を用いては完全に相殺できない．このときには，以前のようにバッチ・マップ処理を 2，3 回繰り返して，その後 K ミーンズ繰り返し法を 2，3 回おこなう．このような組み合わせ手法は，丈夫でバイアスがかからない，つまり偏らない両方の性質を再び持っている．結果として，2 次元の入力状態に関しては大変に効果的に働くことになる．

3.7 SOM アルゴリズムの初期化

無作為な初期化

SOM の実演で無作為な初期値を用いる理由は，SOM アルゴリズムが，コードブック・ベクトル $m_i(0)$ に任意の値を用いても初期化されうるからである．言い換えれば，それは最初順序づけされていないベクトルも，長い実行，普通の応用例では数百回の初期段階で順序づけされるであろうということが実演されている．しかしながらこれは，無作為な初期化が最も良く，または最も速い方法であり，実用上用いられるべきであるという意味ではない．

線形な初期化

$m_i(0)$ は任意となりうるから，順序づけされた初期状態はどれでも，$m_i(0)$ の値が $p(x)$ の主な広がりの上になくとも有益であると考えられる．我々が用い成功した方法は，最も大きな固有値を持つ x の自己相関行列の 2 つの固有ベクトルをまず決定し，次にこれらの固有ベクトルに 2 次元の線形部分空間を張らせることである．長方形型配列（長方形または 6 角形の標準格子）をこの部分空間に沿って，その重心が $x(t)$ の平均と一致するよう，またその主な次元は 2 つの最大固有値と同じであるように定義する．そして $m_i(0)$ の初期値は，格子配列点と同じにする．もし SOM においてほぼ均一な格子間隔を得たいのであれば，格子の水平，垂直方向の細胞の相対的な数は，それぞれ上で考えられた 2 つの最大固有値に比例させる．

こうしてすでに $m_i(0)$ は順序づけされ，点密度は大まかに $p(x)$ を近似しているので，学習を収束段階から直接始めることが可能である．その際，平衡状態に滑らかに到達するため，始めから 1 よりずっと小さな $\alpha(t)$ の値と，最終値に近い近傍関数の幅を使うことができる．

3.8 "最適な"学習率係数について

SOM において雑な順序が得られるまでの学習回数は，普通は比較的短くおよそ 1,000 回くらいである．ところが計算時間のほとんどは，十分に良い統計的精度を達成するための最後の収束段階に費やされる．最初の段階で，どのような学習率係数が最適であるかというのははっきりしていない．なぜなら，近傍関数の幅もそれによってまた

変化し，状況を複雑にするからである．

一方，3.7 節で我々は，SOM アルゴリズムをすでに順序づけされた状態から開始することは，常に可能であることを指摘した．例えば，2 次元の超平面上の規則的な配列中に全ての m_i を置いた状態でもよい．また，最後の収束段階の間，近傍の幅を固定にしてもよいから収束段階中の一連の $\alpha(t)$ について，ある種の "最適な" 法則を決めることが可能であるように思える．SOM に対するこの法則を導き出す前に，基本的な考え方と思われるものから，2, 3 のより簡単な例を議論しておこう．

帰納的平均

ベクトルのサンプル集合 $\{x(t)\}, x(t) \in \Re^n, t = 0, 1, 2, \ldots, T$ を考える．$x(t)$ の平均 m が繰り返し計算されるという手法から，$m(t)$ が全ての時間において正しいとするとき，ステップ $t+1$ のサンプル平均値 m を計算することができる：

$$
\begin{aligned}
m &= \frac{1}{T}\sum_{t=1}^{T} x(t) = m(T) ; \\
m(t+1) &= \frac{t}{t+1}m(t) + \frac{1}{t+1}x(t+1) \\
&= m(t) + \frac{1}{t+1}[x(t+1) - m(t)] .
\end{aligned}
\tag{3.31}
$$

この方法は今，VQ 処理過程にも反映されるだろう．

帰納的 VQ についての "最適な" 学習率係数

古典的なベクトル量子化についての最急降下再帰は 1.5 節で導かれ，以下のように書かれる．

$$m_i(t+1) = m_i(t) + \alpha(t)\delta_{ci}[x(t) - m_i(t)] , \tag{3.32}$$

ここで δ_{ci} は，クロネッカのデルタである．式 (3.32) は以下のように書き直せる．

$$m_i(t+1) = [(1 - \alpha(t)\delta_{ci}]m_i(t) + \alpha(t)\delta_{ci}x(t) . \tag{3.33}$$

(式 (3.31) で用いられた $x(t)$ の引き数が移動していることに注意する．どのように $x(t)$ をラベルづけするかというのは習慣的な問題である．) もし $m_h(t+1)$ を $x(t'), t' = 0, 1, \ldots, t$ の全ての値の "記憶" として考えるなら，m_i が "勝者" であるとき，$x(t)$ の記憶痕跡がその上に $\alpha(t)$ によって縮小されて重ねられると理解することができる．m_i が回数 t の段階において "勝者" であるとき，それは $x(t-1)$ の記憶痕跡を持っており，式 (3.33) の第 1 項を通じて $[1 - \alpha(t)]\alpha(t-1)$ によって縮小される．$m_i(t)$ が勝者でないとき，$x(t)$ からの記憶痕跡は得られない．こうして，$x(t')$ からの初期の記憶痕跡に何が起こっているかを理解するのは容易である．m_i が "勝者" である全ての時間で，全ての $x(t')$ は係数 $[1 - \alpha(t)]$ (< 1 と仮定する) だけ縮小される．もし $\alpha(t)$ が時間について一定であるなら，長い実行では $m(t+1)$ においての $x(t')$ の効果は忘れられるだろうと考えられ，すなわち $m(t+1)$ は比較的最近のいくつか

の値にしか依存しないことになり，"忘却時間"は α の値に依存する．一方，$\alpha(t')$ の初期の値を大きく選んでしまったときは，"忘却"を補い，$x(t')$ と大体等しい影響を $m(t+1)$ に与えることができる．

コメント

VQ におけるボロノイ・モザイク分割は各ステップごとに変化するので，特別な m_i 用に引き出された値 $x(t)$ の台集合もまた変化し，それ故この場合は単純な帰納的平均のように明白ではない．だから，我々が導出する値 $\alpha(t)$ は近似的に "最適"であるとしか言えないだろう．

今，同じ m_i が，m_c で示される "勝者"であるような非常に近い 2 つの時刻 t_1, t_2, $t_2 > t_1$ を考える．もし $x(t_1)$ と $x(t_2)$ の記憶追跡が，異なったニューロン間で全ての時間について等しいと規定するなら，明らかにそれぞれの m_i について個々の学習率係数 $\alpha_i(t)$ を選択すべきである．ステップ t_1, t_2 の間で以下の式を定義する．

$$[1 - \alpha_c(t_2)]\alpha_c(t_1) = \alpha_c(t_2) . \tag{3.34}$$

式 (3.34) を $\alpha_c(t_2)$ について解くと以下を得る．

$$\alpha_c(t_2) = \frac{\alpha_c(t_1)}{1 + \alpha_c(t_1)} . \tag{3.35}$$

今，$\alpha(t)$ は m_i が "勝者"であるときのみ変化する．そうでないときは変化しないままであることを強調しておこう．ステップ $t_2 - 1$ に至るまで $\alpha(t)$ は同じ値を保持するので，以下の α_i の漸化式は，"勝者" m_c が更新されたとき同時に適用されることが容易に理解できる．

$$\alpha_c(t+1) = \frac{\alpha_c(t)}{1 + \alpha_c(t)} . \tag{3.36}$$

SOM と LVQ について導かれた表現と同様に，式 (3.36) も絶対的な収束を保証しないことが再び強調されるべきである．なぜなら，これらのアルゴリズムのボロノイ・モザイク分割は変化しているからである．しかしながら，これとは逆に，もし式 (3.36) が考慮されないとしても，収束は平均的に最適という程ではないと確実に言える．

SOM における "最適な" 学習率係数

今，上記の原理を SOM に一般化するのは簡単である．各 m_i について個別の $\alpha_i(t)$ を定義し以下のように書くとする．

$$m_i(t+1) = m_i(t) + \alpha_i(t) h_{ci} [x(t) - m_i(t)] , \tag{3.37}$$

ここで（収束段階における）h_{ci} は時間不変とする．値 m_i への修正がなされたときは全ての $\alpha_i(t)$ を更新する．修正に関して以下の式を用いる：

$$\alpha_i(t+1) = \frac{\alpha_i(t)}{1 + h_{ci}\alpha_i(t)} . \tag{3.38}$$

上で導かれた $\alpha_i(t)$ についての規則は理論的な推測に基づいている．しかしそれは，長い実行をおこなうと異なった i について非常に異なった $\alpha_i(t)$ となってしまうので実用上最良の方法としては働かない．元々の SOM アルゴリズムでのコードブック・ベクトルの点密度は，ある単調な $p(x)$ の関数であることを思い出そう．この密度は，学習率係数の違いによって影響を受ける．

だが，ベクトル量子化，特に 6 章で議論されている学習ベクトル量子化では，この考えは非常に理にかなった働きをする：この場合，m_i の点密度の有害な変形などは観察されなかった．

半経験的な学習率係数

上で述べたような理由により，SOM において $\alpha(t)$ が全てのニューロンについて同じ値を取り，その値として平均的な最適率を見つけるというのも正しいように思える．例えば，Mulier と Cherkassky [3.17] は以下の形での表現を用いた．

$$\alpha(t) = \frac{A}{t+B}, \tag{3.39}$$

ここで A と B は適当に選ばれた定数である．少なくともこの形は，確率的近似の条件を満たしている．最初と最後の重みの平均を取るとほぼ同じ値になるということで式 (3.39) は主に正当化されている．

3.9　近傍関数形の効果

広い近傍関数，すなわち近傍集合 $N_c(0)$ の広い半径，または $h_{ci}(0)$ の広い標準偏差，配列の最大次元の半分とほぼ同じ大きさの値をもって自己組織化過程を開始する限りは，でき上がったマップが，"準安定"な形（平均予測歪み測度や平均予測量子化誤差が最小値ではなく局所極小値（ローカル・ミニマム）で終わるような危険性は通常はない．）しかしながら，時間不変の近傍関数，特に近傍関数が狭い場合では状況は全く異なる．

Erwin ら [3.18] は，1 次元配列における "準安定状態" を解析した．彼らは最初，ある間隔 $I \equiv \{0, 1, 2, \ldots, N\}$ について凸である近傍関数を定義した．ただし，条件 $|s-q| > |s-r|$，$|s-q| > |r-q|$ が，全ての $s, r, q \in I$ について $[h(s,s) + h(s,q)] < [h(s,r) + h(r,q)]$ を満足しなければならない．そうでない場合，近傍関数は凹であると言われる．

彼らが得た主な結果は，もし近傍関数が凸であるなら順序づけされた状態以外に安定状態は存在しないということであった．近傍関数が凹である場合，大きさの程度によって順序づけ過程を減速させる準安定状態が存在する．故に，もし処理過程の始まりで近傍関数が大きな標準偏差を持つガウス型関数 $h_{ci}(t)$ の真中部分であるような凸なら，順序づけはほぼ確実に達成可能である．そして，順序づけの後，近傍関数は $p(x)$

の改良された近似を達成するように縮小されうる．

一般に順序づけ条件は，入力信号空間が配列と同じ次元数を持つ場合に最も厳しい．しかしながら実際には，入力信号空間の次元数は普通ずっと高く，"順序づけ"は容易に起こる．

3.10 SOMアルゴリズムは歪み測度から結果として発生するのか?

SOMがベクトル量子化(VQ)法の範疇に属しているので，その最適化の出発点はベクトル空間におけるある種の量子化誤差のようなものでなければならない．入力ベクトル $x \in \Re^n$ で参照ベクトル $m_i \in \Re^n$, $i \in \{$ニューロンの引き数$\}$ と仮定する；$d(x, m_i)$ を x と m_i の一般化された距離関数と定義する．そうすると量子化誤差は次のように定義される．

$$d(x, m_c) = \min_i \{d(x, m_i)\}, \tag{3.40}$$

ここで c は，入力信号空間において x に"最も近い"参照ベクトルの引き数である．

しかしながら，SOMにおいてさらにもっと中心的な関数は，参照ベクトル m_i と m_c の相互作用を記述している近傍関数 $h_{ci} = h_{ci}(t)$ であり，しばしば時間 t の関数である．ここで，歪み測度と呼ばれるものを定義することは役に立つだろう．L によって全ての格子細胞の引き数の集合を表示しよう．歪み測度 e は次のように定義される．

$$e = \sum_{i \in L} h_{ci} d(x, m_i), \tag{3.41}$$

つまり，h_{ci} によって重みを付けられた距離関数の和として表されている．ここで，c は x に最も近いコードブック・ベクトルの引き数を示している．もし今，平均期待歪み測度を形成するなら，

$$E = \int e p(x) dx = \int \sum_{i \in L} h_{ci} d(x, m_i) p(x) dx . \tag{3.42}$$

SOMを定義する1つの方法は，大域的に E を最小にする m_i の集合としてSOMを定義することである．

しかしながら，式(3.42)の正確な最適化はまだ解明されていない理論的な問題であり，極端に多量の数値計算が必要である．すでに見つけられている最良の近似解法は，今までのところロバン・モンロ (Robbins-Monro) の確率近似法を基にしたものである (1.3.3節)．この考えに従って，歪み測度の確率的サンプル標本を考える．もし $\{x(t), t = 1, 2, \ldots\}$ が逐次入力サンプルであり，$\{m_i(t), t = 1, 2, \ldots\}$ が再帰的に定義された逐次コードブック・ベクトル m_i であるなら，このとき

$$e(t) = \sum_{i \in L} h_{ci}(t) d[x(t), m_i(t)] . \tag{3.43}$$

上の式は確率変数であり，連続して以下で定義される．

3.10 SOM アルゴリズムは歪み測度から結果として発生するのか？

$$m_i(t+1) = m_i(t) - \lambda \cdot \nabla_{m_i(t)} e(t) . \tag{3.44}$$

上の式は m_i の漸近値として，最適値に対する近似解を見つけるのによく用いられる．これはまた一般化された距離関数 $d(x, m_i)$ に対する SOM アルゴリズムを定義するであろう．しかしながら，確率近似の収束特性は 1951 年からは完全に知られているけれども，式 (3.44) から得られた m_i の漸近値はただ近似的に E を最小化しているのだということを強調しておかなければならない．少なくとも 式 (3.44) から得られる参照ベクトルの点密度が直接式 (3.42) に基づいて引き出された物とは異なっていることを 3.12.2 節で理解することになる．一方，式 (3.43) と式 (3.44) は多分 SOM アルゴリズムの別の定義として見なせるであろう．

コメント 3.10.1.

ロバン・モンロの確率近似をあまりよく知らない読者のために，E がポテンシャル関数である必要がないこと，そして収束極限が正確に E の最小を表す必要がなく，ただ最小値の最もよい近似であることを指摘しておくのは必要なことである．それにもかかわらず，この処理過程の収束特性は非常にしっかりしており，この方法の理論としてはすでに以前に完全に研究されている．

コメント 3.10.2.

上で，近傍関数 h_{ci} は時間不変であると仮定した．そして，最適化の試みがなされる 3.11 節でもそれは同様に想定されるであろう．しかしながら，カーネル（核）h_{ci} は時間可変であるということは SOM アルゴリズムの重要な特性に思える．

例 3.10.1.

$d(x, m_i) = \|x - m_i\|^2$ とする．そうすると元々の SOM アルゴリズムが得られる．

$$m(t+1) = m_i(t) + \alpha(t) h_{ci}(t) [x(t) - m_i(t)]. \tag{3.45}$$

例 3.10.2.

いわゆる都市ブロック距離，またはベキ数 1 のミンコフスキ計量法では次の式を得る．

$$d(x, m_i) = \sum_j |\xi_j - \mu_{ij}|. \tag{3.46}$$

こうして今や，SOM アルゴリズムを構成要素の形式で書かねばならない．

$$\mu_{ij}(t+1) = \mu_{ij}(t) + \alpha(t) h_{ci}(t) \mathrm{sgn}[\xi_j(t) - \mu_{ij}(t)], \tag{3.47}$$

ここで，sgn[·] はその引数のシグナム（符号）関数である．

3.11 SOM 最適化の試み

基本的な SOM の再帰的なアルゴリズムは，例えば平均期待歪み測度を記述している何かの目的関数 E から導かれるべきものである．こういう議論の理由づけは，いかなる理論的な根拠も存在しないことを強調しておかなければならない．以下の事実はたまたま真である：1. 普通の確率近似による E の最適化の結果，基本的な SOM のアルゴリズムが導かれるが，この最適化法は以下に見られるようにただ単に近似である．2.（発見的手法で確立した）基本的な SOM のアルゴリズムは非パラメータ回帰を記述している．それは最初のデータのクラスタ間での重要で興味のある位相的な関係をしばしば反映している．

この流れで追求された"エネルギ関数"が何を意味するのかを実際に見せるために，平均期待値歪み測度の解析をもう一歩深く進めることにする [1.75]．

もし式 (3.42) で $d(x, m_i) = ||x - m_i||^2$ とした積分 E が，これら領域 X_i にわたっての部分積分の和で以下の式になるなら，x と全ての m_i の不連続関数である"勝者"を示す引き数 c の効果をより明白に見ることができる．ここで領域 X_i とは，x がそれぞれの m_i に最も近い領域のことである（ボロノイ・モザイク分割での区分，図 3.23 参照）:

$$E = \sum_i \int_{x \in X_i} \sum_k h_{ik} ||x - m_k||^2 p(x) dx . \qquad (3.48)$$

E の真の（大域的）勾配を任意の m_j に関して計算するとき，2 種類の異なった項を考慮に入れなければならない：まず最初は被積分関数が微分され，しかし積分極限を一定に保つときである．そして 2 番目は，積分極限が（m_j を変えることにより）微分され，しかし被積分関数は一定に保たれるときである．これらの項をそれぞれ G, H と呼ぶことにする：

$$\nabla_{m_j} E = G + H , \qquad (3.49)$$

こうして以下の式は容易に得られる．

$$\begin{aligned} G &= -2 \cdot \sum_i \int_{x \in X_i} h_{ij}(x - m_j) p(x) dx \\ &= -2 \cdot \int_{x \text{ space}} h_{cj}(x - m_j) p(x) dx . \end{aligned} \qquad (3.50)$$

古典的 VQ（1.5 節）では，$h_{ck} = \delta_{ck}$ を考えて $H = 0$ であり，領域 X_i と X_j の間のボロノイ・モザイク分割の境界を横切って $||x - m_i||^2$ と $||x - m_j||^2$ は等しい．ボロノイ・モザイク分割内の境界を横切るとき，その前後で被積分関数は非常に異なるので一般的な h_{ck} での H の計算は大変にやっかいな仕事である．

始めるに当たり，X_j の境界を定めるモザイク分割のこれらの境界のみが微分操作で移動するという事実を使用することにする．

区分 X_j の輪郭と dm_j による境界の移動を描いた図 3.23 を考える．m_j の位相的近傍にわたって評価された $||x - m_k||^2$ を使っての $\nabla_{m_j} E$ への最初の余分な寄与は，

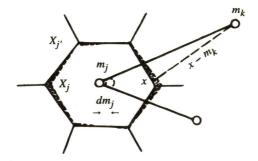

図 3.23：m_j に関する微分による境界への影響の説明図.

影を付けた微分超体積にわたって取られた被積分関数 E の積分として得られている．全ての境界は，近傍 m_i 間の中央面（超平面）の切片であるので，少なくともある種の"平均移動"は算定可能なようである．実際，もし m_j の周りに非常に多くの近傍があるために X_j を超球と見なせる場合で，m_j が dm_j だけ変化するなら，このとき X_j はその形を保存し，量 $(1/2)dm_j$ だけ移動するだろう．x 空間が任意の次元数を持ち m_i が星座状配置をする一般的な場合には X_j の形が変わるだろう．しかし私の簡略化平均近似法では，この形の変化は少なくとも第 1 次近似では考慮していない．そして，X_j は量 $(1/2)dm_j$ だけ移動するとしている．大きさの概略を議論するだけなら簡単化した別の近似法がある．その方法では，区分 X_j の中で $p(x)$ を一定と仮定している．この仮定は，もし多くの m_i が $p(x)$ を近似するのに使われるなら正当化される．もし上の両方の近似がおこなわれるなら，X_j の変化から得られた H への最初の寄与を H_1 と記し，大体 2 つの積分の差になる．2 つの積分とは，それぞれ移動した X_j についての積分と，移動しない X_j についての積分のことである．これは，$\sum h_{jk}\|x-(m_k-(1/2)dm_j)\|^2$ に $p(x)$ をかけたものの積分から，$\sum h_{jk}\|x-m_k\|^2$ に $p(x)$ をかけたものの積分を引いたものに等しい．しかしこれは，各 m_k が同じ量 $-(1/2)dm_j$ によって微分された場合と再び等価になると考えてもよい．だから，また $\sum h_{jk}\|x-m_k\|^2$ に $p(x)$ をかけたものの積分の勾配を各 m_k に関して求め，そして $-(1/2)dm_j$ をかけた後，和を取ったものとしても，この差は表現できる．結果は以下のようになる．

$$\begin{aligned}H_1 &= -1/2 \cdot (-2) \cdot \int_{x \in X_j} \sum_{k \neq j} h_{jk}(x-m_k)p(x)dx \\ &= \int_{x \in X_c} \sum_{k \neq c} h_{ck}(x-m_k)p(x)dx\,.\end{aligned} \quad (3.51)$$

上では $k=c$ が除かれることができる．なぜならこの項は基本的ベクトル量子化に相当し，そして，この寄与はゼロであると示すことができる [1.75].

E は全ての i についての和であり，だから H_2 と名づけた H への余分な第 2 の寄

与は，$X_{j'}$ と境を付けている全ての偏微分超体積（図3.23で影を付けた部分）にわたっての E の被積分関数の積分によっていることを忘れてはいけない．ここで，j' とは，X_j の近傍分割のどれかの添え字である．H_2 の計算は，H_1 の近似をするよりももっと難しい．しかし平均して $\|H_2\| < \|H_1\|$ であると仮定できる．なぜなら，H_2 内の各積分領域は X_j の微分のほんの1区分であり，$x - m_k$ はこれら各部分領域で異なっているからである．少なくともどれくらいの量の余分な修正が必要かを解析するとき，主な寄与である H_1 を定量的に注目することはもっと興味深いことであろう．こうすることによっても図形的な意味での解釈が可能になる．

"E の地形" で再帰的，段階的降下で得られた結果を引き出すことを試みるとき，G の表現で x は全ての x 空間にわたり，そして $\nabla_{m_j} E$ は，m_j がネットワーク内の位相的近傍である全てのそれら X_c からの寄与であることを注目してもよい．逆に H_1 においては積分は X_j だけでおこなう．ここでは被積分関数は m_j の位相的近傍 m_k に依存する項を含んでいる．1.5節の式(1.166)，式(1.167)と式(1.168)の類推から，(H_2 による項を無視して）以下のように書くことができる：

$$m_c(t+1) = m_c(t) + \alpha(t)\{h_{cc}[x(t) - m_c(t)]$$
$$- 1/2 \sum_{k \neq c} h_{ck}[x(t) - m_k(t)]\} , \qquad (3.52)$$

$$m_i(t+1) = m_i(t) + \alpha(t) h_{ci}[x(t) - m_i(t)] , \quad i \neq c \text{ では}.$$

特に上の式で，$-1/2 \sum_k h_{ck}[x(t) - m_k(t)]$ の項は，ボロノイ・モザイク分割の各区分にわたって $p(x)$ は一定であるという仮定の下に導き出されていることに注意しよう．モザイク分割の端のノードに関しては，相当する区分 X_i は無限にまで広がる．そしてこの近似はもはや全く価値がない．だから，基本的な SOM で遭遇したのとわずかに異なる境界効果がここではまた認められる．

数値実験の結果を報告する前に，H_1 積分による余分な項への説明をすることができる．旧と新のアルゴリズムを説明している図3.24を考える．ある学習段階においては，m_i の1つは残りのパラメータ・ベクトル値からのオフセットであると仮定する．今，x が m_i に最も接近しているとき古いアルゴリズムでは，この $m_i = m_c$ とその位相的近傍の m_k は x に向かって移動するだろう．新しいアルゴリズムでは，$m_k \neq m_c$ のみが x に向かって移動するだろう．ところが m_c は，反対方向から近傍 m_k の中心に向かって "ゆるめられる"．この余分なゆるみ効果は，以下で立証するように自己組織化には有用なようである．

数値実験は，式(3.52)の収束性を研究するために実行された．2次元の x と m_i を持った正方配列のノードが実験に使われた．古いアルゴリズムと式(3.52)の両方は，同じ初期状態，同じ $\alpha(t)$ 値，そして同じ一連の乱数を用いて実験された．$m_i(0)$ は独立な乱数値として選び，$\alpha(t)$ の値は0.5から0へ直線的に減らす．近傍カーネル h_{ck} は，水平，垂直方向で c からの1格子空間内の全てのノードに対して一定であり，それ以外では $h_{ck} = 0$ である．（実際の応用例では，収束を早くそして安全におこなうた

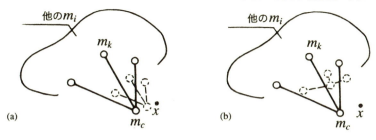

図 3.24：修正における差：(a) 基本的な SOM，と (b) 式 (3.52) による方法．

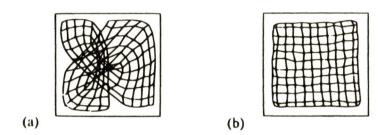

図 3.25：8000 回試行後の 2 次元マップ．(a) 小さい近傍を持った基本的な SOM，(b) 同じ近傍，しかし式 (3.52) を使った場合．

めに，カーネルは普通，時間経過中"縮む"ように作られていることを思い起こさなければならない．）図 3.25 には，図 3.5 の場合と同じ処理 8000 回後の正方格子での m_i の値を表示している．$p(x)$ は正方形の枠内では一定値を持ち，その外側ではゼロである．多くの同じような実験から（その中の 1 つを図 3.25 に示している）2 つの結論が出てくる：1. 新しいアルゴリズムは，m_i をいくらか早くそして安全に順序化する；(狭い一定値のカーネル h_{ck} を使うと) 8000 回の試行の後では古いアルゴリズムのどれも完全に順序化されなかった．一方，新しいアルゴリズムでは約半分は順序化された．2. 新しいアルゴリズムでの境界効果は強い．

特別な場合

もし入力データの確率密度関数 $p(x)$ が有名な巡回セールスマン問題のような**離散**値であるなら，元の SOM アルゴリズムは平均期待歪み測度から導き出すことができる．（教科書的な目的としては [1.40]，その書の 6.2 節を見よ．) ボロノイ・モザイク分割の境界での $p(x)$ はこのときゼロであり，積分極限の微分による余分な項の H はこのとき消滅するので，この結果は，上の議論の観点から今や明らかであるだろう．

"勝者"定義の修正

もし"勝者" c の定義の整合基準が以下の式のように修正されるなら，式以下のことが指摘されている [3.19, 20].

$$\sum_i h_{ci}||x-m_i||^2 = \min_j \left\{ \sum_i h_{ji}||x-m_i||^2 \right\}, \quad (3.53)$$

ここで，h_{ci} は学習中に加えられたものと同じ近傍関数である．このとき，平均期待歪み測度は，エネルギすなわちポテンシャル関数になる．この関数の最小化は普通の勾配降下原理によって正確に遂行できる．この観察には一定の数学的な興味があるとは言え，以下の事実は，ニューラルネットワークのモデル化でのその価値をいくらか減じている：1. SOM（4章）の生理学的な説明において，近傍関数 h_{ck} はただシナプス可塑性への制御作用を定義しており，式 (3.53) が意味するような WTA 関数でのネットワーク活動の制御ではない．2. 上で用いた h_{ji} は，$\sum_j h_{ji} = 1$ のように規格化されなければならない．ここでは一般に，$i \neq j$ のとき $h_{ji} \neq h_{ij}$ である．

実際の ANN アルゴリズムでは，"勝者"を見つけるための式 (3.53) の計算は簡単な距離計算に比べてまたもっと退屈なものである．

それでもなお類推すると，この種の並行理論は SOM 過程の本質にある種の新たな光を投げかけるであろう．

3.12 モデルベクトルの点密度
3.12.1 初期の研究

生物学上の脳マップでは，様々な知覚の特徴の描写に割り当てられた領域は，相当する特徴集合の重要性を反映するとよく信じられている．そのようなマップの尺度は，いくらか広い意味で"拡大係数"と呼ばれる．事実として，網膜のような受容面の別々の部分は，脳内では異なった大きさに変換されており，ほとんど数学的な**準等角写像**のようである．

高い拡大係数はたいてい受容器細胞の高い密度に相当するというのは真実であり，それは拡大係数がその脳領域の受容面に結合する軸索の数に依存すると仮定する理由でもある．しかしながら，神経系では感覚経路中に神経核と言われる多くの"処理場"もまた存在し，それによってそのようなマップ化での入出力の点密度を直接比較することはできない．SOM 理論の見解では，脳マップの特徴の表現に割り当てられた領域は，むしろ，観察におけるその特徴の統計的な発生頻度になんとなく比例していると思われる．

生物界での神経経路は非常に複雑であるので，我々は結局"拡大係数"という言葉を m_i の点密度の逆関数を意味するものとしてしか使わない．例えば，2乗誤差の古典的なベクトル量子化では，我々はこの密度を $[p(x)]^{\frac{n}{n+2}}$ に比例するとした．ここで n は x の次元数である．そして"拡大係数"はこの逆関数になる．

Ritter と *Schulten* [3.21] そして *Ritter* [3.22] は，マップが有限領域にわたって非常にたくさんのコードブック・ベクトルを含む場合の線形マップについての点密度を解析した．もし"勝者"の両側の N 近傍と"勝者"自身が近傍集合に含まれるなら，漸近点密度（ここでは M と表す）は，$M \propto [p(x)]^r$ と見なすことができ，このときその指数は以下の式になる．

$$r = \frac{2}{3} - \frac{1}{3N^2 + 3(N+1)^2}. \tag{3.54}$$

まず，1つのことは，はっきりさせねばならない．SOM 処理過程は（特にガウス型カーネルが用いられるなら），たとえ広い近傍関数で始めたとしても，学習過程の終わりでは任意の近傍関数幅を取りうる．つまり最終段階では，ゼロ次位相関係さえも存在する．すなわち，"勝者"自身以外に近傍がない場合が起きるだろう．しかしながら，ゼロ次位相相互作用では，コードブック・ベクトルの順序を維持することができず，この順序は狭い近傍でさらに学習を進めると消滅するだろう．故に，VQ の場合に最もよい望ましい $p(x)$ の近似精度と，近傍相互作用が必要となる望ましい順序づけの安定性との間で妥協をせねばならない．

$N=0$ では，上で1次元 VQ（あるいはスカラ量子化とよく言われる）の場合になり，そのとき $r=1/3$ である．r の小さな値（1と比較して）はよく不利であると見なされるようだ．確率密度関数の近似は，ニューラルネットワークが"最適な"解へ導くと仮定される全ての統計的パターン認識の作業で必要であるように感じられる．しかしながら次のことに注意すべきである：1. もしクラス分けが2つのクラスの密度関数が等しい値を持つベイズ境界を探すことに基づくなら，どの（しかし同じ）単調な密度関数を比較することによって同じ結果を得ることができる．2. ほとんどの実践的な応用は，いわば数十から数百の非常に高次元数のデータ・ベクトルを持つ．このとき，例えば古典的なベクトル量子化では，実際に $p(x)$ のベキ指数は $n/(n+2) \approx 1$ である．ここで n は x の次元数である．非常に高い入力密度を持つ2次元 SOM の対応するベキ指数が何であるのかがまだ全く明確であるわけではないが，確かに，それは1よりも低い．

Dersch と *Tavan* [3.23] の仕事では，近傍関数はガウス型であり，ベキ指数 α が近傍関数の正規化された2次指数 σ にどのように依存するのかを図 3.26 から理解するのは可能である．（σ の積分値は非常に大まかでも N^2 以上に相当する．）

SOM の点密度に関する他の仕事は [3.24, 25] で見ることができる．

3.12.2　有限1次元 SOM での点密度の数値解析的チェック

厳密に言うと，x の関数として"点密度"と名づけたスカラの実体は，単に以下の場合のどれかでのみ意味を持っている：1. 理屈に合う微分"体積"内での（サンプル）点の数は大きいか，または 2.（サンプル）点が確率変数であり，そして与えられた微

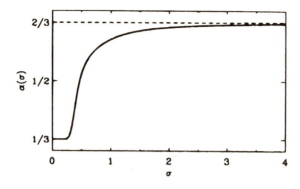

図 **3.26**：正規化された2次指数 σ の関数としてのガウス型近傍相互作用のための歪みベキ指数 [3.23]

分"体積"に落ちる微分確率，すなわち，確率密度 $p(x)$ が定義できる．

ベクトル量子化問題では，我々は最小期待値量子化誤差を目的とするので，モデルまたはコードブック・ベクトル m_i が，多少とも規則的で最適の構成を仮定する傾向があり，確率的と見なすことはできない．また通常我々は，どんな微分体積でもそれらの数は高いと仮定することができない．

今，1次元座標軸 x を考える．そこでは，ある確率密度関数 $p(x)$ が定義される．さらにこの同じ軸上の2つの連続した点 m_i と m_{i+1} を考える．$(m_{i+1} - m_i)^{-1}$ を局部"点密度"と見なしてもよい．しかしながら，それが x のどの値に関係づけられるべきであろうか？ もしも，関数依存が点密度と $p(x)$ の間で仮定されるならば同じ問題に行き当たる．以下では，我々は点密度をボロノイ集合，すなわち，$[(m_{i+1} - m_i)/2]^{-1}$ の幅の逆数として定義し，そして密度をモデル m_i と関係づけよう．これはもちろん，ほんの1つの選択である．

3つの代表的な場合における1次元の有限格子 SOM アルゴリズムの漸近的状態

一連の入力サンプル $x(t) \in \Re$, $t = 0, 1, 2, \ldots$ と1セットの k 個のモデル（コードブック）値 $m_i(t) \in \Re$, $t = 0, 1, 2, \ldots$ を考えよう．ここで，i はモデル指数 $(i = 1, \ldots, k)$ である．便利さを考慮して，$0 \le x(t) \le 1$ であると仮定しよう．

最整合 m_i の片側には高々1個の近傍を持つ元の1次元自己組織化マップ (SOM) アルゴリズムは以下のようになる：

$$\begin{aligned}
m_i(t+1) &= m_i(t) + \varepsilon(t)[x(t) - m_i(t)] \quad i \in N_c \text{では}, \\
m_i(t+1) &= m_i(t) \quad i \notin N_c \text{では}, \\
c &= \arg\min_i\{|x(t) - m_i(t)|\}, \text{そして} \\
N_c &= \{\max(1, c-1), c, \min(k, c+1)\},
\end{aligned} \quad (3.55)$$

ここで N_c はノード c の周りの近傍集合であり，$\varepsilon(t)$ は学習率係数と呼ばれる小さいスカラ値である．m_i の漸近値を解析するために，m_i がすでに順序づけられていると仮定しよう．m_i の周りのボロノイ集合 V_i を以下のように定義しよう．

$$1 < i < k \text{ では } V_i = \left[\frac{m_{i-1}+m_i}{2}, \frac{m_i+m_{i+1}}{2}\right],$$
$$V_1 = \left[0, \frac{m_1+m_2}{2}\right], V_k = \left[\frac{m_{k-1}+m_k}{2}, 1\right], \text{ ここで,}$$
$$1 < i < k \text{ では } U_i = V_{i-1} \cup V_i \cup V_{i+1},$$
$$U_1 = V_1 \cup V_2, U_k = V_{k-1} \cup V_k. \tag{3.56}$$

言い換えれば，U_i は1回の学習間隔中に $m_i(t)$ を変更することができるような $x(t)$ 値の集合である．3.5.1 節で議論する簡単な場合によれば，一定の ε に関する m_i の静止平衡状態を我々は以下のように書くことができる：

$$\forall i, \ m_i = \mathrm{E}\{x \mid x \in U_i\}. \tag{3.57}$$

これは，どの m_i もそれぞれの U_i の中での確率重心と一致しなければならないことを意味している．

$2 < i < k-1$ では，我々は以下に示す U_i の極限値を持っている：

$$A_i = \frac{1}{2}(m_{i-2} + m_{i-1}),$$
$$B_i = \frac{1}{2}(m_{i+1} + m_{i+2}). \tag{3.58}$$

$i=1$ と $i=2$ では，B_i は上記の値を持たねばならないが，$A_i = 0$ である．$i=k-1$ と $i=k$ に関しては，A_i は上記の値を持たねばならないが，$B_i = 1$ である．

条件 1：$p(x) = 2x$．我々がここで議論する最初の場合は，x の確率密度関数が線形であるものであり，$0 \leq x \leq 1$ で $p(x) = 2x$ であり，他の全ての x の値で $p(x) = 0$ になる．

今，U_i で台形の確率重心を計算するのは以下のように簡単である：

$$\mathrm{E}\{x|x \in U_i\} = \frac{2(B_i^3 - A_i^3)}{3(B_i^2 - A_i^2)}. \tag{3.59}$$

m_i の固定値は非線形の方程式の集合によって以下に定義される．

$$\forall i, \ m_i = \frac{2(B_i^3 - A_i^3)}{3(B_i^2 - A_i^2)}. \tag{3.60}$$

そして，式 (3.60) の解は，いわゆる縮小写像によって求められる．以下を考える．

$$z = [m_1, m_2, \ldots, m_k]^T. \tag{3.61}$$

そして，解くべき方程式は以下の形を持つ．

第3章 基本 SOM

$$z = f(\mathbf{z}) . \tag{3.62}$$

$\mathbf{z}$ の第 1 近似を $\mathbf{z}^{(0)}$ から始めると,解としてのそれぞれの改良された近似は再帰的に以下に得られる:

$$z^{(s+1)} = f(z^{(s)}) . \tag{3.63}$$

この場合, m_i の第 1 近似として等距離値を選択してもよい.

格子点の数が少ない場合には,式 (3.63) はかなりの速さで収束する.しかし,すでに実行した 100 格子点の場合には,例えば 5 桁の精度を出すのに必要なステップ数は大体 5000 回くらいであろう.

m_i の周りの点密度 q_i を定義するのにボロノイ集合の長さの逆数,すなわち,$q_i = [(m_{i+1} - m_{i-1})/2]^{-1}$ で定義するのは,現時点では適切なことであろう.

今までの多くの仕事,例えば [3.21, 22, 23] で見られた問題では,q_i が関数的な形の定数 $[p(m_i)]^\alpha$ によって近似できるかどうかを見つけ出すことである.以前にはこの問題は,連続極限,すなわち,無限の格子点に関してのみ示されていた.また,現在の数値解析では,有限長の格子に関して結果を引き出すことができる.モデル m_j を通し,モデル m_i に関して指数法則が試験的に成り立つとすれば(但し,格子点の端近くではこのモデルは別にして),以下の式が成り立つ.

$$\alpha = \frac{\log(m_{i+1} - m_{i-1}) - \log(m_{j+1} - m_{j-1})}{\log[p(m_j)] - \log[p(m_i)]} . \tag{3.64}$$

当然,m_i の値を上げると精度は改善される.その間では境界効果が無視できると仮定して,$i = 4$ と $j = k - 3$ を使えば,10, 25, 50 と 100 格子点に関しては指数 α は文献 (3.64) からそれぞれ推定され,表 3.3 に載せている.

条件 2: $p(x) = 3x^2$(凸).こうして,以下の一連の方程式を得る.

$$\forall i, \ m_i = \frac{3(B_i^4 - A_i^4)}{4(B_i^3 - A_i^3)} . \tag{3.65}$$

そして,α の近似値は表 3.3 に載せている.

条件 3: $p(x) = 3x - \frac{3}{2}x^2$(凹).一連の方程式を以下に得る.

$$\forall i, \ m_i = \frac{8(B_i^3 - A_i^3) - 3(B_i^4 - A_i^4)}{12(B_i^2 - A_i^2) - 4(B_i^3 - A_i^3)} . \tag{3.66}$$

そして,α に関する近似は表 3.3 にも載せている.

これらのシミュレーションは以下のことをしっかりと示している.つまり,最整合の m_i の両側に 1 つの近傍がある場合には,文献 [3.22] にあるように 3 つの質的に異なった $p(x)$ に関して指数 α は,連続極限で引き出される $\alpha = 0.6$ の値にかなり近づく.

有限格子の場合の 1 次元 SOM 歪み測度の数値的に正確な最適化:条件 1

式 (3.48) はまた以下のように書くこともできる.

表 3.3：SOM アルゴリズムから引き出された指数

	指数 α		
格子点	条件 1	条件 2	条件 3
10	0.5831	0.5845	0.5845
25	0.5976	0.5982	0.5978
50	0.5987	0.5991	0.5987
100	0.5991	0.5994	0.5990

$$E = \sum_i \sum_j \int_{x \in V_i} h_{ij} \|x - m_j\|^2 p(x) dx , \tag{3.67}$$

ここで，i と j は，h_{ij} が定義された全ての値にわたる．そして，V_i は m_i の周りのボロノイ集合である．

1次元の場合で，h_{ij} が次に定義される場合を考える．

もし $|i-j| < 2$ なら，$h_{ij} = 1$　それ以外では，$h_{ij} = 0$ ． $\tag{3.68}$

条件 1，すなわち $0 \leq x \leq 1$ で $p(x) = 2x$ そしてそれ以外では $p(x) = 0$ を考え，そして m_i が昇順で順序づけられていると仮定すると，式 (3.67) は以下のようになる．

$$\begin{aligned} E &= 2 \sum_i \sum_{j \in N_i} \int_{C_i}^{D_i} (x - m_j)^2 x dx \\ &= \sum_i \sum_{j \in N_i} m_j^2 (D_i^2 - C_i^2) - \frac{4}{3} m_j (D_i^3 - C_i^3) + \frac{1}{2}(D_i^4 - C_i^4) , \end{aligned} \tag{3.69}$$

ここで引き数 N_i の近傍集合は式 (3.55) で定義される．そして，ボロノイ集合 V_i の境界 C_i と D_i は以下で表される．

$$\begin{aligned} C_1 &= 0 , \\ C_i &= \frac{m_{i-1} + m_i}{2} \quad 2 \leq i \leq k \text{ に関して}, \\ D_i &= \frac{m_i + m_{i+1}}{2} \quad 1 \leq i \leq k-1 \text{ に関して}, \\ D_k &= 1 . \end{aligned} \tag{3.70}$$

E の正確な勾配を形成する場合には，引き数 i は N_{i-1}, N_i, と N_{i+1} に含まれていることに注意しておかなければならない．こうしてすぐに以下を得る．

$$\frac{\partial E}{\partial m_i} = \frac{\partial}{\partial m_i} \sum_{j \in N_{i-1}} \left(m_j^2 (D_{i-1}^2 - C_{i-1}^2) - \frac{4}{3} m_j (D_{i-1}^3 - C_{i-1}^3) \right.$$
$$\left. + \frac{1}{2} (D_{i-1}^4 - C_{i-1}^4) \right)$$
$$+ \frac{\partial}{\partial m_i} \sum_{j \in N_i} \left(m_j^2 (D_i^2 - C_i^2) - \frac{4}{3} m_j (D_i^3 - C_i^3) + \frac{1}{2} (D_i^4 - C_i^4) \right)$$
$$+ \frac{\partial}{\partial m_i} \sum_{j \in N_{i+1}} \left(m_j^2 (D_{i+1}^2 - C_{i+1}^2) - \frac{4}{3} m_j (D_{i+1}^3 - C_{i+1}^3) \right.$$
$$\left. + \frac{1}{2} (D_{i+1}^4 - C_{i+1}^4) \right). \tag{3.71}$$

この微分の結果は以下のように与えられる（ここでは，$C_i = D_{i-1}$ であることに注意すること）：

$$\frac{\partial E}{\partial m_1} = 2m_1 D_2^2 - \frac{4}{3} D_2^3 - m_3^2 C_2 + 2m_3 C_2^2 - C_2^3,$$

$$\frac{\partial E}{\partial m_2} = m_1^2 D_2 - 2m_1 D_2^2 + D_2^3 + 2m_2 D_3^2 - \frac{4}{3} D_3^3 - m_3^2 C_2 + 2m_3 C_2^2$$
$$- C_2^3 - m_4^2 C_3 + 2m_4 C_3^2 - C_3^3,$$

$$\frac{\partial E}{\partial m_i} = m_{i-2}^2 D_{i-1} - 2m_{i-2} D_{i-1}^2 + D_{i-1}^3 + m_{i-1}^2 D_i - 2m_{i-1} D_i^2 + D_i^3$$
$$- m_{i+1}^2 C_i + 2m_{i+1} C_i^2 - C_i^3 - m_{i+2}^2 C_{i+1} + 2m_{i+2} C_{i+1}^2 - C_{i+1}^3$$
$$+ 2m_i (D_{i+1}^2 - C_{i-1}^2) - \frac{4}{3} (D_{i+1}^3 - C_{i-1}^3) \quad (2 < i < k-1),$$

$$\frac{\partial E}{\partial m_{k-1}} = m_{k-3}^2 D_{k-2} - 2m_{k-3} D_{k-2}^2 + D_{k-2}^3 + m_{k-2}^2 D_{k-1}$$
$$- 2m_{k-2} D_{k-1}^2 + D_{k-1}^3 - m_k^2 C_{k-1} + 2m_k C_{k-1}^2$$
$$- C_{k-1}^3 + 2m_{k-1} (1 - C_{k-2}^2) - \frac{4}{3} (1 - C_{k-2}^3),$$

$$\frac{\partial E}{\partial m_k} = m_{k-2}^2 D_{k-1} - 2m_{k-2} D_{k-1}^2 + D_{k-1}^3$$
$$+ 2m_k (1 - C_{k-1}^2) - \frac{4}{3} (1 - C_{k-1}^3). \tag{3.72}$$

問題は勾配降下法によって m_i の最適値を得ることができるかどうかである．すなわち，

$$\forall i, \quad m_i(t+1) = m_i(t) - \lambda(t) \cdot \partial E / \partial m_i|_t, \tag{3.73}$$

ここで $\lambda(t)$ は適当な小さいスカラ係数である．現在の問題では，E は m_i においては 4 次のオーダに相当し，少なくとも 1 種類のもっともらしい局所最適条件が見つけ

られた：例えば，m_i の漸近値が SOM アルゴリズムから得られ，$\lambda(t)$ を 0.001 くらいかまたはもう少し小さい値に保持するとき，E の非常に浅い局所最小値が得られた．この値は，α ではおよそ 0.6 の間違った値を与えた．しかしながら，$\lambda(t) > 0.01$（条件によっては $\lambda(t) = 10$ でもよい）に設定し，m_i に関しては非常に異なった初期値から始めても処理過程は丈夫で，単一の大域的最小値に収束する．表 3.3 に載せた値との直接比較を容易にするために最適値 $\{m_i\}$ を計算した後，試験的な指数法則での指数 α は前節の式 (3.64) から計算され，格子の異なった長さに関して表 3.4 に示されている．

表 3.4：SOM 歪み測度から得られた指数

格子点	指数 α
10	0.3281
25	0.3331
50	0.3333
100	0.3331

表で明らかなように，計算された α は近似値として大体 1/3 になる．これは，簡単な SOM アルゴリズムでの $\alpha = 0.6$ よりもむしろ，$n = 1$ で $r = 2$ でのベクトル量子化での指数と同じ値になる．

この数値解析的なチェックで説明した結果は，基本的な SOM アルゴリズムから漸近値として発生したモデル（コードブック）ベクトルの点密度は，その最小値として SOM 歪み測度のパラメータ値として生ずるものとは異なっている．それにもかかわらずどちらの場合も m_i を規則的な状態にある入力サンプルの多様体上で回帰される"弾性"ネットワークのノードと見なすことができる．こうして結論は以下のようになる．ロバン・モンロの確率近似は正確には基本的な SOM アルゴリズムを導かないが，このアルゴリズムと歪み測度は，自己組織化マップを定義する 2 つの任意の方法であろう．

3.13 良いマップを構築するための実用的な助言

何ら注意を払わずに適当にマップを得ることは可能ではある．しかし，得られたマップが安定し，はっきりと意図した方向に向いており，不明瞭さを最も少なくするためには，以下に述べる助言に従うことは有効なことだと思う．ここで，読者には，2 つの大規模なソフトウェア・パッケージ，SOM_PAK [3.26] と LVQ_PAK [3.27] を研究されることをお勧めする．

配列の形成

視覚的に確認するためには6角形格子が好ましい．なぜなら長方形配列ほど水平および垂直方向の助けがいらないからである．配列の端は正方形よりむしろ長方形になるべきである．なぜなら参照ベクトル m_i で形成される"弾性ネットワーク"は $p(x)$ に方向づけされ，かつ学習処理過程で安定化されねばならないからである．もし配列が例えば円形であるなら，データ空間内で安定な方向はないことに注意しよう．だから，どんな長楕円の形状でも好ましい．他方，m_i は $p(x)$ を近似しなければならないため，大まかに言って $p(x)$ の支配的な次元に一致するような配列を見つけることが望ましい．したがって，$p(x)$ の大まかな形を可視的に見るために，例えばサモン (Sammon) のマップ化 [1.34]（1.3.4 節）をまず最初におこなうべきである．

利用可能な訓練サンプルが少ない場合の学習

統計的に良い精度を得るためには，かなりの回数，例えば 100,000 回の学習処理過程を必要とする．そして利用可能なサンプル数は通常これよりも少ないので，サンプルは，明らかに学習中に繰り返して使用されねばならない．いくつかの選択枝が存在する：サンプルは循環的に処理するか，無作為に順序を変えた形でおこなうか，または，基本集合から無作為に拾い上げる（いわゆるブートストラップ学習）形でおこなうかである．実際，順序づけされた循環的な処理は，他の数学的には良いと思われる方法と比べて著しく悪くはないことがわかってきた．

まれな場合の強調

いずれにしても SOM は $p(x)$ を表現しようとする傾向にあることは上述の議論からも明らかである．しかしながら，多くの現実の問題においては，重要な事柄（入力データ）が小さな統計的頻度で起こる場合がある．このとき SOM では，それらデータは全く領域を確保することはできない．それ故に，そのような重要な事柄は，適当な量だけ学習中に強調すべきである．その方法としては，学習処理過程中にこれらのサンプルにより高い α の値あるいは h_{ci} を与えるか，または，無作為な順番で十分な回数だけ繰り返してこれらのサンプルを使用することである．学習において，適切な強調をどのようにおこなうかは，これらのマップの最終使用者と協力して決めるべきである．

パターン要素の尺度化

これは非常に微妙な問題である．入力空間内の参照ベクトルの方向，あるいは順序づけされた"回帰"は，入力データとなるベクトルの要素（または次元）の尺度化に依存しなければならないことは簡単に理解することができる．しかしながら，もし（複数の）データ要素がすでに別の尺度で表されているなら，訓練データが学習アルゴリズムに入力される前に，どんな種類の最適な再尺度化がおこなわれるべきかを決定す

るようないかなる簡単な規則も存在しえない．まず第 1 に推測してみると，それは特に高入力次元数を持つものについて普通はむしろ有効ではあるが，訓練データ全体にわたって各要素の変化幅を規格化することである．また，多くの発見的手法で正当化された再基準化を試みたり，サモンのマップ化あるいは平均量子化誤差を使って結果として出てきたマップの質を調べたりしてもよい．

マップ上の希望位置への強化表現

時には，特に SOM が実験データを監視するのに使われるときに，"通常の" データをマップの特定の位置（例えば中央）でマップ化することが望ましい．希望位置へ特定のデータを強制的に動かすために，それらの複製（特定のデータのこと）をその希望する位置での参照ベクトルの初期値とし，希望位置が更新される間それらの位置では学習率係数 α を小さくしておくことは賢明な方法である．

学習の質の監視

異なった学習処理過程とは，異なった初期値の $m_i(0)$ で開始し，異なった訓練ベクトル $x(t)$ の逐次系列と異なった学習パラメータを使うことと定義される．同じ入力データに対して，ある最適マップが存在するのは明白なことである．最も最適なマップは，少なくとも近似的に最も小さな平均量子化誤差を生じるものと期待されるのはまた明白であろう．なぜなら，そのときはその同一のデータに最もよく適合しているからである．学習後にもう一度訓練データを入力することによって定義される $||x - m_c||$ の平均は，そのときには有用な性能指標となる．それ故に，かなりの数（例えば数ダース）の $m_i(0)$ の無作為な初期化と別の学習用逐次系列データが試されるべきであり，（その中から）最小量子化誤差を持ったマップを選び出すことになろう．

入力空間の位相保持，または近傍関係でのマップの正確さは様々な方法で測られた．1 つの方法は，マップ上の対応するユニットの相対的な位置と参照ベクトルの相対的な位置を比較することである [3.28]．例えば，別のマップ・ユニットのボロノイ領域が，2 つの近傍ユニットの参照ベクトルの中央に何回も "侵入" することを測定することができる [3.29]．別の方法は，各入力ベクトルに関して，マップ上の最整合ユニットと第 2 最整合ユニットとの距離を考慮することである：ユニットがお互いに近傍にないならば，このとき，位相は保持されていない [3.30, 31]．マップ・ユニット間の距離が適当に定義されるとき，そのような測度は，マップの良さの単一の測度を形成するための量子化誤差と結びつけることができる [3.32]．現在のところ，マップの質の最良の測度を示すことはできないが，それにもかかわらず，適当な学習パラメータやマップの大きさを選ぶ際に，これらの測度は役に立つかもしれない．

表 3.5: 入力データ行列

属性 \ 項目	A	B	C	D	E	F	G	H	I	J	K	L	M	N	O	P	Q	R	S	T	U	V	W	X	Y	Z	1	2	3	4	5	6
a_1	1	2	3	4	5	3	3	3	3	3	3	3	3	3	3	3	3	3	3	3	3	3	3	3	3	3	3	3	3	3	3	3
a_2	0	0	0	0	0	1	2	3	4	5	3	3	3	3	3	3	3	3	3	3	3	3	3	3	3	3	3	3	3	3	3	3
a_3	0	0	0	0	0	0	0	0	1	2	3	4	5	6	7	8	3	3	3	3	6	6	6	6	6	6	6	6	6	6	6	6
a_4	0	0	0	0	0	0	0	0	0	0	0	0	0	0	0	0	1	2	3	4	1	2	3	4	2	2	2	2	2	2	2	2
a_5	0	0	0	0	0	0	0	0	0	0	0	0	0	0	0	0	0	0	0	0	0	0	0	0	0	0	1	2	3	4	5	6

3.14 SOM によって得られたデータ解析の例

この節では，SOM による実例を紹介する．いわゆるデータ行列を視覚化することを意図している．最も簡単な場合，全ての項目は全てそれらの属性に対して値を持つと仮定する；後の 3.14.2 節においては，ほとんど全ての項目が，その属性のいくつかの項目を欠いている別の場合を考える．

3.14.1 全データ行列を持つ属性マップ

抽象的な階層データ構造

有限のセットの項目を考える．各々は多数の特性すなわち**属性**を持っている．後者（属性）は 2 進数，整数または連続の値を取ることが可能である．いずれにしても属性の集合は，ある測度で比べられるべきである．

もし仮想的な属性からなる抽象的なデータ・ベクトルに SOM を適用すれば，それによって，とても明快なデータ構造を定義することができる．最初のデータの中に暗黙のうちに定義された（階層）構造を持った例を考える．その構造は，マップのアルゴリズムがそのときあばき出しかつ表示してくれると想像できる．SOM は単層のネットワークであるけれど，最初のデータ内で暗黙に関係する階層的表現を作り出すことができる．

表 3.5 には，それぞれに 5 つの仮想的な属性を持つ 32 の項目がデータ行列として記録されている．(ただしこの例は完全に人工的に作ったものである．) 各列は 1 つの項目を示し，後で調べるために "A" から "6" というラベルが付けられている．しかし，学習中にはこれらのラベルは参照されない．

属性値 $(a_1, a_2, \ldots, a_5)$ は人為的に定義され，それらは，図 3.3 にあるような型のネットワークに入力される信号値の集合として働くパターン・ベクトル x を構成している．訓練中には，ベクトル x は表 3.5 から無作為に選ばれる．SOM の漸近的状態が動かなくなったと見なせるまで，データの抽出と適応が繰り返される．このような "学習" を終えたネットワークは，そのとき，表 3.5 からの項目を使い，異なった項目間で最も整合するようにマップ・ユニットのラベルづけをしながら較正される．その

ようなラベルづけされたマップを図3.27に示す．異なった項目の"像"が，異なった分枝の分類図として可視的に関連づけられていることがわかる．比較してみると，図3.28は，表3.5の項目の類似関係を表すいわゆる最小結合木構造（項目の最も類似した対が互いに結合しているもの）を示している．

2進数データ行列のマップ

属性は，普通，離散スカラ値や連続値を持つ変数であるが，しかし"良い"とか"悪い"とかいうような定性的特性を持つこともありうる．もし"良い"とか"悪い"とかいった定性的特性を，それぞれ数値的な属性によって示すべきであるなら，単なる2進数の値，例えば1または0を持つこととして最も単純に仮定できる．ここで，1は存在，0は不在というそれぞれの属性を持っている．そのとき，2つ（2進数）の属性の集合間での（規格化されていない）類似性は，両方の集合に共通する属性数によって，すなわち，それぞれの属性ベクトルの内積として定義してもよい．ある属性の存在を表すのに$+1$の値を用い，その欠如を-1でそれぞれ表すことはより効果的であるようだ．しかしながら，もし入力ベクトルを規格化すれば，内積を用いてこれらを逐次的に比較をした場合に，属性値の0はベクトル的差に基づいて比較した場合に負の成分を持つことと定性的に同じ効果を持つ．比較のためにも，ユークリッド距離は当然，直接的に用いることができる．

具体的なモデルのシミュレーション[2.73]を用いた自己組織化の結果を示すために，表3.6で与えられるデータを考える．各列に動物ごとの大まかな記述を，左に載せた13の異なった属性が存在する場合には（= 1），存在しない場合には（= 0）とする．ある属性，例えば"羽"，"2本足"といった相関関係のあるものは，他の属性よりもより際立った違いを示している．しかしこのような相関関係は学習の際にはとにかく考慮しないことにする．続いて，一番上に示す動物の入力ベクトルとして各列の値を用いることにする．動物の名前自身はベクトルの要素には入らないが，マップの較正時には動物のラベルづけとして用いる．

データ集合の構成メンバは繰り返し提示され，上述した適合過程に従って，10×10 ニューロンのSOMに無作為な順序で並べられる．ニューロンとそれらの$n = 29$本の入力線間の初期の結合強さは小さな乱数値で選ばれる．すなわち，事前の順序づけ

```
B C D E * Q R * Y Z
A * * * P * * X * *
* F * N O * W * * 1
* G * M * * * 2 * *
H K L * T U * 3 * *
* I * * * * * 4 * *
* J * S * * V * 5 6
```

図 **3.27**：表3.5のデータ行列の自己組織化マップ．

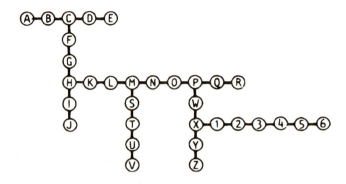

図 3.28：表 3.5 のデータ行列の最小結合木構造.

表 3.6：動物名とそれらの属性

		ハト	メンドリ	アヒル	ガチョウ	フクロウ	タカ	ワシ	キツネ	イヌ	オオカミ	ネコ	トラ	ライオン	ウマ	シマウマ	ウシ
小さい		1	1	1	1	1	1	0	0	0	0	1	0	0	0	0	0
中ぐらい		0	0	0	0	0	0	1	1	1	1	0	0	0	0	0	0
大きい		0	0	0	0	0	0	0	0	0	0	0	1	1	1	1	1
2本足		1	1	1	1	1	1	1	0	0	0	0	0	0	0	0	0
4本足		0	0	0	0	0	0	0	1	1	1	1	1	1	1	1	1
毛	がある	0	0	0	0	0	0	0	1	1	1	1	1	1	1	1	1
ひづめ		0	0	0	0	0	0	0	0	0	0	0	0	0	1	1	1
たてがみ		0	0	0	0	0	0	0	0	0	1	0	0	1	1	1	0
羽		1	1	1	1	1	1	1	0	0	0	0	0	0	0	0	0
狩猟		0	0	0	0	1	1	1	1	0	1	1	1	1	0	0	0
走ること	を好む	0	0	0	0	0	0	0	1	1	0	0	1	1	1	1	0
飛ぶこと		1	0	1	1	1	1	0	0	0	0	0	0	0	0	0	0
泳ぐこと		0	0	1	1	0	0	0	0	0	0	0	0	0	0	0	0

を課していない．しかしながら，全 2000 回の提示の後，各ニューロンは現れた属性の組み合わせの 1 つに多少とも反応するようになり，それと同時に 16 の動物名の 1 つに対しても反応するようになる．このようにして得たマップを図 3.29 に示す（点は弱い反応をするニューロンを示している）．反応の空間的順序づけは動物間の本質的な "属種関係" を捉えていることが非常に明白である．細胞は以下のように反応している．例えば "鳥" は格子の左側を占めていて，"トラ"，"ライオン"，"ネコ" のような "狩猟者" は右に向かってかたまりとなっている（クラスタ化されている）．そして "シマウマ"，"ウマ"，"ウシ" のような "平和的" な種はまん中より上に配置されてい

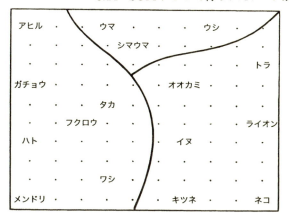

図 3.29：表 3.6 の行列に示す属性の入力内容をネットワークに学習させた後，そのマップは表の列で較正し対応させながらラベルづけされた．類似度に従ったグループが現れている．

る．各クラスタの中では，類似性に従った一層のグループ化が認識できる．

3.14.2 不完全データ行列（欠けたデータ）を基にした属性マップの例："貧困マップ"

多くの他のニューラル・モデルと比較して，SOM は頑丈なアルゴリズムであることが判明している．実際の（特に統計的な）応用でしばしば遭遇する問題の中には，欠けたデータ [3.33, 34] が原因になっているものが多い．しかしながら，もし考慮されている属性の数がかなり多ければ，例えば，少なくとも 100 のオーダ，このときかなりの割合のデータが欠けていても類似度の比較が不可能になることはない．

まず第 1 に，それぞれの属性の尺度を規格化することを勧める．こうすれば，全ての要素にわたってその変化量が 1 になるからである．同様に各属性値をその平均から差し引くこともよいであろう：こうすれば，尺度は $(0,1)$ に規格化されると言える．

要素をコードブック・ベクトルと比較するとき，その他のより良い測度が問題の本質から導かれたものでない限り，ユークリッド距離によるのが最善である．しかしながら，このとき知られている x の成分と各 m_i に相当する成分を唯一比較するときのみにそれらは考慮されるのである：この手順の間，ベクトルは対応して再次元化される．

この例で用いられているデータは世界銀行 [1.26] が発行している統計から引用されている 1.3.2 節のものと同じである．39 の指標は，国または国民の貧困さを記述している．全てのこれらの指標は人口と関係している．

リストにあげた世界 126 の国を考える．そこで，39 の可能性のある指標の中で 12 またはそれ以上の指標値を 78 の国に与える．これらの国は SOM の学習過程で用いられるデータ行列とされる．図 3.30 では，これらの国は大文字でラベルづけされてい

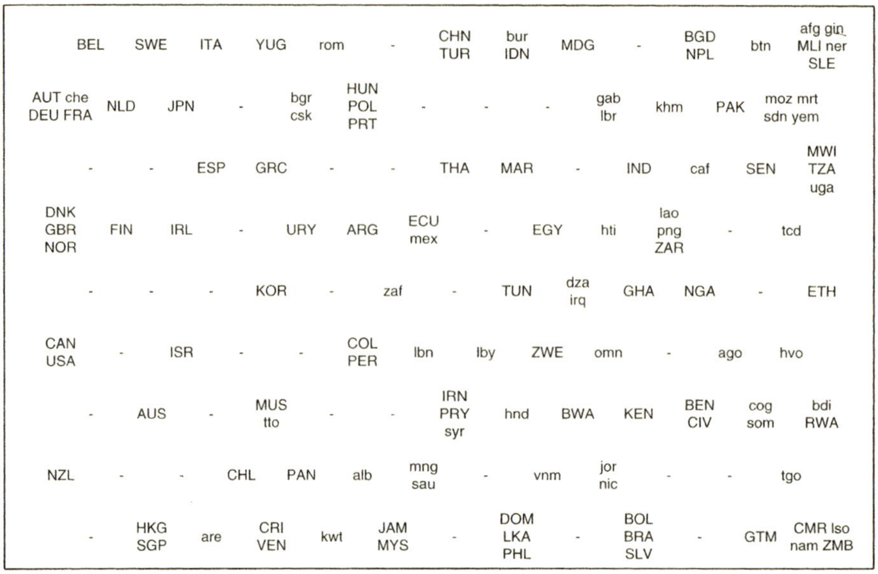

172 第3章 基本 SOM

```
     BEL  SWE  ITA  YUG  rom   -    CHN  bur  MDG   -    BGD  btn  afg gin
                                    TUR  IDN            NPL      MLI ner
                                                                     SLE

 AUT che  NLD  JPN   -   bgr  HUN   -    -   gab   -    khm  PAK  moz mrt
 DEU FRA                 csk  POL            lbr                  sdn yem
                              PRT

  -    -   ESP  GRC   -    -   THA  MAR   -   IND  caf  SEN  MWI
                                                              TZA
                                                              uga

 DNK                                                     lao
 GBR  FIN  IRL   -   URY  ARG  ECU   -   EGY  hti  png   -    tcd   -
 NOR                           mex                 ZAR

  -    -    -   KOR   -   zaf   -   TUN  dza  GHA  NGA   -   ETH
                                         irq

 CAN                      COL
 USA   -   ISR   -        PER  lbn  lby  ZWE  omn   -    ago  hvo

                                    IRN                       BEN  cog  bdi
  -   AUS   -   MUS   -    -   PRY  hnd  BWA  KEN  CIV   som  RWA
                 tto           syr

 NZL   -    -   CHL  PAN  alb  mng   -   vnm  jor   -    -   tgo
                               sau            nic

                                    DOM       BOL
  -   HKG   -   are  CRI  kwt  JAM  LKA   -   BRA   -   GTM  CMR lso
      SGP            VEN       MYS  PHL       SLV            nam ZMB
```

図 3.30: 全世界 126 国の"貧困マップ"．大文字で書かれた記号はマップを形成するのに使用した国名と対応する．残りの記号（小文字）は 11 以上の属性値が欠けている国を意味する．そしてこれらの記号は学習段階後にこの SOM 上に位置づけされた．

る．小文字でラベルづけされた国については，11 以上の属性値を欠いており，訓練後 SOM 上にマップ化されている．

国の"貧困マップは"図 3.30 に示されている．マップで用いられる記号は表 3.7 に説明されている．このマップにおいて，水平または垂直方向には明白な意味はないことに注意しなければならない：局所的な幾何学的な関係のみが重要なのである．SOM 上で互いに近くにマップ化されている国々は，発展状況，支出パターン，政策が似ていると言ってよいだろう．

3.15 グレー・レベル（濃淡階調）を用いた SOM 中のクラスタ表示

しかしながら，上のマップとその前のマップからも我々は最終のクラスタ間のいかなる境界もまだ見ていない．この問題をこの節で議論しよう．

SOM においてコードブック・ベクトルのクラスタ化（集団化）を示すための U-マトリクスと呼ばれる図解表示は *Kraaijveld* ら [3.36] と同様に *Ultsch* と *Siemon* [3.35] によって開発されている．彼らが提案している方法では，近接したコードブック・ベクトル間の平均距離は階調度（また，結局は疑似色度が使われるかもしれない）の濃淡によって表している．もし近接した m_i の平均距離が小さいなら薄い色合が用いられる；そして，逆に濃い色合は距離があることを示している．"クラスタの見取り図"が

3.15 グレー・レベル（濃淡階調）を用いた SOM 中のクラスタ表示

表 3.7：図 3.30 と図 3.31 で使った記号の説明と一覧

AFG	Afghanistan	GRC	Greece	NOR	Norway
AGO	Angola	GTM	Guatemala	NPL	Nepal
ALB	Albania	HKG	Hong Kong	NZL	New Zealand
ARE	United Arab Emirates	HND	Honduras	OAN	Taiwan, China
ARG	Argentina	HTI	Haiti	OMN	Oman
AUS	Australia	HUN	Hungary	PAK	Pakistan
AUT	Austria	HVO	Burkina Faso	PAN	Panama
BDI	Burundi	IDN	Indonesia	PER	Peru
BEL	Belgium	IND	India	PHL	Philippines
BEN	Benin	IRL	Ireland	PNG	Papua New Guinea
BGD	Bangladesh	IRN	Iran, Islamic Rep.	POL	Poland
BGR	Bulgaria	IRQ	Iraq	PRT	Portugal
BOL	Bolivia	ISR	Israel	PRY	Paraguay
BRA	Brazil	ITA	Italy	ROM	Romania
BTN	Bhutan	JAM	Jamaica	RWA	Rwanda
BUR	Myanmar	JOR	Jordan	SAU	Saudi Arabia
BWA	Botswana	JPN	Japan	SDN	Sudan
CAF	Central African Rep.	KEN	Kenya	SEN	Senegal
CAN	Canada	KHM	Cambodia	SGP	Singapore
CHE	Switzerland	KOR	Korea, Rep.	SLE	Sierra Leone
CHL	Chile	KWT	Kuwait	SLV	El Salvador
CHN	China	LAO	Lao PDR	SOM	Somalia
CIV	Cote d'Ivoire	LBN	Lebanon	SWE	Sweden
CMR	Cameroon	LBR	Liberia	SYR	Syrian Arab Rep.
COG	Congo	LBY	Libya	TCD	Chad
COL	Colombia	LKA	Sri Lanka	TGO	Togo
CRI	Costa Rica	LSO	Lesotho	THA	Thailand
CSK	Czechoslovakia	MAR	Morocco	TTO	Trinidad and Tobago
DEU	Germany	MDG	Madagascar	TUN	Tunisia
DNK	Denmark	MEX	Mexico	TUR	Turkey
DOM	Dominican Rep.	MLI	Mali	TZA	Tanzania
DZA	Algeria	MNG	Mongolia	UGA	Uganda
ECU	Ecuador	MOZ	Mozambique	URY	Uruguay
EGY	Egypt, Arab Rep.	MRT	Mauritania	USA	United States
ESP	Spain	MUS	Mauritius	VEN	Venezuela
ETH	Ethiopia	MWI	Malawi	VNM	Viet Nam
FIN	Finland	MYS	Malaysia	YEM	Yemen, Rep.
FRA	France	NAM	Namibia	YUG	Yugoslavia
GAB	Gabon	NER	Niger	ZAF	South Africa
GBR	United Kingdom	NGA	Nigeria	ZAR	Zaire
GHA	Ghana	NIC	Nigaragua	ZMB	Zambia
GIN	Guinea	NLD	Netherlands	ZWE	Zimbabwe

SOM において形成されてクラス分けが明確に視覚化されている．

3.14.2 節の例に濃淡階調マップを重ね合わせたものは図 3.31 に示されており，クラスタ間の"峡谷（深い境界）"を明確に示している．その解釈は読者におまかせする．

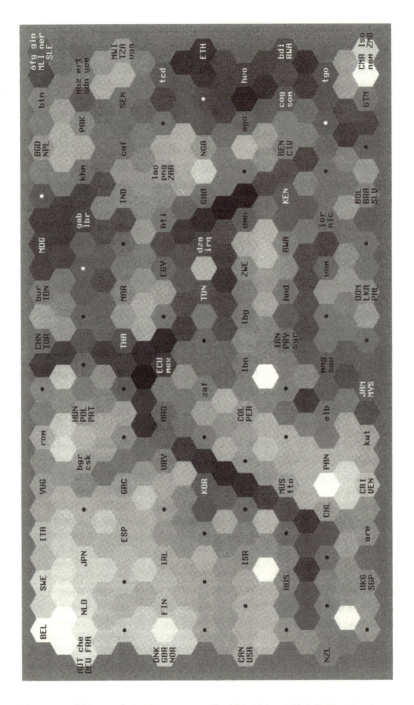

図 3.31："貧困マップ"．そのクラスタ化（集団化）を濃淡階調で示した．

3.16 SOMマップの説明

　自己組織化マップは，順序づけされたベクトル量子化のグラフ化の中で非線形写像（1.3.2節）やクラスタ化法（1.3.4節）を結びつける．したがって，それが作り出すマップ化はいくつかの古典的な統計の概念で説明できることが期待される．

3.16.1 "局所主成分"

　SOMと主成分分析（PCA）との間の主な違いは後者はデータ分布の統計全体の特性を記述する：第1"主成分軸"は，分布の偏差が最大である方向を定義し，第1主成分軸に垂直な全ての方向の中で残りの偏差が最大の方向が第2"主成分軸"であり，以下，同様．

　しかしSOMは，入力サンプルの分布に適した2次元有限要素の"弾性面"またはネットワークとして特徴づけることができる．このネットワークはそのどの点においても局所的に2つの主方向を持っている．それらは近傍ベクトル間の差を考慮しながら見つけられている．例えば，参照ベクトル m_i とそれを含み最も近い近傍の中にある参照ベクトル $\{m_j\}$ の部分集合は，局所的な2次元超平面を表現することを試みているサンプルの滑らかな集合と見なされる．この超平面の主軸とこの部分集合の2つの最大主成分は，近傍参照ベクトルの部分集合から通常の方法で計算することができる．

　SOMによって遂行された滑らかな処理の結果としてもたらされる参照ベクトルは，入力サンプルの元の統計量を正確に表してはいないので，近傍集合の2つの主成分を"局所主成分"として定性的にのみ認めてよい．もし我々が2つ以上の主成分の導出を望むなら，より高次元のSOMを入力データに合わさなければならない．それにもかかわらず"局所主成分"は容易にそして（SOM処理と近傍の定義にのみ依存する）ほとんど唯一の方法で計算することができるので，出てきた結果は，複雑で"雑音のある"データ分布への説明可能な理解を我々に伝えてくれる．

　SOMの各局所領域内の入力変数の因子負荷を見つけるために参照ベクトルの各近傍集合への古典的なファクタ・アナリシス（因子分析）（1.3.1節）をさらに適用してもよい．局所因子負荷が入力データの異なった領域においては多分，完全に異なることに注意すること．

　局所PCAを実行したり，または近傍ボロノイ集合にマップ化される入力サンプルの部分集合の基になる局所因子を計算することはばかげていることに注意すること．例えば図3.11を考えてみる．そして3つのどれでもよいが近傍ボロノイ集合をまとめたサンプルはどのような分布を持っているのかを見てみよう：つまり"主軸"と言うのは意味を持たない．他方では，近傍SOMの参照ベクトルは，分布の全体的な形を考慮する方向にきちんと存在するが，それでも局所的な方向は局所的な統計分布に敏感である．したがって，参照ベクトルに基づいて"局所因子"を定義するのは，より意味がある．言い換えれば，微分幾何学と呼ばれる数学の定義のようなもので

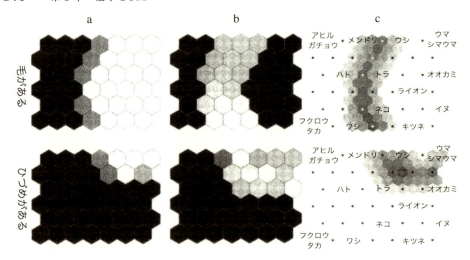

図 3.32：動物データに応用された 2 つの説明的方法のイラスト図．上の段は，変数 "髪を持つ" を視覚化し，そして，下の段は，"ひづめを持つ" をそれぞれ視覚化している．**(a)** 要素平面．灰色（グレー）の影は，参照ベクトルの各要素の値を記述している（白：大，黒：小）．**(b)** 2 つの局所因子内での変数の寄与（白：最大限度寄与，黒：最小量寄与）．**(c)** 局所クラスタ構造内の変数の（空間的に滑らかな）寄与（暗：大きい寄与，白：最小量の寄与）

は，局所方向は SOM が自動的に考慮に入れるある "互換条件" を満たさなければならない．

3.16.2 クラスタ構造への変数の寄与

この解析は局所 PCA と局所因子分析に関連しているが，計算上より簡単で，そしてマップ化ではより直接的に入力変数の識別力をもたらしている．

近傍参照ベクトル間のベクトルの差を考慮しよう．同様に，各ベクトル成分のそれぞれの違いを別々に形成することができる．SOM の局所領域でのベクトル差とある要素の違いとの間の相関関係が大きいならば，この要素（変数）はクラスタ構造への重要な寄与とその領域での値に大いに説明に役立つ力を持っている．

変数の識別力は，クラスタの境界で最も強く顕現される．そこでは，我々は近傍クラスタ間の最も大きい違いを作る変数を探している．

例 図 3.32 では，表 3.6 に定義されて，図 3.29 で表現される動物の例は，上の両方の方法によって説明された．

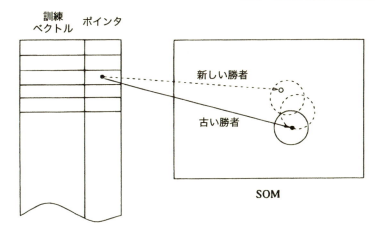

図 3.33：古い以前の勝者の近傍に新しい勝者を見つけるとき，これによって古い勝者は，直接，ポインタによって位置づけされる．このとき，ポインタは更新される．

3.17 SOM 計算の高速化
3.17.1 勝者探索の近道

M 個のマップ単位（ニューロン）が SOM 上にあって，1つが，ある統計的な精度のために1単位当たりの更新操作の数がある定数（例えば 100 の位の数）になると明記するならば，このとき，勝者の完全な探索によって学習中に実行されるべき比較操作の総数は $\sim M^2$ である．

5.3 節で議論されるが，木構造の多層 SOM 構造によれば，$\sim M \log M$ 回の探索にまで探索回数を減らすのは可能であろう．しかしながら，その結果，後の決定が以前のものによる多段階決定の過程で勝者が決定されるゆえに，入力信号空間の分割は，より早くに議論したボロノイ・モザイク模様とちょうど正確には同じではない．

訓練ベクトルが初めに与えられていたならば，つまり，その集合が有限で閉じたものであるならば，我々は，ここで今，比較操作の総数を $\sim M$ にすることができることを示すつもりでいる．*Koikkalainen* [3.37, 38] は，木構造 SOM の中でいくらか同様の考えを使用したが，どのような従来的な SOM とのつながりでも以下に提示された考え方 [3.39] を使用することができる．さらに，少なくとも原則的には，基本 SOM と比べてまた，この決定法を1段階処理と見なすことができる．

今，繰り返し訓練処理途中のどこかにあると仮定すると，そこでは，各訓練ベクトルに相当する最終勝者は，すぐその前の訓練サイクルで決定されている．もしも訓練ベクトルが線形な表として表されるならば，対応する一時的な勝者位置へのポインタは，それぞれの訓練ベクトルと共に格納することができる（図 3.33）．

漸近的にはまだ安定ではないけれども，SOM がすでに滑らかに順序づけされていることをさらに仮定してみよう．そして，こういう状況になる．つまり，SOM の長

表 3.8：近道勝者探索による高速化

入力次元	マップの大きさ	勝者探索での高速化係数	訓練での高速化係数
270	315	43	14
315	768	93	16

い微調整の間に，この結果，近傍集合の大きさはまた一定になり，そして小さくなる．同じ訓練入力がいくらか後で再び使われる前に，多数のマップの単位の更新がなされることを考えて見よう．それにもかかわらず，もしもこの期間中に作られた修正の合計が大きくないならば，新しい勝者は古い前の近傍かその近くに見つけられることは明白である．したがって，最整合を探すことにおいては，関連ポインタに対応するマップ単位を位置づけし，そしてそれから位置づけされた単位ユニット近傍の周りに勝者の局所探索を実行することで十分である．これは，全体の SOM 上で徹底的に勝者検索をおこなうよりもかなり速い操作になるであろう．最初に，前述の位置のすぐ周辺で探索がなされることができて，そして，最整合がその縁で見つけられる場合にだけ，勝者が探索領域の中程の単位ユニットの 1 つになるまで前段階の最整合の周りで探索は続けられる．新しい勝者が決められた後に，入力表の関連ポインタは，新しい勝者位置へのポインタに取り替えられる．

例えば，SOM の配列位相関係が 6 角形ならば，勝者位置，またはその周りで 7 個の単位ユニットからなる近傍で最初の探索はなされるであろう．一時的な勝者がこの近傍の縁の単位ユニットの 1 つならば，最後の一時的な勝者の周りの中心に置かれた 7 個の単位ユニットの新しい近傍で探索は続けられなければならない．それぞれの新しい近傍では，まだチェックされていない 3 個のマップ単位ユニットだけが，早めに調べられる必要があることに注意すること．

この原理は，普通の増加学習 SOM とそのバッチ計算 SOM の両方で使用することができる．

我々の最近の実用的な実験に関連して 2 つの大きい SOM でのベンチマークがなされた．コードブック・ベクトルの近似値は最初に伝統的な SOM アルゴリズムによって粗く計算された．その後，ベクトル値は，この速い方法を使用して微調整された．微調整学習の間，6 角形の格子内の近傍集合の半径は，3 から最も小さい格子間隔と同等な 1 個の単位ユニットへ直線的に減少した．そして，同時に学習率係数は，0.02 からゼロに直線的に減少した．それぞれ，最初のマップで 3645 個の訓練ベクトルがあり，そして，第 2 のマップでは 9907 個の訓練ベクトルがある．結果は表 3.8 で報告されている．

勝者検索における高速化の理論上の最大は以下の通りである：それぞれ，最初のマップでは 45，そして，第 2 のマップでは 110 である．訓練には，勝者探索，コードブックの更新，そして操作系と使われた SOM ソフトウェアによる一切を含めた時間を含

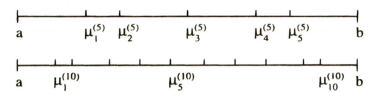

図 3.34 : 2 つの長さの配列に関して, μ_i の漸近値.

んでいる．後の数字は表の管理の最適化によって多分まだ改良されるだろう．

3.17.2 SOM での単位ユニットの増加

"成長 SOM" に関するいくつかの提案 (例えば，[3.40–54] を参照) がなされている．以下に提示される詳細な考えは非常に大きいマップを作るために最適化されて，そして新しいと信じられている．基本的な考え方は，ずっとわずかな数のユニットを持ったマップの漸近値に基づいて，多数の単位ユニットを持つマップの良い初期値を推定することである．

SOM 処理とその漸近状態の一般的な性質が今ではかなりよく知られているので，我々はここでいくつかの "エキスパート知識" を利用することができる．1つの事実は，以下のようである．少なくとも，連続で滑らかな入力の確率密度関数 (pdf) に関して，コードブック・ベクトルの漸近的な分布は一般的に滑らかであって，だから実際には格子間隔は整えられ補間されそして局所的に外挿することができる．

最初の基本的な例として，例えば 1 次元 SOM を考えて見よう．そして，範囲 $[a,b]$ でスカラ入力の一様な pdf を試験的に仮定しよう．こうして，図 3.34 に示されるように同じ pdf に近似する異なった数のマップユニットに関して理論上の漸近的なコードブック値がある．

5 個の単位ユニット SOM の知られたコードブック値に基づいて任意の pdf と 10 個の単位ユニット SOM に関してコードブック値の位置を推定したいと今仮定してみよう．線形で局所の内挿，外挿の考えをここで使用することができる．例えば，$\mu_2^{(5)}$ と $\mu_3^{(5)}$ に基づいて $\mu_5^{(10)}$ を内挿するために，我々は最初に，一様な pdf がある 2 つの理想的な格子から計算された内挿係数 λ_5 を必要とする：

$$\mu_5^{(10)} = \lambda_5 \mu_2^{(5)} + (1 - \lambda_5) \mu_3^{(5)} . \tag{3.74}$$

この式から $\mu_5^{(10)}$ での λ_5 を解くことができる．次に，$\mu_2'^{(5)}$ と $\mu_3'^{(5)}$ の真の値が任意の pdf に関して計算してあるならば，真の $\hat{\mu}_5'^{(10)}$ の推定値は計算されて次の式になる．

$$\hat{\mu}_5'^{(10)} = \lambda_5 \mu_2'^{(5)} + (1 - \lambda_5) \mu_3'^{(5)} . \tag{3.75}$$

また，例えば，$\mu_1^{(10)}$ と $\mu_2^{(5)}$ に基づいて $\mu_1^{(10)}$ の外挿 に同様の方程式を使用するこ

とができることに注意すること．

　表現は少し複雑になるが，2次元SOM格子（長方形，6角形，他）への局所の内挿と外挿の適用はそのまま実行できる．2次元格子内でのコードブック・ベクトルの内挿と外挿は，少なくとも3つの格子点で定義されたベクトルに基づいてなされなければならない．実際にはマップが非常に非線形かもしれないので，通常，最も良い推定結果は，3つの最近接参照ベクトルを使って得られる．

　同じ面内で2つの同じように重なるように位置した"理想的な"2次元格子を考える．そして各ノードで $m_h^{(d)} \in \Re^2, m_i^{(s)} \in \Re^2, m_j^{(s)} \in \Re^2$，そして $m_k^{(s)} \in \Re^2$ のコードブック・ベクトルを持っている．ここで，上付き文字 d は"密"な格子，s は"粗"な格子をそれぞれ表す．もし $m_i^{(s)}, m_j^{(s)}$，および $m_k^{(s)}$ が同じ直線上に乗っていないならば，2次元信号面内では，どの $m_h^{(d)}$ も以下の線形結合で表すことができる．

$$m_h^{(d)} = \alpha_h m_i^{(s)} + \beta_h m_j^{(s)} + (1 - \alpha_h - \beta_h) m_k^{(s)}, \quad (3.76)$$

ここで，α_h と β_h は，内挿－外挿係数である．これは2つの未知の α_h と β_h を解くことができる2次元ベクトル方程式である．

　このとき，任意の次元空間内での理想的な例として，同じ位相関係がある2個のSOM格子を考える．また，真のpdfがまた任意であるときに，我々は面としての真のコードブック・ベクトルを持つ格子を仮定しないかもしれない．それにもかかわらず，"粗"な格子の真のコードブック・ベクトルがそれぞれ，$m_i'^{(s)}, m_j'^{(s)}$，と $m_k'^{(s)} \in \Re^n$ を持っているとして，"密"な格子の真のコードブック・ベクトル $m_h'^{(d)} \in \Re^n$ の局所線形推定を実行することができる．

　実際には線形推定を最も正確にするために，理想的な格子内で，$m_i^{(s)}, m_j^{(s)}$ と $m_k^{(s)}$ が，信号空間内の（しかし同じ線上にはない）$m_h^{(d)}$ に最も近い3つのコードブック・ベクトルであることを我々は条件として要求してもよい．式 (3.76) を解いて得た α_h と β_h を使って，各ノード h に関して別々に，我々は欲しい内挿－外挿公式を以下に得る．

$$\hat{m}_h'^{(d)} = \alpha_h m_i'^{(s)} + \beta_h m_j'^{(s)} + (1 - \alpha_h - \beta_h) m_k'^{(s)}. \quad (3.77)$$

指数 h, i, j と k は，式 (3.76) と式 (3.77) での位相的に同じ格子点を参照していることに注意すること．2次元格子のための内挿－外挿係数は，学習の最終段階で使用されるその位相と近傍関数に依存する．"粗"と"密"な格子に関しては，それぞれ，我々は図 3.34 の類推で最初に理想的なコードブック・ベクトル値を計算すべきである．参照格子での閉じた解は多分得るのが非常に難しいので，シミュレーションで，漸近的なコードブック・ベクトル値は近似されるだろう．もし格子の水平：垂直比が $H : V$ であるならば，我々は，2次元入力ベクトルが一定で，長方形のpdfを持ち，横方向でその幅は H で，垂直な幅が V である格子点から無作為に選ばれると試験的に仮定してもよい．そして，これらの入力は，理想的な2次元格子を近似する2次元SOMを学習するのに使用される．

より大きなマップのポインタの初期化

推定手順を用いての学習中，マップの大きさ（格子ノードの数）を徐々に増加させるときに，このマップの大きさを増加させる際に使われた公式，式 (3.76) を利用することによって素早く各増加後の全てのデータベクトルの初期ポインタを見積もることができる．データベクトルとの内積が最大であり，だから内積が以下の表現を使用して急速に計算することができるマップの単位ユニットが勝者になる．

$$x^T m_h^{(d)} = \alpha_h x^T m_i^{(s)} + \beta_h x^T m_j^{(s)} + (1 - \alpha_h - \beta_h) x^T m_k^{(s)}. \tag{3.78}$$

式 (3.78) は，2 つの x とは無関係の次元を持つ 3 次元ベクトル，$[\alpha_h; \beta_h; (1-\alpha_h-\beta_h)]^T$ と $[x^T m_i^{(s)}; x^T m_j^{(s)}; x^T m_k^{(s)}]^T$ 間の内積として解釈することができる．必要なら，粗なマップ上の勝者の近傍に一致している密なマップの領域で勝者検索を制限することによって，まだ勝者検索の測度を上げることができる．(全体のマップを覆う部分集合であるが，) 全ての可能な 3 つ組の (i,j,k) の部分集合のみが式 (3.76) と式 (3.78) で許容されるならば，これは特に早くなる．

3.17.3 平滑化

ただマップの漸近的な状態の非常に高い精度か正当性を保証するためだけに過度の計算時間を使用するのは常に望ましくはなく，また可能であるわけではない．例えば，利用可能な訓練サンプルの数が非常にわずかなのでそれらはとにかく十分よく pdf を近似しないと考えよう．しかしながら，マップの滑らかな形が隣接しているユニットでの整合を比較するときの良い解を得るために必要なので，コードブック・ベクトルにまだかなりの統計的な誤りがあるとき，我々はむしろ訓練を止めて，この微調整された解を達成するための平滑化手順を適用するかもしれない．

全く異なった作用にもかかわらず，平滑化と緩和は関連する概念である．平滑化では，我々は統計的な変化の減少を目的としている．ところが，緩和での典型的な仕事は，差の近似での微分方程式を解くことである．境界条件が与えられていたとき，後者の例は，つまり，領域中の調和関数値の計算であるディリクレ (*Dirichlet*) 問題である．

平滑化操作が通常ほんの数回差分的に適用されるだけので，平滑化は緩和とはまた異なっている．緩和問題では，漸近な状態が安定と見なされるまで "平滑化" ステップが繰り返される．このため，最終状態が初期のものと多分非常に異なって見えるだろう．

例えば，コードブック・ベクトルが値 m_h' に到達したときに我々は SOM アルゴリズムを止めると考えて見よう．格子が今，同じであるということを除けば，平滑化ステップは式 (3.76) と式 (3.77) と同じに見える：コードブック・ベクトルの新しい値は，例えば理想的な格子の 2 次元信号空間で平滑化されるべきものに最近接ではあるが，しかし同じ直線上には乗っていない 3 つの古いコードブック・ベクトルから得られる．式 (3.76) と式 (3.77) との類推で（理想的な格子の）m_h を線形結合としてまず

表現しよう．

$$m_h = \gamma_h m_i + \delta_h m_j + (1 - \gamma_h - \delta_h)m_k . \tag{3.79}$$

このベクトル方程式から，γ_h と δ_h を解くことができる．任意の pdf がある対応する真の SOM 格子の m'_h の平滑化の値は以下のようになる．

$$S(m'_h) = \varepsilon[\gamma_h m'_i + \delta_h m'_j + (1 - \gamma_h - \delta_h)m'_k] + (1 - \varepsilon)m'_h , \tag{3.80}$$

ここで，平滑化の度合いは係数 $\varepsilon, 0 < \varepsilon < 1$ を使うとさらに滑らかになった．

このやり方は，SOM 格子の中でも縁でもそこに存在する単位ユニットに関しては同様に働く．平滑化では，全てのコードブックベクトルの新しい値は最初に古いものに基づいて計算されて，一時記憶されなければならない．その後，新しい値は，古い値に同時に取り替えられる．

3.17.4 平滑化，格子成長，および SOM アルゴリズムの組み合わせ

今，理想的と実際の両方の格子のそれぞれに関しては，等しい数の同じ平滑化ステップ回数を最初におこなうのが，最も合理的な戦略であるように思われる．その後，式 (3.76)，式 (3.77)，と式 (3.80) が適用される：

$$\begin{aligned}m_h^{(d)} &= \alpha_h S^k(m_i^{(s)}) + \beta_h S^k(m_j^{(s)}) + (1 - \alpha_h - \beta_h)S^k(m_k^{(s)}) , & (3.81)\\ \hat{m}_h^{\prime(d)} &= \alpha_h S^k(m_i^{\prime(s)}) + \beta_h S^k(m_j^{\prime(s)}) + (1 - \alpha_h - \beta_h)S^k(m_k^{\prime(s)}) , & (3.82)\end{aligned}$$

ここで $S^k(\cdot)$ は，k 回の連続した平滑化操作を意味する．

最終的には，結局，その後のサイクルでの近道勝者探索を使用して，マップのいくつかの微調整段階は，SOM でもってなすことができる．

コメント

この 3.17 節の結果は，7.8 節で記述される応用例で利用された．これによって，非常に大きい SOM が計算されている．

第4章

SOMの生理学的解釈

　以下の3つの型の神経組織化は"脳マップ"と呼ばれる（2.15節）．それらは，ある特徴に敏感に応答する細胞の集合，ニューロン層間の順序投射，抽象的特徴を反映した解剖学上の順序マップである．後者は，生物の経験や他の様々な事象の最も主要な特徴を反映している．そのような特徴マップは，脳内ニューロンへの並列な入力と，この入力に最も強く応答する細胞の近傍に存在する複数のニューロンの適応過程において学習される．

　生物学的なSOMの過程が神経マップを形成，変更するには，数日，数週間，数ヵ月，あるいは数年を要することもあるため，組織化の効果を即座に測定することはできない．また，組織化の効果は短期の信号活動における何らかの激しい変化のために，その効果の実体がわかりにくくなる可能性がある．m_iの変化とそれによる信号伝達への影響は徐々に現れるが，それは，ある特定の可塑性制御因子が活性化している場合，おそらく"学習"の短期間において断続的に生じるであろう．

　さて，今やSOMの過程が，生物学上の非常に一般的な構成要素によって実現可能であることを，理論的に示すことができるようになった．その構成要素となる候補は，多数存在するであろう．この章の目的は，[2.45]に基づき，生理学的なSOMモデルが立脚すべき一般的な原理を述べることである．

4.1 脳内における抽象的特徴マップの条件

　シミュレーションのように明瞭に組織化されたマップが，脳内にも存在すると期待するのは非現実的であろう．生物の感覚器官でおこなわれる前処理は，シミュレーションにおけるよりもはるかに複雑である．脳内に存在する多様な特徴マップは，皮膚や網膜あるいは蝸牛などの順序表現やさらに抽象度の高いマップである．例えば，生物が常にさらされている音に関係した音響マップがある．音位相マップは，聴神経系の経路や大脳皮質の聴覚野 [4.1, 2] の両方に存在していることが知られている．それらは，内耳の基底膜上の音響共鳴の順序を表していると考えられており，有毛細胞から

大脳皮質に至る経路にも同じ順序で保存されている．また，直接 SOM アルゴリズムによっても，類似のマップがうまく作られる．他の特徴マップについては，2.15 節で議論されている．

神経系統における SOM の原理の具現には，ある特定の領域のニューロン，もしくはニューロン・グループへ，同一もしくは強い相関のある信号を同時に与える仕組みがまずどうしても必要である．マップの空間的直径は，側方相互作用の範囲，および，共通もしくは強い相関のある入力信号の到達可能な最長距離により決定される．SOM の原理は視床皮質系統でよく機能するであろう．ここでは，マップの直径は，主に視床皮質の軸索 [4.3] の分枝，および尖頂樹状突起群 [4.4] の直径によって決定される．したがって，1 つの特徴を表す SOM は最大で 4 mm から 5 mm の大きさであると考えられる．

第 2 に，勝者ニューロン，すなわち，適応が起こる中心位置を選択する仕組みが必要である．この章では，この選択において，興奮性および抑制性の側方相互結合 [2.11–18, 4.5] が大きな役割を果たすことを示す．

第 3 に，勝者近傍の学習制限は，トリガーとなるニューロン活動の広がりに単に起因する．しかし，変更を局所的に制御するある種の化学的 "学習因子"（それ自体はニューロンを活性化させない）が，活性ニューロンから拡散すると仮定することも可能である [2.45]．この考えは，メタ（中位）可塑性という概念，すなわち，シナプス可塑性の能動制御に近いものである．

ある一定の環境下においては，本質的に神経システムの各々のレベルで可塑性があり [4.7]．そのため，全てのレベルで特徴マップの存在が期待される．

4.2 2つの異なった側方制御の仕組み

多くの科学者により長年にわたっておこなわれたシミュレーションから，以下の 2 つの部分的な処理が完全な形で実現される場合に，最良の自己組織化結果が得られるということが確証されている：1. x に最も良く整合した m_i（m_c（"勝者"）と記述される）の解読．2. "勝者"ユニットの周りに存在する近傍ニューロンの整合性の適応的改善．

前者の働きは，勝者が全てを取る (WTA) 関数を表している．伝統的に，ニューラルネットワークにおいては，WTA 関数は側方フィードバック回路により実現されている [2.11–18]．しかし，著者が問題提起しているように，次のような近傍の制御は，神経のモデル化において新たな方向性を示す．その制御とは，"勝者"は，近傍のあらゆる細胞の活動を増強することなく，横方向にシナプスの可塑性を直接変化させるものである．したがって，生理学的な SOM の処理過程のモデル化のために，我々は，2 つの独立した相互作用のカーネル（核）を以下のように定義する（図 4.1）：1. 通常，"メキシカンハット" 関数と呼ばれる活性カーネル（中央は正のフィードバック，周りは

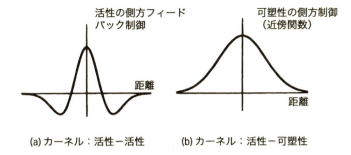

(a) カーネル：活性－活性　　(b) カーネル：活性－可塑性

図 4.1：2 種類の側方相互作用：(a) 活性制御カーネル（核），(b) 可塑性制御カーネル（核）．

負のフィードバック）；そして，2. 局所的な活性がその近傍における学習率を，どのように決定するかを定義する**可塑性制御カーネル**．このカーネルは非負であり，ガウス型の関数である．次に，この 2 つの型の側方制御をそれぞれ議論する．

4.2.1　側方活性制御に基づいた WTA 関数

ここでの議論は [2.11, 12, 14–16] に関連しており，主な相違点は，ニューロンの記述に新たな非線形動的モデルが用いられることである．他に改良が加えられた点は，形は同一だが，時定数が長く，ゆっくりとした抑制性の中間ニューロンを用いた局所的なリセット関数を導入したことである．このようなニューロン・モデルに基づいたネットワーク・モデルを用いると，議論がより明快になり，シミュレーションに要する時間も短縮される．

2 次元ニューラルネットワークの断面部分を示した図 4.2 について考えよう．ここでは，各先頭細胞は外部の信号源から入力を受け取り，また各細胞は，多数の側方フィードバックによりさらに相互結合している．最も簡単なモデルでは，求心性の入力信号の集合は，全ての先頭細胞と結合している．

ネットワーク内の各ニューロン i の出力活性度 η_i （スパイク（とげ状の波）周波数）は，一般に次のように記述される [2.40, 45]．

$$d\eta_i/dt = I_i - \gamma(\eta_i), \quad \eta_i \geq 0, \tag{4.1}$$

ここで I_i は，側方フィードバックや求心性（外部）入力などの全ての入力が，層状ネットワーク内の細胞 i へ与える相乗された影響である．モデル化に際しては，一般性をそれ程失うことなく，I_i は信号ベクトルとシナプス伝達ベクトルとの内積，あるいはその内積の単調な関数に比例していると考えられる．ここで $\gamma(\eta_i)$ を，I_i に対する全ての損失効果，あるいは漏れ効果としよう．ここでは，省略して表現している．すなわち，$\eta_i \geq 0$ であるから，式 (4.1) は，$\eta_i > 0$，あるいは $\eta_i = 0$ で $I_i - \gamma(\eta_i) \geq 0$ のときのみ成立し，そうでない場合は $d\eta_i/dt = 0$ である．また，安定に収束するため

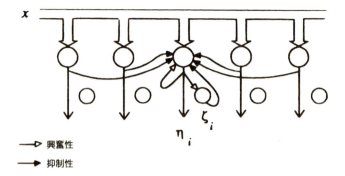

→ 興奮性
→ 抑制性

図4.2：ニューラルネットワークの簡略化モデル（2次元配列の断面）．各位置は，興奮性の先頭入力ニューロンと局所的にフィードバックする抑制性の中間ニューロンから構成されている．先頭入力ニューロン間の側方結合は，中間ニューロンを経由しても，しなくてもいずれでもよい．

には，$\gamma(\eta_i)$ は凸状でなければならない．すなわち $\gamma''(\eta_i) > 0$ である．ここで $\gamma''(\cdot)$ は γ の2次導関数である．

先頭ニューロンに対して，入力 I_i は，それぞれ I_i^e と I_i^f の2つの部分からなる．すなわち，$I_i = I_i^e + I_i^f$ である．ここで，上付き文字の e は "外部" あるいは求心性入力，f は側方フィードバックを意味する．最も単純な場合，これらの項は次のようになる．

$$I_i^e = m_i^T x = \sum_j \mu_{ij} \xi_j , \tag{4.2}$$

$$I_i^f = \sum_k g_{ik} \eta_k . \tag{4.3}$$

ここで $x = [\xi_1, \xi_2, \ldots, \xi_n]^T \in \Re^n$ は，求心性入力データベクトル，あるいは，このネットワークの全ての先頭細胞と，並列に結合していると仮定された軸索の集合における，信号の活性度を表すベクトルである．一方，$m_i = [\mu_{i1}, \mu_{i2}, \ldots, \mu_{in}]^T \in \Re^n$ は，細胞 i のシナプス強度に対応するベクトルと再定義しておく．$g_{ik} \in \Re$ は，細胞の有効な側方結合強度を表す．簡単のため，g_{ii} は i に無関係で，$g_{ik}, k \neq i$ は相互に等しいと仮定する．

他の研究 [4.5] によれば，側方フィードバックは，式 (4.1) で記述される中間ニューロンを介しても形成可能である．そうすると，安定な収束のためには，中間ニューロンは先頭細胞よりも早く収束しなくてはならない．すなわち，中間ニューロンの時定数が先頭細胞の時定数よりも十分に小さくなくてはならない．

上記の一連の式において，極めて一般的な唯一の制約は，$\mu_{ij} > 0, \xi_j > 0$（すなわち，外部入力は興奮性），$g_{ii} > 0, k \neq i$ に対して $g_{ik} < 0$，$|g_{ik}| > |g_{ii}|$，$\gamma > 0$ そして $\gamma''(\eta_i) > 0$ である．

任意の負でない異なる初期値 $m_i(0)$ と $\eta_i(0) = 0$ から開始すると，$m_i^T x$ が最大である細胞（"勝者"）の出力 η_c は，漸近的に高い値へ収束することがわかる．これに

対して，他の $\eta_i, i \neq c$ は，ゼロに近づく [2.45]．この収束は非常にロバスト（しっかりとして確実）である．

この収束を証明してみよう．

以下の議論は，持続的に加えられる外部入力 I_i^e に対する WTA 関数に関するものである．ここで，I_i^e は時間に対して一定と仮定し，最大の I_i^e と他の入力との差は無限小でないとする．さて，全ての g_{ii} が等しく，全ての $g_{ik}, k \neq i$ も相互に等しい，という場合に限って議論する．数式処理の都合上，次のように定義される新たな変数 g^+ と g^- を導入する：

$$\begin{aligned} g_{ik} &= g^- \quad k \neq i, \\ g_{ii} &= g^+ + g^-. \end{aligned} \qquad (4.4)$$

これにより，この系の方程式は次のようになる．

$$\begin{aligned} H &= I_i^e + g^+ \eta_i + g^- \sum_k \eta_k - \gamma(\eta_i), \\ \frac{d\eta_i}{dt} &= H \quad (\eta_i > 0, \text{ または，} \eta_i = 0 \text{ で } H \geq 0 \text{ の場合}), \\ \frac{d\eta_i}{dt} &= 0 \quad (\eta_i = 0 \text{ で } H < 0 \text{ の場合}). \end{aligned} \qquad (4.5)$$

k における合計は，$k = i$ の項を含み，i に依存しない．

もし $\gamma(0) = 0$ で，全ての $\eta_i(0) = 0$ から始めると，微係数の初期値は $d\eta_i/dt = I_i^e$ となり，η_i は順調に増加を始める．2 つの任意の出力 η_i と η_j の時間変化を記述する補題を導出しよう．η_0 が次の式のように定義されるとする．

$$\gamma'(\eta_0) = g^+, \qquad (4.6)$$

ここで，γ' は γ の 1 次導関数である．

補題 4.2.1 もし $I_i^e - I_j^e > 0, 0 < \eta_i < \eta_0, 0 < \eta_j < \eta_0, \eta_i - \eta_j > 0, g^+ > 0, \gamma''(\eta) > 0$ ならば差分 $\eta_i - \eta_j$ は増加する．

この証明はほとんど自明である．すなわち，$e = \eta_i - \eta_j > 0$ とすれば，

$$\frac{de}{dt} = I_i^e - I_j^e + g^+ e - (\gamma(\eta_i) - \gamma(\eta_j)) \qquad (4.7)$$

となり，$\gamma''(\eta) > 0$ より $\gamma(\eta_i) - \gamma(\eta_j) < \gamma'(\eta_0) \cdot e = g^+ e$ となる．よって，$de/dt > 0$ である．

以後は，常に $g^+ > 0, g^- < 0$，また，全ての $\eta > 0$ に対して $\gamma(\eta) > 0, \gamma''(\eta) > 0$ と仮定する．

$d\eta_i/dt = \dot{\eta}_i$ とする．次に，全ての $\eta_c \leq \eta_0$ に対して，"勝者" の活性度 η_c が断続的に増加することを示す．証明では，$\dot{\eta}_c = 0$ である離散点の存在を認めるが，活動中にはそのような点は出現しないようである．さて，ある時刻 $t = t_0$ において $\dot{\eta}_c(t_0) = 0$

であり，かつ少なくとも1個は $\eta_i > 0, i \neq c$ と仮定してみよう．Δt を無限小とするとき，時刻 $t_0 + \Delta t$ において次の式を得る（第1次近似において，Δt の間では η_c と $\gamma(\eta_c)$ は一定であることに注意すること）．

$$\dot{\eta}_c(t_0 + \Delta t) = \dot{\eta}_c(t_0) + g^- \sum_{k \neq c} \dot{\eta}_k(t_0) \cdot \Delta t + (\Delta t)^2 \text{ のオーダの項}. \qquad (4.8)$$

補題4.2.1に従うと，$\eta_k > 0$ である細胞に対して，$k \neq c$ で $\dot{\eta}_k(t_0) < 0$ であることがわかる．$g^- < 0$ より，もし I_c^e と I_k^e の差，すなわち，η_c と η_k の差が無視できない場合，2次の項は無視し，$\dot{\eta}_c(t + \Delta t) > 0$ であることがわかる．言い換えれば，$\dot{\eta}_c$ は $\eta_c = \eta_0$ まで継続的に増加することが示されたと言える．

もし $i \neq c$ である全ての η_i がゼロになれば，後に式 (4.10) で示されるように，この証明は自明となる．

上記により，有限時間内に η_c が η_0 に達することも明らかである．このとき，他の全ての η_i の値は依然として小さいままである．

実際，入力信号に対して，"勝者"が唯一に決まる処理系のパラメータを選択することは可能である．次に，もし以下の条件が満足されると，"勝者"以外の全ての細胞の活性度 η_i がゼロに収束することを示そう．さて，$g^- < 0$ より，以下のように仮定する．

(i) $g^+ > -g^-$ （または元の表記法で，$g_{ii} > 0$）

(ii) $I_i^e < (-2g^- - g^+)\eta_0$ ここで $i \neq c$,

これは，$-2g^- > g^+$ であること（あるいは元の表記法では，抑制性の結合は興奮性の結合よりも強いということ）も示している．少なくとも $\eta_c \geq \eta_0 > \eta_i > 0$ であるとき，以下の式が成立する．

$$\begin{aligned}\frac{d\eta_i}{dt} &< (-2g^- - g^+)\eta_0 + g^+\eta_i + g^-(\eta_0 + \eta_i) \\ &= (\eta_0 - \eta_i)(-g^- - g^+) < 0. \end{aligned} \qquad (4.9)$$

この結果を用いると，式 (4.8) を導くまでの議論の類推から，$\eta_c > \eta_0$ の場合，$\dot{\eta}_c > 0$ になり，そのとき，η_c は $> \eta_0$ のままであることも証明できる．このようにして，$i \neq c$ に対して，全ての $\dot{\eta}_i$ が < 0 に留まり，η_i はゼロに収束する．それらがゼロに収束した後，"勝者"は次のようになる．

$$\frac{d\eta_c}{dt} = I_c^e + (g^+ + g^-)\eta_c - \gamma(\eta_c). \qquad (4.10)$$

また，$\gamma''(\eta_c) > 0$ であるので，η_c はそれが収束する上限があることがわかる．■

しかし，生物学的なニューラルネットワークは，全ての新しい入力に応答できなければならない．しかるに，出力状態 $\{\eta_i\}$ は，次の入力を受け入れる前にリセットさ

れなければならない．活性をリセットするには多くの方法がある [2.45]．ほとんどの方法では，ネットワークの全てのニューロンに，ある種の並列制御が必要である．これは，生物学の世界では，あまり現実的であるとは思えない．このモデルにおいては，リセットは出力変数 ζ_i を持つ遅い抑制性の中間ニューロンによって，自動的に，そして局所的になされる（図 4.2 参照）．これらの中間ニューロンは，式 (4.1) によって記述することもできる．しかし，より一般的な数学的証明を容易におこなうため，さらに簡略化し，損失項を次のように区分的に線形化する．

$$d\zeta_i/dt = b\eta_i - \theta, \qquad (4.11)$$

ここで，b と θ はスカラ・パラメータである．またここで，式 (4.11) は $\zeta_i > 0$，または $\zeta_i = 0$ で，$b\eta_i - \theta \geq 0$ である場合のみ成立し，その他の場合には，$d\zeta_i/dt = 0$ である．式 (4.1) に相当する完全な方程式は以下のようになる．

$$d\eta_i/dt = I_i - a\zeta_i - \gamma(\eta_i), \qquad (4.12)$$

ここで，a は別のスカラ・パラメータである．

この WTA 回路は，周期的に動作していると見ることができる．ここで，各周期は，SOM アルゴリズムの 1 離散時間動作に相当すると考えられる．通常，入力は各々新しい周期ごとに変化するであろう．しかし，もし入力がしばらくの間変化しなければ，次の周期では "次点者" が選択され，その後また再び "勝者" が選ばれる，という周期を繰り返す．

この WTA 回路の周期動作は図 4.3 に示されている．

4.2.2 可塑性の側方制御

自己組織化マップの効果を示した初期の研究においては [2.32, 34–36]，学習則は本質的にヘビアン (*Hebbian*) を仮定している．すなわち，シナプス可塑性は場所に独立であり，学習は局所的出力活性レベルに比例しておこなわれる．側方活性制御（"メキシカンハット"）が，適度な広さの領域まで正のフィードバックを持つと仮定すると，その出力活性はこのカーネルの形に起因し，有限の大きさの "泡" 状の集団になる．そうすると，基本的な SOM モデルの近傍関数 h_{ci} は比例的で，かつ，これらの活性化した "泡" 状集団により仲介されたものになるであろう．

これら "泡" 状集団に基づいたある種の SOM の処理過程を実現することは可能である．しかし，それによりその順序づけ能力が特に優れたものになるということはなく，逆に順序マップの形成はパラメータ値に敏感で不安定なものとなる．マップの端における境界効果（端の縮み）は大きくなる．

[2.45] の著者は，可塑性の制御は，別の生物学的な変数群，すなわち，ある種の拡散した化学物質，あるいは，特別な化学伝達物質，または伝令物質によって仲介される

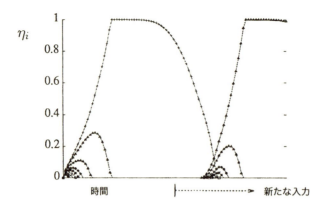

図 4.3：自動リセット機能を持った WTA 関数のデモ．最初の入力は時刻ゼロで加えられる．新しい入力は，点線の矢印で示されたように加えられる．ネットワークは 20 個の細胞より構成されている．そして，入力 $I_i^e = m_i^T x$ は，区間 $(0,1)$ の乱数で与えられる．g_{ii} は 0.5，g_{ij}, $i \neq j$ は -2.0 とする．損失関数は，$\gamma(\eta) = \ln \frac{1+\eta}{1-\eta}$ である．もっと簡単な別の関数を用いても差し支えない．フィードバック・パラメータは，$a = b = 1, \theta = 0.5$ とした．ネットワークは以下のように動作する．すなわち，最初の"勝者"は，最大の入力を受け取る細胞である．その応答はまず高い値で安定する．一方，他の出力はゼロに向かう．"勝者"の活性が，動的フィードバックによって一時的に弱められるとき，他の細胞は競合を続ける．解は 10^{-5} の刻み幅で，古典的なルンゲ・クッタ (Runge-Kutta) 数値積分法を用いて得られた．

と仮定している．近傍でのそれらの化学物質の量は，局所的な活性度に比例している．しかし，その化学物質は近傍の活性度それ自身を直接制御することはない．ある場所における細胞の局所的活性度は，別の場所における可塑性（学習率係数）を制御するだけである．その制御の強さは，これら 2 地点間の距離の関数である．制御物質を特定する必要はない．その他多くの代替物質が神経の世界には確かに存在すると考えられる．例えば，神経的（シナプス的）な物質と同様に，化学的な物質である．もし，制御がシナプス的であるなら，これらのシナプスが他のシナプスの可塑性を制御するのみで，出力活性度には寄与しないことを仮定しなければならない．すなわち，別の非活性的な可塑性制御である．

シナプス可塑性の側方制御は，シナプス後側で形成されるガス状の NO（一酸化窒素）分子によってしばしば仲介されていることが，近年観測されている．これらの軽い分子は，媒質を通してその近傍を自由に拡散することができる．拡散した位置で，これらの分子はシナプスの可塑性を変更する（レビュー（総括記事）については [2.50] を参照）．しかし，必要とされる制御が，NO 分子だけによって実現されると主張しているわけではない．ただ，理論的な可能性を示しているだけである．例えば，CO と CN 分子も同様な効果を持つことが見い出されている．一方，未だ発見されていない多くの他の物質が存在する可能性もある．

1つの細胞だけが"勝者"になるという，上で理論的に解析された WTA 関数は，上記のような化学制御物質を十分な量作り出すには，不十分であることを注記しておかなければならない．WTA 関数が"泡"状集団の全体を活性化させ，例えば，近傍の 1000 個のニューロンを活性化させ，そして十分な量の制御物質を引き出すと考える方が妥当である．

4.3 学習方程式

一般に，生物を模倣したニューラル・モデルでは，少なくとも最も単純な場合，ニューロン i は内積 $m_i^T x$ に比例して活性化される．ここで x は，シナプス前信号ベクトルであり，m_i はシナプス強度である．それ故，ここでの生理学的 SOM モデルの基礎としては，"内積型 SOM"と 2.13.2 節で議論したリッカチ (*Riccati*) 型学習方程式を用いる．

1982 年に著書 [2.36] の著者によって，最初に提案された式 (3.5) と式 (3.6) の SOM 方程式から何が出てくるかをまず見てみよう．さて，$m_i(t)$ は $||m_i(t)|| = 1$ に正規化されていると仮定しよう．もし，式 (3.5) の h_{ci} が小さければ，テーラ (*Taylor*) 展開の最初の 2 項は次のようになる．

$$m_i(t+1) \approx m_i(t) + h_{ci}(t)[x(t) - m_i(t)m_i^T(t)x(t)] . \tag{4.13}$$

h_{ci} は，式 (2.12) または式 (2.13) での P に相当する m_i の学習率係数であるので，この表現は（連続時間に限定），式 (2.14) のリッカチ型学習則によく一致する．リッカチ型では，任意のノルム $||m_i(t)||$ から開始しても，ノルムは常に一定値に収束，ここでは 1 に収束する．

反対に，もし外部（求心性）信号結合に対して表現されたリッカチ型学習則から開始し，式 (2.13) 中の P が，$h_{ci}(t)$ に等しい"平均場"型（空間的に積分された）側方可塑性制御効果と見なされ，さらに，式 (2.14) の離散時間近似を使えば，確かに以下の学習則に到達する．

$$m_i(t+1) = m_i(t) + h_{ci}(t)[x(t) - m_i(t)m_i^T(t)x(t)] . \tag{4.14}$$

しかるに，内積型 SOM 学習則とリッカチ型学習則の間には，お互いに密接な一致関係があることがわかる．

4.4 SOM のシステムモデルとそのシミュレーション

次の段階は，WTA 関数と学習則および近傍関数の種類を結びつけることである．我々は，これを連続時間のシステムモデルを使っておこなうことができる．このモデルでは，式 (4.1), (4.2) と (4.3) で記述されたニューロンは規則的な配列を構成する．

以下に述べるシミュレーションでは，この配列は2次元で6角形の構造をした層をなしている．

出力活性度を，図4.3に示されているように，まず振動させる．$\eta_j(t)$ に比例する可塑性の側方制御効果は，各ニューロン j から広がっていく．この効果を解析的に記述するには，モデルで仮定された可塑性制御の型により，まだかなりの自由度がある．これは拡散化学効果，または，本質的に同じダイナミクスに従った，可塑性の側方制御を引き起こすニューラル効果の可能性も考えられる．

しかしながら，図4.2に示されるWTA回路に誤った解釈を与える前に，単純化されたモデルの各々の形式ニューロン i は，実際には，例えば何百もの緊密に結合した生物学上のニューロンの集合体であるかもしれないことを強調しておかなければならない．それ故，**領域** i について議論する方がより正確であろう．そのような領域が，解剖学的に見て非常に小さな集合体であるのか，また活性ニューロンの活動が，単に近傍の細胞にトリガーをかけて活性化させるのか，を明確にする必要はない．化学的相互作用の仮定において最も重要な条件は，十分な量の"学習因子"が"勝者位置"から放出されるかどうかである．その全活性度をシミュレーションでは η_i で示している．

活動している領域が，大脳皮質に垂直な薄い円柱状の局所的な源泉を形成し，可塑性のための制御物質が，活性度 η_j に比例してこの源泉から拡散されると仮定しよう．さて，強さ $\alpha(t)\eta_j(t)$ の線源からの円柱状拡散のダイナミクスを考えよう．このモデルはそれほど正確である必要はない．ゆっくりと減少する係数 $\alpha(t)$ は，線源の強さの一時的な変動を表している．一様な媒質内で，時刻 t および線源からの円柱座標距離 r における物質の密度は，以下のようになる．

$$D_j(t,r) = \int_0^t \alpha(\tau)\eta_j(\tau) \frac{1}{4\pi(t-\tau)} e^{-r^2/4(t-\tau)} d\tau. \tag{4.15}$$

わかりやすくするために上の式では，実際のシミュレーションで必要な時定数と，スケーリング係数を省いている．シミュレーションでは，以下の近傍関数を用いた．

$$h_{ij}(t) = D_j(t, r_{ij}), \tag{4.16}$$

ここで，r_{ij} は領域 i と領域 j 間の側方距離である．

式(4.16)に示す可塑性を記述している制御要素は，シミュレーションにおいて，次の2つにより実現された．すなわち，1つは，拡散物質が不活性になる仕組みを，式(4.15)を離散時間近似し，それを単に有限時間で積分することによりモデル化したことであり，もう1つは，可塑性はある小さなしきい値を越えて初めてその効果を表すとしたことである．

式(4.15)は，$D_j(t,r) \approx \alpha(t)h(r)\eta_j(t)$ により近似できることに注意しよう．ここで，もし活性度 $\eta_j(t)$ が拡散の時間割合に比べてゆっくりと変化するなら，この h は，η_j にも時間 t にも依存しない係数である．

学習則は，すでに式(4.14)により仮定されている．

上記のシステムモデルによって定義されたシステムの振舞いのシミュレーションを

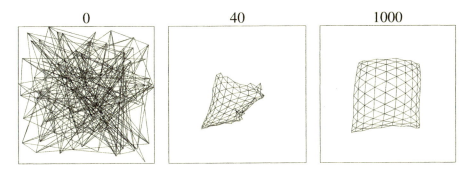

図 4.4：完全な生理学的 SOM 過程の動作を表しているアニメーション・フィルムから取り出した 3 つのコマ枠（学習回数はそれぞれ，0, 40, 1000 回）．

おこない，その解を，アニメーション・フィルムに収録した．初期の多くのシミュレーションのように，入力 $x(t)$ を図 4.4 に示す枠で囲った正方形の領域から，無作為に選ばれた一連のサンプル列として定義する．ここで，$x(t)$ は WTA の周期中，安定した値として近似される．6 角形の位相形態がニューロン配列として使われているので，図 4.4 に引かれた補助線は，式 (4.16) で用いられた近傍ノード間の距離 r_{ij} が，6 角形格子点の離散ノードのみで評価されていることを意味している．

このフィルムから抜き取った 3 つのコマ枠を図 4.4 に示す．このシミュレーションは，最新のワークステーションを用いて約 3 週間かかったが，それでもなお，最終的な漸近状態にはまだ到達していない．時間のほとんどは，式 (4.15) の計算と，時間関数 $\eta_i(t)$ のルンゲ・クッタ (Runge-Kutta) による計算に費やされた．内積型 SOM に基づいた同様のシミュレーションは，同じコンピュータを使っても 1 秒とかからない．このシミュレーションにより，生理学的な SOM モデルと内積型 SOM モデルの一般的な振舞いが，定性的に類似していることが証明される．それゆえ，**内積型 SOM モデルは，高速な生理学的 SOM モデルと見なすことができる**．

参考のため，別のシミュレーション結果を示しておこう．このシミュレーションでは，計算速度を上げるため，遅い拡散効果が大幅に簡略化された点以外は前と同じである．ここで，学習因子の広がりは次の式のように単純に仮定した．

$$D_j(t,r) = \alpha(t)\eta_j(t)e^{-r^2/2[\sigma(t)]^2}, \qquad (4.17)$$

ここで，$\alpha(t)$ と $\sigma(t)$ は，内積型 SOM のように（線形に）減少するパラメータである．異なるニューロンからの寄与の合計 $h_{ij}(t)$ を定義するのに，ここでも再び式 (4.16) を使用した．

また，式 (4.17) に基づいた完全なシミュレーションもおこなった．再びアニメーション・フィルムを作成し，その 3 つのコマ枠を図 4.5 に示した．

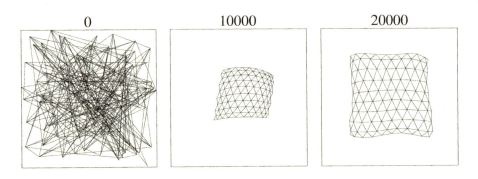

図 4.5：事前に計算された式 (4.17) の拡散解に基づくアニメーション・フィルムから取り出した3つのコマ枠.

4.5 生理学的 SOM モデルの特徴の要約

　この章で強調したいことは，SOM 理論のいくつかの仮定は，生物学的に見てもそれに類似したものが存在することである．それらは，1. ニューロンの簡単な非線形動的モデルに基づいた WTA 関数の自然でロバスト（頑強）な実現，および側方結合した単純なニューラルネットワーク．2. ある特殊な統合的抑制性中間ニューロンによる WTA 関数の自動リセット．これは，ネットワークの周期的な動作を引き起こす．3. シナプス可塑性の法則についての現実的な説明．4. シナプスベクトルの部分集合の自動正規化．特に，求心性信号に対するシナプスの部分集合の正規化．5. 学習中のニューロン間における可塑性の側方制御（近傍関数）についての無理のない自然な説明．

　単純な離散的 SOM モデルと，複雑な分布的 SOM モデルのいずれも，純粋な生理学的モデルと見なせることを示したが，実際の応用ではより単純なモデルを使うことを推奨する．この章では，非線形動的ニューロンモデルから構成されるネットワークで起こりうる動的な現象を研究するために，厳密な方法を用いた．

4.6 脳マップと模擬特徴マップの類似性

　抽象的特徴マップは，広く考えられている以上に，脳内では一般的なものかもしれない．それらを発見するのが難しい理由の1つは，おそらく数ミリメートルという微細なその大きさにある．そのため，SOM と実際の脳マップとが比較されることはあまりなかった．しかし，それらの類似性は，少なくとも抽象的な形態で，同様な単純原理が潜んでいることを示唆しており，生きている脳内に数ミリメートル以下の大きさで，特徴マップが出現する．しかし，規模の大きなマップが同じ原理によって，あるいは，多重組織化によって形成されるのかは，未だ解明されていない．

4.6.1 拡大

　脳の皮質表現はある領域を持ち，その面積はその特徴を経験する回数のある尺度に比例している．擬似特徴マップにおいては，その特徴で占められた面積は，その特徴の発生確率のあるベキ乗に比例する．理論的には，そのベキ指数は 1/3 から 1 までの値であると仮定できる．

4.6.2 不完全マップ

　SOM は時として意図されない特有な特徴を示す．例えば，自己組織化がランダムで異なる初期状態から出発すれば，結果として様々なマップを形成したり，鏡像を形成したりすることがある．自己組織化の過程が完全でなければ，人工的なネットワークは，逆順の 2 つあるいはそれ以上に断片化されることもある．

　脳マップの初期値は，おそらく遺伝的に決められているが，その順序を逆転させることも依然可能である．

4.6.3 重複マップ

　状況が変われば，同じ脳細胞が異なる様式の信号に応答することもありうるだろう．ネットワーク・モデルのニューロンは，異なる様式の信号を 1 つに併合する．もし，一度に 1 つの様式のみが使われるとすれば，複数の異なる独立したマップが，同じネットワーク上に重畳される．しかし，例えば，もし 2 種類の信号が同時に使われたとすると，両方の様式（図 3.15）の表現を持つ共通のマップが形成される．その結果，細胞はいずれの様式の信号にも同じように応答する．

第5章
色々なSOM

　ニューラルネットワークの内部では，入力の発生状態を空間的に順序づけ，組織化された形で表現する．このために，最も本質的な原理は最整合ユニットの位相的近傍に存在するネットワーク・ユニットの部分集合だけに限って学習による修正を加えることである．そこには，内部表現と入力発生の状態の整合化を定義する非常に多くの方法が存在すると思われる．そして，1つのユニットの近傍についても数多くの方法で定義される．修正をパラメータ空間内での勾配のあるステップとして定義する必要はない：整合性の改良は，バッチ計算あるいは進化による変化により達成されるであろう．結果として，そのような場合の全てについて，広い意味で自己組織化アルゴリズム (SOM) の範疇に属するとこれからは考える．この範疇の中には教師ありと教師なしの両方の学習法が含まれると考えてよい．

5.1　基本SOMを修正するための考え方の概要

　基本的な SOM はあるクラスのベクトル量子化問題に対して非パラメータ回帰解法の解として定義し，その意味では基本的な SOM には何の修正もいらない．それにもかかわらず，SOM の考え方には修正された色々な方法で応用されうる他の関連問題が存在する．このような考え方を以下に示す．

異なった整合基準
　"勝者"を定義する整合基準は，異なった測度基準かまたは他の整合に関する定義を使った多くの方法で一般化される．測度の一般的扱いはすでに 3.7 節でおこなわれている．5.2 節では別の考え方を入れる．

同一でない入力
　SOM 構造を直接的に一般化することは，信号の部分集合である入力ベクトル x を組み上げることである．これにより，異なった，結果として分割している SOM の領

域に入力ベクトル x は結合される．そのため，入力ベクトル x とコードブック・ベクトル m_i の次元数は，また位置に依存するだろう．ある種の抽象化のような非常に特殊な順序づけパターンは，入力結合集合の交差部分にある細胞の中で得られるだろう．本書では，そのようなマップの例は1つも示さない．

伝統的な最適化手法による探索の加速化

人工ニューラルネットワーク (ANN) の研究・応用領域で必要とする豊富な知識はその関連した分野の文献から手に入る．例えば，数値的最適化法には，きわめて多くの教科書が存在する．そのうちのいくつかは，ANN，特に SOM アルゴリズムでの探索の加速化を実行するために用いられる．特に SOM における初期の順序づけがすでに形成されているときに用いられる．次にあげるものは，説明はしないが重要な標準最適化アルゴリズムについての一覧である：

- 線形計画法 (linear programming:LP)
  - シンプレックス法 (simplex method)
  - 内点法 (interior-point method) (カーマーカ法，Karmarkar method)

- 整数計画法と混合整数計画法 (integer programming:IP and mixed integer programming:MIP)

- 2次計画法 (quadratic programming:QP) と
  逐次2次計画法 (sequential quadratic programming:SQP)

- 非束縛下非線形計画法 (unconstrained nonlinear programming)
  - 最急降下法 (steepest-descent method)
  - ニュートン法 (Newton's method)
  - 準ニュートン分割法 (quasi-Newtonian and secant method)
  - 共役勾配法 (conjugate gradient method)

- 非線形最小2乗法 (nonlinear least-square method)
  - ガウス・ニュートン法 (Gauss-Newton method)
  - レーベンバーク・マッカート法 (Levenberg-Marquardt method)

- 束縛下非線形計画法 (constrained nonlinear programming)
  - 逐次線形計画法 (sequential linear programming)
  - 逐次2次計画法 (sequential quadratic programming)
  - コスト関数と束縛関数を使った方法 (method using cost and constraint functions)
  - 可能方向予測法 (feasible-direction method)
  - 拡大ラグランジュ法 (augmented Lagrangian method)
  - 投影法 (projection method)

- 統計的（発見的）探索 (statistical (heuristic) search)

多くのこれらの方法に対する数値アルゴリズムは文献 [5.1] に記されている．

階層的探索

SOM において非常に早く "勝者" を見つけるための 2 つの特別な探索方法を本書に記述している．すなわちそれらは木構造探索 SOM と超越マップである．"勝者" m_c はその場合逐次探索処理過程によって定義される．木構造探索 SOM については 5.3 節を参照のこと．"超越マップ"（6.10 節）の基本原理において，中心的な考え方は以下のようである．つまり，入力信号の中のある部分集合を用いて，最整合のノード集合の唯一の候補集合が，結局のところ粗くそして高速な手法を使うことにより定義される．その後，"勝者" が他の入力信号によってこの部分集合から選択される．初期の段階でなされた意思決定の後，ここで適用された正確な信号値は，次の段階あるいは "勝者" の最終選択をおこなう時点では意味を持たなくなる．この原理は適当ないくつかのレベルで一般的に扱うことができる．

特に LVQ の発展に関連した形で，超越マップについて 6.10 節で立ち戻ることにしよう．

動的に定義されたネットワーク位相関係

SOM ネットワークの大きさや構造が中間結果（すなわち，処理過程中の量子化誤差）に依存して決定されることをいく人かの研究者は示唆している [5.1–15]．ある場合には試験的な順序づけに従ってネットワークの構造を変化させ結果が有利になる．そして，それは，SOM が元のデータの分布内でクラスタと糸状体 (filaments) を見つけるのに使われるときである．後者の考え方（クラスタを見つけるよう変更すること）において，入力の確率密度関数をより正確に表現する必要があるために，新しいニューロンをそのネットワークに追加（すなわち成長させる）したりあるいは削除したりすることがある．

信号空間内での近傍の定義

確率密度関数の表現を第 1 の目標点とするなら，非順序づけベクトル量子化 [3.5], [5.2] では，5.5 節で示す信号空間内での近傍の定義により著しく加速化された学習を達成することが可能である．いくぶん似通った相互作用が "ニューラル・ガス" の方法 [3.6, 5.3, 5.4] で定義される．

階層マップ

基本的な SOM は，3.15 節で例示したようにすでにデータの階層構造を表現することが可能である．しかし，SOM 研究の 1 つの目的は基本的な（複数個の）SOM をモジュールのように使って構造をもったマップを作ることである．そのような構築はま

だ発達の初歩の段階にある．

SOM 学習の加速化

高速な収束を保証する最も有効な方法の 1 つは初期の参照ベクトル値を適切に定義することである．3.7 節で述べたようにそれらは選択できると思う．1 例をあげれば，確率密度 $p(x)$ に適合した 2 次元線形部分空間に沿った 2 次元正方（長方形）配列が選択され，配列の次元は x の相関行列のうちの 2 つの最大固有値に一致するようになる．

ある問題はずっと以前に出されたもので，学習率パラメータの最適な結果について述べていた．最初のロバン・モンロ (*Robbins-Monro*) の確率近似（1.3.3 節を見よ）において，2 つの必要かつ十分条件は以下のようである．

$$\sum_{t=1}^{\infty} \lambda^2(t) < \infty, \ \sum_{t=1}^{\infty} \lambda(t) = \infty . \tag{5.1}$$

少なくとも非常に大きなマップについては，収束するための学習率のパラメータの効果を考慮しなければならない．式 (3.39) の形式の時間関数は $h_{ci}(t)$ または $\alpha(t)$ で使用すべきであると思われる．

3.6 節で我々は高速な計算概念，バッチ・マップを導入した．その計算において（近傍サイズに関する問題は存在するが，）学習率に関する問題は完全に削除されている．

時系列信号のための SOM

自然界のデータはしばしば動的（時間的には滑らかに変化する）であり，そして統計的に依存している．ところが基本的な SOM は，その構成要素が本質的には統計的にお互いに独立であるパターン系列を解読するように設計されている．信号の時系列関係を SOM 中に考慮に入れる簡単な方法は存在し，5.6 節で議論する．

記号文字列のための SOM

SOM は，文字列変数に対しても定義することができる（5.7 節参照）．このとき，アルゴリズムはバッチ方式で表現される．ここで，記号文字列の表にある平均，いわゆる一般化された中央値は，全ての他の文字列から見て，一般化された距離関数の最小和をもつ文字列として定義されている．

演算子マップ

有限な逐次連続値 $X_t = \{x(t-n+1), x(t-n+2), \ldots, x(t)\}$ の入力サンプルが SOM にとって単入力であると見なすことができるなら，各細胞は X_t を解析する演算子に相当するように作られるだろう．そのとき，x とニューロンとの整合は，x が最大に反応するようなパラメータ m_i を持った演算子を見つけ出すことを意味する．もし細胞の関数が X_{t-1} に基づいた時間 t におけるユニット i によって信号 $x(t)$ の予測値 $\hat{x}_i(t) = G_i(X_{t-1})$ を定義するある推定子 G_i であり，かつ整合が $x(t)$ の最適な

進化学習 SOM

入力データに対する距離関数は定義できないが，進化学習演算を用いる SOM の過程を実行することはまだ可能である．従来の進化学習の確率的試みが SOM に関するバッチ・マップを用いる平均化で置き換えられれば，その過程は速やかに収束させることができる．入力サンプルとモデルの間の**適合度関数**を考えれば，他の条件かもしくは測度を仮定しなくてもよい．モデルの"機能的類似性"に従ったマップの順序が判明する．

教師あり SOM

通常，教師あり統計パターン認識問題については LVQ アルゴリズムを使用することを推奨する．5.11 節で示すように，基本的 SOM もまた教師ありクラス分類がおこなえるように修正することができることを述べておくことは，歴史的な意味で興味深い．

適応部分空間 SOM

SOM 理論においてばかりでなく，一般的に ANN 分野においての新しい考え方としてニューラル・ユニットを多様体と記述している．この方法により**不変特徴検出器**を作ることが可能となる．5.11 節と 5.12 節で記述される適応部分空間 SOM(ASSOM)はそのような方向の第 1 段階のものである．

SOM のシステム

自己組織化における遠い将来の目標は，互いに制御し，互いに学習する部分を持った自律システムを構築することである．このような制御構造は，特別な SOM によって実行されるであろう．それゆえ主な問題点はインターフェースに存在する．ここでは，特にモジュール間の相互通話信号の自動尺度化とモジュール間のインターフェースへの関連した信号の収集が問題である．これらの問題については将来の研究として残しておくつもりである．

5.2 適応テンソル荷重

もし入力ベクトルについて特別な条件設定がないのなら，ユークリッド測度は整合のための自然な選択である．しかし x の成分の変化幅に著しい差（分散）があるなら，斜めに歪んだマップが結果として得られることを図 5.1(b) に示した．

良好な方向を持ったマップの作成は整合則 [3.5], [5.2] に重みづきユークリッド距離を取り入れることにより保証することが可能である．その距離の平方は以下のよう

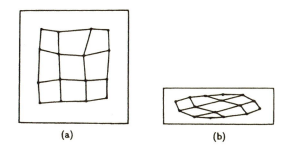

図 5.1：SOM の傾斜方向の例．

に定義される．

$$d^2[x(t), m_i(t)] = \sum_{j=1}^{N} \omega_{ij}^2 [\xi_j(t) - \mu_{ij}(t)]^2 , \qquad (5.2)$$

ここで ξ_j は x の成分，μ_{ij} は m_i の成分，ω_{ij} は細胞 i に関係した j 番目の成分の荷重である．中心となる考え方は，誤差（変化幅の不一致）の影響が釣合の取れている教師なし学習過程の中で，そのような ω_{ij} の値を再帰的に推定することである．まず，収束の段階で各細胞 i は各成分ごとに誤差 $|\xi_j(t) - \mu_{ij}(t)|$ の絶対値の荷重平均値を指数関数的に時間遅れで蓄えていくように作られている．計算過程 t ごとにこれらの値を $e_{ij}(t)$ と表すと，次の式が得られる．

$$e_{ij}(t+1) = (1 - \kappa_1)e_{ij}(t) + \kappa_1 \omega_{ij}|\xi_j(t) - \mu_{ij}(t)| , \qquad (5.3)$$

ここで効果的な時間遅れの平均値の範囲はパラメータ κ_1（小さなスカラ値）で決定される．

基本学習過程の場合と同じ特徴をもつので，これらの細胞の平均は各時間ごとに学習近傍に含まれるものだけが更新される必要がある．

次に各細胞の入力を通じての $e_{ij}(t)$ の平均を以下の式で定義する：

$$e_i(t) = \frac{1}{N} \sum_{j=1}^{N} e_{ij}(t) . \qquad (5.4)$$

ここで各細胞の中では，全入力を通しての荷重誤差を同じ平均水準で維持しようと試みる：

$$\forall j , \ \mathrm{E}_t\{\omega_{ij}|\xi_j - \mu_{ij}|\} = e_i . \qquad (5.5)$$

以下に示す単純な安定化制御は，式 (5.5) の近似として適当であることが判明している：

$$\omega_{ij}(t+1) = \kappa_2 \omega_{ij}(t),\ 0 < \kappa_2 < 1$$
$$\text{もし}\ \ \omega_{ij}|\xi_j(t) - \mu_{ij}(t)| > e_i(t)\ \text{なら}, \tag{5.6}$$
$$\omega_{ij}(t+1) = \kappa_3 \omega_{ij}(t),\ 1 < \kappa_3$$
$$\text{もし}\ \ \omega_{ij}|\xi_j(t) - \mu_{ij}(t)| < e_i(t)\ \text{なら}. \tag{5.7}$$

実験的に適していると判明している制御パラメータは：$\kappa_1 = 0.0001$, $\kappa_2 = 0.99$ と $\kappa_3 = 1.02$ である．

各細胞を他のものと同じくらいにしばしば"勝者"に近似的に強化（学習）させる条件を次の式で記述することができる．

$$\forall i,\ \prod_{j=1}^{N} \frac{1}{\omega_{ij}} = \text{一定値}. \tag{5.8}$$

上述の重みづきユークリッド・ノルムを採用すると図 5.2 に示したシミュレーションにより正しいことが証明できる．比較するために一連の 2 つの実験がおこなわれた．1 つは非重みづきユークリッド・ノルムを使ったもので，他方は適応するように重みづきユークリッド・ノルムを使った実験結果である．自己組織化マップは長方形格子内に並んだ 16 個の細胞で構成されている．学習ベクトルは一様な長方形分布をした乱数から選ばれており，そして比較的少ない学習回数でおこなわれた．水平方向に対する垂直方向との寸法比率を変えて実験した（それぞれ 1:1, 1:2, 1:3, 1:4 である）．非重みづき測度を使った実験結果を図 5.2 の左に，そして重みづき測度を使った実験結果を図 5.2 の右に示している．

寸法比率が同じであるなら，両方のノルムの結果は図 5.2(a) に示すようによく似た m_i ベクトルの並びをもつようになる．しかしながら，図 5.2(d) の分布を近似する最適な配列は 2×8 の格子となるはずである．異なった座標次元において大きく異なる x の変化幅をもつ近傍関数と同様に配列の次元も前もって選んでおいたため，結果として得られた唯一の準最適ベクトル量子化のみをその傾いた方向によって示している．もし今テンソル荷重をノルムの計算に用いれば，各近傍は自分自身を容易に調整して図に示し理解できる方法で x の分布を形成する．

しかしながら実際の応用においては，$p(x)$ の形は決して上述の例示のような規則だったものではない．$p(x)$ の構造形に沿って SOM の方向がよくそろっていることは，全ての場合に好ましいとはいい難いと思われる．"簡単な例"の"表面的な"改良であるように思われる．より重要なことは m_i によって定義された平均予測量子化誤差が最小化されることである．量子化誤差の評価はテンソル荷重を使用するとより複雑になる．

5.3 探索における木構造 SOM

SOM のソフトウェアを実行した場合，"勝者"の逐次探索は非常に時間がかかる．

5.3 探索における木構造 SOM

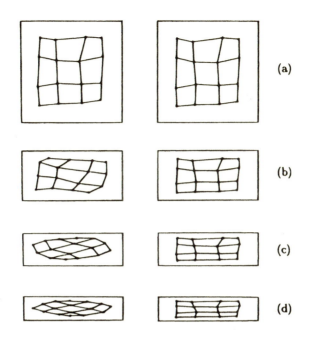

図 **5.2**：テンソル荷重を用いた SOM の向きの修正．(a) から (d) において，ユークリッド距離は図の左のものに使われ，テンソル荷重は右のものに使われた．

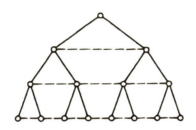

図 **5.3**："勝者"の高速な決定をするための複数の SOM のピラミッド．

この探索の速度を向上させるために，*Koikkalainen* [5.7] は階層的探索法を導入した．その階層的探索法では，同じ $p(x)$ を表現するのにピラミッド構造のように構成された複数の SOM を必要とする（図 5.3）．

基本的な考え方は，木の根（頂点）から開始して 1 ニューロンの SOM を形成し，その後コード・ベクトルを固定する．同じ階層は同じ時刻に取り扱われる．したがって，より低い階層でより多くの複数の SOM が訓練される．そしてそれらのコード・ベクトルはその後に固定される．形成中の **SOM** 内で"勝者"が決められるとき，その前の

すでに固定した階層は探索木として使われる．x に関する探索は根から開始され下位の階層へ進行する．そして下位の階層における"勝者"は，これから述べる方法で定義される"子孫"の間でのみ探索はおこなわれる．

図 5.3 に 1 次元の探索木を示す．同じ階層上でのユニット間の結合は，間接的にその階層で使われる近傍を定義する．"近傍の縮小"は必要ではない．下位の階層での結果が上位の階層に結合された関連した複数のユニットの間で探索されるところが，通常の探索木と異なっている．ここでは実際に，下位の階層での探索は"勝者"に結合される全てのユニットとその次の上位階層上の近傍ユニットについて実行される．このようにして，上位階層における偶発的な間違った順序づけはこの間接的な近傍の定義により補正される．

探索は根の階層から開始され，次の下位階層での"勝者"を決定してからさらに下位階層へと下降していく．現・下位・さらに下位の階層ではユニットの部分集合のみが"勝者"に従属する．そして必要があればさらに学習は続けられる，など．マップ系の全体的な順序づけは最上位（根）から開始されるので，上位階層での組織化は，下位階層でのノードの順序づけを有効に導いてくれる．

5.4 異なった近傍の定義

離散的位相関係

本書の著者は，早くも 1982 年にいくつかの離散マップよりなる SOM 構造の形成に関する実験をおこなっていた．離散的位相関係は定義できたのだけれども，特別な入力 x に対するある唯一の"勝者"ニューロンは全参照ベクトルから選択されている．実際のところ，この場合はすでに**階層的ベクトル量子化**である．複数の SOM の集合が VQ における単純なコード・ベクトルのように振る舞うことによって，単純なコードブック・ベクトルが別の互いに影響を与え合っている SOM によって置き換えられると考えてもよいだろう．図 5.4 の例に見られるように，困難な場合でさえも，より正確にクラスタが確認できることが結果として得られた．

最近，例えば [5.9,10] で，この考え方が衛星写真から地形調査をする分析でのデータをクラスタ化するのに適用されている．

動的に定義された位相関係

近傍関数 h_{ci} をただの対称的なものよりもさらに複雑に作ることができる．その構造を適応させることが可能であることがすでに前々から明らかになっている．1982 年頃の著者のこの考え方は h_{ci} あるいは実際に近傍集合 N_c を近傍ニューロンへのアドレス・ポインタの集合として定義することであり，前者（近傍集合 N_c，近傍関数 h_{ci} の定義）をマップの各位置において保存することであった．マップを仮収束させた後にコードブック・ベクトル m_i と m_c のベクトル的な差が非常に大きければ，それに該当するポインタは不活性であり，そしてそのまま学習は続くことになる．図 5.5 に

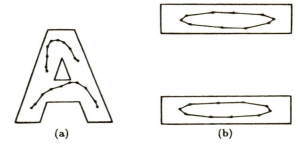

図 **5.4**：著者により 1982 年におこなわれた 1 次元離散位相関係の SOM の例示；左側と右側はそれぞれ開放端位相関係と閉端位相関係を表す．全てのノードの中から特定の "勝者" が比較により決定される．

動的に作り直した位相関係が，いかにしてより良く $p(x)$ に適合するかを示している．後に結果として判明したことであるが，マップの異なった場所での m_i の点密度が非常に異なるので，その差の絶対値は，ポインタの不活性化を決定するのにはあまり良くはない．純粋な構造を描画するために，不活性の決定は前述のベクトル的差の相対

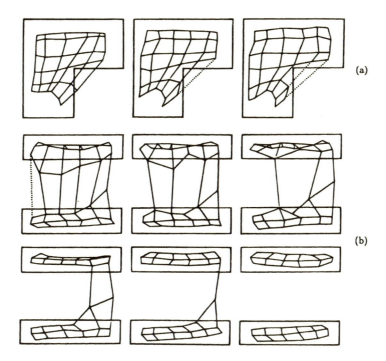

図 **5.5**：動的に変化した位相関係の 2 例．上の図で，不活性ポインタが点線で示している．下の図では，不活性ポインタを明確にするために取り除いてある．

値に基づく必要がある．相対値に基づくということは差にわたって取られた平均を参照しながら，ニューロン i の周辺の平均距離を基準とすることである．

先に述べたように，h_{ci} を変えるためのこれ以外の適応方法が [3.40–54] に発表された．

しかしながら，元々の通常の位相関係を持った SOM と動的に定義された位相関係とは，考え方において全く異なった思想であることを理解すべきである．SOM は元来，非パラメータ回帰のために考えられたものである．そこでは，サンプルが局所的に分布している信号空間での主次元，すなわち，"局所的主軸"を見つけることがより重要であると考えられた．そして 3.16 節でそのような SOM が統計の古典的用語でいかに解釈できるかが示された．しかしながら動的位相関係 SOM がサンプル分布の形を記述するために導入されたようだ．少なくとも抽象的な現象を表現する SOM の能力は，動的位相関係とネットワークの成長とともに大きく損なわれる．なぜならば，このとき分岐は $p(x)$ の個々の詳細を述べており，それを一般化していない．また，構造的 SOM を統計的に解釈することは容易ではない．

ほとんどの実際の問題では x と m_i の次元数 n は非常に大きい．例えば"超長方形"を表現するためには 2^n の頂点が確実に必要である．高次元空間内の任意の複雑な領域の形成を，制限された数のコードブック・ベクトルと学習用サンプルにより定義することは非常に難しいと思われる．

動的位相関係 SOM は人工的に作られた非統計的な例においてはそれが最善であると思われる．一方，自然な確率データではそれら（動的位相関係 SOM）は新しい分岐をいつ作るかを決定するのに困難であると思われる．

超立方体位相関係

1 次元および 2 次元マップに加えて，任意の次元数の配列を考えてみよう．特別な場合が $\{0,1\}^N$ SOM である．ここでノードは N 次元の超立方体の頂点を形成する．この場合，頂点の近傍はそれ自身と同じ縁を共有する全ての頂点近傍から成り立っている [5.11, 12]．

循環的マップ

特にデータがまた循環的であると結論できるなら，循環マップ，すなわち環状の 2 次元配列もまた，時々使用される場合がある．

5.5 信号空間内の近傍

入力ベクトル分布が突出した形状をしているとき，最整合計算の結果はマップ内の細胞の一部分に集まる傾向がある．ゼロ密度領域に存在する参照ベクトルは，非ゼロ分布の全周辺部分からの入力ベクトルによって影響を受けやすい．これは統計的不安

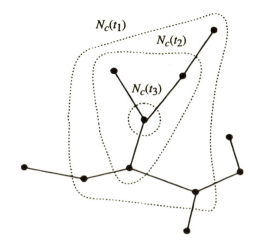

図 5.6：最小結合木位相関係での細胞の近傍の例.

定性の原因となる．この不安定性は近傍が縮んだときに止まるが，しかし固まった近傍からの残留効果によって，いくつかの細胞は部外者として残るだろう．もし入力ベクトル分布がさらに一様であれば，参照ベクトル集合はきちんと入力データに適応する．

これらの観察の結果，我々[3.5], [5.2] は，学習の過程で局所近傍関係を定義して適応可能な新しい機構を探すことにした．我々はネットワークの空間的な隣接関係に基づく位相関係の定義を止めて，元々のベクトル量子化の問題に戻る．すなわち，信号空間内の m_i ベクトルのベクトル的差異の相対的大きさに従って近傍を定義することは興味がありかつ有益と思われる．新しい学習アルゴリズムの中で近傍関係は，いわゆる**最小結合木構造 (MST)** と言われるものに沿って定義される．文献 [5.13] からよく知られているように，MST アルゴリズムでは全ノードは単一結合を通して結合されており，さらに弧の長さの総和が最小化されるようなノード間の弧を割り当てている．ここで，弧の長さを相当する参照ベクトルのベクトル的差異についての非荷重ユークリッド・ノルムで定義する．そのような MST 位相関係内での細胞の近傍は，その細胞によって描かれる弧に沿って定義される（図 5.6 参照）．

元のアルゴリズムのように，ここでの学習は幅広い近傍から開始する．この幅広い近傍とは，近傍を作るために選択された細胞から離れたより多くの MST の弧を交差していることを意味する．学習過程が進んだ後では，近傍は縮小し，位相関係の型はもはやあまり重要ではない．一般に適応は時間的に滑らかなので，各々の逐次学習ベクトル $x(t)$ の後で MST を計算することは必要ではない．シミュレーションでは近傍の位相関係の再計算は 10〜100 ステップごとで十分であることがわかっている．この自己組織化過程は通常，空間的に順序づけされたマップ化へは導かないということを指摘しておかなければならない．一方，この自己組織化過程はベクトル量子化をきわめて早くそして安定に作成する．

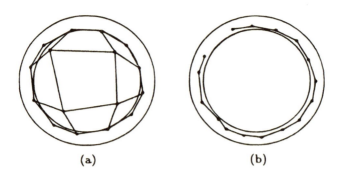

図 **5.7**：球面分布に対する 16 細胞の自己組織化ネットワークの最終適応結果：(a) 長方形位相関係，(b)MST 位相関係．

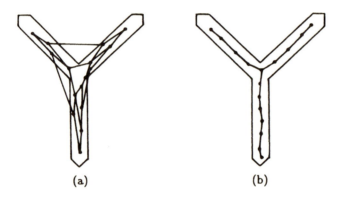

図 **5.8**："Y形" 入力分布に対する 16 細胞の自己組織化ネットワークの最終適応結果：(a) 長方形位相関係，(b)MST 位相関係．

　動的 MST 位相関係の長所は，2 系列のシミュレーションにより例示された．図 5.7 から図 5.9 に示されるように x の決められた 2 次元分布が使われた．これらの左側の図には，長方形位相関係（4 近傍）に属する漸近的な SOM 構成の結果が示されている．右側の図には，最終的な最小結合木構造での配置が入力データにより良く適合している．参考として，図 5.9 に，正方形分布に対応したマップ・ベクトルの漸近的形状を描いている．その場合，MST 位相関係は長方形ネットワーク位相関係よりも貧弱な結果を出しているようである．

　もう 1 つの MST 位相関係の長所は図 5.10 と図 5.11 に見られる．これらのシミュレーションにおいて，実際の入力分布は 2 つの領域（クラスタ）から構成される．もし後者（入力されるデータ）がまず最初に 1 つの領域のみで出現し，その後，両方の

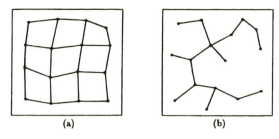

図 5.9：正方形入力分布に対する 16 細胞の自己組織化ネットワークの最終適応結果：(a) 長方形位相関係，(b)MST 位相関係.

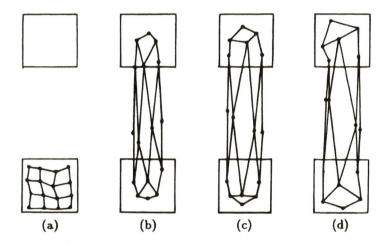

図 5.10：(a) 入力サンプルが下側の領域のみから出現したときの，長方形位相関係 4 × 4 細胞の自己組織化ネットワークの最終適応結果．(b)–(d) 入力サンプルが上側の領域からもまた出現したときの，第 2 段階中での適応度の途中経過．

領域から出現するなら，どのようにしてうまく m_i が時間内で入力例に従うのかを見てもらいたい．学習はこのようにして 2 段階でおこなわれる．第 1 段階では，入力ベクトルは下側の領域のみから出現する．第 1 段階後の両方の位相関係における参照ベクトルの構成は図 5.10 と図 5.11 の左に示される．第 2 段階では，入力ベクトルは全体の分布から出現する．第 2 段階での適応度の違いを図 5.10 と図 5.11 に示す．入力データ分布を変更して適応させたとき，MST 位相関係は驚くべき柔軟性を示す．今，分布の異なる部分集合の範囲内にほとんど全てのノードが最終的に配置するということが本質的な改良である．

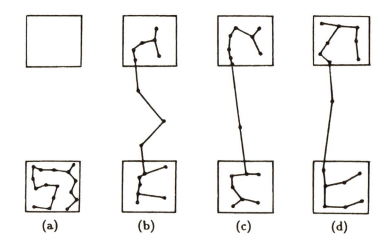

図 5.11：(a) 入力サンプルが下側の領域のみから出現したときの，MST 位相関係 4×4 細胞の自己組織化ネットワークの最終適応結果．(b)–(d) 入力サンプルがまた上側の領域からも出現したときの，第 2 段階中で適応度の途中経過．

古典的 VQ と比べて，この MST 法はきわめて早く収束し，効果的に階層構造を見つけている．また，結合に沿ってマップを追跡することも可能である．その結果，初期に検討していた成長するマップのような階層的関係を持った構造を見つけ出すことが可能であろう．

いわゆる "ニューラル・ガス" という *Martinetz* の考え方 [3.6], [5.3, 4] もまた入力空間の相互作用を定義している．

5.6 SOM に追加された動的要素

元の SOM の考え方は**静的な信号パターンのみへの整合**に基づいている．そして，もし異なった入力パターン間の位相関係が安定していなければ，その漸近的な状態は安定ではない．しかしながら，入力パターンは，自然音声から拾い出される音声スペクトルのサンプル標本のように連続的に発生するかもしれない．現在，連続したサンプル標本間の静的な依存性は様々な方法で考慮されている．最も簡単なものは一連の時間表現されたサンプル標本内で "時間窓" を定義する．その窓を通して連続スペクトルあるいは他のサンプルを収集し，連結して対応するより次元数の高いパターン・ベクトルを定義することである．このとき，連続したサンプル標本の時間的依存性は，パターン・ベクトルの連結している要素の並び（順序）に反映される．ディジタル的計算においては連結がきわめて簡単である．しかし，アナログ的計算（特に生物学的ネットワーク）においては，連結は，信号値の非常に特別な直列・並列変換の意味を

含むものと思われる．

上で述べた理由により，出力から入力端への遅延フィードバックを使用する"連続複数 SOM"を実行する試みは決して成功しなかった．

連続情報を静的な形式へ変換する最も簡単で最も自然な方法は，短期記憶（積分器）として，電気回路での抵抗・容量（キャパシタ）素子で構成されるような低域通過フィルタを使うことである．そのような素子は，ニューロンの入力あるいは出力のどちらか一方もしくは両方に付け加えることができる．音声認識において，それら（短期記憶をニューロンに追加すること）は認識精度を向上させる [5.14–18] のに効果があった．それらは，動的ネットワークや SOM のより一般的な定義へ向けた第 1 段階を作り上げている．このことについては，次節で議論する．

5.7 記号文字列のための SOM

自己組織化マップは，通常，ベクトル空間測度で定義される．SOM は，複雑な実体の類似図である．多くの異なった種類のベクトル量は，SOM の表現に合致する．はじめに，信号の集合，測定値，統計的指示値のような数の順序づけられる集合を考えよう．例えば，7.8 節でわかるように，もし統計的指示値が，言葉の使用を表すならば，テキスト群とは統計的ベクトルで記述できる．言葉のヒストグラム（度数分布）か，あるいはそれらの圧縮版が実ベクトルと見なせることができる．

しかしながら，順序づけられた実体は，なおさらに一般的であることが示せる．もし，x と y が存在するなら，それらが SOM の図にマップ化される十分条件は，いくつかの種類の対象距離関数 $d = d(x, y)$ が全ての (x, y) の対に対して定義されることである．

SOM 配列に関する記号文字列の組織化を例示しよう．ここで，SOM に関する文字列（点）の"画像"の相対位置を想起すべきである．すなわち，文字列（1.2.2 節）間のレーベンシュタイン距離 (LD) かまたは，特徴距離 (FD) のような距離測度を想起しよう．もし SOM アルゴリズムをそのような離散的実在に応用することを試みるなら，すぐに起きる問題は，**増加型学習則は，記号文字列に対して表現できない**ことである．また，その文字列は，ベクトルとは見なせない．しかしながら，著者は，SOM の概念は，もし以下の概念が適用されるならば，文字列変数の順序づけられた類似図の生成には適当であることを示した [5.19]：

1. バッチ・マップ原理（3.6 節）が，一連の選択された文字列の部分集合に関するある一般化された条件つき平均としての学習を定義するために使用される．
2. これらの文字列の"平均化"が，配列の一般化された中央値（1.2.3 節）として計算される．

5.7.1 データ文字列に対するSOMの初期化

通常のベクトル空間SOMをランダム・ベクトル値により初期化できる．ランダムな基準列から始めることにより，データ文字列変数に対する組織化されたSOMを得ることも可能である．しかしながら，初期値がすでにSOM配列に沿って，順序づけされておれば，それが厳密でなくても，大変有利である．その場合，実際にノードの最も近い近傍とノード自身のみを構成することにより，より小さい，固定の大きさの近傍集合さえも使用できる．今や，集合の中央値は，入力サンプルの1つであると言う事実が使える．はじめに，入力サンプルのサモンのマップ化(Sammon's mapping) (1.3.2節)を形成すれば，初期値に対する順序づけされたデータ文字列を定義できる．代表的な入力サンプルの十分な数の投影により，順序づけられた2次元と考えられるサンプルの部分集合を手動で取り出せる．

もし，記号文字列が十分に長ければ，記号のアルファベットを用いて，個々の文字列で記号のヒストグラム（度数分布）を考慮して，それらの列の大ざっぱな試験的順序を定義できる．これは次のことを意味する．すなわち，ヒストグラムと同じ次元をもつSOMの個々のマップの単位に対する参照ベクトルを試験的に生成する．初期化のこの最初の試験的な段階の間に，伝統的なSOMが最初に構築される．そのマップ単位は，ヒストグラムが対応する単位に写像される全てのデータ文字列によってラベルづけできる．しかしながら，個々の単位に対する固有なラベルを得るために，個々の単位のラベルに関する多数決が実行される．SOMのマップ単位をラベルづけした記号文字列の試験的に大ざっぱに順序づけされた集合を得れば，その後は，その集合を参照データ文字列の初期値と見なし，ベクトルのヒストグラム・モデルを無視することができる．データ文字列のさらに精度の良い自己組織化手順は，以下に記述されるように処理し進められるであろう．

5.7.2 記号列のバッチ・マップ

SOMの従来のバッチ・マップ計算の段階は，例えば，次のような文字列変数に，たいていの場合，応用できる：

1. 5.7.1節で記述されている方法によって，初期参照文字列を選択する．
2. 個々のマップ単位 i に対して，これらのサンプル文字列の表を集める．ここで，これらのサンプル文字列に対して，単位 i の参照文字列は，最も近い参照文字列である．
3. 個々のマップ単位 i に対して，新しい参照文字列のために表の集まりに関する一般化された中央値を取得する．ここで表は，1.2.3節に記述されているように，単位 i の位相近傍集合 N_i に属している．
4. 2からのステップを，参照文字列が変化しなくなるまで，十分な回数繰り返す．

時々，繰り返し訂正計算が，"リミット・サイクル"に陥ることが起こりうる．その場合，参照文字列は2つの交互の値の間で発振する．後者は，常に，勝者探索での同等性を形成する．そのような場合には，発振するいずれかの値を無作為に選択して，アルゴリズムを中断する．

5.7.3 タイ・ブレイク（均衡破壊）の規則

全てのデータ文字列は，離散値であることに注意すること．それ故，色々な種類の比較操作では同等性がしばしば生じる．そして，学習での最終値への収束は，マップが大きく何らかの前処理が行われなければ，特に速いことはない．はじめに，同等性は，1. 勝者探索で生じる．2. 中央値を見つける場合に生じる．

勝者探索では，データ文字列が非常に小さい場合には，同等性は容易に生じる．この場合，入力から最近接の参照文字列までの距離は，参照文字列が非常に異なっていても等しい．重みづきのレーベンシュタイン距離が使用される場合，この種の同等の数は小さいままである，そして，等しい勝者間で無作為の選択がなされる．もし，マップの形成中に，**集合の中央値が**（計算速度を上げるため）参照文字列の新しい値に等しいとして使用されるなら，そしてまた，同等性が生じたら，最良候補は，データ文字列の長さに応じて選択されると推測できる．我々の実験では，より短い文字列かまたはより長い文字列を意図して使用しても利点はない．無作為の選択で十分である．

ヒストグラムの試験的組織化及びその単位に写像された全てのサンプルによるマップ単位の引き続いてのラベルづけの後では，多数決はまた同じ結果をもたらす．このとき，ラベルをその長さに従って選択するか，または，その代わりに，同等な物からランダムに選択しても良い．我々の実験では，短いか，長いラベルかどちらかを選ぶ場合と比較して，無作為抽出の場合の方がわずかに良い結果を与えた．

5.7.4 簡単な例：音素録音のSOM

我々はデータ文字列，すなわち，音声認識システムにより作られた音素録音のためにSOMを生成した．ここで説明した音声認識システムは，後の7.5節で報告されるものと同じものである．データ文字列の分類では，22のフィンランド語のコマンド（命令）語でおこなった．以下の実験で使用される1760音素列は，20人（15人の男性話者と5人の女性話者）の話者により収集された．フィンランド語は，ほとんどラテン語のように発音される．音声の認識装置は，その出力に文法的な制限を持たない語彙に関係しない音素認識装置であった．そのシステムと実験の詳細は文献[5.20]に報告されている．図5.12(a)には，いくつかの生成されたデータ文字列のサモンの投影 (Sammon's projection) を示す．これにより，図5.12(b)に示すように，SOMの初期化のために2次元の順序づけされたサンプルが取り上げられた．10回のバッチ学習回数の後，SOMは，図5.12(c)に示すように見える．

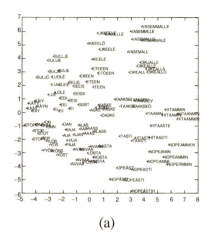

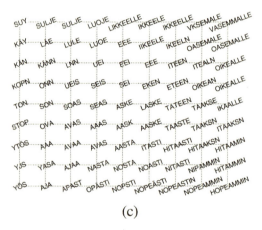

図 5.12：(a) 音素データ列のサモンの投影 (Sammon's projection). (b) サモンの投影からの SOM の初期化. (c) 10 回のバッチ回数の後の SOM の参照データ列.

5.8 演算子マップ

単純 SOM に関連したより困難な問題の1つは，動的事象に対して本当に選択的応答をすることができるのかということである．上述の通り，いくつかのありきたりの，しかしなお実行可能な方法は，静的レジスタ内で次々と現れる動的信号のサンプル標本の影響を減らすことか，あるいは以前の信号値のためのメモリを持った入出力端（ポート）を準備することである．

しかしながら，SOM 内の細胞が動的パターンを直接解読するように作ることができないという理由はない．一般化とは細胞を G によって表記される**演算子**と見なすことである．その演算子は，最終的に動的パターンのためのある種のフィルタを表している．そのような演算子は調整可能なパラメータを含んでいるだろう．その調整可能なパラメータは単純モデルの荷重パラメータ μ_i に対応する．中心的な問題は，逐

次入力 $X = \{x(t)\}$ に対しての演算子の調整を定義することである．そのとき，演算子の順序づけは逐次的ないくつかの汎関数 $G(X)$（あるいはある種のそれらの時間積分）が順序づけされ，そして，そのときこの順序づけは X の統計量と関係があることを意味するだろう．

推定子マップ

まず，細胞 i に関連したパラメータ的演算子 G_i を考える．w_i をその調整パラメータ・ベクトルとする．$X_{t-1} = \{x(t-n), x(t-n+1), \ldots, x(t-1)\}$ を，最終的に時間 $t-1$ までに得られる有限で一連の確率的入力サンプル・ベクトルとしよう．第 1 に最も簡単な場合に，G_i が X_{t-1} に基づいて時間 t におけるユニット i での信号 $x(t)$ の予測を $\hat{x}_i(t) = G_i(X_{t-1})$ で定義する推定子であると仮定する．各細胞は，それ自身の予測を作るであろう．予測誤差 $x(t) - \hat{x}_i(t)$ をユニット i での整合度と定義する．そのような演算子の例は，自己回帰 (AR) 処理で定義される再帰的表現，一般に知られている時間可変有色雑音により乱された信号のためのカルマン・フィルタ [5.21] などである．

添え字 c を用いて最整合ユニット（"勝者"）を表記し，それを以下の式で定義する．

$$||x(t) - \hat{x}_c(t)|| = \min_i \{||x(t) - \hat{x}_i(t)||\}. \tag{5.9}$$

初期の SOM の議論から類推して，近傍関数 h_{ci} によって学習中に任意の細胞 i 上での最整合細胞 c により訓練された制御の強度を定義する．そのとき，平均期待 2 乗予測誤差は勝者に対して局所的に重みづけされたものであり，以下の関数形で定義されるであろう．

$$E = \int \sum_i h_{ci} ||x - \hat{x}_i||^2 p(X) dX, \tag{5.10}$$

ここで，$p(X)$ は推定子が形成された全逐次入力の結合確率密度関数を意味する．そして dX は X が定義される空間内の"微分体積値"である（またこの表記は，ヤコビの関数行列式が必要なとき最終的に考慮されていることを意味している）．期待値はまた，無限に続く一連の確率的サンプル標本 $x = x(t)$ にわたって取られるものとして理解される．

元の SOM のアルゴリズムを引き出したときと同様に，我々は E の最小化，すなわち最適なパラメータ値を見つけるために確率的近似の力を借りることにする．基本的な考え方は，現在のパラメータ・ベクトル w_i に関して $E_1(t)$ を負の勾配の方向に下降させることにより，新しい各段階 t での E のサンプル関数 $E_1(t)$ を再び減少させようとすることである．サンプル関数 E は以下の式となる．

$$E_1(t) = \sum_i h_{ci} ||x - \hat{x}_i||^2, \tag{5.11}$$

ここで，未知のパラメータ・ベクトル w_i は推定値 $\hat{x}_i$ と添え字 c の両方で生じる．パラメータ・ベクトル w_i のための再帰的公式は以下の式となる．

$$w_i(t+1) = w_i(t) - (1/2)\alpha(t)\frac{\partial E_1(t)}{\partial w_i(t)}. \tag{5.12}$$

ここでは，以下のことを仮定する．つまり（"勝者"の修正が入力の方向に向かっているため），c が勾配の段階きざみ（ステップ）において変化しない．そして $\alpha(t)$ は段階きざみの大きさを定義するスカラ値である．この議論においては，また $\alpha(t)\,(0 < \alpha(t) < 1)$ は時間に対して減少していき，そして確率的近似に関する通常の制限を満たすべきである．

例 [5.5]：スカラ変数 $x(t) \in \Re$ の予測は以下の式で定義される．

$$\hat{x}_i(t) = \sum_{k=1}^{n} b_{ik}(t) x(t-k), \tag{5.13}$$

これは AR 処理を表している．係数 $b_{ik}(t)$ はまた**線形予測符号化 (LPC) 係数**とも呼ばれる．この推定子は，例えば音声合成や音声認識などの広い範囲で使われる．なぜならその結果，時間領域信号値は事前の周波数解析なしで応用できるからである．LPC 係数は確率的逐次訓練入力に応用すると適応して"学習"される．ここでは以下のように表される．

$$\begin{aligned}\frac{dE_1(t)}{db_{ik}} &= -2h_{ck}[x(t) - \hat{x}_i(t)] \cdot \frac{\partial \hat{x}_i(t)}{\partial b_{ik}(t)} \\ &= -2h_{ck}[x(t) - \sum_{j=1}^{n} b_{ij}(t)x(t-j)]x(t-k),\end{aligned} \tag{5.14}$$

ここで，和の記号の添え字は式をわかりやすくするために変えられ，以下の式となる．

$$b_{ik}(t+1) = b_{ik}(t) + \alpha(t)h_{ck}[x(t) - \hat{x}_i(t)]x(t-k). \tag{5.15}$$

より一般的なフィルタ・マップ

X に対する異なった G_i の"調整"の度合が出力応答 $\eta_i = G_i(X)$ の大きさによって定義されるなら，まず第 1 にそれらの比較を容易にするために，とにかく，G_i はずっと正規化され続けなければならない．例えば，G_i のインパルス応答のエネルギは，全細胞について同じでなければならない．その後，パラメータ G_i は正規化制限の下で変化されることが可能となり，最終的に式 (5.15) の学習法則のようになってしまう．

応用：音素マップ

LPC 係数は，しばしば音声信号の特徴抽出のために使われている．なぜなら，LPC 係数は振幅スペクトルと同じ情報を含んでいるのに，計算量は FFT よりも少ない．この理由により，以下に**時間領域の信号サンプル**が LPC 係数の SOM 上に直接にマップ化されるときに，どのような種類の音素マップが形成されるかを例示する．

入力データは，音素の静止した領域から拾われた自然発声のフィンランド音声からの離散時間逐次サンプル標本として得られたものである．サンプリング周波数は 16

kHz で，LPC 処理の次数は $n = 16$ であった．どちらも最適化を試みて得られたものではない．

順序づけの結果は，3 つの異なった方法で図 5.13(a), 5.13(b), 5.13(c) に示されている．これはまだ暫定的な例であることを強調しておかなければならない．注意深く構成された音素マップ，例えば振幅スペクトルから形成されたものはより正確である．この例は主に元の SOM の考え方の拡張が可能であることを説明し，かつ演算子マップは学習できることを意味している．

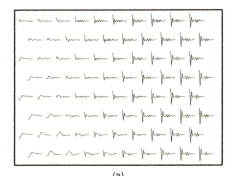
(a)

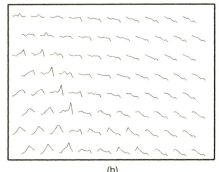
(b)

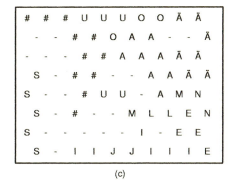
(c)

図 5.13：16 次の LPC 係数ベクトルはこの SOM において組織化されていて，各マップ単位の位置でグラフで示されている．**(a)** マップの各ニューロン位置で描かれたグラフ図の縦座標値は，LPC 係数が各マップ位置で示されることを表している：左に b_{i1}，右に $b_{i,16}$ である．**(b)** LPC 係数から計算された周波数応答は各マップ位置のグラフ図として示される：左に低周波 (300 Hz)，右に高周波 (8 kHz) である．**(c)** 音素記号によるマップ単位のラベルづけ．(# は，ここで /k/, /p/, と /t/ などのような全ての弱音素を表している)

5.9 進化学習SOM
5.9.1 進化学習フィルタ

実際には，SOMの考え方はこれまで議論してきたよりももっと一般化することが可能である．例えば，5.8の演算子が，非パラメータ的，あるいはパラメータがうまく定義されていない，または直接的に観察可能もしくは制御可能である場合にも，各フィルタを通して逐次入力 $\{x(t)\}$ を移動させ，予測誤差あるいは最終的には積算応答を比較することが可能である．しかし，順序づけされたSOMを発達させるために，そのような細胞をどのように学習させることができるだろうか？

この問題への解答は，遺伝的アルゴリズムに似た一種の"進化"あるいは"自然選択"であるだろう．再び，配列中の細胞 i に関連した演算子を G_i と表してみる．最終的には逐次入力となる入力情報を X と表してみる．X に対する"勝者"は今，G_c と表されている．演算子のための新しい候補や種類は，簡単に生成することができると仮定する：例えば，もしそれらがある確率的な方法で特徴づけが可能なある範疇に属するなら，無作為な選択によって新しい候補 G を生成することができる．しかしながら，演算子が異なる構造を持っている（例えば，フィルタの次数が異なる）場合にも，範疇の混合を定義することは可能である．1回の"学習"段階の間，G_c により操作される同じ入力処理 X はまた，1つまたは多数の暫定的な G によって操作される．そしてこれらの試行中で，最終的に最高に良いかもしくは少なくとも G_c よりも良い演算子 G_b が見つかる．そのとき，G_c は確率 P に従って G_b に置き換えられる．ここで，P は通常のSOMモデルでの学習率係数 $\alpha(t)h_{cc}$ に相当する．さらに，細胞 c の周りの近傍での演算子は，同様にして確率 $\alpha(t)h_{ci}$ に従う G_b によって置き換えられる．これらの置換は，統計的に独立しているべきである．すなわち，近傍細胞での置換に関する意思決定は，独立に，しかし与えられた確率をもってなされなければならない．

5.9.2 適合関数に従う自己組織化

入力データに対する距離関数やモデルが定義できないとしても，進化学習演算子を用いることでSOMの処理を実現することは可能である．従来の進化学習の確率的な試行をSOMのバッチ・マップ版を用いた平均的な試行に変更することで，処理はより急速に収束する．入力サンプルとモデル間の適合関数の他の条件や基盤は定義できないが，"関数的類似性"に従うマップ内の順序は明確に見ることが可能である．もし，近接する2つのモデルのうちどちらかを勝者とする同じ入力 X に対する適合関数値 $f(X, M_1)$ と $f(X, M_2)$ がほぼ同じであるならば，そのモデル M_1 と M_2 は関数的に類似していると見なされる．配列全体でそのような順序づけが生成されるならば，関数的に類似したモデルはそれぞれの位置の周辺に見つけることが可能となる．以下の手続きは，そのような"局所的関数順序づけ"を生成する．

モデルがパラメータの集合，数値，もしくはコードなどで定義されるならば，モデ

ルの改良はより容易である．しかしながら，我々は，モデルのパラメータ表現化でさえも必要のない過程の一般的な定式化から始めることが可能である．最小限の要求は，開いたもしくは閉じたモデルの集合がいくつか存在することである．

3章の始めの図3.1を参照することが望ましいかもしれない．高速な進化学習は，バッチタイプSOMに基づいており，以下のステップに従うことで一般的な形式で定義される．

1. 乱数などを用いてモデル M_i を初期化する．
2. 多数の X を入力し，それぞれに対する勝者ユニット（すなわち，適合関数 $f(X, M_i)$ が最大の M_i）をリストにあげる．同じ適合関数を持つモデルが複数ある場合，すなわち2つ以上のモデル M_i が X に対して同じ適合値を持つ場合，それらの中から唯一の勝者をランダムに選択する．
3. U_i がモデル M_i に関するリストの結合したものであるなら，それぞれの M_i に対して，バッチ・マップ・アルゴリズムと同様に，適合関数値 $f(X, M_i')$, $X \subset U_i$ の総和が増加するように新しいモデル M_i に関して M_i' を見つける．
4. ステップ2からを繰り返す．

適合値の加数は，モデル M_i を中心とした近傍関数 h_{ij} によって重みづけすることが可能である．

ステップ3における M_i の変更は"自然選択"過程である．また，もしモデルが閉じた集合を形成し十分な計算容量があるならば，U_i の中の $f(X, M_i')$ の総和が最大であるモデルを探索するために，モデル全体の包括的な探索を実行するものかもしれない．もし，集合が開いている，もしくは総括的な探索が不可能なくらい大きければ，膨大な数のランダムな試行が実行される．M_i を M_i' で置き換えることは，いわゆる2段階操作と呼ばれ，まず最初に，古いリストに基づいてそれぞれの M_i' に対する候補を計算し，それから，全てのモデルに対する交換を1回の操作で実行する．

モデルがパラメータ化できる場合，遺伝的アルゴリズム型の操作をおこなうことも可能である．モデル M_i' のパラメータが1つずつ変更される（"突然変異"）か，パラメータの部分集合全体が他のモデルのものと交換される（交叉）．

簡単な例

我々は，簡単な例を用いて高速進化学習アルゴリズムを明確にすべきである．後者は全体的に虚構（フィクション）に基づいているので，いかなる局面の自然条件に従う必要はない．

12の架空の動物を考える．ここで，各動物は，大きさ，肌のタイプ，足のタイプの3つのパラメータで表現される．大きさに関しては，"小さい"と"大きい"の2つの選択肢のみである．肌のタイプに関しては"毛がない"と"毛がある"の選択肢，また，足のタイプに関しては，"短い"，"長い"，"水かき有"の3つの選択肢がある．

表 5.1: 架空動物の適合要素

		F_1 大きさ		F_2 皮膚		F_3 足		
		小さい	大きい	毛がない	毛がある	短い	長い	水かき有り
パラメータ値		(0)	(1)	(0)	(1)	(0)	(1)	(2)
夏	沼地	10	1	10	5	1	1	10
	コケ生息地	10	5	10	5	3	5	10
	原野	10	5	10	5	10	10	3
冬	沼地	10	5	2	10	10	10	3
	コケ生息地	10	5	2	10	10	10	3
	原野	10	5	2	10	10	10	3

動物のパラメータコード化の例:
"小さく,毛がある,足の長い動物" = 011
"小さく,毛がない,水かきを持つ動物" = 002

　これは架空の例題なので,簡単化のために,動物達は自由に交配が可能であるという仮定を追加する.

　これらの架空の動物達は,区別可能な3つの領域,沼地（とても湿ったコケ生息地）,コケ生息地（さほど湿っていない）,および原野,の混合した環境に住むとする.これらの領域には,夏と冬の状況が存在する.冬の状況下では,全ては凍り,最終的には雪に覆われる.この例題は架空のものなので,秋や春などの中間的な季節は考慮しない.

　次に,12種類の動物の異なる環境に対する適合が表形式にできると仮定する.これらの作業をおこなう中で,これらの"動物"がお互いを食べるということは想定しない:つまり彼らは菜食主義者であるとする.しかしながら,各動物にモデル M_i を割り当てるならば,動物の数もしくはモデルの数が固定であることを仮定しなければならない.この仮定はいくらか人工的である.

　環境条件に対する動物の総計的な適合は3つの要素 F_1, F_2, F_3 で記述されるべきである.ここで,F_1 は"大きさに関する適合",F_2 は"肌に関する適合",F_3 は"足に関する適合"である.モデルの中では,総計的な適合 F は,各要素の積 $F = F_1 \cdot F_2 \cdot F_3$ で表現される.もし一部の適合要素がとても小さい値の場合,動物が生き残るためには致命的な状況となるということを強調するために,ここでは積の形式を選択した.表 5.1 は,F_1, F_2, F_3 を 0 から 10 の値で定義したものである.

　この架空の例題では,これらの適合値は主観に基づいて決定され,任意の値に固定される.大きな動物はより多くの資源を必要とするので,大きなものには罰を与える.水かきは,夏の"沼地"と"コケ生息地"では非常に有効であるが,他の条件下ではいくらか悪影響を与えるので,最後の列は"10"と"3"となっている.他の全ての値は

一目瞭然であろう．

シミュレーションは以下のステップからなる．

1. モデル M_i のパラメータを乱数を用いて初期化する．

2. 仮定した冬の長さ，および"沼地"，"コケ生息地"，"原野"の割合に従って制御される確率に基づき，環境（表 5.1 中の 6 つの行の中の 1 つ）を選択する．選択された環境を X とする．

3. $F = F_1 \cdot F_2 \cdot F_3$ の最大値を持つ SOM の配置の下で，X をリストにあげる．

4. ステップ 2 と 3 をかなりの回数繰り返す．

5. 各モデル M_i に対して，SOM 配列の中で M_i の最も近接したモデルのパラメータをランダムに置き換えることにより，変形モデルを生成する．各変形モデルに対して，リストにあげた全ての X に対する総計的な適合値を算出し，全ての X に関する適合値の総和が最大の変形モデルを見つける．

6. M_i を最も適合した変形モデルと置き換える．

7. ステップ 2 からを繰り返す．

5×5 の SOM 配列を用いた．その初期化では，パラメータは表 5.1 の中の 12 の"動物"からのランダムな選択により，各 SOM 配置は関連づけられた．このような小さい SOM 行列では，近傍集合 N_i は，ユニット i に対して水平方向，垂直方向，および斜め方向に直接に隣接したユニットのみに制限することが可能である．また，ユニット i も N_i に含まれるべきである．

3 つの領域"沼地"，"コケ生息地"，"原野"は等確率でランダムに選択されるのに対し，"夏"に対する"冬"の長さは可変である．1000 個の入力 X が提示された．処理の初期段階では，パラメータを転換する確率は 0.5 とし，この値はバッチ・マップ原理で用いられる繰り返しの数に従い，0 まで線形に減少する．

図 5.14 は，進化過程で十分な数の繰り返しをおこなった後の結果を示している．マップ配置に記述されている 3 桁のコードは，表 5.1 で定義されたように動物の型を表現するコードである．

5.10 教師あり SOM

SOM は教師なし過程を経て形成されることが一般的である．教師なし過程とは，すなわち伝統的に教師なし分類と見なされる古典的クラスタ化法のようなものである．元来，統計的パターン認識の仕事（自然音声からの音素認識）のために SOM を使うことを試みてきた．もしクラスの素性についての情報が学習段階で考慮されるなら，コードブック・ベクトルのクラス分離，またそのクラス分類精度を著しく改良できることがわかっている．これは，音声認識に応用されたいわゆる**教師あり SOM** と呼ば

222　第5章　色々なSOM

```
          002  002  002  002  002
          002  002  002  002  002
    (a)   002  002  002  002  001
          001  001  001  001  001
          001  001  001  001  001


          002  011  011  011  010
          011  011  011  011  011
    (b)   011  011  011  010  010
          011  011  011  011  011
          011  011  011  011  011


          010  010  010  010  010
          010  010  010  010  010
    (c)   010  011  010  010  010
          011  011  010  011  011
          011  011  011  011  011
```

図 5.14：10回繰り返し学習をおこなった後のマップ配列内のモデル（3桁のコードは表5.1を参照）．**(a)** 冬の長さが0, **(b)** 冬の長さが6ヶ月, **(c)** 冬の長さが12ヶ月．

れる考えを導いた．教師あり SOM は，すでに 1984 年頃に生まれており，現在では，次の章（6章）で議論される学習ベクトル量子化法とほとんど同じくらい良い精度をもたらす [5.22]．

　上述の"ニューラル"パターン認識の原理は，我々の音声認識システムに 1986 年まで応用されてきた [5.23]．SOM を教師あり学習にするために，入力ベクトルは2つの部分 x_s と x_u に分けて作成された．ここで，x_s は 10 ミリ秒ごとに計算された 15 要素の短時間音響スペクトルであり x_u は考慮に入れられた 19 個の音素クラスの1つに割り当てられ，先程の 15 要素を持った単位ベクトルに相当する．（実際には，訓練中に"単位"ベクトルの"1"の位置ごとに 0.1 の値を使った．認識中には x_u は考えない．）そのとき，連結した 34 次元のベクトル $x = [x_s^T, x_u^T]^T$ は SOM への入力として使われる．x_u は同じクラスのベクトルには同じに，異なったクラスのベクトルには異なったものになるので，クラスが同じであるベクトル x のクラスタ化は促進され，クラス分離を改良するように導かれることに注意しよう．またそのとき，荷重ベクトル $m_i \in \Re^{34}$ は，信号 x_s でなく連結された x の密度を近似する傾向がある．

　ここでは，教師あり学習は訓練集合内で各 x_s の分類が既知である故に，対応する x_u 値が訓練中に使用されなければならないことを意味している．未知の x の認識中

は，その x_s の部分のみが荷重ベクトルの対応する部分と比較される．

　教師なし SOM は全ての入力データの統計的分布の位相関係を保存した表現を構築する．教師あり SOM はパターン・クラス間の識別を良くするようにこの表現を調整する．x_u の部分内で異なってラベルづけされた細胞の荷重ベクトルがクラス間の境界決定をおこなう．この特別な教師あり訓練は "音声タイプライタ"[5.23] として知られている我々が元祖である音声認識システムで使われた．それ（この特別な教師あり訓練）は，学習ベクトル量子化に基づいた新しい構成とは逆に，本当に SOM の位相関係の順序づけを使用した．

5.11 適応部分空間 SOM (ASSOM)
5.11.1 不変的な特徴の問題

　知覚の理論における長年の問題は，感覚的経験の不変性であった．例えば，我々は，対象の画像が網膜内を異動しているにもかかわらず，対象の安定した視覚認知をおこなうことができる．

　しかしながら，移動している対象の画像は，皮質上でもまた移動していることに気づかなければならない．なぜなら，視覚信号は脳の領域に網膜位相保持的に，すなわち幾何学的な関係を保持したまま写像されるからである．

　従来の伝統的なニューラルネットワーク・モデルは，これらの種類の位置ずれを許容できないことは明確かもしれない．なぜならば，それらは信号パターンとシナプスのパターンを直接整合するからである（"テンプレート・マッチング"）．

　実際の対象認識への応用では，対象物体の動きに関して不変的であるような知覚の不変性の達成に関する従来の解法は，主要な信号から不変的な特徴の集合を抽出する前処理段階を有する単純な分類器を提供することである．最近のパターン認識では，ウェーブレットと呼ばれる正弦波の一部のような特定の局所的な特徴が不変的な特徴として広く用いられるようになってきた．5.11.2 節で述べるように，ウェーブレットは，通常，変換技術に基づいている．分類（例えばニューラルネットワークを用いたような）は，これらの特徴に基づいている．（空間および時間軸上の）平行移動が最も重要なものである基本的な変換として観測されるにもかかわらず結果は不変である．対象物体の回転，拡大縮小，照明条件の変化に関する不変性は，少なくとも限られた範囲に対しては他の変換により達成することが可能である．これらのフィルタの分析的および数学的な形式は，これまでに自明のこととして仮定されており，それらのパラメータのみを調整するのみである．

　このような不変的な整合に基づくフィルタは，ただ特定の基本的な特徴に対してのみ適用可能であり，各フィルタは 1 つの変換グループにのみ不変であるという点を述べることで，最終的な誤解を未然に防ぐ必要がある．我々は 3 つの事実に配慮すべきである：1. 精度において，任意のパターンはとても大きな，しかしながら有限の数の

異なる種類の基本的な特徴に分解される．2. 異なる特徴，すなわち異なる変換の混合体は，最適には，存在する画像もしくは異なる信号に適合する．3. 異なる特徴に対して異なるタイプのフィルタの混合体が存在し，この混合体は，例えば視覚野の異なる部分において異なる．

　自己組織化マップはまた，"自己組織化特徴マップ"とも呼ばれる．そしてSOMを使って原信号から最適な特徴の抽出をおこなうために多くの試みがなされている．しかしながら，マップ・ユニットはしばしばいくつかの種類の基本的なパターンに対して敏感であるが，これらは不変的な特徴と見なされない．

　以下で，我々は，様々なマップ・ユニットが適応的に多くの基本的な不変特徴に対するフィルタへと進化する適応部分空間SOM (ASSOM) と呼ばれる特別なSOMの種類の存在を紹介する．これらのフィルタの数学的形式は先験的に固定される必要はない．フィルタとそれらの混合体の形態は，観測された典型的な変換に応じて自動的に形成される．ASSOMの原理は，1995年に出版された本書の第1版で紹介されており，また，いくつかの改良版が [5.24-26] で提案されている．

　パターンに対するテンプレート（型版）として，ニューロンの重みベクトルの代わりに，SOMの"神経"ユニットは線形部分空間などの多様体を表現するように作られる．したがって，SOMのユニットは，平行移動，回転，および拡大縮小などのいくつかの基本的な変換の下で特定の簡単なパターンの整合を取ることが可能である．

　1.1.1で述べたように，線形部分空間は，基底ベクトルの一般的な線形結合により定義される多様体であることを思い出してほしい．我々は，以下で，新しいSOMのタイプであるASSOMが線形部分空間を表現する神経ユニットで構成され，様々なウェーブレットに対する不変的な特徴抽出器が学習中にマップ・ユニットに現れるということを示さなければならない．この議論は，概念的には，これまでに議論されてきたSOMの改良版と比較して，より洗練されたものである．

　ASSOMは，1.4節で議論された分類問題の部分空間法と関連している．

　もし基本的なパターン（特徴の表現）の一部などを選択するなどの適切な方法で部分空間の基底ベクトルを選択すれば，これらの基本的なパターンの異なる不変特徴集団を表現する異なる部分空間を作成することが可能である．すでに述べたように，変換を含む入力信号の系列の一部に応じて，数学的形式の仮定なしに，基底ベクトルは完全に自動的に学習されることを示す．ASSOMでは，全てのマップ・ユニットは2次元などの低次元の部分空間を表現し，1.4.2節で議論した適応部分空間定理の概念に従って，基底ベクトルは適応的に決定される．後者に関する基本的な相違点は，同じ入力に対して**競合する**多くの部分空間を持っている点である．"勝者部分空間"とそれらの近傍は，現在の系列を学習する一方，他の系列は，別の機会に他の"勝者"によって学習される．

　以上で強調したように，基本的なSOMとASSOMアルゴリズムの他の根本的な相違点は，マップ・ユニットが1つの重みベクトルで記述されているのではなく，適応的な基底ベクトルで張られる部分空間を表現することを暗に意味している点である．し

がって，整合の意味することは，入力ベクトルと重みベクトルの内積やユークリッド距離を比較することではなく，異なるマップ・ユニットで表現された部分空間への入力ベクトルの直交射影を比較することである．よって，学習ステップでは，選択された部分空間を定義する全ての基底ベクトルを更新しなければならない．

ASSOM において必要不可欠な機能は，エピソードの競合学習である．パターンではなく，パターンの系列に対してマップ・ユニットは競合をおこない，適応する．この基本構想は，他のニューラルネットワークでは出てこない．

特定のパターンではなく，むしろ変換核を学習するという点において，ASSOM アルゴリズムは他の全てのニューラルネットワークと異なると考えられる．

5.11.2 不変特徴と線形部分空間の関係
ウェーブレット変換とガボール変換

音声や画像の認識では，ウェーブレット変換やガボール変換は前処理や平行移動不変特徴フィルタとして重要な利益を生み出す．

ASSOM が実際には何をおこなっているかを理解するために，これらの変換の部分空間形式に対する関連づけがまず必要である．

まず始めに，時間領域で記述された音声波形のようなスカラ値の時間関数 $f(t)$ を考える．それは，自己相似ウェーブレットと呼ばれる基底関数に関して拡張することが可能である．フーリエ変換と同様に，それぞれ ψ_c および ψ_s で表される余弦ウェーブレットと正弦ウェーブレットが存在する．もし，それらが時刻 t_0 を中心とするならば，それらの形式は以下のように表現できる．

$$\begin{aligned}\psi_c(t-t_0,\omega) &= e^{-\frac{\omega^2(t-t_0)^2}{2\sigma^2}} \cos\left(\omega(t-t_0)\right), \\ \psi_s(t-t_0,\omega) &= e^{-\frac{\omega^2(t-t_0)^2}{2\sigma^2}} \sin\left(\omega(t-t_0)\right).\end{aligned} \quad (5.16)$$

t で評価された $f(t)$ のウェーブレット変換は以下で定義される．

$$\begin{aligned}F_c(t,\omega) &= \int_\tau \psi_c(t-\tau,\omega)f(\tau)d\tau, \\ F_s(t,\omega) &= \int_\tau \psi_s(t-\tau,\omega)f(\tau)d\tau.\end{aligned} \quad (5.17)$$

ウェーブレット振幅変換 A の自乗は次の式で表される．

$$A^2 = F_c^2(t,\omega) + F_s^2(t,\omega). \quad (5.18)$$

A^2 から正弦関数の振動が除去されることは簡単に示される．また，この表現は $f(x)$ の時間方向における平行移動に対してほとんど不変である．この平行移動は σ/ω の規模の次数のほとんどである．

異なる ω と σ のウェーブレット振幅変換 A の集合は，時間軸への平行移動に限定した不変性を近似する特徴ベクトルの役割を果たすことが可能である．

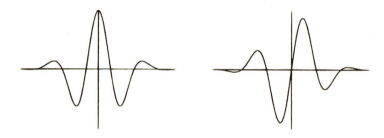

図 5.15：Z 任意のスケール（尺度）における $\sigma=1$ の場合の 1 次元の余弦ウェーブレットと正弦ウェーブレットの例.

画像解析において，2 次元ウェーブレットはガボール関数と呼ばれており [2.56, 5.27, 28]，平行移動に対する不変的特徴はガボール振幅変換である．以下では，画素 r の輝度を $I(r)$ と表現する．

余弦核と正弦核，式 (5.16)，および変換，式 (5.17) を複素変数の関数で表現することが可能である．

例えば，(正規化された) 2 次元の余弦ウェーブレットと正弦ウェーブレットは，以下の複素ガボール関数に結合することが可能である．

$$\psi(r,k) = \exp[i(k \cdot r) - (k \cdot k)(r \cdot r)/2\sigma^2] . \tag{5.19}$$

複素ガボール変換は以下のように書き換えることが可能である．

$$G = G(r_0, k) = \int_{r \text{ space}} \psi(r - r_0, k) I(r) dr , \tag{5.20}$$

ここで，積分は，その場所ベクトル r で定められた像点に対して実行される．G や $|G(r_0, k)|$ のモジュールは，画像の限られた平行移動に関して不変な近似を有する．

図 5.15 は，1 次元の余弦ウェーブレットと正弦ウェーブレットを，また図 5.16 は，対応する 2 次元ウェーブレットを例示している．

我々は，ウェーブレット変換とガボール変換の不変的な特性が部分空間形式により表現可能であることを示さなければならない．

線形従属集合としてのウェーブレット

この節では，どのようにしてウェーブレットが線形制約を満たすのか，また線形部分空間を形成するのかを示さなければならない．

スカラ信号 $f(t)$ を考える．そのサンプル・ベクトルは次のように定義される．

$$x = [f(t_k), f(t_{k+1}), \ldots, f(t_{k+n-1})]^T \in \Re^n , \tag{5.21}$$

ここで簡単化のために，$t_k, \ldots, t_{k+n-1}$ は，等間隔の離散時間座標であると見なす．

また暫定的に，$f(t_k) = A \sin \omega t_k = S_k$ を選択することを考える．ここで，A と

5.11 適応部分空間 SOM (ASSOM)

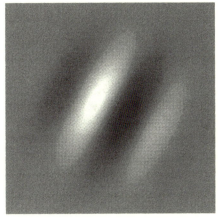

図 **5.16**：グレイスケール（濃度階調）で表現された余弦型および正弦型のガボール関数の例．

ω は定数である．以下に示す C_k は，対応する余弦関数のサンプルを意味する．3角法の公式を用いると，角の総和の関数は以下のように見い出される．

$$
\begin{aligned}
S_{k+p} &= \alpha_1 S_k + \alpha_2 C_k , \\
C_{k+p} &= \alpha_1 C_k - \alpha_2 S_k ,
\end{aligned}
\tag{5.22}
$$

ここで，$\alpha_1 = \cos \omega(t_{k+p} - t_k)$，および $\alpha_2 = \sin \omega(t_{k+p} - t_k)$ である．α_1 および α_2 は，任意の値の定数である．$t_{k+p} - t_k$ はサンプリング間隔 p の定数置換であるが，原則では間隔の倍数である必要はないことに注意しなければならない．

もし，最初の式 (5.22) の両辺に任意のスカラ a_0 が乗じられ，$p+1$ や $p+2$ 達に対して，また他の乗数 a_i に対して，類似した式が表現されるならば，対応するベクトルの式は次のようになる．

$$
\begin{aligned}
\begin{bmatrix} a_0 S_{k+p} \\ a_1 S_{k+p+1} \\ \vdots \\ a_n S_{k+p+n-1} \end{bmatrix}
&= \alpha_1 \begin{bmatrix} a_0 S_k \\ a_1 S_{k+1} \\ \vdots \\ a_n S_{k+n-1} \end{bmatrix}
+ \alpha_2 \begin{bmatrix} a_0 C_k \\ a_1 C_{k+1} \\ \vdots \\ a_n C_{k+n-1} \end{bmatrix} \\
&= \alpha_1 b_1 + \alpha_2 b_2 .
\end{aligned}
\tag{5.23}
$$

乗数の集合 $[a_0, a_1, \ldots, a_r]$ は式 (5.16) のようなガウス型包絡線に関連しているが，(5.23) はより一般的な包絡線を許容することに注意しなければならない．

式 (5.23) 右辺の2つの列ベクトル b_1 と $b_2 \in \Re^n$ は2次元部分空間 $\mathcal{L} \subset \Re^n$ の2つの基底ベクトルと解釈される．それらの成分 $a_i S_{k+i}$ と $a_i C_{k+i}$ はそれぞれ，一般振幅変調を含む正弦ウェーブレットと余弦ウェーブレットのサンプルと見なされる．もしスカラ定数 α_1 と α_2 が全ての値を取るならば，基底ベクトル b_1 と b_2 は任意の位相

を有する類似のウェーブレットの線形部分空間を張ると見ることが可能である．したがって，この部分空間の全てのウェーブレットは相互に線形従属である．

線形従属性は，他の多くのパターン・ベクトルに対しても表現できる．例えば，列ベクトルとして表現された2次元パターンに対しても表現可能である．それらは，以下の方法で定義される．$I(r)$ を画素 $r \in \Re^2$ のパターン要素であるスカラ輝度を仮定すると，パターン・ベクトルからの入力サンプルは以下のようになる．

$$x = [I(r_k), I(r_{k+1}), \ldots, I(r_{k+n-1})]^{\mathrm{T}} \in \Re^n. \tag{5.24}$$

ここで，$r_k, \ldots, r_{k+n-1}$ は通常2次元のサンプリング格子を形成する．輝度パターン $I(r)$ は，異なる方法で2次元ウェーブレットに分解可能である．

例えば，暫定的に $I(r) = A \sin(k \cdot r)$ と仮定する．ここで，$k \in \Re^2$ は2次元の波形番号ベクトル，A はスカラ振幅であり，正弦関数と余弦関数のサンプルをそれぞれ $S_k = I(r_k) = A \sin(k \cdot r_k)$, $C_k = A \cos(k \cdot r_k)$ と定義する．また，$r_{k'}$ における任意の画素は，

$$S_{k'} = \alpha_1 S_k + \alpha_2 C_k \tag{5.25}$$

と表される．ここで，$\alpha_1 = \cos[k_0(r - r_0)]$, $\alpha_2 = \sin[k_0(r - r_0)]$ である．2次元ベクトルの線形制約方程式は，式 (5.23) に類似している．

5.11.3 ASSOMアルゴリズム

完全な適応部分空間 SOM (ASSOM) アルゴリズムは，この節で議論する様々な操作で構成される．

ASSOMの目的は，通常，"ウェーブレット"と呼ばれる異なる周波数を持つ1次元もしくは2次元波形の一部（それらの位相は独立である）で表現される様々な不変特徴を学習することである．これらの波形はガボール・フィルタに似た特別なフィルタにより表現され解析される．また位相不変なフィルタは，2つの関連した直交線形フィルタの出力の自乗和によって実現される．この線形フィルタの組は畳み込み型の積分変換を実行し，変換組の核は，"ウェーブレット"に対する適合フィルタを構成し，それらのうちの一方は余弦変換，他方は正弦変換に対応している．原則では，ウェーブレットを記述するためには2つ以上の直交フィルタを用いることも可能であるが，簡単化のために，この議論ではフィルタ対に限定する．

これらのフィルタを適応的に実現するために用いた形式は，1.4.3節で議論した学習部分空間分類器の形式である．部分空間の基底ベクトルは，入力データから学習されるものであり，それらは変換核に対応している．我々は余弦型および正弦型の変換に興味があるので，この節で議論する全ての部分空間分類器の直交基底ベクトルの数もまた2に制限する．

これらのフィルタを表現する部分空間は，空間的な SOM アーキテクチャ（構成）の

5.11 適応部分空間 SOM (ASSOM)

神経ユニットに関連している．それらは学習中，同じ入力に対して競合する．この方法では，それらは入力信号空間を相互に分割するように学習される．1.4.2 節で導出された適応部分空間定理（定理 1.4.1）は，1 つの神経部分空間が近接した入力信号サンプルによって張られる部分空間にどのようにして収束する（すなわち後者の部分集合になるよう）のかについてはすでに述べた．もしいくつかの "神経" 部分空間があるとすれば，それらは信号空間をそれらの数の部分空間に競争的に分割し，その 1 つはその信号の多様体（ウェーブレット集合）を記述するだろう．

以下で議論する具体的な例では，例えば 2 次元直交ウェーブレット対と比較するために，前に述べた部分空間は 2 次元であると仮定する．しかしながら，この制限は本質的ではない．非直交基底ベクトルとそれにより張られる部分空間も同じアルゴリズムで形式化することが可能であろう．

自然な観測は，通常，信号成分や簡単な波形の混合体である．後者のいくつかは一部の簡単な線形制約を満足させるが，他のものはそうではない．ASSOM では，それらの線形制約を満足する信号成分に対して適応可能であるだろうが，他の成分は雑音と見なされるか，取り除かれるだろう．

"エピソード" と "代表勝者"

結果として我々が必要とする本質的な新しい考え方は，一連の系列，すなわち時間的に近接して生じる $x(t)$ ベクトルの集合に対する "代表勝者" の概念である．伝統的な SOM では，もちろん，各 $x(t)$ に対して通常の "勝者" ノードが定義されるが，我々が ASSOM 配列における特定のマップ・ユニットと近傍におこないたいことは，近接した系列 $x(t)$ の一般的な線形結合をユニット学習させることである．もし特定の神経ユニットが，時間的に近接した系列の全体の集合，つまり入力ベクトルの部分集合に対して敏感になる必要があるならば，明らかに，"勝者" はサンプルの時間的に近接した系列の部分集合全体（我々はエピソードと呼ぶ）に対して定義されなければならない．学習ステップの間，エピソード全体に対して勝者は固定されなければならない．したがって，このステップの間，全ての近接した $x(t)$ は，"代表勝者" ユニットと配列上でその近傍にあるユニットにより学習されるだろう．

連続したサンプリング時刻 $\{t_p\}$ の集合に等しい短いエピソード $\mathcal{S}$ の間入力ベクトル $\{x(t_p)\}$ の集合を収集するならば，系列のサンプルを現す各メンバとこれら全ての系列は線形従属である，と考えると理解が容易になる．（線形独立な成分なども存在するかもしれないが，それらは雑音と見なされ，学習中に取り除かれる．）特に，$\mathcal{S}$ が有限で，かなり小さければ，その間の $x(t_p)$ は n より低い次元数の信号部分空間 $\mathcal{X}$ を張ると考えられる．SOM(ASSOM) のユニットと合致するであろう操作ユニットの集合も考える．各ユニットに対して，それぞれの部分空間 $\mathcal{L}^{(i)}$ を関連づける．$\mathcal{X}$ に最も近い "勝者" 部分空間 $\mathcal{L}^{(c)}$ が定義できたとすると，$\mathcal{L}^{(c)}$ は他の $\mathcal{L}^{(i)}$ よりもより $\mathcal{X}$ を近似すると見なされる．

信号部分空間 $\mathcal{X}$ と "神経" 部分空間 $\mathcal{L}^{(i)}$ の整合において最も重要な問題は，エピソード $\mathcal{S}$ に含まれるサンプル数は任意に設定されるので，$x(t_p)$ によって張られる部分空間 $\mathcal{X}$ の次元数もまた任意に定義されることである．それ故に，著者はより簡単で，より頑健なエピソードと "神経" 部分空間の整合方法を提案した．異なる $\mathcal{L}^{(i)}$ への $x(t_p), t_p \in \mathcal{S}$ の射影の "エネルギ" を考える．この "エネルギ" は，各 $\mathcal{L}^{(i)}$ 上への射影の自乗をエピソード全体で総和したものと定義される．したがって，これらの構成要素の最大値が（エピソード全体に対する）代表勝者 を定義する．代表勝者 c_r は次の式で表される．

$$c_r = \arg \max_i \left\{ \sum_{t_p \in \mathcal{S}} \|\hat{x}^{(i)}(t_p)\|^2 \right\}. \tag{5.26}$$

この "代表勝者" は $\mathcal{S}$ 全体に対して固定され，c やその周辺のユニットは，1.4.2 節で議論した適応部分空間定理により $\mathcal{X}$ を学習する．

近接する系列の集合に対する "代表勝者" を定義する方法として，いくつかの可能性がある．例えば，以下に示すようなエピソード中の全ての射影に対する極値である．

$$\begin{aligned} c_r &= \arg \max_p \{\|\hat{x}_{c_p}(t_p)\|\}, \text{ または} \\ c_r &= \arg \min_p \{\|\tilde{x}_{c_p}(t_p)\|\}. \end{aligned} \tag{5.27}$$

"代表勝者" を定義する他の方法は，エピソード全体に対する整合の多数派を用いることである．同じ波形から得られたサンプルの異なる集合と定義されるベクトル x からなる系列 $x(t_1), x(t_2), \ldots, x(t_k)$ を考える．対応する部分空間 $\mathcal{L}^{(i)}$ への射影を $\hat{x}_i(t_1), \ldots, \hat{x}_i(t_k)$ とする．それぞれの $t_p, p = 1, 2, \ldots, k$ に対して以下のいずれかの方法で "勝者" を見つけることができる．

$$\begin{aligned} c_p &= \arg \max_i \{\|\hat{x}_i(t_p)\|\}, \text{ または} \\ c_p &= \arg \min_i \{\|\tilde{x}_i(t_p)\|\}. \end{aligned} \tag{5.28}$$

系列集合全体に対する "代表勝者" c は以下に従って定義される．

$$c = \mathrm{maj}_p \{c_p\}, \tag{5.29}$$

ここで，maj_p は，添字 p 全体に対する多数派を意味する．

実際の実験では，上記の定義全てがだいたい同様の ASSOM をもたらす．学習則は，"代表勝者" の定義とは独立である．

要約すると，位相の変化に鈍い特徴抽出器が SOM の特定のノードで形成され，異なる特徴が SOM の異なる場所で表現されるならば，学習が実行される "代表勝者" と近傍 N_c は，近接した系列の集合全体に対して，何らかの方法で定義されなければならず，学習の間，近接した近傍の集合に対して勝者は変わってはならない．

ASSOM の学習率係数の安定化

多くの伝統的な学習過程では，多くの射影法，特にASSOMのような学習部分空間法に存在する問題に遭遇することはないだろう．部分空間の基底ベクトルbは，$P = (I + \lambda xx^{\mathrm{T}})$の形式により，行列にかけ合わせることで更新されることに注意すべきである（1.4.2節）．しかしながら，以下もまた注意すべきである．

$$(I + \lambda xx^{\mathrm{T}})b = b + \lambda(x^{\mathrm{T}}b)b. \quad (5.30)$$

適応率はxとbの内積に比例している．もしxとbがほぼ直交しているならば，この率は非常に小さくなる．

部分空間法では，射影残差$\|\tilde{x}^{(i)}\|$が個々の基底ベクトルではなく部分空間全体により定義されることもまた注意しなければならない．しかしながら，そのような場合でも，修正は，適応すべき部分空間と入力xとの間の角が増加するに従い小さくなる．この角度が$\pi/2$に近づくと，修正はゼロになる．これは確実に間違いである．一方，一般的には，神経ユニット上の修正は，誤差の関数を単調に増加させるべきであるのは明白である．言い換えれば，どのような修正も，$\|\tilde{x}^{(i)}\|$の関数を単調に増加させるか，$\|\hat{x}^{(i)}\|$の関数を単調に減少させるべきである．

係数λはxと基底ベクトルの関数であり，故に，それは$\|\tilde{x}^{(i)}\|$もしくは$\|\hat{x}^{(i)}\|$の単調な修正を保障する．これを保障する最も簡単な手法の1つは，学習率係数に$\|x\|/\|\hat{x}^{(i)}\|$をかけ合わせることである．新しい学習率パラメータαを定義する．上述の意味において，円滑な学習を保障する射影操作を以下に示す．

$$R = \left(I + \alpha \frac{xx^{\mathrm{T}}}{\|\hat{x}^{(i)}\| \, \|x\|}\right). \quad (5.31)$$

もしxが部分空間の全ての基底ベクトル$b_h^{(i)}$に直交である場合でも，$\|\hat{x}^{(i)}\| = 0$，Rは0ではない．

$\alpha > 0$の場合，回転は常にxに向う．xx^{T}に乗じる完全なスカラ係数は効果的な学習率を定義しているに過ぎないことに注意すべきである．

エピソードの競合学習

自己組織化マップ (SOM) は，一般的には，神経セル（細胞）やノードの標準的な（通常1次元もしくは2次元の）配列であり，（最も簡単な場合）全てのセルは同じ入力を受け取る．どんなSOMアーキテクチャ（構成）の学習則でも，以下のステップから構成される．

1. 入力データの表現と（いくつかの基準において）最も整合するパラメータ表現を持つ（"勝者"）セルの位置を決める．

2. 勝者と，配列上でのその近傍のセルのパラメータを，入力データとの整合が改善されるように変更する．

適応部分空間 SOM(ASSOM) もまた，"神経"ユニット（単位）の配列であるが，その中の各ユニットは部分空間を記述している．そのようなユニットは，図1.9で示したように，物理的にはいくつかの神経細胞により構成されている．部分空間分類器の原理に続き，ASSOM アルゴリズムを詳細に説明する．

1. "射影エネルギ" $\sum_{t_p \in \mathcal{S}} ||\hat{x}^{(i)}(t_p)||^2$ が最大であるユニット（"代表勝者"）の位置を決める．
2. 勝者ユニットと神経ユニット配列上でその近傍に位置するユニットの基底ベクトル $b_h^{(i)}$ を回転する．

ユニット i の基底ベクトル $b_h^{(i)}$ は，次の式に従い，エピソード $\mathcal{S}$ の各サンプル・ベクトル $x(t_p)$ に向かって回転される．

$$b'^{(i)}_h = \prod_{t_p \in \mathcal{S}} \left[I + \alpha(t_p) \frac{x(t_p) x^{\mathrm{T}}(t_p)}{||\hat{x}^{(i)}(t_p)||\, ||x(t_p)||} \right] b_h^{(i)}(t_p)\,. \qquad (5.32)$$

この"回転"は，ユニット $i \in N^{(c_r)}$ に限られる．ここで，$N^{(c_r)}$ は，ASSOM ネットワークにおける"代表勝者"の近傍である．

サンプル $x(t)$ は，式 (5.32) を実行する前になるべく正規化すべきである．これは各サンプルに対して個別におこなうか，サンプルの大きな集合に対しておこなう（例えば，平均ノルムで割る）ことも可能である．前にも述べたように，我々は2次元部分空間に対応した $h \in \{1, 2\}$ を取る．原理では，$b_h^{(i)}$ は直交化や正規化される必要はないが，学習の安定性のためには，数十回や数百回ごとの直交化が推奨される．また，次で議論するように，$b_h^{(i)}$ をウェーブレットの組やガボール・フィルタとして獲得したい場合は，これらの成分の直交化が望まれる．これからは，直交化した基底ベクトルを示す．

コメント

"代表勝者"はエピソードを形成するサンプルの集合によってすでに決定されたが，これらのサンプルは後の学習ではすでに用いることができないという矛盾が存在する．しかしながら，この矛盾は実世界よりも明確である．自然の信号波形の解析などの多くの実例では（少なくとも波形が緩やかに変化している場合），近い部分系列のエピソードに対して，同じ"代表勝者"となることの相関関係は高い．したがって，ある時刻の系列を代表"勝者"を決定することに用いて，次の時刻の系列を学習に用いることも可能である．工学的または生物学的なシステムでは，"代表勝者"の決定後，サンプルを学習に用いるために，それらを格納するための短期記憶のようなものが存在する．以下で報告するシミュレーションでは，"代表勝者"の位置および対応する配列上の近傍 $N^{(c_r)}$ の決定に用いたサンプルの集合に基づいて学習もおこなわれる．

5.11.4 確率論的な近似による ASSOM アルゴリズムの導出

入力サンプルの射影残差に関連した"エネルギ"に基づいた ASSOM アルゴリズムを導出する.

まず,モジュール間の近傍相互作用は考慮せず,入力ベクトルは正規化されると仮定する.エピソード $\mathcal{S}$ 内の入力サンプルの取りうる全てのデカルト積(直交座標積)の空間で算出された入力部分空間と勝者モジュールの部分空間との距離の平均は,関連する射影残差の値の期待値に関して,目的関数として表現される.

$$E = \int \sum_{t_p \in \mathcal{S}} \|\tilde{x}^{(c_r)}(t_p)\|^2 p(X) dX . \qquad (5.33)$$

ここで,$p(X)$ は X の確率密度であり,dX エピソードの全てのサンプルのデカルト積空間における体積差に対する簡便な表記である."代表勝者"である勝者モジュールの添字 c_r は,全てのモジュール i の部分空間 $\mathcal{L}^{(i)}$ によって決まるのと同様に,全体のエピソードによって決まる.

伝統的な最適化手法による式 (5.33) の正確な最小化はとても複雑な課題になるだろう.したがって,SOM アルゴリズムの導出の場合のように,式 (5.33) の最小化において,再度,ロバン・モンロ確率論的な近似(1.3.3 節)を用いる.目的関数がエネルギ関数である必要のないことを強調しなければならない.それ故に,最適値は近似的に算出されるのみである.

基本的な SOM と同様に順序づけされた部分空間の集合を作成するためには,E における被積分関数は,ASSOM 配列内のモジュール c_r と i 間の距離の関数を減少させる近傍核によってかけ合わせられなければならず,配列のモジュール i の全てを足し合わせなければならない.以下の新しい目的関数が導き出される.

$$E_1 = \int \sum_i h_{c_r}^{(i)} \sum_{t_p \in \mathcal{S}} \|\tilde{x}^{(i)}(t_p)\|^2 p(X) dX . \qquad (5.34)$$

確率論的な近似においては,E_1 の勾配は,以下で導かれるサンプル関数の勾配によって近似される.

$$E_2(t) = \sum_i h_{c_r}^{(i)} \sum_{t_p \in \mathcal{S}(t)} \|\tilde{x}^{(i)}(t_p)\|^2 . \qquad (5.35)$$

エピソード全体 $\mathcal{S} = \mathcal{S}(t)$ に対する $\{x(t_p)\}$ の集合は,確率論的な近似においては,"サンプル"の構造体と見なされる.本来の目的関数 E_1 の最適化の代わりに,この近似では,基底ベクトル $b_h^{(i)}$ の最後の値に関して $E_2(t)$ の負の勾配方向へのステップが取られる.

以前,我々は,学習中にはエピソード全体に対する"代表勝者"c_r は同じでなければならないと指摘した.したがって,確率論的な近似の段階における"サンプル"に対してもまた,添え字 c_r を用いる.

もし,各エピソード毎に基底ベクトルの直交化をおこなうと,基底ベクトル $b_h^{(i)}$ に

関するサンプル関数の勾配は，2，3 回の更新後にすぐに見つけられる．

$$\frac{\partial E_2}{\partial b_h^{(i)}}(t) = -2h_{c_r}^{(i)} \sum_{t_p \in \mathcal{S}(t)} \left[x(t_p) x^{\mathrm{T}}(t_p) \right] b_h^{(i)}(t) . \tag{5.36}$$

コメント 1 添え字 c_r が唐突に変わるように信号部分空間が 2 つの近接した部分空間 $\mathcal{L}^{(i)}$ の境界を通る場合，信号部分空間は式 (5.36) の境界のような非常に近接した近傍に属さないことを明確にする必要があるだろう．確率的な信号の場合，この可能性は無視することが可能である．[1.75] でも同様の議論をおこなっている．

コメント 2 部分空間を張る基底ベクトルが唯一に決まらないように，最適解も唯一ではない．にもかかわらず，(E_2 を最小化するような) これらのいくつかの最適解は，等しい解であることは明白かもしれない．したがって，1 つの最適な基底を見つければ十分である．

負の勾配方向において長さ $\lambda(t)$ のステップにより，以下のデルタ型の規則が得られる．

$$\begin{aligned} b_h^{(i)}(t+1) &= b_h^{(i)}(t) - \frac{1}{2}\lambda(t)\frac{\partial E_2}{\partial b_h^{(i)}}(t) \\ &= (I + \lambda(t)h_{c_r}^{(i)} \sum_{t_p \in \mathcal{S}(t)} x(t_p) x^{\mathrm{T}}(t_p)) b_h^{(i)}(t) . \end{aligned} \tag{5.37}$$

もし，入力ベクトルが正規化されていないならば，勝者部分空間上の正規化された射影残差もしくは $\|\tilde{x}^{(c_r)}(t_p)\|/\|x(t_p)\|$ を考慮して，目的関数，式 (5.34) を改善しなければならない．学習則は以下のように変更される．

$$b_h^{(i)}(t+1) = (I + \lambda(t)h_{c_r}^{(i)} \sum_{t_p \in \mathcal{S}(t)} \frac{x(t_p) x^{\mathrm{T}}(t_p)}{\|x(t_p)\|^2}) b_h^{(i)}(t) . \tag{5.38}$$

5.9.3 節で，正規化された回転操作の積は学習に用いられるべきであると述べた．近傍の相互作用を表すために $h_{c_r}^{(i)}$ を用いると，学習則は以下のようになる．

$$b_h'^{(i)} = \prod_{t_p \in \mathcal{S}} \left[I + \alpha(t_p) h_{c_r}^{(i)} \frac{x(t_p) x^{\mathrm{T}}(t_p)}{\|\hat{x}^{(i)}(t_p)\| \, \|x(t_p)\|} \right] b_h^{(i)}(t_p) . \tag{5.39}$$

$\alpha(t_p)$ が小さく，$\lambda(t_p) = \alpha(t_p)\|x(t_p)\|/\|\hat{x}^{(i)}(t_p)\|$ が定義される場合，式 (5.38) と式 (5.39) の修正は等しいことがわかる．エピソード全体が 1 つの操作で用いられる場合，式 (5.38) は，式 (5.39) のバッチ版と見なすことができるかもしれない．

5.11.5 ASSOM の実験
ASSOM への入力パターン

生物の視覚システムは，視野の中のかなり狭い受容野の解析をおこなう膨大な数の局所プロセッサを有していることを強調する必要があるかもしれない．もし人工ニューラルネットワークで視覚システムのシミュレーションをおこなうとすると，原理的に

5.11 適応部分空間 SOM (ASSOM)

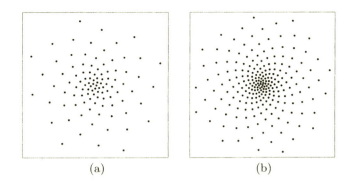

図 5.17: 非均一な分布の 2 次元サンプリング格子 (a) 100 サンプリング点, (b) 225 サンプリング点.

は，少なくとも各受容野に対して別々のニューラルネットワークが必要となる．人工ニューラルネットワークの計算速度や現在のコンピュータによるこれらのシミュレーションは視覚パターンの時定数と比較して通常はかなり早いので，それは，異なる受容野からの信号を融合するためのハードウェア・プロセッサや画像処理アルゴリズムのみをおこなう工学における普通の実験である．

この議論の残りでは，ASSOM のような 1 つのニューラルネットワークが 1 つの受容野（しばしば窓と呼ばれる）から入力信号を受けた際，ネットワーク内でどのような種類の適応処理が出現するのかを調べることが十分であるかについて述べる．連続的な信号パターンから得られた離散的なサンプルの集合である SOM への各入力 x を定義する．もし，信号が時間の関数 $f(t)$ ならば，入力ベクトルは以下のように定義できるかもしれない．

$$x = x(t) = [f(t - t_1), f(t - t_2), \ldots, f(t - t_n)]^{\mathrm{T}} \in \Re^n, \quad (5.40)$$

ここで，$t_1, \ldots, t_n$ は，時間 t に関連する一定の位置ずれである（必ずしも等距離である必要はない）．一方で，画素座標 $r \in \Re^2$ の輝度 $I(r)$ を持つ 2 次元画像を考えた場合，サンプルパターン・ベクトルは以下で定義される．

$$x = x(r) = [I(r - r_1), I(r - r_2), \ldots, I(r - r_n)]^{\mathrm{T}} \in \Re^n, \quad (5.41)$$

ここで，$r_1, \ldots, r_n \in \Re^2$ は，2 次元サンプリング格子である．この格子での間隔は等距離であるが，図 5.17 に示すようなより"生物学的な"間隔を用いることも可能である．後者においては，中心付近におけるサンプリング点が高密度になることを避けるために，中程度のサンプリング点密度を等間隔に取ることが可能である．窓の中心部において最も高い密度を有し，時間領域の信号に対して類似した非均一なサンプリングも用いられるかもしれない．

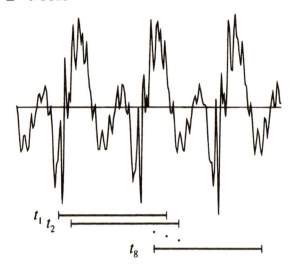

図 5.18：音声波形の例．エピソードに含まれる 8 つの入力ベクトル（開始時間は $t_1, \ldots, t_8$）の位置は，音声波形の下の線分によって表現されている．

音声のための ASSOM

次に紹介する実験では，アメリカ人話者から得られた膨大な数のサンプルを含む一般的に知られた標準 TIMIT データベースを用いて，時間領域の音声波形からウェーブレット・フィルタが生成されることを示す．これらの信号はサンプリング周波数 12.8 kMz で得られたものである．入力ベクトルは，音声波形の連続した 64 サンプル点からなる．各学習エピソードはランダムに選択された時刻から始まり，8 つのベクトルからなる．各ベクトルは，前のベクトルからランダムな量だけ（平均的には 8 サンプル）移動したものである．したがって，データにおける固有の変換グループは，時間に対する平行移動からなる．原信号の一部とエピソードを形成する 8 つのベクトルの例を図 5.18 に示す．

学習過程は 3000 ステップからなる．各ステップでは，エピソードはランダムに移動した 64 近接サンプリング間隔の 8 つの窓から構成される．全ての移動量は異なる．式 (5.26) に従って "代表勝者" が算出される．

以下では，実験の補助的な詳細について述べる．それらは少し任意なものに見えるが，それらの背後には明確な理由が存在する．

第 1 に，TIMIT データベースの時間領域の信号は，連続する値の差分を取ることによる（高域通過フィルタ化）再処理がおこなわれている．そして，データ・ベクトル x は正規化されている．

第 2 に，ベクトル b_{im} は，式 (5.32) に従って実行された射影操作の後，正規化されている．この正規化はほとんどおこなわない．例えば，100 回の射影操作ごとにおこなわれる．

第3に，サンプリング格子が等間隔である場合，ウェーブレット・パターンは窓内のどの場所にでも自由に形成されるかもしれない．ウェーブレットが窓の中心に安定するように，真ん中のサンプルはより高い重みで供給される．窓の中心を中心としたガウス型重みづけ関数が用いられる．重みづけは，8 サンプリング点（0.7 ms に等しい）に対して，半値幅（最大値の半分の値になる振幅）になる $\text{FWHM}(t)$ を持つ狭いガウス型関数を用いて開始される．自己組織化過程において，狭いガウス型関数は，最初高周波フィルタを安定化し，全てのフィルタの順序づけをおこなう．その後，学習段階中，ガウス型関数は 50 サンプリング点（4 ms に等しい）まで線形に広くなっていくことで，低周波フィルタがその漸近的な値を獲得する．

もし，サンプリング点が窓内で不均等に（中心部で高い密度で）分布しているならば，類似した中心化効果は重みづけなしでも獲得できる．

図 5.20 は，実験に関係するパラメータの選択を要約し，図示したものであり，図 5.19 は，その実験結果を示す．

図 5.19 は，自己組織化過程で形成された各部分空間を張る 2 つの基底ベクトルを示す．これらのベクトルは明らかにウェーブレット形式であると仮定され，それらの分布は競合学習過程で自動的に"最適化"されている．

定性的にこのようなフィルタを獲得することは可能であるが，それらの適切な分布のためには，次で示すようにとても厳密に制御しなければならない．

特有の不安定性

図 5.20 で述べた時間に依存する学習パラメータは，自己組織化の過程が速やかに収束し，滑らかな形状のウェーブレットが簡単に獲得でき，それらに関する中間周波数のフィルタが音声信号の周波数の範囲全体に適切に滑らかに分布するように選択される．しかしながら，この過程の内実を見ると，図 5.19 に示す波形が漸近的に安定ではないことが生じる．特有の不安定性は，ほとんどの場合，延長された学習期間によって生じる．図 5.21 に例示しているように，フィルタの中間周波数の漸近的な分布は，通常，中間の周波数帯において急激なステップを有している．配列の両端のフィルタは，それらの中間周波数周辺の通過域を有しているが，不連続な"ステップ"周辺のフィルタは通常，2 つの明らかに分離された通過域を有することになる．それらのウェーブレット波形はより複雑なものである．

この不安定性を説明すると，もし，競合学習を用いなければ，この序列のフィルタ（入力サンプル数とパラメータ）はかなり複雑な周波数スペクトルに自由に調整されることは明らかである．しかしながら，配列の近傍フィルタは信号領域の公平な表現を獲得しているように，競合学習は信号空間を分割する傾向にあるので，各フィルタは，周波数帯の狭い"部分"を効果的に学習しているのみであり，1 つの通過域を獲得している．それにもかかわらず，特に，配列の半分の両方の順序づけ効果が兼ね備わっているフィルタ配列の真ん中では，この複数の通過域を形成する傾向は残っている．も

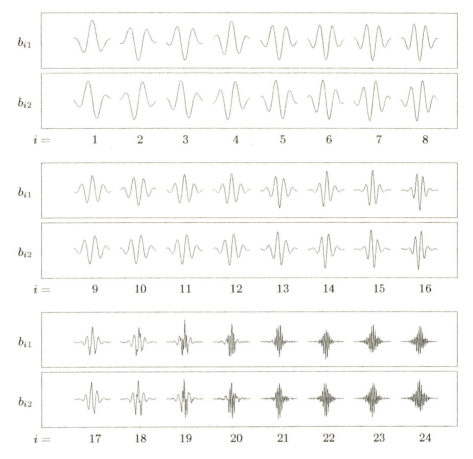

図 5.19：ASSOM によって自動的に形成された 24 個のウェーブレット・フィルタ（部分空間の基底ベクトル）．各曲線の 64 点は基底ベクトルの 64 個の要素を表し，座標点はそれらの値を示す．

し，厳格な不安定性がすでに形成されているならば，それは安定性が残存していることを示している．

さらなる考察なしに，この説明が正しいであろうことを示したい．以下の簡単な方法によりこの問題は解かれる．

消去

以下のとても効果的かつ現実的な改善策は，主観的かつ理論的な動機づけをも有しているが，実験的に発見された．学習ステップ中，もし，小さい絶対値を持つ $b_h^{(i)}$ の成分を 0 に設定したならば，実は，線形フィルタの効果的な順序づけを限定していることになる．すなわち，$b_h^{(i)}$ の記述において "邪魔な情報" であるそれらの自由度を削

5.11 適応部分空間 SOM (ASSOM)

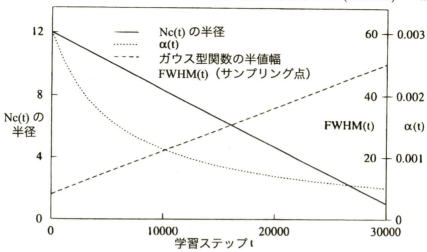

図 5.20：学習ステップに対する学習パラメータ．学習率係数 $\alpha(t)$ は $A/(B+t)$ で表される．ここで，$A = 18$ と $B = 6000$ である．3000 ステップで $N_c(t)$ の半径は 12 近傍から 1 近傍まで線形に減少し，FWHM(t) は，8 から 50 サンプリング点まで線形に増加する．

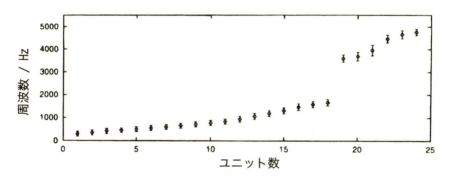

図 5.21：フィルタの平均周波数の分布．鉛直線の実験点における線分は各フィルタの半分の幅を示している．フィルタ 18 とフィルタ 19 間において，基底ベクトルの形状の不安定性に関する急激なステップが存在する．

減することになる．$b_h^{(i)}$ の大きな成分の平均値によって，$b_h^{(i)}$ は支配的な周波数帯により調整されるであろう．

この型のとても簡単な消去は，以下の方法による回転後と正規化前に数値計算により実現される．もし我々が $b_h^{(i)} = [\beta_{h1}^{(i)}, \ldots, \beta_{hn}^{(i)}]^{\mathrm{T}} \in \Re^n$ と定義し，$\beta_{hj}^{(i)}$ の修正された値が $\beta'^{(i)}_{hj}$ と表されるならば，消去後の値は以下のように選択される．

$$\beta''^{(i)}_{hj} = \mathrm{sgn}(\beta'^{(i)}_{hj}) \max(0, |\beta'^{(i)}_{hj}| - \varepsilon), \tag{5.42}$$

ここで，$\varepsilon\,(0 < \varepsilon < 1)$ は非常に小さな項である．

実際の ASSOM 学習アルゴリズムの要約

頑健な順序づけのための非線形操作の必要性も含めた ASSOM アルゴリズムの詳細は以下の規則に盛り込まれる．

連続した時間間隔 $t_p \in \mathcal{S}(t)$ からなる各学習エピソード $\mathcal{S}(t)$ に対して，以下の操作をおこなう：

- 添字 c で表される勝者を見つける．

$$c = \arg\max_i \left\{ \sum_{t_p \in \mathcal{S}(t)} \|\hat{x}^{(i)}(t_p)\|^2 \right\}.$$

- 各サンプル $\mathbf{x}(t_p), t_p \in \mathcal{S}(t)$ に対して：

1. モジュールの基底ベクトルを回転させる：

$$b_h^{(i)}(t+1) = \left[I + \lambda(t) h_c^{(i)}(t) \frac{x(t_p)x(t_p)^{\mathrm{T}}}{\|\hat{x}^{(i)}(t_p)\|\|x(t_p)\|} \right] b_h^{(i)}(t).$$

2. 基底ベクトル $b_h^{(i)}$ の成分 $b_{hj}^{(i)}$ を消去する．

$$b'^{(i)}_{hj} = \mathrm{sgn}(b_{hj}^{(i)}) \max(0, |b_{hj}^{(i)}| - \varepsilon),$$

ここで，

$$\varepsilon = \varepsilon_h^{(i)}(t) = \alpha |b_h^{(i)}(t) - b_h^{(i)}(t-1)|.$$

3. 各モジュールの基底ベクトルを直交化する．

直交化はめったにおこなわれない．例えば，100 ステップごとでよい．上記の $\lambda(t)$ と α は，適当な小さいスカラ・パラメータである．

音声フィルタの改良

以下の実験では，自己組織化の安定化のため，音声周波数の範囲全てに連続である中間周波数の分布を伴う平滑で漸近安定で単峰大域通過フィルタを生成するために消去効果を用いる．基底ベクトルの直交化後，（それらが式 (5.42) に従って各ステップで直交化される場合）基底ベクトルの各成分の振幅から小さな定数値（$\alpha/50$ に等しい）を引く．図 5.22 は，自己組織化過程における各 "神経" ユニットで形成される基底ベクトルの組を示している．$a_i^2 = b_1^{(i)2} + b_2^{(i)2}$ はウェーブレットの幅に関連していることに注意しなければならない．これらの "最適化された" ウェーブレットの形式は周波数に依存しているように見ることができる！

ガボール型フィルタの自動形成

以下の実験では，225 点のサンプリング格子を用いて画像のサンプリングをおこなう．各学習回において，この格子は少し近い点（例えば 4）をランダムに平行移動し，

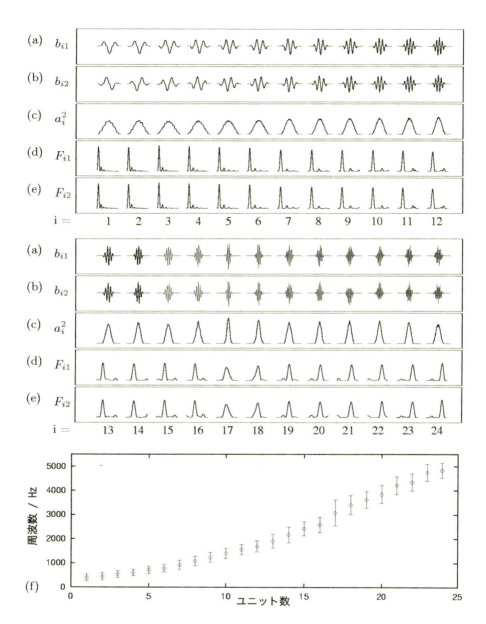

図 5.22：図 (a) から (e) は 2 つの部品からできていることに注意しなければならない．(a) 余弦型ウェーブレット (b_{i1}), (b) 正弦型ウェーブレット (b_{i1}), (c) b_{i1} と b_{i2} (a_i^2) の各成分の自乗和，(d) b_{i1} のフーリエ変換 (F_{i1}), (e) b_{i2} のフーリエ変換 (F_{i2}), (f) フィルタの平均周波数の分布．2500 Hz 周辺の急勾配の部分は，音声スペクトルの広範の最小値に関連している．実験点の鉛直線分は，受容フィルタの半値幅を示している．

それによりパターン・ベクトル $x(t)$ は，SOM の"代表勝者"に対する 2 次元"エピソード"として得られる．そして，対応する $N^{(cr)}$ の更新がおこなわれる．この学習サイクルは画像領域の他の部分や異なる画像に対して繰り返される．

最初の実験では，サンプリングは非均一である（図 5.17 (b)）．波長と向きがランダムに変化する 2 次元の単純な正弦波形が提示される．図 5.23 は，各 SOM のノードに対する，グレイスケール（濃度階調）に変換された基底ベクトルを示している．波形は一定の振幅しか持っていないが，ウェーブレットのガウス型振幅変調が自動的に形成されていることが認められる．これは，受容野の境界付近の波形の干渉に起因している．図 5.23(c) は，ガボール・フィルタ [2.56, 5.27] に典型的な包絡線を示す基底ベクトルの各成分の自乗和を表している．すでに図 5.23(a) と (b) で認められるこのフィルタの端における減衰は，学習において波が受容野の中心で最も整合するという事実に起因しているが，少し異なる方向や波長の学習例があるように，それらは端周辺で干渉する．フィルタのフーリエ変換もまた示される．

2 つ目の実験では，図 5.24 に示す写真画像を学習データとして用いる．局所的な平均値を画素から引くことで高周波は強調される．サンプリングは等間隔である．サンプリング格子は，フィルタの中心点により集中するようにガウス型関数による重みづけがおこなわれる．ガウス型関数は，学習の間，平らになっていく．

異なる不変性に対するフィルタ

ASSOM フィルタは平行移動に制限されるものではない．例えば，アルゴリズムと基本パターンの型は同じであるが，異なる不変性を反映した 2 次元フィルタが形成される．異なるものは，エピソードの基本パターンの変形のみである．以下の種類のフィルタが出現する：平行移動不変フィルタ，回転不変フィルタ，接近（拡大）不変フィルタ．

円形のサンプリング格子（316 次元パターン・ベクトルに等しい）で構成される入力層の受容野を図 5.25 に示す．

入力野全体に対し，色ノイズ（サンプリング格子のナイキスト周波数を 0.6 倍した遮断周波数の 2 次のバターワース・フィルタによる低域通過フィルタを施された白色雑音）から構成されるパターンを生成した．学習のための入力エピソードはこのデータ野からサンプルを取ることで形成される．サンプルの平均値は，常にパターン・ベクトルから引かれる．

平行移動，回転，拡大縮小の色ノイズの典型的なエピソードを図 5.26 に示す．

平行移動不変フィルタの実験では，ASSOM は各ユニットが 2 つの基底ベクトルを持つ 9×10 の 6 角形配列である．エピソードは，受容野を 5 つの近接する位置に平行移動することにより形成される．つまり，平均して両軸に ±2 平行移動する．次のエピソードは全く異なる場所から得られる．受容野の真ん中に対してフィルタを対称にするために（なぜなら，それらは偏心として容易に形成されるため），学習中に 1 から 15 サンプリング格子へ線形に変化する幅を持ち，受容野に対して対称であるガウ

5.11 適応部分空間 SOM (ASSOM)

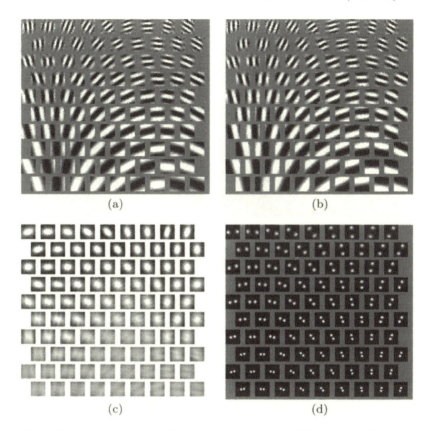

図 5.23：人工的な，2 次元のランダムな向きの，ランダムな周波数の正弦波に対する ASSOM におけるガボール型空間特徴フィルタの自動形成．4 角のサンプリング格子は，連続している 15 × 15 画素から構成される．これらの SOM 画像は，各マップ・ノードの基底ベクトルをグレイスケール（濃度階調）で示している．**(a)** 1 つ目の基底ベクトル．**(b)** 2 つ目の基底ベクトル．1 つ目のものに対して位相が 90 度ずれている．白：正の値．黒：負の値．**(c)** 基底ベクトルの対応する成分の自乗和はガボール・フィルタの包絡線のようである．**(d)** 基底ベクトルのフーリエ変換．

ス型関数によって入力サンプルを重みづけする．円形近傍関数 $N^{(cr)}$ の半径は，学習中に，5 から 1 へ線形に減少し，学習率係数は $\alpha(t) = T/(T+99t)$ で表現される（ここで t は学習エピソードの添え字，T はエピソード全体の数である）．この実験では T は 30000 である．基底ベクトルの初期値はランダムであるが正規化されたものである．基底ベクトルは各学習ステップで直交化されるが，直交化前に $\alpha/10000$ の消去が基底ベクトルの各成分に対して義務づけられる．

図 5.27 は各配列点に対して，グレイスケール（濃度階調）で表現した基底ベクトル b_{i1} と b_{i2} である．基底ベクトル b_{i1} と b_{i2} は空間周波数が同じであるが，互いに位相が 90 度ずれている．（けれども，b_{i1} の絶対位相は 0 か 180 度である．）

回転不変フィルタの実験では，ASSOM 配列は 1 次元に配置された 24 ユニットで

244　第5章　色々なSOM

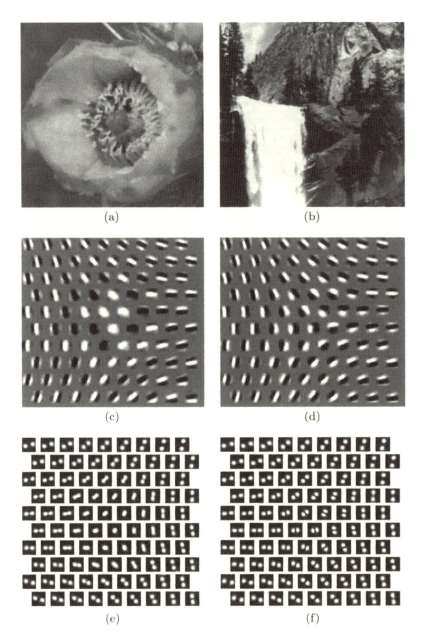

図 **5.24**：ASSOM の実験で用いられた写真．サンプリング格子は 15×15 の連続した画素から構成される．**(a)**, **(b)** 2 枚の原画像の一部（300×300 画素）．**(c)** 各 ASSOM 位置の 1 つの基底ベクトル．**(d)** 1 つ目の基底ベクトルに関して位相を 90 度ずらされた，連想された基底ベクトル．**(e)**, **(f)** 基底ベクトルのフーリエ変換．((c) から (f) は，(a) と (b) を縮小したものであることに注意しなければならない．)

5.11 適応部分空間 SOM (ASSOM)

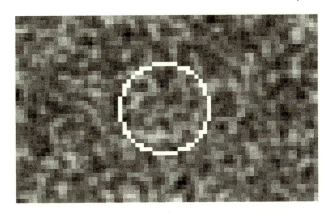

図 5.25：入力データとして用いられた色ノイズ（格子のナイキスト周波数を 0.6 倍した遮断周波数の 2 次のバターワース・フィルタ）．受容野は白い丸で示されている．

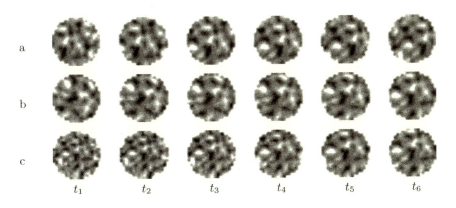

図 5.26：色ノイズや変換されたパターンの例．(a) 平行移動，(b) 回転，(c) 拡大縮小．各部分的な図はエピソードを形成している．

形成され，受容野は本質的には最初の実験と同じである．エピソードは，入力野を 0 から 60 度の範囲で 5 回ランダムに回転させることにより形成される．回転の中心は受容野の中心と一致する．各々の新しいエピソードは入力野の全く異なる場所から得られる．この実験では，サンプルに対するガウス型重みづけは必要ない．図 5.28 は，ASSOM ユニットで形成された回転フィルタを示している．これらは明らかに，方向角のオプティックフローに対して感度が良い．

拡大縮小不変フィルタは，受容野の中心と拡大縮小の中心が一致した入力パターン野の拡大縮小によって形成される．ガウス型重みづけは用いない．拡大範囲は 1:2 であり，5 つのパターンをエピソードとして拾い上げる．次のエピソードはかなり異なる入力野の場所から形成される．図 5.29 に示すように，接近物体や遠ざかる物体に関して，

246 第5章 色々なSOM

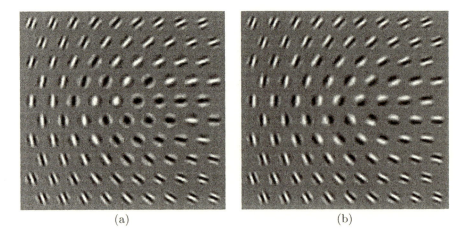

図 5.27：ガボール・フィルタを形成した ASSOM：(a)b_{i1}，(b)b_{i2}

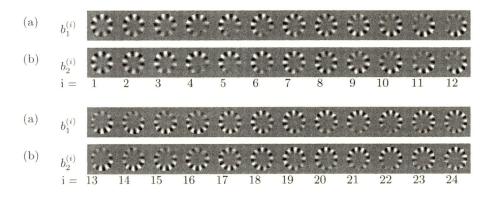

図 5.28：1次元に配置された回転不変 ASSOM．(a) 余弦型 "方向角ウェーブレット" (b_{i1})，(b) 正弦型 "方向角ウェーブレット" (b_{i2})．線形配列は2つのパートで示されていることに注意しなければならない．

フィルタは放射状のオプティカル・フロー（光学的流れ）に対して感度が良くなる．

異なる機能の競合

最後に，入力サンプルに異なる変換が生じたときに何が起きるのかについて述べる．図 5.25 で定義した基本パターンの平行移動，回転，拡大縮小により得られたいくつかのエピソードの混合物が形成される．予想通り，ASSOM 配列のフィルタのうちいくつかは平行移動不変，また他のものは回転や拡大縮小に不変なものとなる（図 5.30）．言い換えると，ASSOM は，様々な変換の競合もおこなうことが可能である．

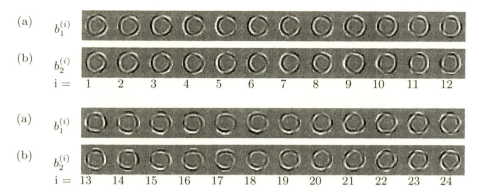

図 5.29：1 次元に配置された拡大縮小不変 ASSOM. (a) 余弦型 "放射状ウェーブレット" (b_{i1})，(b) 正弦型 "放射状ウェーブレット" (b_{i2}). 線形配列は 2 つのパートで示されていることに注意しなければならない.

ASSOM の生物学的な関連

ASSOM の様々な型のニューロンは生物学的な対応を持っているのかということは興味深い質問である．興味深い一連の研究では，*Daugman* [5.30, 31]，*Marcelja* [5.31] や *Jones and Palmer* [5.32] は，哺乳類の視覚野の単純細胞の受容野は，ガボール型関数により記述することが可能であるとした．現在の研究で終了したことは，そのような機能は ASSOM 構造の入力層で出現するということである．そのためにこの層のセルは単純細胞と類似の行動を取る．もし 2 次ニューロンの出力が記録されるならば，このニューロンは，**複雑細胞** と呼ばれる皮層の神経細胞と同じ動作をするかもしれない．多層になったアーキテクチャ（構成）を続けること，もしくはより複雑な入力データを用いることで，いわゆる**多元細胞**のような何かを生成することが可能かもしれない．

5.12　フィードバック制御適応部分空間 SOM (FASSOM)

今，我々は非常に重要なパターン認識の構成を導入する準備をしている．すなわち，それは周辺と中心のパターン認識機能を組み合わせたものであり，その両方共が適応するように作ることができる．それは，部分空間で生じる適応学習過程が，より高水準の情報によってさらに制御される ASSOM からなっている．例えば，この情報は ASSOM のみが入力特徴を伝える（LVQ のような）あるパターン認識アルゴリズムにより得られた分類結果から構成されるだろう．また，周囲の環境から得られた好ましい反応は ASSOM での学習を制御することができる．

生物学的中枢神経系内で得られる処理過程の結果が，感覚検出器のような周辺回路へどのようにして逆伝搬できるのかということは多くの推測ばかりが先行し疑問が残

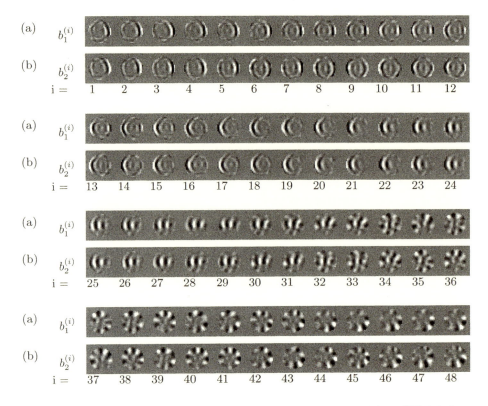

図 5.30: ASSOM は，変換（平行移動，回転，拡大縮小）の混合物に対して調整された．

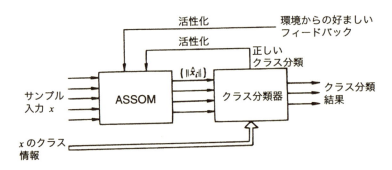

図 5.31: FASSOM のアーキテクチャ（構成）．

る．1つの可能性はある種の退行制御である．すなわち，情報を感覚通路を通して最終的には化学的媒介物質に基づいて送り返すことである．もう1つの可能性は，いわゆる遠心性制御である．すなわち，これは求心性経路が源とする同じ場所へ逆に射影している神経結合である．両方の型の制御の例は神経の分野に存在する．成功した事例についての情報は，時には循環により化学的にやり取りされている．

5.12 フィードバック制御適応部分空間 SOM (FASSOM)

図 5.31 は意思決定制御適応部分空間 SOM (FASSOM) の一般的な組織構成を表している．中心的な考え方は，式 (5.32) のような "教師なし" アルゴリズムの学習率係数 $\alpha(t)$ が分類結果の関数とされることである：例えば，$\alpha(t)$ には，もし分類が正しければ高い値を獲得し，もし分類を間違えていれば低い値を獲得するといったような関数が考えられる．このような方法で，我々は報酬戦略のみを利用する．訓練で分類が正しくないとき，当然のこととして，$\alpha(t)$ の符号もまた負になる．そのとき，これは一般に教師あり学習において懲罰を与えることに相当する．懲罰戦略がなくても，特徴抽出段階で発生する意思決定制御による競合学習は，様々な矛盾する状態について計算資源を最適に配分してくれるであろう．前処理段階が最適な設定に落ち着いたとき，分類アルゴリズム（結局は LVQ）はまだ教師あり学習を使って微調整をしているであろう．

ASSOM 段階ではいつでも学習できることに気づくべきである．それによって複数の "勝者" は学習のために近傍集合を定義することのみに使用されるが，複数の勝者は分類段階に伝わることがない．ASSOM 段階は分類段階への入力として使われる特徴ベクトル $f = [||\hat{x}_1||, ||\hat{x}_2||, \ldots]^T$ の構成要素となる射影 $\hat{x}_i$ を計算する．

注意

周波数領域での "吸収帯" を残すことなく前処理段階で原信号の全ての周波数が処理されるようにするためには，特別な注意が必要である．言い換えれば，フィルタの伝送帯には十分な量の重なりが存在することを確認しなければならない．こういうことが起こらない場合には，フィルタの数を増やすか，それらのバンド幅を何らかの手段により広げなければならない．

第6章
学習ベクトル量子化

VQ と SOM に密接に関係しているものに学習ベクトル量子化 (LVQ) がある．この名前は LVQ1, LVQ2, LVQ3, や OLVQ1 のような一群の関係あるアルゴリズムを表している．VQ と基本的な SOM は教師なしクラスタ化（集団化）で教師なし学習法であるのに対して，一方 LVQ は教師あり学習法である．また，SOM とは違って"勝者"の周りの近傍は基本的な LVQ での学習中には定義されていない．それ故に結果として，コードブック・ベクトルの空間的な順序づけが起きることは期待できない．

LVQ は統計的なクラス分け分類または認知の方法として厳密に意味づけされているので，その唯一の目的は入力データ空間内でクラス領域を定義することである．同じようにラベルづけされたコードブック・ベクトルの部分集合は最後まで各クラス領域に配置される．たとえ入力サンプルのクラス分布がクラスの境界で重なり合っても，これらのアルゴリズムにおける各クラスのコードブック・ベクトルは全ての時間にわたって各クラス領域に配置され，そしてそこに留まるように示される．VQ におけるボロノイ (Voronoi) 集合のように量子化された領域は近傍コードブック・ベクトル間の中央平面（超平面）によって定義される．クラス境界に関して，LVQ における付加的な特徴はボロノイ集合を異なったクラスに分けるボロノイ・モザイク分割のような境界だけを考えればよいということである．それによって定義されたクラス境界は区分的な直線である．

6.1 最適意思決定

通常，最適意思決定または統計的パターン認識の問題は確率のベイズ (Bayes) 理論の枠組みの中で議論されている（1.3.3節参照）．全てのサンプル x はクラス $\{S_k\}$ の有限の集合から引き出され，通常そのクラスの分布は重なり合っていると仮定する．$P(S_k)$ をクラス S_k の**先験的確率**とし，$p(x|x \in S_k)$ を S_k 上の x の条件確率密度であるとする．以下に判別関数を定義する．

$$\delta_k(x) = p(x|x \in S_k)P(S_k). \tag{6.1}$$

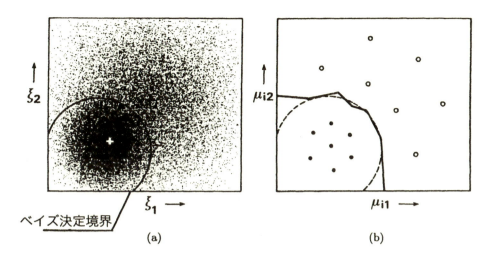

図 6.1：(a) 小さい点：クラス S_1 と S_2 に相当する 2 つの対称なガウス型密度関数が重ね合わさったもの．その分布 S_1 と S_2 の中心はそれぞれ白と黒の十字マークで示されている．実線：ベイズ決定境界．(b) 大きな黒点：クラス S_1 の参照ベクトル．中抜きの円：クラス S_2 の参照ベクトル．実線：学習ベクトル量子化での決定境界．破線：ベイズ決定境界．

もしサンプル x が以下の意思決定に従ってクラス S_c に属すると決まっているなら，未知のサンプルは平均して最適なクラスに分類される（すなわち，誤分類の割合が最小になる）ことを思い出そう．

$$\delta_c(x) = \max_k \{\delta_k(x)\} . \tag{6.2}$$

実際の統計的パターン認識の伝統的な方法は，まず $p(x|x \in S_k)P(S_k)$ に対する近似を発展させることであり，その近似を式 (6.1) の $\delta_k(x)$ に使用することを思い起こそう．一方，LVQ の近似は完全に異なった考えに基づいている．図 6.1 を考えてみる．まず，コードブック・ベクトルの部分集合を各クラス S_k に割り当てる．それから x から最も小さなユークリッド距離を持つコードブック・ベクトル m_i を探す．サンプル x は最も近接した m_i と同じクラスに属すると考えられる．x のクラス分布は重なり合うけれども，異なったクラスに属するもの同士は混じり合わないような方法でコードブック・ベクトルを配置することができる．今，クラス境界に最も近くに横たわるコードブック・ベクトルのみが最適化決定に重要であるので，明らかに $p(x|x \in S_k)$ の良い近似はどこでも必要というわけではない．クラス分類に使われた最近接近傍規則が平均期待値誤分類確率を最小にするような方法で m_i を信号空間に配置することはより重要なことである．

6.2 LVQ1

いくつかのコードブック・ベクトルは x 値の各クラスに割り当てられ、そして x は、そのとき最も近い m_i と同じクラスに属するように決定されると仮定する。次の式

$$c = \arg\min_i \{\|x - m_i\|\} \tag{6.3}$$

で決められるものを、x に最も近い m_i の引き数と定義する。

"勝者"の引き数 c を持つものは、x と全ての m_i に依存することに注意しよう。もし x が自然で、確率的で、連続値を持つベクトル変数であるなら、我々は多重の最小値を考える必要はない。$i \neq j$ に対して、$\|x - m_i\| = \|x - m_j\|$ になる確率はそのときゼロである。

$x(t)$ を入力サンプルとし、$m_i(t)$ を離散時間領域 $t = 0, 1, 2, \ldots$ における m_i の一連の値を表すものとする。誤分類誤差割合を概ね最小にする式 (6.3) における m_i の値は、以下の学習過程における漸近値として見い出される [2.38], [2.40], [2.41]. (6.9 節で議論されるように) 適当に定義された初期値から始めると、以下の方程式は基本的な学習ベクトル量子化過程を定義することになる。この特別なアルゴリズムをLVQ1と呼ぶ。

$$\begin{aligned}
m_c(t+1) &= m_c(t) + \alpha(t)[x(t) - m_c(t)] \\
&\quad \text{もし } x \text{ と } m_c \text{ が同じクラスの場合}, \\
m_c(t+1) &= m_c(t) - \alpha(t)[x(t) - m_c(t)] \\
&\quad \text{もし } x \text{ と } m_c \text{ が違うクラスの場合}, \\
m_i(t+1) &= m_i(t) \quad i \neq c \text{ について}.
\end{aligned} \tag{6.4}$$

ここで $0 < \alpha(t) < 1$ である。通常、$\alpha(t)$ (学習率) は時間とともに減少するように作られている。α は最初から小さい値にすることを推奨する、例えば 0.1 より小さくする。正確な法則 $\alpha = \alpha(t)$ にすることは何も決められたことではない。学習回数を十分に大きく取る限り、$\alpha(t)$ を線形にゼロに減少するようにしてもよい。しかしながら、6.3 節も参考にせよ。また訓練サンプルの集合が限定されるなら、それらのサンプルは循環して繰り返し適応してもよいし、式 (6.3) から式 (6.4) にかけるサンプルは訓練サンプルの基本集合から無作為に取り出してもよい。

全ての LVQ アルゴリズムの根底にある一般的な考え方は教師あり学習であり、あるいは報酬・罰計画法である。しかし、何が正確な収束の極限値であるかを示すことはきわめて難しい。以下の議論は、古典的な VQ が $p(x)$ (または、$p(x)$ のある単調な関数) を近似する傾向があるという観察結果に基づいている。$p(x)$ の代わりに他のいかなる (非負) 密度関数 $f(x)$ をも VQ によって近似することを考えてもよい。例えば、最適化決定境界またはベイズ境界 (この方法は誤分類割合が最小になるようなクラス領域 B_k に信号空間を分ける) を式 (6.1) と式 (6.2) で定義しよう。全てこのような境界は全部一緒に条件 $f(x) = 0$ によって定義されている。ここで次の式が成り

立つ.

$x \in B_k$ と $h \neq k$ では
$$f(x) = p(x|x \in S_k)P(S_k) - \max_h\{p(x|x \in S_h)P(S_h)\} \,. \tag{6.5}$$

今,スカラ x とその各分布が $p(x|x \in S_k)P(S_k)$ によって x 軸上に定義された 3 つのクラス S_1, S_2 と S_3 の場合に,図 6.2 で $f(x)$ の形を説明する.図 6.2(a) において最適化ベイズ境界は点線で示されている.関数 $f(x)$ は図 6.2(b) に示すように式 (6.5) に従ってこれらの境界でゼロ点を持つ.その他の場合には 3 つの "こぶ" のところで $f(x) > 0$ である.

もし $f(x)$ を近似する m_i の点密度を定義するために VQ を使うなら,この密度もまた,全てのベイズ境界でゼロに向かう.このように,VQ と式 (6.5) は,使われるコードブック・ベクトルの数に依存した任意に良い精度でもって,共にベイズ境界を定義する.

古典的な VQ で m_i の最適値は,平均期待量子化誤差 E を最小にすることによって見つけ出される.そして 1.5 節で,その勾配は次の式のように見られている.

$$\nabla_{m_i} E = -2 \int \delta_{ci} \cdot (x - m_i) p(x) dx \,, \tag{6.6}$$

ここで δ_{ci} はクロネッカのデルタで,c は x に最も近い m_i(すなわち "勝者")の引き数である.ベクトル m_i の勾配きざみは以下のようになる.

$$m_i(t+1) = m_i(t) - \lambda \cdot \nabla_{m_i(t)} E \,, \tag{6.7}$$

ここで λ はきざみの大きさを定義する.処理回数 t におけるいわゆるサンプル関数 $\nabla_{m_i} E$ は $\nabla_{m_i(t)} E = -2\delta_{ci}[x(t) - m_i(t)]$ である.1 つの結果が式 (6.6) から明白に

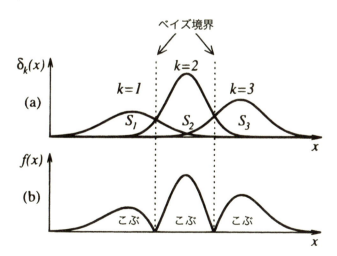

図 **6.2**:(a) 3 つのクラス S_1, S_2 と S_3 の場合のスカラ・サンプルの分布.(b) それぞれの関数 $f(x)$ の説明.

得られる：すなわち，"勝者" $m_c(t)$ のみが更新されるべきで，一方このとき，他の全ての $m_i(t)$ はそのままで残っている．

今もし E 中での $p(x)$ が $f(x)$ で置き換えられるなら，勾配のきざみはサンプル $x(t)$ が S_k に属する場合と，$x(t) \in S_h$ の場合と，それぞれ別々に計算しなければならない．

E の勾配は $p(x)$ を $f(x)$ で置き換えて次のようになる．

$$\begin{aligned}\nabla_{m_i}E &= -2\int \delta_{ci}(x-m_i)f(x)dx \\ &= -2\int \delta_{ci}(x-m_i)[p(x|x\in S_k)P(S_k) \\ &\quad -\max_h\{p(x|x\in S_h)P(S_h)\}]dx\,.\end{aligned} \quad (6.8)$$

$x(t) \in S_k$ の場合に，このようにして先験的確率 $P(S_k)$ を持ったサンプル関数 $\nabla_{m_i}E$ に関して以下の式を得る：

$$\nabla_{m_i(t)}E = -2\delta_{ci}[x(t)-m_i(t)]\,. \quad (6.9)$$

もし $\max_h\{p(x|x\in S_h)P(S_h)\}$ を持ったクラスが"次点者"クラスを意味する引き数 r で表され，$x(t) \in S_r$ であるなら，サンプル関数 $\nabla_{m_i}E$ は先験的確率 $P(S_r)$ をもって得られ，次の式を導く．

$$\nabla_{m_i(t)}E = +2\delta_{ci}[x(t)-m_i(t)]\,. \quad (6.10)$$

$\alpha(t) = 2\lambda$ に書き直すとこのようになる．

$$\begin{aligned}m_c(t+1) &= m_c(t) + \alpha(t)[x(t)-m_c(t)] \quad \text{もし } x(t)\in B_k \text{ かつ } x(t)\in S_k\,, \\ m_c(t+1) &= m_c(t) - \alpha(t)[x(t)-m_c(t)] \quad \text{もし } x(t)\in B_k \text{ かつ } x(t)\in S_r\,, \\ m_c(t+1) &= m_c(t) \quad \text{もし } x(t)\in B_k \text{ かつ } x(t)\in S_h\,,\, h\neq r\,, \\ m_i(t+1) &= m_i(t) \quad \text{もし } i\neq c\,.\end{aligned} \quad (6.11)$$

もしクラス S_k の m_i がすでに B_k の中にあり，そして $f(x)$ のこぶの形（図 6.2(b) 参照）を考慮に入れるなら，もし学習回数が少ないなら，少なくとも $m_i \in S_k$ は VQ によって B_k に相当するこぶへとさらに引き寄せられるだろう．

平衡点近くで境界に接近していると，式 (6.4) と式 (6.11) はほとんど同じ修正を定義しているように見ることができる．式 (6.4) においては x の分類は最近接近傍規則によって近似されており，そしてこの近似は学習中に改良される点に注意しよう．境界近くで条件 $x \in S_r$ のとき，m_i の 1 つが x に 2 番目に近いものを探すことによって近似される．B_k の中央においてはこの方法は使うことができないが，しかし，そこでは m_i の正確な値は重要ではない．しかし式 (6.4) において x が間違って分類されるときは，いつでも負記号の修正がなされるが，一方もし x が正確に次点者クラスにあるなら，式 (6.11) はそのときのみ相当する修正を受けるのである．この差は LVQ1 での m_i の漸近値に小さなバイアスを引き起こすかもしれない．実際，以下で議論さ

れる LVQ2 と LVQ3 と呼ばれるアルゴリズムはこの点で式 (6.11) の方により近い．どの学習回数においても，x への最近接近傍である 2 つのコードブック・ベクトル m_i と m_j は結果として更新される．正しく分類されたものは正符号を与えられ，一方，誤分類の場合には負符号を与えられる．

6.3 最適化学習率 LVQ1(OLVQ1)

基本的な LVQ1 アルゴリズムは，今，個々の学習率係数 $\alpha_i(t)$ が各 m_i に割り当てられるというような方法で修正される．それによって，以下の学習処理過程が得られる [3.15]．c を式 (6.3) によって定義しよう．そのとき以下の式を仮定する．

$$
\begin{aligned}
m_c(t+1) &= m_c(t) + \alpha_c(t)[x(t) - m_c(t)] \quad \text{もし } x \text{ が正しく分類された場合,} \\
m_c(t+1) &= m_c(t) - \alpha_c(t)[x(t) - m_c(t)] \quad \text{もし } x \text{ が誤分類された場合,} \\
m_i(t+1) &= m_i(t) \quad i \neq c \text{ のとき.}
\end{aligned}
\tag{6.12}
$$

問題は，式 (6.12) が最も早く収束するために $\alpha_i(t)$ が最適に決定できるかどうかである．式 (6.12) を次の形式で表現する．

$$
m_c(t+1) = [1 - s(t)\alpha_c(t)]m_c(t) + s(t)\alpha_c(t)x(t) , \tag{6.13}
$$

ここで，もし分類が正しければ $s(t) = +1$ で，もし分類が誤まっていれば $s(t) = -1$ である．もし全てのサンプルが等しい重みで使われるなら，すなわち，もし異なった時刻になされた修正の効果が学習時限の終わりに適用されたときとほぼ等しい大きさであれば，学習されたコードブック・ベクトル値の統計学的精度は，ほぼ最適化されていることは明白であろう．$m_c(t+1)$ は，式 (6.13) の最後の項に $x(t)$ の跡（トレース）を含んでおり，その前の $m_c(t)$ を通して，より初期の $x(t'), t' = 1, 2, \ldots, t-1$ の影響を含んでいることに注意しよう．学習段階において，$x(t)$ の最後の跡の大きさは係数 $\alpha_c(t)$ だけ小さくなる．例えば同じ学習段階において，$x(t-1)$ の跡は $[1-s(t)\alpha_c(t)] \cdot \alpha_c(t-1)$ だけ小さくなる．今，まずこれら 2 つの割合が同じでなければならないと規定する．

$$
\alpha_c(t) = [1 - s(t)\alpha_c(t)]\alpha_c(t-1) . \tag{6.14}
$$

もしこの条件が，全ての t に対して成り立つようにするなら，帰納法によって，初期の $x(t')$ から時刻 t まで集められた跡は最後に等しい量だけ小さくなる．このようにして $\alpha_i(t)$ の'最適'値は漸化式によって以下のようになる．

$$
\alpha_c(t) = \frac{\alpha_c(t-1)}{1 + s(t)\alpha_c(t-1)} . \tag{6.15}
$$

しかし注意が必要である：$\alpha_c(t)$ は増加することもできるので，この値が 1 以上にならないことが特に重要である．この条件はアルゴリズムそれ自身に課することができる．α_i の初期条件に関しては 0.5 としてもよい．しかしまた，$\alpha_i = 0.3$ のような値

で始めてもほぼよい結果が得られる.

式 (6.15) を使う場合, 概して α_i は減少しない. したがってこれによる処理過程は多分収束しないから, 式 (6.15) は LVQ2 アルゴリズムには適用できないことを警告しておかなければならない. この理由として以下のことがあげられる. LVQ2 アルゴリズムは式 (6.11) のただ部分的な近似である. 一方 LVQ3 はより正確で, そして多分 LVQ1 のように修正することが可能であろう. もし LVQ3 が修正されるなら, それは"OLVQ3"と呼ばれるべきである.

6.4 バッチ-LVQ1

基本バッチ LVQ1 アルゴリズムは以下の式に要約される.

$$\begin{aligned}
m_i(t+1) &= m_i(t) + \alpha(t)s(t)\delta_{ci}[x(t) - m_i(t)], \\
\text{ここで } s(t) &= +1 \text{ もし } x \text{ と } m_c \text{ が同クラス,} \\
\text{また } s(t) &= -1 \text{ もし } x \text{ と } m_c \text{ が異クラス.}
\end{aligned} \quad (6.16)$$

ここで δ_{ci} はクロネッカのデルタ ($c = i$ では $\delta_{ci} = 1$, $c \neq i$ では $\delta_{ci} = 0$) である.

SOM のように LVQ1 アルゴリズムはバッチ版として表現できる. バッチ・マップ SOM アルゴリズムと同様に, LVQ1 に対する等価的な条件では以下の式のように表現される.

$$\forall i, \; \mathrm{E}_t\{s\delta_{ci}(x - m_i^*)\} = 0. \quad (6.17)$$

バッチ-LVQ1 アルゴリズムと呼ばれる計算処理ステップ (2段もしくは3段のステップでノードのクラス・ラベルは動的に再定義される) で表現され, バッチ・マップと似ており, 以下のようになる:

1. 例えば初期の参照ベクトルを得るために, それらの値はあらかじめ教師なし SOM 処理過程により与えられる, ここで $x(t)$ のクラス分けは考慮しない.
2. 再び $x(t)$ を入力し, このとき各々の勝者ノードに対応したクラス・ラベルと共に $x(t)$ の一覧表 (リスト) が作成される.
3. ノードのラベルの決定はこれらの一覧表の標本のクラス・ラベルの多数決に従って決定される.
4. 各々の部分的な一覧表に $x(t)$ に対応する要素 $s(t)$ をかけ合わせる. 要素 $s(t)$ は $x(t)$ と $m_c(t)$ が同じクラスかそうでないかを示す.
5. 各ノード i について, 構成される参照ベクトルの新しい値を得る.

$$m_i^* = \frac{\sum_{t'} s(t')x(t')}{\sum_{t'} s(t')}. \quad (6.18)$$

これはノード i の一覧に対して存在するこれらの標本データの添え字 t' の総和と

考えられる．

6. 2 以降を数回繰り返す．

コメント 1． 安定させるために $\sum_{t'} s(t')$ の符合を確認する必要がある．もし負であれば，このノードの更新は中止する．

コメント 2． 通常の LVQ と異なり，ノードのラベルづけは繰り返し中に変更することが許される．ノードのラベルが最初のステップで固定されるよりも，時たま僅かに良い分類精度を生じる．もう 1 つの方法として，SOM 処理過程の直後にラベルづけを永久的に決定することができる．

6.5 記号列のためのバッチ LVQ1

$\mathcal{S} = x(i)$ は異なったクラス間で割り当てられる列 $x(i)$ の基本集合であると見なす．m_i は参照列の 1 つを意味する．$x(i)$ と m_i のクラスが 同一 または非同一 というのは 6.4 節で記述しているように，$s(i)$ で表すことができる．そのとき，6.4 節の式 (6.17) に対応する平衡条件は読み込まれることが仮定される．

$$\forall i, \sum_{x(i) \in \mathcal{S}} s(i) d[x(i), m_i^*] = \min! , \qquad (6.19)$$

ここで d は全ての可能な入力とモデルを通して定義される距離測度である，もし $x(i)$ と m_i^* が同じクラスに属する場合 $s(i) = +1$，もし $x(i)$ と m_i^* が違うクラスに属する場合 $s(i) = -1$ となる．

6.4 節で紹介されたバッチ LVQ1 の処理手順に従えば，記号列に対するバッチ-LVQ1 は次に示す計算処理ステップの適用により得られる．

1. 例えば最初の参照文字列のために，まず先行する SOM 処理過程でそれらを得る．
2. 分類する標本文字列を再度入力する．勝者ノードについてそれらのクラス・ラベルと文字列が一致するかの一覧表を作成する．
3. 一覧表のクラス・ラベルの多数決に従いノードのラベルを決定する．
4. 一覧表の各文字列について，式 (6.19) の左側と同じ表現となるように計算する．もし後ろの標本の文字列のクラス・ラベルがそのノードのラベルと一致するならば，ここで同一の一覧にある全ての他の文字列からその文字列の距離はプラス記号で示される．しかしラベルが一致しない場合はマイナス記号で示される．
5. 受容可能な一覧内の全ての他の文字列と対比しながら，ステップ 4 で定義された式の総和が最小となる各一覧の文字列の中央値を取る．シンボルの置き換え，挿入，削除により中央値がセットされるシンボル位置の各々を変化させながら体系的に一般化した中央値を計算する．もし一覧表の新しい参照文字列と標本文字列の間の距

離の総和（前のステップのプラス記号とマイナス記号が提供済み）が減少するならばその変化を受け入れる．

6. 十分な回数になるまで 1 から 5 の処理ステップを繰り返す．

6.6　LVQ2 (LVQ2.1)

このアルゴリズムにおける分類決定は，LVQ1 におけるものと同じである．しかし学習において，x の最近傍である 2 つのコードブック・ベクトル m_i と m_j が同時に更新される．その 1 つは正しいクラスに，他は誤ったクラスにそれぞれ属さねばならない．さらに，x は m_i と m_j の中央平面の周りに定義されている '窓' と呼ばれる地帯にその値が落ちなければならない．d_i と d_j が，それぞれ m_i と m_j からの x のユークリッド距離であると仮定する．もし以下の式が成り立てば x は相対幅 w の '窓' に落ちると定義する．

$$\min\left(\frac{d_i}{d_j}, \frac{d_j}{d_i}\right) > s, \text{ただし } s = \frac{1-w}{1+w}. \tag{6.20}$$

相対的な '窓' 幅 w として 0.2 から 0.3 をお勧めする．LVQ2.1 と呼ばれる LVQ2 の改訂版は以下に示すように元の LVQ2 アルゴリズム [2.39] を改良したものである．すなわち，LVQ2.1 では m_i または m_j のどちらか一方が x に最も近いコードブック・ベクトルであるのを認める．一方元の LVQ2 では，m_i だけが最近接でなければならないという意味での改良である．

アルゴリズム LVQ2.1:

$$\begin{aligned} m_i(t+1) &= m_i(t) - \alpha(t)[x(t) - m_i(t)], \\ m_j(t+1) &= m_j(t) + \alpha(t)[x(t) - m_j(t)], \end{aligned} \tag{6.21}$$

ここで，m_i と m_j は x に最近接の 2 つのコードブック・ベクトルである．このとき x と m_j は同じクラスに属するが，一方 x と m_i は違うクラスに属する．さらに，x の値は '窓' 領域に落ちなければならない．

6.7　LVQ3

LVQ2 アルゴリズムは，ベイズ極限に向かって意思決定境界を差分的に移行するという考えに基づいている．ところが，もしこの処理過程が続くなら，長く続いたときに m_i の位置に何が起きるかに注意が払われていない．だから m_i が，クラス分布または，より正確には式 (6.5) の $f(x)$ を，少なくとも大雑把に近似し続けることを確実にするような修正を導入することは必要なことと思われる．今までの考え方を合わせると，LVQ3 と呼ばれる改良されたアルゴリズム [6.1–3] が次のように得られる：

$$m_i(t+1) = m_i(t) - \alpha(t)[x(t) - m_i(t)],$$
$$m_j(t+1) = m_j(t) + \alpha(t)[x(t) - m_j(t)],$$

ここで, m_i と m_j は x に最近接の 2 つのコードブック・ベクトルである．このとき, x と m_j は同じクラスに属し, x と m_i は違ったクラスに属している．さらに x の値は'窓'に落ちなければならない．

$$m_k(t+1) = m_k(t) + \epsilon\alpha(t)[x(t) - m_k(t)]. \tag{6.22}$$

もし x, m_i と m_j が同じクラスに属し, $k \in \{i, j\}$ のとき上の式を得る．

一連の実験で, $w = 0.2$ または, 0.3 に関して適応できる ϵ の値は 0.1 と 0.5 の間にあることが見い出された．ϵ の最適値は, より狭い窓に関してより小さな値であるように, 窓の大きさに依存しているように見える．このアルゴリズムは自己安定化型であるように見える．すなわち, m_i の最適場所は学習継続中変わらない．

コメント

もし式 (6.5) の $f(x)$ のこぶをできるだけ正確に近似することだけを考えるなら, $w = 0$ (窓は, 全くない) を取り, それによって値 $\varepsilon = 1$ を使わなければならないだろう．

6.8 LVQ1, LVQ2 と LVQ3 の違い

LVQ アルゴリズムでは次の 3 つの選択ができる．すなわち, LVQ1, LVQ2 と LVQ3 である．これらは, 各々異なった考え方の下に設計されているけれども, たいていの統計的なパターン認識ではこれら 3 つの方法はほとんど同じ精度で答えを出す．LVQ1 と LVQ3 は, より頑丈な処理過程をおこなうようにアルゴリズムは定義されており, このためコードブック・ベクトルは非常に多くの学習回数の後でさえも一定値に留まると仮定している．LVQ1 に関しては, 学習率は (6.3 節に示されているように) 早く収束するようにだいたい最適化することができる．LVQ2 では, クラス境界からのコードブック・ベクトルの相対距離は最適化されている．ところが, コードブック・ベクトルがクラス分布の形を記述するように最適に配置されているという保証は何もない．したがって LVQ2 では小さい学習率の値を使い, 訓練回数の数も制限して差分形でのみ使用されるべきである．

6.9 一般的な考察

LVQ アルゴリズムでは, ベクトル量子化はクラス・サンプルの密度関数を近似するのには使われない．しかし最近接近傍規則に従って, クラス境界を直接定義するために使われる．LVQ アルゴリズムが用いられるような, いかなるクラス分類の仕事でも, 達成できる精度と学習に必要な時間は以下の要素に依存する：

- 各クラスに割り当てられたコードブック・ベクトルのほぼ最適な数とその初期値,

- 詳細なアルゴリズム,学習回数中に加えられた適当な学習率や学習の停止のための適当な基準.

コードブック・ベクトルの初期化

　クラス境界は,近傍のクラスのコードブック・ベクトル間の中央面の切片によって区分的に直線で表されている(ボロノイ・モザイク分割の境界の部分集合)ので,(クラス当たりのコードブック・ベクトルの数に依存する)隣接したコードブック・ベクトル間の平均距離は境界の両側で同じであるべきだということは,境界の最適近似のための適当な戦略のように思われる.もしクラス分布が少なくとも対称的であるなら,コードブック・ベクトルの平均最短距離(または,その代わりに最短距離の中央値)はどのクラスにおいてもどこでも同じであるべきだということを意味している.クラス分布の形が知られていないので,コードブック・ベクトルの最終位置は学習過程の終わりになるまでわからない.したがって,コードブック・ベクトルの距離と最適数は学習前には決定することはできない.それ故に,色々なクラスへのコードブック・ベクトルのこの種の割り当ては繰り返しおこなわなければならない.

　音声認識のような多くの実際の応用例においては,サンプルが異なったクラスに落ち込む先験的確率が大変違っているときでさえも,大変に優れた戦略はこうして各クラスのコードブック・ベクトルの数を最初に同一にして始めることである.コードブック・ベクトルの全数に対する上限は制限された認識時間と使用するコンピュータの能力によって決められる.

　境界についての良好な区分的な直線近似をするために,コードブック・ベクトル間の最短距離の中央値はそれぞれのクラスにある全ての入力サンプルの標準偏差(分散の平方根)よりもいくらか小さめに選んでもよい.この基準はクラスごとのコードブック・ベクトルの最小数を決定するのに使うことができる.

　各クラスごとのコードブック・ベクトルの試験的な数が一度固定されると,そのベクトルの初期値にそれぞれのクラスから取り出された実際の訓練データのサンプルそのものをまず最初に使うことができる.コードブック・ベクトルは常にそれぞれのクラス領域に留まるべきであるので,上の初期値に関しても誤分類されていないサンプルの分のみを受け入れるべきである.言い換えると,サンプルはまず最初に例えばK最近接(KNN)法によって訓練集合中の全ての他のサンプルに対抗してあるクラスに試験的に分類される.もしこの試験的なクラス分類がサンプルのクラス確認者によるものと同じである場合にのみ可能な初期値として受け入れられる.(しかし,学習アルゴリズムそれ自身でサンプルは排除されなくてもよい.サンプルがクラス境界の正しい側に落ちるか落ちないかにかかわらず,独立してサンプルは適用されなければならない.)

SOMによる初期化

もしクラス分布がいくらかのモード（ピーク）を持つならば，その全てのモードに対するコードブック・ベクトルの初期値を分配することは難しいと思われる．最近の報告では，全サンプルに関してクラス分類が不要であることから初期化に関しては，最初の形はSOMで作ることが良い戦略であることが示されている．まず前と同様にマップ上のユニットは与えられた訓練サンプルによりクラスの記号が付与される．そして3.2節で議論されたSOMの較正と同様に計算されてそれらのラベルが付けられる．

ラベルづけされたSOMはベイズ分類精度に近づくようにLVQアルゴリズムにより細かく調整される．

学習

学習は，非常に早く収束する最適化されたLVQ1(OLVQ1)アルゴリズムで常に始めることをお勧めする．その漸近的な認識精度は，コードブック・ベクトルの全数のだいたい30から50倍の学習回数の後に達成されるだろう．他のアルゴリズムは最初の段階で得られたこれらのコードブック・ベクトル値から続けられても構わない．

実際的な応用，特にもし学習時間に厳しい制限があるような場合にはOLVQ1の学習方法のみで十分である．しかし最終的に認識精度を改良することを試みるためには，全てのクラスに関して同じ値の学習率の低い初期値を使って基本的なLVQ1, LVQ2.1, LVQ3を用いて計算を続けてもよい．

終止規則

ニューラルネットワークのアルゴリズムでは'過学習'をするということがしばしば起きる．例えば，もし学習とテストの段階が交互におこなわれるなら認識精度はまず最適値が得られるまで改良される．その後に学習が続くとき，精度はゆっくりと減り始める．この場合，この効果についての可能な説明としては以下のことがあげられる．コードブック・ベクトルが訓練データに特に合わされているとき，新しいデータを一般化するアルゴリズムの能力は悪くなる．だから，ある'最適'な学習回数，例えば（どのアルゴリズムを使うのか，そしてまた学習率にも依存するけれども）コードブック・ベクトルの全数の50から200倍で，学習処理過程を停止することが必要である．そのような終止規則は経験によっても見つけることができるし，そしてそれはまた入力データにも依存する．

OLVQ1アルゴリズムはコードブック・ベクトルの数の30から50倍の学習回数の後に一般に停止してよいということを思い起こしておこう．

6.10 ハイパー（超越）マップ型LVQ

この節で議論される原理は，LVQとSOMアルゴリズムの両方に応用できる．中心

的な考え方は，一連の学習中における'勝者'に対する候補の選択である．この節では，LVQ アルゴリズムの流れの中で，ハイパー・マップの原理のみを議論する．

本書の著者によって提案された考え [6.4] は，他のパターンの文脈の中で起きるところのパターンを認めることである（図 6.3）．パターンの周りの文脈はネットワーク内でノードの部分集合を選ぶためにまず使われる．そのネットワークから最も良く整合したノードはパターン部分を基礎にしてそのとき同定される．文脈が十分な数の記述的なクラスタに割り当てられることが可能である限り，文脈が高い精度で特定される必要はない．だからその表現は分類されていない生データが訓練のために使われている教師なし学習によって形成されることができる．一方，パターン部分の最終クラス分類での最高精度を出すためには，最終分類の表現は教師あり学習過程で形成されるべきである．その場合，訓練データの分類はよく確認されなければならない．この種の文脈レベルの階級組織化は任意の数のレベルの間続けることができる．

ハイパー・マップの原理についての一般的な考え方は以下のようになる．つまり違った入力情報源が使われるなら，部分的な情報源の各々は最も良く整合した細胞の可能な候補集合のみを定義する．最終分類決定は全ての情報源が利用されるまで保留される．各神経細胞は数多くの異なった種類の情報源から入力を受け取ると仮定されているが，しかしこれら入力の部分集合は同時には使われない．その代わりにそれぞれの入力にある特別な信号群を加えると，神経細胞はまだ出力応答を引き出さない活性化前状態に置かれるだけになる．活性化前状態は神経細胞の一種の 2 進記憶状態かバイアス状態である．細胞にはバイアスがかかっており，さらなる入力が追加されると発火が促進されるようになっている．しかし，活性化前の状態がないと後の発火は不可能であろう．活性化前の状態には 1 つまたはそれ以上の状態があるかもしれない．特別な入力集合が使われるとき，その正確な入力信号についての情報は"忘れられ"，細胞にとって容易な（2 進）の情報のみが記憶される．だから活性化前状態はある他のニューラル・モデルにおけるような"発火"のためのバイアスではない．それぞれの入力信号グループの線形ベクトルの合計はどの状態でも形成されないことをそれによって認識することができる．信号の結合は非常に非線形な形でなされるが，しかし同時にしっかりとした強固な方法でなされる．最後の認識結果が特定されるところの最終

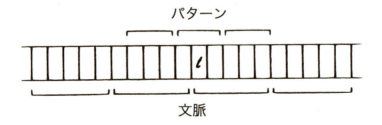

図 6.3：サンプルの時間系列でのパターンと文脈部分の定義．

6.10 ハイパー（超越）マップ型 LVQ

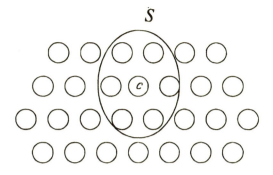

図 **6.4**：順序づけされていないノードの集合と選ばれた結果の部分集合 S.

の意思決定操作においてのみ，この決定操作は連続値判別関数に基づいている．

例：音素の2位相認識

LVQ ハイパー・マップの働きは，以下の音素認識によって詳細に例示されている．しかし，原理はより一般的であることは強調しておかなければならない．図 6.3 を考えてみる．それは，スペクトルのような一連の時系列のサンプルを説明している．より精度を上げるには，この実験で 7.1 節や 7.5 節で述べるケプストラム (*cepstrum*) と呼ばれる別の特徴集合を使用する方がより良い結果をもたらす．簡単なスペクトルの代わりに，そのような特徴のあるいわゆるケプストラム係数（例えば，数で20）を使用した．音声信号での音素の同定は，時刻 t で決定されると仮定する．パターン・ベクトル x_{patt} は，例えばその各部が3つの近接したケプストラム特徴ベクトルの平均である連続した3つの部分として形成される．これら9つのサンプルは時刻 t の周りでその中央に置かれる．ハイパー・マップの原理を実証するために，x_{patt} はいくらか広く取られた文脈ベクトル x_{cont} の流れの中で考慮される．この文脈ベクトルはその各部が5つの近接したケプストラム特徴ベクトルの平均である連続した4つの部分として形成される．この文脈ベクトルの"窓"は，同様に時刻 t の周りでその中央に置かれる．

図 6.4 は神経細胞の配列を意味している．各細胞は2つの入力グループを持っている．それぞれ，1つは x_{patt} であり，他は x_{cont} である．そのとき細胞 i に対する2つのグループの入力荷重ベクトルは，それぞれ $m_{i,\text{patt}}$ と $m_{i,\text{cont}}$ である．この"マップ"上で細胞はまだ空間的に順序づけられていないことを強調しておかなければならない．それらは古典的なベクトル量子化におけるような順序づけされていない"コードブック・ベクトル"の集合として見なさなければならない．

入力サンプルの分類

簡単のために，分類操作がまず説明される．しかしそのためには，入力荷重が少な

くとも試験的にすでに形成されていると仮定しなければならない x と m_i の整合は 2 段階で決定される．

整合段階 1

以下の不等式を満足する全ての細胞の中で部分集合 S を見つけよ：

$$||x_{\text{cont}} - m_{i,\text{cont}}|| \leq \delta . \tag{6.23}$$

ここで δ は，自由な実験的に見つけられたパラメータである．部分集合 S は文脈のある領域に相当する．このようにして，しきい値 δ と文脈領域の大きさを定義することができる．例えば整合段階 1 で最も良い整合に関しては以下のようになる：

$$\delta = r \cdot ||x_{\text{cont}} - m_{c,\text{cont}}|| , \tag{6.24}$$

ここで r は適切なスカラ値を持つパラメータ（$r > 1$），そして

$$c = \arg\min_{i}\{||x_{\text{cont}} - m_{i,\text{cont}}\}||\} . \tag{6.25}$$

整合段階 2

整合段階 1 で見つけられた細胞 S の部分集合の中で最も良い整合を以下の式を用いて見つけよ：

$$c_1 = \arg\min_{i \in S}\{||x_{\text{patt}} - m_{i,\text{patt}}\}|| . \tag{6.26}$$

比較してみると，パターンと文脈部分は決して同時には使われない：それらは時系列では継続的で離されている．このようにしてユークリッド測度は全入力信号の集合に対しては適用されない．

学習アルゴリズム

このアルゴリズムでの学習は全く自然で理解可能であるけれども，これは分類よりもさらにより洗練された処理過程である．それは，2 つの異なった期間よりなっている：1. 文脈入力荷重の適応と，引き続いてのその一定値への固定化，2. パターン入力荷重の適応とである．最初の期間においては x_{cont} のみが入力であり，学習は 1 段階のみで教師なし学習である．第 2 の期間では，x_{cont} と x_{patt} の両方が使われ，学習は 2 段階でおこなわれる．第 2 の期間はさらに 2 つの部分期間に分かれる．最初の部分期間においては，学習は教師なし学習である．分類精度を上げるために，学習は第 2 の部分期間においては教師あり学習とすることができる．

上の学習計画においては，重みベクトルは本例のように位相的に組織化されるか，または順序づけされないでいることができる．位相的な組織化は，使用されるべき部分集合の選択において一定の幾何学的な近道を許すだろう．そして，結果として収束の高速化をもたらす．明確にそして簡単にするために，非位相的なベクトル量子化だけが以下では使用されている．

学習計画をアルゴリズムの形で書いてみる．普通のベクトル量子化のように，全ての

入力荷重は適当に初期化されている．我々がこの実験で使った方法は，細胞の全集合に関して，多数の最初の入力信号 $x = [x_{\text{patt}}^{\text{T}}, x_{\text{cont}}^{\text{T}}]^{\text{T}}$ の写しを $m_i = [m_{i,\text{patt}}^{\text{T}}, m_{i,\text{cont}}^{\text{T}}]^{\text{T}}$ の値に選ぶことである．これらの値は，どのような順番でもよいから細胞に割り当てることができる．

学習期間 1

（文脈入力荷重の適応）：

$$m_{c,\text{cont}}(t+1) = m_{c,\text{cont}}(t) + \alpha(t)[x_{\text{cont}}(t) - m_{c,\text{cont}}(t)], \quad (6.27)$$
$$\text{ここで} \quad c = \arg\min_i \{\|x_{\text{cont}} - m_{i,\text{cont}}\|\}.$$

量子化誤差 $\|x_{\text{cont}} - m_{c,\text{cont}}\|$ が受け入れ可能な値以下に落ち着くまで上の計算を続ける．それから，全ての荷重 $m_{i,\text{cont}}$ を固定する．

学習期間 2

（パターン入力荷重の適応）：

部分期間 2A（教師なし）：式 (6.23) から式 (6.26) でなされたように，2 つの整合段階で最も良く整合した細胞をまず見つける：そして，この細胞を引き数 $c1$ で表示する．このとき，m_{c1} のパターン部分の更新を以下の式で実行する：

$$m_{c1,\text{patt}}(t+1) = m_{c1,\text{patt}}(t) + \alpha(t)[x_{\text{patt}}(t) - m_{c1,\text{patt}}(t)]. \quad (6.28)$$

量子化誤差 $\|x_{\text{patt}} - m_{c1,\text{patt}}\|$ が受け入れ可能な値以下に落ち着くまで上の計算を続ける．

部分期間 2B（教師あり）：鑑定するものが文脈部分には割り当てられていないので，訓練サンプル $x = [x_{\text{patt}}^{\text{T}}, x_{\text{cont}}^{\text{T}}]^{\text{T}}$ は，常にパターン部分に従ってラベルづけされる．この時点では，異なった細胞はラベルでもって識別されていなければならない．どんな，そしてどれだけの数のラベルが細胞の集合に割り当てられるだろうかという問題は一般にあつかいにくいものの 1 つである．だから，異なった方法で取り扱ってもよい．この研究で使われた方法は，部分期間 2B の始めに較正期間を持つことである．そこでは，多数のラベルづけされた訓練サンプルがまず入力される．そのとき細胞は，一定の細胞が選ばれるサンプルの中での多数派のラベルに従ってラベルづけされる．

この段階で選ばれた教師あり学習のアルゴリズムは LVQ1 である．この方法は無理なく頑丈で安定である．式 (6.23) から式 (6.26) が再び適用されて細胞 $c1$ が見つかると，そのとき以下の式で更新される．

$$\begin{aligned}
m_{c1,\text{patt}}(t+1) &= m_{c1,\text{patt}}(t) + \alpha(t)[x_{\text{patt}}(t) - m_{c1,\text{patt}}(t)] \\
&\quad \text{もしラベル } x_{\text{patt}} \text{ と } m_{c1,\text{patt}} \text{ が一致のとき}, \\
m_{c1,\text{patt}}(t+1) &= m_{c1,\text{patt}}(t) - \alpha(t)[x_{\text{patt}}(t) - m_{c1,\text{patt}}(t)] \\
&\quad \text{もしラベル } x_{\text{patt}} \text{ と } m_{c1,\text{patt}} \text{ 不一致のとき}.
\end{aligned} \quad (6.29)$$

上の式で，重みベクトルが漸近的に安定と見なすことができるまで十分な回数だけ訓練サンプルは繰り返し入力される．

応用例：（音素の認識）

最近では，音声区分を記述するためにケプストラム特徴を常に使った：10 ミリ秒ごとに取られた各音声サンプルはこうして 20 ケプストラム係数に相当する．音素を記述するパターン・ベクトル $x_{\text{patt}} \in \Re^{60}$ は，その各部が音素の中央部分から取られた 3 つの近接したケプストラム特徴ベクトルの平均である連続した 3 つの部分として形成される．文脈ベクトル $x_{\text{cont}} \in \Re^{80}$ は，その各部が 5 つの近接したケプストラム特徴ベクトルの平均である連続した 4 つの部分として形成される．文脈"窓"はこの実験で音素で囲まれた中心に置かれる．このようにしてパターン・ベクトルは，区間 90 ミリ秒からのサンプルを含んでいる．文脈ベクトルは区間 200 ミリ秒に相当する．1000 と 2000 の両方のノードがネットワークで使われた．その場合ほとんど同等の結果が得られた．ケプストラムは 2 人の男性のフィンランド人によって話されたフィンランド音声から拾い集められた．ノードの初期化は，J. K. 氏のサンプルによってなされた．一方，学習と試験は，K. T. 氏のサンプルでもって実行された．この実験では訓練サンプルの数は 7650 であり，そして独立した試験サンプルの数は 1860 であった．訓練と動作試験で使われた語彙は同じであった．この実験を通じて，教師なし学習における一定値 $\alpha(t) = 0.1$ と教師あり学習における $\alpha(t) = 0.01$ が使われた．訓練回数は，各期間で 100000 であった．文脈の効果は 2000 のノードを持った以下の実験で見られる．式 (6.24) で $r \gg 1$ のとき，部分集合 S は全てのノードを含む．その場合，結果は 1 段階の認識と同じになる．$r = 2.5$ では文脈領域は近似的に最適な大きさを持つ．この最適値はむしろ浅い．

LVQ1 による分類：
  単一ケプストラムの 1 段階認識での精度： 89.6%
  $x_{\text{patt}} \in \Re^{60}$ の 1 段階認識での精度： 96.8%

ハイパー・マップによる分類：
  2 段階認識での精度：   97.7 %

しかし，精度だけが考慮されるべき目安ではないことはここで強調しておく必要がある．ハイパー・マップの原理において，最初の段階で選ばれた候補の部分集合はより雑な原理によって比較することができる．ところがより繊細な比較方法の適用が必要とされる段階では，計算時間を節約するこのより小さな部分集合のみへの適用でよいのである．

結論とさらなる展開

上で述べたように，以前の例での神経細胞の配列に関しては，位相関係はなおまだ定義されていない．一方，もし SOM での認識操作が式 (6.3) におけるような関数に

基づいているなら，配列でのいかなる位相的な順序づけの目的も，その場合何なのであろうという疑問さえ出てくる．理由はむしろ微妙である：学習中の近傍関係の滑らか効果によってパラメータ・ベクトル m_i はより効果的に入力空間に分布されるだろう．そして学習はこの滑らか効果なしの場合よりも実際により早くなるのである．実をいうと一部の荷重ベクトルは，他のベクトル間の中間位置に"捕獲され"，だからそれらのベクトルは，決して"勝者"に選ばれないで役に立たないままで残るということは，非常に高い入力次元数でそして多数のコードブック・ベクトルを持った普通のLVQアルゴリズムで起きるかもしれない．もし近傍効果が学習中に使われるなら，実際上全てのベクトルは更新され，それによって常に加えられるより多数の活性な荷重ベクトルによって認識精度は増加するだろう．

6.11 "LVQ-SOM"

LVQとSOMは直接的な方法で結合されるだろうということは指摘しておく必要がある．以下の（教師なしの）SOMの基本的な学習方程式を考えてみる：

$$m_i(t+1) = m_i(t) + h_{ci}(t)[x(t) - m_i(t)] . \qquad (6.30)$$

もしどの訓練サンプル $x(t)$ も特別なクラスに属することが知られており，そして $m_i(t)$ がまたそれぞれのクラスに割り当てられるなら，以下の教師あり学習計画法を使うことができる．LVQのように，もし $x(t)$ と $m_i(t)$ が同じクラスに属するなら，"LVQ-SOM"で $h_{ci}(t)$ は正に選ぶべきである．一方，もし $x(t)$ と $m_i(t)$ が異なるクラスに属するなら，$h_{ci}(t)$ の符号は逆（負）にすべきである．この符号の規則は，"勝者"の近傍のどの $m_i(t)$ にも個々に適用されることに注意すること．近傍がその最終値に収縮したとき，教師なしSOM学習の後でのみ，この"LVQ-SOM"法を使うことをお勧めする．

第7章
応用

　神経回路網は自然環境と相互作用するように組まれている．そして，自然環境からの情報は非常に多くの雑音を含む冗長な感覚信号を通して普通集められる．一方では，効果器やアクチュエータ（作動装置）（筋組織，運動器官など）を制御するには，多くの相互に依存した冗長な信号をしばしば調整，連繋しなければならない．これらの両方の場合において，神経回路網は変わりやすい変数間での，暗黙のうちに，さもなければ不完全に定義された非常に多くの変換を実行するのに使用される．

　最近，計算容量が十分に利用できるようになったので，多くの異なった分野の研究者達は，実に様々な問題へ人工ニューラルネットワーク (ANN) アルゴリズムを適用し始めた．しかし，ANN 理論に関する多くの結果は，例えば実験データに非線形関数展開式を適合させるような簡単な数学的手法としてのみ利用されてきた．

　SOM アルゴリズムは，まず第1に多次元データの非線形関係を可視化するために開発された．非常に驚くべきことには，記号列における記号間の文脈上の役割のようなより抽象的な関係を SOM を用いて明確に可視化できることがわかってきた．

　一方では，LVQ 法は，統計的なパターン認識，特に非常に雑音が多い高次元の確率的なデータを取り扱うために意識して開発された．それによって達成された主な長所は，より伝統的な統計的な手法と比較して，計算操作量を根本的に減少させたことである．また同時に，ほとんど最適な（ベイズ分類則による）認識精度を得ることができる．

　多くの実践的な応用では，SOM と LVQ 法は結合される．例えば，教師なし学習処理過程においては，問題に対してニューロンを最適に配置するために SOM 配列を最初に形成するだろう．それによって（データのクラス分けを手作業で同定も照合もしていない）多くの元の入力データは，学習用の教師信号として使用される．その後，様々なクラスやクラスタのコードブック・ベクトルは，LVQ や他の教師あり学習を使用して微調整される．ここまで来れば，十分に確認された確かな分類を持つようなデータは，その数が非常にわずかであってもデータの分類には十分であろう．

　ANN が有効に使用される3つの主な実践的な応用分野は以下の通りである：1. 工

業的および他の分野における計装化（監視と制御），2. 医療応用（診断法，人工器官，モデル化，患者のプロファイリング（特徴一覧）），3. 遠隔通信（ネットワークに対する資源の割りつけ，適応復調，伝送チャネル均等化）．

　SOM の中の順番は信号空間内のサンプル・データの分布状況に依存して決まる．そして，そのサンプル・データの分布は各座標軸の目盛りの大小に左右されている．統計的な問題，特にすでに 3.14 節で取り上げたような実地データ解析では，大きく尺度が異なった目盛りを用いることで異なる属性（指標）に基づいた解析のために用いられることがある．SOM アルゴリズムでは，このように目盛りの尺度を必要に応じて変更することが，特に属性の数が大きな場合などには，しばしば良い方法となる．すなわち，全ての属性に対して平均がゼロ，分散が一定値になるように，個々の属性の目盛りの尺度を変更して使うという戦略が，しばしば有効な手段となる．このような各変数に対する単純な前処理は，SOM アルゴリズムを実際に用いるときに役立つことが多い．

　しかしながら，多くの実世界の計算にとって，人工ニューラルネットワークは十分ではない．例えば，工学的な応用を考えると，しばしばニューラルネットワークは実世界と機械の間をつなぐインターフェース（中間装置）として利用され，そこで測定はとても洗練された装置によってなされていることもある．実世界の測定には，種々の要因による変動を含んでいる．例えば，対象物が動いてしまうためのもの，照明の違いによるもの，ひどい妨害やノイズ（雑音）によるもの，素子の劣化や故障などであり，本来，これらは全て除去するか低減しておく必要があるものである．これらは，頻繁に利用される非ニューロ型の前処理の例である．全体の計算量に占めるこれら前処理の割合は，意思決定に要する処理よりもかなり多くなっている場合もある．

　この章では，ほとんどの応用に共通する前処理問題をまず議論する．それから，7.3 節から 7.9 節では，SOM 応用における主な動向を記述する．詳細な応用に関する広範囲の SOM 文献や包括的なリストについては，10 章で全て紹介している．

7.1 視覚的なパターンの前処理

　基本的な ANN アルゴリズムのほとんどは，内積やユークリッド距離の違いを使って入力パターン・ベクトルを重みベクトルと比較する．この上，ANN のほとんどは，例えば，パターンの並進，回転や尺度の変化などのような基本的な操作におけるあまり目立たない量の変換に対してさえ持ちこたえるようにはなっていない．図 7.1 を考える．2 つの 2 値パターンは我々にとっては非常に似ているように見えるけれども完全に直交している．そのようなシステムによれば完全に似ていないものとして説明されるだろう．したがって，前処理なしの線図を分類するために，簡単な ANN アルゴリズムを用いるということは無意味である．

　言い換えれば，基本的な ANN は，もし入力データ成分が静的性質を表現している

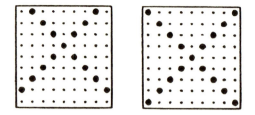

図 **7.1**：同じように見えるにもかかわらず，直交している2つの線図．

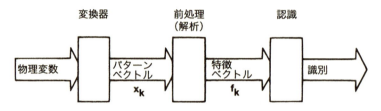

図 **7.2**：パターン認識システムの構成．

なら，非常にうまく働く**統計的意思決定機械**として振る舞うものと思われる．自然界からの信号はしばしば動的であり，その信号成分は相互に依存している．故に，ANNアルゴリズムを適用する前に信号は前処理しなければならない．そのような前処理の目的の1つは，入力パターンのいくつかの**基本的な変換群**に関して不変な特徴の集合を選択することである．しかし，時にはいくつかの特徴はパターンの位置や方向の関数であるだろう．そして，この情報は正しく解釈するために必要なものになっているかもしれない．

図7.2は簡単な**パターン認識システム**を描いている．そこには，各処理段階とそれに関連した変数を示してある．

この節では，2, 3の基本的な視覚的なパターンの前処理法を述べる．他の方法は，応用と結びつけて説明されている．

7.1.1 ぼかし

輪郭で非常に明確なコントラスト（対比）を持つ線図や写真に対して，最も簡単な前処理方法の1つはぼかし，あるいはある種の点広がり関数と元のパターンとの線形コンボリューション（畳み込み）である（図7.3）．線形コンボリューションでは選択に十分な自由度がある．ぼかされた画像の内積はある程度まで空間での変換に対して不変である．

7.1.2 全体的な特徴に関する展開

原画像は，またいくつかの知られた2次元基底関数によって展開できる．そのような展開の係数は，ANNアルゴリズムでは特徴値として使うことができる．

典型的な工学的課題としては，様々な観測を通して，その特徴的な物体を同定することである．それらは異なる形態で現れるかもしれないので，個々の要素の正確な配置に基づいたイメージ（像）の直接的な同定は通常賢明ではない．例えば，入力領域にうまく配置された顔や手書き文字の認識課題では，1つの原則は，固有ベクトルに関して入力データを述べることである．例えば，1.3.1節で述べたように，もし画像の全ての画素から構成されたn次元空間$\Re^n$内のベクトルをxと見なしたとき，サンプル画像の大きな集合（ここで，Sは画像の番号，NはSの要素数）を用いて，相関行列

$$C_{xx} = \frac{1}{N}\sum_{t \in S} x(t)x^{\mathrm{T}}(t) \tag{7.1}$$

を最初に求めるかもしれない．もしC_{xx}の固有ベクトルを$u_k \in \Re^n (k=1,2,\ldots,n)$と表すと，どのような画像ベクトル$x'$も固有ベクトルに関して展開することができる．

$$x' = \sum_{k=1}^{p}(u_k^{\mathrm{T}}x')u_k + \varepsilon, \tag{7.2}$$

ただし，$p \leq n$であり，εは剰余項である．最大の項$u_k^{\mathrm{T}}x'$に限定された集合は主成分と呼ばれ，式(7.2)の中で用いられることでx'の概形を示している．これは特徴集合の例であり，特徴集合とは，ある統計学的な精度におけるx'の圧縮表現になっている．いかに特徴集合を定義するかに関して，これ以外にも，多くの入力データの固有関数が存在している（7.1.5節参照）．

入力領域の全体を参照するような特徴を用いる場合には，例えば，与えられる個々の画像の重心が一致し，適切な大きさになるように，全ての画像を標準化しなければならない．よくあることではあるが，特に動いている標的の認識などにおいては，このようなことは不可能である．物体から発せられる信号は複雑な方法で観測値に変換

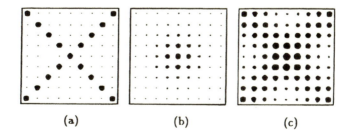

図 **7.3**：ぼかしたカーネル（核）と入力パターンとのコンボリューション（畳み込み）．**(a)** パターン，**(b)** 点広がり関数（カーネル），**(c)** コンボリューション．

される．生物学においては，人工的な認知と同様に，解は主要な観測値，すなわち自然の変換に対してほぼ不変のような局所的な特徴の集合から抽出される．

7.1.3 スペクトル解析

任意の方向での並進に対して完全に不変である画像を表現するために，特徴量として2次元フーリエ振幅スペクトルの成分を使用することができる（当然，計算手段によりおこなわれる簡単な方法は，画像の強度分布の重心が絵図の枠の中心と一致するような位置にあらゆる画像を移動することである．しかしこれは，注意深く標準化された条件の下では働くが，例えば重心を変化させるように照明が変わるという条件の下では働かない）．完全な尺度不変を達成するようにメリン変換の係数はとられる（この場合，絵図はすでに中心に置かれていなければならないなど）．もし同じパターン上に上述の型のいくつかの変換を次々と続いて結びつけようとするなら，数値的な誤差は蓄積され雑音は強められる．光学的文字のような単純なパターンに対しては，それらの主たる次元，方向や位置の計算による正規化は，実践的には最も良い方法であるように思われる．

7.1.4 局所的な特徴に関する展開（ウェーブレット）

例えば，画像と信号解析の中で，ウェーブレット（5.11.2節参照）は局所的な特徴として，近年，その重要性が増してきている．2次元自己相似ウェーブレット (self-similar wavelet) またはガボール関数は，画像領域上で複素関数

$$\psi_k(x) = \exp[i(k \cdot x) - (k \cdot k)(x \cdot x)/2\sigma^2] \tag{7.3}$$

として定義される．ここで，$x \in \Re^2$ は画像平面上の場所ベクトル，$k \in \Re^2$ は波動ベクトルである．$x = x_0$ を中心とする関数 $f(x)$ のウェーブレット変換 F は，次の通りである．

$$F = F(k, x_0) = \int \psi_k(x - x_0) f(x) dx. \tag{7.4}$$

ここで，絶対値 $|F(k, x_0)|$ は，半径が σ のオーダの円の範囲内であれば，x_0 の周りのどこに $f(x)$ が配置されているかということとほとんど無関係である．ニューラルネットワークの入力へ異なる値の k と x_0 を用いることで，そのような局所的な特徴の集合 $|F(k, x_0)|$ を選別することができる．同じ x_0 を参考にして，そのような集合をガボール・ジェット (Gabor jet) とも言う [7.1]．

5.11節で述べたASSOMフィルタ列は，数学的に定義された方法で，ガボール関数を実現するもう1つの選択肢のようである．ASSOMは，並進運動に加えて他の変換も学習することができる．そして，複数の変換の交じり合ったものでさえも学習することができる（図5.30）．

7.1.5 視覚的なパターンの特徴の要約

多くの基底関数は前処理に役立つ．それらの全部は，任意の移動や回転などに関して不変ではない．基底関数は，ただ不整列や変形の影響を減らすだけである．そのような関数の一部を以下に示す．

- フーリエ変換
- メリン変換
- グリーン関数（例えば，ガウシアン×エルミート多項式）
- 入力相関行列の固有ベクトル
- ウェーブレット
- ガボール関数
- 回転楕円面関数
- ウォルシュ関数（2進形）
- など．

ウェーブレット型やガボール型の特徴に対するフィルタは，ある種の自己組織化マップにおいては自動的に形成されることを思い出そう（5.11節）．

発見的に選択された特徴

特に工業用ロボット工学においては，例えば照明のように周囲環境の条件を通常標準化できるので，目的物から以下の種類の特徴を検出することは容易である．特徴は，最大および最小直径，周辺の長さ，部品，穴やとがった先端の数や幾何学的なモーメントである．それらは目的物の並進や回転に対して不変的な性質を持っているので，目的物を容易に同定することができる．ほんの少し発達した不変特徴の集合は，チェイン・コードかフリーマン・コード [7.2] からもたらされる．その方法は，参照点から始めて，輪郭を横切ったときに方向の量子化された変化を検出しながら輪郭の形を描写する．

この章では，画像のテクスチャ情報に関する解析についても議論する．これまでに，テクスチャ・モデルとその特徴選択に関しては，多くの研究がなされている．SOM との関連では，いわゆる共起行列 (co-occurrence matrix)[7.3] が有用であることに，我々は気づいた．これは，共起行列の要素，特にその統計的尺度がテクスチャの特徴づけに利用できるためである．

7.2 音響的前処理

音響信号は，音声，動物，機械や交通雑音などから採取される．非常に特殊な場合として水面下の音響効果がある．マイクロフォンや他の変換器は非常に異なっており，別の前段増幅器やフィルタが使用される．信号のアナログ・ディジタル変換は，異なっ

たサンプリング周波数（音声では，例えば 13 kHz を使用した）や異なった精度，例えば，12 から 16 ビットでおこなわれている．より高い数値精度は，異なった強度を持つ音を同じダイナミック・レンジ（動的範囲）で解析できるので有利となる．

発話のような音響信号の認識では，指定した時間窓を用いた高速離散フーリエ変換という計算論的に有効な手法によって，局部的な特徴抽出がおこなわれる．多くの実際のシステムでは，信号のディジタル・フーリエ変換は 256 点で形成される（音声では，10 ミリ秒の時間窓を使用した）．振幅強度スペクトルの対数化や全ての出力の平均の減算は音の検出を強度不変にする．スペクトルは，なおまだディジタル的にフィルタをかけることができる．その後，次元数を減少させるために，入力ベクトルの成分は近傍のフーリエ成分にわたって平均して形成される（例えば 15 平均，つまり 15 次元の音声ベクトルを使用した）．

ANN アルゴリズムを適用する前の音声特徴ベクトルの長さの正規化は必ずしも必要ではない．しかし，統計的な計算における全体としての数値精度は，LVQ や SOM アルゴリズムと結びつけて考えると正規化によって顕著に改善される．

音声認識，例えば，雑音がある乗り物の中での音声認識に対して，いわゆるケプストラム (cepstrum)[注1] を生成することは，通常，有利に働く．このとき，ケプストラム係数が特徴量として用いられる．ケプストラムは，同一の信号に対して 2 回連続しておこなわれるフーリエ振幅変換で定義される．なお，最初の変換は通常対数化されている．もし信号が，音声信号のようにパルス状の興奮によって駆動される音響共鳴の集まりとして生成されていると，駆動関数のためのマスクを使っているケプストラム解析によって，2 番目のフーリエ変換の後に駆動関数を消去することができる．

7.3 処理過程と機械装置の監視

工業用のプラントや機械装置は大変複雑なシステムであり，それらは状態変数という表現によって記述されるのが通例である．この状態変数は，測定できる物理量の数よりも数桁以上多くなることもある．また状態変数同士も，高次の非線形な関係があるかもしれない．そのため，古典的なシステム理論によれば，プラントや機械装置の解析モデルは測定結果からは同定できないであろう．それにもかかわらず，システムの中にはもっと小さな特性状態や状態クラスタが存在することもあり，それが一般的な振る舞いを決定することがあるし，測定結果に何らかの影響をおよぼすこともある．SOM が非線形な投影法であるため，多くの場合，そのような特性状態やクラスタは，システムの明示的なモデル化をおこなうことなく，自己組織的なマップの中で可視化することができるようである．

SOM の重要な応用例の 1 つに故障診断がある．このとき，SOM には 2 通りの使い

[注1] 訳注：スペクトラム (spectrum) をもじった造語．次元は時間と同じで，単位はケフレンシ (quefrency)．これも周波数 (frequency) をもじったものになっている．

方がある．1つは故障の検出であり，もう1つは故障の同定である．実際の工学的な応用に際しては，2つの異なる状況を区別して考える．すなわち，1つ目が事前に故障に関する情報を測定できていない場合であり，2つ目はすでに故障に関する情報を記録できているか，少なくとも故障自体を定義できている場合である．

7.3.1 入力変数の選択とその尺度

信号パターンの不変性についてはまだ考慮していない，単純な工業的な計測に関する一連の手続きについて考えてみよう．測定は色々と違った装置で，しかも異なる尺度でおこなわれるものである．統計学的な意思決定では，一連の測定は，しばしばユークリッド空間と結びつけて解析される測度ベクトル (metric vector) の1つであると見なされる．したがって，ベクトルの様々な要素は，できるだけ均衡の取れた方法で情報を表現すべきである．これはSOMアルゴリズムを用いる際に特に重要なことである．

もし考慮すべき測定チャネルや変数の数が，例えば数千というように大きな場合，ニューラルネットワークの入力には，もっと小さな数の代表的な変数を選んで与える必要があろう．結局，どの変数を選択するかを決定するため，それぞれのチャンネル[注2]の情報理論的なエントロピ測度を解析することがある．

異なる変数が分類結果におよぼす影響を均等にするため，最も単純な方法は全ての変数の尺度を，例えば，各変数の平均がゼロ，分散が同一となるように正規化することである．

一般的な場合，複数の変数はお互いに関連している．つまり，それらの結合分布は構造化されており，周辺分布の積としては表現できない[注3]．もしSOMのマップ化が良い投影を生み出すことが信用できないのであれば，まず最初に測定物のクラスタ化解析を行うのがよいであろう．例えば，サモンのマップ化法 (Sammon mapping method)（1.3.2節）を用いて，特定のクラスタを分離するのに十分な簡単な再スケーリングについて推定したり，あるいは変数相互間の依存性を解消するためには主要な測定同士をいかに組み合わせればよいかを考えればよい．

7.3.2節では，工学分野でおこなわれる測定に典型的な例で，単純な尺度の再設定が十分であった例について議論する．

7.3.2 大規模システムの解析

大規模システムを表す変数間の複雑な関係を理解し，モデル化することは，しばし

[注2] 訳注：各ニューロンへと入力する信号経路のこと．上の変数とほぼ同義であると考えて差し支えない．
[注3] 訳注：AとBからなる複合事象系の場合，AとBが独立でなければ，$p(A \cap B) \neq p(A) \cdot p(B)$ ということ．

ば問題点の多い事項である．自動計測は多量のデータを生み出すが，その中には説明が困難なものを含む場合がある．多くの実践的な現場では，対象としているシステムの特性に関するきわめて些細な知識でも，助けになることがある．したがって，オンライン測定では，情報の次元を低減してでも，システム状態間の関係は保存したままの，何か単純で簡単に理解できる表示に変換しておく必要がある．この種の変換によって，次のことができるようになる．すなわち，1) 操作者がシステム状態の時間経過を視覚的に追うこと，2) データの理解がシステムの将来の振る舞いの予測を容易にすること，3) 現在あるいは予測される将来の挙動についての異常事態から，故障状態の同定をすること，そして，4) システムの制御を状態解析に基づいておこなうこと，である．

SOM は，低次元の表示で入力密度関数[注4]に関する多くの特徴的な構造を表現できる．適切な視覚化技術と共に用いると，このように SOM は，状態空間の一般的な構造を自動的に見い出し，可視化する非常に強力な道具である．したがって，SOM はシステムの振る舞いを視覚化する有効な道具にもなっている．

例えば，いくつかの測定がおこなわれる物理的システムや装置を考えてみる．このとき測定は，実数が同じ範囲に対応するようにダイナミック・レンジ（動的範囲）を正規化する．測定ベクトルを $x = [\xi_1, \xi_2, \ldots, \xi_n]^T \in \Re^n$ で示す．システム変数に加えて，制御変数も測定ベクトルに含めることもある．

例として研究された装置は，以下の電力工学で使用される油変成器である．そこでは 10 種類の測定（電気的変数，温度，ガス圧など）がおこなわれる [7.4]．システムの状態は給電や負荷電力に依存して変化する．変換器の変動と故障を実験的に引き起こしたり，計算機プログラムによってシミュレーションすることができる．ニューラルネットワーク・モデルでは，通常非常に多くの訓練例を必要とするが，それに必要とされる装置自身の破壊的故障を大量に作ることができない．

かくして，測定ベクトル値 x は実験室においてあるいはシミュレーションによって変化させることができる．もし全ての型の故障が装置を監視する観点から等しく重要であるなら，各状態について等しい数のサンプルが取られるべきである．特定の型の故障を強調するためには，学習率係数 α（3.2 節）は特定の故障の重要さに応じて変えることができる．SOM は学習において x の値を繰り返し送り込むことによって普通の方法で形成される．

SOM アルゴリズムにとって，重みベクトル $m_i = [\mu_{i1}, \mu_{i2}, \ldots, \mu_{in}]^T$ を形成するのに十分な測定データが利用できる状況を仮定してみよう．監視での使用に先立って，そのように作られたマップ配列は固定される．

SOM の構成要素平面 j，つまりスカラ値 μ_{ij} の配列は全ての重みベクトル m_i のうち j 番目の要素を表しており，SOM 配列として同じ形式を持っているものは，個別に表示することができる．そして μ_{ij} の値は，SOM 配列の上で濃度階調によって表される．

[注4] 訳注：入力信号の分布を表す関数と考えて差し支えない．

7.3 処理過程と機械装置の監視   **277**

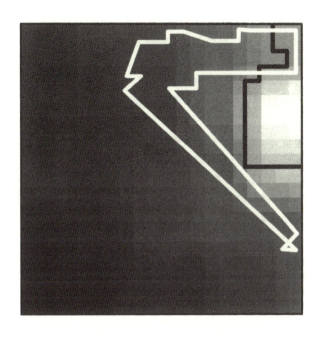

図 7.4：ある 1 日の電力変成器の状態変化を示している SOM 上の軌跡（白線）．変成器の頂上での油の温度を表している参照ベクトルの最初の成分を濃度階調度で表示した．高い値は明るく，低い値は暗く示されている．危険な状態は黒線で囲んだ部分である．

このとき，SOM は 2 通りの方法で用いられる．すなわち，1) 動作点の連続する像からなる**軌道 (trajectory)** は，元々の **SOM** の上に描かれる．このとき SOM には，各点におけるシステム状態の一般情報を示したラベルがあるかもしれない．2) 同じ軌道が任意の**構成要素平面**上に描ける．それによって，軌道に沿った濃度階調が処理変数の時間変化を直接示している．

図 7.4 に示す実践的な事例は，電力変成器に関するものである．この例では，システム状態に関わる 10 変数の測定が，24 時間周期で繰り返しおこなわれている．

図 7.4 では，電力変成器上部の油の温度に対応する構成要素平面の上に，状態変化を表す軌道が描かれている．ここで，暗い部分は負荷が小さなところを，また明るい部分は負荷が大きなところをそれぞれ表している．この図からは，動作点が暗い領域から明るい領域に移動し，そしてまた暗い領域に戻ってきていることがわかる．これは，システムが昼間動作することに対応して，負荷の大小が切り替わっていることを表している．このような特定の事例では，連続する数日間の軌道は，通常の運転状態の場合であればきわめてよく似たものとなっていた．

故障の同定

まず最初に，故障検出は測定に対応する特徴ベクトルが全てのマップを構成するユ

ニットの重みベクトルと比較されたときの**量子化誤差**に基づいておこなわれる．そして，ごく小さな違いが事前に定めたしきい値を越えたとき，処理過程がおそらく故障状態にあるであろうと判断する．この結論は，大きな量子化誤差の原因が訓練データによって扱われていない領域に動作点が存在しているという仮定に基づいている．したがって，現在の状態が未知のものであり，おそらく何か悪いことが起こっているということになる．

通常の運転状態を SOM によって可視化することに加えて，故障状態も可視化できるようにすることが望ましい．そのため，一番の問題は異常ではあるが典型的な測定情報をどこから持ってくるかである．考えうる全ての故障について観察することは，明らかに不可能である．故障は極めてまれであることが多く，このため，実際の測定は不可能である．いくつかの場合では，試験時に故障状態を作り出すことができる．しかし，特に工業的な処理過程や大きな機械装置を扱うような場合には，重大な故障を発生させることは費用もかかり過ぎてしまうことがある．そこで，故障を**模擬する（シミュレートする）**必要性が出てくる．

もし故障状態とその理由がよくわかっていれば，SOM の学習のために模擬されたデータを簡単に作り出すことができる．実践的な工学システムでは，通常，よく直面する様々な故障や誤りの型は以下の通りである．1) 信号線の切断による信号の突然の低下．2) 信号の大きな散発的な変化が引き起こす深刻な障害．3) 測定装置内の機械的な故障によってしばしば起こる測定値の妨害．4) 装置の経年変化による測定値の小さなずれ．5) ある統制されたパラメータ値の突然の変化が示す制御装置の故障．ここで述べた全ての故障の型は，簡単にそして独立に模擬することができる．そのため，学習に用いる特徴ベクトル x は（機械的あるいは電気的故障が原因かによって）人為的に変えることができる．あるいはシミュレーションによって，模擬的に変えることもできる．

もしほとんど全ての故障の型が，機械的あるいはモデルにかかわらず，測定あるいは模擬できるのであれば，SOM はシステムの運転状態の監視装置として使うことができる．図 7.5(b) は，**麻酔装置 (anaesthesia system)** [7.5] のための計算をおこなう SOM である．そして，その中の異なる領域は，管，ホースまたはポンプの閉塞，それらの破損，誤ったガスの混合，挿管チューブの誤った位置決めなどにそれぞれ対応している．

しかしながら，もしシステムの運転状態が広範囲で変わったり，あるいは "正常" な患者としての "正常" な状態を定義できない場合は，故障または警告の解析という 2 段階からなる SOM は用いなければならない．第 1 のレベルでは，量子化誤差に基づいて故障検出をおこういわゆる**故障検出マップ**を用いる．そして第 2 のレベルでは，故障の原因を同定するためにより詳細なマップを使う．特徴ベクトルの時系列情報を保存することで，故障の発生前と発生中の処理過程に関する振る舞いをより詳しく解析することができるようになる．麻酔装置の故障の検出と同定に関する事例は，[7.5] で述べられている．

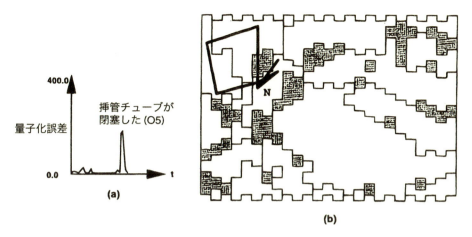

図 7.5：実際の状態で検査した麻酔装置の故障判定．N=正常状態．患者の位置が変化して，挿管チューブが短期間閉塞した．図 (a) に見られる量子化誤差の増加は，故障が検知されたことを指している．このとき，動作点の軌道は正常状態の領域からシステムの特定の部分の障害に相当する領域に動いている．この軌道は図 (b) に示す通りである．

とても多くの異なるシステムの状態がある場合，多くのマップを計算しなければならない．そして，それぞれのマップは異なる状態の型（まるで地図帳の "アトラス" のような感じ）を表しており，ある基準に従ってその中から最適なものを選ぶのである．

7.4 発声音声の診断

3 章の図 3.18 に示されるような音素マップの例は，SOM がまた話者間の統計的な違いを検出するために使用されることを示している．最終的には，特殊な SOM，つまり "音声マップ"[5.22] を多くの異なった話者から集められたサンプルを使って作成する必要がある．男性と女性話者に対して別々のマップを作る方がよい．なぜなら，声門周波数は容易に検出可能なおおよそ 1 オクターブだけ異なるからである．一方，その他の点では，男女話者の声道でのスペクトルの特性において大きな系統的な違いは生じない．

音声障害解析における最初の問題の 1 つは，音声の特質に対して客観的な指示計を開発することである．音声の特質は声門咽頭領域の状態を主に反映する．音声の臨床的な評価において，例えば，"鳴音"，"歪み音"，"気息音"，"しわがれた音" や "耳障りな音" のような属性は一般的に使用される．しかし，そのような診断はあてにならない上に，医師ごとに異なっているので少なくとも主観的である．本来の客観性とは [7.6, 7]，例えば音声スペクトルの記録データから自動的に計算される客観的な指示計を開発することである．

こうして，中心的な仕事の 1 つは，例えば，"島" を意味するフィンランド語の /saːri/

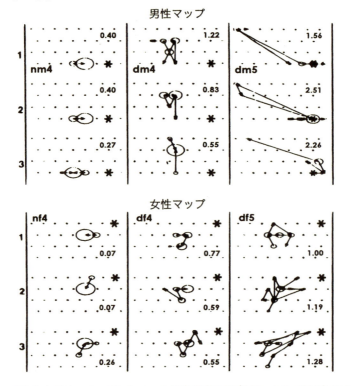

図 7.6：2つの正常な音声 (nm4, nf4) と4つの音声障害の音声 (dm4-5, df4-5) によって (7つの他の単語で分離された) 試験用単語の3回の繰り返しの間の150ミリ秒 /a:/区分マップ. 移動の平均的な長さの値は各マップ上に与えられる. 音声障害の声は次のように分類される：dm4 は軽い音声障害，気息音と歪み音；dm5 は重い音声障害，耳障りな音，気息音と歪み音；df4 は軽い音声障害と気息音；df5 は重い音声障害，耳障りな音，気息音と歪み音.

のような代表的な試験用単語の発音に研究を制限することである．音声マップ (SOM) は何人かの話者から集められた全ての音素に対して作られる．しかし，それによって/a:/を代表する近傍の領域のみが利用される（図 7.6）．

正常な話者に対して，音声を表している軌跡は/a:/の周りに静止している．特定のマップ・ユニットのところに描かれた楕円の領域は，時間，つまり，"勝者"としてこのユニットを選択する次々と入ってくる音声サンプル数に比例する．試験用対象物間の違いは明確に認識できる．もし人が/a:/の発音中にマップ上の遷移の長さを解析するなら，音声の特性を表す客観的な指示計として遷移の長さの分布を使用することができる．

7.5 連続音声の転写

音声認識のために開発されたほとんどの装置は，離散単語を検出したり同定しよう

とするものである．その結果，用語数は制限される．別の方法は要するに連続音声から音素を認識することである．この場合には，いくつかの言語（フランス語，中国語，英語）は，他の言語（イタリア語，スペイン語，フィンランド語，日本語）よりももっと大きな問題を抱えている．

　目的のレベルもまた明記されるべきである．任意の話者からの自由音声の解釈は，前もって与えられた音声標本なしには現在の技術では不可能である．いくつかの実験では，例えば，ヘリコプタの操縦室などのような非常に雑音の多い環境における指令単語の認識を目的としている．1970年来，我々によって研究された特別な問題は，注意深く発音されるが普通の一般的な音声を独自に音素転写し文字化することであった．つまり，いくつかの他の言語のようにフィンランド語においても，この転写はこのとき書かれた言語への公式の綴りとして合理的にうまく変換される．

前処理

　音声信号の前処理のためのスペクトル解析は，音声処理過程において最も標準的なものである．一方，音声の処理過程から導き出される音声特徴に関してはいくつかの選択が存在する．現在では，音声スペクトルに基づいた特徴集合に関して2つの主な選択すべき方法がある．一方は短時間のフーリエ振幅スペクトルで，他方は2つの縦列フーリエ変換の非線形結合である．これはケプストラムと呼ばれている別の特徴集合を生じる．

　周波数解析は音響学において伝統的な方法であり，音声分析はいわゆるソノグラムと呼ばれる音声分析装置（ソナグラムとかスペクトログラムとも呼ばれる）によってほとんど全ておこなわれてきた．つまり，それは時間に対して記された逐次系列の短時間スペクトルである．これらのスペクトルを自動的に同定することやそれらを音素クラスに分ける場合には，少なくとも1つの主要な問題が存在する．すなわち，音声は主に声帯によって発生し，空気のパルス的な流れは声道において特徴的な音響共鳴を引き起こす，というものである．一般的に知られている発声系の理論的な原理によれば，声道を線形な伝達関数によって記述することができる．そして，声帯の動作は周期的なインパルス列からなるシステム入力によって描写される．声帯の動作は，基本（声門）周波数の倍数で，周波数尺度で周期的な間隔で配置した幅広いスペクトルの周波数成分を持っている．かくして，出力音声信号は声門の空気の流れの変換と声道伝達関数の変換の積であるスペクトルを持っている．このとき，音声のスペクトルが基本周波数の全ての倍音によって変調されていることは明らかである（図7.7(a)）．この変調は安定ではない．周波数尺度における変調の深さや変調の最大や最小の位置は，音声の調音や音声の高さと共に変化する．2つのスペクトル間の直接のテンプレート（型板）比較をするとき，このようにして厳しい不整合誤差がこの可変な変調によって引き起こされる．

　ケプストラム解析において，音声信号の倍音は一連の操作によって取り除かれる．音

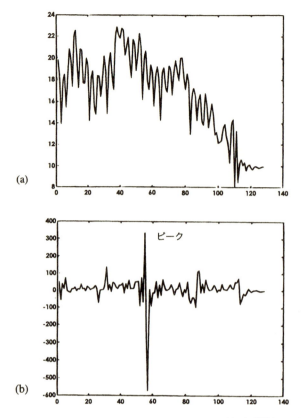

図 7.7：(a) 音声の 2 重母音/ai/から取り出されたスペクトル（任意単位）．それは倍音による周期性を示す．(b) 対応するケプストラム．水平スケール：FFT のチャネル数

声信号のフーリエ振幅スペクトルの各成分は通常対数化される．そして，第 2 のフーリエ振幅スペクトルが取られるとき，変調の周期性は新しい変換（ケプストラム）尺度上の 1 つのピークに変換される（図 7.7(b)）．このピークは容易に濾過される．

計算上の理由から，256 点変換はこれらの成分を 20 パターン要素に結びつけることによって圧縮される．ケプストラム解析の濾過操作の詳細は [7.8] に記述されている．

ケプストラムの準音素への変換

上で得られた各特徴ベクトルは，フィンランド語の 21 の音素クラスの 1 つに分類される．実行された最も簡単な例では，各特徴ベクトルが個々に分類される．つまり，もしいくつかの近傍特徴ベクトル（例えば 3 から 8）がより多くの時間情報を符号化するために対応するより長いパターン・ベクトルに連結されるなら，結果はわずかに改善される．

この上記の仕事に対しては多くの古典的なパターン認識アルゴリズムがある．初期のシステム [5.23] では，我々は 5.10 節で議論された教師あり SOM を用いた．精度を

失うことなく，できる限り高速化を達成するために後で学習ベクトル量子化 (LVQ) を使用した．この近似は，最も良い非線形統計的意思決定法と精度において同等である．閉鎖子音（または破裂子音）の分類に対しては，補助的な "過渡マップ" を使用した．

パターン・ベクトルの分類は，現在，非常に高速な処理ができ，容易に計算可能な仕事になっている．つまり，未知のベクトルは単純に参照ベクトルの一覧表と比較され，最もよく似た参照ベクトルによってラベルづけされる．高速な信号処理チップを用いると，1000 の参照ベクトルとの比較さえも 10 ミリ秒ごとにおこなわれる．参照ベクトルを前もって注意深く最適化しておくと，通常より高い分類精度が得られる．

これまでの処理で我々が得たものは，なおまだ一連の記号のみであり，各記号は対応する短時間スペクトルによって記述された 1 つの（音素）状態を同定する．準音素と呼ばれるこれらの記号は，10 ミリ秒ごとに音声波形に音響ラベルづけをするのに使用される．前の準音素と同じくらい努力を要するもう 1 つの操作は，準音素をセグメント（分節）に吸収させるために必要である．つまり，各セグメント（分節）は音声の 1 つの音素のみを表現する．準音素が一定の割合の同定誤差を含むので，(いわゆる復号と呼ばれている) 音素へのこの分割は統計的な解析を含まなければならない．

準音素列の音素への復号

従来から使用している最も簡単な復号方法は，一種の票決に基づいたものである [5.22]．n 個の連続なラベルを考える（典型的な値は $n = 7$ である．しかし，n は各クラスで個々に選ぶことができる）．もし連続なラベルから m 個を取り出し，それらが等しい（例えば，$m = 4$）なら，この準音素のセグメントは多数決で決まった 1 つの型の単一音素によって置き換えられる．いくつかの余分な発見的な規則は連続走査においてこの規則の重なりを避けたり，近似的に正しい数の音素を得るために必要である．

最近，我々は復号するために別のよく知られている隠れマルコフモデル (HMM) と呼ばれている方法を使用した [7.9]．HMM の基礎的な考えは，準音素をある条件つき確率に従って遷移する確率的モデルの状態として見なすことである．主な問題は，出力系列の利用できる例から状態の確率を見積もることである．HMM によって，多くの準音素が 1 つの音素にいかに対応するか，そして最も可能性のある音素が何かを最適に決定することができる．

記号文字列の訂正に対する文法的方法

上でまだ議論されていない 1 つの問題は，音声の同時調音効果である．音声は "過学習された" 技能であると述べられてきた．過学習技術とは，我々が一般に標準的な音素ではなく，完全な言葉を再現しようとすることを意味している．それによって，過学習技能は我々が音声を調音するとき，あらゆる種類の "近道" をおこなう．これらの変換のいくつかはまさに悪い習慣である．その上それもまた機械は学習しなければな

らない．しかし，慎重な話者の音声においてさえも，動的依存性による意図した音素スペクトルは，他の音素の異なった文脈の中では異なって変換される．音素は，しばしば，別の音素にスペクトル的に変換される．その上，どの認識システムでも，近傍の音素的文脈を考慮することができなければならない．

同時調音効果を補償する新しい方法は，準音素の記号レベルでこの補償をするか，あるいは最終的な転写からの誤差修正のときでさえもこの補償をすることである (1.6節)．記号レベル上で仕事を進めるときの主な利点の１つは，情報がすでに非常に圧縮されていることであり，それによって，比較的遅いコンピュータ装置を用いても非常に高速で複雑な操作が可能となる．離散的データで動作しているときの第２の非常に重要な利点は，文脈が動的に定義されることである．もし同時調音のある形式が非常に一般的で必然的な結果を出しているなら，短い文脈であっても同時調音の効果を記述するのに十分である．フィンランド語で（槍を意味する）/hauki/を考えてみる．そこでは，/au/は，/aou/とほとんど同じに発音される（そして，音声認識器によって検出される）．つまり，/aou/←/au/の置き換えを用いて，この部分を綴り字法の形式に訂正する．しかし，もっとしばしば遭遇するのは，特別な同時調音効果をうまく描写するために，いくつかの音素にわたって広がる文脈を考慮しなければならない．だから，もし文脈の幅が場合ごとで異なっているなら有利であるだろう．実際には，音声で生じる非常に多くの音素の結合により，異なった規則の数は大きくなる．つまり，我々のシステムでは，（我々の方法によって例題から自動的に完全に学習される）数万の規則を持っていた．この種の文法則は，（不規則な記号的誤差を平均化することによって）音素セグメントをより一様にするために，準音素レベルに適用することができる．この仕事に対して開発された相当する文法は，**動的焦点文脈 (DFC)** と呼ばれている [7.10]．準音素を音素に解読した後，**動的拡張文脈 (DEC)** (1.6節) と呼ばれる別の記号手法を，音素転写を綴り字法で文章に変えるのと同じように，音素誤りが残っているかなりの部分を修正するのに使用することができる．1986年に本書の著者によって発明された DEC は，同じ年に出版された *Rissanen* の最小記述長原理 (MDL) [1.78] に多少関係している．

ベンチマーク（性能評価）実験

前に述べたように，我々が発案した元のシステムはすでに実時間で動作した．しかし，このシステムの性能が最近目立って良くなったので，最も新しいシステムに関連した認識精度のみを報告することはより興味深い．ここでは，動作速度はあまり重要なことではない．例えば，ソフトウェアを用いた方法を使ったときでさえ，その当時のワークステーションを用いたシステムはほぼ実時間で動作している．

処理モジュールの相互関係を描写した実験装置の概略図を図 7.8 に示している．

表 7.1 に与えられた平均の数値は，平均的な話者を表す３人の男性のフィンランド人による拡張した一連の実験について記述している．結果は [7.8] でもっと詳しく報告

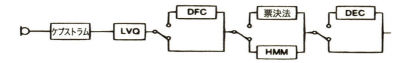

図 **7.8**：実験システムの簡略図.

表 7.1：種々のアルゴリズムを組み合わせたベンチマーク（性能評価）（このとき，8 ケプストラムを 1 パターン・ベクトルに連結する）

DFC が含まれる	復号化 HMM	票決法	DEC が含まれる	正解率 %
	∨			94.3
		∨		90.6
∨		∨		93.9
	∨		∨	96.2
∨		∨	∨	95.6

されている．各話者に対して 311 個の単語の集合を 4 回繰り返して使用した．各集合には 1737 音素が含まれている．3 回の繰り返しが訓練のために使用され，残りの 1 集合が試験に使用された．4 つの独立な実験では，いつも 1 つだけ別の集合を試験のために残しておくことによっておこなわれた（これを **1 つ残し** (leave-one-out) 原理と言う）．このように統計学を最大限に利用するとき，訓練のために使用されるデータと試験のために利用されるデータとが統計的に確かに独立になる．

DFC は単純な多数決復号法とのみ結びつけて使用されていることに注意しよう．

我々は，種々のハードウェア構成によってオンライン連続音声認識システムを完成させた．1994 年の型版では，Silicon Graphics Indigo II-ワークステーションのハードウェアだけを使用する．それによって，ソフトウェアを基礎とした実時間動作が達成された．

開発の新しい段階では [7.11–13]，以前に述べられたものと比べて非常に大きな場面を採用した．我々の最近の音声認識実験では，音素状態を表現するために，マルコフモデルをずっと用いている．そこでは，SOM と LVQ アルゴリズムは，状態密度関数 [7.14–23] を近似するために使われている．

7.6 テクスチャ解析

SOM や LVQ の全ての画像解析の応用では，テクスチャ解析がほとんどで，実際には最も長く利用されてきた [2.71], [7.24–35]．製紙工業や木工工業において，表面の品質の解析は製品を作っていく上で重要な部分である．それは次に議論される同じ手順，すなわち，衛星画像から雲の種類を区分し分類するために使用される方法によっ

て実際におこなわれる（NOAA－衛星）．

前処理

衛星画像における図の領域は，9×9 グループの多重スペクトル画素に分けられる．例えば，各画素は $4 \times 4 \text{ km}^2$，または $1 \times 1 \text{ km}^2$ に対応している．テクスチャをモデル化するには多くの方法がある．本来，輪郭が存在しない雲の画像のような確率的なパターンを用いるときには，共起行列方法 [7.3] がうまくいくので利用されてきた．共起行列が何であるかを説明するために，次の非常に簡単な例を用いる．0, 1, 2 の陰影値を持つ画素群を描写している図 7.9(a) を考える．これらの画素は水平な行の上にある．簡単な場合で，左から右に $d = 1$ の相対距離を持つ画素の対のみを考えてみる．これを満たすのは (0,0) 対と (0,1) 対の組が 2 つ，(2,1) 対と (2,2) 対の組が 1 つであり，これ以外はない．(0,0) や (0,1) などの対 (i, j) の個数を図 7.9(b) では行列 M_d ($d = 1$) における (i, j) 要素に示している．そこで，対の左の画素の値 i は左から右に向かった行列の行成分であり，右の画素の値 j は上から下に向かった行列の列成分である．M_d の成分は，画素群の中で上述の対の値の生起を表している．

共起行列 M_d は一般に画素対のいくつかの相対的変位 d に対して構成される．つまり，2次元画素群では，画素対は任意の方向で取り出される．

M_d の要素は，陰影値のある統計量を表している．より圧縮された情報として，$M_d(i, j)$ 自身の要素の統計的指示計は，テクスチャ特徴として利用されることができる．例えば，

$$\begin{aligned}
\text{“エネルギ”} &= \sum_i \sum_j M_d^2(i, j), \\
\text{“運動量”} &= \sum_i \sum_j (i - j)^2 M_d(i, j), \\
\text{“エントロピ”} &= \sum_i \sum_j M_d(i, j) \ln M_d(i, j).
\end{aligned} \qquad (7.5)$$

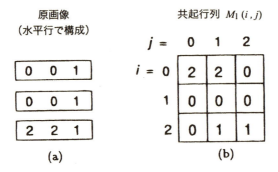

図 7.9：(a) 画素値の行成分，(b) 対応する共起行列 M_1．

テクスチャ・マップとその較正

9×9画素群を表すこれら3つの指示計の各々は，d のいくつかの値に対して計算される．その後，そのような指示計の集合は SOM に対する入力ベクトル x であると定義される．雲型のクラスタ化は最初，SOM によって形成された．クラスタのラベルづけは既知のサンプルを使って実行されなければならない．マップ・ベクトルは，LVQ と較正用データを使って細かく調整される．そのとき，マップからの分類結果は，最終的な画像の画素群の擬似色コードを定義するのに使用された．図 7.10 はこの方法によって雲の区分をおこなった例を示している．

7.7 文脈マップ

文字列の記号は 1 次元パターンの "画素" と見なされ，記号の値の領域はアルファベットからなっている．同様に，文章あるいは文節中の単語は語彙集から取り出された値を持つ "画素" である．両方の場合において，"画素" は数値的に，例えば，単位ベクトルまたは任意のベクトルによって符号化される（そこでは，そのようなベクトルは 1 つの "画素" を表す）．任意のベクトルを使う場合に唯一必要な条件は，（入力空間において）画素自身からの "画素" の距離がゼロになるように測度を定義することである．一方，異なる "画素" 間の距離はゼロではなく，可能な限り記号に依存しない．

単純な "文脈パターン" は，隣接した記号群からなる．例えば，左から右へ文字列を走査するとき，単一の記号ごと，対の記号，または 3 つ組の記号は，SOM への入力 x の成分として使用された特徴パターンと見なされる．

例えば，3 つ組の記号が真ん中の記号によってラベルづけされ，3 つ組の記号から形成された SOM がこれらのラベルによって較正されるなら，非常に意味深い "記号マップ" が得られる．そのような SOM を文脈マップと呼んでいる．以前 [7.36] に，我々は "意味マップ" という名を使用した．しかしこの場合，唯一の意味規則はある文脈での項目の統計的生起によって定義される．同じ原理を多くの他の似ているが，しかし非言語学上の問題にもまた適用したいので，今後は，これらの SOM を "文脈マップ" と呼ぶことの方が適切である．そのような文脈マップは，使用の際に文脈マップの役割に応じて記号間の適切な関係を可視化するのに使用される．このことは，言語学上では別の文脈における単語の統計的生起から単語の範疇の出現を説明することを意味している．

7.7.1 人工的に発生させた文節

文脈マップの基本原理を説明するために，我々は [7.36] に記述された "意味マップ" から出発する．記号，つまり，単語は人工的に作られた語彙集によって定義される（図 7.11(a)）．それは，さらに単語の範疇に細かく分けられ，各範疇は別々の行に割り当

288　第7章　応用

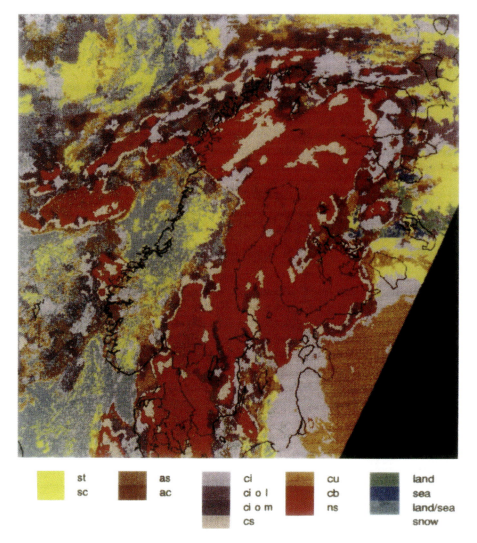

図 **7.10**：雲のテクスチャに応じて SOM により区分されたスカンジナビア全域の雲の擬似色画像．記号一覧：st=層雲 (stratus)，sc=巻層雲 (stratocirrus)，as=高層雲 (altostraus)，ac=高積雲 (altocumulus)，ci=巻雲 (cirrus)，ci o l=陸にまたがる巻雲 (cirrus over land)，ci o m=中層に広がる巻雲 (cirrus over middle clouds)，cs=層積雲 (cumulostratus)，cu=積雲 (cumulus)，cb=積乱雲 (cumulonimbus)，ns=乱層雲 (nimbostratus)（雨雲）．

てられる．同じ範疇に属する単語は，意味ある文節を作るために自由に交換することができる．一方，別の範疇の単語は言語表現において別の役割を持っている．つまり，単語の全ての結合は意味を持たない．

　我々は，型（名詞，動詞，名詞）または型（名詞，動詞，副詞）の文節のみを考え

7.7 文脈マップ

る．そのような型の全ての意味ある文節が，以下の図 7.11(b) に示されるように文章パターン（単語範疇，つまり行を引用している数字）によって定義される．

単語に使用されたコードはできるだけ独立であるので，語彙集の各単語は，7 次元の単位球の表面から引かれた 7 次元の単位ノルムの任意ベクトル $x_i \in \Re^7$ によって符号化される．そのような x_i や $x_j, i \neq j$ はほぼ直交していると見なせ，また統計的にも独立であることが [2.73] に解析的に示された．

方向が一様に分布しており，単位長さを持つ任意のベクトルがいかに作られるかを説明する必要がある．最初に原点の周りに球対称な分布を作る必要がある．もし x_i の各成分 ξ_{ij} がゼロ平均を持つ独立なガウス分布をしているなら，この球対称な分布は自動的に形成される．そのようなガウス分布は，いくつか，例えば 10 個の統計的に独立な乱数を加えることによって高い精度で近似できる．この独立な乱数はある区間 $[-a, a]$ で一定の確率密度関数を持っており，その区間の外側ではゼロになる．全ての ξ_{ij} が計算された後，ベクトル x_i は単位長さに正規化される．

非常に多くの数（300,000）の意味ある文節は，図 7.11(b) から文章パターンを無作為に選択したり，語彙集から文章パターンに単語を無作為に置換することによって生成された．意味ある文節のサンプル標本は，図 7.11(c) に例示されている．これらの文節は，いかなる文章区切りもなしに単一種の資源文字列へと連結された．

入力パターン

SOM への入力パターンは，例えば，3 つ組の一連の単語を文脈パターン $x = [x_{i-1}^T, x_i^T, x_{i+1}^T]^T \in \Re^{21}$ に連結することによって形成される（そこでは，x, x_{i-1}, x_i, x_{i+1} は列ベクトルである）．我々は，対の単語もまた使用したが，生成された SOM に大きな違いはなかった．最初に形成された資源文字列は記号ごとに左から右に走査され，x に対して全ての 3 つ組の単語は受け入れられた．もし 3 つ組の単語が

(a)		(b)			(c)
Bob/Jim/Mary	1	文章パターン：			Mary likes meat
horse/dog/cat	2				Jim speaks well
beer/water	3	1-5-12	1-9-2	2-5-14	Mary likes Jim
meat/bread	4	1-5-13	1-9-3	2-9-1	Jim eats often
runs/walks	5	1-5-14	1-9-4	2-9-2	Mary buys meat
works/speaks	6	1-6-12	1-10-3	2-9-3	dog drinks fast
visits/phones	7	1-6-13	1-11-4	2-9-4	horse hates meat
buys/sells	8	1-6-14	1-10-12	2-10-3	Jim eats seldom
likes/hates	9	1-6-15	1-10-13	2-10-12	Bob buys meat
drinks	10	1-7-14	1-10-14	2-10-13	cat walks slowly
eats	11	1-8-12	1-11-12	2-10-14	Jim eats bread
much/little	12	1-8-2	1-11-13	2-11-4	cat hates Jim
fast/slowly	13	1-8-3	1-11-14	2-11-12	Bob sells beer
often/seldom	14	1-8-4	2-5-12	2-11-13	(etc.)
well/poorly	15	1-9-1	2-5-13	2-11-14	

図 **7.11**：(a) 使用された単語（名詞，動詞，副詞）の一覧，(b) 論理的な文章パターン，(c) 生成された 3 単語からなる文節のいくつかの例．

隣接した別々の文章の単語から任意に形成されるなら，お互いに関連したそのような成分は雑音のように振る舞う．

加速学習と均衡学習

学習速度を著しく上げるために，またSOMのラベルづけをもっと首尾一貫したものとするために，後述のバッチ処理を使用した．語彙集の中のそれぞれの単語に k という添え字を付け，これらを重複することのないランダムなベクトル r_k で表すことにしよう．そこで，単語 k の出現する文章中の全ての場所 $j(k)$ を走査し，単語 k のための"平均文脈ベクトル"を作る．

$$x_k = \begin{bmatrix} \mathrm{E}\{r_{j(k)-1}\} \\ \varepsilon r_{j(k)} \\ \mathrm{E}\{r_{j(k)+1}\} \end{bmatrix}, \tag{7.6}$$

ただし，E は全ての $j(k)$ に対する平均，$r_{j(k)}$ は文章中の場所 $j = j(k)$ の単語 k を表すランダムなベクトル，そして ε は例えば 0.2 のような尺度（均衡）パラメータである．その目的は，学習時に記号部分を覆っている文脈部分の影響を増強することである．すなわち，文脈に応じて位相幾何学的な順序を強調しているのである．

しばしば $\varepsilon = 0$ とすることがあり，平均文脈ベクトルは $[\mathrm{E}\{r_{j(k)-1}^\mathrm{T}\}, \mathrm{E}\{r_{j(k)+1}^\mathrm{T}\}]^\mathrm{T}$ と表される．

このとき，全ての $j = j(k)$ に対して $r_{j(k)}$ は同一となるため，異なる単語に対してただ 1 度だけ式 (7.6) を計算すればよいことがわかる．もし記号列の中の「表示」の統計的な出現頻度に応じて，その「表示」が重みづけられるのであれば，通常，この問題はより図解的な SOM に帰着する（「表示」の出現頻度がかなり異なっている場合，特に自然言語の文の中では）．

較正

学習処理過程においては，x_i ベクトルの近似は，式 (7.6) での x ベクトルの中央場に対応して m_i ベクトルの中央場に形成されるだろう．型 $x = [\emptyset, x_i^\mathrm{T}, \emptyset]^\mathrm{T}$ のサンプルを使ってマップは較正される．このとき $\emptyset$ は "don't care"（これらの要素は比較には含まれない）で，ベクトル m_i とラベルづけして配置される．その中央場はこれらのサンプルの中で一番適合している．多くの SOM ノードはラベルづけされないままで残る．一方，ラベルづけされたノードは明確な幾何学的な方法で選択された項目の関係を記述する．

この例で形成された SOM は図 7.12 に示されている．種々の単語範疇の意味ある幾何学的な順序づけがはっきりと認められる．

隣接した領域で名詞，動詞や副詞を分割する線は手で引かれた．3.15 節で議論された濃度階調の影づけは，自動的にこれらのクラスを識別する．

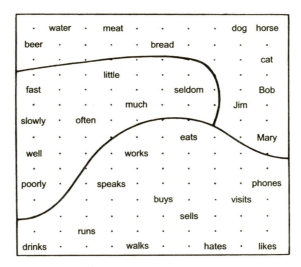

図 7.12：図 7.11 に示された 10,000 種類の無作為の文章から導かれた単語・文脈の対を，2000 回提示後に 10 × 15 細胞のネットワーク上に得られた"意味マップ"．名詞，動詞と副詞は異なった領域に分割されている．各領域内で意味に応じてさらなるグループ化が認められる．

7.7.2 自然な文章

この実験のために，我々は 1995 年の後半と 1996 年 6 月までの期間にインターネットの Usenet ニュース・グループ comp.ai.neural_nets. に掲載された約 5000 件の記事を集めた．

前節で述べた方法の適用前に，例えば絵文字[注5]や自動的に挿入される署名のような文章ではない情報を削除した．また数量に関する表現や特殊文字については，試行錯誤的に変換規則を定めて特殊な記号で置き換えた[注6]．そして計算負荷を低減するため，データベースの中で出現回数が 50 回未満の単語は無視し，空欄とした．その結果，希少な単語を取り除いた後の語彙集の大きさは 2500 語であった．さらによく見かける単語のうちで，特別な"意味"を持ち合わせていなかった 800 語については，手作業で削除した．

最終的な単語範疇マップは，315 個のニューロンと 270 個の入力があった．このような SOM の構造は，文書の分類のために使うという当初の目的のために，並列型 CNAPS ニューロコンピュータで利用できる記憶容量資源に応じて決定された（7.8 節）．図 7.13 に示すように，似た単語同士は"単語範疇"を形成しているマップ上の同一ノードあるいは隣接ノードに現れる傾向があった．

[注5] 訳注：アスキー文字を組み合わせた線画．例えば，「(^_^)/~」のようなもの．
[注6] 訳注：例えば，ローマ数字（i, ii, iii, iv, …）を算用数字（1, 2, 3, 4, …）に改めることなどが考えられる．また和文であれば，英数字やカタカナを全角文字から半角文字に改めることなども考慮する必要があろう．

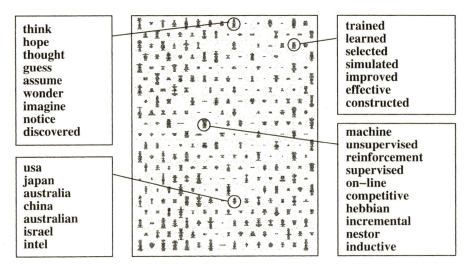

図 **7.13**：15 × 21 のユニットの単語範疇マップにおけるいくつかの明確な単語の"範疇"の例.

7.8 大規模文書ファイルの組織化

文書中の単語の集まりを記述するモデルを用いたとき，SOM 原理 [7.37–7.43] によってテキスト文書の類似度グラフを形成することが可能である．そのモデルとは，実数値ベクトルと見なした単語のヒストグラムを単に重みづけしたものである．しかし後述のように，通常は，非常に高次元のヒストグラムを何らかの方法で圧縮しているものである．

文書を組織化・検索・閲覧するシステムを，本節では WEBSOM と呼ぶことにする．最初の WEBSOM[7.44] は 2 つの階層からなる SOM の構造をしていたが，その後，ここで述べるように簡単化した．またそれと同時に，いくつかの計算高速化の手法を導入し，文書マップのサイズを 1 桁ほど大きくした．

7.8.1 文書の統計モデル
主要なベクトル空間モデル

基本的なベクトル空間モデル [7.45] では，文書中に現れる特定の単語の頻度情報からなる要素を持つベクトルで，個々の保存された文書は表されている．このベクトル空間モデルの大きな問題点は，何ら制約のないテキスト文書のかなり大きな集まりから作られた大きな語彙集であり，このことはモデルのベクトルの大きさが巨大になることを意味している．

エントロピによる単語の重みづけ

インターネットのいくつかのニュース・グループのように，もし複数の明確に異な

るグループに文書が由来するのであれば，ヒストグラムを作る前に，情報理論の**エントロピ**（シャノンのエントロピ）による単語の重みづけをおこなうことで，分類の成績が改善されることを我々は経験的に知っている．この種のエントロピを用いた単語の重みづけは，異なるニュース・グループに由来する場合のように，文書が自然にかつ容易に分割できるときはわかりやすい方法である．もし自然な分離ができないときは，（十分に統計的な正確さを保つためには大きくならざるを得ない）個々の文書，あるいは文書内のクラスタについて，未だに単語のエントロピを計算することになるかもしれない．

グループ i, 例えば，ニュース・グループ i $(i = 1, \ldots, N)$ の中に含まれる単語 w の出現頻度を $n_g(w)$ で表す．グループ g に属する単語 w の確率密度を $P_g(w)$ で表す．この単語のエントロピ H は，伝統的に次にように定義される．

$$H(w) = -\sum_g P_g(w) \log P_g(w) \approx -\sum_g \frac{n_g(w)}{\sum_{g'} n_{g'}(w)} \ln \frac{n_g(w)}{\sum_{g'} n_{g'}(w)}. \tag{7.7}$$

そして，単語 w の重みづけ $W(w)$ は，

$$W(w) = H_{\max} - H(w) \tag{7.8}$$

で定義される．ただし，$H_{\max} = \ln N$ である．

単語の重要度に応じた重みづけとしては，単語が出現する文書数の逆数（"逆文書頻度"）を用いることもできる．

潜在的な意味の指標（LSI）

文書ベクトルの大きさを減らす試みとしては，各列がそれぞれの文書を意味し，その中に含まれる単語のヒストグラムに対応する行列をよく作成する．その後，列ベクトルによって広げられた空間の要素は，特異値分解 (SVD) と呼ばれる手法によって計算され，行列の中で影響がきわめて小さな要素については省略される．この結果，残っている要素のヒストグラムから作られる文書ベクトルは，かなり小さなものになる．この方法は潜在的な意味の指標 (LSI)[7.46] と呼ばれる．

ランダム投影されたヒストグラム

これまで我々は，LSI よりもとても簡単な方法によって文書ベクトルの大きさを根底から減らすことができることを実験的に示してきた．それは文書同士を区別する能力を本質的に失わないランダム投影法 [7.47, 48] である．元々の文書ベクトル（重みづけされたヒストグラム）$n_i \in \Re^n$ を考える．また，各列の要素が正規分布で，単位長となるように正規化されている長方形の乱数行列 R を考える．投影 $x_i \in \Re^m$ として，文書ベクトルを作ろう．ただし，$m \ll n$ である．

$$x_i = R n_i. \tag{7.9}$$

我々のこれまでの実験で，以下のようなことが判明している．もし m が 100 のオー

ダであれば投影されたベクトルの任意の対 (x_i, x_j) の間の類似関係は，対応する元々の文書ベクトル (n_i, n_j) の間の関係のとても良い近似になっている．そして投影に要する計算負荷も手ごろなものになっている．一方で，文書ベクトルの大きさが小さくなることによって，文書の分類に要する時間は大幅に減少した．

ポインタによる単語のヒストグラムのランダム投影の製作

ここで用いる文書の新しい符号化法 [7.49] について述べる前に，その動機となった考えに関するいくつかの予備的な実験結果について触れておく．表7.2 は，最初の例を除いて，モデル・ベクトルが常に 315 次元の投影法について，いくつかを比較したものである．この小規模の予備実験の題材として，インターネットの 20 の Usenet ニュース・グループに掲載された 18,540 件の文書を用いた．文章が7.7.2節で説明したように前処理されるとき，残っている語彙集は 5,789 の単語あるいは単語形からできていた．それぞれの文書はマップ上の格子点の 1 つに位置づけられた．いくつかの格子点上にある小さなニュース・グループを表す文書は，全て誤分類と見なされている．

表 7.2 の第 1 行にある 68.0% の分類正答率は，文書ベクトルとして 5789 次元のヒストグラムを用いた古典的なベクトル空間モデルを用いた場合の結果である．実際には，この種の分類は数桁遅くなる．

元々の文書ベクトルの 315 次元空間へのランダム投影は，計算が統計的に正確と言える範囲内で，基本ベクトル空間法として，同じ数字を生じる．これは表 7.2 の第 2 行に示してある．これらの数字は，残りの場合と同様に 7 つの統計的に独立な試験の平均値である．

ここで，計算速度を上げるために，投影行列 R を単純化したい場合を考えてみよう．行列の要素にしきい値を設けるかあるいは疎らな行列を用いることによって，これを実現する．そのような実験については，次のところで述べる．これ以降の行については，それぞれ以下のような意味がある．まず第 3 行は元々のランダム行列の要素を $+1$ または -1 へ 2 値化したもの，第 4 行はランダムに分布している 1 を各列に 5 つだけ生成し，残りの要素は全て 0 としたもの，第 5 行では 1 の数が 3 つとしたもの，第 6 行では 1 の数が 2 つとしたものである．

これらの結果は今，我々に以下の考えを与えてくれるように思われる．もし我々が，無作為射影の形成において，n 配列の全ての位置から，R の行列要素が 1 に等しいような x 配列の全てのそのような位置へ，文書ベクトル x のための計算装置のような記憶配列，重みづきヒストグラム n のための別の配列，そして常設アドレス・ポインタを保存するならば，我々は，ポインタに従い，R の行列要素によって示された n ベクトルのこれらの成分を x まで加算することによって非常に高速に内積を形成することができよう．

実際に使われているこの方法の中で，我々はヒストグラムを素早く投影できない．しかし，ポインタに関しては，文章中の単語を考慮して低次元の文書ベクトルを作ると

表 7.2：異なる投影行列 R を用いたときの文書の分類正答率 (%). 数字は R の異なるランダムな行列要素を用いた場合の 7 つの試験を平均したものである．

	正答率	R の異なるランダム化のための標準偏差
ベクトル空間モデル	68.0	—
正規分布の R	68.0	0.2
+1 または −1 への 2 値化	67.9	0.2
各列とも 1 が 5 つ	67.8	0.3
各列とも 1 が 3 つ	67.4	0.2
各列とも 1 が 2 つ	67.3	0.2

きにすでに使われているものである．文章を操作する際に，それぞれの単語のためのハッシュ・アドレスが形成され，そして，もし単語がハッシュ・テーブル（表）の中に存在すれば，配列 x のそれらの要素は，その単語の荷重値によって増加される．その要素は，対応するハッシュ・テーブルの場所に保存されている複数（例えば3つ）のアドレス・ポインタによって見つけられる．上のようにして得られた重みづけされてランダムに投影された単語ヒストグラムは，随意的に正規化されているかもしれない．

上で述べた方法でヒストグラムを作るのに要する計算時間は，通常の行列積法の場合の約 20%であった．これは，ヒストグラムとその投影したものが多くの 0 となる要素を含んでいたという事実によるものである．

単語範疇マップ上のヒストグラム

我々の最初の版の WEBSOM[7.44] では，文書ベクトルの次元低減は制約のない自然な文章の単語をもう1つ別に用意していた特別な SOM の隣接している格子点上に**分類**させることによって実行していた．そこで，この**範疇**ヒストグラムは，文書マップでもある第 2 段階の SOM への入力パターンとして働く．

このように，旧型の 2 段階 SOM の構造は，図 7.14 に示すように 2 つの階層的に構成された自己組織化マップと見なすことができる．**単語範疇マップ**（図 7.14 (a)）は 7.7.2 節で言及した型の中で "意味 SOM" に相当し，平均的な短い文脈情報を基にして単語間の関係を述べるものである．

そのような "単語範疇マップ"[7.44] への入力は，文章中を移動する窓を通して得られる 3 つの連続した単語からなり，その結果，語彙集の中の各々の単語はただ 1 つのランダムなベクトルとして表示される．

単語範疇 SOM は，学習プロセスの後に個々の文書の前処理された文章をもう 1 度入力することによって目盛りを決められる．そして，平均的な文脈ベクトルの $r_{j(k)}$ の部分に対応する記号に従って，最適合ユニットをラベルづけする．この方法では，1つのユニットが，しばしば同じ概念や近い属性群を持つ複数の記号によってラベルづけ

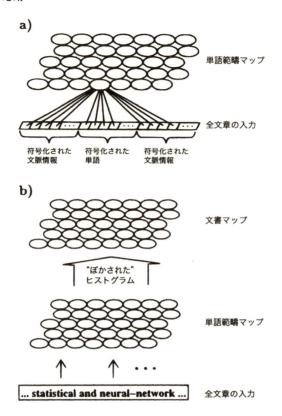

図 **7.14**：基本的な 2 段階 WEBSOM の構造. (a) 単語範疇マップは単語の平均的な文脈情報に基づいて各々の関係を最初に学習する．このマップは，解析される文章の単語ヒストグラムを形成するために使われる．(b) 文書の "指紋" であるヒストグラムは，文書マップである第 2 の SOM の入力として使われる．

されるかもしれないことに，注意しておく必要がある．通常は，類似した文脈情報を持ち相互に関係のある単語は，マップ上の同一ノードかお互いに近いところに現れる．

　第 2 段階では，文書マップの上のそれぞれの文書の位置を決定する．単語範疇マップはデータベースに含まれる全ての文書を用いて作られる．これらのような文書の 1 つが新規文書として与えられたとき，文書内の文章はまず最初に単語範疇マップに写される．その結果，その上の "当たり" のヒストグラムが形成される．内容物の小さな変化に対するヒストグラムの感度を落とすため，僅かに "ぼかし" を入れることができる．例えば，半値幅 (FWHM) 2 のマップ間隔を持ったガウス畳み込みカーネルを用いた畳み込みを使うことでなされる．そのような "ぼかし" は，パターン認識の分野では平凡な方法である．そして，マップが整列されるために，ここでも同様に正当化される．文書マップは，文書の "指紋" であるヒストグラムを入力として使って形成される．計算を高速化するため，単語範疇マップ上の単語ラベルの位置はハッシュ・コード化（1.2.2 節）によって直接参照されるかもしれない．

事例研究：Usenet ニュース・グループ

まず最初に，古い WEBSOM 法を用いて，5000 件のニューラルネットワークに関する記事の集まりを組織した．単語範疇マップは図 7.14 に示す通りである．CNAPS ニューロコンピュータを元々用いたとき，その局所的な記憶容量は我々の計算を 315 入力，768 ニューロンの SOM に制限していた．しかし，3.17 節で説明したように，2 つの方法によって，SOM の大きさを増大させることができた．しかし，そのときは，以下のような汎用型計算機を用いていた：1. より大きなマップを作るための良い初期値は，小さなマップの漸近的な値を基準にして見積もることができる．例えば，CNAPS で計算し，局部的な内挿の手続きを用いるようにすればよい．汎用型計算機でもっと大きなマップを作る余地がある．そして，微調整に必要な多くの段階はきわめて耐性がある．2. 計算を加速するために，それぞれの訓練サンプル（古い勝者ユニットの場所へのアドレス・ポインタ）を保存することで，勝者ユニットの探索は高速化できる．次の更新サイクルまでの間，そのポインタを用いて勝者ユニットのおおよその位置はすぐに見つけることができる．そして，その周辺の局部的な探索を実行すればよい．そして，ポインタは更新される．この概算によって漸近的な状態が影響を受けないよう保証するために，全体の勝者ユニットの探索による更新を，訓練サイクル 30 回ごとに断続的に実行する．

後述の 7.8.2 節では，いかに大きなマップを作ることができるかをランダム写像法によって実際に示す．そして，そこでは別の計算に関する巧妙な方法も用いている．

これを例証する**文書マップ**はニュース・グループの記事の関係，すなわち似た記事はお互いに近くに現れるという特徴を反映していることがはっきりとわかる．密接に関連した記事を含むいくつかの興味深いクラスタが認められる．そのうちのいくつかのサンプルノードを図 7.15 に示す．しかしながら，全てのノードは 1 つの主題にだけうまく集中しているわけではない．多くの議論がマップのかなり小さな領域に制限されている限りは，議論も重なり合っているかもしれない．"電子図書館" の異なる領域にある文書のクラスタ化の傾向や密度は，明るい領域は文書が高密度であることを表すような濃度階調で可視化できる．

範疇固有のヒストグラムは，文章の意味的な内容と強い相関があるように，2 段目の SOM の中にある多くのノードは，同じトピック（話題）に関する議論，同一の質問に対する回答，論文募集，ソフトウェアの発表，関連した問題（財務ソフトウェア，ANN と脳のようなもの）などに関する議論のように密接に関連した文書をそれぞれの中に含んでいることがわかる．

WEBSOM を用いた方法は文章の一部の正確なあるいはおおよその複製を参照するだけでなく，それらのもっと抽象的な中身や意味を参照するため，本物の連想記憶装置と見なせるかもしれない．サンプル文書あるいはその一部の文章，あるいは自由な型の引用や参照においてさえも，本節や系への入力で記述されるように，それが統計的に解析されるとき，文書マップ上での最整合は，文書をサンプルに最もよく似てい

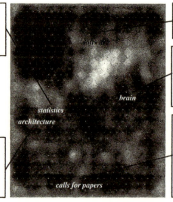

図7.15：4600 文書のマップ．小さな点は 24 × 32 のマップ上のユニットを表す．そして，クラスタの傾向は灰色の影で示している．白色はクラスタが高頻度で集まっていることを表し，黒色はクラスタ間の距離が大きいこと，"峡谷"が存在することを表している．5 つの文書のマップ・ノードの中身は，それらの主題を一覧表にして図解されている．サンプルノードを基に定めた 5 つのラベルは，マップ中に記入されている．

る内容に配置する．そのとき，その他，類似した文書が文書マップの同じノードあるいはそのすぐ周りのノードに認められる．

閲覧用インターフェース

WEBSOM を最も効果的に使うためには，標準的な文書閲覧ツールと組み合わせることができる．文書空間はシステムの階層性を示す 3 つの基本的な段階，すなわちマップ，ノード，そして個々の文書で表される（図 7.16）．マップの補助領域は，どれでも自由に選んで，"クリックすること"で拡大できる．誰でも，ある階層から別の階層へとつながりをたどっていくことで，特定の文書集団を探すことができる．また，マップ上の隣接する領域に移動したり，ノードの階層の隣接する部分に直接移動することもできる．この階層的なシステムは WWW ページの集合として実行することができる．どのような標準的なグラフ化の閲覧ツールを用いても，それらは探し当てることができる．完全なデモはインターネットを介して，http://websom.hut.fi/websom/ で確かめることができる．

7.8.2 投影法による非常に大きな WEBSOM マップの構成法

7.8.1 節で報告した実験の後で，文書の分類をもっと正確におこなう直接的な方法が実現できたので，単語範疇マップを放棄した．これは，7.8.1 節で説明した単語ヒストグラムのランダム投影と言うものである．特に，投影にランダム・ポインタ法を用い

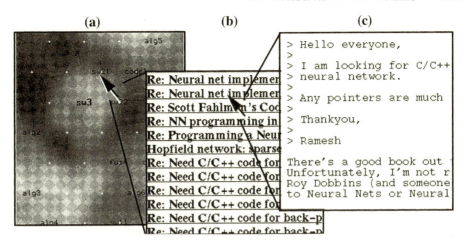

図 7.16：WEBSOM インターフェースのサンプル場面．**(a)** 拡大された文書マップの表示の一部．クラスタの傾向が濃度階調で可視化されている．**(b)** マップ・ノードの中身．**(c)** あるノードから取り出したニュース・グループの記事の例．

ると，計算が非常に速くなる．

大きなマップでは，勝者ユニットの探索と更新（特に SOM 処理の初期段階における近傍ユニット数は膨大である）は非常に時間を要する課題となる．SOM アルゴリズムはランダムに初期化されたマップでさえも，組織化する能力を持っている．しかし，もし初期化が規則的で最終状態に近いものであれば，マップの漸近的な収束は少なくとも 1 桁は速くすることができる．

これが，非常に大きな WEBSOM の実験で用いた計算に関する巧妙な方法の要約である．なお，ここでは全ての計算を汎用型計算機（シリコングラフィックス・サーバ）でおこなっている．

大きな SOM の初期値の見積り

これまでに，学習していく途中で SOM のノード数を増やしていく方法について，いくつかの提案がなされている（例えば，[3.43] 参照）．3.17.2 節で示した新しい考えは，高速に計算するため，もっと小さなマップのモデル・ベクトルの漸近的な値に基づいて非常に大きなマップのモデル・ベクトルの初期値をいかに良く見積もるかというものである．

高速な距離計算

単語ヒストグラムでは，多くのゼロがある．そして，もしランダム投影のポインタ法を用いれば，投影された文書ベクトルの中でゼロは，まだ支配的である．

文書ベクトルは，モデル・ベクトルとの内積に応じて SOM の上に移される．ベク

トル内の要素がゼロの部分は内積の計算には全く関係ないので，それぞれの入力ベクトルの非ゼロの要素の目録を一覧表の形にすることができる．そして，その後で，距離を計算するとき，それらの要素だけを考えればよい．

要素が疎らなベクトルの間のユークリッド距離を計算するときに，これと関連した方法がこれまでに提案されている [7.50]．しかしながら，内積が必要な場合に限定すれば，我々の定式化はもっと単純である．

古い勝者ユニットの場所指定

3.17.1 節で説明したように，訓練データとともにおおよその（古い）勝者ユニットの場所を指定するポインタを保存することで勝者ユニットの探索時間は数桁ほど短縮することができる．この方法でより小さなマップを計算したとき，もっと大きなマップの勝者ユニットへのおおよそのポインタは，3.17.2 節で説明したように内挿-外挿の要領で得ることができる．

並列化一括マップ・アルゴリズム

まず，SOM アルゴリズムで漸近的な状態において，モデル・ベクトルは以下の条件を満たさなければならないことを思い出そう（3.6 節）．

$$m_i = \frac{\sum_j n_j h_{ji} \bar{x}_j}{\sum_j n_j h_{ji}}, \tag{7.10}$$

ただし，$h_{ji}\bar{x}_j = \sum_{k:c_k=j} x_k/n_j$ はモデル・ベクトル m_j に最も近い入力の平均値，n_j はそのような入力の総数である．一括マップ・アルゴリズムは，式 (7.10) の繰り返し計算からなっている．

式 (7.10) は，新しい値 m_i に対してさらに多くメモリを必要とせずに，非常に効果的な並列計算が実行できる．毎回の繰り返し計算の際に，それぞれの入力 x_k に対する最適合ユニットへのポインタ c_k を最初に計算する．もしポインタが適切に初期化されていたり，あるいは比較的よく組織化されたマップの前回の繰り返し計算で得られたもののように，もしポインタの古い値が最終値に近いと仮定できれば，上で述べたような完璧な勝者ユニットの探索をおこなう必要はない．さらに，この段階ではモデル・ベクトルは変化しないので，勝者ユニットの探索は，メモリ共有型計算機の中で異なる処理を分割することで，並行して簡単に実行することができる．

ポインタが計算されてしまうと，以前のモデル・ベクトルの値はもはや必要ではなくなってしまう．それらは $\bar{x}_j$ によって置き換えられる．そのため，余分なメモリは不要である．

最後に，モデル・ベクトルの新しい値は，式 (7.10) を用いて計算される．この計算も並列に実行することができる．そして，もしモデル・ベクトルの新しい値の部分集合が適切に定義されたバッファ（緩衝回路）の中に保持されれば，モデル・ベクトルのために用意されたメモリの制限内でおこなうことができる．

もし近傍関数がとても細長いか，マップの大きさに関連してデータの数が少なければ，式 (7.10) の中の $\sum_j n_j h_{ji}$ は，ある j に対してゼロになるかもしれないことに注意しておく必要がある．我々の実験では，このような単純な改善方法が存在することが，これまでにわかった．すなわち，そのような状況にある m_j の前の値を保持し続けることで，計算をうまく続けることができることがわかった．

表示精度の低下によるメモリの節約

メモリの必要事項は，ベクトルの粗い量子化を利用することでかなり減らすことができる．そのうえ，かなり大きな SOM でも主メモリの中に収めることができる．それぞれの要素を 8 ビットだけで表しているモデル・ベクトルの全要素にとって共通の適応的な大きさを用いた．もしデータ・ベクトルの大きさが大きければ，距離計算の統計的な正確さは十分である．

モデル・ベクトルに対する新しい値を計算するときには，適切な量子化レベルを蓋然的に選ぶことが賢明である．

ユーザ・インターフェースと文書マップの調査

文書マップは，格子点の調査を可能にする HTML ページの連続体として提供される．すなわち，格子点をマウスでクリックすると，文書データベースへのリンクが，その記事の内容を表示して読めるようにしてくれる．もし格子が大きいならば，その一部分が最初に拡大して示される．

自動ラベルづけ

閲覧時に開始点を見つけるのを助けるため，特定のトピック（話題）を論ずるマップの領域に割り当てられる記述的な"目印"や"道標"が必要になる．WEBSOM の最上位レベルには目印は僅かであるが，マップの一部を"ズーム"して拡大すると多くの目印が現れてくる．これらの目印は，クラスの領域を定める境界線がはっきりと定まらないので，クラスのラベルとは見なせない．それらは，むしろ領域を特徴づける主要なキーワードということができる．

目印は，単語の統計的なクラスタの属性に基づいて自動的に見つけることができる．後述の方法は，K. Lagus & S. Kaski [7.51] によって解決された．そして，それを少し簡単化した方法をここでは引用する．

良い目印というものは，ある領域の記事では頻繁に出て来るものであるが，それ以外の領域ではほとんど出て来ないような単語である．これら 2 つの基準は結合されて，次の式のような，マップ・ユニットあるいはクラスタ j としての良さに応じて単語 w を並べるときの指標になるかもしれない．

$$G_j(w) = F_j^{\text{clust}}(w) \times F_j^{\text{coll}}(w), \tag{7.11}$$

ただし，第 1 項の F_j^{clust} は単語 w とクラスタ j の中の他の単語の関係を表す．一方，

第 2 項の F_j^{coll} はその単語と全体の集まりの関係を表している．

$f_j(w)$ をマップ・ユニット j の中で単語 w が何回起こったか，すなわち，ユニット j の中の単語 w の**出現頻度**を表すとしよう．$F_j(w)$ を単語 w の相対的な出現頻度とし，次の式で定義する．

$$F_j(w) = \frac{f_j(w)}{\sum_v f_j(v)}, \tag{7.12}$$

ここで，$0 \leq F_j(w) \leq 1$，$\sum_w F_j(w) = 1$ が成り立つことに注意すること．この正規化の効果は，クラスタの大きさの影響を受けないことである．そして，それよりもむしろ，ある単語の相対的な重要度を測ることがクラスタの中での他の単語の発生と比べられている．相対的な出現頻度 $F_j(w)$ とは，F_j^{clust} を表す良い候補の 1 つに見える．

次に，F_j^{coll} は，マップ・ユニット j の中の w の出現頻度と，他の部分でその単語がいかに典型的なものかを表している "背景頻度" の比率を測定していることになるだろう．この比較のそのままの測定は，

$$F_j^{\text{coll}} = \frac{F_j(w)}{\sum_i F_i(w)}, \tag{7.13}$$

である．

しかしながら，綿密な調査をしてみると，いくらかの発見的な改良が提案できている．まず第 1 に，あるマップ・ユニットで特定の単語が頻出していれば，おそらく隣接するユニットでもありふれたものである．しかし，まさに隣接しているユニットである単語がよく現れるということは，例えばユニット j_1 から半径 r_1 までは，元々のマップ・ユニットの中のキーワードとしての良さを減らすべきではない．第 2 に，図式的なマップ表示の大部分のためのラベルを探しているときのように，もし**大きなマップの領域**の良い記述語を探しているのであれば，また，もしそれが，ユニット j から別の半径 r_0 までと同様に，隣接するユニットに対しても良い記述語であれば，ユニット j の単語に報酬を与えたい．

そのため，良さの値というものは，単語 w によってクラスタを形成するため，半径 r_0 の範囲内にあるいくつかのマップ・ユニットにはっきりと報酬を与えるという方法で表現し直すことができる．ところが一方，このとき，j から半径 r_1 までの近傍ユニットに関しては，また，単に良い記述であるということのためにユニット j 内の単語には罰を与えない．

$$G_j(w) = \frac{\left[\sum_{k \in A_0^j} F_k(w)\right]^2}{\sum_{i \notin A_1^j} F_i(w)}, \tag{7.14}$$

ただし，

$d(j, i)$ はマップ格子上のユニット i と j の間の距離，

$d(j, k) < r_0$ のとき $k \in A_0^j$，

$r_0 < d(j, i) < r_1$ のとき $i \in A_1^j$

である．

このような良さの値は，全てのノード j について計算される．そして，キーワードはこの順位づけされた領域に選ばれる．

異なる "拡大レベル"（loc. cit.）へキーワードを選ぶことはさらにいくつか検討すべきことがある．

内容アドレス探索

HTMLページは，利用者が自分の質問を短い "文書"，結局は数個のキーワードのみ程度という形で入力できる項目を持った様式を備えて提供することができる．質問は前処理されて，すでに蓄積されている文書と同様な方法で，文書ベクトル（ヒストグラム）が作られる．そこで，このヒストグラムは全ての格子点のモデル・ユニットと比較され，最適合点のユニットの番号には記号が付けられる．このとき，適合度が大きいほど，大きな記号となる．これらの記号は，閲覧時の良い開始点をもたらしてくれる．

比較のため，語彙集の単語が出てきた場合には，それらの単語に対応するマップ・ユニットへポインタで指定されているというキーワード探索の選択肢も用意した．

7.8.3 全ての電子的な特許抄録のためのWEBSOM

英語表記・電子媒体で利用できる6,840,568件の特許抄録について，その全てを用いてマップを作った．抄録の平均的な長さは132語で，全部で733,179の異なる単語（基本形）が含まれていた．SOMの大きさはモデル（マップ・ユニット）が1,002,240個であった．

前処理

まず最初に，未加工の特許抄録から，次の処理工程のために表題と文章の部分を切り取る．そして，文章以外の情報を削除する．数学記号と数字は，特別な記号に置き換えられる．全ての単語は，語形変化の自動調節機を用いて基本形に置き換えられる．全文書の中で出現回数が50回未満の単語は，1,335語に上る不要語リストの中の単語と同様に削除した．このようにして，残ったものは43,222語である．最後に，5語未満の抄録122,524件を削除した．

統計的モデルの形成

モデルの次元を低減するために，ランダム投影した単語ヒストグラムを用いた．最終的な次元として500を選び，それぞれの単語（投影行列 R の列の中の単語）のために5つのランダムなポインタを用いた．単語は，特許分類システムの節で述べたように，出現回数と関連している分布に応じたシャノンのエントロピを用いて重みづけさ

れる．特許分類システムの中には，農業，輸送，化学，建築物，エンジン，電気（図7.17参照）のような小区分が全部で 21 個ある．

文書マップの形成

最後のマップは 4 つの段階を経て作られる．まず，435 個のユニットからなる文書マップは，とても注意深く計算される．大きなマップを見積もるために小さなマップが使われる．そして，一括マップ・アルゴリズムを用いてきめの細かい大きなマップを作るのである．この見積りと微調整の処理を，あと 3 回ほど繰り返しながら，次第に大きなマップを作っていく．

我々のプログラムの最新版を用いると，文書マップの計算に関わる全ての処理は，6 プロセッサ搭載の SGI O2000 計算機で約 6 週間を要する．計算を実行している間もずっとプログラムを開発していたので，実際の処理時間の正確な数字をまだ提供することができない．これまでマップを比較的注意深く計算してきた．つまり，かなりよく組織化されたマップが，ごく短時間で求まるようにしてきた．

必要な記憶容量の最大値は約 800 MB であった．

ユーザ・インターフェースの形成には，もう 1 週間の計算が必要である．ここでは，マップにラベルづけするためのキーワードを見つけること，マップを調べるために使う WWW ページを作ること，そしてキーワード探索のためマップ・ユニットに索引を付けることを含んでいる．

結果

最終的なマップ組織の質についての考え方を得るために，マップ上で特許分類システムの異なる領域がいかに分離されているかを測定した．それぞれのマップ・ノードがノード内の小区分の大多数に従ってラベルづけされているとき，また他の小区分に属

　　　化学　　　　　　建築物　　　　エンジンやポンプ　　　電気

図 7.17：文書マップ上の特許分類システム 4 種類のサンプルの分布．灰色レベルは，それぞれのノードの特許数を対数目盛りで示している．

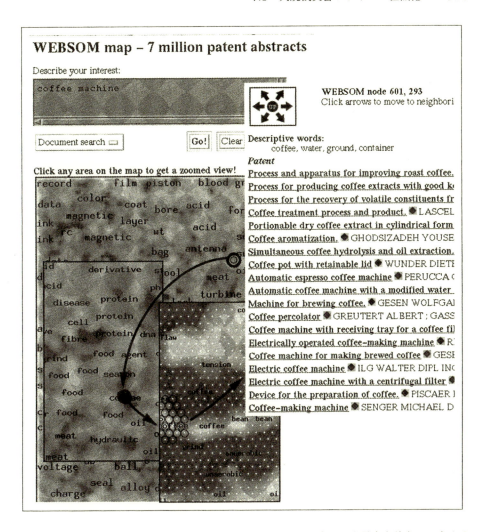

図7.18：内容参照可能探索（"文書探索"）は，文書マップの調査用に出発点を前もって定めるために用いられる．"コーヒー・マシン"を探すには，利用者を，コーヒー・マシンの様々なタイプに関連した特許を含むマップ・ユニットに導く．この特許に関連した周辺の領域には，コーヒーの入れ方，コーヒー豆の加工法などに関するものが見つかる．領域内のラベルで示唆されるように，他の食品に関連するトピック（話題）もそばに配置されている．表示画面上に記された自動選択ラベルは，その領域内の文章について表している．灰色の影は，その領域内の文書密度を意味し，明るい色ほど密度が高くなるように描いている．この大きなマップでは3段階の拡大図を用いている．

する抄録の存在を誤分類と見なしたとき，結果の"正確さ"（実際には，ノードの"純度"）は64％であった．部分的に重なっている小区分については，十分に注意すべきである．すなわち，いくつかの特許は異なる小区分に属するより小さなクラスを持っ

ているかもしれないからである．この結果は，文書集団の一部に関して計算したもっと小さなマップを用いて得られた正確さとよく一致している．

最終マップ上の特許の分布は図 7.17 に描かれている．文書探索の事例研究については，図 7.18 に示す通りである．

7.9 ロボット腕の制御
7.9.1 入出力パラメータの同時学習

さらに，SOM のもう 1 つの重要な応用は，SOM をルックアップ・テーブル（探索用の表）として使用することである．つまり，"勝者" 整合によって入力パターンが SOM 上の位置で特徴づけられる．そこでは，余分な情報が利用できるように作られる．そのような情報は，例えば，制御変数や他の出力情報である．こうして，例えば，非常に特殊でしかも非線形な制御関数を定義できる．表探索制御は，ロボット工学において特に役立つことがわかる．

SOM 上の位置に蓄えられる制御変数は，ヒューリスティックに（発見的な手法で）あるいは，いくつかの制御理論的考察に従って定義される．それらもまた，次の例でおこなわれるように適応して学習される [1.40]．

ロボット腕による視覚運動の制御

ロボット腕の位置を決める制御系を示す図 7.19 を考えてみる．

カメラ 1 と 2 の像画面における目標点の 2 次元座標 u_1 と u_2 は，4 次元の（立体的な）入力ベクトル u に結びつけられて SOM の入力として使用される．3 次元の SOM 配列は，目標点の空間的な表現を形成する．ロボット腕の結合部の角度座標は，形状ベクトル θ によって定義される．

動的効果が存在しなくて，非線形な入力・出力関係が主な問題になる場合に限って考える．空間中の目標点にロボット腕の先端を導く変換 $\theta(u)$ を見つけたい．配置から，カメラは観測値 u を得ることができる．ベクトル量子化において，関係 $\theta(u)$ は区分的に線形化される．このとき，線形化の出発点は勝者が全てを取る関数によって決定され，線形パラメータ A_c と b_c は "勝者" 位置 c から読み取られる：

$$\theta = A_c(u - m_c) + b_c , \qquad (7.15)$$

ここで，m_c は u に最も近いコードブック・ベクトルである．係数 A_c は，ヤコビアン行列と呼ばれ，式 (7.15) は $\theta(u)$ のテイラ展開での最初の 2 つの項を与えている．線形化は m_c の周りで実行され，m_c の周りの u の値の全ボロノイ集合において有効である．

線形化近似式 (7.15) は，普通多かれ少なかれ誤差を含んでいる．だから，A_c や b_c は近似的にのみ決定できる．このために，細かく制御しながらの修正処理を実行することができる．式 (7.15) で得られた θ の中間値は，今後 θ_i として記述される．すな

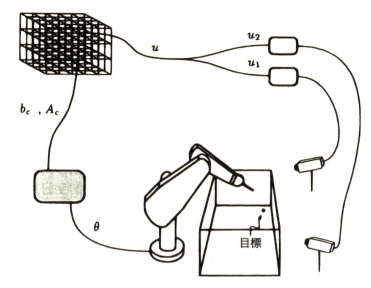

図 7.19: 視覚運動のためのロボット腕の座標. 目標物体の像画面座標 u_1 と u_2 は, 4次元の入力ベクトル u に変えられて3次元の SOM に入れられる. そこから, 腕の形状ベクトル θ が得られる.

わち,

$$\theta_i = A_c(u - m_c) + b_c, \tag{7.16}$$

ここで, θ_i は新しく概算された先端位置と新しいカメラ・ベクトル u_i を定義する. 形状ベクトルに対する修正処理は, θ_i から始まり以下のようになる.

$$\theta_f = \theta_i + A_c(u - u_i). \tag{7.17}$$

こうして, 再び新しいカメラ・ベクトル u_f を決定する.

制御パラメータの学習

現実のシステムでは, いつも制御パラメータを較正したくはない. カメラの位置が変化し, 画像システムにはドリフト (時間ゆれ) があり, ロボット腕の機構もまた時間が経てば鈍って変化するだろう. これらの理由で, $\theta(u)$ の学習は適応しておこなわなければならない.

関係 $\theta(u)$ を学習するために, m_c の位相的拘束は原理的に必要ではない. そして, 古典的ベクトル量子化は空間を描写するのに使用される. こうして, $\theta(u)$ はまた表にされる. 規則的な3次元格子は空間にわたってコードブック・ベクトルを定義できるので, ベクトル量子化を使用する必要は何もない. それにもかかわらず, まず学習し, そして3次元 SOM 配列を使用することは以下の理由で有利であるように思われる：1. 空間には障害物が存在できる. つまり, 障害物はマップを作るときに学習されなけれ

ばならない．2. コードブック・ベクトルは，より高密度の格子点を持つという最適な方法で空間にコードブック・ベクトルを割り当てることは可能である．この場合，制御はより高精度になるに違いない．3. 例えば近傍関数 h_{ci} のような位相的な拘束は，(近傍ノードでなされた可干渉な修正による) 学習をかなり高速化し，マップ化は伝統的なベクトル量子化 VQ によるよりもずっと早く滑らかになる．

A_c や b_c に関する適応方程式を導くために，Ritter ら [1.40] によって使われた考えはいくつかの近似を含んでおり，次のように描写される．最初にどんな近傍効果も考慮しない時間不変コードブック・ベクトル格子から始める．

A_c が一定であるとして，最初に b_c の改良について述べる．もし式 (7.17) の修正処理後，形状ベクトル θ_f が新しい先端位置と新しいカメラ・ベクトル u_f を定義するなら，式 (7.17) は以下のように書かれる．

$$\theta_f = \theta_i + A_c^0(u_f - u_i) , \tag{7.18}$$

ただし，行列 A_c^0 は，可能な限り精度良い線形関係を作る値を持つと仮定される．A_c に関する b_c の計算を考える場合に，A_c^0 を A_c と等しいと仮定することができる．一方，もし θ_i がカメラ・ベクトル u_i に対する実際の形状ベクトルであるなら，結果として，ノード c における改良された探索用の表にある値 b_c^0 を，u_i や A_c を基にして線形的に外挿することができる．つまり，

$$b_c^0 = \theta_i + A_c^0(m_c - u_i) . \tag{7.19}$$

式 (7.16) の θ_i を代入して $A_c = A_c^0$ を仮定すると，最終的に改良された近似式として以下の式を得る．

$$b_c^0 = b_c + \delta_1 A_c(u - u_i) , \tag{7.20}$$

ただし，δ_1 は学習率で小さな数である．

残差誤差の線形補償として，b_c に対する適応方程式を導くことができるとき，A_c 方程式の導出のために次の関数を最小にしなければならない．次に，和の引き数 s を "勝者" c が選択される和の中の項だけを参照することにしよう．平均 2 乗誤差関数を定義する．

$$E = \frac{1}{2} \sum_s [(\theta_f(s) - \theta_i(s) - A_c(u_f(s) - u_i(s))]^2 . \tag{7.21}$$

確率近似を用いて，引き数 s を持つ E について，全てのサンプルに対する勾配を計算しよう．勾配を形成するとき，A_s はベクトルと見なされる．

$$\begin{aligned}
\nabla_{A_c} E &= -\sum_s (\Delta\theta(s) - A_c \Delta u(s))(\Delta u(s))^{\mathrm{T}} , \text{ただし，} \\
\Delta\theta(s) &= \theta_f(s) - \theta_i(s) \text{ と} \\
\Delta u(s) &= u_f(s) - u_i(s) .
\end{aligned} \tag{7.22}$$

より詳しい考察はしないが，今，Ritter ら [1.40] の全学習方法を要約する．そこで

は，SOM は形成され制御パラメータが同時に更新される：

1. 作業空間において無作為に選ばれた目標点を与える．
2. 対応する入力信号 u をカメラに観測させる．
3. u に対応するマップ・ユニット c を決定する．
4. 結合角度を次の式に示す値とすることによって，中間位置に腕を動かす．

$$\theta_i = A_c(u - m_c) + b_c ,$$

ただし，A_c と b_c を位置 c で見つける．そして，カメラの像画面で腕の先端の対応する座標 u_i を記録する．

5. 次の式に従って腕位置の修正をおこなう．

$$\theta_f = \theta_i + A_c(u - u_i) ,$$

そして，対応するカメラ座標 u_f を観測する．

6. 次の式に従って SOM ベクトルの学習処理を実行する．

$$m_r^{new} = m_r^{old} + \epsilon h_{cr}(u - m_r^{old}) .$$

7. 以下の式を使って改良された値 A^* と b^* を決定する．

$$\begin{aligned} A^* &= A_r^{old} + \delta_2 \cdot A_r^{old}(u - u_f)(u_f - u_i)^{\mathrm{T}} , \\ b^* &= b_r^{old} + \delta_1 \cdot A_r^{old}(u - u_i) . \end{aligned}$$

8. マップ・ユニット c とその近傍 r において蓄積された出力値の学習処理を実行する：

$$\begin{aligned} A_r^{new} &= A_r^{old} + \epsilon' h'_{cr}(A^* - A_r^{old}) , \\ b_r^{new} &= b_r^{old} + \epsilon' h'_{cr}(b^* - b_r^{old}) , \end{aligned}$$

そして，1 の処理に続く．

コメント

　H. Ritter のグループは最近，ロボット制御問題に全く異なった方法で取り組んでいることを述べておくべきであろう．粗い制御条件は，7.11.2 節で評価を形成したような方法といく分類似したやり方で学習している．しかし，高精度の制御ステップを定めるために，彼らは限られた数のデータ点によって構築された連続多様体によってマップを表現している．そのようなパラメータ化された **SOM(PSOM)** は，[7.52–54] で述べられている．

7.9.2 別の単純なロボット腕の制御

以前のアルゴリズムでは，制御パラメータは平均制御誤差を最小にすることによって決定された．本書の著者が簡単なロボット腕による棒の平衡を保つデモ用プログラムのために考え成功した方法においては，"勝者"位置に蓄えられた制御パラメータは，平衡状態での形状ベクトルを直接，複写している．一方，SOM は，制御処理過程中に形状ベクトル θ を適当な方向に変化させるような特別な方法で使用される．これは特に，生物学的な制御システムがいかに機能するか，すなわち，同じ SOM において異なる種類の情報を融合することによっていかに機能するかについてのヒントを与えるかもしれない．

1 つの腕のみが使用されること以外は，図 3.15 に示されるものと同様な機構を考えてみる．その機構は棒のより低い端を保持する．そのとき，目は同時に棒の先端を見るように作られる．訓練とは，垂直に立てた棒を任意の位置に動かすことを意味している．それによって，これらの位置のマップが SOM 入力として形成される．ここで，目と 1 つの腕の両方からマップ入力を持つことを再確認しておこう．

このモデルでの制御パラメータの"学習"は，SOM 入力が形成された後，棒が再度任意の位置に水平に動かされることを意味している．腕の形状ベクトルの複写が，"勝者"位置と結果としてその近傍に常に書き込まれる．そこでは制御パラメータは保持される．

結合部の角度の形状ベクトルや目の座標が棒の位置に関して非常に非線形な関数であるけれども，ロボット腕の位置と目の座標の両方が調整された尺度の SOM 上に描かれることは 3.4 節で実証された．

もし棒が傾けられ，"目"が水平面上の $r_1 \in \Re^2$ の位置を見ており，しかし腕の先端が水平面上での別の位置 $r_2 \in \Re^2$ にあるなら，上述の種類の"学習された"SOM で何が生じるだろうか．その答えは測度に依存する．しかし，ユークリッド測度が使用され，SOM のコードブック・ベクトルが信号空間中で滑らかに分布しているなら，"勝者"位置が $(r_1 + r_2)/2$ の近傍のどこかに存在するだろうと期待してもよい．勝者の正確な位置は重要なことではない．r_1 と r_2 の間のどこかにありさえすればよいのである．制御パラメータは，この位置から取り出される．

もし目と腕の位置決めが一致しなくて，新しい形状ベクトルが r_1 と r_2 の間の領域から取り出されるなら，制御は自動的に正しい方向に向かう．しかし，形状ベクトルは複雑になる．

7.10 電気通信
7.10.1 量子化された信号に対する適応検出器

まず，送信機から受信機への信号伝達を仮定する．このとき，通常の有線電気通信のような単一の経路を通るものを考え，無線交信のような多重（反射）の経路を介する

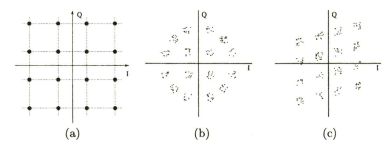

図 7.20：ディジタル通信システムで用いられる直交振幅変調（16QAM）の理想的な信号群．同相成分（I）と直交成分（Q）からなる要素が，図 (a) のように I-Q 座標系の離散的な格子点を占める．QAM 変調を用いている実践的なシステムで生じる典型的な非線形歪みは，図 (b) と (c) にそれぞれ示すように，角と格子の崩壊状態によるものである．

ものは考えない．例えばアナログ信号の値について考えると，情報は離散的な（擬似乱数）符号や記号の系列に変換することができ，それぞれが対応する量子化されたアナログ信号レベルあるいは搬送波の離散化された振幅変調，周波数変調，または位相変調として送信される．このため，妨害のおもな型は，変調の中の非線形性と時間変化によるものからなり，これらは，送受信用電子機器，様々な減衰，白色雑音が原因である．

ここで，**直交振幅変調 (QAM)** について考えてみよう．QAM では，伝送通信路は 2 つの独立な副伝送路に分割される（具体的には，伝送される波の "同相成分"（I 成分）と "直交成分"（Q 成分）でそれぞれ定義される）．このとき，同一周波数で位相差 90° の 2 つの搬送波は，同じ周波数帯を利用して独立に振幅変調されて伝送される．16QAM では，I 成分が 2 ビット，Q 成分が 2 ビットという合計 4 ビットで構成される符号が一部で使われる．このようにして，2 つの副伝送路のそれぞれに 4 つの離散的な変調レベルが存在することになる．2 次元 I-Q 座標系内の理想的な信号群は，図 7.20(a) のように描かれる．したがって，符号化と復号化に必要なものは符号 16 個だけである．

量子化された信号が構成する正方形の格子は，図 7.20 に描いているように，例えば飽和する非線形性を有する周波数帯 (b)，副伝送路の位相差の変化 (c) を始めとする色々な方法で操作中に変形される．ノイズ（雑音）は，それぞれの信号レベルで重ね合わされる．受信端においた SOM は，そのような QAM システムのための有効な適応検出器として使うことができることを示そう．

受信側の I 信号と Q 信号を考えてみよう．これらは，それぞれ 0° と 90° の位相に相当する振幅変調を表しており，SOM への 2 つのスカラ入力信号と見なすことができる．そこで，2 次元入力ベクトル x は分類され，通常の方式で，それぞれのクラスタは 1 つの符号に対応している．入力信号は SOM の中で最も近いユニットを選ぶ．信号取り込みが最適の解像度であったとき，信号の状態を最大限分離するために m_i は更新される．

4 × 4 の SOM の各ノードまたはユニットは，現在，図 7.20(b) と (c) に示したもの，またそれらの混じったような形に変形されて，それぞれのクラスタを追求すると考えられる．

適応的な追跡処理が無限に続くように，学習率 α は一定値に固定し，最適値に定めておくべきである．もし一括マップ処理（3.6 節）を境界効果を除くための方法と一緒に使うのであれば，学習率は定義する必要はない．そのような一括マップはこの適用では，より優れている．

7.10.2 適応的 QAM における通信路均一化

無線通信は，電気通信に付加的な問題をもたらした．伝送波は，反射されて多くの経路を通ることになり，それぞれの経路に応じて異なる遅れを生じることを考えてみよう．先に送信された符号は，後に続いて送信された符号でより長い経路を経たものと混合されるであろう．

いわゆる線形横断型イコライザ（等価器）あるいは判定帰還型イコライザ (DFE) [7.55] は，通信路の動的歪みを補償する標準的な方法である．しかしながら，一般的に，それらは非線形歪みのある状況下では，うまく働かない．従来法の利点と前節で述べた SOM を用いた適応検出器を組み合わせるために，非線形動的適応法を開発した [7.38–43]．ニューラル・イコライザと呼ばれるこれらの方法は，従来のイコライザと SOM を縦続あるいは並列に接続して用いる．

ここでは，通信路イコライザの完全な解析をおこなうことはできない．SOM と一緒にした DFE 構造の縦続結合したブロック図を図 7.21 に示すことで十分としよう．SOM の m_i の値は，検出部の適応判定レベルを定義する．$y(n)$ をサンプル n に対する通信路イコライザ (DFE) 部分の出力としよう．出力誤差 $\epsilon(n) = y(n) - m_i(n)$ は，DFE の適応度を制御している．ニューラル・イコライザの基本的な原理は，DFE が線形歪みと通信路ダイナミクス（動的変化）を正し，SOM が非線形性を適応的に補

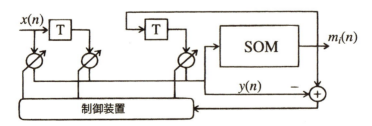

図 7.21：従来の判定帰還型イコライザ (DFE) が SOM と縦続接続となっているニューラル・イコライザのブロック図．最初，通信路のダイナミクス（動的変化）による線形歪みと符号間の妨害を修正するために DFE が使われ，信号群の判定レベルを変更することで，SOM が非線形歪みに適応する．

償するというものである．

7.10.3 1組のSOMによる耐誤差性の画像伝送

前の例では，信号状態の確率密度関数は16個の等確率の大きさのクラスタからなり，規則的な配列を形成する．次に，信号密度が連続的で，耐誤差性伝送に最適なように量子化されている別の例について検討しよう．この問題は，符号器として送信側に1つのSOMを，信号部の復号器として受信側にもう1つの理想的なSOMを持たせることによって，解決されている [7.44, 45]．

離散的な符号という形で情報が伝送される**画像圧縮**について考えてみよう．もし通信路に非線形性と動的な変形が存在すれば，前に述べたことと同様にして，何とか対処することができる．しかしながら，後述の議論では，適応的な補償と通信路の均一化を無視し，白色ノイズ（雑音）が存在する条件下の信号の圧縮と解凍に関する問題に集中する．符号化の体系も，前述の方法と異なっている．

濃度階調の画像は，例で用いられている．それらは，16次元のサンプル・ベクトルに対応する4画素×4画素の重なりのないブロック（区画）に分割される．実践的な理由から，各ピクセルは256段階で表示されるが，原理的には，その信号の次元では連続的である．次の実験では，28画像のまとまりを訓練に利用し，訓練では使用していない1枚の画像を，システムの正確さと有効性を評価するために用いた．

伝送されるべき画像の代表的なサンプル・ベクトルで訓練された最初のSOMは，入力密度関数との関係で，ほぼ最適な状態に信号空間を量子化するであろう．これは，**符号としてのSOMの配列座標**という考えを与えてくれる．このような符号化は，伝送される画素のブロックに対応する入力信号からSOMの離散的な**勝者ユニットの配列座標** m_c への変換を意味する．そして，1つあるいは複数の符号の形で伝送される．受信側では，これらの符号は同一の**SOM**配列の座標を選び，その地点の重みベクトル m'_c が m_c の複製あるいは元々のブロックとして用いられる．後半の段階は，復号化の処理に相当する．

今，伝送された符号 y が，ノイズ（雑音）の影響で別の符号 y' に変わってしまったとすると，もし y' が y に似ていれば，復号化されたサンプル・ベクトル m'_c は伝送される情報のアドレスによって定義されたサンプル・ベクトル m_c と計量的にも似ているとSOMによるコードブック・ベクトルの順番が保証する．

SOMに基づく画像圧縮システムにおいて，伝送通信路の誤りに対する耐性を説明するために，SOM座標の伝送のために8種類の使用可能な変調振幅 $\{A_m, m = 1, 2, \ldots, 8\}$（図 7.22 参照）を使った簡単なディジタル・パルス振幅変調 (**PAM**) 体系 [7.64, p. 164] を用いた．伝送通信路の中のノイズ（雑音）に起因する PAM モデルの誤りは，振幅レベルの変化として現れる．この例で言及しているノイズ量に関しては，もしノイズが正規分布をしていれば，ノイズが引き起こす2つ以上の振幅レベルの誤り確率は無

図7.22：M 個からなる PAM モデル（ここでは $M=8$）の信号空間図．連続する2つの振幅レベル間の距離 A_m は，誤り確率を定義する．もし伝送通信路内のノイズの振幅が誤り距離の半分を越えると，いくつかの符号化単語は変わってしまう．ここの例では，ノイズの振幅は正規分布と考える．ノイズのレベルについては，2つ以上の振幅レベルの誤りを引き起こす確率は無視してもよい．

視してもよい．したがって，ここでは，1レベルの誤り（増大と減小）を考えれば十分である．このときのノイズは，1レベルの誤りを p とする確率で特徴づけられる．

コードブックに十分な SOM の大きさは，表現の正確さと伝送の原理に応じて定められるべきである．16画素のブロック（区画）の場合，全部で512個の組み合わせを使うことに決めている．8段階の PAM モデルの場合，3次元 SOM を使わなければならない．なぜならば，配列の各次元が8個のユニットを持つためであり，SOM のユニットの総数は $8^3 = 512$ となる．各 SOM の次元の座標の値は，PAM 変調の振幅レベルを選ぶために利用される．配列座標に対応しているコードブックは，配列の3ビットからなるアドレス3つから構成されている．伝送通信路内で生じる誤りは，1つ以上の座標が単位量だけ間違っていること，そして SOM 配列の隣接しているユニットが受信側で選ばれたことを意味している．

比較研究のために，類似した符号化-復号化手法で無秩序コードブック，すなわち同一のベクトル量子化器を用いたものをおこなった．伝送路誤りと受信側における間違ったコードブック・ベクトルの選択のため，完全に誤った画素のブロック全体が複製されるということは，注意が必要である．

図7.23では，2つの再構成された画像を示している．ここで，$p = 0.1$ である．（なぜならば，3つの符号の伝送は9ビットの符号化単語1つの伝送が必要である．そして，誤りは振幅が上向きあるいは下向きに起きる．符号化単語 $P(p)$ の誤り確率は符号の誤り確率よりもかなり大きい．ここで，$P(0.1) = 1.0 - (1.0 - \frac{7}{4} \times 0.1)^3 = 0.438$ であり，40％以上の符号化単語は間違っている．）符号化単語のランダムな順序の画像の中では，誤りは通常かなり厳しい．例えば，暗い領域の中に明るいブロックがあったり，明るい領域の中に暗いブロックがあったりするようなことである．耐誤差性の符号化を用いた画像は，生じる誤りは異なる特徴を持っている．例えば，暗い領域の中の間違ったブロックは決して明るくなく，"ほとんど"暗く見える．符号化単語誤りの同じ数が両画像に呈示されたにもかかわらず，主観的に経験した画質は著しく異なる．

図 **7.23**：符号化された画像が，とてもノイズの多い通信路（$p = 0.1$）を伝送後に復号化された画像について．左の画像は無秩序コードブックでベクトル量子化されたもの，右の画像は秩序あるコードブックでベクトル量子化されたものである．符号化単語誤りの同じ数が両画像に呈示されたにもかかわらず，主観的に経験した画質は著しく異なる．

7.11 評価装置としての SOM

すでにロボット・アームの例で明らかになったように，SOMは探索表として使うことができる最近接ユニットとしてのコードブック・ベクトルを有する入力ベクトルの全ては，最初に，このコードブック・ベクトルを"勝者"のために選択する．そして，その勝者ユニットの場所に，必要な出力情報はどのようなものでも貯蔵する．このようにして，出力パターンも，いわゆる **連想写像と評価装置** のように，それぞれの入力次元と関連づけることができる [2.53]．周知のガウス・マルコフ評価装置との基本的な違いは，写像がもはや線形ではないことである．計算資源もSOMによって入力空間の中へ最適に分布している．

7.11.1 対称的な（自己想起型）写像

入出力間の写像の実行のための第1原理は，[2.53] で議論されている自己想起型符号化法といくらか似ている．i 信号と連携して与えられる多くの 望ましい出力信号 $o_1, o_2, \ldots, o_q$ と同様に，SOM への入力ベクトル x が，無条件入力信号 $i_1, i_2, \ldots, i_p$ から成り立っている場合を考えてみよう．SOM への入力ベクトルを，

$$x = \begin{bmatrix} in \\ out \end{bmatrix} \tag{7.23}$$

と定義する．ただし，$in = [i_1, i_2, \ldots, i_p]^T$，$out = [o_1, o_2, \ldots, o_q]^T$ である．多くのそのような x ベクトルを通常の SOM への訓練入力として与える．この SOM の重み

ベクトルは，無条件で必要な入力信号に対応する構成要素をそれぞれ持っている．

$$m^{(i)} = \begin{bmatrix} m_i^{(in)} \\ m_i^{(out)} \end{bmatrix}. \tag{7.24}$$

収束後，m_i を漸近的な値に固定する．もし今，未知の無条件入力ベクトルが与えられ，そして，勝者ユニット c が入力部だけに基づいて定められたならば，すなわち，$m_i^{(in)}$ の構成要素だけが対応する新しい x ベクトルの要素と比較されるならば，SOMによる写像という意味での出力の評価は，ベクトル $m_c^{(out)}$ として得られる．

7.11.2 非対称的な（相互想起型）写像

対称写像の構築はわかりやすいが，それは，入力空間を完全な x ベクトル，すなわち無条件で必要な信号に基づいて分割しているとの理由で批判されるかもしれない．これは時々筋が通っていると認められるかもしれない（5.10 節で言及した教師あり SOMを参照）．しかしながら，実践的な評価の応用事例では，入力空間の最適な分割とそれによる写像の解像度は，無条件入力信号だけによって決定されるべきである．結局，この連想写像の構築は，次に示す 2 つの方法のいずれかによって達成される．

1 フェーズ（段階）学習

もし，非常に正しくラベルづけされた訓練データを学習に利用できるならば，学習アルゴリズムで用いられる入力ベクトルは，前と同様に定義できる：

$$x = \begin{bmatrix} in \\ out \end{bmatrix}. \tag{7.25}$$

しかしながら，今回は，無条件入力信号の分布だけに応じて入力空間を量子化するために，**勝者ユニットは x ベクトルの入力 (in) 部だけに基づいて決定される**．この種の競合学習は，入力ベクトルの密度がコードブック・ベクトルの密度によって近似できることを保証するだろう．

2 フェーズ（段階）学習

そこで，もっと少数のよく分類された訓練サンプル・データの注意深い確認法と対照をなすもので，しばしば多量のラベルのない入力データを集めることがもっと簡単で，無駄も多くない方法であることについて考えてみよう．とにかく，多量に利用できる情報が，写像の最適な解像度をもう 1 度定めるための入力密度関数を表現するのと同様に，ラベルづけされていないデータは最初に予備的な教師なし学習に利用されるべきである．SOM の最重要の利点の 1 つが，入力空間の最適ベクトル量子化をおこなっているということであるので，学習の第 1 フェーズは利用できる全てのラベルのない入力データを，通常の SOM アルゴリズムに与えることである．それによって，入力ベクトルは次のように表される．

$$x = \begin{bmatrix} in \\ \emptyset \end{bmatrix}, \qquad (7.26)$$

ここで，記号øは"関知しない (don't care)"という条件を意味する．すなわち，勝者ユニットを探索しているときに，x の in の部分だけが対応する重みベクトルと比較され，出力信号の (out) 部分は学習アルゴリズムで表示されないことを意味する．

この第1フェーズのSOMの収束後，よく筋の通った，ラベルづけされた補正済みサンプル・データがSOMに与えられ，学習が継続される．この第2フェーズの期間中，x の in の部分に対応する重みベクトルはもはや変化されない．勝者ユニットが in の部分に基づいて配置されるだけである．今や，SOM学習アルゴリズムは，重みベクトルの out の部分に適用されるだけである．このような2フェーズの入力は，以下の通りである．

勝者ユニットの　　出力信号の
探索中　　　　　　学習中

$$x = \begin{bmatrix} in \\ \emptyset \end{bmatrix}, \quad x = \begin{bmatrix} \emptyset \\ out \end{bmatrix}. \qquad (7.27)$$

評価の想起

学習フェーズが終わり，重みベクトルが一定値に固定され，未知の入力 in が上のいずれかのSOMに与えられたとき，重みベクトルの最適合の in の部分を常に明確に指定する．それによって，このユニットはラベル c を持つ．そこで 7.11.1 節との類似性から，出力の評価は $m_c^{(out)}$ の値として知ることができる．

動的問題のための複合型評価装置

同一ニューロンへの入力信号が異なるグループに属する場合，異なる種類の適合基準を組み合わせることは可能である．例えば，5.6節で述べたように動的構成要素を x ベクトルと m_i ベクトルの in の部分の一部または全部の構成要素に加えることや，5.8節で述べたように，オペレータ（演算子）マップのような整合を使うことができるかもしれない．あるいはまた，もし in の部分のパターンの整合が5.11節で述べたASSOMの原理に従ってなされるならば，まだ out の部分への何らかの反応が想起できるかもしれない．読者は，同じSOMに他の機能，例えば時系列の評価を組み込むということを，簡単に考案できるかもしれない．

第8章
SOM用ソフトウェア

　手法を"実地に"経験するために，多くの人々が，SOMなどのニューラルネットワーク・アルゴリズムをプログラムすることを好んでいる．これは普通には良い習慣である．しかしながら，多くの重要な要素を考慮に入れるべきである．一般にニューラルネットワークの手法およびSOMの手順は，いくつかの決定論的な数学的なアルゴリズム（例えば高速フーリエ変換）のような独自の結果を生まない．適応性のある手法は，パラメータや選択された学習順序に依存して予期しない方向に進むかもしれない．だから，少なくとも学習初期において，学習過程は予測できない形で変動するように見えるだろう．したがって，特別の用心が必要である．

　簡単に利用できるSOMのソフトウェア・パッケージの使用を勧める主要な理由は，少なくとも実際的な応用で，計算の各過程において経験によって最も評価された多くの詳細があることである．良いパッケージ・ソフトには，最適の使用のための徹底的に信頼できる推薦，および実験のための多くの選択肢が付属している．さらに，良いパッケージ・ソフトでは，自己組織化過程を監視し，また，生成されたマップの質をテストするための方法も持っている．

8.1　必要な要求
SOMのグリッド

　すでに3.13節で議論したように，SOMの配列は，問題およびデータの分布に対処するために選択できなければならない．ほとんどの問題については，2次元配列で十分であるが，データ分配をよりよく測るために，例えば3次元のような高い次元の表示が要求される特別の問題が生じるかもしれない．標準のSOMソフトウェアは2次元配列だけを持っている．しかし，ソースコードが利用可能であれば，3次元配列に容易に修正できるかもしれない．

　6角形グリッドは，通常，長方形のものよりデータ・クラスタの形をよく表すことができる．パッケージ・ソフトは6角形グリッドが定義できなくてはならない．少な

くとも2つの主軸方向のデータ分布の次元に相当して粗くすべきだから，配列の両側の比率は自由に定義できなくてはいけない．これは自動的に定義することができるかもしれないが，標準のパッケージはこの選択肢を持っていない．

　他方で，いくつかのまれな問題（例えば周期的なデータを備えたもの）では，開放端を持つ矩形の配列よりドーナツ型などの環状のSOM配列の方がよい．通常，グリッドのトポロジーに対するそれらの特別の選択肢は，標準のSOMソフトウェアにおいては利用できない．

一括マップそれとも増加学習型SOM?

　完全なSOMパッケージ・ソフトは，少なくとも，標準の増加学習型SOMアルゴリズムおよび一括マップ版を比較できるように，その両方を含んでいなければならない．標準のSOMは，一括マップより数学的にはるかに深く研究された．そして，多くの産業は，数学的な基礎が明確でないソフトウェアを受け入れたがらない．それにもかかわらず，もう一方の方法によって作られたマップの質は様々な基準に基づいて，容易にテストすることができる．また，特に，大問題では，一括マップは，標準のSOMよりほぼ1桁速いという長所を持つ．

　これらの選択肢が特に違う点として，一括マップには明示的な学習率パラメータがないように見える．しかしながら，どちらの版でも，とにかく，経験に基づいて選択する時間に依存する近傍関数を定義しなければならない．モデルの初期化が注意深く行われる場合，近傍関数は常に合理的に縮小する．いくつかのパッケージ・ソフトは，未経験なユーザを助ける近傍関数のデフォルト定義を持っている．

モデルの初期化，学習率および近傍領域

　SOMアルゴリズムの十分な構成力を実証するために，元々SOMが適用されるごとに証明される必要がないランダムな初期化が用いられたことは，本書の他の場所で指摘された．ランダムな初期化では，自己組織化過程の初期の位相順序づけはなかなかきわどくて，時間が長くかかるだろう．また，出現する全体的な順序づけには，初期の学習段階で，かなり広い近隣関数を使用しなければならない．これはまた，計算上厳しい問題でもある．一方で，マルコフ過程の感覚における吸収状態のような高次元の入力空間に何か整然とした状態が存在するということを数学的に示すことはできないけれど，それにもかかわらず，実際の経験は全て下記のようなことを指し示している．もし最初に配列のモデル・ベクトルがある2次元の数列と決められるなら，漸近的平衡への収束は，順序づけられた初期化の方がランダムな初期化よりもより速く，より滑らかに進行し，そして，さらに信頼できる．だから，モデル・ベクトルの初期値は，データ分布の最初の2主軸に沿った2次元超平面上の点から拾い上げられた普通の2次元数列から選択できるようにすべきであることを我々は勧めた．この選択肢はソフトウェアパッケージにおいて絶対に必要である．これがなされたとき，（マップに適当

な"固さ"を定義する）適切な狭い近傍関数を用いる SOM のプロセスを継続することができる．そして，標準の SOM アルゴリズムが用いられるならば，かなり低い学習率（2～3%，もしくはそれ以下）を使用することができる．もし一括マップのアルゴリズムが用いられるのなら，学習率を定義する必要はない．

同様に，ランダムな初期化の選択肢は標準のソフトウェアにおいて必要ではない．そして，もし主軸による初期化が自動的にできるなら，ソフトウェアの供給者は次の近傍の広さおよび学習率を指定できるようにすべきである．

欠損データ

SOM のソフトウェアがデータ分析に（特に統計目的の応用に）用いられるならば，記述子の値の重要な部分がデータから見つからないかもしれない可能性は考慮に入れられるべきである．ソフトウェアは 3.14.2 節で述べたような欠損値を扱えなければならない．

視覚化

SOM が主としてデータ中のクラスタを視覚化するために用いられるので，ソフトウェアの質もクラスタが検知される方法によって決定される．当分の間，モデル・ベクトル [3.38-39] の点密度を視覚化するいわゆる U-マトリックス法は，必要な特徴と見なされる．いくつかの最近の研究（Kaski ら，2000 年）は，サンプル密度が低い領域で点密度の勾配がクラスタ境界をより正確に検知することができることを示した．この選択肢はおそらく将来の標準のソフトウェア中で必要な特徴になるだろう．

要素平面もほとんどの応用目的で表示しなければならない．さらに，主マップ上の勝者の軌道の視覚化は要素平面上と同様に，最も実際的な応用目的での必要な特徴と見なされる．

監視

全ての利用可能な入力データに関する平均量子化誤差は写像精度の敏感な尺度である：モデルの配置が学習過程での安定した状態にまだ達していない場合，また，マップに望んでいない"ねじれ"がある場合，量子化誤差は順序づけられた最適状態にある場合よりもかなり高い状態に留まる．したがって，量子化誤差の計算手順はソフトウェアの避けられない特徴である．量子化誤差だけがマップの位相幾何学的順序づけを説明しているというのは，理論上また実際的な視点から見ても全く別の問題である．3.13 節で提案したような"位相幾何誤差"に関するいくつかの任意の指針は使用できるかもしれないが，多分それらの使用上のいくつかの曖昧さ故に，普通，それらはソフトウェア・パッケージに含まれていない．

8.2 望ましい補助的な特徴

8.1 節 で述べられる機能は，特別な目的のために書かれているプログラムを含めた，あらゆる市販の SOM ソフトウェアから欠けているべきでない．さらに，次の機能は一般的な使用目的のために望ましい機能である．

前処理

熟練していないユーザは，データを SOM アルゴリズムに入力する前は，生データの前処理がどれほど重要であるかを，常に明確に理解しているわけではない．確率的測定および統計的な多変数データの最低の条件は，各々の正規化尺度の最低および最大値が，それぞれ同じであるか，またはそれを位取りされた変数の変動が同じである，というように尺度の正規化である．ある特定の応用目的では，異なった尺度を異なった変数のために使用するか，または 1 次データを変形させならなければならないが，これはオフラインで実行される場合もあり，標準ソフトウェアのパッケージに含まれている必要はない．

線図は SOM への入力としてほとんど使用されないが，その場合，ある種のパターンのぼかし（ 7.1.1 節）が必要になってくる．通常，他の視覚パターンおよび音響信号のための前処理はより複雑である．

ラベルづけ

統計用の応用目的などでは，あらゆるデータが一義的なラベルによって表すことができる記述子といくつかの識別（例えば，名前）を持っている．その場合，マップ素子のラベルづけは簡単に行える．それは，モデルがデータを再度入力し，勝者ユニットにラベルを割り当てることによって，定常状態に収束した後実行される．これは，ラベルが通常，データと一緒にデータ・ファイルに記録されているため，自動的にできる．マップ上いくつかの素子では，ラベルづけされずに残るかもしれない．

SOM を複数の利用可能な確率的サンプルのそれぞれのデータの分類のために使用している場合，問題は SOM 領域をそれぞれのクラスに対応する非重複領域に分けることである．すなわち，それぞれのマップ素子が，1 番始めにラベルづけした，全ての利用可能な入力サンプルを使用したマップ素子によって決定された最も可能性の高いクラスのラベルに割り当てられる．その後，それぞれのマップ素子のラベル上の多数決が実行される．結びつけの場合，勝者間の任意選択が実行されるか，いくつかの 2 次考察が適用される．このようなラベルづけも，自動的に行われるが，いくつかのマップ素子はラベルづけされずに残るかもしれない．より均一化した連続性のあるマップ上で，クラス領域を作るために補助的なクラスタ化の理論を利用できる場合もある．

ラベルを入力サンプルに割り当てることが難しいこともある．例えば，SOM が生の測定過程の管理されていないクラスタ化のみで実行されている学習過程などである．しかしながら，実例となる目的では，熟練者による処理過程の状態の評価に基づいて，

クラスタを手動でラベルづけする．擬似色による，そのような評価や SOM 領域のラベルづけは，例えば，明確なクラスタ構造がない場合でさえ可能であるかもしれない．

それぞれのデータが，SOM 上のクラスタか領域を表現するために選択されるべき最良の単語の数を含むドキュメント・マップ（WEBSOM）内で，異なる種類のラベルづけが必要とされている．この種類のラベルづけは自動的に終わらせることができる．7.8 節で述べたその方法は非常に強力なものである．自動ラベルづけはマップが非常に大きい場合においてのみ実現可能である．

予備的なデータ分析ツール

未知のデータセットに SOM のような新しい理論を使い始める前は，データ分布の構造を概念化することが必要である．それは，予備調査を実行する上で常に推奨される．例えば，1.3.2 節で述べられているデータ項目間の位層幾何学関係を定めるためにいくつかの非線形写像方法を使用する場合などである．それ故，これらのアルゴリズムのいくつかが，すでにソフトウェアパッケージに含まれているのであれば，役立つだろう．また，そのようなアルゴリズムは，SOM 手法に沿って，一般的なデータファイルを扱うことができるだろう．例えば，サモン（$Sammon$）マップ化はモデル・ベクトルの監視と同様，予備データ分析の非常に有用なツールである．

データの後処理および視覚化

従来の統計的な概念によって SOM のマッピングを解読するための手段として，SOM によるセグメント化されるデータの副セットのペアワイズ相関関係，分散プロット，データ・ヒストグラム，クラスタ特性，主成分，および因子負荷量を計算したいと思うかもしれない．これらの仕事の多数は，通常擬似色によって強調される有効な視覚化方法を必要とする．

ユーザ・インターフェース

全ての現代的なソフトウェアにとって，有効なコマンドラインと十分な図形機能の両方を備えたユーザに優しいインターフェースを持つことが，共有の条件である．SOM プログラムのいくつかは GUI，MatLab の言語，または主要なコンピュータの製造者が提供する図形機能のような標準ソフトウェアの動作環境で実行できる．もちろん，公有領域と商用ソフトの支援は大きく異なるが，前者を指示する要因はソース・コードが入手可能（利用可能）であるためである．

8.3 SOM プログラム・パッケージ

この節では，我々は標準的な SOM ソフトウェアに注目していく．この節で取り上げたパッケージは，いくつかの実践的な SOM での応用の経験があるグループによっ

て開発された．ソフトウェアが常に進化し続けているため，ここでは主要なアプローチのみを述べることにする．ニューラルネットワークや特殊機能として SOM を組み込んでいるソフトウェアについては 8.4 節で議論することにする．

8.3.1 SOM_PAK

　一番最初のパブリックドメインの一般的な目的の SOM 開発ツールであるソフトウェアパッケージは「SOM_PAK」で，ヘルシンキ工科大学の情報科学科と Laboratory of Computer 社によって，1990 年に公開配給された．その前年の 1989 年には LVQ アルゴリズムを含む，よく似たパッケージである LVQ_PAK が公開配給されていた．これらのパッケージの発表の元々の理由は，SOM と LVQ の手法が広範囲な経験のない基礎的なアルゴリズムの一般的な記述から推定することができなかった，モデルの最適の数，それらの初期化，適切な学習順序などのような多くの詳細を含んでいるということであった．したがって，知られた研究者でさえ，SOM の直接的な理論的記述の明確な始まりであり，正しく使用されておらず，そして劣った結果しか得られない他の理論に対する"ベンチマーク試験"が発表された．我々の元々のアイデアは，注意深く選択された，現実的で模範的なデータを使用した簡単なセッションによって実践的な経験を初心者に与えるためであった．そのソースコードは完全に利用可能で，唯一著作権で保護された制限は，他の商用の配布物で使用できないことである．

　1 点，特に注意を払う必要がある．SOM はクラスタ化に匹敵する，教師なしのクラスタ化手法である．しかし，"ベンチマーク試験"の多くはラベルが付けられたデータを用いて，なおかつバックプロバゲーションのような教師つきアルゴリズムと比較して行なわれた．少なくとも LVQ アルゴリズム (VQL_PAK) は正当な比較のために使用されるべきである．

有効性
　SOM_PAK および LVQ_PAK の下記のホームページから最も簡単にアクセスできる：
http://www.cis.hut.fi/research/software.shtml.
プログラム，ソースコードおよび全ての文書が利用可能である．

動作環境
　パッケージは UNIX と MS-DOS で動作する．彼らはスーパーコンピュータから PC まで，たくさんのコンピュータに対してテストを行っている．特別な Windows 版はない．

SOM の特徴

　パッケージに含まれている唯一の SOM アルゴリズムは標準的な増加学習型 SOM であるが，ANSIC に準拠して書かれたプログラム・コードは，1982 年以来開発されている多くの種類の最適化のためのこつを含んでいる．主要なユーザ・インターフェースは，アルゴリズムのパラメータが定義されている UNIX 上のコマンドラインが基礎になっている．プログラムのソース・コードは，C 言語で書かれたテキスト・ファイルとして提供されており，ユーザが独自の変更を加えることが許されている．SOM_PAK には，簡単な作図プログラムしか含まれておらず，一般的な目的の図形か視覚化プログラムを利用することでより高度な要求を見なすことができる．

　SOM の配列形態は長方形か 6 角形を選ぶことができる．また，マップの大きさやベクトルの次元数は無制限であり，コンピュータの資源によってのみ制限される．巨大なデータ・ファイルでは，バッファ形式で処理されるだろう．

　モデルの初期設定はランダムに，またはデータ分布の 2 つの主軸に沿って作ることができる．短いテストが，学習を継続するために選択された最適なマップを実行した後，初期設定は自動的に繰り返される．

　近傍関数は "バブル" かガウス型のどちらかを選べ，そして，学習順序の多くの異なった組み合わせを定義することができる．

　アルゴリズムは欠損データを自動的に扱うことができる．

　標準の視覚化に関する選択肢として，軌跡を備えた構成要素の平面および U-マトリックスが提供されている．

　監視については，プロセスの間の平均的な量子化誤差の評価が可能である．

　予備データ分析として，サモン写像を計算する方法がある．写像がモデル・ベクトルに対して計算される場合，位置的に隣接するモデル・ベクトルを結ぶ線のネットワークとして図解される．

　SOM_PAK は，LVQ_PAK と互換性を持つという重要な長所を持っている．マップが教師つき分類のために使用されるなら，LVQ1, LVQ2, LVQ3 もしくは OLVQ1 を用いて微調整することは，容易であろう．

8.3.2　SOM Toolbox

　SOM_PAK および LVQ_PAK が広範囲の潜在的なユーザのために "教化宣伝用" として編集されたのに対して，SOM Toolbox は非常に実用的な動機のために作成された．SOM アルゴリズムは，金融での応用目的と同様に産業でも，我々の多数の協同プロジェクトの中で使用されていた．しかし，より用途の広い視覚化ツールと同様に実験用のより良い動作環境も，必要だと感じていた．他方では，産業や金融での応用における SOM 次元はあまり大きくはなく，SOM_PAK によって提供されるものよりはるかに小さい容量や速度で十分であった．そこで，最も実際的な応用目的がこの種のも

のであることがわかり，我々の次のパッケージはMatLabシステム用のツールボックスとして設計された：その後，後者の用途の広いグラフ化用設備が開発された．SOM Toolboxの最初の版は，Laboratory of Computer社とヘルシンキ工科大学情報科学科の研究者によって1996年頃公開配給された．

有効性および要求

SOM_PAKやLVQ_PAKと同様にSOM Toolboxもインターネットのホームページ：http://www.cis.hut.fi/research/software.shtml からダウンロードできる．これは，前述のソフトウェアと同様の，緩やかな使用制限のある公有領域のソフトウェアである．SOM Toolboxは非常にすばらしいグラフ化用・プログラムを持つため，Matlab 5.0以上が必要である．また，グラフ化可能なユーザ・インターフェースも必要である．

SOMの特徴

一括マップ版と同様に標準的な増加学習型SOMアルゴリズムの両方が含まれている．マップは長方形か6角形で，その大きさは無制限である（ただし，LVQ_PAKと比較すると，アルゴリズムの速度が遅いということを考慮しなければならない）．2つの主軸によって計測された初期化とランダムな初期化の両方が可能である．SOM_PAKと同じ近傍関数，および同じ種類の学習順序を使用することができる．欠損値は，SOM_PAKと同様の方法で考慮できる．

入力ベクトルは，全ての要素が同じ分散になるように自動的に尺度化できる．セグメントの自動リンクはできない．

視覚化については，軌跡，U-マトリックスおよびマップ上で命中したサンプルのヒストグラムが構成する平面に描くことができる．単純な補助のプログラムを使用する分析のための他の可能性は [8.1] で見つけることができるだろう．

予備データ分析や監視として，サモンのマップ化および平均量子化誤差が描画できる．

8.3.3 Nenet (Neural Networks Tool)

このソフトウェアは，大学院学生（1997年のヘルシンキ工科大学のNenetチーム）によって最初に公開配給された．それは，その時代のANNプログラムよりもユーザにやさしいプログラムになるよう意図されていた．SOMはいくつかの方法で視覚化することができる．

SOM_PAKとSOM ToolboxおよびNenetの違いは，簡単に言えば，次の方法で特徴づけることができる：SOM_PAKは，非常に大規模で，厳しい条件の計算を行う専門的な仕事のために設計されている．Nenetは，使用することが容易で，便利なグラフ化用のプログラムを含んでいるが，SOMの使用を例証する比較的小規模な問題に最も適している．SOM Toolboxは，簡易版であるが，用途が広く，使用すること

が容易である上，専門的な問題を扱うことができる．それでも，SOM_PAK 程は大きくはない．

有効性および要求

プログラムは http://www.mbnet.fi/~phodju/nenet/Nenet/General.html からダウンロードすることができる．それらは Windows 9x および WindowsNT のマルチタスク機能を使用する．PC コンピュータについては，32 ビットの Windows 95/NT が推奨される．

SOM の特徴

データの前処理は，全ての連続する段階を自動的に考慮した初期化の過程で行うことができる．その尺度は，データ最大および最小，あるいは分散のいずれかによって標準化することができる．前処理パラメータは，さらに進んだ段階のためにファイルに保存される．

アルゴリズムは標準的な増加学習型 SOM アルゴリズムである．マップ形態は長方形または6角形である．また，初期化はランダムもしくは，主軸によって定義される平面に沿って行われる．学習順序は SOM_PAK や SOM Toolbox と同様である．どんな欠損データでも扱うことができる．

視覚化にはいくつかの選択肢がある．軌跡を備えた要素平面，U-マトリックス，入力データの 3D ヒット・ヒストグラム（命中回数），活性化ニューロンの座標表示などである．マップ素子上をダブルクリックすることでラベルを追加することができる．初期設定及び学習履歴はマップ・ヘッダに表示される．

量子化および形状的誤差は計算されマップ上に表示される．

8.3.4　Viscovery SOMine

これは，オーストリアの Eudaptics GmbH 社によって，提供された商用 SOM ソフトウェア・パッケージである．特に，金融，経済学そしてマーケティングでの応用のような統計の問題について，ユーザに優しく，柔軟かつ強力であるよう考慮されており，SOMine Pro と SOMine Lite の2つの版が提供されている．プロ版はより広範囲なクラスタ化の選択肢があり，依存性分析を実行することができる．GUI, OLE, SQL および DB2 インターフェース，およびテキスト・ファイルの処理のためのいくつかの特徴を持っている．

有効性および要求

会社のメールアドレスは，office@eudaptics.co.at で，ホームページは http://www.eudaptics.co.at である．

また，プログラムは Windows 95 と WindowsNT 4.0 で実行することができる．

SOM の特徴

データの前処理の選択肢は，前のパッケージに比べて用途が広くなっている．新版では，いくつかのスケーリング選択肢，変数変換および優先順位設定などが含まれている．

この応用ソフトの中では，ユーザに優しくかつ条件設定を最小限とするソフトウェアを作るため，SOM アルゴリズムの最も中心となる選択肢とマップの特徴だけがこのパッケージのために選ばれた．いくつかの高速化計算技術（グローイング・マップ）によって提供される一括マップ理論が利用されている．したがって，計算能力は高い．マップ配列は常に 6 角形であり，その大きさや入力範囲の制限はない．初期化は，常に主軸から張られた平面に沿って作られる．近傍関数は常にガウス関数である．学習順序はあらかじめ定められた予定に従う．任意の欠損データも自動的に取り扱われる．選択肢の数の減少はパッケージの使用を容易にし，唯一の結果を保証する．

このソフトウェアの特別な特徴は，SOM アルゴリズムと SOM 領域をより一様の副領域に分割できるウォード法との組み合わせである．

視覚化に関する選択肢は，軌跡の要素平面，U-マトリックス，クラスタ・ウインドウおよび命中密度の ISO コンター（等高線）を含んでいる．

多くの種類の監視および後処理機能が提供されている．

8.4 SOM_PAK の使用例

多くのニューラルネットワークのプログラム・パッケージは，以下に説明したような方法で Unix のコマンドライン風に与えられた SOM_PAK コマンドにより使用される．それらは関数シンボル，およびその関数に必要なパラメータ値を含んでいる．

学習の前に，入力データおよびモデル（参照）・ベクトル用のデータ・ファイルが指定されなければならない．

8.4.1 ファイル書式

全てのデータ・ファイル（入力ベクトルおよびマップ）は編集および照査が容易となるようにアスキー・ファイルとして保存される．学習データおよび検証データを含むファイルは形式的に類似していて，交換して使用することができる．

データ・ファイル書式

入力データは，それぞれのベクトル・サンプルにつき 1 行の項目のリストとしてアスキー形式で蓄えられる．

ファイルの最初の行は項目の状態情報のために予約されている．現在の版では，それは次の項目を定義するために使用されている．

必須:

- ベクトルの次元（整数）

任意:

- 位相の型，**hexa** または **rect**（文字列）

- x 方向のマップの大きさ（整数）

- y 方向のマップの大きさ（整数）

- 近傍の型，**bubble** または **gaussian**（文字列）

データ・ファイルでは，選択肢の項目はコマンド実行の際には無視される．実は，選択肢項目はファイルがモデル・ベクトルを表す場合に使用される．

後の行は任意のクラス・ラベル（どんな文字でもよい），および学習プログラム中の対応するデータの使用法を決定する2つの選択肢の修飾語が続く n 個の浮動小数点数からなる．さらに，データ・ファイルには，'#' で始まり無視される任意数のコメント行を含むことができる．（それぞれのコメント行に1つの '#' が必要である．）

いくつかのデータ・ベクトルの数個の要素がない場合（データ収集の失敗あるいは他の理由により）それらの要素は 'x'（数値に変えて）でマークする．例えば，5次元のデータ・ファイルの一部は次のようである．

```
1.1  2.0  0.5  4.0  5.5
1.3  6.0   x   2.9   x
1.9  1.5  0.1  0.3   x
```

勝者発見のためにベクトルの距離を計算する際，およびモデル・ベクトルを修正する際に x によってマークされた要素は無視される．

データ・ファイルの例: 3要素で色合いを表す仮想のデータ・ファイル **exam.dat** を考える．このファイルは4つの色のサンプルを含んでいて，それぞれは3次元のデータ・ベクトルで構成されている．（ベクトルの次元は最初の行で与えられている．）ラベルにはどんな文字列も使用できる．ここで 'yellow' および 'red' はクラス名である．

```
exam.dat:
3
# 最初は黄色のデータ
181.0  196.0   17.0   yellow
251.0  217.0   49.0   yellow
# 次は赤のデータ
248.0  119.0  110.0   red
213.0   64.0   87.0   red
```

8.4 SOM_PAK の使用例

各データ行は学習時のデータの取り扱いを決定する 2 つの選択肢のクォリファイアー（修飾形式）を持つかもしれない．クォリファイアーはキーワード=値の形式である．選択肢のクォリファイアーは次のようである．

- **強化係数：例えば weight=3**
  あたかもこの入力ベクトルが学習中に 3 回繰り返されるかのごとく（つまり，同じベクトルがデータ・ファイル中に余分に 2 つ格納されているかのように）モデル・ベクトルが更新されるように，対応する入力パターン・ベクトルの学習率にこのパラメータをかける．

- **固定点クォリファイアー：例えば fixed=2,5**
  モデル・ベクトルをマップの与えられた場所に位置づけることを強要するために，固定点の座標 $(x = 2, y = 5)$ によって定義されたマップの素子が，学習に対して最整合ベストマッチ素子の代わりに選択される（マップ上の座標の定義については下記を参照のこと）．いくつかの入力データが既知の位置に強要されれば，マップ上で望む位置づけがなされる．

マップ・ファイルの書式

マップ・ファイルは SOM プログラムによって生成される．そして，通常，ユーザは手作業でそれらを検査する必要はない．

参照ベクトルはアスキー形式で保存される．データ・ファイルの第 1 行の任意項目（位相の型，x- および y-寸法そして近傍の型）が必須であることを除いて，データ・ファイルの最初の行の記入の形式は入力データ・ファイルで用いられたものに似ている．マップ・ファイルにおいてそれぞれのデータにいくつかのラベルを含めることができる．

例題：マップ・ファイル code.cod は 3 次元ベクトルの 3×2 の素子のマップを含んでいる．このマップはファイル exam.dat の学習ベクトルに相当している．

```
code.cod:
3 hexa 3 2 bubble
191.105   199.014   21.6269
215.389   156.693   63.8977
242.999   111.141   106.704
241.07    214.011   44.4638
231.183   140.824   67.8754
217.914   71.7228   90.2189
```

n, m をそれぞれマップの x 方向および y 方向の大きさとして，マップの x 座標（列番号）は $0 \sim n-1$ の範囲であり，y 座標（行番号）は $0 \sim m-1$ の範囲である．マップの参照ベクトルはマップ・ファイルに次の順序で保存されている：

1	座標 $(0,0)$ の素子.
2	座標 $(1,0)$ の素子.
..	
n	座標 $(n-1,0)$ の素子.
$n+1$	座標 $(0,1)$ の素子.
..	
nm	座標 $(n-1,m-1)$ の最後の素子.

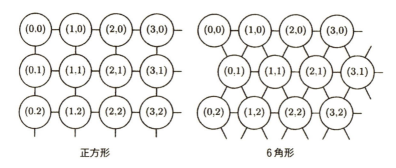

図 **8.1**：マップの形態

図 8.1 に 2 つの可能な位相構造における素子の位置を示している．マップ上の 2 つの素子間の距離は格子点間のユークリッド距離で計算される．

8.4.2 SOM_PAK 内のプログラムの種類
プログラムパラメータ

種々のプログラムは様々なパラメータを必要とする．このパッケージの任意のプログラムで必要とする全てのパラメータを以下に列挙する．パラメータの意味はほとんどの場合で明白である．パラメータはコマンド中に任意の順序で与えることができる．

-din	入力データファイル名.
-dout	出力データファイル名.
-cin	参照ベクトルが読み込まれるファイルの名前.
-cout	参照ベクトルが保存されるファイルの名前.
-rlen	学習時の実行長さ（ステップ数）.
-alpha	初期学習率．学習につれて 0 に向かって直線的に減少する．
-radius	SOM アルゴリズムの学習範囲の初期半径．学習につれて 1 に向かって直線的に減少する．

-xdim	x方向の素子数.
-ydim	y方向の素子数.
-topol	マップに用いられる位相の型. 6角形格子 (**hexa**) および4角格子 (**rect**) から選択できる.
-neigh	用いられる近傍関数. 階段関数 (**bubble**) およびガウス型関数 (**gaussian**) から選択できる.
-plane	変換ルーチンで表示される参照ベクトルの構成要素の平面.
-fixed	学習プログラムで固定点クォリファイアーを使用するかどうかを定義する. 値1は固定点クォリファイアーが考慮されることを意味する. デフォルト値は0である.
-weights	学習プログラムで重みづけクォリファイアーを使用するかどうかを定義する. 値1はクォリファイアーが考慮されることを意味する. デフォルト値は0である.
-alpha_type	学習率関数の型（**vsom** および **vfind** において）. 線形関数 (**linear**, デフォルト) および逆時間型関数 (**inverse_t**) より選択. 学習回数 t に対する $\alpha(t)$ を線形関数では $\alpha(t) = \alpha(0)(1.0 - t/\text{rlen})$ のように定義し, 逆時間型関数では $\alpha(t) = \alpha(0) \cdot C/(C+t)$ のように定義する. パッケージにおいて, 定数 C は $C = \text{rlen}/100.0$ と定義される.
-qetype	量子化誤差関数の型（**qerror** および **vfind** において）. 0より大きい値が与えられたとき, 重みづけされた量子化関数が用いられる.
-version	SOM_PAK の版番号を与える.
-rand	新しい乱数の種子を定義するかどうかを定義するパラメータ. 定義しなければ, 乱数の種はシステム時計から与える. これらに加えて, 診断メッセージの出力用パラメータ, およびさらに高度な機能のためのパラメータがある.

これらに加えて, 診断メッセージの出力用パラメータ, およびさらに高度な機能のためのパラメータがある.

初期化プログラム

初期化プログラムは参照ベクトルを初期化する.

- **randinit** - このプログラムでは参照ベクトルをランダム値で初期化する. ベクトルの要素は, 対応するデータ・ベクトル要素の範囲で均等に分布するようにランダム値にセットされる. マップの大きさは, マップのx方向の大きさ (**-xdim**) およびy方

向の大きさ (-ydim) の定義により与えられる．マップの位相は選択肢 (-topol) で定義され，6角形の (hexa) あるいは4角形の (rect) のいずれかである．近傍関数は選択肢 (-neigh) で定義され，階段関数 (bubble) あるいはガウス関数 (gaussian) のいずれかである．

> randinit -xdim 16 -ydim 12 -din file.dat -cout file.cod -neigh bubble -topol hexa

- **lininit** - このプログラムは，入力データ・ベクトルの2つの主要な固有ベクトルによって測られた2次元の部分空間に沿った規則的な方法で参照ベクトルを初期化する．

> lininit -xdim 16 -ydim 12 -din file.dat -cout file.cod -neigh bubble -topol hexa

学習プログラム

vsom は自己組織化マップを構築する主プログラムである．

- **vsom** - このプログラムは自己組織化マップのアルゴリズムを用いて，参照ベクトルを訓練する．初期化過程で定義された位相の型，および近隣関数は，学習の最後まで使用される．プログラムは各入力サンプル・ベクトルに対して最整合素子を探し，それらの近傍素子を指定された近傍関数に従って更新する．

学習率の初期値は定義され，学習の終わりで0になるよう直線的に減少する．近傍半径の初期値もまた定義され，学習につれて1になるよう直線的に減少する（最後には最も近い近傍のみが学習する）．クォリファイアー・パラメータ (-fixed および -weight) に0より大きな値が与えられたとき，パターン・ベクトル・ファイル中の対応する定義が使用される．学習率関数 α は，選択肢 **-alpha_type** により定義できる．可能な選択は **linear** および **inverse_t** である．繰り返しステップ t に対する $\alpha(t)$ を求めるために，線形関数は $\alpha(t) = \alpha(0)(1.0 - t/\text{rlen})$ で定義され，逆時間型関数は $\alpha(t) = \alpha(0)C/(C+t)$ と定義される．パッケージにおいて，定数 C は $C = \text{rlen}/100.0$ と定義されている．

> vsom -din file.dat -cin file1.cod -cout file2.cod -rlen 10000 -alpha 0.03 -radius 10 [-fixed 1] [-weights 1] [-alpha_type linear]

データを指定されたマップ素子へ強制する程度を"固定された"および"固定されない"学習サイクルを交互に行うことで制御できることに注意せよ．

量子化精度プログラム

最終マップの平均量子化誤差はこの関数によって計算される．

- **qerror** - 平均量子化誤差が評価される．各入力サンプル・ベクトルに対してマップ上の最整合素子が検索される．そして，それぞれの量子化誤差の平均が返される．

> qerror -din file.dat -cin file.cod [-qetype 1] [radius 2]

各入力サンプルの重みづけされた量子化誤差 $\sum h_{ci}||x - m_i||^2$ を求め，データ・ファイル内でこれらを平均することができる．選択肢-qetypeに0以上の値が与えられれば重みづけされた量子化誤差が用いられる．選択肢-radiusは重みづけのための近傍半径を定義するために用いられる．デフォルト値は1.0である．

監視プログラム

以下の機能は様々な結果を視覚的に表示する．

- visual - このプログラムは，データ・ファイル内の各データ・サンプルのマップ上の最整合素子に対する座標のリストを生成する．それは，さらに，作られた個々の量子化誤差，およびもし定義されていれば最整合素子のクラス・ラベルを与える．プログラムは，入力データと同様の方法で3次元の画像評点（座標値および量子化誤差）を保存する．もし，入力ベクトルが欠損要素のみで構成されるなら，プログラムはベクトルを無視する．もし，選択肢-noskipが与えられれば，プログラムは結果として行'-1 -1 -1.0 EMPTY_LINE' を保存し，そのような行の存在を示す．

    > visual -din file.dat -cin file.cod -dout file.vis [-noskip 1]

- sammon - n 次元の入力ベクトルから画像評点間の距離が，入力項目の（一般）距離に近づく傾向があるような平面上の2次元の点のサモン(Sammon)のマップ化を生成する．もし，選択肢-epsが与えられれば，結果のEPS(Encapsulated PostScript)画像が作られる．EPSファイルの名前は出力ファイルのベース名（名前のドットより前）を用い，出力ファイル名の最後に_sa.epsを付け加えることにより作られる．もし，選択肢-psが与えられれば，結果のPS(postscript)画像が作られる．PSファイルの名前は出力ファイルのベース名（名前のドットより前）を用い，出力ファイル名の最後に_sa.psを付け加えることにより作られる．

    次の例題で，選択肢-eps 1 が与えられれば，file_sa.eps という名前のEPSファイルが作られる．

    > sammon -cin file.cod -cout file.sam -rlen 100 [-eps 1] [-ps 1]

- planes - このプログラムは，濃度階調（グレー・レベル）を用いて要素の値を表したマップの選択された1つの要素平面（パラメータ -plane によって指定された）のEPSコードを生成する．パラメータ0が与えられれば，全ての平面が変換される．入力データ・ファイルも与えられる場合，最整合素子から作られた軌跡も別のファイルに変換される．EPSファイルはマップのベース名（名前のドットより前）に_px.eps（ここで，xは1から始まる平面番号に置き換えられる）を付け加えて名づけられる．軌跡ファイルはベース名に_tr.epsを付け加えて名づけられる．-ps選択肢が与えられたとき，ポストスクリプト・コードが代わりに作られ，そのファ

イル名は.eps を.ps に置き換えて作られる．次の例題で，file_p1.eps と名づけられた平面画像を含むファイルが作られる．-din 選択肢が与えられれば，軌跡を含む別のファイル file_tr.eps が作られる．-ps 選択肢が与えられれば，作られるファイルは file_p1.ps と名づけられる．

> planes -cin file.cod [-plane 1] [-din file.dat] [-ps 1]

- **umat** - このプログラムは，マップの隣接素子の参照ベクトル間の距離を濃度階調を用いて視覚化した U-マトリックスの EPS コードを作成する．EPS ファイルはマップのベース名（名前のドットより前）に.eps を付け加えて名づけられる．

  -average 選択肢が与えられれば，画像の濃度階調は平均化により空間的に濾過され，そして， -median 選択肢が与えられるなら中央値濾過が用いられる．-ps 選択肢が与えられれば，代わりにポストスクリプト・コードが作られ，ファイル名の終わりは.ps となる．

  次の例で， file.eps と名づけられた画像を含むファイルが作られる．

  > umat -cin file.cod [-average 1] [-median 1] [-ps 1]

- **vcal** - このプログラムは，入力データ・ファイル中のサンプルによってマップ素子にラベルづけする．各素子は，素子と最整合する全てのデータ・ベクトルのラベルを受け取る．そして，マップ素子は特定のマップ素子に"命中した"ラベルによってラベルづけされる．"命中"がなかった素子はラベルがないままになる．選択肢 -numlabs を与えると，素子は，各コードブック・ベクトルのために保存されていた最大数のラベルを選択することができる．デフォルト値は 1 である．

  > vcal -din file.dat -cin file.cod -cout file.cod [-numlabs 2]

8.4.3 典型的な学習順序

第1ステップ: マップの初期化

最初に，マップの参照（モデル）ベクトルは仮の値で初期化される．初期化が全ての学習手順に先行すると共に，主要な SOM の特徴（マップの次元，グリッドの位相，近傍の型）も，そのコマンドライン上で与えられる．

例では，マップは"主平面"から拾い上げた値によって初期化される．格子型は6角形 (hexa) が選択されている．また，近隣関数の型は階段関数 (bubble) である．マップの大きさは 12×8 素子である．

> lininit -xdim 16 -ydim 12 -din file.dat -cout file.cod -neigh bubble

第2ステップ: マップの学習

プログラム vsom を用いて自己組織化マップのアルゴリズムによりマップが学習される．

lininit 初期化で，学習の 1 つの過程だけが必要である．
> vsom -din ex.dat -cin ex.cod -cout ex.cod -rlen 10000 -alpha 0.02 -radius 3
各素子の参照ベクトルは '正しい' 値に収束する．学習の後では，マップはテストされ，かつ監視用プログラムで使用される準備ができている．

第 3 ステップ: マップの視覚化

学習が終わったマップは，今やデータ・サンプルの視覚化のために使用することができる．SOM_PAK には，マップの画像を作り，その上の最整合素子対時間の軌跡を描画する視覚化プログラムがある．

視覚化に先立って，マップ素子は既知の入力データ・サンプルを用いて調整される．サンプル・ファイル ex_fts.dat は過熱する装置の状態からラベルづけされたサンプルを含む．
> vcal -din ex_fts.dat -cin ex.cod -cout ex.cod

調整の後に，マップ中のいくつかの素子は，致命的な状態に相当するマップ中の領域を示すラベルを持っている．

プログラム visual は，データ・ファイル中の各データ・サンプルのマップ中の全ての最整合素子に対応する座標のリストを生成する．さらに，それは量子化誤差，および定義されていれば最一致素子のクラス・ラベルを返す．その後，座標のリストは様々な図形出力のために処理することができる．

データ・ファイル ex_ndy.dat は正常に作動している装置から 24 時間にわたって集められたサンプルを含んでいる．データ・ファイル ex_fdy.dat は，その日に過熱が生じた装置から 24 時間にわたって集められたサンプルを含んでいる．
> visual -din ex_ndy.dat -cin ex.cod -dout ex.nvs
> visual -din ex_fdy.dat -cin ex.cod -dout ex.fvs

プログラム visual は入力データが保存されているのと同様な形で 3 次元の画像評点（応答の座標値および量子化誤差）を保存する．

パッケージはマップ平面を EPS 画像に変換するプログラム planes，そして SOM 参照ベクトルの視覚化を行う U-マトリックスを計算し，それを EPS 画像に変換するプログラム umat も含んでいる．

8.5 SOM の選択肢を持つニューラルネットワーク・ソフトウェア

他の多くのアルゴリズムと共に SOM を含んでいる，多くの利用可能なパッケージ・ソフトを調査することは非常に困難である．我々は，これらのパッケージのうちのいくつかを研究した．パッケージの多くが，市場細分化のような特別の目的のためにのみ作られたものであり，また，SOM アルゴリズムは他の方法と結合したものなので，それらを比較することは困難である．通常は，これらのパッケージは多くの SOM と

表 8.1：SOM の特徴を持つニューラルネットワークソフトウェア

製品	提供者	E-mail
SAS Neural Network Application	SAS Institute, Inc.	software@sas.sas.com
NeuralWorks	NeuralWare, Inc.	sales@neuralware.com
MatLab Neural Network Toolbox[1]	The MathWorks, Inc.	info@mathworks.com
NeuroShell2/NeuroWindows	Ward Systems Group, Inc.	WardSystems@msn.com
NeuroSolutions v3.0	NeuroDimension, Inc.	info@nd.com
NeuroLab, A Neural Network Library	Mikuni Berkeley R&D Corporation	neurolab-info@mikuni.com
havFmNet++	hav.Software	hav@neosoft.com
Neural Connection	Neural Connections	sales@spss.com
Trajan 2.0 Neural Network Simulator	Trajan Software Ltd.	andrew@tarjan-software.demon.co.uk

[1] 8.3.2 節で述べた SOM Toolbox と同じではない．

して 8.3 節で述べられたほどの特徴を含んではいない．最も重大な批判は，漸近の状態が保証されないか曖昧であるような，疑わしい学習手順がしばしば使用されていることであり，また，通常，生じるマップの質をテストすることができるかもしれない監視プログラムは含まれていない．これらのパッケージで得られた結果は，より広範囲な SOM パッケージによって得られた結果に対してベンチマーク試験をおこなわれるべきである．

表 8.1 には，これらの製品および提供者のうちのいくつかをあげている．それは文献 [10.3] の情報に基づいている．

第9章
SOM用ハードウェア

　応用問題の次元数があまり高くなく（例えば、多くて数十の入力と出力）、計算が実時間でおこなわれる必要がなく、特に今出回っている進んだワークステーションが利用できるなら、ほとんどのANNアルゴリズムはソフトウェアのみでおこなうことができる。しかしながら、特に実時間パターン認識やロボット工学分野への応用においては、特殊なコプロセッサ（協調プロセッサ）ボードや"ニューロコンピュータ"さえも必要となるだろう。例えば、コンピュータ・ビジョン（コンピュータによる画像認識）における、より複雑な（画像の）前処理段階など、実際に大きな問題に対しては、特別なハードウェア・ネットワークが開発されなければならないだろう。時として、そのようなANN回路は、例えば、医療方面での応用や家庭電子機器において、装置を縮小化したりまた安く製作するために必要となる。

　ANNを実行するための主要な方法は、差し当たり以下のものがあげられる。それは、アナログVLSI（超大規模集積回路）と、特にSIMD（単一命令複数データ流）型と呼ばれる並列ディジタル・コンピュータ構成である。未だ実験的な段階にあるANNの実装としては、光コンピュータがあげられるだろう。

　特殊なハードウェアの必要性については、しばしば過大評価されている。例えば、我々の実験室で開発されたどちらかというと複雑な音声認識システムは、ニューラルネットとより普通の解法を組み合わせたものであるが、このシステムは、いかなる補助のコプロセッサボードも使わず、現在市販されているワークステーション用に書かれたソフトウェアのみで今のところ実行されている。我々のシステムは、全体の認識精度が95パーセント位で、しかも実時間で任意のフィンランド語の口述を認識し、タイプライタで打ち出すことができる。さらに、フィンランド語綴りの個々の文字の修正も可能である。

　この章の内容は、実際の重要度に応じて並べたのではなく、読者に興味を起こさせる順番に記述している。まずは、いくつかの基本的な機能から始めよう。

9.1 アナログ・クラス分類回路
クロスバ (交差型) 構成

クロスバ構造は，最初に $Steinbuch$ [9.1] によって人工ニューラルネットワーク用に提案された．提案された通りの形ではまだ存在しないが，現在のところ，クロスバ・スイッチ型入力構造と，勝者が全てを取る型 (WTA) の出力部分を持つものが考えられる．WTA の部分をどのように実装したとしても，簡単なアナログ・クラス分類回路の構成は，それぞれの出力ラインの論理和を意味する OR 演算子を用いて図 9.1 のように描かれる．

ここで，4 章の非線形動的ニューロン方程式が，文献に現れるもう 1 つの方法ではなく，なぜ式 (4.1) や式 (9.3) の形式で書かれたかを理解することができるだろう．この，ANN 機能のアナログ計算用である "生理学的" ニューロンモデルは非常に有益である．というのは，計算するときに最も影響が強い部分は入力活性度だからである．したがって，それの表現を我々はできるだけ簡単にしておくべきである．例えば，以下の式を考えよう．

$$I_i = \sum_{j=1}^{n} \mu_{ij}\xi_j . \tag{9.1}$$

基本的な SOM アルゴリズムや，ある特別なハードウェアを用いた回路では，I_i はしばしば以下の形式になる．

$$I_i = \sum_{j=1}^{n} (\xi_j - \mu_{ij})^2 . \tag{9.2}$$

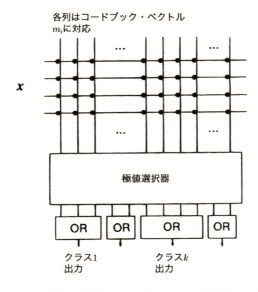

図 **9.1**：クロスバ型の簡単なアナログ・クラス分類回路の構成．

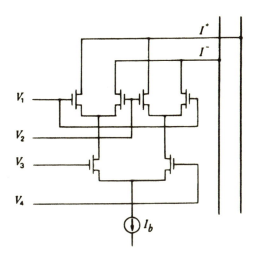

図 9.2：ギルバート乗算器の簡単化された原理．下側の 2 つの MOS トランジスタは，定電流源 I_b に対して $V_3 - V_4$（被乗数の 1 つ）に依存する分配率の分流器として働く．さらに，出力線へのこれらの電流の分配は，$V_1 - V_2$ によって制御されている．こうして，この回路は，$V_1 - V_2$ と $V_3 - V_4$ の値を乗算する．ここで，後者の差分 $(V_3 - V_4)$ が特殊なアナログ記憶セルに蓄積される入力重みを示す．乗算の結果は $I^+ - I^-$ として現れる．

この式は，むしろ簡単なアナログ手段によって計算することもできる．入力活性度が後者のように表現される場合，WTA 回路は最小値選択回路によって置き換えられるはずである．

式 (9.1) によって表される内積は，ギルバート (*Gilbert*) 乗算器 [9.2] によっておこなわれる．この乗算器の原理を図 9.2 に示す．

非線形動的出力回路

非線形動的要素としてニューロンを記述するための出発点として，4 章で導入された以下の微分方程式を示す．

$$dη_i/dt = I_i - γ(η_i), \qquad (9.3)$$

ただし，$γ$ は $η_i$ の凸関数であり，$η_i \geq 0$ である．この方程式は，初期の伝統的なアナログ・コンピュータ（微分解析）回路によって容易に実行することができる．注意すべきは，式 (9.3) は，n 個全てにおける入力線操作の式 (9.1) あるいは式 (9.2) に対して，一度だけ計算すればよいということである．各々 n 個の入力を持つこの型の m 個の非線形動的ニューロンの系が，WTA 回路を形成することは 4 章で議論した．

本来，WTA 関数は，図 9.3 に示されるように非線形な電子回路によってずっと簡単に実行することができる．

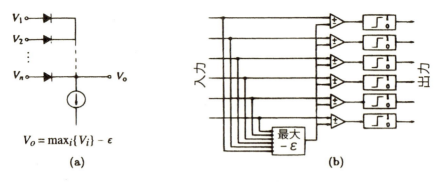

図 9.3：静的 WTA 回路. (a) 最大値選択器 (MAX), (b) 完全な WTA.

簡単な静的 WTA 回路

もし式 (9.3) で定義される動的操作が，例えば，動的システムを記述するのに本質的でないのなら，勝者が全てを取る回路は，図 9.3 に示されるような静的に組み替えた形でずっと簡単に構成することができる．

この回路は，入力電圧として信号を受け取る．だから，もし I_i が電子的クロスバの出力でのように電流であるなら，この出力電流は，初歩のエレクトロニクスでなじみが深い，いわゆる相互コンダクタンスを持った回路で電圧に変換されなければならない．

図 9.3(a) では，ダイオード・ロジックの論理ゲートを用いた通常の OR（論理和）ゲートは，電圧の最大値選択器 (MAX) として使用される．半導体ダイオードの熱力学的性質によって，MAX の部位の出力段階には，50 mV 程の大きさの小さなオフセット ϵ が存在する．

図 9.3(b) の 4 角形の記号の後にある塗りつぶしていない 3 角形の記号は，非対称な出力段階を持ついわゆる差動増幅器を表しており，入力電圧の差が，ある小さな制限を越えたとき，出力は静的な高い値に達する．一方，入力の差が別の小さな制限以下であるなら，出力値は低くなる．標準的な電子回路では，これらの 2 つの制限の間のマージン（余地）は，ダイオード回路のオフセット ϵ よりもずっと小さく作ることができる．しかしながら，この WTA は，そのとき，定義されない状態を保持している．すなわち，もし 2 つ以上の最大の入力が ϵ の精度以内でほぼ等しいなら，多重出力応答が生成される可能性がある．しかし，実際には，そのような例はまれであり，学習において多重出力応答が全く害にならないことは 3.5.2 節の中でも示されている．

この節で述べる完全なクラス分類器の構成には，固定の "シナプス的な" パラメータを使用するものと仮定すると，そのパラメータの値はオフラインで前処理計算され，例えば荷重記憶を電荷として蓄えておかなければならない．SOM や LVQ アルゴリズムのオンライン学習をアナログ回路で実行する場合については，これがいかにおこなわれるかを想像することはできるけれども，今のところ現実的で重要な解決法は存在

しない．

9.2 高速ディジタル・クラス分類回路

並列処理計算機の構成の本質を議論する前に，ある単純で特殊な解決法が，いかに高速でありうるかを実証することは意味のあることだろう．この節で議論される回路構成では，逐次的にではあるが非常に高速にクラス分類器の関数を計算する．このような手法は，並列処理回路構成によって実現することも可能である．

非常に低い精度で十分である

特殊なハードウェアが必要とされるのは，高次元数の問題に取り組んでいるときに限られる．このような問題では，入力ベクトルが100個以上の成分を持っており，SOMやLVQが1000個以上のコードブック・ベクトルを含んでいることだろう．クラス分類器の関数の中では，我々は非常に多くの確率的な項を足し合わさなければならない．それによって，その項の個々の雑音の寄与は統計的に滑らかになるであろう．統計的なパターン認識において最も大きな問題は，特徴信号に固有の不確かさやクラス分布の重なりであるため，ディジタル表現の丸め誤差による余分な雑音寄与は，有害にはならないことは明確である．というのは，特に丸め誤差は白色雑音と見なされ，統計的に独立な誤差は通常2乗で加算されていくからである．ここで，信号値が徹底的に丸められると，特殊な計算手法が利用できるようになることを示そう．

この節で報告された丸めをおこなった実験は，LVQ_PAKソフトウェア・パッケージ（8.3.1節）を使ってLVQ1アルゴリズムによって実行された．結果について手短にまとめれば，もし入力とコードブック・ベクトルの次元数が高い（> 100）なら，分類中（あるいは"勝者"の決定で）のそれらの成分値は，認識精度をあまり落とさないで，3ないし4ビット程度の少ないビット数で近似できることが示された．こうして，もし学習がオフラインで，なるべく高い精度でおこなわれていたとすれば，ベクトルの近似値は非常に単純なハードウェア装置に読み込むことができる．量子化された引き数を利用することも，特殊な計算手法を用いることを容易にする．このような引き数を使うことによって，前もって計算された表や記憶内容によって算術回路を置き換えるようなことができ，これによって，この表や記憶内容から，クラス分類器の関数の値を敏速に探索することができる．

長年にわたって我々の実験室で研究された問題の1つは音声認識であった．音声状態は，例えば，各10ミリ秒ごとを20ケプストラム係数[7.8]で表す．音声認識になじみがない人にとっては，同じ音声成分が同じ話者に対してでも，いかに多くの統計的変動量を持っているかということについては全くわからないだろう．この理由により，特徴検出において精度を増加させることは，ある程度までなら妥当である．一方，異なる特徴変数の数を増加させることは，統計的な精度[7.11]を改善するためには非

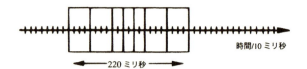

図 9.4：高次元音声認識実験で使用された"時間窓". 10 ミリ秒の時間分割が，それぞれ 20 個のケプストラム係数に相当する．7 つの部分窓の各々において，これらの係数の平均がまず形成され，それから，これらの 20 係数平均は 140 次元特徴ベクトルに連結された．

常に効果的である．例えば，ケプストラム係数を図 9.4 に示すように，220 ミリ秒の"時間窓"内の 7 つの部分窓において平均化し，それぞれで得られた 20 成分の部分ベクトルを連結して 140 次元の特徴ベクトルを生成すれば，単一の 20 次元特徴ベクトルの認識と比較して音素認識において 14 倍程度の精度が得られる．

以上のことから，次の 2 つのことが言える．(i) 特徴量が，例えば，わずか 8 から 16 レベルまでさらに量子化されても，ほとんど同じ認識精度が達成できる．(ii) そのような量子化法を採用すると，結論として，全く従来通りの回路技術を使って，しかし従来にはないアーキテクチャ（構成）を用いることで，非常に高い計算能力が達成できる．

もし特徴ベクトルの成分値やコードブック・ベクトルの成分値が量子化尺度で表現されるなら，音素認識の精度は，非常にわずかに減少することが [9.3] のシミュレーションでの研究によって示された．以下のパーセンテージは，全てのフィンランド語の音素に関する平均認識精度を（1 人の話者に対して）示している：/k/, /p/と/t/さえも個々の音素クラスとして別々に分類された．ある実験では，量子化レベルは等距離であるように選択された．それによって，量子化レベルはケプストラム係数のダイナミック・レンジ（動的範囲）に近づくように，実験的に設定された．別の実験では，最適な量子化レベルは，いわゆるスカラ量子化によって，すなわち，各成分の平均期待値量子化誤差が最小となるように，ベクトルの各成分に対して独立に決定された．研究された事例は：(i)10 ミリ秒の時間間隔にわたって取られた単一のケプストラムの係数に関して形成される 20 次元の入力特徴ベクトルと，200 個の参照ベクトルを使った場合，および (ii)"時間窓"（図 9.4）から取られた 140 次元の入力特徴ベクトルと，2000 個の参照ベクトルを使った場合である．

表 9.1 からわかることは，ベクトル成分に対して，特殊な量子化をされた尺度を使うことはあまり効果がないことである．等距離の量子化レベルが実際には精度が良い．

表探索によるクラス分類器の関数の評価

（LVQ や SOM のような）ベクトル量子化法において，基本的でしかも最も頻繁に用いられる計算表現は次の式である．

表 9.1：量子化の効果：認識精度をパーセントで示す．

ビット数	量子化レベル	入力の次元数とコードブックの大きさ			
		20 × 200		140 × 2000	
		等距離	スカラ量子化	等距離	スカラ量子化
1	2	50.1	54.4	90.1	88.4
2	4	72.1	74.6	97.3	97.7
3	8	82.6	82.9	98.7	98.8
4	16	84.9	85.4	99.0	99.0
浮動小数点計算精度		85.9		99.0	

$$c = \arg\min_i \left\{ \sum_{j=1}^{n} (\xi_j - \mu_{ij})^2 \right\}, \tag{9.4}$$

ここで，ξ_j はパターン・ベクトル x の成分であり，μ_{ij} はコードブック・ベクトル m_i の成分で，c は x に最も近接したコードブック・ベクトルのインデックス（引き数）である．もし ξ_j と μ_{ij} が量子化されているなら，これらの値に関して，有限で一般的にかなり少ない個数の離散値の組み合わせが存在し，この組み合わせによって関数 $(\xi_j - \mu_{ij})^2$ は完全に表で表すことができる，ということに気づくべきである．例えば 3 ビットの精度では，そのような表は 64 行（$2^3 \times 2^3$）よりなり，4 ビットでは 256 行（$2^4 \times 2^4$）になる．

一度にいくつかの基本的な 2 乗計算結果を同時に探索することによって，計算時間を節約する方法がいくつか考えられる．例えば，表に対するアドレスを，入力ベクトル成分の対 (ξ_j, ξ_{j+1}) とコードブック・ベクトル成分の対 $(\mu_{ij}, \mu_{i(j+1)})$ との連結で形成することができるだろう．そのとき，表から探索される表現は $(\xi_j - \mu_{ij})^2 + (\xi_{j+1} - \mu_{i(j+1)})^2$ である．この場合，3 ビットの精度に対して必要とされる表の大きさは 4,096 行であり，4 ビットの精度では 65,536 行である．この場合の計算時間は，工夫しない場合のおよそ半分である．

別の可能性は，同時に 2 つの異なるコードブック・ベクトル μ_{ij} と $\mu_{(i+1)j}$ に対して 1 つの 2 乗項を計算することである．つまり，それは，2 つのコードブック・ベクトルに対して，入力ベクトルとの距離を表から同時に探索することである．このとき，表のアドレスづけは，$\xi_j, \mu_{ij}, \mu_{(i+1)j}$ を連結することでおこなうことができるだろう．表の大きさは 3 ビット精度に対して 512 行で，4 ビット精度では 4,096 行となる．この場合も，計算時間は工夫しない場合のおよそ半分である．

最初に示した型の表探索を，ソフトウェアで実行するための典型的な i286 アセンブラ・プログラムの一部を表 9.2 に載せている．以下に報告される性能評価実験においては，内部ループ命令は計算時間の少なくとも 98 パーセントを消費している．

表 9.2：表探索を基にした i286-アセンブラ・クラス分類プログラムの主な部分

```
...
@innerloop:
    mov  bx, dx                  ; beginning of function table is in dx
    add  bx, word ptr ss:[di]    ; add   32 * ξ_j (stored in word ptr ss:[di])
    add  bx, word ptr ss:[si]    ; add   2 * μ_ij (stored in word ptr ss:[si])
    add  di, 2                   ; next   j
    add  si, 2                   ; next   ij
    add  ax, word ptr ss:[bx]    ; sum up   (ξ_j - μ_ij)^2 to ax
    cmp  di, cx                  ; largest j + 2 is in cx
    jl   @innerloop
(outerloop:    save ax, reset ax, update ss, di, and si, test outerloop,
    jump to innerloop or minsearch)
(minsearch:    find the minimum distance)
```

ハードウェアの実装

式 (9.4) の評価は，図 9.5 に示すような特殊なコプロセッサでおこなうことができるだろう．ξ_j と μ_{ij} は，システム・バスから引き数メモリに読み込まれる．別のメモリから見つけ出された $(\xi_j - \mu_{ij})^2$ の内容は，高速アキュムレータ（累算器）で加算され，距離の最小値が逐次的な比較によって見つけ出される．高速アキュムレータは，$a_i - b$ の符号を調べるのに使うことができる（この減算の後，逐次的な b の加算がおこなわれる）．この回路は容易に並列化できる．

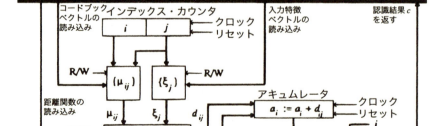

図 9.5：クラス分類器の関数の評価において表探索を使用する単純なパターン認識構成のブロック図．R/W：read/write の制御

表 9.3：140 次元，2000 コードブック・ベクトルでの認識時間（ミリ秒）の比較

浮動小数点計算 (LVQ_PAK)		
PC/486/66 MHz	Silicon Graphics Iris 4D/25	Silicon Graphics Iris Indigo R4000
540 [1]	300	73

表探索	
ソフトウェア，PC/486/66 MHz	コプロセッサ 66 MHz clock
70 [2]	4.2 [3]

[1] 割り当てられたメモリ領域は，8個のコードブックと，各々250のベクトルに分けられる． [2] i286 アセンブラが1度のメモリアクセスで参照できる範囲は 64 K バイトである．より大きなコードブックに対しては，セグメント・ポインタ（ss レジスタ）を必要に応じて変えなければならない． [3] これは推定値である．実際に実装した場合については [9.4] に書かれている．

ベンチマーク（性能評価）

我々は，計算手法の違いに関して，認識時間の比較をおこなった（表9.3）．表探索ソフトウェア・アルゴリズムはPC上では実際に実行されたが，コプロセッサ計算時間は，提案されたアーキテクチャ（構成）から推定されたものである．参考のために，ソフトウェア・パッケージ LVQ_PAK (8.3.1節) に収録されている普通の LVQ プログラムも，1種類のPCと2種類のワークステーションでそれぞれ実行してみた．

9.3 SOM の SIMD による実装

最もありふれた並列コンピュータ・アーキテクチャ（構成）の1つは，SIMD（単一命令複数データ流）型であり，多数のプロセッサ（データ処理機）が，それぞれ異なるデータに対して同じプログラムを実行する．SOM の計算における仕事を分散処理する最も簡単な方法は，各 m_i に対して1つのプロセッサを割り当てることである．つまり，入力ベクトル x は，全てのプロセッサに伝搬され，計算のほとんどが同時におこなわれる．プロセッサは，以下の2つの理由でのみ相互に連絡する必要がある．1つ目は，WTA 計算において強度関係を比較するためであり，2つ目は，近傍関数を定義するためである．

ほとんどの SIMD 機械は，ワード（語長）・パラレル（並列），ビット・シリアル（直列）形式で動作する．それによって，変数は通常シフトレジスタに2進数で格納され，算術回路を通してビット単位でシフト（移動）される．図9.6にその構成を示す．

近傍関数を定義する1つの有効な方法は，各プロセッサにSOM配列の格子座標を記憶させることである．勝者の格子座標もまた，全てのプロセッサに伝搬される．そして，全てのプロセッサは，$h_{ci}(t)$ 関数の定義に基づき，ユニット c，i に関する距離を基にして h_{ci} にどのような値を用いるべきかを局所的に決定することができる．

距離計算

ほとんどの用途において，SOMでは"勝者"位置を定義するのに，以下に示すユークリッド距離 $d(x, m_i)$ を使用する．

$$d(x, m_i) = \sqrt{\sum_{j=1}^{n}(\xi_j - \mu_{ij})^2} . \tag{9.5}$$

距離の2乗を基にして比較をおこなっているので，実際には平方根の計算は余分である．

都市ブロック距離は次の式で表され，計算は非常に楽である．

$$d_{CB}(x, m_i) = \sum_{j=1}^{n}|\xi_j - \mu_{ij}| . \tag{9.6}$$

しかし，特にSOMの主な用途である可視化表現に対しては，ユークリッド距離の方がよい．というのは，より等方的な表示はユークリッド距離を使って得られるからである（つまり，6角形配列でのアルゴリズムは水平や垂直といった概念とあまりなじまない）．

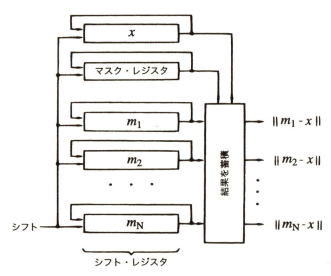

図 9.6：勝者が全てを取る関数を計算するためのSIMDアーキテクチャ（構成）．"マスクレジスタ"は，ほとんどの多目的SIMD型計算機が持っており，それはオペランド内の不活性なビットおよびビットフィールドで使用される．

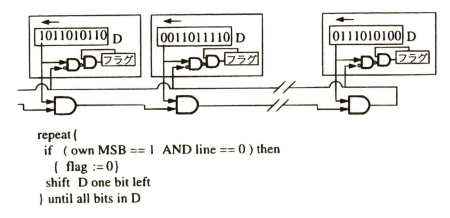

```
repeat {
  if ( own MSB == 1  AND line == 0 ) then
    { flag := 0 }
  shift  D one bit left
} until all bits in D
```

図 9.7：SIMD 機械を用いた並列最小値探索のための構成.

以下の式に注意しよう．

$$d^2(x, m_i) = ||x||^2 + ||m_i||^2 - 2m_i^T x \ . \tag{9.7}$$

$||x||^2$ は，比較するとき全て同じであるので，計算する必要はない．一方，スカラである $||m_i||^2$ は，プロセッサのバッファ（緩衝器）に記憶され，更新のときのみ変更される．この更新は，SOM アルゴリズムにおいて，特に長い収束期間中に，マップ・ノードの小さな部分集合に対してしばしばおこなわれる．故に，主として計算に負荷がかかるのは，内積 $m_i^T x$ を形成するところである．多くの信号処理器やニューロコンピュータは，内積の計算に有効な並列計算ができるように設計されている．差の2乗の計算を直接おこなう場合と比べたときの欠点は，特に高い次元数のベクトルでしかも低い数値精度を使うときに，内積の大きさが非常に簡単にオーバフロー（あふれ）あるいは飽和しやすいことである．

内積，あるいは別の言い方をすると，差の2乗の合計の計算は各成分に対して直列か並列かどちらか一方でおこなわれる．直列モードはより一般的である．というのは，（数千のノードかもっと大規模の）非常に大きな SOM を実行する必要がある場合を考慮すると，各成分の並列計算回路は耐えられないほど高価なものになるからである．

"勝者"位置

極値の探索に対して提案されている種々の方法の中では，ワード・パラレル（並列），ビット・シリアル（直列）で比較をおこなうことが最も費用対効果が高いと思われる（教科書による説明としては，[1.17] を見よ）．

並列に設けられた記憶領域に格納された2進数の最小値探索は，図 9.7 によって以下のようにおこなわれる．

フラグ（旗）と呼ばれる各ビットメモリは，最初，1 にセット（指定）される．最上

位ビット (MSB) から比較を始める．MSB は，図の下方にある一連の AND 回路と結合されている．AND 回路の最終段の出力は，もし MSB のどれかが 0 であるなら，0 になる．この場合には，MSB＝1 を持つ全てのプロセッサは，フラグをリセット（規定値に戻す）する．それらのプロセッサは，もはや考慮されるべき候補者ではないことを示している．各記憶領域 D の内容は，1 ビットだけ位置を左にシフト（移動）される．それによって，次のビットが MSB 位置に入る．もし AND ライン（線）出力がゼロである（少なくとも 1 つの MSB＝0 である）なら，MSB＝1 に対応するフラグはリセット（規定値に戻す）される，以下これが繰り返される．こうして全てのビットが処理された後，最小値の場合のみ，フラグの値が 1 のまま残されている．もしいくつかの最小値があるなら，そのうちの 1 つだけが "勝者" として無作為に取られることになる．

更新

学習方程式は，以下のように表される．

全ての $i \in N_c$ において
$$m_i(t+1) = m_i(t) + \alpha(t)[x(t) - m_i(t)] \ . \tag{9.8}$$

この方程式は，$\gamma(t) = 1 - \alpha(t)$ を用いて次の式で書かれる：

$$m_i(t+1) = \gamma(t)m_i(t) + \alpha(t)x(t) \ , \ i \in N_c \ . \tag{9.9}$$

右辺は，単一の内積演算だと解釈できる形をしているので，通常の並列コンピュータでは計算時間の節約となる．内積は，全てのプロセッサで並列に計算することができ，N_c の外側の要素については $\gamma(t)$ と $\alpha(t)$ が 0 である．

9.4 SOM のトランスピュータによる実行

トランスピュータは，MIMD（複数命令複数データ流）コンピュータに対して主に使われる多目的な市販のマイクロプロセッサ・チップである．MIMD 機械は，いくつかのプログラムを同時に実行する．そして，各プログラムは，データ全体のうち，自分が受け持つ部分集合に関して並列計算を制御している．プロセッサ（データ処理機）は，それぞれが持つ通信ゲートを通じて，多くの方法でネットワーク化される．トランスピュータ・システムとそれらのソフトウェアは，欧州共同体 (EC) の共同事業によって開発されている．

トランスピュータへの SOM の実装は，すでにいくつか存在する [9.6, 7]．プロセッサは，例えば，図 9.8 に示されるように線形リングあるいは 2 次元の循環（ドーナツ形の）配列に並べられる．多次元ネットワークは，以下に指摘するように極値探索においてさらにもっと効果的である．

"勝者" の選択は，距離を局所的に計算し，その結果を，例えば水平方向に循環させ

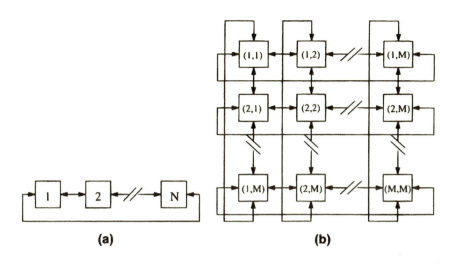

図 9.8：典型的なトランスピュータの構成：(a) 1 次元, (b) 2 次元.

ることによっておこなわれる．それによって，各処理ステップ（段階）で各プロセッサが，自分自身の中に格納された距離と，巡回してきた距離の値の中で最小値のものを選択する．そしてこの 2 つの距離は，どちらも各処理ステップで更新される．完全に一巡して計算をおこなった後，各ライン（線）の全てのプロセッサには，距離の最小値と，その値を持つプロセッサの位置が記録されている．2 次元の場合には，垂直方向において同様に完全に一巡して計算をおこなった後，配列の全てのプロセッサは距離の最小値とその値を持つプロセッサの位置を記録する．P 個のプロセッサを持つ N 次元のリング状の構成では，一巡にかかる処理ステップ数は $P^{1/N}$ である．これに対して，様々な次元数 N の場合に，この一巡の計算は N 回だけおこなわれればよい．こうして，次元数 N が増えると最大値探索は非常に速められる．

"勝者"近傍での適応は，別の段階に並列におこなわれる．

SOM は，互いに依存性がなく分離し，しかも同時に動くプログラム群に容易に分割することができない．このため，SOM をトランスピュータに実装する際の主な短所は，MIMD 型の機能を SOM のアルゴリズムにおいて十分有効に利用することができないということである．この節で述べた，SOM のトランスピュータへの実装は，MIMD 型の性質を部分的に利用しているに過ぎない．

9.5　SOM のシストリック・アレイによる実行

"シストリック（拍動型）"の名前は，例えば心臓の筋肉組織において，"波"として伝搬される神経（ニューロ）・筋肉活動から付けられた．電子工学においては，長方形

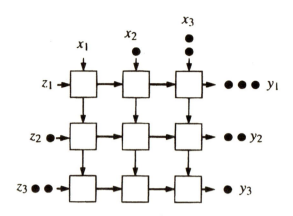

図 9.9：シストリック・アレイ構成の原理.

の"シストリック"アレイ（配列回路）は，市販されているチップとして手に入るが，データは1方向に，例えば下向きに送られる．一方，中間の計算結果は直交する方向に，例えば右側に送られる．計算は，いわば空間的に繰り返しおこなわれる．なぜなら，プロセッサのノードは，それらの近傍のプロセッサのノードからデータや命令を受け取るからである．かくして，バスラインを全く含まないし，トランスピュータ・アレイのような循環的な動作もここでは生じない．

SOM では，例えば [9.8–10] に報告されているような少なくとも3つのシストリック・アレイの実装例が存在する．アレイの各行が1つのコードブック・ベクトルを含んでおり，各プロセッサの中にコードブック・ベクトルの1成分が入っている．距離の計算においては，入力ベクトルの成分が垂直方向に伝播し，距離成分の累算が水平な方向に生じる．"勝者"もまた，このアレイ（配列回路）によって計算される．適応中，入力ベクトルと学習率パラメータの成分は垂直方向に伝播され，コードブック・ベクトルの全ての成分が局所的に適応される．

シストリック・アレイは，2次元のパイプラインである（図 9.9）．シストリック・アレイの計算能力を最大に利用するためには，大量の入力ベクトルの順次的な流れは，パイプライン（輸送回路）化されなければならない．そして，この"バッチ"によって計算された全ての距離は，それらを比較する前にアレイ（配列回路）の右端に逐次的にバッファ（緩衝器）に記憶されなければならない．それから，更新もまたバッチとしておこなわれるべきである．

シストリック・アレイが，より一般的な SIMD アレイと比べて学習においてどの程度まで競合できるかはまだ明らかではない．我々がおこなったある程度の推定評価では，SIMD 型の機器は，同じ問題を扱うシストリック・アレイにおいて，そのハードウェアの3分の1か4分の1を使用した場合と同程度の速度で動作することができる．

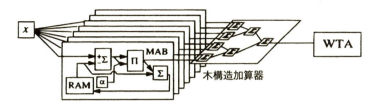

図 **9.10**：COKOS チップ構成.

9.6 COKOS チップ

PC コプロセッサ用であり，SOM に対して特別に設計された SIMD プロセッサ・チップは，*Speckmann* ら [9.11–13] によって提案された COKOS（COprocessor for KOhonen's Self-organizing map：コホネン自己組織化マップのためのコプロセッサ）である．その原型（プロトタイプ）は，MAB（記憶算術ボード）と呼ばれる8つの並列処理ユニットからなっている．各 MAB は，直列に減算器，乗算器と加算器を持っており，RAM メモリ（記憶）にこれらの結果を蓄える．荷重ベクトルは，16 ビットの精度で表現されている．

各 MAB は，x の1成分と1つの m_i との差の2乗を計算する．これらの2乗は，木構造加算器で加算される（図 9.10）．

これらとは別に，計算された差を逐次的にバッファに記憶し，比較するための WTA 回路が必要である．WTA は，PC（計算機）に"勝者"の座標を送り，PC は近傍座標を計算する．以前に使用した入力ベクトルは，再びコプロセッサに送られる．そして，コプロセッサは，近傍ベクトルの1つに対して，各成分で逐次的に適応処理を実行し，それを全ての近傍ベクトルに対して繰り返す．

MAB での計算はパイプライン（輸送回路）化されており，計算時間を節約している．

9.7 TInMANN チップ

TInMANN と呼ばれる *Melton* ら [9.14] の VLSI チップもまた，SOM 用に特別に設計されたものである．試作版では，1プロセッサ・チップ当たり1つのニューロンがある．全てのプロセッサは，算術・論理回路，アキュムレータ，RAM メモリおよびイネーブル・フラグを持っている．プロセッサは，10 ビットの共通バスラインと1つのOR ラインによって相互接続されている．TInMANN チップの構成を図 9.11 に示す．

コードブック・ベクトルおよび，それらの SOM アレイ（配列回路）上での座標は，RAM メモリに蓄えられる．TInMANN の試作版では，3成分のベクトルを蓄えることができ，各成分は8ビットである．距離の計算は，都市ブロック測度でおこなわれる．

学習と関連した段階は，次のようになる：

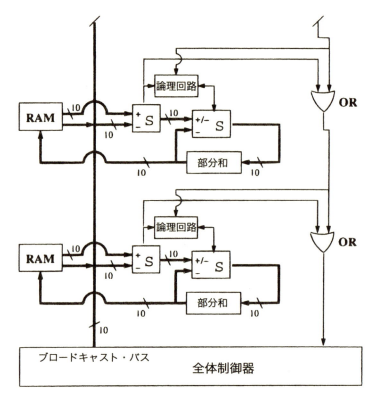

図 9.11：TInMANN 構成

1. 制御器は，入力ベクトル成分を共通バスラインに逐次的に送る．プロセッサは，それぞれ，入力ベクトルとコードブック・ベクトルの成分の差の絶対値を計算し，アキュムレータでこれらの項を合計する．こうして計算された都市ブロック距離は，RAM に書き戻される．

2. 制御器は，全てのプロセッサへ $2^{N-1}, 2^{N-2}, \ldots$ の値を順次送ることによって，一連の連続した 2 進数（バイナリ）近似の過程で "勝者" を見つける．もし制御器が送った値と距離との差が負であるなら，値 1 が OR ラインに送られる．もし，制御器が送った値より小さな距離が 1 つでも存在するなら，次の 2 のベキ数が共通バスラインに送られる．この方法の欠点は，かなり精度の低い状態で勝者の探索が終わることがしばしばあり，その場合，残った勝者候補の間で，さらなる比較を，何らかのより遅い方法でおこなわなければならないことである．

3. 勝者が決定すると，"勝者" プロセッサはその座標を SOM アレイ（配列回路）上の全てのプロセッサに送る．それを基にして，各プロセッサは自分が近傍に属するかどうかを決定することができる．

4. 制御器は，全てのプロセッサに対して時間依存の学習率係数 α に相当する乱数を送る．プロセッサの距離がこの数よりも大きければ（それらのイネーブル・フラグがオフに変わり），これらのプロセッサの値は固定され保護される．

5. 制御器は再び，共通バスラインに入力ベクトルの1つの成分を送る．そして，全てのプロセッサは，それらの対応するコードブック・ベクトル成分からの差を計算する．もしこの差がこのときに選択された別の乱数より大きければ，コードブック・ベクトルの成分は，入力ベクトルに近づく方向で最下位ビットに相当する固定量分だけ変更される．

6. 全てのプロセッサは，（プロセッサのイネーブル・フラグがオンに変わり）再び活性化される．3～5のステップ（段階）は，全ての成分に対して繰り返され，1～6のステップは，学習処理に応じて十分な回数だけ繰り返される．

　上記のステップ4と5における乱数処理が意図していることは，学習時における収束性の改善である．この乱数処理によって，特に学習率係数 α が非常に小さいときに，離散的な処理での影響，別の言い方をすると，8ビット精度で引き起こされる影響が緩和される．さもなければ，小さな α を用いるときの修正の度合は，最下位ビットよりも小さくなり，修正が全くおこなわれなくなることに注意してほしい．本書の著者もまた，1982年頃に同様な考えで実験したが，その実験は放棄された．なぜなら，実際の問題は，通常，とにかく非常に高次元であり（100成分を越える），そのような場合では，8ビットの数値における量子化誤差は重要ではなく，修正量が数値精度に達したときに学習を終了しても問題ないからである．

　TInMANNチップにおけるSOMアレイ（配列回路）上での近傍の集合 N_c は，例えば正方形のような4角形領域であり，それ故に近傍集合は，配列の中で都市ブロック距離によって定義することができる．ステップ3では，近傍半径を定義することを支援するために，ステップ4，5とは別の乱数がプロセッサに送られる．そして，近傍に属するかどうかを決定するために，各プロセッサは，自分の座標をこの乱数値と比較する．時間変化する一定の値の代わりに乱数を使用することで，ガウス型の近傍カーネル（核）が使われた場合とほとんど同じように，自己組織化過程が滑らかに進行する．

　TInMANNの最大の長所は，必要なチップ面積が非常に小さいことである．この長所は，計算に都市ブロック距離が使われることによって，いくらか相殺される．

9.8 NBISOM_25 チップ

　最新のハードウェアSOMが *Rüping*, *Porrman*, *Rücket* ら [9.15] によって提案されている．これはすでに実機の製作およびテストの段階に入っており，高い性能を示している．このハードウェアSOMは，特別に設計された16個のチップを搭載し

たプロセッサ回路基盤であり，各チップには25個のプロセッシング・エレメント（処理デバイス要素）が入っている．チップ面積はパッド部分を含めて75 mm^2 である．各処理デバイス要素は，ニューロンに相当する演算ユニットと，8-bit の精度で64個分の結合荷重を格納するオンチップの局所記憶装置，および回路を制御するための制御レジスタで構成されている．これらに加えて，距離計算に用いられる 14-bit のバッファ・レジスタも各処理デバイス要素に搭載されている．以上のことから，このプロセッサ回路基盤で表現できるSOMの最大の大きさは，64個の入力を持った400個のマップ要素，ということになる．このシステムは非常に高速に動作するため，主な用途は，オンラインの適応的パターン・マッチングや，適応制御問題である．

チップ面積を減らし，ひいては1チップ当たりに詰め込む処理デバイス要素数を増やすために，比較演算では都市ブロック距離が用いられる．加えて，学習率（"alpha"）の値を集合 $\{1, 1/2, 1/4, 1/8, \ldots\}$ の中から選択するよう制限することで，距離の計算や結合荷重の適応いずれの場合においても乗算器を用いる必要がない．つまり，alpha をかける代わりに，かけられる数をシフトすればよいのである．文献 [9.16] では，このように簡素化されたアルゴリズムでも，パターン・マッチングや制御における多くの応用例で正確に動作することが報告されている．

このシステムの動作クロックは 16 MHz である．各処理デバイス要素に備えられた制御ユニットは，他の処理デバイス要素との同期やモード選択をおこなう．各処理デバイス要素は，データ・バス（8ビット），コントロール（制御）・バス，2つのクロック線，行方向および列方向の制御線等の接続線を持っている．

システムの性能は，照合モードにおいて1秒間に処理できる重み結合の数と，学習モードにおいて1秒間に更新できる重み結合の数で示すことができる．表 9.4 は，これらの値を単一チップおよびボード全体の場合でそれぞれ示したものである．

このシステムの開発初期段階に関することは，[9.17–9.20] で述べられている．

表 9.4：入力が 64 次元の場合のシステムの処理性能

	ユニット数	照合	学習
チップ	5 * 5	256 MCPS	149 MCUPS
ボード	20 * 20	4096 MCPS	2382 MCUPS

第10章
SOM文献の総覧

本著を執筆している時点で，SOMアルゴリズムの解析，拡張，応用，あるいはそれらから直接恩恵を受けた学術論文の数は，すでに4000報を超えている．IS30の第2版では，これらはまだ1500報であった．しかしながら，1つの問題は，文献を参照することに対する限度をどこに定めるかというものであった．本版において，関連する新しい文献のために150ページもの追加をおこなうことは不合理なことであったかもしれない．とにかく，SOMに関するほとんどの論文は，完全な文章付きでインターネット上の以下のアドレス http://www.icsi.berkeley.edu/~jagota/NCS に掲載されている．新しい本と最も中心的な新しいいくつかの論文のみ本版に追加した．同時に，この章は全面的に再編成された．

この章では，SOMおよびLVQに関する文献の概要を供給することを意図しているが，第2版および第3版で参照された論文もまた代表的な例として保持されている．それにもかかわらず，この章のいくつかの部分は，他章の文章に関して少し冗長に見える．他のANNに関する仕事はこの章から省く．

SOMアルゴリズムを直接取り扱っている論文に加え，競合学習の一般的な解釈に関する非常に多くの論文が存在する．そのいくつかは，本書に含まれている．それらは，例えば多層フィードフォワード・ニューラルネットワーク，フィードバックや状態遷移ネットワークほどよく知られていないかもしれない．競合学習に関する文献は，常にいくらか秘伝的なものでもあった．にもかかわらず，特に多くの生物学的な神経の機能は競合学習のモデルによってのみ説明可能であるので，それらは過小評価されてはならない．

10.1 単行本やレビュー記事

本書は，著者の以前の本 [2.53] のある部分を拡張して書いたものである．*Ritter*, *Martinetz* と *Shulten* [1.40] の論文はSOMのロボット工学への応用だけについて書かれている．*Miikkulainen* [2.74] の本はSOMの言語学への応用，すなわち，部分記

号的な計算について述べている．徳高ら [10.1] による和文論文は，さまざまな SOM の応用を扱っている．

最近，SOM とその周辺技術の情報理論的側面に関しての本が *Van Hulle* によって書かれている [10.2]．

SOM の経済分野への応用は，*Deboeck* と *Kohonen* によって論じられている [10.3]．

SOM に関する 2 つの特別なワークショップ (WSOM'97 と WSOM'99) が開催された注1．それらの予稿集の中で，SOM に関しての最新の主要な成果が報告されている [10.4–6]．

SOM や LVQ は以下にリストとしてあげた中で，多くの本のある章，レビュー論文や特別に編集された本に記述されている．それらの記述や詳説は，しばしば不十分なまま残されており，その多くはすでに時代遅れである．基本的な原理を調べたい読者へのかなり最新の総覧のためには，著者が Proc.IEEE[10.7] に書いた 1990 年の長い論文や [10.5] の紹介記事をお勧めする．

最新の SOM の数学的基礎は *Cottrell* らによる 2 つの長編論文 [10.8,9] で厳密に論じられている．

10.2 競合学習の初期の仕事

競合学習の基本的な考え方というものは，同じ入力に対して，いくつかの並列"フィルタ"を持つことである．そこでは，これらのフィルタは，いくつかのパターン正規化の特徴を持っている．最初，フィルタは入力パターンに対して異なるように同調されている．そのとき，1 つまたはいくつかのフィルタが特別な入力に関して"勝者"になる．すなわち，出力値は最高になり，さらに，高くなる傾向にある．"勝者"は負のフィードバックによって，他の細胞を抑える傾向がある．結果として，1 つまたは 2, 3 の最整合フィルタの出力を活性化させたままで残るが，一方，他の出力は，不活性化されてしまう．入力によって選択された"勝者"フィルタおよびネットワーク内の近傍のみが学習時に更新される．最終的には，古典的なベクトル量子化でおこなわれるように，異なるフィルタが異なる入力信号領域に自動的に調整される．

適応学習なしの初期の生物学的な WTA モデルは，*Didday*[2.11] によって，(数学的な証明なしに) 1970 年に発表されている．多くの競合学習のネットワークには代表的な側方相互結合性が仮定されている．その研究は，カエルの視覚系に関係している．カエルの目は，ほ乳動物がその大脳皮質視覚野に持っている多くの機能を含んでいることが知られている．この研究の改訂版が最近現れた [2.12]．

一般には 1975 年からの *Pèrez, Glass* と *Shlaer*[2.23] と同様に，1975 年からの *Nass* と *Cooper*[2.22] の研究は，特徴敏感細胞の形成の分野では先駆的な研究として見ら

注1 訳注：これは，WSOM'01 (英国，リンカーン市)，WSOM'03 (日本，北九州市) と続き WSOM'05 (フランス，パリ市) も 2005 年 9 月に予定されている．

れている．競合学習の本質をつかんでいる 1975 年からのもう 1 つの研究は *Fanya* と *Montalvo*[2.13] によっておこなわれた．以前のものといくらかよく似た考え方が，1976 年からの *Grossberg* の研究 [2.15, 16] に現れている．2 番目のものには，彼の一般的な ART1 の構成が導入されている．基本的な WTA 関数の非常に明快な数学的な取り扱いは，1977 年に *Amari* と *Arbib* [2.14] によって努力し完成されている．

競合学習は，大脳皮質視覚野上における線の方向の自己組織化のモデルに事実上含まれており，1973 年に *v.d.Malsburg* [2.32] によって発表された．この仕事は，この分野での先駆的な仕事の 1 つである．このネットワークは代表的な側方相互結合構造を持っているが，しかし，WTA 関数を明白には利用していない．同じ流れに沿ったさらなる研究が *Willshaw* と *v.d. Malsburg* [2.33]，および *Swindale* [10.10] によって出版されている．

ニューラル結合の順序づけの最初の数学的な解析は，*Amari* [2.34], [10.11] の層状，連続シナプス場モデルに関して発表された．そこでの自己組織化効果は，SOM で遭遇するものと非常に関係があるが，それにもかかわらず，この理論は，SOM 処理過程のようなものには応用されていない．また，そのモデルは，全体として見ると，マップの順序づけをすることができない．だから，我々は，この章における議論を基本的な SOM に関する理論的な研究やまたは，その少し修正した研究に制限することにする．

[2.35–37] で始まる本書の著者の SOM の出版物において，主な目的は自己組織化のための効果的な計算アルゴリズムを開発することであった．このアルゴリズムはたくさんの応用をもたらした．

10.3 数学的解析の状態
10.3.1 ゼロ次の位相（古典的 VQ）結果

ベクトル量子化 (VQ) の方法は，1960 年の中頃から知られていた．例えば，*Gersho* [1.70] と *Zador* [1.74] は m_i 対 $p(x)$ の点密度の式を導き出した．この結果は，最適化 m_i の計算なしに得られることができることを指摘しておかなければならない．本書の著者は，分散の計算に基づいた VQ 点密度のより短いもう 1 つの導出法を与えている [10.12]（1.5.3 節も参照せよ）．

一方，1991 年に本書の著者によって与えられた証明 [1.75] は，"ゼロ次位相 SOM" の勾配降下公式が平均期待量子化誤差関数（1.5 節）から導き出されることを厳密に示した．この研究に対するいくつかの相補的な意見が 1992 年に *Pagès* [10.13] によって出された．

SOM の処理過程の最終段階において，近傍関数が非常に狭く作られるならば，モデル・ベクトルの点密度は，VQ の点密度に近づくであろう．しかしながら，実際はモデル・ベクトルの "弾性ネットワーク" は，良好な順序形成のために，ある程度の剛性を保持しなければならない．そして，これを保証する近傍の広さにおいては，モデル・

ベクトルはもはや $p(x)$ を近似しない．それらは，$p(x)$ の局所主成分座標によって定義される2次元表面に沿って配置される．それに応じて，モデル・ベクトルの点密度はVQの場合とは全く異なるものとなる．実際のところ，高次元空間におけるSOMの点密度の問題点は，解決されていない．

10.3.2 その他の位相マップ

ある意味において，多次元尺度化や主要（プリンシパル）曲線（1.3.2節）は，元来，SOMと同じ目的に対して導入された．それらとは対照的に，**Generative Topological Mapping (GTM)** [10.14, 15] は，SOMの代替計算手法を直接的に対象としている．それは，データ空間におけるデータに対する忠実さを加味したマップ格子上のモデル間の距離関係を定義しようする試みである．その結果，その入れ替えはずっと高い計算負荷となる．

誤差理論を用いて *Luttrell* により導出されたSOMの写像 [3.19] は，勝者が近傍関数によって重みづけされたユークリッド距離に応じて選ばれる *Heskes* と *Kappen* [3.20] の改良と同様に，SOMと違ってポテンシャル関数から導出されることが示されることから，基本SOMとは原理的に異なっている．その入れ替えもまた勝者の決定において，高い計算負荷となる．

SOMの性能を改良したり，異なった目的関数を最適化するための色々な他の修正や一般化の方法が提案されている [2.74], [3.5-7], [5.3, 5], [10.16-90].

10.3.3 その他の構造
固定された格子の位相

2つの基本的な格子配置の方法がある：本書で主に取り上げてきた構造である開いた端を持った格子と環状ネットワーク（例えば，球状またはドーナツ形）である．ドーナツ型の構造は，正方格子の水平方向と鉛直方向の端を環状につないだもので，1. データが環状と仮定できる問題，例えば，音楽の和音 [10.91], 2. SOM がプロセスの状況を表現するのに用いられる問題に用いられている．環状SOMでは，境界効果がなく，全てのモデルはそれらの近傍（近傍状態）に関して対称であることに注意されたい．開いた端を持つネットワークは，データ分布に適合された1枚のシート状の"弾性ネットワーク"に相当する一方，ドーナツ型の格子配置の"弾性ネットワーク"は，同じようにデータに適合された2枚のシートに相当する．

ネットワーク位相において，2つの平凡な方法，すなわち，長方形や6角格子のうち，後者は，そのより良好な等方性のために常に優れている．

格子のきわめて異なるタイプのものに，超立方体位相がある [5.11, 12], [10.92, 93]．それは，マップのユニットが超立方体の頂点に配置されており，辺は位相近傍の連結（リンク）を形成している．そのような位相関係は，それぞれのマップのユニットに関

して完全に対称であり，これらのネットワークは，信号符号化に用いられている．

多段，多層と階層型の SOM

構造化された SOM や SOM の組織化を勧める 3 つの主たる理由を以下にあげる：1."勝者"のより速い探索．2. より速い収束．3. より良い一般化と抽象化の能力．

そのような組織体的修正は以下の分野で議論されている．拡大出力 SOM[10.94]，超越マップ型の SOM [10.95, 96]，階層型 SOM [10.97–102]，多段 SOM [10.103]，多層 SOM [9.226, 291–299], [10.115]，多重分解の階層型 [10.115]，対向伝搬ネットワーク [10.116–119]，木構造 SOM [10.120, 121]，SOM の結合 [5.9, 10], [10.123]，モジュール型の SOM [10.124]，多層意味マップ [10.125, 126]，双子の SOM[10.127]，2 相 SOM [10.128] と 2 重 2 段分類器 [10.129, 130] である．1 種の階層構造は，高速化された探索構造 [5.7], [10.131] の中で見られる．この構造は多層 SOM を含む．また，6.10 節で議論される超越マップは階層構造である．

成長型 SOM の構造

実際には，結果を順序づけするある関数を学習中に使われた SOM の位相写像または近傍関数のみを作成する考えは，自然に基本的な自己組織化の考え方から出てくるものである．固定された 1 段のマップやまたは，固定されたモジュールから作られた階層構造を使う代わりに，データ分布に自動的に整合する任意に構造化された SOM ネットワークを作り出すことは可能である．そのような結果は，[3.40–54], [10.132–137] で報告されている．

その他の構造的変種

以下のような，基本 SOM の構造の変更もまた提案されている：ニューロンの分割 [10.139]，多重参照近傍探索 [10.140]，超立方体の出力空間における成長 [10.141]，入力ベクトルの文脈解析のための複数の小さな SOM の使用 [10.142]，多重 SOM [10.143]，側方相互作用の付加 [10.144–146]，距離ネットワーク [10.147]，とパラメータ化 SOM [10.148–151]．

10.3.4 機能的な変種
逐次入力のための SOM

自然なデータは普通，動的である．連続して出てくるパターンはお互いに独立しているとは考えられない．逐次信号の動的処理は異なった方法で考慮されている（5.6，5.8 や 5.11 節を参照せよ）．以下の論文は動的 SOM を取り扱っている [5.4, 11–16], [10.152–157]．

ファジィ SOM と LVQ

SOM にファジィ集合演算を取り入れることは，[10.158–162] で提案されている．
LVQ にファジィ集合演算は使われている [10.163–169]．
LVQ に関係したファジィ連想記憶は，[10.170–172] で議論されている．

教師あり SOM

5.10 節で指摘したように，普通，教師なしである SOM は，入力データにクラス情報を加えることによって教師ありにすることができる．これをどのようにおこなうかについての色々な方法が [5.22]，[10.113, 126, 173–179] に示されている．

その他の機能的な変種

もう 1 つの SOM の非線形変種が [10.180] で提案されている．量子化重みは [10.181] で用いられている．学習の高速化は，慣性項 [10.182]，位相補間 [10.183, 184]，と一括学習 [10.185] を使用することで可能になっている．動的近傍幅は [10.186] と [10.187] で提案されている．動的セル構造は [10.188] で用いられた．エングラムは [10.189] で減衰させるのに作られた．数個のニューロンに関しての整合と更新における 1 つの新しい原理は，"モード・マップ" [10.190] である．進化的最適化は [10.191] で，要求ベースの学習は，[10.192] で提案されている．誤解を招く恐れがある情報の回避は [10.193] で議論されている．アドレス VQ に基づくコスト測度が [10.194] で用いられている．異常接近（ニアミス）の場合が [10.195] で考慮されている．重なりのあるデータが [10.196] で取り除かれている [10.197]．等歪み原理は SOM を定義するのに利用されている [10.197]．局所的な重みの更新は，[10.198] によって作られている．SOM の可読性は [10.199] で提案され，改善されうる．時間周波数 SOM は，[10.200] によって提案されている．さらなる他の SOM の変種は [10.201] によって議論されている．

SOM の次元数と入力データのフラクタル次元数との整合は [10.202] で考えられている．

SOM による動的システムの問題は [10.203] で議論されている．

10.3.5 基本 SOM の理論

20 年の徹底した研究の後，基本的な規則的配列 SOM の構造とそのアルゴリズムは，非常に簡潔であるので，理論がすでに確立されていると思うかもしれない．したがって，数学の専門家 *Marie Cottrell* らが 1997 年に書いたもの [10.9] を引用するのが適切であるかもしれない："SOM アルゴリズムは非常に驚異的である．一方では，書き留めて実験するのは非常に簡単であり，その実用的な特性は，明確で観測しやすい．しかし他方では，数人の著者の偉大な努力にもかかわらず，一般的な場合において，その理論上の特性は証明なしでまだ残っている．" そして，"...Kohonen アルゴリズム

は，驚くほど完全な数学の研究に抵抗力がある．我々が知っている限り，完全な分析が達成された唯一のケースは，線形ネットワークにおける1次元のケースである（入力空間は1次元，ユニットは1次元配列に沿って配置される）．"

1次元の場合の順序づけと収束特性の両方の最初の完全な証明は，1987年に Cottrell と Fort によって提示された [3.11]．これらの結果は Bouton と Pagés により，広いクラスの入力分布に一般化され [10.204–210]，Erwin らにより，より一般的な近傍に一般化された [3.18]．それから，Fort, Pagés [10.211, 212] と Benaïm [10.213] は，非常に一般的なクラスの近傍関数における，唯一の状態へのほとんど確かな収束の厳密な証明を提示することができた．

Flanagan [10.215, 216] と同様に Fort, Pagés [10.214] は，入力分布が一様であるときに2次元長方形の格子に関連したモデル・ベクトルの順序づけを議論した．しかしながら，近傍関数と入力密度へのいくつかの制限があった．実際のところ，Fort と Pagés [10.214] は，2次元の場合において，どんな吸収状態も存在しないことを示した．

最近，Flanagan [10.219] は，一般的（時不変）な近傍関数と不連続な場合がある入力分布に対する1次元の場合の証明を提示した．彼は，不連続な分布が，いわゆる自己組織化臨界で遭遇する分布と類似したある特性を満たさなければならないと指摘した．

離散データの順序づけ

特別な場合，すなわち，入力が有限の離散的集合からのみ値を取ることができるときには，平均期待値歪み測度の式 (10.2) はポテンシャル関数を使うことが可能である．この場合，ボロノイ・モザイク分割の境界にはサンプルは存在しない．それによって，サンプルのボロノイ集合は，m_i に関する微分での境界の移動によって変化しない．この事実は，Ritter ら [1.40] や 6.2 節がこの特別な場合での収束を証明するために勾配降下法に頼り，そのとき，入力の確率密度関数が離散値である巡回セールスマン問題へ応用する方法を可能にした．このポテンシャル関数は微分可能ではないが，しかし，学習率係数や近傍関数に課せられたある条件があれば，定常状態への収束は真に起こりうるということが1993年に Ružiča [10.220] によって指摘された．

一般的な論評

以下は，SOM についての一般的な論文や，SOM について部分的な側面について述べた論文の簡潔なリストである．これらの論文は，より伝統的な方法を使った内容でしばしば議論されている [1.25], [2.35–37, 45, 53], [3.6, 7, 12, 13, 30], [6.1], [10.13, 10.221–401]．

導出

色々な理論的な論文は，SOM の基本原理を扱う場合，その厳密さにおいて著しく異なっている．最も中心的な研究は，10.3 節で論評した．以下に SOM の色々な導出の例や位相マップ化の数学的な取り扱いをしてあるものを，まず，より一般的なものから順番に簡単にリストにあげた [3.29], [10.402–440].

順序の定義に関して

最も根本的な問題は位相的順序づけ，それ自身の定義に関するものである：どのような一般的な判断に従えば，高次元のベクトル空間から取られたサンプルの 2 次元指標つき配列が "順序づけされた" と見なされるのであろうか？ 正確に "位相的順序づけ" とは何なのであろうか？

1 次元の場合には順序づけの概念というのは，わかりきったことである．そこでは，また，このために目的関数 J を定義することができる．今，スカラ数 $\mu_i \in \Re, i = 1, 2, ..., N$ の集合を考える．そのとき，以下の式は m_i が数値的に昇順，または，降順に順序づけされているなら，そうしていさえすれば，このとき，最小値（ゼロ）になる．

$$J = \sum_{i=2}^{N} |\mu_i - \mu_{i-1}| - |\mu_N - \mu_1|. \tag{10.1}$$

このような順序づけを自己組織化の処理過程で達成できる．その場合，入力 x は 1 次元で，μ_i はスカラ量の m_i に相当する．そこでは，この m_i は，線形配列のノードに関連したスカラ量のネットワーク・パラメータである．状態 $J = 0$ というのは，一度到達すると，どのような種類の外部入力が入ってきても，学習過程によってこの状態は変わらないという意味で吸収状態になっている．しかし，一般的な次元においては特に，もしパラメータ・ベクトルが関連しているノードの配列の次元数よりも入力ベクトルの次元数の方が大きいなら，そのような吸収状態は起こらないように思える．一般の場合には，作成された目的関数 J に関しては多くの提案があり，少なくとも，多年にわたってのこの骨の折れる研究の中で，吸収状態の存在に矛盾する反例が常に見つけられてきた．

自己組織化マップでの結果として起きる "順序づけ" は，常に，確率密度関数 $p(x)$ の性質を反映していることを注意しなければならない．このようにして，少なくともここしばらくは，"順序づけ" をある適当に定義された平均期待誤差関数が最小値を取る条件によって定義すべきであるように思われる．そのとき，特別な場合として，例えば，信号空間と配列の次元が等しい場合では，そこに存在するこれらの特別な場合の誤差関数が最小値を取るための必要条件を満たすときにのみ，最終的にノードの幾何学的配列を要求するベクトル・パラメータ値の順序づけがなされる．

しかしながら，任意の次元の入力空間の位相的順序づけを低次元の格子上の近傍関係に関連させることが望ましいだろう．ボロノイ・モザイク分割と近傍集合の間での

位相的順序の同等性に関する大変重要な結果は，[3.14] で導出されている．

SOM の質の定義は平均期待量子化誤差と同時に "位相的誤差"，すなわち格子上での近傍関係の侵害を考慮しなければならない [3.29–32]．

順序づけと収束証明に対する試みの総括

これらの問題を解決するには，以下の数学的手法が有効である．まず最初に，建設的証明．建設的証明とは，SOM アルゴリズムによって生じた値がリストされ，それらの値の間で可能な遷移が解析されることを意味する．建設的証明は決定論的結果をもたらす．しかし，この方法は，最も低い次元数にのみ適している．2 番目は，マルコフ過程の理論から得られるよく知られた結果を適用することを試みてもよい．SOM アルゴリズムは特別なマルコフ過程を定義することになる．ここでは，非線形性（SOM は意思決定処理問題である），配列の端における構造境界条件そして一般的な場合には，非常に高次元数であることが主な問題である．3 番目は，統計物理学で発達したある種の計算技術である．特に，統計力学は使われてもよい．4 番目は，数学的な誤差理論である．これは，SOM のいくつかの版での基礎となるかもしれない．5 番目に，システム理論の結果は，収束の証明のような部分的な問題に適用できるかもしれない．

例えば，[3.18] では，基本的な SOM アルゴリズムは，エネルギ関数からは導き出せないことが知られている．h_{ci} は，x と全ての m_i の関数である "勝者" の指標 c を含んでいることに注意する．エネルギ関数は，ボロノイ・モザイク分割の境界では微分不可で，ボロノイ多面体の中においてのみ m_i に関して微分可能であるだろう．このボロノイ多面体の形は m_i の変化に応じて変化する．

6 番目は，1.3.3 節に示した *Robins* と *Monro* [1.43] の確率近似の方法である．これは，少なくとも処理過程の形式化やある種の SOM アルゴリズムの一般的な定義に役立つ．ドボレツキ (*Dvoretzky*)・アルゴリズム [10.441] と呼ばれる確率近似を一般化したものが存在する．しかしながら，その結果導出された結果は，元々の SOM アルゴリズムから作られた結果と正確には一致しないことが 3.12.2 節で指摘された．

我々は今ここでその詳細は議論しないが，数学的な SOM の出版物の通覧をおこなう．

建設的証明の試み

[3.12] においては，式 (10.1) によって表された順序づけ指標の変化が，連続時間で表現された 1 次元ベクトルを持った 1 次元 SOM 内の参照値の異なった配置で研究された．SOM の微分方程式の解の中で，16 の可能な解のうち，SOM の 13 の配置で J が減少することがわかった．しかし最も重要な結果は，1 次元の場合における吸収状態の存在の証明である．吸収状態とは，一旦，順序づけられた状態は，さらに学習することによって無秩序に戻すことはできないことを意味する．（この結果は，一般の次元では成り立たない．）

SOM のディジタル・シミュレーションを実施した場合には，各処理刻みが常に離散

的であるので上の結果は批判された．この場合，この建設的証明はいくらか変わるだろう．原理的にこの意見は正しい．しかし，生物学的にも，そして，一般的な物理的な実行においても，SOM は時間連続の微分方程式で記述されなければならない．この場合，最も簡単な証明が意味があることを認識しなければならない．

別の建設的証明（3.5.2 節参照）は [3.13] に載っている．そこでは，わずかに修正された 1 次元系に関して順序づけはほとんど確実である（すなわち，順序づけは，無限回の学習では確率 1 で出現する）．修正は，異なった近傍集合の定義である：もし $i = 1 \ldots \ell$ が配列指標であるなら，$N_1 = \{2\}$，$N_\ell = \{\ell - 1\}$ そして，$2 \leq i \leq \ell - 1$ では，$N_i = \{i-1, i+1\}$ と定義する．"勝者" c が唯 1 つに決定される場合，N_c は近傍集合である．もし c が 1 つでない場合，全ての"勝者"を近傍から外した全ての N_c 全体を近傍集合として使わなければならない．

マルコフ過程的証明

意欲的な理論的研究にもかかわらず入力の一般的次元数と 1 以上の配列次元数を持つ基本的な SOM アルゴリズムはまだ証明されないままで残っている；ただ，不完全で部分的な結果だけが存在している．

3.5.1 節に載せている証明はブラウン大学の *Ulf Grenander* 教授から著者に個人的に伝えられた考えに基づいている．それは，[2.37] で出版されている．同じ考え方，しかし，よりもっと完全な形では，*Cottrell* と *Fort* [3.11] によって詳しく調べられている．

この証明に関する限り，後者は，10.3.5 節の始めで述べたような相補的な仕事と共に，自己順序づけと収束の両方が取り扱われているマルコフ過程の意味では，たった 1 つの厳密な解析である．しかし，これらの証明は，**線形ネットワーク**（1 次元で，両端開放の配列で，そして，$0, 1, \ldots, M$）と指標づけされている．そこでのユニット（細胞）i の近傍集合とは，$N_i = \{\max(0, i-1), i, \min(M, i+1)\}$ である．この場合には，有限の区間 $x \in [a, b]$ にわたって入力の一様で単独に結合した分布にのみこの解析は制限されている．彼らのこの議論は，ここで述べるにはあまりにも長く，詳細多岐にわたっているので省略する．前に述べたように，*Bouton* と *Pagès* [10.204–210] は，入力分布のかなり大きなクラスのものに対してこの問題を一般化した．そして，順序づけがなされた後，この場合における収束の厳密な証明は，*Fort* と *Pagès* [10.211, 212]．によって与えられた．一般的な（1 次元）入力分布の場合は，また，*Erwin* ら [3.18] によって 1992 年に議論された．

入力と荷重が離散的な値に**量子化**されているとき，大クラスの近傍関数についての 1992 年からの *Thiran* と *Hasler* [10.442] の証明に言及しておこう．

エネルギ関数による形式化

一般的な ANN 理論はリアプノフ（*Lyapunov*）関数や特にエネルギ関数のような系

の理論的な道具を広範囲に使用する．このため，SOM に関する理論を創るためのいくつかの同時期の試みの中では，エネルギ関数が目的関数として探し出されている．

しかし，[3.18] で指摘されているように，本来のアルゴリズムはエネルギ（ポテンシャル）関数からは導き出すことはできない．*Tolat* [10.402] によって書かれたどのニューロンに関する個別のエネルギ関数は違ったものである．

エネルギ関数による形式化の使用を容易にする目的で SOM 方程式の修正のための多くの可能性が存在する．*Luttrell* [3.24, 25] [9.14] による基本的な誤差理論によって引き出されたものの中の 1 つは，基本的な最小の歪み測度，すなわち，次の式で示す距離の重み加算に基づいてニューロン i の周りの入力 x の整合を再定義することである．(この式で，全ての重みは正規化されている: $\sum_j h_{ij} = 1$.)

$$d_i = \sum_j h_{ij} \|x - m_j\|^2 . \tag{10.2}$$

すなわち，距離の重みつき加算である．(この導出では，全ての重みは正規化されなければならない: $\sum_j h_{ij} = 1$.) いくぶんよく似た方法は，[3.20] で使われている．数学的にこの理論は良い収束と SOM よりもわずかに良い $p(x)$ の近似をもたらすように見える．欠点は：1. 計算量がより多く，より複雑な "勝者が全てを取る" 演算になる（この欠点は，並列計算によって軽減されるだろう）．2. 同じ近傍関数 h_{ij} は WTA と学習則の両方で使われなければならない．このことに関しての物理的や生理学的な根拠はない．

さらなる解析

以下の SOM の基本的特性の付加的な理論的議論が出版されている：順序づけ条件 [10.443]，凹 対 凸近傍関数の効果 [10.444]，順序づけ測度 [10.445]，位相保存特性 [10.446]，位相解析 [10.447]，大域的順序づけ [10.448]，準安定状態 [10.449]，不安定性 [10.450]，レベル密度 [3.23]，特徴空間の分布と収束 [10.451]，拡大係数 [10.452]，強 対 弱自己組織化 [10.453]，量子化 対 組織化 [10.454]，弾性ネットとエネルギ関数の形式化の比較 [10.455]，データのフラクタル次元と SOM の次元の整合 [10.456]，ベイズ分類器との比較 [10.457]，教師あり 対 教師なし SOM の比較 [10.458]，と参照ベクトルの特徴化 [10.459]．

差分方程式による SOM の記述は [10.460] でなされた．

サモン写像を用いた解析は，[10.461] で見られる．そして，[10.462] で，エントロピでのやり方が見られる．

収束の証明

収束の証明は，普通，大変複雑で厳密な数学的な取り扱いを必要とする [3.11, 18, 21], [10.204–208, 211, 212, 463–484]．

高速化された収束

基本的なアルゴリズムにある修正を加えることによって，収束を高速化することができる．これらには，以下のものが含まれている．カルマン (Kalman)・フィルタに似た修正学習 [10.483, 485–487] や，一般的なクラスタ化の使用 [10.488–491]，目的関数の最適化における慣性項の使用 [10.418]，最適化にサンプル依存性を考慮すること [10.152, 492, 493]，最適化の証明 [10.494, 495]，"勝者"の探索高速化のための K-d 木の使用 [10.496]，再帰的信号処理の使用 [10.497] とボロノイ集合の変化を最適化に考慮すること [1.75] などである．

モデル・ベクトルの点密度

我々は，1.5.3 節で m_i の点密度と確率密度関数 $p(x)$ との関係を議論し，両者間に一定の比例関係を見つけた．この点密度の逆数が"拡大係数"と呼ばれている．この"拡大係数"という言葉は，神経生理学では，特別な脳マップの尺度係数を意味するように使われているのと同じ意味で使われている．

もし上で述べた Luttrell の形式化が 1 次元入力の線形配列に適用されるなら，m_i の点密度は，$[p(x)]^{1/3}$ に比例する．すなわち，VQ における場合と同じである．この表現は，そのとき h_{ci} に独立である．

性能評価（評価基準）

SOM や LVQ アルゴリズムのいくつかの性能評価は他の ANN と関連づけかつ結びつけておこなわれた．これにより以下に述べる事実が判明した：

1. 我々によって公開された LVQ_PAK や SOM_PAK のような完全なソフトウェア・パッケージは，8 章で述べたが，評価基準を定めるべきである．なぜならその中に，考慮されるべき多くの詳細な事項が含まれているからである．もしこれらの詳細が考慮されないなら，性能評価することは大きな価値を持たない．

2. SOM は統計的なパターン認識には意図されていない．クラス分け精度に関する全ての性能評価は LVQ を基にすべきである．

LVQ アルゴリズムを含む公表されたほとんどの評価基準には頼るべきではない．なぜなら，6.9 節で議論されたと同じ正しい初期化のような本質的条件を考慮していないからである．

以下の研究リストは，色々な比較研究を含んでいる [10.498–518]．

基本的な比較の 1 つは，SOM のモデル・ベクトルの点密度が入力確率密度関数を近似している度合いに関係している．このような研究は [10.519–523] でおこなわれている．

10.4 学習ベクトル量子化

基本的な LVQ アルゴリズムは色々な方法で改良されている [10.21, 83, 137, 222, 524–562].

LVQ の初期化は我々のソフトウェア・パッケージ LVQ_PAK で詳細に議論されている．その初版は，1992 年に公開されている [10.563]．

LVQ 付きのファジィ集合演算は，[10.158, 163–172] で使われている．

LVQ を HMM（隠れマルコフ・モデル）と結合させたものは，最近特に，音声認識の分野で大変重要な論点となってきた [7.9, 10], [10.399, 433, 564–584]．（HMM/SOM を結合したものは，[10.585–587] に記述している．）

LVQ の色々な他の解析は [10.425, 588–595] に現れている．

LVQ に関するアルゴリズムは [10.596] に提案されている．動的 LVQ は [10.597]，重みつき目的関数を用いた LVQ は [10.598]，木構造 LVQ は [10.599] に紹介されている．

理論

LVQ の初期化は [10.600] によって論じられている．LVQ の最適な決定表面は [10.601]，収束に関しては [10.602]，臨界点は [10.603] で解析されている．

10.5 SOM の多様な応用例の調査
10.5.1 マシン・ビジョンと画像解析
一般的なこと

実践的画像処理の主たる応用例は：産業用機械映像（特に，ロボット映像），印刷，画像伝送，医用画像や 遠隔検知（リモート・センシング）などである．それらに加えて，研究は，標的認識のような基本的問題で追求されている．そこでは，SOM アルゴリズムはしばしば使われている．いくつかの一般的な問題は，[7.31], [10.168, 231, 362, 604–614] で議論されている．

ビジョンの問題は，[10.615] で議論されている．時空間パターンの認識は [10.616] で議論されている．2 値視覚パターンは [10.617] で認識されている．

画像コード化（符号化）と画像圧縮

コンピュータ映像における最初の仕事は，画面のディジタル符号化である．以下に報告されている全ての方法は，SOM または LVQ に基づいている．次の論文は，画像の符号化を取り扱っている [10.618–624]．多重尺度で描かれた画像の最適符号化で生ずる特別な問題は [10.625] に，連続画像 については [10.626–628] に記述されている．適応ベクトル量子化の方法は，[10.509, 629–639] で使われている．画像圧縮は，[10.111, 513, 638, 640–658] で取り扱われている．

ハフ (Hough) 変換は，しばしば画像符号化で使われている．乱数ハフ変換は，SOM に基づいて [10.659–664] で取り扱われている．

画像分割

特に，パターン認識の目的には，画面の中での一様な領域は分割され，その識別のためにラベルづけされなければならない [10.108, 299, 665–672]．テクスチャ（織り目模様）解析は一般的な仕事である．そして，異なったテクスチャ領域は，そのとき分割することができる [7.11–13, 17–20, 22, 24, 25], [10.673–687]．テクスチャの発生は，[10.688] で議論されている．

マシン・ビジョンにおける多様な仕事の調査

問題は，特別な応用で起こるだろう：例えば，画像の正規化 [10.689]，視覚検査システムの開発支援 [10.690]，画像分野における多重"希薄"パターンの検出 [10.691, 692]，ビデオフォン（テレビ電話）画像における輪郭検出 [10.693, 694]，色分類 [10.695]，多重スペクトル道路分類 [10.696] と画像伝送のための誤差許容符号化である [10.697, 698]．自然なクラスタ化を保持している間に不必要な情報を除くことはさらに必要である [10.699]．

ゆがみに耐性のある画像認識は非常に重要な問題であり [10.700]，画像に基づく帰還は他の [10.701] で述べられている．他の画像解析問題として，画像クラスタ化 [10.702] やカラー（色）量子化 [10.703] が言及される．気流の視覚的な解析は，[10.704] でおこなわれている．顕微鏡解析における多変数マップは，[10.705] で開発された．

標的認識 [10.706] は，その特徴抽出 [10.507, 707–713]，形状認識 [10.714]，曲線検出 [10.87, 715–719]，または，バックグラウンドからの対象物の検出 [10.720, 721] などから出発する．時には，特別な作業が必要である：冗長削減 [10.722]，目的物方向の検出 [10.723]，移動物体の追跡と認識 [10.724–727]，画像における特異性の検出 [10.177]，テクスチャ（織り目模様）解析 [10.728, 729]，相似不変の発見 [10.730]，細心映像の導入 [10.731]，特徴結合 [10.72]，構造的画像コードブックの構築 [10.732, 733]，または 3 次元対象物の探索ベース（基準）の削減 [10.169] である．

しばしば遭遇する仕事は，顔の認識である：[10.734, 735]．認識と反対の作業は，顔の表情の合成である [10.736]．耳の不自由な人々によるビデオフォン（テレビ電話）での読唇術は，顔の認識に関係している [10.737]．体の姿勢の識別は，機械を制御するのに有用である：[10.738–740]．

以下の特別な応用分野は，また言及しておくべきである：紙の特性表示 [7.29]，一般に遠隔検知 [5.9, 10]，部・族分類 [10.741]，交通標識認識 [10.742]，水面下構造物の認識 [10.743]，海氷のレーダ分類 [10.744, 745]，雲の分類 [7.29], [10.501, 682, 683, 746, 747]，降雨予測 [10.748]，噴射特徴の抽出 [10.749] や近傍の星の運動学の解析 [10.750]．

SOM に基づいた画像処理によって得られた多様な結果については以下の事柄に言

及してもよいだろう．それらは，画像のしきい値化 [10.751]，最小の環境表現の学習 [10.752] や作業空間の次元削減 [10.753] である．組み立てられた特別な装置は 2 次元カラー（色）センサ [10.754] とビジュアル・ディスプレー（視覚表示装置）[10.490] である．

衛星の画像とデータ

衛星画像に関する一般的なパターン認識は，[10.755] で発展した．人工衛星を使った画像データ送信は，[10.756] で研究された．ランドサット衛星のセマチック・マッパー（主題的地図化）は [10.757] で述べられた．テクスチャーに基づいた雲分類は，重要な応用である [10.758]．

医療画像と解析

医用画像処理は，それ自身，より大きな問題領域を構成している [10.759]．陽電子放出型断層撮影 (PET) データは [10.760] で再構成され，磁気共鳴影像 (MRI) は [10.761] で分割された．医用画像における SOM に基礎を置いた特別な応用例 [10.762] は，心臓冠状動脈疾患の検出 [10.763]，心臓血管造影の逐次コード化 [10.764]，脳腫瘍の分類 [10.765]，肝臓組織の分類 [10.766]，異物体検出 [10.767]，染色体の構造異常の認識 [10.768, 769]，染色体位置と特徴抽出 [10.770] や核酸順列上での新しい特色の同定である [10.771]．

筋肉生検の定性的形態学的解析は [10.772] で見ることができる．

10.5.2 光学的文字と手書き文字の読み取り

光学的文字読み取り装置 (OCR) はパターン認識のわかりやすい，直裁的な応用例である：それに対する SOM を基礎にした解法は，[10.773-782] で与えられている．文字方向の検出は 1 つの部分的な仕事であり [10.783]，不変の OCR はまた別の部分的な仕事である [10.784]．ハングル文字 [10.785]，漢字 [10.52]，朝鮮と中国の文書 [10.786] の文字読み取り器は，より必要とされている．手書き文字 [10.422, 787]，手書き数字 [10.788]，手書きアルファベットと数字 [10.789-796] や筆記書体 [10.797-803] の認識は，SOM 原理で解決されるべき次第に難しくなってきている仕事である．パルプ梱包（ベール）からの数字認識のためのシステムは [10.804] で発展した．

10.5.3 音声解析と認識

音声研究での主な目標は：孤立単語認識，音声分割，連続単語認識，音素認識，自然（連続）音声認識，話者同定，音声研究，音声無秩序の分類，音声伝送と音声合成である．

一般的なこと

音声認識の問題点 と SOM を基礎にした研究方法が [7.5], [10.98, 399, 583, 584, 586, 587, 805–821] で議論されている．話者標準化 [10.822, 10.823], 音声からの特徴抽出 [10.824–826], 簡潔な音声コード化（符号化） [10.827–830] と他の問題 [10.831] が音声処理で遭遇する問題である．

孤立単語認識

ほとんどの音声認識装置は，単語間に短い（> 100 ミリ秒）休止を持った調音された孤立単語を注意深く認識するように設計されている．SOM を基礎にした単語認識装置は [10.129, 832–837] である．話された数字を認識する研究は，[10.838] で報告されている．

連続単語と連続音声認識

音声の分割は，連続単語認識での最初に取りかかるべき仕事の中の1つである [10.839]．その後，連続単語は識別することができる [10.424, 580, 581, 840]．

音素 の検出と分類は，しばしば，連続音声認識をするための第1段階である [2.37], [5.16], [10.53, 585, 841–860]．

音素を基礎に置いた完全な音声表記装置は，[5.17], [7.14–23], [10.574, 575, 861–868] に記述されている．これら論文では，LVQ のコードブック・ベクトルの微調整が認識精度を上げるのに大抵使われている．

音声コード化と認識は，[10.869] でうまく実行されている．ハイパー（超越）マップ・アーキテクチャ（構造）は，[10.870] で音声認識に用いられている．

話者同定

話者の認識は，例えば，安全（事故，犯罪防止）体系や音声認識系での個人的な音声パラメータを定義するために必要である．話者を各部類に集めて部類分けすることは，音声認識での話者独立の問題を軽減するのに有用である．それによって，違った SOM は異なった話者集団で使うことができる．話者の同定は，[10.871–877] で議論されており，話者の集団化は [10.878] で，音声パラメータのベクトル量子化は [10.879] で議論されている．

音声研究

音声研究は，必ずしも音声認識を目的にはしていない．音声研究への色々な研究方法を以下にあげている．ASSOM フィルタを用いた音声に関する実験は，[10.880] で報告されている．その他の問題は，音声空間次元の決定 [10.881, 882], 音声アクセントの分類 [10.883], 多重言語の音声データベースの注釈 [10.884], 両耳を使う蝸牛モデルと立体音声表現による音素認識 [10.885], 音質の視覚化と分類 [10.886–888], 音

声無秩序の解析 [7.6, 7], [10.889–892], /s/調音間違い [10.893–895] と /r/調音間違いの検出と評価 [10.895], 摩擦母音同時調音の検出 [10.896, 897], SOM を使っての, 発音の仕方の可視化フィードバック治療 [10.898, 899], 発音された単語の表現 [10.900], 音声合成 [10.901], 音声処理におけるファジィ・システム [10.902], HMM パラメータ評価 [10.903] や蝸牛移植 [10.904] である.

10.5.4 音響研究と音楽の研究

音声研究から離れて, 以下の型の音響問題は SOM で解決された：それらは, 音響信号の認識 [10.905], 音響特徴の分割 [10.906], 音響特徴動力学の表現 [10.566], 都市での音響騒音公害の分析 [10.907], 浅い水域での音源の分類 [10.908], 音符のピッチ（音の高さ）分類 [10.909] や音楽パターンの分析 [10.910, 911], 音色分類 [10.912] である.

10.5.5 信号処理とレーダ測定

SOM による信号処理の一般的な問題は, [10.913] と [10.914] で議論されている. 連続信号の教師なし分類は, [10.915] に記述されている. 信号位相の効果は, [10.916] で解析されている. 水中音波信号解析は [10.917, 918] に, 超音波信号解析は [10.919] に見つけることができる.

レーダ信号からの標的同定は [10.920, 921] に, レーダ・クラッタ（レーダスクリーン上の擾乱）中の目的物の検出は [10.922] に, そして, クラッタ分類は [10.923] に載っている. レーダ行動の分析は [10.924] に議論されている.

10.5.6 テレコミュニケーション（遠距離通信）

SOM は, 遠距離通信でのある基本的な技術問題を解決するのに使われる [10.925–927]：例えば, バンド幅圧縮 [10.928] や伝送誤り効果の削減 [10.929] である. SOM は次の特別な系に応用可能である：デルタ変調と LPC タンデム（縦列）操作の増強 [10.930]；例えば, 直交振幅変調 (QAM) [10.931–935] による離散信号の検出と, 等価器と組み合わせての離散信号の検出 [10.936–939]. SOM は, 遠距離通信ソフトウェア系でのクローン検出用 に使うことができる [10.940, 941].

遠距離通信交通網の構成と監視は, SOM の特に適した応用領域である [10.942–947]. 最も一般的なレベルのテレコミュニケーションでは, 最適な輸送成型の問題が生じる [10.949]. 頑健なコミュニケーション技術の選択において, SOM に基づくベクトル・コード化法を用いることが可能である [10.950–10.955]. テレコミュニケーションソフトウェアの複雑な解析 [10.948] において, SOM 法は使用可能である.

10.5.7 工業的および他の実世界測定

実世界応用での基本的な問題の1つは，光学や赤外センサのような異なったところからの信号データを結合させたり，または"融合する"ことである [10.956–959]．センサ配列 [10.960] や特別なセンサ，例えば，表面分類 [10.961–963] や臭い分類 [10.964] は，SOM の適した応用例である．

これまでに述べられていないその他の実用的な仕事として以下のものがあげられる：ボタンの色整合 [10.267, 965, 966, 1394–1397]，干渉スペクトルの予測 [10.967]，船舶雑音の分類 [10.968]，音漏れ検出 [10.969]，岩石分類 [10.970]，宇宙起源分類 [10.971]，環境監視 [10.972]，車両経路選択 [10.973, 974]，他 [10.975]．

海中鉱床探知 [10.976] や麻酔系からの誤り状態の検出 [10.977, 978] は，2, 3 の特別な応用例である．

粒子衝突雑音は，[10.979] で検出された．

交通旅程計画は，SOM の特別な応用例である [10.980]．

10.5.8 プロセス制御

工業的なプロセスの系の理論的な様相は，それ自身で問題の範疇を形成する [7.4]，[10.94, 152, 170, 171, 981–986]．プロセス状態の同定は，[7.4]，[10.987–993] で議論されている．他の一般的な問題は，プロセスの誤り検出 [10.994, 995]，故障診断 [10.996–999]，機械振動の診断 [10.1000] やプラント診断症状 [10.1001] である．

電力系においては，次の型の動作状態が解析されなければならない．それらは，電力消費 [10.1002]，消費警報 [10.1003]，電気系統における負荷予測 [10.1004, 1005]，電力利用ピーク負荷の出現時間 [10.1006]，電力流れの分類 [10.1007]，系の安定性 [10.1008, 1009]，電力系の静的安全評価 [10.1010–1014]，電力変換器上でのインパルス・テスト故障診断 [10.1015]，部分放電診断 [10.1016, 1017] や電磁変圧器の高圧モードの回避 [10.1018] である．

SOM のむしろ有望な応用領域は，系やエンジン状態の可視化 であり [7.5]，[10.1019–1022]，大規模診断問題 [10.1023] である．

次の一覧は，色々な工業的応用例をあげている．それらは，製紙機械の質のモニタ（監視）[10.1024]，粒子噴出の分析 [10.1025]，流れ管理体制の同定と流量率測定 [10.1026, 1027]，ビール品質の等級づけ [10.1028]，坑井内の検層反転における速度要素マップ [10.1029]，横ずれ速度算定 [10.1030]，侵入検出 [10.1031]，切り替え磁気抵抗モータでのトルクの推定 [10.1032]，混成損害評価 [10.1033]，加熱と冷却の負荷予測 [10.1034]，車体鋼の同定 [10.1035]，溶鉱炉の操作手順 [10.1036]，1000 アンペアの制御 [10.1037]，分配系におけるエネルギ損失の計算 [10.1038]，べた組印刷の質の評価 [7.31]，埋蔵物体の位置 [10.1039]，製紙機械の故障中断の解析 [10.1040]，木製板の分類 [10.130] である．他の実用的な仕事は，化学プロセスの変化の追跡 [10.1050]，蒸気タービンのセ

ンサ診断 [10.1051]，電力需要の予想 [10.1052]，浮揚泡の特徴づけ [10.1053]，交直両用電動機の分類 [10.1054]，金属転移モードの分類 [10.1055]，色焼け検査 [10.1056] である．

ニューロ・ファジィ制御器は，[10.1041] に記述されており，工学的なパターン認識は，[10.1049] で述べられている．

10.5.9 ロボット工学
一般的なこと

研究者の中には，自律ロボットが ANN 研究の最終目標であるという展望を持っている人達もいる．SOM の研究でおこなわれたこの分野での達成された結果は，この小節で議論されている．一般的な論文は，[10.114, 1042-1048] である．

機械映像の問題は，すでに 10.5.1 節で調べられている．

ロボット学習戦略は，[10.1057-1059] で提案されている．感覚運動状態の分類 [10.1060] と触覚情報の解釈 [10.1061] は，重要な詳細な仕事である．移動ロボットの一般的な制御戦略は，[10.1062] で議論されており，柔軟な製造システムにおける監視の仕事は [10.1063] で議論されている．

ロボット・アーム（腕）

ロボット・アームや多関節の座標，および視覚運動の調整の制御は，基本的な仕事の1つである：[10.60, 1064-1080] を参照．

ロボット運行

別の基本的な問題は，ロボットの衝突回避の運行である [10.107, 1081-1106]．

ロボット工学におけるさらに展開した問題は，目標に向かった動きの中で感覚器官間の座標調整 [10.1107]，運動の形の学習 [10.1108] やロボット制御のための最適情報記憶 [10.1109-10.1111]，障害物の表現 [10.1112]，モータ自由度のパラメータ化 [10.1113]，動作計画 [10.1114]，経路計画 [10.1115]，視覚に基づく認識地図学習 [10.1116] である．

10.5.10 電子回路設計

超大規模集積回路 (VLSI) 設計では，回路の最適化をおこなう．基本的なもしくは改良された SOM アルゴリズムを用いて，その解を見つけることができる [10.31, 54, 55, 1117-1133]．典型的な仕事は，回路の基盤設計 [10.1135]，部品配置 [10.1136]，最少結線 [10.1137] である．

SOM 法によって解決可能な VLSI での他の問題は，回路の局部放電発生源の検出 [10.1016]，欠陥素子の除去と検出 [10.1138, 1139]，VLSI プロセス・データの解析 [10.1140]，はんだ接合分類 [10.1141] である．

ディジタル回路のシステム設計段階において，研究は，SOM を使った情報のディジタル符号化 [10.1142] や同期ディジタル系の合成 [10.1143-1146] に関してなされている．

10.5.11 物理学

SOM 上での赤外スペクトル [10.1147] のマップ化は，その構造を可視化するのに使うことができる．クォーク・グルオン噴流の分離は，別の代表的な物理のパターン認識の仕事である [10.1148, 1149]．pp から tt 事象までの識別は，[10.1150] でおこなわれている．

パルス発振レーザ用材料のシミュレーション [10.78, 79, 82] や双安定強誘電体液状結晶の空間光変調のグレー・レベル（濃淡階調）容量の制御 [10.1151] は，物理研究の特別な材料の開発における SOM の使用例である．

地球物理学上の逆転問題 [10.1152] や発生地震の分類 [10.1153-1155] は，応用物理学の分野でさらに SOM を使った例である．

10.5.12 化学

化学，特に有機化学での複雑な原子構造は，SOM 分類に適している [10.1156-1158]．蛋白質の分類の仕事は，[10.1159-1168] に報告されている．SOM の助けを借りて UV 円形 2 色偏光のスペクトルからの蛋白質の 2 次構造を評価することは [10.1169] で，蛋白質の相同関係は [10.1170] で研究されている．

染色体の特徴抽出 [10.1171] は大変有望な領域に見える．

特別な応用例は，2 次元電気泳動画像の自動認識である [10.1172]．熱分解質量分析を使った微生物系の特徴表示は別の特別な応用例である [10.1173-1175]．

10.5.13 画像処理以外の生物医学的な応用

医学での SOM の有望な応用領域は脳波検査法 (EEG) である．その信号解析は，[10.24, 1176-1082] や [10.1183-1187] でおこなわれている．脳波検査に非常に関係しているのは，筋電図検査測定 [10.1188-1190]，磁気的脳造影法 (MEG) の研究 [10.1191] である．自動化された睡眠分類解析は，SOM の特徴的な応用である [10.1192]．

心電図 (ECG) 信号の分類 [10.1193-1195]，血圧時系列の分類 [10.1196] や肺音の分類 [10.1197] は，SOM によってなされた医学的信号解析に属する．

論文 [10.1198] は診断体系を記述しており，[10.1199] は健康モニタ系を記述している．ハンチントン氏病になる危険がある患者の部分分類が [10.1200] に報告されている．

緑内障のテスト・データの分析が [10.1201] に記述されている．

サッカード（衝動性眼球運動）の解析 [10.1202]，足取りパターンの同定 [10.1203]，筋表層放電パターンの解析 [10.1204] は他の例である．

化学的な作用因子の体外検査 [10.1205]，核酸解析 [10.1206]，がん治療のための創薬 [10.1207] は，SOM 応用の新しい重要な道筋である．初心者と熟練者の評価の比較は，とても興味深く見込みのある応用のようである．

10.5.14 神経生理学的研究

SOM は，生物，特に神経生理学の研究方法の発展のためにも使われるかもしれない．信号分類 [10.95, 1209] は，その直裁な例である．

非常に効果的で有用な SOM の使用方式は，以下のような観察結果の処理である．つまり，聴覚誘発電位から待ち時間やピーク圧振幅を評価したり [10.1210]，運動皮質機能特性での自然運動の時間統計での中和 [10.1211] である．SOM は，また，睡眠分類 [10.1209]，1試行多チャネル EEG データから手の動きの側面を解読したり [10.1212]，実世界の場面についての基本的な大脳皮質解析 [10.1213]，感覚運動の関連性評価 [10.1214] や視覚・言語判断の仕事における機能的位相解析 [10.1215] の分野で使うことができる．

誰かが脳地図 [10.1216, 1217] の説明の試みについて言及すべきである．多数の脳機能のモデルは，SOM に基礎を置くことができる：それらは，皮質の生理学的モデル [10.1218]，外部空間の大脳皮質表現 [10.1219]，聴覚感覚の時間的理論 [10.1220]，周辺の前もっての注意や網膜中心窩の固定のモデル化 [10.712]，視覚優性帯 [10.1221]，知覚制御内部刺激 [10.1222]，聴覚脳幹応答 [10.1223]，皮質内構造 [2.53]，[10.1224–1234]，皮質の位相的配置と関係づけた感覚運動系のシミュレーション [10.1235] やブライテンバーグ (*Braitenberg*) 車のシミュレーション [10.1236] などである．

10.5.15 データ処理と解析

SOM の主要な応用の 1 つは，統計データの記述にある．この領域の一般的な議論は [10.1237–1241] に見られる．

大変有望な応用領域は，財政的そして経済的データの予備的分析にある [10.3, 1242–1249]．顧客の概略をつかむこと [10.1250] と海岸の土地区画の土地価格の評価 [10.1251] は同じような問題である．

基本的なデータ処理技術の中に，データ圧縮 [10.1252]，情報検索 [10.106, 270]，情報管理 [10.1253]，知識抽出 [10.1254, 1255]，データ解析と解釈法 [10.1256, 1257]，時空間データのコード化 [10.1258]，並び替え [10.1259]，質的推論 [10.1260]，コンピュータ系の性能アップ（同調）[10.1261]，Prolog データベース上での多重ユーザの分析 [10.1262]，ユーザ同定 [10.1263]，負荷データ解析，情報系での負荷予測 [10.1264] や

ソフトウェアのモジュール化の設計変更 [10.1265, 1266] のようなデータ解析問題を見つけることができる．

データ正規化は，データ解析の基本的な問題の1つである [10.1267]．

別の非常に有望な応用は，ソフトウェア・モジュールの収集を保持するための，SOM法による再利用可能ソフトウェア・モジュールの分類である [10.1268-1272]．

10.5.16 言語学と AI 問題

SOM のようなベクトル空間の方法が，高度に構造化されて離散的な言語データを取り扱うことができるということは驚くべきことである．哲学的には，論理的な概念は常にある種の知覚の集まりである，いわゆる"精神的概念"によって優先されるか，または，基礎になっているということは，だから強調されなければならない．後者（論理的な概念が"精神的概念"に基づいていること）は，また言語学的表現に見られる属性や文脈上のパターンに基づいて SOM において形成されることができる．

AI および創造性に関連する議論は [10.1273] で見つけることができる．

範疇

言語の基礎は語彙である．言語は普通，単語の範疇に分けられる．例えば，SOM を使っての意味の語彙的変数への結合は，こうして，最初の仕事になる [2.74], [10.1274-1276]．テキストの断片が SOM に乗せられるとき（7.7節参照），単語やまたは他の言語学的項目の表現は，範疇に集団化して集められるようになる [2.73], [7.34], [10.1277-1283]．

概念の発達は，[10.1285] と [10.1286] で議論されている．語意の曖昧性 [10.1287]，特性地図の取り扱い [10.1288] は，SOM によって取り扱うことができるデータ解析の中の基本的な仕事である．

表現と文章

言語学的表現への伝統的な方法は，文の解剖である．SOM を使ったデータ志向（自動）解剖は [10.1289-1294] で記述されている．

自然文の形成と認識は，[2.74], [10.45, 61-69, 1295-1297] で報告されている．

全テキスト解析

本や雑誌のような符号化されたデータベースは，言語の自動収集のための主たる源になっている．SOM 法によるその解析は，[2.75], [10.1298-1309] でなされている．SOM を用いたテキストやデータ解析特有の仕事は科学雑誌の研究である [10.1310]．

知識獲得

構造化された知識の収集のためには，多くの人工知能 (AI) の方法が開発されている．これらに，さらに ANN，特に SOM 法を加えることができる [10.1311–1317]．

自然な議論と意思の伝達のためには，いくつかの付加的な能力が必要である [10.57, 1296]．論理的な証明の最適化は，[10.1318] でなされている．

情報検索

言語学研究の1つの目的は，柔軟な情報検索である．この点については，[10.1319] と [10.1298, 1320, 1321] で議論されている．

さらなる言語学研究

テキスト処理において簡単な仕事は，自動的にハイフォンでつなぐことである [10.1322]．

一般的に，ニューロ言語学は，AI 研究と脳理論の橋渡しをする [10.1323, 1324]．その結果のいくつかは，人間・計算機のより高まった相互影響へと導く [10.1325]．記号言語の判読は，言語交信に密接に関係している [10.1326]．

10.5.17 数学的また他の理論的な問題

集団化（クラスタ化）は，SOM で自然になされている作業である．そのような問題は，[10.27, 104, 1327–1334] で取り扱われている．

別の自然な SOM の応用は，定義からも自然な非パラメータ帰納法である [10.32–38, 1335–1338]．

SOM による関数の近似は [10.1339] でなされている．そして，時系列の予測 は [5.4] と [10.1340] でなされている．他の問題は，平滑化 [10.1341, 1342]，マルコフ・モデル [10.1343]，削減されたカーネル（核）推定 [10.1344, 1345]，非線形マップ化 [10.1346]，非線形写像 [10.1347]，次元削減 [10.1348, 1349]，時系列と系列モデル [10.1350–1352]，ルックアップ・テーブル（探索用の表）の連想写像 [10.1353]，複合化関数 [10.1354]，一般的なベクトル量子化 [10.1355]，帰納的ベクトル量子化 [10.1356]，距離関数推定 [10.1357]，ラベルづけされていないデータの解析 [10.1358, 1359]，2次割当 [10.1360]，複雑なパターン空間の解析 [10.1361] である．

一般に，パターン認識またはクラス分類は，前もっての量子化 [10.1362]，調和的な属分類器 [10.1363] や特徴抽出 [10.1364, 1365] のような作業を含む．このような作業に関しては SOM は有用である．また，[10.1366, 1367] と [10.1239] を見よ．

SOM を使用した他の ANN の詳細な設計は，[10.1368–1374] でなされている．

多様な SOM の応用例は，適応状態空間分割 [10.1375]，ハミング・コード化（符号化）[10.1376]，分割表（統計）の解析 [10.1377, 1378]，光学繊維束の標準パラメータ化 [10.1379]，カオス系の計算 [10.1380]，カオスのモデル化 [10.1381]，多様体の数

値パラメータ化 [10.1382], 有限要素メッシュの生成 [9.1129, 1130], 非線形系の同定 [10.1385], 多機能構造の発見 [10.1386], グラフ整合 [10.1387], 静的問題 [10.1388–1391], 組み合わせ分類行列に関連する多重対応 [10.1392], 行動計画 [10.1393], ボタンの色組み合わせ選定 [10.268, 1394–1397] である.

特別な応用問題例は, [10.1398] で調査（レビュー）されている.

巡回セールスマン問題

ネットワークまたは旅程で最適な道のりを見つけることは, 基本的な最適化問題の1つである [10.1399]. 巡回セールスマン問題 (TSP) は, その中で決まりきった型にはまった問題である. それは, 他の"ソフト・コンピューティング"の方法と同様に, ANN の性能評価になっている. だから, SOM 問題はまた TSP を含む [10.134, 1400–1415]. 多重 TSP は, [10.1004, 1416, 1417] で取り扱われている.

ファジィ論理と SOM

ファジィ集合の概念と ANN の混成化は, 実際の応用において大いに望みがある. 例えば, SOM によるメンバシップ関数やファジィ規則の発生 [10.1418], ファジィ論理による推論 [10.1419], 自動ファジィ系合成 [10.1420], 一般に, ファジィ論理による制御 [10.1421] や SOM に基づいた強化学習によるファジィ適応制御 [10.1422] はその良い例である.

SOM と他のニューラルネットワークの融合

以下のネットワークおよびアルゴリズムは SOM と結びつけられた. 多層パーセプトロン [10.1423], カウンタ・プロパゲーション（対向伝搬）[10.1424], 放射状基底関数 [10.1425], ART[10.1426, 1427], 遺伝的アルゴリズム [10.1428, 1429], 進化的学習 [10.1430], ファジィ論理 [10.1431].

10.6　LVQ の応用

SOM のアルゴリズムは, データから抽象的な表現を作り出すときに, より融通性を発揮するけれども, LVQ による確率的なサンプルのクラス分けの正確さは SOM と比べて数段上でありうる. この正確さは教師あり学習から来ている. このため, LVQ はクラスの境界を最適に定義することができる. だから, 統計的なパターン認識問題は, もし教師あり学習がともかく可能であるなら LVQ に基礎を置くべきである. このことは, 特に音声認識において確かめられている.

画像解析と OCR

以下の画像処理応用は, SOM の代わりに LVQ に基礎を置いている. 色画像量子化

[10.540]，ビデオ会議のための画像逐次コード化（符号化）[10.1432–1435]，画像分割 [10.167]，3次元目標物認識での削減探索ベース（基準）[10.169]，テクスチャ境界検出 [7.24]，そして一般に，確率的テクスチャの最適分類 [2.71]，[7.25–35] などである．

特に，LVQ に基礎を置いた応用例は，星座目録の構築 [10.1436]，紙質の測定 [10.1437]，胸部 X 線写真の分類 [10.1438]，超音波画像からの病巣の検出 [10.1439] である．

OCR の研究においては，以下の問題が LVQ によって取り扱われている．それらは，耐移動数字認識 [10.1440]，手書き文字の認識 [10.1441]，日本語漢字文字認識 [10.1442] である．

音声分析と音声認識

音声信号の確率的な性質は，自然に LVQ を必要とする．それによって研究される問題には，次のようなものがある．それらは，音声空間のパラメータ化 [10.1443]，音素分類 [7.8]，[10.576, 1444–1447]，音素分割 [10.1448]，日本語音素の認識 [10.1449]，母音認識 [10.1450]，話者独立母音分類 [10.568]，無声閉鎖音の分類 [10.1451]，ニューラル音声認識機の比較 [10.1452]，音声認識に対する ANN の有効性 [10.1453]，耐久性のある音声認識 [10.1454]，数字認識 [10.1455]，孤立単語認識 [10.1456]，一般的な音声認識 [10.564, 567, 1457–1459]，大語彙音声認識 [10.1460]，話者独立連続標準的中国語数字認識 [10.1461]，話者独立大語彙単語認識 [10.565]，孤立単語の話者独立認識 [10.1462]，連続音声認識 [10.1463] である．

音声の分類のために，超越マップ LVQ 原理が使われた [10.96]．

隠れマルコフ・モデルと LVQ の結合は，連続音声認識では，特別に大変有望な方向にある [7.9–23]，[10.399, 564–584, 1464]．

話者適応 [10.1465, 1466]，話者同定 [10.1467, 1468]，音声合成 [10.1469]，音声分析 [10.821]，音声処理 [10.545] は，LVQ がさらに応用されている仕事の領域である．

信号処理とレーダ

波形分類 [10.1470] と脳波 (EEG) 信号の分類 [10.1471–1473]，超音波信号解析 [10.919]，レーダ信号分類 [10.1474]，合成開口レーダの目標物認識 [10.1475] は，LVQ を基礎にしてなされている．

産業的そして実世界測定とロボット工学

センサの融合 [10.1476]，知的センサ構造 [10.172, 1477]，臭いセンサの量の表現 [10.1478]，原子力発電プラントの過渡診断 [10.1479]，ガス検知 [10.1480] はこの範疇での LVQ の良い例である．

ロボットの通路計画と運行は LVQ の使用によって改良された [10.1481]．

数学的な問題

最適化 [10.561]，入力信号の部分空間のモニタ（監視）[10.1482]，パターン識別 [10.1483]，放射状基底関数の設計 [10.1484]，ファジィ推論系の構築 [10.1485] は LVQ に基づいている．

10.7 SOM と LVQ の実現例の調査

以下のリストは，ソフトウェアとハードウェアの両方の結果を載せている．しかし，このリストは，どの構築原理が概念上のもので，どれが VLSI 上ですでに実施されているものかを表してはいない．この状態というものは，いつも変わるものである．

ソフトウェア・パッケージ

多くのソフトウェア・パッケージがニューロ・コンピューティングのために開発されている．SOM や LVQ の考えによって強く影響された設計手段として，定義やシミュレーション言語 CARELIA [10.1486–1488]，LVQNET1.10 プログラム [10.1489]，我々の LVQ_PAK と SOM_PAK のプログラム・パッケージ（LVQ_PAK の方は，[10.1490] に記述されている），いくつかのグラフ化のプログラム [10.1491, 1292]，8 章であげた他のパッケージに言及しておこう．

並列コンピュータ上での SOM プログラミング

SOM 演算のための並列コンピュータは，[10.1493, 1494] で研究されている．論文 [10.1495] は，並列・機械プログラミングが，SOM を含む ANN を記述するための概念的な枠組みを記述している．並列コンピュータの実行についての他の一般的な論評，調査は [10.1439, 1496–1504] でなされている．SOM アーキテクチャ（構造）の内積の実現は，[10.1505] で提案されている．

多分，最も進んだ並列 SOM ソフトウェアは，CNAPS[10.1506] や他の [10.1507, 1508] のような SIMD （単一命令複数データ流）コンピュータのために書かれた．

SOM のためのトランスピュータ（高速のランダムアクセス・メモリを持つ高性能のマイクロプロセッサ）構造は，[3.29], [9.5, 6], [10.911, 1238, 1509–1513] に報告されている．

SOM の他の並列計算の実施は，超立方コンピュータのために [10.1514]，コネクション・マシン（結合機械）[10.1511–1513, 1515] のために，シストリック（拍動型）・コンピュータのために [9.7–9]，そして，並列連想処理機のために [10.1516] 存在する．

2 重連結のリストを持った特別なデータ構造は [10.1517] に記述されている．

アナログ SOM 構造

より伝統的な ANN にはすでに実行可能であるけれども，アナログ VLSI 技術は，

なお SOM のために研究されている．以下の設計が言及されている [10.1518–1525]．SOM の光学的な計算の実行は [10.1526–1529] で議論されている．

活性な媒体に基づいた解は [10.1530] に提案されている．

SOM を含む多くのニューラルネットワーク・アルゴリズムの実現に適応する光学ホログラフィ・コンピュータは，[10.1531] で開発された．

ディジタル SOM 構造

SOM に対する色々な構築的な考えは，[2.72]，[9.3, 10–12]，[10.790, 1532–1571] に提案されている．分類のための高速ディジタル信号処理アーキテクチャ は，[10.1572] で構築された．

アナログ・ディジタル SOM 構造

十分に並列混合した SOM のためのアナログ・ディジタル構造は [10.1573] に提案されている．

SOM 用ディジタル・チップ

最後に電子 SOM チップのための詳細な設計に言及することは興味があるだろう．その多くはすでに組み立てられている [9.13–19]，[10.1558, 1559, 1574–1583]．

第11章
ニューロ用語の小辞典

　基本的なニューラルネットワークで使用される言葉は多くの科学者や技術者にすでになじみのあるものになってきている．それにもかかわらずその概念のいくつかはまだ明確には定義されていないし，そういうことが多くの読者の注意を引かなかったのも事実である．だから，この章は常に知りたいと思っているのだがしかし質問するのはおっくうだという人達のために用意されている．この辞典は決して完全なものではないが，本書，言葉を参照している他の参考文献，そして他の同類のテキストを読むために役立つようになっている．ここでの言葉の定義は，明確さを出すよりもむしろ説明的になっている．説明の意味を選択しなければならない場合には，ニューロ生理学，または，人工ニューラルネットワークに関係のある言葉の方を選んでいる．この小辞典は一部言葉を，人工知能技術，生物物理学，バイオニクス，画像解析，言語学，光学，パターン認識技術，音声学，心理学，そして，医学の多方面から選び出しており，非常に簡潔なものになっている．数学的な概念は，1章でより詳細に説明している．

absolute correction rule 絶対修正ルール　クラス分けが間違った場合に，ちょうど十分な量だけクラス分けパラメータを変化させて正しいクラス分けをするための原理．

absorbing state 吸収状態　いかなる入力信号が入っても，もう他の状態には変化できなくなったマルコフ過程における状態．

acoustic processor 音響処理器　音響信号の前処理器で，周波数濾過，特徴強調，表示のための規格化や周波数解析などをおこなう．

action pulse 活動パルス　一定の大きさと持続時間を持つ神経のインパルス信号．神経の細胞膜や軸索が全体としていわゆる活動媒体を構成している．複雑な動力学的な過程，例えば，ホジキン・ハクスレイ (*Hodgkin-Huxley*) 方程式 [2.24] では，イオン電流によって発生する膜電位や細胞膜のイオンに対する電圧依存的な透過性は不安定で周期的な電気化学的現象を引き起こす．そのような現象は軸索において特に顕著である．軸索とは，ニューロン（神経）信号が電気的なインパルスの形で，あたかも能動的な伝送線でのように伝搬される．そこでは，信号は増幅され，信号エネルギは減衰することなく伝えられる．

actuator アクチュエータ（作動装置）　物を動かしたり動きを制御したりする機構．

Adaline アダリン　*Widrow* [1.44] によって提案された多層フィードフォワード・ネットワークのための適応素子．

adaptation 適応　普通使われている意味は，実行結果を最大にするためにパラメータを自動修正したり，自動的に制御したりすること．生物の進化においては，種が自然淘汰によるか，種の行動を変えるかによって環境に適応すること．

adaptive control 適応制御　性能測度に関係した制御活動，すなわちそれは適応することによって増加し，また，制御されるべき系が，

制御の度合を最適化するために時々中断しながら確認されることによってなされる.

adaptive resonance theory アダプティブ・レゾナンス理論（適応共鳴理論） *Grossberg* [2.16] によって導入された一種のニューラルネットワークの理論. そのネットワークでは，互いに作用を及ぼす2つのネットワークよりなっている. その中の1つは入力側にあり，そこから多くの制御経路が出ている. この理論は競合学習に応用され，数が可変なコードブック・ベクトルを定義する.

A/D conversion A/D 変換 *analog-to-digital conversion*（アナログ・ディジタル変換）を見よ.

afferent 求心性の　内側に伝わること；周辺から神経の中心に向かって神経の信号を伝搬すること.

AI エーアイ　*artificial intelligence*（人工知能）を見よ.

algorithm アルゴリズム（演算方式）　端が開放しているか，巡回するか，または，任意の形を持つかによるが構造的な逐次的な命令で，それは，条件なしか，条件つきかにかかわらず正確に定義された命令である.

analog computer アナログ（相似型，計量式）計算機　普通，シミュレーション（モデル化）の場合に微分方程式や他の方程式を解く電気回路的なネットワークのことで，脳はアナログ計算の原理に従って動作しているように見える.

analog representation アナログ表現　ある実体を他の測度可能な実体によって表現する定量的な記述.

analog-to-digital conversion アナログ・ディジタル変換　連続値変数をディジタル表現によって符号化すること. そこでは，アナログ表現を離散値によって近似していることになる.

ANN *artificial neural network*（人工ニューラルネットワーク）を見よ.

apical dendrite 尖頭樹状突起　ニューロン（神経組織）の最も末梢部分にある錐体細胞の樹状突起.

AR *autoregressive*（自己回帰的）.

ARAS *arising reticular activation system*（上向性網状体賦活系）を見よ.

architecture 構成　情報の伝送，記憶，処理のための全体的な構成.

arising reticular activation system 上向性網状体賦活系　感覚系やまた，脳のより高度な部位からサンプル情報を受け取る脳幹の中の小さい神経細胞体のネットワーク. そしてその主な目的は喚起を制御することである.

ARMA process ARMA 過程　*autoregressive moving-average process*（自己回帰的移動平均過程）.

array processor アレイ・プロセッサ（配列信号処理器）　コンピュータの命令やデータをやり取りするために開発された同一プロセッサの集合よりなる信号処理器.

ART *adaptive resonance theory*（アダプティブ・レゾナンス理論（適応共鳴理論））を見よ.

artificial intelligence 人工知能　普通，知能を要求すると考えられている仕事を完成するための人工的な系の能力.

artificial neural network 人工ニューラルネットワーク　簡単な（普通は適応性の）要素とその階層的な構成よりなる並列に一塊に相互結合したネットワーク. そして，生物の神経回路がするのと同じ方法で現実世界の物体と相互作用することを意図している. よりもっと一般的な意味では，人工ニューラルネットワークは数学的な推定や記号的な規則よりなる系のような抽象的な概念を成し遂げる. すなわち，人工ニューラルネットワークは，直感に基づく設計がなくともまた他には人間の干渉とかがなくても，多くの例題から自動的に作られるのである. そのような概念は，生物学的な動作やまた人工ニューラルネットワークの動作を記述するのに非常に理想的な形を仮定している. このため，どうしても，その性能には一定の限界がある.

artificial perception 人工認知　より一般的な意味では，パターン認識のこと.

association cortex 連想皮質　大脳皮質の外側にあり，主として感覚野と運動野の間にある部位. その皮質の部位では，異なる様式の信号が溶け合う. その部位は特に決まった感覚機能や運動機能と関係があるわけではない.

associative memory 連想記憶　記憶された情報の他の断片とつながることによって，記憶されている情報を想起することを可能にする記憶機能に付けられた包括的な名前；連想想起は，外部から与えられたあるきっかけになる情報によって引き起こされる.

associative recall 連想想起　関係ある項目やその一部，またはもやっとした記憶から記憶された情報の部分を回復すること.

attractor アトラクタ（牽引子）　フィードバック系が遷移して移りうる安定状態のこと. そこでは，系の引き込みが起こり状態の溜まりが生ずる.

attribute 属性　ある記述できる特性を持っているデータ・ベクトルの構成要素.

auditory cortex 大脳皮質聴覚領野　大脳皮質の側頭葉にある一連の部位で，そこでは，聴

覚に関係する機能が存在する．

augmentation 拡張表現　形式的なベクトル表現や計算を簡単化するために，パターンや状態ベクトルにバイアスまたはクラス識別器のような要素を付け加えたり，連接したりすること．

autoassociative memory 自己連想記憶　内容アドレス記憶のことで，そこから任意の，十分に大きな記憶断片またはぼんやりした内容から（必要とする）情報を想起させることができる．

automation オートメーション（自動化）　その装置は普通，逐次的回路よりなっており，それにより，人間の干渉なしに意味のある方法で色々な逐次的な入力列に関係して，それに対する応答や一連の逐次的な行動を引き起こすことができる．

axon 軸索　神経細胞から出ている出力の枝．軸索は普通，多くの側副枝を持っており，それぞれ別の神経細胞に接触している．

axonal flow 軸索流　神経細胞の軸索の中を流れる連続で活性な閉じたループを作っている液体の流れ．軸索内の管状の器官はシナプスの終端と細胞本体の間で色々な粒子を活発に輸送する．これは一種の新陳代謝であり，神経の結合の形成，増強，または衰退に重要な影響を及ぼしている．

axon hillock 軸索小丘　そこで軸索が神経の細胞体を離れる場所．神経細胞はこの場所で突起を持っている．ニューロン信号の誘発は普通この軸索小丘で起こる．

backpropagation バックプロパゲーション（逆伝搬）　多層フィードフォワード・ネットワークで使われる重みベクトル最適化の方法．修正の各段階は出力層で開始され入力層へと進んでいく．

basal dendrite 基底樹状突起　神経の細胞体の近傍にある錐体細胞の樹状突起．

basilar membrane 基底膜　音波によって稼動され，その周波数に応答する内耳の蝸牛にある共鳴膜．

basin of attraction 牽引皿　系の状態がたった1つの相当するアトラクタに収束するようなフィードバック系における初期状態の集合を言う．

basis vector 基底ベクトル　意味のある構成要素によって，任意のベクトルを表現するために使われる基本ベクトル集合の中の1つ．

batch バッチ（一括）　1単位の計算処理によってなされる仕事の集合．

batch processing バッチ処理　バッチにおける計算，例えば，パラメータを更新する前に，全ての訓練データに関して修正をして計算することなど．

Bayes classifier ベイズ分類子　統計的なクラス分類のアルゴリズム．そこでは，クラスごとの境界はクラスの分布や誤分類によるコスト（対価）に基づいて，意思決定論的な理論によって決定される．

bias バイアス（偏り）　変数の集合に加えられた一定の値．

binary attribute 2進属性　ある特性が存在するかしないかを記述する2値の記述法；時には，特に画像処理では2つの参照点の関数であるような特性（ストリートの長さなど）を言う．

binary pattern 2進パターン（模様）　その要素が2値であるパターン．

blurring ぼけ　信号や画像の認識のために，普通は，コンボリューション（畳み込み）法によって並進移動量や他の不変量を増加させることによって信号や画像の中に意図的に入れたぼけ．

Boltzmann machine ボルツマンマシン（機械）　ニューラルネットワーク・モデルのことで，言い換えればホップフィールド・ネットワークに似ている．しかし，対称的な相互結合と確率的に処理をしていく要素を持っている．このネットワークでは，熱力学的に励起させるというような方法で一度に1回ではあるが，最大最適値を得るために内部状態変数である2つの安定な状態を調節することによって入力・出力関係は最適化される．

bootstrap learning ブートストラップ（編み上げ）学習　有限のデータ集合から無限に続く訓練サンプルを無作為に取り上げる学習のモード．この目的はそれぞれの要素が統計的に独立で，少なくとも逐次的に次々と出てくる自由なデータ集合を定義することである．

bottom-up ボトムアップ（上昇法）　帰納推論に関係した言葉で，特別な事柄から一般化の予想を立てること．

BP ビーピー　*backpropagation*（バックプロパゲーション）を見よ．

brain area 脳領野　神経生理学的な機能が顕著な大脳皮質の中の領域．

brain-state-in-a-box 脳状態箱モデル　ホップフィールド・ネットワークに似ているが，*J.Anderson* [10.1] によって提案された状態遷移型ニューラル・ネットワーク．

brain stem 脳幹　脊髄の上端（延髄）を取り囲んでいる解剖学的な構造を言う．そこには多くの神経核や他の神経回路網がある．主に，感情の喚起や感情を一定の状態に保つような制御をしている．

branching factor 分岐係数　認識した前の言葉に関係している次の言葉に対する選択可能な数（普通，語彙の大きさよりもずっと小さい）；*language model*（言語モデル），*perplexity*（複雑化）を見よ．

broad phonetic class 広い音声学的な分類　範疇への音声学的単位の結合．その範疇に分けることによって，例えば，音声波形の分割か，素早い言語的な接近のために検出可能な信頼度が上がると信じられている．そのような分類の型としては，例えば，母音，有声閉鎖音（破裂音），雑音や沈黙などがある．

Brodmann's area ブロドマンの領野　神経解剖学的構造を基にして伝統的に識別された52に仕分けされた脳領野のこと．

BSB　*brain-state-in-a-box*（脳状態箱モデル）を見よ．

calibration キャリブレーション（較正）　信頼できる入力データを使って，解析対象の尺度化あるいはラベルづけの決定をすること．

CAM　*content-addressable memory*（内容アドレス記憶）を見よ．

category カテゴリ（範疇）　非常に一般的な特性を考慮して定義された属性の分類．

cellular array セル・アレイ（処理単位配列信号処理器）　アレイ・プロセッサで，その処理要素は位相的に近い処理要素同士で情報のやり取りをおこなっている．

cell automaton セルオートマトン（処理単位型自動機械）　セル・アレイの形で配置されているが，複数のオートマトンそのものより成り立っている系．

central nervous system 中枢神経系　脳と脊髄．

cepstrum ケプストラム　2重積分変換の結果になっている．そこでは，まず，時間に関係した振幅スペクトルが計算され，それから別の振幅スペクトルがケプストラムを作るように計算される．始めに計算する振幅スペクトルはしばしば対数で表されている．

cerebellum 小脳　大脳皮質の後ろ側で下部に位置する脳の一部分．その最も重要な仕事は運動機能の調整である．

cerebrum 大脳　特に人においては，脳の最も顕著な部分．それは，主として，2つの大きな半球と半球内，半球間にわたる広範囲の接続よりなっている．

channel チャネル（通路）　限られた型の情報を伝送するための系．

chemical receptor 化学受容器　受容ニューロンの細胞膜を通して入り込んだり，軽いイオンに対してゲート・チャネルを形成する大きな有機分子の塊．化学伝達器の分子はそのゲート・チャネルの伝達の度合を制御する．軽いイオンの流入と流出は膜電位を変化させる．

chemical transmitter 化学伝達物質　神経の信号によってシナプス終端で形成され，放出される有機液体．この物質は別のニューロン（シナプス後ニューロン）内の膜電位を制御しその誘発を制御する．そして，数ダースの種類の化学伝達物質が存在する．

closure 声道閉鎖　いくつかの音素（例えば，/k,p,t,b,d,g/など）の発声中に声道を閉じること．*glottal stop*（声門閉鎖音）を見よ．

cluster クラスタ（集団）　データ空間の中でお互いに近いパターンかコードブック・ベクトルのようなデータ点の集合．

CNS　*central nervous system*（中枢神経系）を見よ．

cochlea 蝸牛　内耳の一部分を指すが，そこでは（基底膜内での）機械的な音響共鳴がニューラル（神経）信号に変換される．

codebook vector コードブック（符号帳付き）・ベクトル　形式的には重みベクトルと同じパラメータ・ベクトルのこと．それ以外では，ベクトル量子化法においては参照ベクトルとして使われる（SOMやLVQでもまた同様にこのような形で使われる）．

cognitive 認知の　しばしば言語処理において，特に知覚レベルでの人間の情報処理に関係して使われる．

column コラム（柱状体）　垂直な配列構造．神経生理学では：大脳皮質の組織の単位を言う．そして，脳領野内に存在する全ての異種の型のニューロンを含む．神経生理学的な柱状体は，しばしば砂時計のような形を形成しながら大脳皮質を通して垂直に伸びている．その横方向の大きさは色々あるが，代表的な直径は，〜100 μm の大きさである．

commissural 横連合神経　大脳皮質内のある領野から別の領野へ大量に情報を伝送している軸索の束または集合のようなもの．

commuting 可換　演算子（オペレータ）の積において，交換可能な演算子の性質．

compression （データ）圧縮　応用上の特定の情報を保存するためのある種のデータ削減法．

connection 結合　重みパラメータに比例して信号を結びつけるニューロン間の結合．

connectionist コネクショニスト（結合モデル）　人工ニューラルネットワークに関する属性．この言葉は人工知能技術の分野において，記号モデルに対比して主として使われている．

content-addressable memory 内容アドレス

記憶　記憶された情報の断片が，算術的な関数かまたは記憶された項目の断片に基づいて連想され識別される記憶装置．

context 文脈　項目が生じる状況や例を記述している情報．

continuous-speech recognition 連続音声認識　話される言葉のスピードや抑揚（イントネーション）が変化して，結果として言葉の切れがわからない状況での話し言葉の認識．

corpus callosum 脳梁　大脳皮質の左半球と右半球がお互いにやり取りする非常に大きな扇状の軸索の束．

correlation matrix memory 相関行列メモリ　分散型内容アドレス記憶のモデルで，その内部状態は入力ベクトルの相関行列である．

cortex 皮質　神経回路網の階層型の領野のことを指す．最も重要で代表的な皮質は，大脳皮質である．人では，頭蓋の下にあり，2〜3 mm の厚さでだいたい 2000 cm^2 の広いシート状をしている．大脳皮質の主たる部分は新皮質よりなっている．それは，最も新しい領野で，急速な進化発展の状態にある．新皮質は白質に対比して"灰白質"とも呼ばれている．それは主に，皮質の多くの領野と連絡している髄鞘で囲まれた軸索よりなっている．

crossbar switch クロスバ・スイッチ（交差型・開閉器）　個々の接続強さが各交差点で決められている 2 本の交差する信号線で形成されたネットワークのこと．

cups ニューロコンピュータの処理速度の測度　*connection updates per second*（1 秒間に更新する接続回数）．つまり 1 秒間に重み値を修正する回数．しばしば，1 秒間におこなう積和の対の回数を言うこともある．

curse of dimensionality 次元数ののろい　ある種の最適化問題の特性を記述するために数学者 R.Bellman によって導入された表現で，それによると入力ベクトルの次元数が増加するとき，必要とする記憶容量と計算時間は非常に急速にそして我慢できない量にまでも増大する．

daemon デーモン　出来事や必要性によって自動的に引き起こされる計算手順．

data matrix データ行列　行列の形で与えられたデータ値の表で，列はデータ項目を意味し，行にはデータの属性の値を書き込む．

D/A conversion ディー／エー変換　*digital-to-analog conversion*（ディジタル・アナログ変換）を見よ．

DEC *dynamically expanding context*（動的拡張文脈）を見よ．

decision border 意思決定境界　パターン認識や統計学的に意思決定を下す場合でのクラス（分類）間の境界を，信号空間内に数学的に定義された極限値を用いて決めること．

decision-directed estimate 意思決定指向評価　逐次的に現れる処理段階でおこなわれた評価．そこでは，新しい処理段階での結果は古い結果に基づいた決定に依存する．

decision-directed learning 意思決定指向学習　意思決定指向評価に基づく学習．

decision surface 意思決定平面　N 次元の信号空間において，2 つの区分間の $(N-1)$ 次元の超平面または，境界のこと．それを決定するために，決定誤差の平均が最小になることが仮定されている．

decode デコード（復号）　符号やパターンを確認すること：信号を区分すること．

deductive inference 演繹的推論　前提や一般的な原理から結論や結果を導き出すこと；一般的な事柄から特別な事柄を推論すること．

delta rule デルタ・ルール（則）　古いパラメータの値に加えられる修正の量が，欲しい値と今の値との差に比例した小さい量であるという学習則．

dendrite 樹状突起　普通には入力信号を受け取っている神経細胞の枝状のもの．

dendro-dendrite synapse 樹枝状のシナプス　隣接したニューロンの樹状突起間のシナプス結合のこと．

depolarization 脱分極　興奮型シナプス伝達による細胞膜を横切る電圧の減衰．

deterministic 決定論的　先行している十分な条件による避けがたい結論に関係した．

DFT 離散的フーリエ変換　各項を結びつけることにより，かけ算を避けながら周期的な独立変数でのフーリエ変換を評価するための計算法．

differential analyzer 微分解析器　物理的な類似性を微分方程式に表すことによって微分方程式を解くコンピュータで，しばしば，アナログ・コンピュータのことを指す．それを使って解析することにより，研究されるべき動的な系の色々なモデルを組み立てることができる．

digital image processing ディジタル画像処理　画像をコンピュータにかけて処理すること．そのとき，画素はそれぞれ数値的に表現されている．

digital-to-analog conversion ディジタル・アナログ変換　ディジタルに表現された数をアナログ的な表現に変えること．

dimensionality 次元数　ベクトルや行列における要素の数．

dimensionality reduction 次元数削減　パ

ターン・ベクトルの次元数を減らす前処理変換のこと.

diphone 2音素 ある音素から他の音素への変化；音素のペア.

discriminant function 判別関数 パターンを別々に各クラスに分けるための数学的な関数. 入力データはこの判別関数が最大値に達するクラスに属するように分けられる.

distance 距離 値間の相違を示す特定な測度.

distinctive feature 弁別的な特徴 特徴の集合内のメンバ. それによって, 観測値は完全に, 誤差なしに部分集合にばらばらに分けることができる.

distributed memory 分散形メモリ 場所的に散らばった項目の変換群を記憶し, それらを共通なメモリ要素の集合に重ね合わせるようなメモリのこと；それらが寄せ集められ, 別の変形が形成される.

domain 定義域 関数が定義される独立変数の集合.

dorsal 背側 背側に位置した.

dot product ドット（記号で表した"点"）積, 内積 特別な種類のベクトルの内積.

DTW *dynamic time warping*（動的時間ひずみ）を見よ.

dualism 2元性 物質と心は別の種類の存在, または物であるという教義.

dynamic programming 動的計画法 部分的な最適条件の再帰表現として2点間の最適経路を見つけるアルゴリズムの最適化法.

dynamic time warping 動的時間ひずみ 音声認識における時間尺度の非線形変換. この方法により2語または他の音声表現の信号値が最適に整合するようになっている. 認識結果はそのような最適マッチングに基づいている.

dynamically expanding context 動的拡張文脈 入出力マップ化で使われる可変的な文脈. その長さは, より短い文脈に基づいた入出力関係で起きる衝突に基づいて決定される.

early vision 初期映像 *low-level vision*（低水準映像）を見よ.

EEG *electro-encephalogram*（脳波）を見よ.

effector 作働体 刺激に応答して活性化する器官.

efferent 遠心性の 外側に運ぶ；神経信号を神経中枢から末端の作働体に伝える.

eigenvalue 固有値 $Fx = \lambda x$ の形式の演算子方程式を満足するスカラ値 λ のこと. ここで F は x にかかる演算子である.

eigenvector 固有ベクトル $Fx = \lambda x$ の形式の演算子方程式を満足する解 x のこと. ここで F は演算子であり, λ は固有値である.

electro-encephalogram 脳波 脳皮上に取りつけられた電極対間の生物電気的な総量電位の測定；これらの電位は, 脳の中で起こっている神経生理学的な作用と相関関係がある.

electrotonic 電気緊張の 電場を界してのニューロン間の直接相互作用のような型.

emulation エミュレーション 別の計算機がおこなっている方法を真似て現在の計算業務をおこなうこと.

energy function エネルギ関数 ある最適化問題において最小化されるべき目的関数. それは, リアプノフ関数である. 誤差関数はしばしばエネルギ関数である.

engram エングラム（痕跡） 記憶痕跡.

enhancement エンハンスメント（増大） 信号や画像の前処理において一定の特徴の増幅.

enrollment of speaker 話者の登録 特定の話者のために音声モデルを組み立てること. または, 音声認識の装置や系を調整するために男性や女性の音声のサンプルを提示すること.

epoch エポック 連続して提示された意味ある入力パターンの有限集合.

epoch learning エポック学習 エポックによって学習すること.

EPSP 興奮性 PSP（シナプス後電位）のこと. シナプス前軸索で1つの活動パルスに関係して細胞膜の脱分極が起こるとき, シナプス後膜で起こる電圧の跳び.

ergodic エルゴード的 かなりの大きさの続けて起きる現象がすべて統計的に同じであり, どの状態も長期間で起きるような確率の過程.

error function 誤差関数 ある種の最適化課題において平均誤差期待値を表現している目的関数または汎関数.

error signal 誤差信号 実際の値と必要とする値との差.

estimator 推定子 観測されたデータの有限集合に基づいて変数の最適な内挿または外挿か, 系からの出力期待値を定義する数学的な演算子.

Euclidean distance ユークリッド距離 ある特別な幾何学的性質を持っている距離.

Euclidean metric ユークリッド測度 ある特別な幾何学的性質を持っている測度.

Euclidean norm ユークリッド・ノルム ユークリッド空間におけるベクトルの幾何学的長さ.

Euclidean space ユークリッド空間 数学的に定義されたベクトル要素の集合. その位

置関係はユークリッド距離によって定義されている.

excitation 興奮　神経細胞の細胞膜を脱分極することによって活性度を増加させるシナプス制御活動のこと.

extracellular 細胞外の　細胞の外側.

fan-in ファン・イン　入力結合の数.

fan-out ファン・アウト　枝状に分かれた出力結合の数.

fast Fourier transform 高速フーリエ変換　DFT を効果的に計算するディジタルなアルゴリズムを言う.

feature 特徴　種目の部分的な様子や特性を表す情報の初期パターンに付けられた総称.

feature distance 特徴距離　特徴値の集合に関係した距離測度.

feature extraction 特徴抽出　特徴ベクトルが形成されるための前処理.

feature vector 特徴ベクトル　その要素が特徴値を表すベクトル.

feedback フィードバック（帰還）　出力端から，ある入力端に結合された信号の集合.

feedback network フィードバック（帰還）・ネットワーク（回路網）　信号経路が同じノードに戻ることができるネットワーク.

feedforward network フィードフォワード・ネットワーク　信号経路が同じノードに決して戻ることができないネットワーク.

FFT　*fast Fourier transform*（高速フーリエ変換）を見よ.

finite-state automaton 有限状態オートマトン　有限の数の内部状態や内部状態間での，決定論的に定義された遷移を持っている逐次的回路または逐次的に動作する系のこと.

formal neuron 形式ニューロン　ANN におけるニューロン・モデル．元々，しきい値・論理ユニットと同じ.

formant フォルマント　声道における音響的共鳴.

formant tracker フォルマント・トラッカ（追跡器）　数多くの周波数制御または位相同期発振器を含む装置またはアルゴリズム．その発振器の各々は，同時に実時間で固有の音声フォルマントを受け持つ.

frame フレーム（枠，区切り）　音素を取り囲んでいる近くの音素の集合；例えば，もし C が子音を意味し，V が母音を意味するなら，1区分 CVC において，母音 V は，2つの子音のフレーム（枠）内にあるという；*phonotax* と *syntax* を見よ.

fricative 摩擦音　*voiceless*（無声音の）を見よ.

fundamental frequency 基本周波数　*pitch of speech*（音声のピッチ）を見よ.

fuzzy logic ファジィ論理　最大値と最小値を選ぶ演算子よりなっており，集合に対して重みづけをし入力するためにメンバーシップ関数を使用している連続値定義の論理.

fuzzy reasoning ファジィ推論　推論にファジィ論理を応用すること.

fuzzy set theory ファジィ集合理論　演算子がファジィ論理に従う集合理論.

Gabor filter ガボール・フィルタ（濾過器）　ガウス型の振幅関数によって変調された空間正弦波によって記述された画像処理のための2次元カーネル（核）．ガボール・フィルタは対でなっている．その1つにおいて波はカーネルの中心に対してゼロ位相であり，他は，90度位相が離れている.

Gabor jet ガボール・ジェット　異なったパラメータを持ち，同じ位置に置かれたガボール・フィルタからの出力の集合.

ganglion 神経節　感覚前処理のような特別な型の処理をおこなう神経細胞のかたまり．昆虫の脳は主としてこの神経節よりなっている.

generalization 一般化　入力信号の一部は同じクラスの訓練データ集合に属さないが，入力信号全体が属するクラスに同じように応答する方法.

genetic algorithm 遺伝的アルゴリズム　1つの学習原理．ここでは，交叉や数の削減などの方法を何世代も繰り返して解を求めること．部分集合的な小さい単位で系のパラメータを選択的，確率的に入れ換えることによって，より改良された解の状態は続く.

glial cell グリア細胞　神経細胞の栄養を維持したり，準備したりする細胞．このグリア細胞は信号処理や伝送にはかかわらない.

glottal stop 声門閉鎖音　/tt/の発音のような無声停止音の調音中か，母音で始まる言葉の最初に声門を完全に閉じること.

glottis 声門　喉頭とそれを囲んでいる器官にある空間．そこには，(声帯のような) 発声装置が存在する.

gradient グラジエント（勾配）　一種のベクトルであり，その成分はデータ空間における色々な次元に関するそれぞれのスカラ関数の偏微分になっている．生理学においては：細胞膜を通しての内外の濃度の差を意味する.

grammar 文法　正式な言語において：構文を記述するための規則の大系.

Gram-Schmidt process グラム・シュミット方式　線形な部分空間において，直交基底ベクトルを見つけるための代数学的方法.

gray matter 灰白質　神経細胞よりなっている大脳皮質上の薄い組織.

gray scale 濃度階調　印刷や描写などを実行するために使用する濃度階調の集合.

gyrus ジャイラス（脳の回転部）　大脳皮質上の巨視的に見える隆起.

halting ホールティング（停止）　*stopping*（停止）を見よ.

Hamming distance ハミング距離　2つの順序づけされた集合の間での異質の要素の数.

hard-limited output ハード制限出力　出力値が上限または下限に達したとき，突然に飽和する出力のこと.

hash coding ハッシュ・コーディング（ちらし符号化法）　コンピュータ・メモリにデータを格納することで，その記憶番地はデータのディジタル表現による一定の算術的な関数である.

Heaviside function ヘビサイド関数　$x < 0$ で $H(x) = 0$, そして, $x \geq 0$ で $H(x) = 1$ になる関数 $H(x)$ のこと.

Hebb's law ヘブの法則　ニューラルネットワークで最もよく引用される学習理論．それによると，シナプスの効力はシナプス前とシナプス後での信号の活性度の積に比例して増加すると仮定している.

heteroassociative memory 相互連想記憶　前のものと一緒に記憶した他の項目を基にして，ある項目が想起される内容アドレス記憶のこと.

heuristic ヒューリスティック（発見的な）　人工のデザインや選択に関係した；直感に基づいた.

hierarchical 階層的　多層構成に関係したことで，そこでは，低い層はより高い層に従うということで成立している.

hidden layer 隠れ層　多層フィードフォワード・ネットワークにおけるニューロンよりなる中間層．それは，入力や出力と直接の信号結合はない.

hidden Markov model 隠れマルコフ・モデル　内部，すなわち"隠れた"状態や，状態間の遷移確率を使用して，連続して発生する信号の入出力関係を記述している統計学的モデルの一種．隠れた状態の確率関数は，普通，学習過程における訓練データに基づいて同定される.

hippocampus ヒポキャンパス（海馬）　大脳皮質の下で大脳皮質と密接な関係にある2つの対称的な横長な形をしている脳の一部.

HMM　*hidden Markov model*（隠れマルコフ・モデル）を見よ.

Hopfield network ホップフィールド・ネットワーク（回路網）　全てのニューロン間にフィードバック結合を持っている状態遷移型ニューラルネットワーク．そのエネルギ関数の形式はホップフィールドによって導き出されている [2.29].

hypercolumn ハイパーコラム（超円柱）　いくつかの円柱よりなっている大脳皮質の組織の単位.

hypercube ハイパーキューブ（超立方体）　$N > 3$ のときの N 次元の立方体.

Hypermap ハイパーマップ（超越マップ）　以前の探索段階で決定された候補者よりなる部分集合から，連続的な探索で勝者が選ばれる SOM や LVQ のこと.

hypermetric ハイパーメトリック（超越測度）　階層的に集合した木構造の下で定義された距離測度に関係している.

hyperpolarization ハイパーポーラリゼーション（過分極）　抑制性のシナプスを通過するイオン伝導によって，通過する細胞膜を横切って電圧が増加すること.

idempotent ベキ等　演算子の整数乗がその演算子と同じになるような演算子の性質をいう．(例えば，演算子を P とすると $P^N = P$.)

image analysis 画像解析　画像がどのような意味の内容を持っているかの説明；画像を構成する項目や項目の複合したものを識別すること；画像が示す領域を各主題によって分類すること.

image understanding 画像理解　知識ベースに従って画像を説明すること.

impulse response インパルス（衝撃波）応答　短いインパルスが入力信号であるとき，その系から出てくる出力信号の時間領域での様子.

inductive inference 帰納的推論　特別な事柄から一般的なことを推論すること；特別な場合における観測された確かな値から，確かな一般的な法則を推論すること.

inhibition 抑制　神経細胞膜を過分極することによって，活性度を低下させるシナプスの制御作用.

inner product 内積　順序づけされた集合の類似性を記述するための2つの引き数を持ち，スカラ積で表される関数.

input activation 入力活性度　ニューロン

と連合した陰変数．それは，入力信号やパラメータ（シナプス荷重）を用いたある種の関数形をしている．出力活性度はある種の関数としてまたは，入力活性度を含む微分方程式によって決定される．

input layer 入力層　神経細胞より成り立つ層で，各神経細胞は，直接入力信号を受け取っている．

input-output relation 入出力関係　入力データの集合を出力データの集合上にマップ化すること．

input vector 入力ベクトル　入力信号値で作られたベクトルのこと．

intelligence 知能　生き残るために，直接的にまたは間接的にきわめて重要な新しい仕事を遂行したり，先例のない問題を解決するための能力．人の知能は標準化された心理テストで測られる．

interconnect 相互結合　*connection*（結合）を見よ．

interlocking 連動　情報処理が他の処理からの結果を待たねばならないとき，このような情報処理の特性を言う．

interneuron 介在ニューロン　主細胞間を行き来する情報を取り結ぶより小さいニューロンのことを言う．

intracortical connection 皮質内結合　大脳皮質内に形成されたニューロン間の結合．

intracellular 細胞内の　細胞内．

invariance 不変　入力パターンに対する応答がある種の変換群に対して同じであるとき，このような応答にともなった性質のことを言う．

ion channel イオン・チャネル　細胞膜を通過するときのイオンが通る道．細胞膜に引っついて大きな有機分子の集合体や塊がある．それらは Na^+，K^+ や Ca^{++} のような軽いイオンが通る孔やチャネルを形成している．チャネルを形成している分子はしばしば，化学伝達分子を受け取る受容器として働く．この化学的な制御行動によって，細胞膜を通しての軽いイオンの通過流量を選択的に制御する．イオン電流は細胞内の電荷の量を変える．このようにして細胞膜を横切って出現する電圧は，ミリ秒の時間間隔で現れる動的な電気的な変化を引き起こす．これらの現象のあるものは，活動パルスを形成し情報を運ぶのである．

IPSP 抑制性 *PSP*（シナプス後電位）のこと．シナプス前軸索上で1つの活動パルスが来たとき，細胞膜の過分極の場合にシナプス後細胞膜のところに起こる電圧の跳びのこと．

isolated word recognition 孤立語認識　言葉が孤立して発音されたとき，決められた語彙からのその発音された言葉の認識．

iteration 反復　1つの入力または連続入力パターンに関係した（訓練のような）処理の繰り返しのこと．

Jacobian functional determinant ヤコビアン関数行列式　非直交座標系または曲線座標系において，真の微分面積または微分体積を特に表すために使われる因子．ヤコビアン関数行列式の最初の列の要素は，各々独立な座標変数（関数）に対しての最初の従属座標による偏微分である．そして，2番目の列の要素は，2番目の従属座標による偏微分であり，以下，同様に続く．

Karhunen-Loève expansion カフネン・ロエブ展開　確率的な処理理論における近似法のこと．そこでは，処理は普通（最も簡単な場合）入力共分散行列の固有ベクトルを用いた展開として表される．カフネン展開の方はさらに，もっと一般的である．

kernel カーネル（核）　積分変換における数学的な演算子である．それは，インパルスや点がどのように変換されるかを記述するのにしばしば使われる．

K-means clustering K ミーンズ（平均）・クラスタリング（集団化）法　K 個のコードブック・ベクトルの新しい値が，古いコードブック・ベクトルによって定義されたボロノイ集合についての平均として得られるベクトル量子化のこと．

K-nearest-neighbor classfication K 最近接近傍分類　データ空間において，未知のデータ・ベクトルに K 個の最近接サンプル中に存在する大多数のクラスがその分類を決めるような行動を言う．

KNN-classification KNN 分類　*K-nearest-neighbor classification*（K 最近接近傍分類）を見よ．

knowledge base 知識ベース　記憶された項目やその複合体の相互依存性を記述するために，推論規則によって増やされたデータ・ベースのこと．

Kronecker delta クロネッカのデルタ　2つの整数の添え字 i と j を持つ関数 δ_{ij} で $i=j$ のとき，$\delta_{ij}=1$，そして $i \neq j$ のとき，$\delta_{ij}=0$ になる．

label ラベル　あるクラスまたは，意味のある集団の表現を記述するために使う離散的な記号．

language model 言語モデル　文法によって定義され，言語学に基づいて，話し言葉の可能な結合によって拘束された言葉の集合；

マルコフ・モデルに基づいて統計学的に処理され認識された逐次的に出てくる言葉に関して，次に現れる可能性がある言葉の部分集合のこと．

Laplace filtering ラプラス・フィルタ　（ラプラス演算子に関係して）強度関数の空間2次微分の離散的な近似によって，画像の端や輪郭線を強調すること．

Laplace operator ラプラス演算子　ラプラシアンのこと．すなわち，微分演算子 $\Delta = \partial^2/\partial x^2 + \partial^2/\partial y^2$，そこでは x と y は xy 平面内のそれぞれ水平と垂直座標である．

lateral 横方向の　大脳皮質または他の層状ネットワークについて横方向に関係した．時には，物体の側面の方向のことを言う場合もある．

lattice 格子　ノードやニューロンの整然とした，しばしば2次元または3次元の空間構成を言うことがある．

LBG algorithm LBG アルゴリズム　*Linde-Buzo-Gray algorithm*（リンデ・ブゾ・グレイ アルゴリズム）を見よ．

learning 学習　経験に依存し，系の性能を改良する任意の行動の変化に付けられた総称．もっと限られた意味では，学習は特に系のパラメータを選択的に修正するような適応と同じである．

learning rate 学習率　真の学習率を言う場合やまたは，特に，1回の学習（または，時間連続系では，時定数）におけるパラメータの変化率を言う．

learning-rate factor 学習率係数　普通，系のパラメータの補正をかけた係数で，このようにして学習率を定義する．

learning subspace method 学習部分空間法　教師あり競合学習法のことで，そこでは，各ニューロンはその入力信号の線形部分空間を定義している基底ベクトルの集合によって記述されている．

learning vector quantization 学習ベクトル量子化　教師あり学習ベクトル量子化法のことで，そこでは，ベイズ分類器の決定表面に関して決められた決定表面に，各クラスに指定されたり，各クラスを記述したりしているコードブック・ベクトルの集合に関係した最近接分類によって定義されている．

leave-one-out リーブ・ワン・アウト（1つ残し原理）　限られた数の典型的なデータを使って高い統計的な精度を出すための試行原理．得られるデータ集合は N 個の統計的に独立な部分集合に分けられる．その中の1つは，テストのために横に置いておき，残りの $N-1$ 個の部分集合は訓練のために使われる．この分割は繰り返され，常に異なった部分集合を横に置き，残りのデータの訓練と試験の処理を繰り返す．このような形で得られた試験の結果は平均化されている．

Levenshtein-distance レーベンシュタイン距離　ある記号文字列を他の記号文字列に変換するために，取り替え（代入し）たり，除去したり，加えたりする数の合計の最小のもの．

lexical access 語彙的接近　音素分類器からの記号的な出力に基づいて，語彙から言葉を探すアルゴリズムや他の方法．

limbic system 辺縁系　いわゆる大脳皮質の海馬側頭回（縁），海馬や2,3の神経細胞よりなる組織形態．信号は円上にその組織を通して伝搬される．この辺縁系の示す状態は，眠りの状態と同様に，感情や行動の状態に対応すると信じられている．

Linde-Buzo-Gray algorithm リンデ・ブゾ・グレイ アルゴリズム　ベクトル量子化をバッチ方式で計算する高速アルゴリズム．本質的には，K ミーンズ・クラスタリング（K 平均集団化法）と同じ．

linear discriminant function 線形判別関数　パターン・ベクトルの線形関数である判別関数．

linear predictive coding 線形予測符号化　古い値の線形再起表現によって時間系列での新しい値の近似．

linear separability 線形分離　線形判別関数によって全てのサンプルが，2つまたはそれ以上のクラスに分離されている状態．実際の応用例ではあまり起こりそうではない．

link 結合　*connection*（結合）を見よ．

LMS　（誤差の）最小2乗平均．

lobe 葉　大脳皮質の大部分のことを言う．大脳皮質は大まかに，前頭葉，側頭葉（横），頭頂部（上），そして後頭部（後）に分けられる．

local storage 局所記憶　ニューロンのような処理要素に配分されたメモリのこと．

locomotion 運転　制御された運動のこと．

long-term memory 長期記憶　特に人の場合に，知識構造についての永久的で高容量の記憶．

long-term potentiation 長期痕跡　記憶痕跡を残すと信じられている1日程度保持される神経生理学的な現象．

low-level vision 低水準映像　機械映像における画像からの2次元的な特徴の強調，分割や抽出のことを言う．

LPC　*linear predictive coding*（線形予測符号化）を見よ．

large-scale integration (of electronic circuits).

LSI （電子回路の）大規模集積回路.

LSM *learning subspace method*（学習部分空間法）を見よ.

LTP *long-term potentiation*（長期痕跡）を見よ.

LVQ *learning vector quantization*（学習ベクトル量子化）を見よ.

Lyapunov function リアプノフ関数 非負の目的関数で，しばしば最適化問題で定義される：もしリアプノフ関数が存在すれば，1 回の学習ごとにその関数の値は下がり，ほとんど確実に局所極小値（ローカル・ミニマム）に到達する．エネルギ関数とか位置関数とかは，リアプノフ関数に属する.

Madaline マダリン アダリン素子で作られた多層フィードフォワード・ネットワークのこと.

magnification factor 拡大係数 入力項目を表すために占有された大脳皮質や SOM 上の領野での相対的な大きさ．この領野は，コードブック・ベクトル m_i の点密度すなわち単調関数 $p(x)$ に逆比例する.

Mahalanobis distance マハラノビス距離 入力共分散行列の逆行列によって重みづけされたベクトル空間の距離.

manifold 多様体 一定の特別の性質を持っている位相空間.

Markov process マルコフ過程 系の新しい状態が以前の状態（より一般的には，前の状態の有限個の集合）にのみ依存するという統計的過程.

matched filter 整合フィルタ 線形フィルタのことで，その核（カーネル）が検出されるべきパターンと同じ形を持っている.

matching 整合 2 つの項目間の類似性や距離の比較.

membrane 細胞膜 生物の細胞の外側の鞘や囲いに相当しているものを形成している脂質分子よりなる 2 重層のこと.

mental 心の 心理学的な機能に関係した.

mental image 心内像 知覚を通して起こったと同じ構造と振舞いを持つ記憶に基づいた経験のこと.

messenger メッセンジャ（媒介物質） 電気信号なしに細胞間を通信させたり，または細胞内で通信を取り次いだりする化学物質.

metric 測度の 要素間で対称的な距離を定義する性質.

Mexican-hat function メキシコ帽関数 普通は，空間（通常は平面）内で定義された対称的なカーネル関数．その領域の中心付近では正の値を持ち，それを負の値で取り囲んだ形をしている.

midbrain 中脳 特に，下等脊椎動物や赤子が体内にいる初期の状態では，脳の中央に位置する．この中脳とはだいたい脳幹内や周りの部分に当たる.

minimal spanning tree 最小結合木構造 集合内の要素を結んで張り巡らしたグラフで全ての結合の長さを最小にしたもの.

minimum description length (MDL) principle 最小記述長原理 パターン・ベクトルの次元数は，モデルの次元数とモデルとデータ間の食い違いより成り立ち，2 つを合わせることによる対価に基づいて決められるという Rissanen [1.78] によって提案された原理.

MLD coding MLD コーディング（符号化） *minimum-length descriptive coding* の略．*minimum description length (MDL) principle*（最小記述長原理）を見よ.

MLF network MLF ネットワーク *multilayer feedforward network*（多層フィードフォワード・ネットワーク（前方繰り込み・回路網））を見よ.

MLP *multilayer Perceptron*（多層パーセプトロン）を見よ.

modality モダリティ（様式的） 特別な型の感覚（または時には，運動）系に関係している.

model モデル（手本） 本質的な変数よりなる有限の集合と，その変数によって解析的に定義された振舞いに基づいた系や処理系の，簡単化され，そして近似された記述を言う.

momentum factor モーメンタム（慣性）・ファクタ（要素） 重みの変化が事象の微小変化による重みの変化だけではなしに，前の時間における重みの変化を記述している付加項をも含むとき，学習におけるこの補助的な付加項にかける係数．この項の目的は収束を高速化することと安定化することである.

monism モニズム（一元論） 物質や心が同じ種類の存在や物質によるという教義.

motoneuron 運動ニューロン 筋肉を制御する大きなニューロン.

motor cortex 運動皮質 運動機能を制御する大脳皮質の領野.

MSB （2 進数では）最上位ビットのこと.

MST *minimal spanning tree*（最小結合木構造）を見よ.

multivibrator マルチ・バイブレータ（多重発振器） しばしば，交互スイッチを使って非正弦波を発生する発振器.

multilayer feedforward network 多層フィー

ドフォワード・ネットワーク
入力信号を直接に受け取る入力層以外に，前の層の主たる部分から入力を受けるニューロンの逐次層よりなる ANN（人工ニューラルネットワーク）の構成．

multilayer Perceptron 多層パーセプトロン
パーセプトロンにより形成された多層フィードフォワード・ネットワーク（前方繰り込み回路網）のこと．

multispectral 多重スペクトル　特に，遠隔検知において，同じ景色を異なった波長で撮られた多数の絵に関係した．

myelin 髄鞘（ずいしょう）　ある種の神経繊維を覆っている白い脂肪質の物質．

neighborhood 近傍　ニューラルネットワーク（神経回路網）において，あるニューロンから一定の半径までに位置しているニューロン（結果として，近傍が関係しているニューロンそれ自身も含むが）の集合．

neighborhood function 近傍関数　距離や時間の関数として，また，ネットワークの位相に関係して，近傍ニューロンのシナプス可塑性上に活性ニューロンによって発揮された制御の強さを記述する関数．

Neocognitron ネオコグニトロン
Fukushima [11.2] によって導入された多層フィードフォワード・ネットワーク（前方繰り込み回路網）のこと．

neural gas ニューラル・ガス　コードブック・ベクトルの集合のことで，その値は入力信号と入力空間で定義された相互作用の両方に依存する．

neural model ニューラル・モデル　生物学的なニューロンのための生物物理的なモデル．

neurocomputer ニューロコンピュータ
ANN（人工ニューラルネットワーク）やニューラル・モデルの方程式を解くために特に適したコンピュータまたは計算用装置のこと．それは，アナログまたはディジタルコンピュータであってもよいし，電子，光学，または他の手段で実行される．

neurotransmitter ニューロ伝達物質
chemical transmitter（化学伝達物質）を見よ．

neuron ニューロン（神経細胞）　神経系の信号を伝達したり，処理したりする頭や他の神経系内の特殊な細胞．これには，色々な型があり，そのどれもを指す．人工ニューラルネットワーク（神経回路網）のノード（節）もまたニューロンと言う．

node ノード（節）　ネットワーク（回路網），特に，ANN（人工ニューラルネットワーク）におけるニューロンや処理要素の位置を示す．

nondeterministic 非決定論的　*deterministic*（決定論的）の反対．

nonlinearly separable classes 非線形分離クラス（分類）　これは以下に定義されるクラスのことを言う．そのサンプルは，滑らかで代数的に定義された非線形弁別関数を使って，ばらばらな集合に分けることができる．

nonparametric classifier 非パラメータ分類器　クラスの領域を記述するのにいかなる数学的な形にもよらないが，しかし，手に入る典型的なデータを直接に参照する分類法のこと．

norm ノルム（基準）　ベクトルや行列の一般的な長さの測度．

NP-complete problem NP 完全問題　ある複雑なレベルに属する問題．もしアルゴリズムが入力の長さの決定論的多項式関数になる時間内で問題を解くなら，それは P 問題と呼ばれる；NP とは "非決定論的" 多項式時間のことである．最も難しい問題は NP 完全問題である．それは，問題を解くのに，普通，入力の長さに対して指数関数的な長さの計算時間を必要とする．

nucleus 神経核（神経細胞の集合体）　感覚情報を引き出したり，処理したり，情報処理の丁寧な前処理をおこなったり，脳の他の部分の応対，状態，または機能を制御する神経細胞の形成やそのかたまり．細胞核の主たる目的の 1 つは，ニューラル・システム（神経系）の最適な動作状態を制御することである．神経核は，しばしば，特別な型の化学伝達物質が存在するニューロン（神経細胞）を持っている．神経節と神経核の主な違いは，神経節は，一般に，より末梢に位置している．しかし神経節は，また，中央神経系にも存在することがある．

observation matrix 観測行列　データ行列のことで，その列は，信号や測定値の集合を表す．

OCR　*optical character reader*（光学的文字読み取り機）を見よ．

off-center オフ・センタ（中心を離れて）　メキシコ帽関数の負の部分，または，受容場における抑制部位．このとき，この抑制部位は興奮部位によって囲まれている．

off-line オフライン　装置を使用する前になされた訓練のような計算操作に関係した．

on-center オン・センタ（中心位置で）　メキシコ帽関数の正の部分，または，受容場における興奮部位．このとき，この興奮部位は抑制部位によって囲まれている．

on-line オンライン　機械と機械が存在する環境間の直接の結合や，リアル・タイム（実時間）での機械の稼働に関係している．

ontogenetic 個体発生の　個々の発生に関係している．

operator オペレータ（演算子）　記号的に定義された基本演算子の代数的な表現を使って，ある分類のマップ化を特徴づける数学的な概念．

optical character reader 光学的文字読み取り機　印刷や手書きの文字や数字を判断する装置．

optical flow オプティカル・フロ（光学的流れ）　画面内の全ての点が速度ベクトルで形成された場．

optimal associative mapping 最適連想マップ化　例えば，与えられたベクトル形式の入力項目を，他の項目からの混信が最小になるような望ましい出力項目に変換すること．

organelle 細胞小器官　微細な生物学的組織．普通は細胞内に位置し，代謝に加わるか，または細胞にエネルギを供給する．

orthogonality 直交性　ベクトルの内積がゼロであるときの，対のベクトルの性質．

orthonormality 直交規格化　直交性があり，規格化されている性質．

outlier アウトライヤ（局外物）　理論的な分布に属さない統計的なサンプル．

output layer 出力層　神経細胞の層のことで，その各々が出力信号を出す．

output vector 出力ベクトル　出力信号値をもって形成されたベクトル．

parametric classifier パラメトリック（媒介変数）分類子　クラス（分類）領域が自由なパラメータ（媒介変数）を含む特別な数学的な関数によって定義される分類法．

parsing 文法的解剖　表現の統括的構造の同定．

pattern パターン　項目を表現するために使われた信号値の順序づけされた集合．

pattern recognition パターン認識　最も一般的な意味では，*artificial perception*（人工認知）と同じ．

PCA *principal-component analyzer*（主成分解析器）の略．

Peano curve ペアノ曲線　フラクタルな形を持っている空間充填曲線．

pel ペル　*pixel*（画素）の略．

perception 知覚　感覚信号や記憶内容に基づいて観察できる項目やできごとを同定したり，説明したりすること．

Perceptron パーセプトロン　ローゼンブラット（*Rosenblatt*）[2.26]によって導入された多層フィードフォワード・ネットワーク（前方繰り込み回路網）のための適応素子．

performance index 性能指数　平均期待剰余誤差，量子化誤差や分類精度などのように解析的に表現できる全体的な性能を記述するための測度または目的関数．一方，ネットワークにおいて学習速度と分類速度，必要な記憶容量や構造の数などは特定の指標である．すなわち，この特定の指標というのは，余分な束縛条件として，時々，性能指数の表現に含まれるかもしれないが，しかし，普通はハードウェアの質に依存し，数学的な概念ではない．

perplexity パープレクシティ（複雑化）　分枝係数のような情報理論の測度．

PFM *pulse frequency modulation*（パルス周波数変調）を見よ．

phoneme 音素　音声の最小の意味を持つ単位．

phoneme map 音素マップ　音素を表現したSOM（自己組織化マップ）．

phonemic classifier 音素分類子　音響処理の出力を音素列に変換するアルゴリズムまたは回路．

phonemic labeling 音素のラベル表示　音声波形の部分を音素クラスに識別すること．

phonetic フォネティック（音声の）　音声に関係した．

phonetic knowledge representation 音声知識表現　言語学的な情報を利用して，音声レベル（例えば，音声スペクトルの読み取り）でのエキスパート（専門家）の判断のモデル化．

phonological unit 音声単位　音声（音素，音節など）の意味を持つ単位．

phonotax フォノタックス（音声結合）　自然音声における近くの音声単位を結合すること；音声単位を結合する可能な方法における拘束（*syntax*（構文）を見よ）．

phonotopic map 音声マップ　処理単位の2次元配列．その配列では，どの処理単位もどれかの音素に反応して，反応した音素にラベルづけされる．そして，でき上がった空間的な順序づけは，相当する音素同士が音声スペクトル的によく似たもの同士が並ぶことになる．

phylogenetic 系統発生的　種の進化に関係している．

pipeline パイプライン　マルチプロセッサ（多重処理）用コンピュータの構成．そこでは，同じデータに関係したいくつかのプログラムが逐次的に実行される．ある時間に限る

と，パイプラインは連続してより進んだ処理段階において色々と違ったデータを含むことになる．

pitch of speech 音声のピッチ（高さ）　声帯によって引き起こされる基本（励起）周波数．

pixel ピクセル　数値的に表現された画素．

plasticity 可塑性　（シナプスの）自在変形性．*synaptic plasticity*（シナプス可塑性）を見よ．

point spread function 点広がり関数　画像処理系において，点の変換を記述するカーネル（核）．

pointer ポインタ　メモリや表を参照するのに記憶されたアドレス．

polysynaptic connection 多シナプス結合　いくつかのニューロンが直列に結合したシナプス縦続接続．

postnatal 生後　出産後の．

postprocessing 後処理　例えば，ニューラルネットワークの出力になされた後の操作．その目的は，例えば文法の規則に基づいてテキストを修正したり，画像解析においてラベルづけを改良したりするために，出力結果を逐次的な離散要素に分けることでもある．

postsynaptic シナプス後　信号を受け取るニューロン側でのシナプス結合に関係した．

postsynaptic potential シナプス後電位　シナプス前細胞のところの軸索においての，1個の神経インパルスの脱分極または過分極効果によって引き起こされたシナプス後ニューロンの膜電圧の急激な階段状の変化．

pragmatic 実践的　行動の結果に関係した．

preattentive プリアテンティブ（注意深い前処理の）　感覚情報の自動的な処理のレベルにおいて，前もってなされた自発的なまたは注意深い選択か処理．

prenatal 出生（誕生）前の　出産前の．

preprocessing 前処理　信号パターンが中枢神経系やまたは他のパターン認識系に提示される前に，信号パターンになされる規格化，強調，特徴抽出，または他の同じような操作群．

presynaptic シナプス前　伝達ニューロン側でのシナプス結合に関係した．

primitive 基本の　他の概念が引き出される，要素，シンボル，項目，関数，または他のよく似た基本概念のこと．

principal cell 主要細胞　脳の主要部分における最大の神経細胞の型．大脳皮質や海馬においては，錐体細胞が主要細胞を形成する；小脳においては，プルキンエ細胞が主要細胞を形成する．それらは，脳の他の部位や末梢神経系に軸索を送る．一方，介在ニューロンは皮質領域内でのみ局所的に結合している．

principal component 主成分　1クラスの入力パターンの相関行列の固有ベクトルによって，パターン・ベクトルを展開したときの係数．

probabilistic reasoning 確率的推論　確率計算に基づいた意思決定．

processing element 処理要素　ANN（人工ニューラルネットワーク）内のニューロンの機能の遂行のために，特に，ローカル（局所的）メモリで，普通，準備されたローカル（局所的）な計算用装置のこと．

processor 処理器　特に，ディジタル計算においてプログラムの実行のための計算用装置のこと．

production rule 生成規則　*rule*（規則）を見よ．

projection 射影，投影　高次元から低次元の多様体への順序づけられたマップ化．神経解剖学では：脳の領野間または脳の部位間の直接結合のこと．

projector 射影演算子　射影演算子のこと．数学的な射影を定義する演算子．

prosodics 韻律　音声におけるスペクトル以外の（強度パターンなどのような）変化．

prototype 原型　訓練のために使われた1クラスの項目の中での代表的なサンプル．

pseudocolor 擬次色　絵や視覚図形で分類された領域を表し，視覚での識別を強めるために使われたカラー・バリュー（色濃淡値）のサンプルのこと．

pseudoinverse matrix 擬逆行列　与えられたどの行列にも常に存在する*Moore-Penrose*の一般化された逆行列[1.1]，[11.3]．多くの推定量，射影演算子や連想記憶モデルはそれに基づいている．

PSP *postsynaptic potential*（シナプス後電位）を見よ．

pulse frequency modulation パルス周波数変調　一連の連続インパルスによる信号値の表現．その距離の逆数はパルス間隔に入ってくる信号の平均値に比例している．

pyramidal cell 錐体細胞　大脳皮質や海馬内で最も重要な型のニューロンのこと．

quantitative error 量子化誤差　信号空間において最も近い参照ベクトルと信号ベクトルとの差のノルム．

quasiphoneme 準音素　ある周期的なデータ・サンプリングの瞬間に認識された音声波形のラベルづけされた区分．そのラベルは定常領域の中央にある音素の音響性質と同じものを記述している．

radial basis function 動径基底関数　　多層フィードフォワード・ネットワークで使用される特別な基底関数．その値は，層の信号空間内の参照ベクトルからのパターン・ベクトルのユークリッド距離に依存する．

ramification 分枝　　分枝．

range image 領域画像　　どの画素の値もカメラから相当する目標点までの距離を表している画像．

rank 階数　　行列において線形独立な行か列の数．

receptive field 受容野　　脳内のニューロンや神経細胞が順序づけられた形で信号を受け取る感覚器官内の細胞の集合．時には，ニューロンが刺激を受け取る網膜に関係のある空間内の円錐形のような信号空間領域を指す．

receptive surface 受容面　　網膜，基底膜または皮膚上の圧感覚受容物質の集合のような受容物質の層状集合．

receptor 受容物質　　感覚細胞やまたは化学的な巨大分子の塊のような神経系における特別な構成成分である．そこでは，何らかの方法で情報を受け取ったり，情報に応答したりしている．受容細胞というのは，物理的または化学的な刺激を電気的な刺激に変換している．

recurrent network 再帰的ネットワーク（回路網）　　*feedback network*（フィードバック・ネットワーク）を見よ．

recurrent signal 再帰的信号　　*feedback signal*（フィードバック信号）を見よ．

recursion 再帰，帰納　　古い値の関数として新しい値の表現を定義している繰り返し処理段階のこと．

redundant hash addressing 冗長性ハッシュ・アドレス（ちらし番地）方式　　語列の誤り許容探索のための符号ちらしの方法．

reference vector 参照ベクトル　　*codebook vector*（コードブック・ベクトル）を見よ．

refractory period or **refractory phase** 不応期　　神経インパルスに対する応答や神経インパルスに続いている回復期のこと．この間では，次の応答または神経インパルスを受けつけない．

reinforcement learning 強化学習　　報酬または罰によるパラメータの適応変化が逐次的な全工程の最終出力に依存する学習様式のこと．学習の結果は，ある種の性能指標によって評価されている．

relation 関係　　相関の属性が順序づけされた集合．

relational database 関係データベース　　"関係"や関係ある項目の n 倍の値が同じ記憶番地に格納されており，関係に属するメンバであるかどうかにより利用されるメモリのこと．

relaxation 緩和　　近傍の要素またはノードについての再帰的な平均によって，配列またはネットワーク内の値を繰り返し法で決定すること；エネルギの最小値を探す状態変化；前の表示ラベルの関数として主題の概念に一番よく合うラベルを繰り返し法で決定すること．

remote sensing 遠隔検知（リモートセンシング）　　人工衛星や航空機のような離れた位置からなされる測定．

representation 表現　　計算のための情報の符号化．

response 応答　　意味のある入力に関係したネットワークからの出力信号．

retina 網膜　　本質的に，高等動物の眼球内の2次元ニューラルネットワークで，そこに光学的映像が投射され，映像は神経信号に変換される．

retinotectal mapping 網膜のマップ化　　網膜と中脳蓋の間の神経結合の順序づけされた集合．

retrograde messenger 逆行性メッセンジャ（伝達物質）　　シナプス後ニューロンからシナプス前ニューロンに情報を伝達する伝達物質．もしニューロンのシナプス可塑性がヘッブの法則または，その変形のどれかによって記述されるなら，ある種の逆行性メッセンジャ行動は必要である．

reward-punishment scheme "報酬・罰"計画法　　修正が分類結果の正しさに依存して，参照値に向かうか離れるかのどちらかにする教師あり学習戦略．

RHA　　*redundant hash addressing*（冗長性ちらし番地方式）を見よ．

rms value rms 値　　*root-mean-square value*（平均2乗平方根値）を見よ．

root-mean-square value 平均2乗平方根値　　逐次的な信号値の2乗の合計を，今考えているシークエンスの長さで割った値の平方根；その信号のパワー（力能）を記述している信号値の平均実効値のこと．

row 行配列　　水平線形配列のこと．

rule 規則　　規定された基本変形のこと．

Sammon's mapping サモンのマップ化　　高次元のデータ間の相互間の距離を2次元表示で見えるようにする分類法 [1.34].

scalar product スカラ積　　*dot product*（ドット積），*inner product*（内積）を見よ．

scalar quantization スカラ量子化　　データが1次元であるときでベクトル量子化の特別な場合．

scene analysis 場面解析　*image understanding*（画像理解）を見よ.

schema スキーマ（概要）　データを知識に組織化するために使われる情報の大きくて複雑な単位. その単位はまた, はっきりしない未知の変数を含むかもしれない.

segmentation 分割　信号や画像の中で意味のある間隔や領域を見つけるために信号や画像になされた操作；そのとき, その間隔と領域は一様にラベル表示することができる.

self-organization 自己組織化　元々の意味は, 学習において構造とパラメータの両方が同時に拡張, 進展すること.

self-organizing feature map 自己組織化特徴マップ　入力信号から特徴を引き出すために特に使われる SOM のこと.

self-organizing map 自己組織化マップ　高次元で非線形の関係あるデータ項目をしばしば説明しやすい 2 次元の表示で表し, 教師なしのクラス（組）分けやクラスタ（集団）化を仕上げるために主として使われる非パラメータの再帰的処理工程の結果を言う.

semantic 意味的　記号の意味や役割に関係した.

semantic net 意味ネット　言葉の表現のための抽象的な言語グラフ. そこでは, ノード（節）はしばしば, 動詞を表し, リンク（結合）はそれ以外を表す.

sensor センサ（検出器）　入力情報の検出.

sensory cortex 感覚皮質　感覚信号を受け取る皮質の部位.

sensory register 感覚レジスタ　初期の感覚信号のための揮発性の一時的記憶.

sequential circuit 順序回路　帰還経路を含んだり, 多安定である装置やネットワーク. その出力状態は逐次的に生じることができ, その構造は, 逐次的に入ってくる入力信号によって制御される. ディジタル・コンピュータ技術の記憶素子と制御回路は, この順序回路に属している.

servomechanism サーボ機構　機械系の位置, 方向や運行のための閉ループ自動制御に基づいたパワー・ステアリング（動力舵取り用）装置のことで, それによって命令値を設定するためのエネルギはほとんどいらない.

shift register シフト・レジスタ　その各々が 1 ビット, 記号, または実数を保持し, それを次の位置に伝送することができるところの多くの基本の記憶位置よりなる記憶装置かまたはバッファ（緩衝記憶装置）のこと. 逐次的な信号値は記憶位置の一方の端に入り, 各クロッキング（同期）信号時に各記憶位置の内容が, 同方向で次の位置に転送される. もし転送操作が循環していないなら, 最後の位置の内容はオーバフロする（失われる）. なお, 転送操作が循環している場合には, オーバフロした内容は入力位置にコピー（複写）される.

short-term memory 短期記憶　感覚レジスタや長期記憶と協同している, 人間や高等動物での動作記憶のこと. その代表的な保持時間は 2～3 分のオーダであり, それは, 同時に 5～9 個の記号的な項目を処理することができる.

sigmoid function シグモイド関数　実数スカラ変数による単調増加, 連続で, 連続微分可能なスカラ値関数のことで, その軌跡が特徴的な S 状形をしている. その関数は, 低い値と高い値で固定されている. いわゆるロジスティック（算定曲線）関数がその関数を数学的に記述するのにしばしば使われる. このシグモイド関数は, ANN（人工ニューラルネットワーク）の出力非線形性を記述するのにしばしば使用される.

simulate シミュレート　系のモデルによってその振舞いを真似ること.

simulated annealing シミュレーティド・アニーリング（焼き鈍し）　全体的な誤差またはエネルギ関数が減少するかまたは増加するような, ANN（人工ニューラルネットワーク）の内部状態を調節するための熱力学的に動機づけされた方法. この目的は, エネルギ関数の大域的最小値を見つけることである.

singular matrix 特異行列　ゼロ階数を持っている行列のこと.

SLM　*spatial light modulator*（空間光変調器）を見よ.

SOFM　*self-organizing feature map*（自己組織化特徴マップ）を見よ.

SOM　*self-organizing map*（自己組織化マップ）を見よ.

soma 細胞体　細胞体

sonorant 鳴音　*voiced*（有声音の）を見よ.

span スパン（張る, 範囲）　多様体を定義するための.

spatial 空間の　空間に関係した.

spatial light modulator 空間光変調器　光が装置を通過するとき, 光の局部強度を制御するもの. その制御は, 電子的, 光学的または電子ビームの手段によってなされることができる.

spatiotemporal 時空の　空間と時間の両方に関係した, または依存した.

speaker recognition 話者認識　彼または彼女の声の特徴に基づく話者の確認.

speaking mode 音声モード　発声に当たっ

ての特別な制限の下での音声発声の方法（例えば，孤立語モードや連続語モードなど）．

spectrum スペクトラム　演算子の固有値の集合；信号の周波数成分の分布．

speech understanding 音声理解　発声されたものの意味の説明；音声に誘導された行動や応答；より高度な文法的なレベルに基づいて発声された音声の分析．

spiking スパイキング（棘波の）　活動パルスをトリガ（誘発）させること．

spine 棘状突起　興奮性シナプスでのニューロンのシナプス後膜のふくらみまたは袋．その目的は，その大きさや形を変えることによってシナプスの効能を制御するのと同様に，シナプスの新陳代謝のために必要な一定の細胞器官を囲むことである．

spurious state 偽の状態　状態遷移ニューラルネットワークにおいて，正しい結果を表さない望ましくないアトラクタ（牽引子）のこと．

squashing 押さえ込み　全体の精度を最適化するための信号尺度の非線形変換．

state 状態　しばしば，フィードバック系における出力ベクトルのことを言う．HMM（隠れマルコフ・モデル）のようなある種のモデルでは，また，系の内部の信号の集合を意味する．

state transition 状態遷移　ある時間間隔中に，動的な系のある状態から別の状態への変化．

steepest descent 最急降下法　パラメータ・ベクトルに対して負の勾配の方向にそのパラメータを変えることによって系の目的関数を最小化すること．

step response ステップ応答　単位高さを持ったしきい値関数に対する応答において，動的系からの出力．

stimulus 刺激　一時的に有機体の活動に影響を与えるある物．

stochastic 確率的　ランダム（無作為の），ある確率を持って発生する．

stochastic approximation 確率近似　勾配が確率的サンプルから評価される勾配ステップ（刻み）最適化法．

stop 閉鎖音，破裂音　子音のことで，その発音時には，息が通る通路は完全に閉じられる．

stopping 停止　訓練が完全または最適化されたと考えられるとき，繰り返しのアルゴリズムを停止すること．

stratification 層状　層状に制限すること．

string 記号，文字列　記号の列．

subcortical connection 皮質下結合　白質を通して作られたニューロン間の結合．

subsymbolic 部分記号的　情報表現または情報処理に関係していることで，それによって要素は意味のある内容を持たないが，基本的な特徴または性質の低水準の統計的な記述を構成している．

subsynaptic membrane シナプス下膜　シナプスのすぐ下にあるシナプス後細胞膜．

sulcus 溝　2つの大脳葉（脳のひだ）を分けている大脳皮質の溝．

superimpose 重畳する　前の値に線形に加算すること．

superposition 重畳　前の値への線形加算．

superresolution 超高解像度　自然で物理的に限界のある解像度を越えて画像内の点を分離できること．

supervised learning 教師あり学習　教師つき学習のこと；訓練サンプルからの望ましい出力と実際の出力間の平均期待差が減少するという学習方式．

supplementary motor cortex 補足運動皮質　運動皮質がある前頭葉．そこでは，心的命令（意思）を取り次ぎ，それらを運動や動作行動に変換する．

symbolic 記号主義　情報の表現または情報処理に関係したことで，それによって，表現の要素は完全な項目かまたはその合成物に関係している．

synapse シナプス　2つまたはそれ以上のニューロン間の信号結合を作り出すところの微視的な神経生理学的な器官；時には，結合全体を意味する．シナプスには，2つの大きな種類がある：1つは興奮性のもので信号結合は正になる．もう1つは抑制性のもので，信号結合は負になる．軸索は普通，シナプス終端（シナプス・ノブ（頭），シナプス・ボタン）につながる．電気的な神経信号は，受容ニューロンの化学的な受容分子に影響を及ぼす化学伝達分子をシナプスに発散させる．後者に記述した化学的な受容分子はシナプス後細胞膜を通して軽イオンの流れを制御し，結果として，ニューロンの誘発が依存する膜電圧を制御することになる．別のシナプスと接触しているシナプスがまた存在する；そのゲーティング（開閉）作用はシナプス前制御と呼ばれる．

synaptic cleft シナプス間隙　シナプス終端とシナプス後（シナプス下）膜との間の狭い隙間．

synaptic connection シナプス結合　*synapse*（シナプス）を見よ．

synaptic efficacy シナプス効力　シナプス前ニューロンが単一のシナプスを通して，シ

ナプス後ニューロンを制御する量.

synaptic junction シナプス接合　*synapse*（シナプス）を見よ.

synaptic plasticity シナプス可塑性　シナプスの修正能力，または適応能力と同じ（ここでの適応とは，パラメータの変化を意味するが，形の進化を意味しない）．そして，神経生理学的な意味でのシナプスの効力の変化に関係している.

synaptic terminal シナプス終端　*synapse*（シナプス）を見よ.

synaptic transmission シナプス伝達　神経信号の伝搬または処理における複雑な行動．そこでは，電気インパルスがまず，シナプス前終端から化学伝達物質の放出を引き起こし，それから，その化学伝達物質は，シナプス後膜における化学受容分子に影響を与える．受容物質は膜を通してイオンの流れを制御する．その結果，膜電圧が変化し，結局，シナプス後ニューロンを誘発させる.

synaptic transmittance シナプス伝送　シナプスの効力を制御する脱分極，または過分極効果の量で，普通は，個々のシナプス後電位 (PSP) に関係している.

synaptic weight シナプス重み　*synaptic efficacy*（シナプス効力）を見よ.

syntactic 構文の　*syntax*（構文）に関係した.

syntax 構文　記号がどのように意味のある文字列を作るように結合することができるかを記述している規則の集合；要素の系統的な結合；特に，文法（規則の集合）によって定義された要素の組み合わせのこと.

system identification 系の同定　十分な数の観測された入出力関係から系の構造そして/またはパラメータの決定.

systolic array シストリック・アレイ（拍動型・配列処理器）　普通は，2 次元配列のプロセッサ（処理器）で，そこでは，計算は水平と垂直の両方の次元に対してパイプライン方式で処理される.

Tanimoto similarity タニモトの類似度　順序づけされていない集合についての特別な類似性の測度.

taxonomy 分類法　項目の類似関係によって項目を順序づけして分類すること.

TDNN　*time-delay neural network*（時間遅延ニューラルネットワーク）を見よ.

tectum 蓋　中脳の背面部（中脳蓋）.

template matching テンプレート・マッチング（型板・整合）　整合したフィルタを使ってのパターンの認識.

temporal 時間的または側頭の　時間に関係した；側頭皮質は皮質の側頭部位を意味する.

test set テスト（試験）集合　学習系をテストするために使わないで横に置いておくデータ項目の集合．この集合は，訓練用のデータ集合からは統計的に独立でなければならない.

texture テクスチャ（織り目模様）　統計的そして/または構造的に定義された基本パターンの表面上での繰り返し集合のこと.

thalamus 視床　大脳皮質の下に位置した脳野．視床は大脳皮質へ信号を転送し，また，そこからフィードバック（帰還）投影像を受け取る.

thematic classification 主題分類　画素（または他のパターン要素）が表す，例えば畑の航空または衛星画像から見られる作物の種類のような属性（主題）による画素などのグループの分類とラベルづけ.

threshold-logic unit しきい値ロジック（論理）単位　入力パターンの分類に依存する入力パターンへの 2 つの可能な応答の中の 1 つを与える装置のこと.

threshold function しきい値関数　しきい値だけシフト（移動）したヘビサイド関数と同じもので，任意のステップ（階段）・サイズ（大きさ）を持っている.

threshold triggering しきい値トリガ（誘発）　入力の活性度がしきい値を越えるとき，低い値から高い値への出力値の急激な遷移.

threshold value しきい値　活性化するために必要な弁別値；活性度がしきい値を越えるときにデバイス（素子）のトリガ（誘発）が起こる.

time constant 時定数　動的処理における特徴的な時間単位のこと；(時間領域においての) 動的演算子の固有値；最も簡単なステップ応答においては，その値の漸近値からのずれが，最初の差の $(1 - 1/e)$ 倍になるまでの時間.

time-delay neural network 時間遅延ニューラルネットワーク　普通は，多層フィードフォワード・ネットワークのことで，その層が静的な動作をおこなう．しかし，層内では，逐次的に発生する信号値はシフト・レジスタかまたは等価の遅延線を使って並列信号ベクトルにまず変換される.

TLU　*threshold-logic unit*（しきい値論理単位）を見よ.

top-down トップ・ダウン（下降法）　演繹的推論に関係した．すなわち，一般的な事柄から特別な事柄を導き出すこと.

topology-preserving map 位相保存マップ

SOM（自己組織化マップ）を見よ.

tract 路，管，系　ある機能を遂行するために協力して動作している部分よりなる系のこと；共通の起源と終端を持っている神経繊維の束または網状組織．または *vocal tract* (声道) を見よ．

training 訓練　強化学習，教育．

training set 訓練集合　ニューラルネットワークを教育，訓練するための適応処理過程において入力として使われたデータの集合のこと．

transfer function 伝達関数　線形系のインパルス応答かまたは点広がり関数のフーリエ変換のことを普通は言う．

transmission line 伝送線　信号が伝搬される線形に分布した媒体．

transmitter vesicle シナプス小胞　化学伝達物質の基本的な包み．シナプス終端にある化学伝達物質は，細胞膜を形成しているのと同種の分子よりなっている膜によって囲まれた小さい小滴に包み込まれる．シナプス伝送において，これら小胞の膜は，その内容物をシナプス間隙に放出しながらシナプス前終端の膜と融合する．

traveling-salesman problem 巡回セールスマン問題　ネットワークのノード（節）が最も短い経路に沿って旅行されなければならない最適値問題．

tree structure 木構造　より低いノードが唯一のより高いノードに従属している分枝グラフ構造のこと．

trigger トリガ（誘発）　ある道筋の行動をセットすること，またはバネをつけられた状態から解き放たれること；入力活性度があるしきい値を越えるときに信号を引き出すこと．

TSP *traveling-salesman problem*（巡回セールスマン問題）を見よ．

ultrametric ウルトラメトリック（超越測度）階層型クラスタ木構造に沿って定義された距離測度に関係した量．

unary attribute 単項属性　特に画像解析において使われる：単一画素の性質．

unary number 単項数字　つなぎ合わされた 1 の数によって数値を定義する数値コードのこと；例えば，111=3．

unsupervised learning 教師なし学習　サンプルの分類についての先験的な知識なしの学習；教師なし学習．しばしば，クラスタ化（集団としてまとまった）された入力データに関する内部表現についてのクラスタ（集団）形成と同じこと．この後，これらのクラスタはラベルづけ（表示分類）可能になる．これはまた，ラベルづけされていなくて，クラス分け（分類）されていないデータが入力されるとき，計算資源が最適配置されることを言う．

updating 更新　学習でのパラメータの修正；また，データを最新のものにすること．

validation 妥当性　ANN（人工ニューラルネットワーク）の性能を仕事や目的を定義するのに設定された要求度と比較すること．データの妥当性：特にアルゴリズムを訓練するために信頼できるデータ集合を選択すること．

vector quantization ベクトル量子化　より少ない数の参照データまたはコードブック（符号帳つき）・データによってベクトル・データの分布を表現すること；平均期待量子化誤差を最小にする信号空間の最適量子化．

ventral 腹側の　前部または下部に位置した．

verification of data データ照合　教師あり訓練または較正で使われたデータ分類の決定．

visual cortex 大脳皮質視覚野　視覚のための神経器官のほとんどが位置している後頭部大脳皮質の中央部．

VLSI *very-large-scale integration* の略で，（電子回路における）超LSI（大規模集積回路）のこと．

vocal 有声音，母音（性）の　特に，母音や準母音の発声における非乱流音に関係した；"擬母音"は鼻音 (m, n, η) や流音 (l, r) と関係がある．

vocal cord 声帯　発声を司る声門裂内の 2 対のひだのどちらか一方．

vocal tract 声道　鼻腔を含む声帯から口唇までの空間を取り囲む音響伝送通路．

voiced 有声音の　声帯によって制御されたパルス的空気流によって引き起こされるかまたは発声された．

voiceless 無声音の　空気摩擦のみによって引き起こされた音声発声の．

Voronoi polygon ボロノイ多角形　（2 次元の）ボロノイ・モザイク分割における 1 分割区画．

Voronoi polyhedron ボロノイ多面体　ボロノイ・モザイク分割における 1 分割区画．

Voronoi set ボロノイ集合　ボロノイ・モザイク分割内の 1 つの特別なコードブック・ベクトルに最も近いデータ・ベクトルの集合．

Voronoi tessellation ボロノイ・モザイク分割　最近接のコードブック・ベクトル間の中央面である超平面の区切りによって出現したデータ空間の分割．

VQ *vector quantization*（ベクトル量子化）を見よ．

wavelet ウェーブレット　　周期的な信号の部分を表現するための基底関数の型．それは，しばしば，ガウス型関数によって振幅変調された正弦波関数形をしている．

weight vector 荷重（重み）ベクトル　　普通は，入力ベクトルとこの荷重ベクトルとの内積を取り，ニューロンの入力活性度を定義している実数値のパラメータ・ベクトルのこと．

white matter 白質　　主としてミエリン鞘軸索よりなっている灰白質の下にある脳組織．

whitening filter 白色フィルタ　　ベクトル成分が統計的に相関がないというような方法で確率的ベクトルを変換する操作または装置のこと．

Widrow-Hoff rule ウィドロー・ホフ則　　LMS（最小平均 2 乗）誤差基準が適応されるアダリン（*Adaline*）要素のための学習則．そして，アダリンでは，学習則の線形部の最適化はロバン・モンロ（*Robbins-Monro*）確率的近似 [1.43] によって遂行される．

window 窓　　観測結果の要素が得られる時間間隔のこと．LVQ2 アルゴリズムにおいては：異なったクラス（組，部類）の 2 つの近傍コードブック・ベクトル間の境界となる領域．

winner 勝者　　最大活性度，または入力と荷重ベクトルとの最小の差異を検出する競合学習ニューラルネットワークにおけるニューロン．

winner-take-all function 勝者が全てを取る関数　　入力活性度に対して最大かまたは最小を選ぶ関数．

word spotting 単語検出　　連続音声からの個々の単語認識．

WTA　　*winner-take-all function*（勝者が全てを取る関数）を見よ．

参考文献

第1章

[1.1] A. Albert: *Regression and the Moore-Penrose Pseudoinverse* (Academic, New York, NY 1972)
[1.2] T. Lewis, P. Odell: *Estimation in Linear Models* (Prentice-Hall, Englewood Cliffs, NJ 1971)
[1.3] E. Oja: *Subspace Methods of Pattern Recognition* (Research Studies Press, Letchworth, UK 1983)
[1.4] E. Oja, J. Karhunen: *T. Math. Analysis and Applications* **106**, 69 (1985)
[1.5] D. Rogers, T. Tanimoto: Science **132**, 10 (1960)
[1.6] L. Ornstein: J. M. Sinai Hosp. **32**, 437 (1965)
[1.7] K. Sparck-Jones: *Automatic Keyword Classification and Information Retrieval* (Butterworth, London, UK 1971)
[1.8] J. Minker, E. Peltola, G. A. Wilson: Tech. Report 201 (Univ. of Maryland, Computer Sci. Center, College Park, MD 1972)
[1.9] J. Liénard, M. Młouka, J. Mariani, J. Sapaly: In *Preprints of the Speech Communication Seminar, Vol.3* (Almqvist & Wiksell, Uppsala, Sweden 1975) p. 183
[1.10] T. Tanimoto: Undocumented internal report (IBM Corp. 1958)
[1.11] J. Łukasiewicz: Ruch Filos. **5**, 169 (1920)
[1.12] E. Post: Am. J. Math. **43**, 163 (1921)
[1.13] L. Zadeh: IEEE Trans. Syst., Man and Cybern. SMC-3, 28 (1973)
[1.14] R. Hamming: Bell Syst. Tech. J. **29**, 147 (1950)
[1.15] V. Levenshtein: Sov. Phys. Dokl. **10**, 707 (1966)
[1.16] T. Okuda, E. Tanaka, T. Kasai: IEEE Trans. C-25, 172 (1976)
[1.17] T. Kohonen: *Content-Addressable Memories* (Springer, Berlin, Heidelberg 1980)
[1.18] T. Kohonen, E. Reuhkala: In *Proc. 4IJCPR, Int. Joint Conf. on Pattern Recognition* (Pattern Recognition Society of Japan, Tokyo, Japan 1978) p. 807
[1.19] O. Ventä, T. Kohonen: In *Proc. 8ICPR, Int. Conf. on Pattern Recognition* (IEEE Computer Soc. Press, Washington, D.C. 1986) p. 1214
[1.20] T. Kohonen: *Pattern Recogn. letters* **3**, 309 (1985)
[1.21] H. Hotelling: J. Educat. Psych. **24**, 498 (1933)
[1.22] H. Kramer, M. Mathews: IRE Trans. Inform. Theory IT-2, 41 (1956)
[1.23] E. Oja: Neural Networks **5**, 927 (1992)
[1.24] J. Rubner, P. Tavan: Europhys. Lett. **10**, 693 (1989)
[1.25] A. Cichocki, R. Unbehauen: Neural Networks for Optimization and Signal Processing (John Wiley, New York, NY 1993)
[1.26] World Bank: *World Development Report 1992* (Oxford Univ. Press, New York, NY 1992)
[1.27] S. Kaski: PhD Thesis, Acta Polytechnica Scandinavica Ma 82 (The Finnish Academy of Technology, Espoo 1997)
[1.28] G. Young, A. S. Householder: Psychometrika **3**, 19 (1938)
[1.29] W. S. Torgerson: Psychometrika **17**, 401 (1952)
[1.30] J. B. Kruskal, M. Wish: *Multidimiensional Scaling* Sage University Paper Series on Quantitative Applications in the Social Sciences No.07-011. (Sage Publications, New bury Park, CA 1978)
[1.31] J. de Leeuw, W. Heiser: In *Handbook of Statistics*, ed. by P. R. Krisnaiah, L. N. Kanal (North-Holland, Amsterdam 1982) p. II-317
[1.32] M. Wish, J. D. Carroll: *ibid.*

[1.33]   F. W. Young: In *Encyclopedia of Statistical Sciences*, ed.by S. Koto, N. L. Johnson, C. B. Read (wiley, New York NY 1985) p. V-649
[1.34]   J. W. Sammon Jr.: IEEE Trans. Comp. C-18, 401 (1969)
[1.35]   J. B. Kruskal: Psychometrika 29, 1 (1964)
[1.36]   R. N. Shepard: Psychometrika 27, 125; 27, 219 (1962)
[1.37]   J. K. Dixon: IEEE Trans. Syst., Man and Cybern. SMC-9, 617 (1979)
[1.38]   T. Hastie, W. Stuetzle: J. American Statistical Association 84, 502 (1989)
[1.39]   F. Mulier, V. Cherkassky: Neural Computing 7, 1165 (1995)
[1.40]   H. Ritter, T. Martinetz, K. Schulten: *Neural Computation and Self-Organizing Maps: An Introduction* (Addison-Wesley, Reading, MA 1992)
[1.41]   P. Demartines: PhD Thesis (Institut National Polytechnique de Grenoble, Grenoble, France 1994)
[1.42]   P. Demartines, J .Hérault: IEEE Trans. Neural Networks 8, 148 (1997)
[1.43]   H. Robbins, S. Monro: Ann. Math. Statist. 22, 400 (1951)
[1.44]   B. Widrow: In *Self-Organizing Systems 1962*, ed. by M. Yovits, G. Jacobi, G. Goldstein (Spartan Books, Washington, D.C 1962) p. 435
[1.45]   Y. Tsypkin: *Adaptation and Learning in Cybernetic Systems* (Nauka, Moscow, USSR 1968)
[1.46]   R. Tryon, D. Bailey: *Cluster Analysis* (McGraw-Hill, New York, NY 1973)
[1.47]   M. Anderberg: *Cluster Analysis for Applications* (Academic, New York, NY 1973)
[1.48]   E. Bijnen: *Cluster Analysis, Survey and Evaluation of Techniques* (Tilbury Univ. Press, Tilbury, Netherlands 1973)
[1.49]   H. Bock: *Automatische Klassifikation* (Vandenhoeck Ruprecht, Göttingen, Germany 1974)
[1.50]   E. Diday, J. Simon: In *Digital Pattern Recognition*, ed. by K. S. Fu (Springer, Berlin, Heidelberg 1976)
[1.51]   B. Duran, P. Odell: *Cluster Analysis, A Survey* (Springer, Berlin, Heidelberg 1974)
[1.52]   B. Everitt: *Cluster Analysis* (Heineman Educational Books, London, UK 1977)
[1.53]   J. Hartigan: *Clustering Algorithms* (Wiley, New York, NY 1975)
[1.54]   H. Späth: *Cluster Analysis Algorithms for Data Reduction and Classification of Objects* (Horwood, West Sussex, UK 1980)
[1.55]   D. Steinhauser, K. Langer: *Clusteranalyse, Einführung in Methoden und Verfahren der automatischen Klassifikation* (de Gruyter, Berlin, Germany 1977)
[1.56]   V. Yolkina, N. Zagoruyko: R.A.I.R.O. Informatique 12, 37 (1978)
[1.57]   S. Watanabe, P. Lambert, C. Kulikowski, J. Buxton, R. Walker: In *Computer and Information Sciences*, ed. by J. Tou (Academic, New York, NY 1967) Vol. 2, p. 91
[1.58]   E. Oja, J. Parkkinen: In *Pattern Recognition Theory and Applications* Ed. by P. A. Devijver, J. Kittler (Springer-Verlag, Berlin, Heidelberg 1987) p. 21 NATO ASI Series, Vol. F30
[1.59]   E. Oja, T. Kohonen: In *Proc. of the Int. Conf. on Neural Networks* (IEEE 1988) p. I-277
[1.60]   J. Laaksonen, E. Oja: to be published in the Proceedings of ICANN96 (Bochum, Germany, July 1996)
[1.61]   K. Fukunaga, W.L. Koontz: IEEE Trans. Comp. C-19, 311 (1970)
[1.62]   C.W. Therrien: IEEE Trans. Comp. C-24, 944 (1975)
[1.63]   T. Kohonen, G. Nèmeth, K.-J. Bry, M. Jalanko, H. Riittinen: Report TKK-F-A348 (Helsinki University of Technology, Espoo, Finland 1978)
[1.64]   T. Kohonen, G. Nèmeth, K.-J. Bry, M. Jalanko, E. Reuhkala, S. Haltsonen: In *Proc. ICASSP'79*, ed. by R. C. Olson (IEEE Service Center, Piscataway, NJ 1979) p. 97
[1.65]   T. Kohonen, H. Riittinen, M. Jalanko, E. Reuhkala, S. Haltsonen: In *Proc. 5ICPR, Int. Conf. on Pattern Recognition*, ed. by R. Bajcsy (IEEE Computer Society Press, Los Alamitos, CA 1980) p. 158
[1.66]   E. Oja: In *Electron. Electr. Eng. Res. Stud. Pattern Recognition and Image Processing Ser. 5* (Letchworth, UK 1984) p. 55
[1.67]   C. Therrien: Tech. Note 1974-41 (Lincoln Lab., MIT, Lexington, MA 1974)
[1.68]   S. Watanabe, N. Pakvasa: In *Proc. 1st Int. Joint Conf. on Pattern Recognition* (IEEE Computer Soc. Press, Washington, DC 1973) p. 25
[1.69]   T. Kohonen, H. Riittinen, E. Reuhkala, S. Haltsonen: Inf. Sci. 33, 3 (1984)
[1.70]   A. Gersho: IEEE Trans. Inform. Theory IT-25, 373 (1979)
[1.71]   Y. Linde, A. Buzo, R. Gray: IEEE Trans. Communication COM-28, 84 (1980)
[1.72]   R. Gray: IEEE ASSP Magazine 1, 4 (1984)
[1.73]   J. Makhoul, S. Roucos, H. Gish: Proc. IEEE 73, 1551 (1985)
[1.74]   P. Zador: IEEE Trans. Inform. Theory IT-28, 139 (1982)
[1.75]   T. Kohonen: In *Artificial Neural Networks*, ed. by T. Kohonen, K. Mäkisara, O. Simula, J. Kangas (North-Holland, Amsterdam, Netherlands 1991) p. II-981

[1.76]   G. Voronoi: J. reine angew. Math. **134**, 198 (1908)
[1.77]   T. Kohonen: In *Proc. 8ICPR, Int. Conf. on Pattern Recognition* (IEEE Computer Soc. Press, Washington, DC 1986) p. 1148
[1.78]   J. Rissanen: Ann. Statist. **14**, 1080 (1986)

第2章

[2.1]   R. Sorabji: *Aristotle on Memory* (Brown Univ. Press, Providence, RI 1972)
[2.2]   W. S. McCulloch, W. A. Pitts: Bull. Math. Biophys. **5**, 115 (1943)
[2.3]   B. G. Farley, W. A. Clark: In Proc. 1954 Symp. on Information Theory (Inst. Radio Engrs., 1954) p. 76
[2.4]   F. Rosenblatt: Psychoanal. Rev **65**, 386 (1958)
[2.5]   B. Widrow, M. E. Hoff: In *Proc. 1960 WESCON Convention.* (Wescon Electronic Show and Convention, San Francisco, 1960) p. 60
[2.6]   E. R. Caianiello: J. Theor. Biology **2**, 204 (1961)
[2.7]   K. Steinbuch61 Kybernetik **1**, 36 (1961)
[2.8]   P. Werbos: PhD Thesis (Harvard University, Cambridge, MA 1974)
[2.9]   S. P. Lloyd: Unpublished paper (1957); reprinted in IEEE Trans. Inf. Theory **IT-28**, No.2, 129 (1982)
[2.10]   E. W. Forgy: Biometrics **21**, 768 (1965)
[2.11]   R. Didday: PhD Thesis (Stanford University, Stanford, CA 1970)
[2.12]   R. Didday: Math. Biosci. **30**, 169 (1976)
[2.13]   F. Montalvo: Int. J. Man-Machine Stud. **7**, 333 (1975)
[2.14]   S. Amari, M. A. Arbib: In *Systems Neuroscience*, ed. by J. Metzler (Academic, New York, NY 1977) p. 119
[2.15]   S. Grossberg: Biol. Cyb. **23**, 121 (1976)
[2.16]   S. Grossberg: Biol. Cyb. **23**, 187 (1976)
[2.17]   G. Carpenter, S. Grossberg: Computer **21**, 77 (1988)
[2.18]   G. Carpenter, S. Grossberg: Neural Networks **3**, 129 (1990)
[2.19]   J. A. Anderson, E. Rosenfeld: *Neurocomputing* (MIT Press, Cambridge, MA 1988)
[2.20]   S. Grossberg: Neural Networks **1**, 17 (1988)
[2.21]   R. Hecht-Nielsen: *Neurocomputing* (Addison-Wesley, Reading, MA 1990)
[2.22]   M. Nass, L. Cooper: Biol. Cyb. **19**, 1 (1975)
[2.23]   R. Pérez, L. Glass, R. J. Shlaer: J. Math. Biol. **1**, 275 (1975)
[2.24]   A. Hodgkin: J. Physiol. **117**, 500 (1952)
[2.25]   G. Shepherd: *The Synaptic Organization of the Brain* (Oxford Univ. Press, New York, NY 1974)
[2.26]   F. Rosenblatt: *Principles of Neurodynamics: Perceptrons and the Theory of Brain Mechanisms* (Spartan Books, Washington, D.C. 1961)
[2.27]   D. E. Rumelhart, J. L. McClelland, and the PDP Research Group (eds.): *Parallel Distributed Processing: Explorations in the Microstructure of Cognition, Vol. 1: Foundations* (MIT Press, Cambridge, MA 1986)
[2.28]   T. Poggio, F. Girosi: Science **247**, 978 (1990)
[2.29]   J. Hopfield: Proc. Natl. Acad. Sci. USA **79**, 2554 (1982)
[2.30]   D. Ackley, G. Hinton, T. Sejnowski: Cognitive Science **9**, 147 (1985)
[2.31]   B. Kosko: IEEE Trans. on Systems, Man and Cybernetics **SMC 18**, 49 (1988)
[2.32]   C. v.d. Malsburg: Kybernetik **14**, 85 (1973)
[2.33]   D. Willshaw, C. v.d. Malsburg: Proc. R. Soc. London **B 194**, 431 (1976)
[2.34]   S.-i. Amari: Bull. Math. Biology **42**, 339 (1980)
[2.35]   T. Kohonen: In *Proc. 2SCIA, Scand. Conf. on Image Analysis*, ed. by E. Oja, O. Simula (Suomen Hahmontunnistustutkimuksen Seura r.y., Helsinki, Finland 1981) p. 214
[2.36]   T. Kohonen: Biol. Cyb. **43**, 59 (1982)
[2.37]   T. Kohonen: In *Proc. 6ICPR, Int. Conf. on Pattern Recognition* (IEEE Computer Soc. Press, Washington, D.C. 1982) p. 114
[2.38]   T. Kohonen: Report TKK-F-A601 (Helsinki University of Technology, Espoo, Finland 1986)
[2.39]   T. Kohonen, G. Barna, R. Chrisley: In *Proc. ICNN'88, Int. Conf. on Neural Networks* (IEEE Computer Soc. Press, Los Alamitos, CA 1988) p. I-61
[2.40]   T. Kohonen: Neural Networks **1**, 3 (1988)
[2.41]   T. Kohonen: Neural Networks **1**, 303 (1988)
[2.42]   E. Oja: Neurocomputing **17**, 25 (1997)

[2.43]   J. Karhunen, E. Oja, L. Wang, R. Vigario, J. Joutsensalo: IEEE Trans. On Neural Networks 8, 486 (1997)
[2.44]   R. FitzHugh: Biophys. J. 1, 17 (1988)
[2.45]   T. Kohonen: Neural Networks 6, 895 (1993)
[2.46]   D. Hebb: *Organization of Behaviour* (Wiley, New York, NY 1949)
[2.47]   T. Kohonen: IEEE Trans. C-21, 353 (1972)
[2.48]   K. Nakano, J. Nagumo: In *Advance Papers, 2nd Int. Joint Conf. on Artificial Intelligence* (The British Computer Society, London, UK 1971) p. 101
[2.49]   J. Anderson: Math. Biosci. 14, 197 (1972)
[2.50]   M. Fazeli: Trends in Neuroscience 15, 115 (1992)
[2.51]   J. A. Gally, P. R. Montague, G. N. Reeke, Jr., G. M. Edelman: Proc. Natl. Acad. Sci. USA 87, 3547 (1990)
[2.52]   E. Kandel: Scientific American 241, 60 (1979)
[2.53]   T. Kohonen: *Self-Organization and Associative Memory* (Springer, Berlin, Heidelberg 1984). 3rd ed. 1989.
[2.54]   S. Geman: SIAM J. Appl. Math. 36, 86 (1979)
[2.55]   E. Oja: J. Math. Biol. 15, 267 (1982)
[2.56]   D. Gabor: J. IEE 93, 429 (1946)
[2.57]   T. Kohonen: Neural Processing letters 9, 153 (1999)
[2.58]   T. Kohonen: Int. J. of Neuroscience, 5, 27 (1973)
[2.59]   R. Hunt, N. Berman: J. Comp. Neurol. 162, 43 (1975)
[2.60]   G. E. Schneider: In *Neurosurgical Treatment in Psychiatry, Pain and Epilepsy*, ed. by W. H. Sweet, S. Abrador, J. G. Martin-Rodriquez (Univ. Park Press, Baltimore, MD 1977)
[2.61]   S. Sharma: Exp. Neurol. 34, 171 (1972)
[2.62]   R. Sperry: Proc. Natl. Acad. Sci. USA 50, 701 (1963)
[2.63]   R. Gaze, M. Keating: Nature 237, 375 (1972)
[2.64]   R. Hope, B. Hammond, F. Gaze: Proc. Roy. Soc. London 194, 447 (1976)
[2.65]   D. Olton: Scientific American 236, 82 (1977)
[2.66]   E. I. Knudsen, M. Konishi: Science 200, 795 (1978)
[2.67]   N. Suga, W. E. O'Neill: Science 206, 351 (1971)
[2.68]   P. Gärdenfors: In *Logic, Methodology and Philosophy of Science IX*, ed. by D. Prawitz, B. Skyrns, D. Westerståhl, (Elsevier, Amsterdam, 1994)
[2.69]   S. Fahlman: In *Parallel Models of Associative Memory*, ed. by G. E. Hinton and J. A. Anderson (Lawrence Erlbaum, Hillsdale, N.J., 1981) p. 145
[2.70]   J. Saarinen, T. Kohonen: Perception 14, 711 (1985)
[2.71]   A. Visa: In *Proc. 10ICPR, Int. Conf. on Pattern Recognition* (IEEE Service Center, Piscataway, NJ 1990) p. 518
[2.72]   K. Goser, U. Hilleringmann, U. Rueckert, K. Schumacher: IEEE Micro 9, 28 (1989)
[2.73]   H. Ritter, T. Kohonen: Biol. Cyb. 61, 241 (1989)
[2.74]   R. Miikkulainen: *Subsymbolic Natural Language Processing: An Integrated Model of Scripts, Lexicon, and Memory* (MIT Press, Cambridge, MA 1993)
[2.75]   J. C. Scholtes: PhD Thesis (Universiteit van Amsterdam, Amsterdam, Netherlands 1993)
[2.76]   G. Ojemann: Behav. Brain Sci. 2, 189 (1983)
[2.77]   H. Goodglass, A. Wingfield, M. Hyde, J. Theurkauf: Cortex 22, 87 (1986)
[2.78]   A. Caramazza: Ann. Rev. Neurosci. 11, 395 (1988)
[2.79]   E. Alhoniemi, J. Hollmén, O.Simula, J.Vesanto: Integrated Computer-Aided Engineering 6, 3 (1999)
[2.80]   S. Kaski, J. Kangas, T. Kohonen: Bibliography of self-organizing map (SOM) papers: 1981-1997. Neural Computing Surveys, 1(3&4):1-176, 1998.

第3章

[3.1]   R. Durbin, D. Willshaw: Nature 326, 689 (1987)
[3.2]   R. Durbin, G. Mitchison: Nature 343, 644 (1990)
[3.3]   G. Goodhill, D. Willshaw: Network 1, 41 (1990)
[3.4]   G. Goodhill: In *Advances in Neural Information Processing Systems 5*, ed. by L. Giles, S. Hanson, J. Cowan (Morgan Kaufmann, San Mateo, CA 1993) p. 985
[3.5]   J. A. Kangas, T. K. Kohonen, J. T. Laaksonen: IEEE Trans. Neural Networks 1, 93 (1990)
[3.6]   T. Martinetz: PhD Thesis (Technische Universität München, München, Germany 1992)

[3.7] T. Martinetz: In *Proc. ICANN'93, Int. Conf. on Artificial Neural Networks*, ed. by S. Gielen, B. Kappen (Springer, London, UK 1993) p. 427
[3.8] Y. Cheng: Neural Computation 9(8), 1667 (1997)
[3.9] U. Grenander. Private communication, 1981
[3.10] S. Orey: *Limit Theorems for Markov Chain Transition Probabilities* (Van Nostrand, London, UK 1971)
[3.11] M. Cottrell, J.-C. Fort: Annales de l'Institut Henri Poincaré 23, 1 (1987)
[3.12] T. Kohonen: Biol. Cyb. 44, 135 (1982)
[3.13] T. Kohonen, E. Oja: Report TKK-F-A474 (Helsinki University of Technology, Espoo, Finland 1982)
[3.14] T. Martinetz, K. Schulten: Neural Networks 7 (1994)
[3.15] T. Kohonen: In *Symp. on Neural Networks; Alliances and Perspectives in Senri* (Senri Int. Information Institute, Osaka, Japan 1992)
[3.16] T. Kohonen: In *Proc. ICNN'93, Int. Conf. on Neural Networks* (IEEE Service Center, Piscataway, NJ 1993) p. 1147
[3.17] F. Mulier, V. Cherkassky: In *Proc. 12 ICPR, Int. Conf. on Pattern Recognition* (IEEE Service Center, Piscataway, NJ 1994) p. II-224
[3.18] E. Erwin, K. Obermayer, K. Schulten: Biol. Cyb. 67, 35 (1992)
[3.19] S. P. Luttrell: Technical Report 4669 (DRA, Malvern, UK 1992)
[3.20] T. M. Heskes, B. Kappen: In *Proc. ICNN'93, Int. Conf. on Neural Networks* (IEEE Service Center, Piscataway, NJ 1993) p. III-1219
[3.21] H. Ritter, K. Schulten: Biol. Cyb. 54, 99 (1986)
[3.22] H. Ritter: IEEE Trans. on Neural Networks 2, 173 (1991)
[3.23] D. R. Dersch, P. Tavan: IEEE Trans. on Neural Networks 6, 230 (1995)
[3.24] S. P. Luttrell: IEEE Trans. on Neural Networks 2, 427 (1991)
[3.25] S. P. Luttrell: *Memorandum 4669* (Defense Research Agency, Mahern, UK, 1992)
[3.26] T. Kohonen, J. Hynninen, J. Kangas, J. Laaksonen: Technical Report A31 (Helsinki University of Technology, Laboratory of Computer and Information Science, Helsinki 1996)
[3.27] T. Kohonen, J. Hynninen, J. Kangas, J. Laaksonen, K. Torkkola: Technical Report A30 (Helsinki University of Technology, Laboratory of Computer and Information Science, Helsinki 1996)
[3.28] H.-U. Bauer, K. R. Pawelzik: IEEE Trans. on Neural Networks 3 570 (1992)
[3.29] S. Zrehen: In *Proc. ICANN'93, Int. Conf. on Artificial Neural Networks* (Springer-Verlag, London 1993) p. 609
[3.30] T. Villmann, R. Der, T. Martinetz: In *Proc. ICNN'94, IEEE Int. Conf. on Neural Networks* (IEEE Service Center, Piscataway, NJ 1994), p. 645
[3.31] K. Kiviluoto: In *Proc. ICNN'96, IEEE Int. Conf. on Neural Networks* (IEEE Service Center, Piscataway, NJ 1996), p. 294
[3.32] S. Kaski, K. Lagus: In *Lecture Notes in Computer Science*, vol. 1112, ed. by C. v. d. Malsburg, W. von Seelen, J. C. Vorbrüggen, B. Sendhoff (Springer, Berlin 1996) p. 809
[3.33] T. Samad, S. A. Harp: In *Proc. IJCNN'91, Int. Joint Conf. on Neural Networks* (IEEE Service Center, Piscataway, NJ 1991) p. II-949
[3.34] T. Samad, S. A. Harp: Network: Computation in Neural Systems 3, 205 (1992)
[3.35] A. Ultsch, H. Siemon: Technical Report 329 (Univ. of Dortmund, Dortmund, Germany 1989)
[3.36] M. A. Kraaijveld, J. Mao, A. K. Jain: In *Proc. 11ICPR, Int. Conf. on Pattern Recognition* (IEEE Comput. Soc. Press, Los Alamitos, CA 1992) p. 41
[3.37] P. Koikkalainen: In *Proc. ECAI 94, 11th European Conf. on Artificial Intelligence*, ed.by A. Cohn (Wiley, New York, NY 1994) p. 211
[3.38] P. Koikkalainen: In *Proc. ICANN, Int. Conf. on Artificial Neural Networks* (Paris, France 1995) p. II-63
[3.39] T. Kohonen: Report A33 (Helsinki University of Technology, Laboratory of Computer and Information Science, Espoo 1996)
[3.40] J. S. Rodrigues, L. B. Almeida: In *Proc. INNC'90, Int. Neural Networks Conference* (Kluwer, Dordrecht, Netherlands 1990) p. 813
[3.41] J. S. Rodrigues, L. B. Almeida: In *Neural Networks: Advances and Applications*, ed. by E. Gelenbe (North-Holland, Amsterdam, Netherlands 1991) p. 63
[3.42] B. Fritzke: In *Proc. IJCNN'91, Int. Joint Conf. on Neural Networks* (IEEE Service Center, Piscataway, NJ 1991) p. 531
[3.43] B. Fritzke: In *Artificial Neural Networks*, ed. by T. Kohonen, K. Mäkisara, O. Simula, J. Kangas (North-Holland, Amsterdam, Netherlands 1991) p. I-403
[3.44] B. Fritzke: Arbeitsbericht des IMMD, Universität Erlangen-Nürnberg 25, 9 (1992)

[3.45] B. Fritzke: In *Artificial Neural Networks, 2*, ed. by I. Aleksander, J. Taylor (North-Holland, Amsterdam, Netherlands 1992) p. II-1051

[3.46] B. Fritzke: PhD Thesis (Technische Fakultät, Universität Erlangen-Nürnberg, Erlangen, Germany 1992)

[3.47] B. Fritzke: In *Advances in Neural Information Processing Systems 5*, ed. by L. Giles, S. Hanson, J. Cowan (Morgan Kaufmann, San Mateo, CA 1993) p. 123

[3.48] B. Fritzke: In *Proc. 1993 IEEE Workshop on Neural Networks for Signal Processing* (IEEE Service Center, Piscataway, NJ 1993)

[3.49] B. Fritzke: Technical Report TR-93-026 (Int. Computer Science Institute, Berkeley, CA 1993)

[3.50] B. Fritzke: In *Proc. ICANN'93, Int. Conf. on Artificial Neural Networks*, ed. by S. Gielen, B. Kappen (Springer, London, UK 1993) p. 580

[3.51] J. Blackmore, R. Miikkulainen: Technical Report TR AI92-192 (University of Texas at Austin, Austin, TX 1992)

[3.52] J. Blackmore, R. Miikkulainen: In *Proc. ICNN'93, Int. Conf. on Neural Networks* (IEEE Service Center, Piscataway, NJ 1993) p. I-450

[3.53] C. Szepesvári, A. Lőrincz: In *Proc. ICANN-93, Int. Conf. on Artificial Neural Networks*, ed. by S. Gielen, B. Kappen (Springer, London, UK 1993) p. 678

[3.54] C. Szepesvári, A. Lőrincz: In *Proc. WCNN'93, World Congress on Neural Networks* (INNS, Lawrence Erlbaum, Hillsdale, NJ 1993) p. II-497

第 4 章

[4.1] A. R. Tunturi: *Am. J. Physiol.* **168**, 712 (1952)

[4.2] M. M. Merzenich, P. L. Knight, G. L. Roth: *J. Neurophysiol.* **38**, 231 (1975)

[4.3] E. G. Jones, A. Peters, eds.: *Cerebral Cortex, vol. 2* (Plenum Press, New York, London 1984)

[4.4] C. D. Gilbert: *Neuron* **9**, 1 (1992)

[4.5] S. Kaski, T. Kohonen: *Neural Networks* **7**, 973 (1994)

[4.6] W. C. Abraham, M. F. Bear: *Trends Neurosci.* **19**, 126 (1996)

[4.7] D. V. Buonomano, M. M. Merzenich: *Annu. Rev. Neurosci.* **21**, 149 (1998)

第 5 章

[5.1] W. H. Press, B. P. Flannery, S. A. Teukolsky, W. T. Vetterling: *Numerical Recipes in C – The Art of Scientific Computing* (Press Syndicate of the University of Cambridge, Cambridge University Press 1988)

[5.2] J. Kangas, T. Kohonen, J. Laaksonen, O. Simula, O. Ventä: In *Proc. IJCNN'89, Int. Joint Conf. on Neural Networks* (IEEE Service Center, Piscataway, NJ 1989) p. II-517

[5.3] T. Martinetz, K. Schulten: In *Proc. Int. Conf. on Artificial Neural Networks* (Espoo, Finland), ed. by T. Kohonen, K. Mäkisara, O. Simula, J. Kangas (North-Holland, Amsterdam, Netherlands 1991) p. I-397

[5.4] T. M. Martinetz, S. G. Berkovich, K. J. Schulten: IEEE Trans. on Neural Networks **4**, 558 (1993)

[5.5] J. Lampinen, E. Oja: In *Proc. 6 SCIA, Scand. Conf. on Image Analysis*, ed. by M. Pietikäinen, J. Röning (Suomen Hahmontunnistustutkimuksen seura r.y., Helsinki, Finland 1989) p. 120

[5.6] P. Koikkalainen, E. Oja: In *Proc. IJCNN-90, Int. Joint Conf. on Neural Networks* (IEEE Service Center, Piscataway, NJ 1990) p. 279

[5.7] P. Koikkalainen: In *Proc. Symp. on Neural Networks in Finland*, ed. by A. Bulsari, B. Saxén (Finnish Artificial Intelligence Society, Helsinki, Finland 1993) p. 51

[5.8] K. K. Truong: In *ICASSP'91, Int. Conf. on Acoustics, Speech and Signal Processing* (IEEE Service Center, Piscataway, NJ 1991) p. 2789

[5.9] W. Wan, D. Fraser: In *Proc. IJCNN-93-Nagoya, Int. Joint Conf. on Neural Networks* (IEEE Service Center, Piscataway, NJ 1993) p. III-2464

[5.10] W. Wan, D. Fraser: In *Proc. of 5th Australian Conf. on Neural Networks*, ed. by A. C. Tsoi, T. Downs (University of Queensland, St Lucia, Australia 1994) p. 17

[5.11] N. M. Allinson, M. T. Brown, M. J. Johnson: In *IEE Int. Conf. on Artificial Neural Networks, Publication 313* (IEE, London, UK 1989) p. 261

[5.12] N. M. Allinson, M. J. Johnson: In *New Developments in Neural Computing*, ed. by J. G. Taylor, C. L. T. Mannion (Adam-Hilger, Bristol, UK 1989) p. 79

[5.13] R. Sedgewick: *Algorithms* (Addison-Wesley, Reading, MA 1983)

[5.14]   J. Kangas: In *Proc. IJCNN-90-San Diego, Int. Joint Conf. on Neural Networks* (IEEE Comput. Soc. Press, Los Alamitos, CA 1990) p. II-331

[5.15]   J. Kangas: In *Artificial Neural Networks*, ed. by T. Kohonen, K. Mäkisara, O. Simula, J. Kangas (North-Holland, Amsterdam, Netherlands 1991) p. II-1591

[5.16]   J. Kangas: In *Proc. ICASSP'91, Int. Conf. on Acoustics, Speech and Signal Processing* (IEEE Service Center, Piscataway, NJ 1991) p. 101

[5.17]   J. Kangas: In *Artificial Neural Networks, 2*, ed. by I. Aleksander, J. Taylor (North-Holland, Amsterdam, Netherlands 1992) p. I-117

[5.18]   J. Kangas: PhD Thesis (Helsinki University of Technology, Espoo, Finland 1994)

[5.19]   T. Kohonen: Report A42 (Helsinki University of Technology, Laboratory of Computer and Information Science, Espoo, Finalnd 1996)

[5.20]   T. Kohonen, P. Somervuo: In *Proc. WSOM'97, Workshop on Self-Organizing Maps* (Helsinki University of Technology, Neural Networks Research Centre, Espoo, Finland 1997) p. 2

[5.21]   R. Kalman, R. Bucy: J. Basic Engr. 83, 95 (1961)

[5.22]   T. Kohonen, K. Mäkisara, T. Saramäki: In *Proc. 7ICPR, Int. Conf. on Pattern Recognition* (IEEE Computer Soc. Press, Los Alamitos, CA 1984) p. 182

[5.23]   T. Kohonen: Computer 21, 11 (1988)

[5.24]   T. Kohonen: In *Computational Intelligence, A Dynamic System Perspective*, ed. by M. Palaniswami, Y. Attikiouzel, R. J. Marks II, D. Fogel, T. Fukuda (IEEE Press, New York, NY 1995) p. 17

[5.25]   T. Kohonen: Biol. Cybernetics 75(4) 281 (1996)

[5.26]   T. Kohonen, S. Kaski, H. Lappalainen: Neural Computation 9, 1321 (1997)

[5.27]   J. Daugman: IEEE Trans. Syst., Man, Cybern. 13, 882 (1983)

[5.28]   I. Daubechies: IEEE Trans. Inf. Theory 36, 961 (1990)

[5.29]   J. Daugman: Visual Research 20, 847 (1980)

[5.30]   J. Daugman: J. Opt. Soc. Am. 2, 1160 (1985)

[5.31]   S. Marcelja: J. Opt. Soc. Am. 70, 1297 (1980)

[5.32]   J. Jones, L. Palmer: J. Neurophysiol. 58, 1233(1987)

第6章

[6.1]   T. Kohonen: In *Advanced Neural Networks*, ed. by R. Eckmiller (Elsevier, Amsterdam, Netherlands 1990) p. 137

[6.2]   T. Kohonen: In *Proc. IJCNN-90-San Diego, Int. Joint Conf. on Neural Networks* (IEEE Service Center, Piscataway, NJ 1990) p. I-545

[6.3]   T. Kohonen: In *Theory and Applications of Neural Networks, Proc. First British Neural Network Society Meeting* (BNNS, London, UK 1992) p. 235

[6.4]   T. Kohonen: In *Artificial Neural Networks*, ed. by T. Kohonen, K. Mäkisara, O. Simula, J. Kangas (North-Holland, Amsterdam, Netherlands 1991) p. II-1357

第7章

[7.1]   J. Buhmann, J. Lange, C. von der Malsburg: In *Proc. IJCNN 89, Int. Joint Conf. on Neural Networks* (IEEE Service Center, Piscataway, NJ 1990) p. I-155

[7.2]   H. Freeman: IRE Trans. EC-20, 260 (1961)

[7.3]   R. Haralick: In *Proc. 4IJCPR, Int. Joint Conf. on Pattern Recognition* (Pattern Recognition Soc. of Japan, Tokyo, Japan 1978) p. 45

[7.4]   M. Kasslin, J. Kangas, O. Simula: In *Artificial Neural Networks, 2*, ed. by I. Aleksander, J. Taylor (North-Holland, Amsterdam, Netherlands 1992) p. II-1531

[7.5]   M. Vapola, O. Simula, T. Kohonen, P. Meriläinen: In *Proc. ICANN'94, Int. Conf. on Artificial Neural Networks* (Springer-Verlag, Beriln, Heidelberg 1994) p. I-246

[7.6]   L. Leinonen, J. Kangas, K. Torkkola, A. Juvas: In *Artificial Neural Networks*, ed. by T. Kohonen, K. Mäkisara, O. Simula, J. Kangas (North-Holland, Amsterdam, Netherlands 1991) p. II-1385

[7.7]   L. Leinonen, J. Kangas, K. Torkkola, A. Juvas: J. Speech and Hearing Res. 35, 287 (1992)

[7.8]   K. Torkkola, J. Kangas, P. Utela, S. Kaski, M. Kokkonen, M. Kurimo, T. Kohonen: In *Artificial Neural Networks*, ed. by T. Kohonen, K. Mäkisara, O. Simula, J. Kangas (North-Holland, Amsterdam, Netherlands 1991) p. I-771

[7.9]   L. Rabiner: Proc. IEEE 77, 257 (1989)

[7.10]   K. Torkkola: In *Proc. COGNITIVA-90* (North-Holland, Amsterdam, Netherlands 1990) p. 637

[7.11] J. Mäntysalo, K. Torkkola, T. Kohonen: In *Proc. Int. Conf. on Spoken Language Processing* (University of Alberta, Edmonton, Alberta, Canada 1992) p. 539
[7.12] J. Mäntysalo, K. Torkkola, T. Kohonen: In *Proc. 2nd Workshop on Neural Networks for Speech Processing*, ed. by M. Gori (Edizioni Lint Trieste, Trieste, Italy 1993) p. 39
[7.13] J. Mäntysalo, K. Torkkola, T. Kohonen: In *Proc. ICANN'93, Int. Conf. on Artificial Neural Networks*, ed. by S. Gielen, B. Kappen (Springer, London, UK 1993) p. 389
[7.14] M. Kurimo, K. Torkkola: In *ICSLP-92, Proc. Int. Conf. on Spoken Language Processing* (Univ. of Alberta, Edmonton, Alberta, Canada 1992) p. I-543
[7.15] M. Kurimo, K. Torkkola: In *Proc. SPIE's Conf. on Neural and Stochastic Methods in Image and Signal Processing* (SPIE, Bellingham, WA 1992) p. 726
[7.16] M. Kurimo, K. Torkkola: In *Proc. Workshop on Neural Networks for Signal Processing* (IEEE Service Center, Piscataway, NJ 1992) p. 174
[7.17] M. Kurimo: In *Proc. EUROSPEECH-93, 3rd European Conf. on Speech, Communication, and Technology* (ESCA, Berlin 1993) p. III-1731
[7.18] M. Kurimo: In *Proc. Int. Symp. on Speech, Image Processing and Neural Networks* (IEEE Hong Kong Chapter of Signal Processing, Hong Kong 1994) p. II-718
[7.19] M. Kurimo: In *Proc. NNSP'94, IEEE Workshop on Neural Networks for Signal Processing* (IEEE Service Center, Piscataway, NJ 1994) p. 362
[7.20] M. Kurimo, P. Somervuo: In *Proc. ICSLP-96, Int. Conf. on Spoken Language Processing* (ICSLP, Philadelphia, PA 1996) p. 358
[7.21] M. Kurimo: In *Proc. WSOM'97, Workshop on Self-Organizing Maps* (Helsinki University of Technology, Neural Networks Research Centre, Espoo, Finland 1997) p. 8
[7.22] M. Kurimo: Computer Speech and Language 11, 321 (1997)
[7.23] M. Kurimo: *Acta Polytechnica Scandinavica, Mathematics, Computing, and Management in Engineering Series No. Ma 87* (The Finnish Academy of Technology, Espoo, Finland 1997)
[7.24] A. Visa: In *Proc. 5th European Signal Processing Conf.*, ed. by L. Torres, E. Masgrau, M. A. Lagunes (Elsevier, Amsterdam, Netherlands 1990) p. 991
[7.25] A. Visa: In *Proc. IJCNN-90-San Diego, Int. Joint Conf. on Neural Networks* (IEEE Service Center, Piscataway, NJ 1990) p. I-491
[7.26] A. Visa: PhD Thesis (Helsinki University of Technology, Espoo, Finland 1990)
[7.27] A. Visa: Report A13 (Helsinki University of Technology, Laboratory of Computer and Information Science, Espoo, Finland 1990)
[7.28] A. Visa, A. Langinmaa, U. Lindquist: In *Proc. TAPPI, Int. Printing and Graphic Arts Conf.* (Canadian Pulp and Paper Assoc., Montreal, Canada 1990) p. 91
[7.29] A. Visa: In *Proc. European Res. Symp. 'Image Analysis for Pulp and Paper Res. and Production'* (Center Technique du Papier, Grenoble, France 1991)
[7.30] A. Visa: Graphic Arts in Finland 20, 7 (1991)
[7.31] A. Visa, A. Langinmaa: In *Proc. IARIGAI*, ed. by W. H. Banks (Pentech Press, London, UK 1992)
[7.32] A. Visa, K. Valkealahti, O. Simula: In *Proc. IJCNN-91-Singapore, Int. Joint Conf. on Neural Networks* (IEEE Service Center, Piscataway, NJ 1991) p. 1001
[7.33] A. Visa: In *Proc. Applications of Artificial Neural Networks II, SPIE Vol. 1469* (SPIE, Bellingham, WA 1991) p. 820
[7.34] A. Visa: In *Proc. DECUS Finland ry. Spring Meeting* (DEC Users' Society, Helsinki, Finland 1992) p. 323
[7.35] A. Visa: In *Proc. 11ICPR, Int. Conf. on Pattern Recognition* (IEEE Computer Society Press, Los Alamitos, CA 1992) p. 101
[7.36] H. Ritter, T. Kohonen: Biol. Cyb. 61 241 (1989)
[7.37] J. C. Scholtes: PhD Thesis (University of Amsterdam, Amsterdam, Netherlands 1993)
[7.38] T. Honkela, V. Pulkki, T. Kohonen: In *Proc. ICANN-95, Int. Conf. on Artificial Neural Networks* (EC2, Nanterre, France 1995) p. II-3
[7.39] X. Lin, D. Soergel, G. Marchionini: In *Proc. 14th Ann. Int. ACM/SIGIR Conf. on R & D In Information Retrieval* (ACM, New York 1991) p. 262
[7.40] J. C. Scholtes: In *Proc. IJCNN'91, Int. Joint Conf. on Neural Networks* (IEEE Service Center, Piscataway, NJ 1991) p. 18
[7.41] D. Merkl, A. M. Tjoa, G. Kappel: In *Proc. ACNN'94, 5th Australian Conference on Neural Networks* (BrisBane, Australia 1994) p. 13
[7.42] J. Zavrel: MA Thesis (University of Amsterdam, Amsterdam, Netherlands 1995)
[7.43] D. Merkl: In *Proc. ICANN-95, Int. Conf on Artificial Neural Networks* (EC2, Nanterre, France 1995) p. II-239
[7.44] S. Kaski, T. Honkela, K. Lagus, T. Kohonen: Neurocomputing 21, 101 (1998)

[7.45]　G. Salton, M.J. McGill: *Introduction to Modern Information Retrieval* (McGraw-Hill, New York, NY 1983)

[7.46]　S. Deerwester, S. Dumais, G. Furnas, K. Landauer: J. Am. Soc. Inform. Sci. 41, 391 (1990)

[7.47]　S. Kaski: *Acta Polytechnica Scandinavica, Mathematics, Computing and Management in Engineering Series No 82* (The Finnish Academy of Technology, Espoo, Finland 1997)

[7.48]　S. Kaski: In *Proc. IJCNN'98, Int. Joint Conf. on Neural Networks* (IEEE Press, Piscataway, NJ 1998) p. 413

[7.49]　T. Kohonen: In *Proc. ICANN'98, 8th Int. Conf. on Artificial Neural Networks*, ed. by L. Niklasson, M. Boden, T. Ziemke (Springer, London, UK 1998) p. 65

[7.50]　D. Roussinov, H. Chen: CC-AI–Communication, Cognition and Artificial Intelligence 15, 81 (1998)

[7.51]　K. Lagus, S. Kaski: In *Proc. ICANN'99, Int. Conf. on Artificial Neural Networks* (IEE Press, London, UK 1999) p. 371

[7.52]　H. Ritter: In *Proc. ICANN'93, Int. Conf. on Artificial Neural Networks*, ed. by S. Gielen, B. Kappen (Springer, London, UK 1993) p. 568

[7.53]　H. Ritter: In *Proc. ICANN'94, Int. Conf. on Artificial Neural Networks*, ed. by M. Marinaro, P.G. Morasso (Springer, London, UK 1994) p. II-803

[7.54]　H. Ritter: In *Proc. ICANN'97, Int. Conf. on Artificial Neural Networks, vol. 1327 of Lecture Notes in Computer Science* (Springer, Berlin 1997) p. 675

[7.55]　J. G. Proakis: In *Advances in Communications Systems Theory and Applications*, Vol 4 (Academic Press, New York, NY 1975)

[7.56]　J. Henriksson: *Acta Polytechnica Scandinavica, Electrical Engineering Series No. 54* PhD Thesis (Helsinki, Finland 1984)

[7.57]　J. Henriksson, K. Raivio, T. Kohonen: Finnish Patent 85,548. U.S. Patent 5,233,635. Australian Patent 636,494.

[7.58]　T. Kohonen, K. Raivio, O. Simula, O. Ventä, J. Henriksson: In *Proc. IJCNN-90-San Diego, Int. Joint Conf. on Neural Networks* (IEEE Service Center, Piscataway, NJ 1990) p. I-223

[7.59]　T. Kohonen, K. Raivio, O. Simula, O. Ventä, J. Henriksson: In *Proc. IJCNN-90-WASH-DC, Int. Joint Conf. on Neural Networks* (Lawrence Erlbaum, Hillsdale, NJ 1990) p. II-249

[7.60]　T. Kohonen, K. Raivio, O. Simula, J. Henriksson: In *Proc. ICANN-91, Int. Conf. on Artificial Neural Networks* (North-Holland, Amsterdam, Netherlands) p. II-1677

[7.61]　T. Kohonen, K. Raivio, O. Simula, O. Ventä, J. Henriksson: In *Proc. IEEE Int. Conf. on Communications* (IEEE Service Center, Piscataway, NJ 1992) p. III-1523

[7.62]　J. Kangas, T. Kohonen: In *Proc. IMACS, Int. Symp. on Signal Processing, Robotics and Neural Networks* (IMACS, Lille, France 1994) p. 19

[7.63]　J. Kangas: In *Proc. ICANN'95, Int. Conf. on Artificial Neural Networks* (EC2, Nanterre, France 1995) p. I-287

[7.64]　J. G. Proakis: *Digital Communications* 2nd ed. (McGraw-Hill, Computer Science Series, New York, NY 1989)

第 8 章

[8.1]　J.Vesanto, *Intelligent Data Analysis*, 3, p. 111-126 (1999)

第 9 章

[9.1]　K. Steinbuch: *Automat und Mensch* (Springer, Berlin, Heidelberg 1963)

[9.2]　B. Gilbert: IEEE J. Solid-State Circuits, SC-3 p. 365 (1968)

[9.3]　T. Kohonen: In *Proc. WCNN'93, World Congress on Neural Networks* (Lawrence Erlbaum, Hillsdale, NJ 1993) p. IV-1

[9.4]　J. Vuori, T. Kohonen: In Proc. ICNN'95, Int. Conf. on Neural Networks (IEEE Service Center, Piscataway, NJ 1995) p. IV-2019

[9.5]　V. Pulkki. M.Sc. Thesis (Helsinki University of Technology, Espoo, Finland 1994)

[9.6]　H. P. Siemon, A. Ultsch: In *Proc. INNC-90, Int. Neural Network Conf.* (Kluwer, Dordrecht, Netherlands 1990) p. 643

[9.7]　R. Togneri, Y. Attikiouzel: In *Proc. IJCNN-91-Singapore, Int. Joint Conf. on Neural Networks* (IEEE Comput. Soc. Press, Los Alamitos, CA 1991) p. II-1717

[9.8]　F. Blayo, C. Lehmann: In *Proc. INNC 90, Int. Neural Network Conf.* (Kluwer, Dordrecht, Netherlands 1990)

[9.9] R. Mann, S. Haykin: In *Proc. IJCNN-90-WASH-DC, Int. Joint Conf. on Neural Networks* (Lawrence Erlbaum, Hillsdale, NJ 1990) p. II-84

[9.10] C. Lehmann, F. Blayo: In *Proc. VLSI for Artificial Intelligence and Neural Networks*, ed. by J. G. Delgado-Frias, W. R. Moore (Plenum, New York, NY 1991) p. 325

[9.11] H. Speckmann, P. Thole, W. Rosentiel: In *Artificial Neural Networks, 2*, ed. by I. Aleksander, J. Taylor (North-Holland, Amsterdam, Netherlands 1992) p. II-1451

[9.12] H. Speckmann, P. Thole, W. Rosenstiel: In *Proc. ICANN-93, Int. Conf. on Artificial Neural Networks*, ed. by S. Gielen, B. Kappen (Springer, London, UK 1993) p. 1040

[9.13] H. Speckmann, P. Thole, W. Rosenthal: In *Proc. IJCNN-93-Nagoya, Int. Joint Conf. on Neural Networks* (IEEE Service Center, Piscataway, NJ 1993) p. II-1951

[9.14] M. S. Melton, T. Phan, D. S. Reeves, D. E. Van den Bout: IEEE Trans. on Neural Networks 3, 375 (1992)

[9.15] S. Rüping, M. Porrman, U. Rückert: In *Proc. WSOM'97, Workshop on Self-Organizing Maps* (Helsinki University of Technology, Neural Networks Research Centre, Espoo, Finland 1997) p. 136

[9.16] S. Rüping: *VLSI-gerechte Umsetzung von Selbstorganisierenden Karten und ihre Einbindung in ein Neuro-Fuzzy Analysesystem*; Fortschritt-Berichte VDI, Reihe 9: Elektronik (VDI Verlag, Düsseldorf, Germany 1995)

[9.17] S. Rüping, U. Rückert, K. Goser: New Trends in Neural Computation, Lecture Notes in Computer Science 686, ed. by J. Mira, J. Cabestony, A. Prieto (Springer, Berlin, Germany 1993) p. 488

[9.18] S. Rüping, K. Goser, U. Rückert: IEEE Micro 15, 57 (1995)

[9.19] S. Rüping, U. Rückert: In Proc. MicroNeuro'96, Fifth Int. Conf. on Microelectronics for Neural Networks and Fuzzy Systems (Lausanne, Switzerland 1996) p. 285

[9.20] U. Rückert: *IEE-Proc. Publication No. 395* (IEE, Norwich, UK 1994) p. 372

第10章

[10.1] H. Tokutaka, S. Kishida and K. Fujimura, *Applications of Self-Organizing Maps*, Kaibundo, Tokyo, Japan, 1999. (In Japanese)

[10.2] M.M. Van Hulle: *Faithful Representations and Topographic Maps: From Distortion- to Information-Based Self-Organization* (Wiley, New York, NY 2000)

[10.3] G. Deboeck and T. Kohonen (eds.): *Visual Explorations in Finance with Self-Organizing Maps* (Springer, London, UK 1998)

[10.4] *Proc. WSOM'97, Workshop on Self-Organizing Maps* (Helsinki Univ. of Technology, Neural Networks Research Centre, Espoo, Finland 1997)

[10.5] E. Oja (ed.): Neurocomputing, Special Volume on Self-Organizing Maps, vol. 21, Nos 1-3 (October 1998)

[10.6] E. Oja, S. Kaski (eds.) *Kohonen Maps* (Elsevier, Amsterdam, Netherlands 1999)

[10.7] T. Kohonen: Proc. IEEE 78, 1464 (1990)

[10.8] M. Cottrell, J. C. Fort, G. Pagés: In *Proc. ESANN'94, European Symposium on Neural Networks*, ed.by M. Verleysen (D Facto Conference Services, Brussels, Belgium 1994) p. 235

[10.9] M. Cottrell, J. C. Fort, G. Pagés: In *Proc. WSOM'97, Workshop on Self-Organizing Maps* (Helsinki University of Technology, Neural Networks Research Centre, Espoo, Finland 1997) p. 246

[10.10] N. V. Swindale: Proc. Royal Society of London, B 208, 243 (1980)

[10.11] S.-i. Amari: In *Dynamic Interactions in Neural Networks: Models and Data*, ed. by M. A. Arbib, S.-i. Amari (Springer, Berlin, Germany 1989) p. 15

[10.12] T. Kohonen: Neural Computation 11, 2081 (1999)

[10.13] G. Pagés: In *Proc. ESANN'93, European Symp. on Artificial Neural Networks* (D Facto Conference Services, Brussels, Belgium 1993) p. 221

[10.14] C. M. Bishop, M. Svensén, C. K. I. Williams: In *Advances in Neural Information Processing Systems 9* (MIT Press, Cambridge, MA 1997) p. 354

[10.15] C. M. Bishop, M. Svensén, C. K. I. Williams: Neural Computation 10, 215 (1998)

[10.16] H. M. Jung, J. H. Lee, C. W. Lee: J. Korean Institute of Telematics and Electronics 26, 228 (1989)

[10.17] B. Kappen, T. Heskes: In *Artificial Neural Networks, 2*, ed. by I. Aleksander, J. Taylor (North-Holland, Amsterdam, Netherlands 1992) p. I-71

[10.18] B. Kosko: In *Proc. IJCNN-90-Kyoto, Int. Joint Conf. on Neural Networks* (IEEE Service Center, Piscataway, NJ 1990) p. II-215

[10.19] R. Miikkulainen: Technical Report UCLA-AI-87-16 (Computer Science Department, University of California, Los Angeles, CA 1987)

[10.20] R. Miikkulainen, M. G. Dyer: In *Proc. 1988 Connectionist Models Summer School*, ed. by D. S. Touretzky, G. E. Hinton, T. J. Sejnowski (Morgan Kaufmann, San Mateo, CA 1989) p. 347

[10.21] G. Barna, K. Kaski: J. Physics A [Mathematical and General] **22**, 5174 (1989)

[10.22] M. Benaim: Neural Networks **6**, 655 (1993)

[10.23] J. C. Bezdek: Proc. SPIE – The Int. Society for Optical Engineering **1293**, 260 (1990)

[10.24] M. Blanchet, S. Yoshizawa, S.-I. Amari: In *Proc. IJCNN-93-Nagoya, Int. Joint Conf. on Neural Networks* (IEEE Service Center, Piscataway, NJ 1993) p. III-2476

[10.25] J. Buhmann, H. Kühnel: In *Proc. DCC'92, Data Compression Conf.*, ed. by J. A. Storer, M. Cohn (IEEE Comput. Soc. Press, Los Alamitos, CA 1992) p. 12

[10.26] J. Buhmann, H. Kühnel: IEEE Trans. Information Theory **39** (1993)

[10.27] J. Buhmann, H. Kühnel: Neural Computation **5**, 75 (1993)

[10.28] V. Chandrasekaran, M. Palaniswami, T. M. Caelli: In *Proc. WCNN'93, World Congress on Neural Networks* (Lawrence Erlbaum, Hillsdale, NJ 1993) p. IV-112

[10.29] V. Chandrasekaran, M. Palaniswami, T. M. Caelli: In *Proc. ICNN'93, Int. Conf. on Neural Networks* (IEEE Service Center, Piscataway, NJ 1993) p. III-1474

[10.30] C.-C. Chang, C.-H. Chang, S.-Y. Hwang: In *Proc. 11ICPR, Int. Conf. on Pattern Recognition* (IEEE Comput. Soc. Press, Los Alamitos, CA 1992) p. III-522

[10.31] R.-I. Chang, P.-Y. Hsiao: In *Proc. ICNN'93, Int. Conf. on Neural Networks* (IEEE Service Center, Piscataway, NJ 1993) p. I-103

[10.32] V. Cherkassky, H. Lari-Najafi: In *Proc. INNC'90, Int. Neural Network Conf.* (Kluwer, Dordrecht, Netherlands 1990) p. I-370

[10.33] V. Cherkassky, H. Lari-Najafi: In *Proc. INNC'90, Int. Neural Network Conf.* (Kluwer, Dordrecht, Netherlands 1990) p. II-838

[10.34] V. Cherkassky, H. Lari-Najafi: Neural Networks **4**, 27 (1991)

[10.35] V. Cherkassky, Y. Lee, H. Lari-Najafi: In *Proc. IJCNN 91, Int. Joint Conf. on Neural Networks* (IEEE Service Center, Piscataway, NJ 1991) p. I-79

[10.36] V. Cherkassky: In *Proc. Workshop on Neural Networks for Signal Processing*, ed. by S. Y. Kung, F. Fallside, J. A. Sorensen, C. A. Kamm (IEEE Service Center, Piscataway, NJ 1992) p. 511

[10.37] V. Cherkassky, H. Lari-Najafi: IEEE Expert **7**, 43 (1992)

[10.38] V. Cherkassky, F. Mulier: In *Proc. SPIE Conf. on Appl. of Artificial Neural Networks* (SPIE, Bellingham, WA 1992)

[10.39] A. C. C. Coolen, L. G. V. M. Lenders: J. Physics A [Mathematical and General] **25**, 2577 (1992)

[10.40] A. C. C. Coolen, L. G. V. M. Lenders: J. Physics A [Mathematical and General] **25**, 2593 (1992)

[10.41] G. R. D. Haan, O. Eğecioğlu: In *Proc. IJCNN'91, Int. Joint Conf. on Neural Networks* (IEEE Service Center, Piscataway, NJ 1991) p. 964

[10.42] D. DeSieno: In *Proc. ICNN'88, Int. Conf. on Neural Networks* (IEEE Service Center, Piscataway, NJ 1988) p. 117

[10.43] J. Göppert, W. Rosenstiel: In *Proc. ICANN'94, Int. Conf. on Artificial Neural Networks*, ed. by M. Marinaro, P. G. Morasso (Springer, London, UK 1994) p. I-330

[10.44] Z. He, C. Wu, J. Wang, C. Zhu: In *Proc. of 1994 Int. Symp. on Speech, Image Processing and Neural Networks* (IEEE Hong Kong Chapt. of Signal Processing, Hong Kong 1994) p. II-654

[10.45] A. Hoekstra, M. F. J. Drossaers: In *Proc. ICANN'93. Int. Conf. on Artificial Neural Networks*, ed. by S. Gielen, B. Kappen (Springer, London, UK 1993) p. 404

[10.46] R. M. Holdaway: In *Proc. IJCNN'89, Int. Joint Conf. on Neural Networks* (IEEE Service Center. Piscataway, NJ 1989) p. II-523

[10.47] R. M. Holdaway, M. W. White: Int. J. Neural Networks – Res. & Applications **1**, 227 (1990)

[10.48] R. M. Holdaway, M. W. White: Int. J. Bio-Medical Computing **25**, 151 (1990)

[10.49] L. Holmström, A. Hämäläinen: In *Proc. ICNN'93, Int. Conf. on Neural Networks* (IEEE Service Center, Piscataway, NJ 1993) p. I-417

[10.50] A. Hämäläinen: In *Proc. ICNN'94, Int. Conf. on Neural Networks* (IEEE Service Center, Piscataway, NJ 1994) p. 659

[10.51] A. Iwata, T. Tohma, H. Matsuo, N. Suzumura: Trans. of the Inst. of Electronics, Information and Communication Engineers **J73D-II**, 1261 (1990)

[10.52] A. Iwata, T. Tohma, H. Matsuo, N. Suzumura: In *INNC'90, Int. Neural Network Conf.* (Kluwer, Dordrecht, Netherlands 1990) p. I-83

[10.53] J.-X. Jiang, K.-C. Yi, Z. Hui: In *Proc. EUROSPEECH-91, 2nd European Conf. on Speech Communication and Technology* (Assoc. Belge Acoust.; Assoc. Italiana di Acustica; CEC; et al, Istituto Int. Comunicazioni, Genova, Italy 1991) p. I-125

[10.54] J. W. Jiang, M. Jabri: In *Proc. IJCNN'92, Int. Joint Conf. on Neural Networks* (IEEE Service Center, Piscataway, NJ 1992) p. II-510

[10.55] J. W. Jiang, M. Jabri: In *Proc. ACNN'92, Third Australian Conf. on Neural Networks*, ed. by P. Leong, M. Jabri (Sydney Univ, Sydney, NSW, Australia 1992) p. 235

[10.56] A. Kuh, G. Iseri, A. Mathur, Z. Huang: In *1990 IEEE Int. Symp. on Circuits and Systems* (IEEE Service Center, Piscataway, NJ 1990) p. IV-2512

[10.57] N. Kunstmann, C. Hillermeier, P. Tavan: In *Proc. ICANN'93. Int. Conf. on Artificial Neural Networks*, ed. by S. Gielen, B. Kappen (Springer, London, UK 1993) p. 504

[10.58] K.-P. Li: In *Artificial Neural Networks*, ed. by T. Kohonen, K. Mäkisara, O. Simula, J. Kangas (North-Holland, Amsterdam, Netherlands 1991) p. II-1353

[10.59] P. Martín-Smith, F. J. Pelayo, A. Diaz, J. Ortega, A. Prieto: In *New Trends in Neural Computation, Lecture Notes in Computer Science No. 686*, ed. by J. Mira, J. Cabestany, A. Prieto (Springer, Berlin, Germany 1993)

[10.60] T. Martinetz, K. Schulten: In *Proc. ICNN'93, Int. Conf. on Neural Networks* (IEEE Service Center, Piscataway, NJ 1993) p. II-820

[10.61] R. Miikkulainen: Connection Science 2, 83 (1990)

[10.62] R. Miikkulainen: In *Proc. 12th Annual Conf. of the Cognitive Science Society* (Lawrence Erlbaum, Hillsdale, NJ 1990) p. 447

[10.63] R. Miikkulainen: PhD Thesis (Computer Science Department, University of California, Los Angeles 1990). (Tech. Rep UCLA-AI-90-05)

[10.64] R. Miikkulainen: In *Proc. Int. Workshop on Fundamental Res. for the Next Generation of Natural Language Processing* (ATR International, Kyoto, Japan 1991)

[10.65] R. Miikkulainen, M. G. Dyer: Cognitive Science 15, 343 (1991)

[10.66] R. Miikkulainen: In *Artificial Neural Networks*, ed. by T. Kohonen, K. Mäkisara, O. Simula, J. Kangas (North-Holland, Amsterdam, Netherlands 1991) p. I-415

[10.67] R. Miikkulainen: Biol. Cyb. 66, 273 (1992)

[10.68] R. Miikkulainen: In *Proc. Integrating Symbol Processors and Connectionist Networks for Artificial Intelligence and Cognitive Modeling*, ed. by V. Honavar, L. Uhr (Academic Press, New York, NY 1994) p. 483-508

[10.69] R. Miikkulainen: In *Proc. Third Twente Workshop on Language Technology* (Computer Science Department, University of Twente, Twente, Netherlands 1993)

[10.70] A. Ossen: In *Proc. ICANN-93, Int. Conf. on Artificial Neural Networks*, ed. by S. Gielen, B. Kappen (Springer, London, UK 1993) p. 586

[10.71] K. Ozdemir, A. M. Erkmen: In *Proc. WCNN'93, World Congress on Neural Networks* (Lawrence Erlbaum, Hillsdale, NJ 1993) p. II-513

[10.72] H. Ritter: In *Proc. INNC'90 Int. Neural Network Conf.* (Kluwer, Dordrecht, Netherlands 1990) p. 898

[10.73] H. Ritter: In *Proc. ICANN-93 Int. Conf. on Artificial Neural Networks*, ed. by S. Gielen, B. Kappen (Springer, London, UK 1993) p. 568

[10.74] J. Sirosh, R. Miikkulainen: Technical Report AI92-191 (The University of Texas at Austin, Austin, TX 1992)

[10.75] J. Sirosh, R. Miikkulainen: Biol. Cyb. 71, 65 (1994)

[10.76] J. Sirosh, R. Miikkulainen: In *Proc. 1993 Connectionist Models Summer School* (Lawrence Erlbaum, Hillsdale, NJ 1994)

[10.77] J. Sirosh, R. Miikkulainen: In *Proc. ICNN'93 Int. Conf. on Neural Networks* (IEEE Service Center, Piscataway, NJ 1993) p. III-1360

[10.78] G. J. Tóth, T. Szakács, A. Lőrincz: Materials Science & Engineering B (Solid-State Materials for Advanced Technology) B18, 281 (1993)

[10.79] G. J. Tóth, T. Szakács, A. Lőrincz: In *Proc. WCNN'93, World Congress on Neural Networks* (Lawrence Erlbaum, Hillsdale, NJ 1993) p. III-127

[10.80] G. J. Tóth, A. Lőrincz: In *Proc. WCNN'93, World Congress on Neural Networks* (Lawrence Erlbaum, Hillsdale, NJ 1993) p. III-168

[10.81] G. J. Tóth, A. Lőrincz: In *Proc. ICANN-93, Int. Conf. on Artificial Neural Networks*, ed. by S. Gielen, B. Kappen (Springer, London, UK 1993) p. 605

[10.82] G. J. Tóth, T. Szakács, A. Lőrincz: In *Proc. ICANN-93 Int. Conf. on Artificial Neural Networks*, ed. by S. Gielen, B. Kappen (Springer, London, UK 1993) p. 861

[10.83] N. Tschichold-Gürman, V. G. Dabija: In *Proc. ICNN'93, Int. Conf. on Neural Networks* (IEEE Service Center, Piscataway, NJ 1993) p. I-281

[10.84] L. Z. Wang: In *Proc. IJCNN-93-Nagoya, Int. Joint Conf. on Neural Networks* (IEEE Service Center, Piscataway, NJ 1993) p. III-2452

[10.85] A. Wichert: In *Proc. WCNN'93, World Congress on Neural Networks* (Lawrence Erlbaum, Hillsdale, NJ 1993) p. IV-59

[10.86] P. Wu, K. Warwick: In *Proc. ICANN'91, Second Int. Conf. on Artificial Neural Networks (Conf. Publ. No.349)* (IEE, London, UK 1991) p. 350

[10.87] L. Xu, E. Oja: Res. Report 16 (Department of Information Technology, Lappeenranta Univ. of Technology, Lappeenranta, Finland 1989)

[10.88] L. Xu: Int. J. Neural Systems 1, 269 (1990)

[10.89] L. Xu, E. Oja: In *Proc. IJCNN-90-WASH-DC, Int. Joint Conf. on Neural Networks* (IEEE Service Center, Piscataway, NJ 1990) p. I-735

[10.90] H. Yin, R. Lengelle, P. Gaillard: In *Proc. IJCNN'91, Int. Joint Conf. on Neural Networks* (IEEE Service Center, Piscataway, NJ 1991) p. I-839

[10.91] M. Leman: *Music and Schema Theory: Cognitive Foundations of Systematic Musicology* (Springer, Berlin, Germany 1995)

[10.92] M. Johnson, N. Allinson: In *Proc. SPIE – The Int. Society for Optical Engineering Vol. 1197* (SPIE, Bellingham, WA 1989) p. 109

[10.93] M. J. Johnson, M. Brown, N. M. Allinson: In *Proc. Int. Workshop on Cellular Neural Networks and their Applications* (University of Budapest, Budapest, Hungary 1990) p. 254

[10.94] N. R. Ball, K. Warwick: In *Proc. INNC'90, Int. Neural Network Conference* (Kluwer, Dordrecht, Netherlands 1990) p. I-242

[10.95] B. Brückner, M. Franz, A. Richter: In *Artificial Neural Networks, 2*, ed. by I. Aleksander, J. Taylor (North-Holland, Amsterdam, Netherlands 1992) p. II-1167

[10.96] B. Brückner, W. Zander: In *Proc. WCNN'93, World Congress on Neural Networks* (Lawrence Erlbaum, Hillsdale, NJ 1993) p. III-75

[10.97] H.-L. Hung, W.-C. Lin: In *Proc. ICNN'94, Int. Conf. on Neural Networks* (IEEE Service Center, Piscataway, NJ 1994) p. 627

[10.98] C. Kemke, A. Wichert: In *Proc. WCNN'93, World Congress on Neural Networks* (Lawrence Erlbaum, Hillsdale, NJ 1993) p. III-45

[10.99] J. Lampinen, E. Oja: J. Mathematical Imaging and Vision 2, 261 (1992)

[10.100] J. Lampinen: In *Artificial Neural Networks, 2*, ed. by I. Aleksander, J. Taylor (North-Holland, Amsterdam, Netherlands 1992) p. II-1219

[10.101] P. Weierich, M. v. Rosenberg: In *Proc. ICANN'94, Int. Conf. on Artificial Neural Networks*, ed. by M. Marinaro, P. G. Morasso (Springer, London, UK 1994) p. I-246

[10.102] P. Weierich, M. v. Rosenberg: In *Proc. ICNN'94, Int. Conf. on Neural Networks* (IEEE Service Center, Piscataway, NJ 1994) p. 612

[10.103] J. Li, C. N. Manikopoulos: Proc. SPIE – The Int. Society for Optical Engineering 1199, 1046 (1989)

[10.104] Y. Cheng: In *Proc. IJCNN'92, Int. Joint Conf. on Neural Networks* (IEEE Service Center, Piscataway, NJ 1992) p. IV-785

[10.105] S. P. Luttrell: IEEE Trans. on Neural Networks 1, 229 (1990)

[10.106] M. Gersho, R. Reiter: In *Proc. IJCNN-90-San Diego, Int. Joint Conf. on Neural Networks* (IEEE Service Center, Piscataway, NJ 1990) p. II-111

[10.107] O. G. Jakubowicz: In *Proc. IJCNN'89, Int. Joint Conf. on Neural Networks* (IEEE Service Center, Piscataway, NJ 1989) p. II-23

[10.108] J. Koh, M. Suk, S. M. Bhandarkar: In *Proc. ICNN'93, Int. Conf. on Neural Networks* (IEEE Service Center, Piscataway, NJ 1993) p. III-1270

[10.109] S. P. Luttrell: In *Proc. ICNN'88, Int. Conf. on Neural Networks* (IEEE Service Center, Piscataway, NJ 1988) p. I-93

[10.110] S. P. Luttrell: In *Proc. 1st IEE Conf. of Artificial Neural Networks* (British Neural Network Society, London, UK 1989) p. 2

[10.111] S. P. Luttrell: Pattern Recognition Letters 10, 1 (1989)

[10.112] S. P. Luttrell: Proc. IEE Part I 136, 405 (1989)

[10.113] S. P. Luttrell: In *Proc. 2nd IEE Conf. on Artificial Neural Networks* (British Neural Network Society, London, UK 1991) p. 5

[10.114] S. P. Luttrell: Technical Report 4467 (RSRE, Malvern, UK 1991)

[10.115] D. P. W. Graham, G. M. T. D'Eleuterio: In *Proc. IJCNN-91-Seattle, Int. Joint Conf. on Neural Networks* (IEEE Service Center, Piscataway, NJ 1991) p. II-1002

[10.116] R. Hecht-Nielsen: Appl. Opt. 26, 4979 (1987)

[10.117] R. Hecht-Nielsen: In *Proc. ICNN'87, Int. Conf. on Neural Networks* (SOS Printing, San Diego, CA 1987) p. II-19

[10.118] R. Hecht-Nielsen: Neural Networks 1, 131 (1988)

[10.119] Y. Lirov: In *IJCNN'91, Int. Joint Conf. on Neural Networks* (IEEE Service Center, Piscataway, NJ 1991) p. II-455

[10.120]   T.-D. Chiueh, T.-T. Tang, L.-G. Chen: In *Proc. Int. Workshop on Application of Neural Networks to Telecommunications*, ed. by J. Alspector, R. Goodman, T. X. Brown (Lawrence Erlbaum, Hillsdale, NJ 1993) p. 259

[10.121]   T. Li, L. Fang, A. Jennings: Technical Report CS-NN-91-5 (Concordia University, Department of Computer Science, Montreal, Quebec, Canada 1991)

[10.122]   T.-D. Chiueh, T.-T. Tang, L.-G. Chen: IEEE Journal on Selected Areas in Communications 12, 1594 (1994)

[10.123]   H. J. Ritter: In *Proc. IJCNN'89, Int. Joint Conf. on Neural Networks, Washington DC* (IEEE Service Center, Piscataway, NJ 1989) p. II-499

[10.124]   H. Ritter: In *Proc. COGNITIVA'90* (Elsevier, Amsterdam, Netherlands 1990) p. II-105

[10.125]   H. Ichiki, M. Hagiwara, N. Nakagawa: In *Proc. IJCNN'91, Int. Conf. on Neural Networks* (IEEE Service Center, Piscataway, NJ 1991) p. I-357

[10.126]   H. Ichiki, M. Hagiwara, M. Nakagawa: In *Proc. ICNN'93, Int. Conf. on Neural Networks* (IEEE Service Center, Piscataway, NJ 1993) p. III-1944

[10.127]   L. Xu, E. Oja: In *Proc. IJCNN-90-WASH-DC, Int. Joint Conf. on Neural Networks* (Lawrence Erlbaum, Hillsdale, NJ 1990) p. II-531

[10.128]   D. S. Hwang, M. S. Han: In *Proc. ICNN'94, Int. Conf. on Neural Networks* (IEEE Service Center, Piscataway, NJ 1994) p. 742

[10.129]   A. S. Lazaro, L. Alonso, V. Cardenoso: In *Proc. Tenth IASTED Int. Conf. Applied Informatics*, ed. by M. H. Hamza (IASTED, Acta Press, Zurich, Switzerland 1992) p. 5

[10.130]   I. Yläkoski, A. Visa: In *Proc. 8SCIA, Scand. Conf. on Image Analysis* (NOBIM, Tromsø, Norway 1993) p. I-637

[10.131]   P. Koikkalainen, E. Oja: In *Proc. IJCNN-90-WASH-DC, Int. Joint Conf. on Neural Networks* (IEEE Service Center, Piscataway, NJ 1990) p. II-279

[10.132]   D.-I. Choi, S.-H. Park: Trans. Korean Inst. of Electrical Engineers 41, 533 (1992)

[10.133]   G. Barna: Report A4 (Helsinki Univ. of Technology, Lab. of Computer and Information Science, Espoo, Finland 1987)

[10.134]   B. Fritzke, P. Wilke: In *Proc. IJCNN-90-Singapore, Int. Joint Conf. on Neural Networks* (IEEE Service Center, Piscataway, NJ 1991) p. 929

[10.135]   A. Sakar, R. J. Mammone: IEEE Trans. on Computers 42, 291 (1993)

[10.136]   C. Szepesvári, L. Balázs, A. Lőrincz: Neural Computation 6, 441 (1994)

[10.137]   W. X. Wen, V. Pang, A. Jennings: In *Proc. ICNN'93, Int. Conf. on Neural Networks* (IEEE Service Center, Piscataway, NJ 1993) p. III-1469

[10.138]   B. Fritzke: In *Proc. ESANN'96, European Symp. on Artificial Neural Networks*, ed. by M. Verleysen (D Facto Conference Services, Brussels, Belgium 1996) p. 61

[10.139]   L. L. H. Andrew: In *Proc. ANZIIS'94, Aust. New Zealand Intell. Info. Systems Conf.* (IEEE Service Center, Piscataway, NJ 1994) p. 10

[10.140]   K. W. Chan, K. L. Chan: In *Proc. ICNN'95, IEEE Int. Conf. on Neural Networks*, (IEEE Service Center, Piscataway, NJ 1995) p. IV-1898

[10.141]   H.-U. Bauer, T. Villmann: In *Proc. ICANN'95, Int. Conf. on Artificial Neural Networks*, ed. by F. Fogelman-Soulié, P. Gallinari, (EC2, Nanterre, France 1995) p. I-69

[10.142]   V. Pulkki: Report A27 (Helsinki Univ. of Technology, Laboratory of Computer and Information Science, Espoo, Finland 1995)

[10.143]   E. Cervera, A. P. del Pobil: In *Proc. CAEPIA'95, VI Conference of the Spanish Association for Artificial Intelligence* (1995) p. 471

[10.144]   T. Fujiwara, K. Fujimura, H. Tokutaka, S. Kishida: Technical Report NC94-49 (The Inst. of Electronics, Information and Communication Engineers, Tottori University, Koyama, Japan 1994)

[10.145]   T. Fujiwara, K. Fujimura, H. Tokutaka, S. Kishida: Technical Report NC94-100 (The Inst. of Electronics, Information and Communication Engineers, Tottori University, Koyama, Japan 1995)

[10.146]   K. Fujimura, T. Yamagishi, H. Tokutaka, T. Fujiwara, S. Kishida: In *Proc. 3rd Int. Conf. on Fuzzy Logic, Neural Nets and Soft Computing* (Fuzzy Logic Systems Institute, Iizuka, Japan 1994) p. 71

[10.147]   K. Yamane, H. Tokutaka, K. Fujimura, S. Kishida: Technical Report NC94-36 (The Inst. of Electronics, Information and Communication Engineers, Tottori University, Koyama, Japan 1994)

[10.148]   H. Ritter: In *Proc. ICANN'93, Int. Conf. on Artificial Neural Networks*, ed.by S. Gielen, B. Kappen (Springer, London, UK 1993) p. 568

[10.149]   H. Ritter: In *Proc. ICANN'94, Int. Conf. on Artificial Neural Networks*, ed.by M. Marinaro, P. G. Morasso (Springer, London, UK 1994) p. II-803

[10.150]   J. Walter, H. Ritter: In In *Proc. ICANN'95, Int. Conf. on Artificial Neural Networks*, ed. by F. Fogelman-Soulié, P. Gallinari, (EC2, Nanterre, France 1995) p. I-95

[10.151] H. Ritter: In *Proc. ICANN'97, Int. Conf. on Artificial Neural Networks*, vol.1327 of Lecture Notes in Computer Science, ed.by W. Gerstner, A. Germand, M. Haster, J. D. Nicoud (Springer, Berlin, Germany, 1997) p. 675
[10.152] H. Hyötyniemi: In *Proc. ICANN'93, Int. Conf. on Artificial Neural Networks*, ed. by S. Gielen, B. Kappen (Springer, London, UK 1993) p. 850
[10.153] G. J. Chappell, J. G. Taylor: Neural Networks 6, 441 (1993)
[10.154] C. M. Privitera, P. Morasso: In *Proc. IJCNN-93-Nagoya, Int. Joint Conf. on Neural Networks* (IEEE Service Center, Piscataway, NJ 1993) p. III-2745
[10.155] J. K. Samarabandu, O. G. Jakubowicz: In *Proc. IJCNN-90-WASH-DC, Int. Joint Conf. on Neural Networks* (Lawrence Erlbaum, Hillsdale, NJ 1990) p. II-683
[10.156] V. V. Tolat, A. M. Peterson: In *Proc. IJCNN'89, Int. Joint Conf. on Neural Networks* (1989) p. II-561
[10.157] J. A. Zandhuis: Internal Report MPI-NL-TG-4/92 (Max-Planck-Institut für Psycholinguistik, Nijmegen, Netherlands 1992)
[10.158] J. C. Bezdek, E. C.-K. Tsao, N. R. Pal: In *Proc. IEEE Int. Conf. on Fuzzy Systems* (IEEE Service Center, Piscataway, NJ 1992) p. 1035
[10.159] Y. Lee, V. Cherkassky, J. R. Slagle: In *Proc. WCNN'94, World Congress on Neural Networks* (Lawrence Erlbaum, Hillsdale, NJ 1994) p. I-699
[10.160] H.-S. Rhee, K.-W. Oh: In *Proc. 3rd Int. Conf. on Fuzzy Logic, Neural Nets and Soft Computing* (Fuzzy Logic Systems Institute, Iizuka, Japan 1994) p. 335
[10.161] J. Sum, L.-W. Chan: In *Proc. ICNN'94, Int. Conf. on Neural Networks* (IEEE Service Center, Piscataway, NJ 1994) p. 1674
[10.162] J. Sum, L.-W. Chan: In *Proc. WCNN'94, World Congress on Neural Networks* (Lawrence Erlbaum, Hillsdale, NJ 1994) p. I-732
[10.163] F.-L. Chung, T. Lee: In *Proc. IJCNN-93-Nagoya, Int. Joint Conf. on Neural Networks* (IEEE Service Center, Piscataway, NJ 1993) p. III-2739
[10.164] F.-L. Chung, T. Lee: In *Proc. IJCNN-93-Nagoya, Int. Joint Conf. on Neural Networks* (IEEE Service Center, Piscataway, NJ 1993) p. III-2929
[10.165] Y. Sakuraba, T. Nakamoto, T. Moriizumi: Trans. Inst. of Electronics, Information and Communication Engineers J73D-II, 1863 (1990)
[10.166] Y. Sakuraba, T. Nakamoto, T. Moriizumi: Systems and Computers in Japan 22, 93 (1991)
[10.167] E. C.-K. Tsao, J. C. Bezdek, N. R. Pal: In *NAFIPS'92, NASA Conf. Publication 10112* (North American Fuzzy Information Processing Society, 1992) p. I-98
[10.168] E. C.-K. Tsao, W.-C. Lin, C.-T. Chen: Pattern Recognition 26, 553 (1993)
[10.169] E. C.-K. Tsao, H.-Y. Liao: In *Proc. ICANN'93, Int. Conf. on Artificial Neural Networks*, ed. by S. Gielen, B. Kappen (Springer, London, UK 1993) p. 249
[10.170] T. Yamaguchi, M. Tanabe, T. Takagi: In *Artificial Neural Networks*, ed. by T. Kohonen, K. Mäkisara, O. Simula, J. Kangas (North-Holland, Amsterdam, Netherlands 1991) p. II-1249
[10.171] T. Yamaguchi, M. Tanabe, K. Kuriyama, T. Mita: In *Int. Conf. on Control '91 (Conf. Publ. No.332)* (IEE, London, UK 1991) p. II-944
[10.172] T. Yamaguchi, T. Takagi, M. Tanabe: Electronics and Communications in Japan, Part 2 [Electronics] 75, 52 (1992)
[10.173] H. Bayer: In *Proc. ICANN'93, Int. Conf. on Artificial Neural Networks*, ed. by S. Gielen, B. Kappen (Springer, London, UK 1993) p. 620
[10.174] M.-S. Chen, H.-C. Wang: Pattern Recognition Letters 13, 315 (1992)
[10.175] T. Hrycej: Neurocomputing 4, 17 (1992)
[10.176] K.-R. Hsieh, W.-T. Chen: IEEE Trans. Neural Networks 4, 357 (1993)
[10.177] S. P. Luttrell: British Patent Application 9202752.3, 1992
[10.178] S. P. Luttrell: IEE Proc. F [Radar and Signal Processing] 139, 371 (1992)
[10.179] S. Midenet, A. Grumbach: In *Proc. INNC'90 Int. Neural Network Conf.* (Kluwer, Dordrecht, Netherlands 1990) p. II-773
[10.180] J.-C. Fort, G. Pagès: In *Proc. ESANN'94, European Symp. on Artificial Neural Networks*, ed. by M. Verleysen (D Facto Conference Services, Brussels, Belgium 1994) p. 257
[10.181] P. Thiran: In *Proc. ESANN'95, European Symposium on Artificial Neural Networks*, ed. by M. Verleysen (D Facto Conference Services, Brussels, Belgium 1993) p. 203
[10.182] M. Hagiwara: Neurocomputing 10, 71 (1996)
[10.183] J. Göppert, W. Rosenstiel: In *Proc. ESANN'95, European Symp. on Artificial Neural Networks*, ed. by M. Verleysen (D Facto Conference Services, Brussels, Belgium 1995) p. 15
[10.184] J. Göppert, W. Rosenstiel: In *Proc. ICANN'95, Int. Conf. on Artificial Neural Networks*, ed. by F. Fogelman-Soulié, P. Gallinari, (EC2, Nanterre, France 1995) p. II-69

[10.185] W.-P. Tai: In *Proc. ICANN'95, Int. Conf. on Artificial Neural Networks*, ed. by F. Fogelman-Soulié, P. Gallinari, (EC2, Nanterre, France 1995) p. II-33

[10.186] M. Herrmann: In *Proc. ICNN'95, IEEE Int. Conf. on Neural Networks*, (IEEE Service Center, Piscataway, NJ 1995) p.VI-2998

[10.187] K. Kiviluoto: In *Proc. ICNN'96, Int. Conf. on Neural Networks* (IEEE 1996 Service Center, Piscataway, NJ 1996) p. I-294

[10.188] I. Ahrns, J. Bruske, G. Sommer: In *Proc. ICANN'95, Int. Conf. on Artificial Neural Networks*, ed. by F. Fogelman-Soulié, P. Gallinari, (EC2, Nanterre, France 1995) p. II-141

[10.189] H. Copland, T. Hendtlass: In *Proc. ICNN'95, IEEE Int. Conf. on Neural Networks*, (IEEE Service Center, Piscataway, NJ 1995) p. I-669

[10.190] H. Hyötyniemi: In *Proc. EANN'95, Engineering Applications of Artificial Neural Networks* (Finnish Artificial Intelligence Society, Helsinki, Finland 1995) p. 147

[10.191] S. Jockusch, H. Ritter: Neural Networks 7, 1229 (1994)

[10.192] R.-I. Chang, P.-Y. Hsiao: In *Proc. ICNN'95, IEEE Int. Conf. on Neural Networks*, (IEEE Service Center, Piscataway, NJ 1995) p.V-2610

[10.193] M. Cottrell, E. de Bodt: In *Proc. ESANN'96, European Symp. on Artificial Neural Networks*, ed. by M. Verleysen (D Facto Conference Services, Brussels, Belgium 1996) p. 103

[10.194] G. Poggi: IEEE Trans. on Image Processing 5, 49 (1996)

[10.195] S. Rong, B. Bhanu: In *Proc. WCNN'95, World Congress on Neural Networks*, (INNS, Lawrence Erlbaum, Hillsdale, NJ 1995) p. I-552

[10.196] S.-I. Tanaka, K. Fujimura, H. Tokutaka, S. Kishida: Technical Report NC94-140 (The Inst. of Electronics, Information and Communication Engineers, Tottori University, Koyama, Japan 1995)

[10.197] N. Ueda, R. Nakano: Neural Networks 7, 1211 (1994)

[10.198] M. M. Van Hulle: In *Proc. NNSP'95, IEEE Workshop on Neural Networks for Signal Processing* (IEEE Service Center, Piscataway, NJ 1995) p. 95

[10.199] A. Varfis: In *Proc. of NATO ASI Workshop on Statistics and Neural Networks* (1993)

[10.200] S. Puechmorel, E. Gaubet: In *Proc. WCNN'95, World Congress on Neural Networks*, (Lawrence Erlbaum, Hillsdale, NJ 1995) p. I-532

[10.201] M. Kobayashi, K. Tanahashi, K. Fujimura, H. Tokutaka, S. Kishida: Technical Report NC95-163 (The Inst. of Electronics, Information and Communication Engineers, Tottori University, Koyama, Japan 1996)

[10.202] H. Speckmann, G. Raddatz, W. Rosenstiel: In *Proc. ICANN'94, Int. Conf. on Artificial Neural Networks*, ed. by M. Marinaro, P. G. Morasso (Springer, London, UK 1994) p. I-342

[10.203] Z.-Z. Wang, D.-W. Hu, Q.-Y. Xiao: In *Proc. ICNN'94, Int. Conf. on Neural Networks* (IEEE Service Center, Piscataway, NJ 1994) p. 2793

[10.204] C. Bouton, G. Pagès: *Self-Organization and Convergence of the One-Dimensional Kohonen Algorithm with Non Uniformly Distributed Stimuli* (Laboratoire de Probabilités, Université Paris VI, Paris, France 1992)

[10.205] C. Bouton, G. Pagès: *Convergence in Distribution of the One-Dimensional Kohonen Algorithms when the Stimuli Are Not Uniform* (Laboratoire de Probabilités, Université Paris VI, Paris, France 1992)

[10.206] C. Bouton, G. Pagès: *Auto-organisation de l'algorithme de Kohonen en dimension 1*, in *Proc. Workshop 'Aspects Theoriques des Reseaux de Neurones'*, ed. by M. Cottrell, M. Chaleyat-Maurel (Université Paris I, Paris, France 1992)

[10.207] C. Bouton, G. Pagès: *Convergence p.s. et en loi de l'algorithme de Kohonen en dimension 1*, in *Proc. Workshop 'Aspects Theoriques des Reseaux de Neurones'*, ed. by M. Cottrell, M. Chaleyat-Maurel (Université Paris I, Paris, France 1992)

[10.208] J.-C. Fort, G. Pagès: C. R. Acad. Sci. Paris p. 389 (1993)

[10.209] C. Bouton, G. Pagès: Stochastic Processes and Their Applications 47, 249 (1993)

[10.210] C. Bouton, G. Pagès: Adv. Appl. Prob. 26, 80 (1994)

[10.211] J.-C. Fort, G. Pagès: In *Proc. ICANN'94, International Conference on Artificial Neural Networks*, ed.by M. Marinaro, P. G. Morasso (Springer, London 1994) p. 318

[10.212] J.-C. Fort, G. Pagès: Ann. Appl. Prob. 5(4), 1177 (1995)

[10.213] M. Benaïm, J.-C. Fort, G. Pagès: In *Proc. ESANN'97, European Symposium on Neural Networks*, ed.by M. Verkysen (D Facto Conference Services, Brussels, Belgium 1997) p. 193

[10.214] J.-C. Fort, G. Pagès: Neural Networks 9(5), 773 (1995)

[10.215] J. A. Flanagan: PhD Thesis (Ecole Polytechnique Fédérale de Lausanne, Lausanne, Switzerland 1994)

[10.216] J. A. Flanagan: Neural Networks 6(7), 1185 (1996)

[10.217] J, A. Flanagan: To be published in *Proc. ESANN'2000, European Symposium on Artifical Neural Networks*

[10.218] J. A. Flanagan: To be published in *Proc. IJCNN'2000, Int. Joint Conf. on Neural Networks*

[10.219] P. Bak, C. Tang, K. Wiesenfeld: Phys. Rev A **38**, 364 (1987)

[10.220] P. Ružička: Neural Network World **4**, 413 (1993)

[10.221] T. Ae: Joho Shori **32**, 1301 (1991)

[10.222] S. C. Ahalt, A. K. Krishnamurty, P. Chen, D. E. Melton: Neural Networks **3**, 277 (1990)

[10.223] P. Ajjimarangsee, T. L. Huntsberger: In *Proc. 4th Conf. on Hypercubes, Concurrent Computers and Applications* (Golden Gate Enterprises, Los Altos, CA 1989) p. II-1093

[10.224] K. Akingbehin, K. Khorasani, A. Shaout: In *Proc. 2nd IASTED Int. Symp. Expert Systems and Neural Networks*, ed. by M. H. Hamza (Acta Press, Anaheim, CA 1990) p. 66

[10.225] N. M. Allinson: In *Theory and Applications of Neural Networks*, ed. by J. G. Taylor, C. L. T. Mannion (Springer, London, UK 1992) p. 101

[10.226] M. Andres, O. Schlüter, F. Spengler, H. R. Dinse: In *Proc. ICANN'94, Int. Conf. on Artificial Neural Networks*, ed. by M. Marinaro, P. G. Morasso (Springer, London, UK 1994) p. 306

[10.227] L. L. H. Andrew, M. Palaniswami: In *Proc. ICNN'94 IEEE Int. Conf. on Neural Networks* (IEEE Service Center, Piscataway, NJ 1994) p. 4159

[10.228] N. R. Ball: In *Artificial Neural Networks, 2*, ed. by I. Aleksander, J. Taylor (North-Holland, Amsterdam, Netherlands 1992) p. I-703

[10.229] N. R. Ball: In *Proc. ICANN'94, Int. Conf. on Artificial Neural Networks*, ed. by M. Marinaro, P. G. Morasso (Springer, London, UK 1994) p. I-663

[10.230] W. Banzhaf, H. Haken: Neural Networks **3**, 423 (1990)

[10.231] G. N. Bebis, G. M. Papadourakis: In *Artificial Neural Networks*, ed. by T. Kohonen, K. Mäkisara, O. Simula, J. Kangas (North-Holland, Amsterdam, Netherlands 1991) p. II-1111

[10.232] J. C. Bezdek, N. R. Pal: In *Proc. 5th IFSA World Congress '93 – Seoul, Fifth Int. Fuzzy Systems Association World Congress* (Korea Fuzzy Mathematics and Systems Society, Seoul, Korea 1993) p. I-36

[10.233] J. M. Bishop, R. J. Mitchell: In *Proc. IEE Colloquium on 'Neural Networks for Systems: Principles and Applications' (Digest No.019)* (IEE, London, UK 1991) p. 1

[10.234] M. de Bollivier, P. Gallinari, S. Thiria: In *Proc. IJCNN'90, Int. Joint Conf. on Neural Networks* (IEEE Service Center, Piscataway, NJ 1990) p. I-113

[10.235] M. de Bollivier, P. Gallinari, S. Thiria: In *Proc. INNC 90, Int. Neural Network Conf.* (Kluwer, Dordrecht, Netherlands 1990) p. II-777

[10.236] R. W. Brause: In *Proc. ICANN'94, Int. Conf. on Artificial Neural Networks*, ed. by M. Marinaro, P. G. Morasso (Springer, London, UK 1994) p. I-701

[10.237] M. Budinich, J. G. Taylor: In *Proc. ICANN'94, Int. Conf. on Artificial Neural Networks*, ed. by M. Marinaro, P. G. Morasso (Springer, London, UK 1994) p. I-347

[10.238] S. Cammarata: Sistemi et Impresa **35**, 688 (1989)

[10.239] M. Caudill: In *Proc. Fourth Annual Artificial Intelligence and Advanced Computer Technology Conference* (Tower Conf. Management, Glen Ellyn, IL 1988) p. 298

[10.240] M. Caudill: AI Expert **8**, 16 (1993)

[10.241] R.-I. Chang, P.-Y. Hsiao: In *Proc. 1994 Int. Symp. on Speech, Image Processing and Neural Networks* (IEEE Hong Kong Chapt. of Signal Processing, Hong Kong 1994) p. I-85

[10.242] J. Chao, K. Minowa, S. Tsujii: In *Proc. ICANN'94, Int. Conf. on Artificial Neural Networks*, ed. by M. Marinaro, P. G. Morasso (Springer, London, UK 1994) p. II-1460

[10.243] S. Clippingdale, R. Wilson: In *Proc. IJCNN-93-Nagoya, Int. Joint Conf. on Neural Networks* (IEEE Service Center, Piscataway, NJ 1993) p. III-2504

[10.244] A. M. Colla, N. Longo, G. Morgavi, S. Ridella: In *Proc. ICANN'94, Int. Conf. on Artificial Neural Networks*, ed. by M. Marinaro, P. G. Morasso (Springer, London, UK 1994) p. I-230

[10.245] M. Cottrell, J.-C. Fort: Biol. Cyb. **53**, 405 (1986)

[10.246] M. Cottrell, J.-C. Fort, G. Pagès: Technical Report 31 (Université Paris 1, Paris, France 1994)

[10.247] D. D'Amore, V. Piuri: In *Proc. IMACS Int. Symp. on Signal Processing, Robotics and Neural Networks* (IMACS, Lille, France 1994) p. 534

[10.248] G. R. D. Haan, Ö. Eğecioğlu: In *Proc. IJCNN'91, Int. Joint Conf. on Neural Networks* (IEEE Service Center, Piscataway, NJ 1991) p. I-887

[10.249] P. Demartines, F. Blayo: Complex Systems **6**, 105 (1992)

[10.250] R. Der, M. Herrmann: In *Proc. ICANN'93, Int. Conf. on Artificial Neural Networks*, ed. by S. Gielen, B. Kappen (Springer, London, UK 1993) p. 597

[10.251] R. Der, M. Herrmann: In *Proc. ICANN'94, Int. Conf. on Artificial Neural Networks*, ed. by M. Marinaro, P. G. Morasso (Springer, London, UK 1994) p. I-322

[10.252] I. Dumitrache, C. Buiu: In *Proc. IMACS Int. Symp. on Signal Processing, Robotics and Neural Networks* (IMACS, Lille, France 1994) p. 530

[10.253] S. J. Eglen, G. Hill, F. J. Lazare, N. P. Walker: GEC Review 7, 146 (1992)

[10.254] M. Eldracher, H. Geiger: In *Proc. ICANN'94, Int. Conf. on Artificial Neural Networks*, ed. by M. Marinaro, P. G. Morasso (Springer, London, UK 1994) p. I-771

[10.255] H. Elsherif, M. Hambaba: In *Proc. ICNN'94, Int. Conf. on Neural Networks* (IEEE Service Center, Piscataway, NJ 1994) p. 535

[10.256] P. Érdi, G. Barna: Biol. Cyb. 51, 93 (1984)

[10.257] E. Erwin, K. Obermayer, K. Schulten: In *Proc. Fourth Conf. on Neural Networks*, ed. by S. I. Sayegh (Indiana University at Fort Wayne, Fort Wayne, IN 1992) p. 115

[10.258] W. Fakhr, M. Kamel, M. I. Elmasry: In *Proc. ICNN'94, Int. Conf. on Neural Networks* (IEEE Service Center, Piscataway, NJ 1994) p. 401

[10.259] W. Fakhr, M. Kamel, M. I. Elmasry: In *Proc. WCNN'94, World Congress on Neural Networks* (Lawrence Erlbaum, Hillsdale, NJ 1994) p. III-123

[10.260] E. Fiesler: In *Proc. ICANN'94, Int. Conf. on Artificial Neural Networks*, ed. by M. Marinaro, P. G. Morasso (Springer, London, UK 1994) p. I-793

[10.261] J. A. Flanagan, M. Hasler: In *Proc. Conf. on Artificial Intelligence Res. in Finland*, ed. by C. Carlsson, T. Järvi, T. Reponen, Number 12 in Conf. Proc. of Finnish Artificial Intelligence Society (Finnish Artificial Intelligence Society, Helsinki, Finland 1994) p. 13

[10.262] D. Flotzinger, M. Pregenzer, G. Pfurtscheller: In *Proc. ICNN'94, Int. Conf. on Neural Networks* (IEEE Service Center, Piscataway, NJ 1994) p. 3448

[10.263] F. Fogelman-Soulié, P. Gallinari: Bull. de liaison de la recherche en informatique et en automatique, p. 19 (1989)

[10.264] T. Fomin, C. Szepesvári, A. Lörincz: In *Proc. ICNN'94, Int. Conf. on Neural Networks* (IEEE Service Center, Piscataway, NJ 1994) p. 2777

[10.265] J.-C. Fort, G. Pagès: In *Proc. ICANN'94, Int. Conf. on Artificial Neural Networks*, ed. by M. Marinaro, P. G. Morasso (Springer, London, UK 1994) p. 318

[10.266] J.-C. Fort, G. Pagès: Technical Report 29 (Université Paris 1, Paris, France 1994)

[10.267] B. Fritzke: In *Artificial Neural Networks 2*, ed. by I. Aleksander, J. Taylor (North-Holland, Amsterdam, Netherlands 1992) p. 1273

[10.268] K. Fujimura, T. Yamagishi, H. Tokutaka, T. Fujiwara, S. Kishida: In *Proc. 3rd Int. Conf. on Fuzzy Logic, Neural Nets and Soft Computing* (Fuzzy Logic Systems Institute, Iizuka, Japan 1994) p. 71

[10.269] S. Garavaglia: In *Proc. WCNN'94, World Congress on Neural Networks* (Lawrence Erlbaum, Hillsdale, NJ 1994) p. I-502

[10.270] L. Garrido (ed.). *Statistical Mechanics of Neural Networks. Proc. XI Sitges Conference* (Springer, Berlin, Germany 1990)

[10.271] M. Gersho, R. Reiter: In *Proc. INNC'90, Int. Neural Network Conf.* (Kluwer, Dordrecht, Netherlands 1990) p. I-361

[10.272] T. Geszti: *Physical Models of Neural Networks* (World Scientific, Singapore 1990)

[10.273] J. Heikkonen: PhD Thesis (Lappeenranta University of Technology, Lappeenranta, Finland 1994)

[10.274] J. Henseler: PhD Thesis (University of Limburg, Maastricht, Netherlands 1993)

[10.275] J. A. Hertz, A. Krogh, R. G. Palmer: *Introduction to the Theory of Neural Computation* (Addison-Wesley, Redwood City, CA 1991)

[10.276] T. Heskes, S. Gielen: Phys. Rev. A **44**, 2718 (1991)

[10.277] T. Heskes, B. Kappen, S. Gielen: In *Artificial Neural Networks*, ed. by T. Kohonen, K. Mäkisara, O. Simula, J. Kangas (North-Holland, Amsterdam, Netherlands 1991) p. I-15

[10.278] T. Heskes, B. Kappen: Physical Review A **45**, 8885 (1992)

[10.279] T. Heskes, E. Slijpen, B. Kappen: Physical Review A **46**, 5221 (1992)

[10.280] T. Heskes, E. Slijpen: In *Artificial Neural Networks, 2*, ed. by I. Aleksander, J. Taylor (North-Holland, Amsterdam, Netherlands 1992) p. I-101

[10.281] T. Heskes, B. Kappen: In *Mathematical Foundations of Neural Networks*, ed. by J. Taylor (Elsevier, Amsterdam, Netherlands 1993)

[10.282] T. Heskes: PhD Thesis (Katholieke Universiteit Nijmegen, Nijmegen, Netherlands 1993)

[10.283] A. Hiotis: AI Expert **8**, 38 (1993)

[10.284] R. E. Hodges, C.-H. Wu: In *Proc. ISCAS'90, Int. Symp. on Circuits and Systems* (IEEE Service Center, Piscataway, NJ 1990) p. I-204

[10.285] R. Hodges, C.-H. Wu: In *Proc. IJCNN'90-Wash, Int. Joint Conf. on Neural Networks* (Lawrence Erlbaum, Hillsdale, NJ 1990) p. I-517

[10.286] L. Holmström, T. Kohonen: In *Tekoälyn ensyklopedia*, ed. by E. Hyvönen, I. Karanta, M. Syrjänen (Gaudeamus, Helsinki, Finland 1993) p. 85

[10.287] T. Hrycej: In *Proc. IJCNN'90-San Diego, Int. joint Conf. on Neural Networks* (IEEE Service Center, Piscataway, NJ 1990) p. 2-307

[10.288] T. L. Huntsberger, P. Ajjimarangsee: Int. J. General Systems **16**, 357 (1990)

[10.289] J. Iivarinen, T. Kohonen, J. Kangas, S. Kaski: In *Proc. Conf. on Artificial Intelligence Res. in Finland*, ed. by C. Carlsson, T. Järvi, T. Reponen, Number 12 in Conf. Proc. of Finnish Artificial Intelligence Society (Finnish Artificial Intelligence Society, Helsinki, Finland 1994) p. 122

[10.290] S. Jockusch: In *Parallel Processing in Neural Systems and Computers*, ed. by R. Eckmiller, G. Hartmann, G.Hauske (Elsevier, Amsterdam, Netherlands 1990) p. 169

[10.291] T.-P. Jung, A. K. Krishnamurthy, S. C. Ahalt: In *Proc. IJCNN-90-San Diego, Int. Joint Conf. on Neural Networks* (IEEE Service Center, Piscataway, NJ 1990) p. III-251

[10.292] C. Jutten, A. Guerin, H. L. N. Thi: In *Proc. IWANN'91, Int. Workshop on Artificial Neural Networks*, ed. by A. Prieto (Springer, Berlin, Heidelberg 1991) p. 54

[10.293] I. T. Kalnay, Y. Cheng: In *IJCNN-91-Seattle, Int. Joint Conf. on Neural Networks* (IEEE Service Center, Piscataway, NJ 1991) p. II-981

[10.294] B.-H. Kang, D.-S. Hwang, J.-H. Yoo: In *Proc. 3rd Int. Conf. on Fuzzy Logic, Neural Nets and Soft Computing* (Fuzzy Logic Systems Institute, Iizuka, Japan 1994) p. 333

[10.295] J. Kangas, T. Kohonen: In *Proc. IMACS Int. Symp. on Signal Processing, Robotics and Neural Networks* (IMACS, Lille, France 1994) p. 19

[10.296] D. Keymeulen, J. Decuyper: In *Toward a Practice of Autonomous Systems. Proc. First European Conf. on Artificial Life*, ed. by F. J. Varela, P. Bourgine (MIT Press, Cambridge, MA 1992) p. 64

[10.297] C. Khunasaraphan, T. Tanprasert, C. Lursinsap: In *Proc. WCNN'94, World Congress on Neural Networks* (Lawrence Erlbaum, Hillsdale, NJ 1994) p. IV-234

[10.298] D. S. Kim, T. L. Huntsberger: In *Tenth Annual Int. Phoenix Conf. on Computers and Communications* (IEEE Comput. Soc. Press, Los Alamitos, CA 1991) p. 39

[10.299] K. Y. Kim, J. B. Ra: In *Proc. IJCNN-93-Nagoya, Int. Joint Conf. on Neural Networks* (IEEE Service Center, Piscataway, NJ 1993) p. II-1219

[10.300] J. Kim, J. Ahn, C. S. Kim, H. Hwang, S. Cho: In *Proc. ICNN'94, Int. Conf. on Neural Networks* (IEEE Service Center, Piscataway, NJ 1994) p. 692

[10.301] T. Kohonen: Report TKK-F-A450 (Helsinki University of Technology, Espoo, Finland 1981)

[10.302] T. Kohonen: Report TKK-F-A461 (Helsinki University of Technology, Espoo, Finland 1981)

[10.303] T. Kohonen: In *Competition and Cooperation in Neural Nets, Lecture Notes in Biomathematics, Vol. 45*, ed. by S.-i. Amari, M. A. Arbib (Springer, Berlin, Heidelberg 1982) p. 248

[10.304] T. Kohonen: In *Proc. Seminar on Frames, Pattern Recognition Processes, and Natural Language* (The Linguistic Society of Finland, Helsinki, Finland 1982)

[10.305] T. Kohonen: In *Topics in Technical Physics, Acta Polytechnica Scandinavica, Applied Physics Series No. 138*, ed. by V. Kelhä, M. Luukkala, T. Tuomi (Finnish Academy of Engineering Sciences, Helsinki, Finland 1983) p. 80

[10.306] T. Kohonen: In *Synergetics of the Brain*, ed. by E. Başar, H. Flohr, H. Haken, A. J. Mandell (Springer, Berlin, Heidelberg 1983) p. 264

[10.307] T. Kohonen: In *Proc. 3SCIA, Scand. Conf. on Image Analysis* (Studentlitteratur, Lund, Sweden 1983) p. 35

[10.308] T. Kohonen, P. Lehtiö: Tiede 2000 (Finland), No. 2, p. 19 (1983)

[10.309] T. Kohonen: In *Cybernetic Systems: Recognition, Learning, Self-Organization*, ed. by E. R. Caianiello, G. Musso (Res. Studies Press, Letchworth, UK 1984) p. 3

[10.310] T. Kohonen: Sähkö (Finland) **57**, 48 (1984)

[10.311] T. Kohonen: In *Proc. COGNITIVA 85* (North-Holland, Amsterdam, Netherlands 1985) p. 585

[10.312] T. Kohonen: In *Proc. of the XIV Int. Conf. on Medical Physics, Espoo, Finland, August 11-16* (Finnish Soc. Med. Phys. and Med. Engineering, Helsinki, Finland 1985) p. 1489

[10.313] T. Kohonen: In *Proc. 4SCIA, Scand. Conf. on Image Analysis* (Tapir Publishers, Trondheim, Norway 1985) p. 97

[10.314] T. Kohonen, K. Mäkisara: In *AIP Conf. Proc. 151, Neural Networks for Computing*, ed. by J. Denker (Amer. Inst. of Phys., New York, NY 1986) p. 271

[10.315] T. Kohonen: In *Physics of Cognitive Processes*, ed. by E. R. Caianiello (World Scientific, Singapore 1987) p. 258

[10.316] T. Kohonen: In *Second World Congr. of Neuroscience, Book of Abstracts. Neuroscience, Supplement to Volume 22* (1987) p. S100

[10.317] T. Kohonen: In *Proc. ICNN'87, Int. Conf. on Neural Networks* (IEEE Service Center, Piscataway, NJ 1987) p. I-79

[10.318] T. Kohonen: In *Optical and Hybrid Computing, SPIE Vol. 634* (SPIE, Bellingham, WA 1987) p. 248

[10.319] T. Kohonen: In *Computer Simulation in Brain Science*, ed. by R. M. J. Cotterill (Cambridge University Press, Cambridge, UK 1988) p. 12

[10.320] T. Kohonen: In *Kognitiotiede*, ed. by A. Hautamäki (Gaudeamus, Helsinki, Finland 1988) p. 100

[10.321] T. Kohonen: In *European Seminar on Neural Computing* (British Neural Network Society, London, UK 1988)

[10.322] T. Kohonen: Neural Networks 1, 29 (1988)

[10.323] T. Kohonen: In *First IEE Int. Conf. on Artificial Neural Networks* (IEE, London, UK 1989) p. 1

[10.324] T. Kohonen, K. Mäkisara: Physica Scripta 39, 168 (1989)

[10.325] T. Kohonen: In *Parallel Processing in Neural Systems and Computers*, ed. by R. Eckmiller, G. Hartman, G. Hauske (Elsevier, Amsterdam, Netherlands 1990) p. 177

[10.326] T. Kohonen: In *Neural Networks: Biological Computers or Electronic Brains, Proc. Int. Conf. Les Entrétiens de Lyon* (Springer, Paris, France 1990) p. 29

[10.327] T. Kohonen: In *Brain Organization and Memory: Cells, Systems, and Circuits*, ed. by J. L. McGaugh, N. M. Weinberger, G. Lynch (Oxford University Press, New York, NY 1990) p. 323

[10.328] T. Kohonen: In *New Concepts in Computer Science: Proc. Symp. in Honour of Jean-Claude Simon* (AFCET, Paris, France 1990) p. 181

[10.329] T. Kohonen: In *Proc. Third Italian Workshop on Parallel Architectures and Neural Networks* (SIREN, Vietri sul Mare, Italy 1990) p. 13

[10.330] T. Kohonen: In *Proc. IJCNN-90-WASH-DC, Int. Joint Conf. on Neural Networks Washington* (Lawrence Erlbaum, Hillsdale, NJ 1990) p. II-253

[10.331] T. Kohonen, S. Kaski: In *Abstracts of the 15th Annual Meeting of the European Neuroscience Association* (Oxford University Press, Oxford, UK 1992) p. 280

[10.332] T. Kohonen: In *Proc. ICANN'94, Int. Conf. on Artificial Neural Networks*, ed. by M. Marinaro, P. G. Morasso (Springer, London, UK 1994) p. I-292

[10.333] P. Koikkalainen: In *Proc. ICANN'94, Int. Conf. on Artificial Neural Networks*, ed. by M. Marinaro, P. G. Morasso (Springer, London, UK 1994) p. II-1137

[10.334] P. Koistinen, L. Holmström: Research Reports A10 (Rolf Nevanlinna Institute, Helsinki, Finland 1993)

[10.335] G. A. Korn: IEEE Trans. on Syst., Man and Cybern. 20, 1146 (1990)

[10.336] A. Kumar, V. E. McGee: In *Proc. WCNN'94, World Congress on Neural Networks* (Lawrence Erlbaum, Hillsdale, NJ 1994) p. II-278

[10.337] M. Lalonde, J.-J. Brault: In *Proc. WCNN'94, World Congress on Neural Networks* (Lawrence Erlbaum, Hillsdale, NJ 1994) p. III-110

[10.338] J. Lampinen: PhD Thesis (Lappenranta University of Technology, Lappeenranta, Finland 1992)

[10.339] R. Lancini, F. Perego, S. Tubaro: In *Proc. GLOBECOM'91, Global Telecommunications Conf. Countdown to the New Millennium. Featuring a Mini-Theme on: Personal Communications Services (PCS)*. (IEEE Service Center, Piscataway, NJ 1991) p. I-135

[10.340] A. B. Larkin, E. L. Hines, S. M. Thomas: Neural Computing & Applications 2, 53 (1994)

[10.341] E. Lebert, R. H. Phaf: In *Proc. ICANN'93, Int. Conf. on Artificial Neural Networks*, ed. by S. Gielen, B. Kappen (Springer, London, UK 1993) p. 59

[10.342] X. Li, J. Gasteiger, J. Zupan: Biol. Cyb. 70, 189 (1993)

[10.343] S. Z. Li: In *Proc. IJCNN-93-Nagoya, Int. Joint Conf. on Neural Networks* (IEEE Service Center, Piscataway, NJ 1993) p. II-1173

[10.344] R. Linsker: In *Neural Information Processing Systems*, ed. by D. Z. Anderson (Amer. Inst. Phys., New York, NY 1987) p. 485

[10.345] R. P. Lippmann: IEEE Acoustics, Speech and Signal Processing Magazine p. 4 (1987)

[10.346] R. P. Lippmann: In *Proc. ICASSP'88, Int. Conf. on Acoustics, Speech and Signal Processing* (IEEE Service Center, Piscataway, NJ 1988) p. 1

[10.347] R. P. Lippmann: In *Proc. ICS'88, Third Int. Conf. on Supercomputing*, ed. by L. P. Kartashev, S. I. Kartashev (Int. Supercomputing Inst., St.Petersburg, FL 1988) p. I-35

[10.348] R. P. Lippmann: IEEE Communications Magazine 27, 47 (1989)

[10.349] H.-D. Litke: NET 44, 330 (1990)

[10.350] Z.-P. Lo, B. Bavarian: Pattern Recognition Letters 12, 549 (1991)

[10.351] Z.-P. Lo, M. Fujita, B. Bavarian: In *Proc. Conf. IEEE Int. Conf. on Syst., Man, and Cybern. 'Decision Aiding for Complex Systems'* (IEEE Service Center, Piscataway, NJ 1991) p. III-1599

[10.352] Z.-P. Lo, B. Bavarian: In *IJCNN-91-Seattle: Int. Joint Conf. on Neural Networks* (IEEE Service Center, Piscataway, NJ 1991) p. I-263

[10.353] Z.-P. Lo, M. Fujita, B. Bavarian: In *Proc. Fifth Int. Parallel Processing Symp.* (IEEE Comput. Soc. Press, Los Alamitos, CA 1991) p. 246

[10.354] S. Maekawa, H. Kita, Y. Nishikawa: In *Proc. ICNN'94, Int. Conf. on Neural Networks* (IEEE Service Center, Piscataway, NJ 1994) p. 2813

[10.355] E. Maillard, J. Gresser: In *Proc. ICNN'94, Int. Conf. on Neural Networks* (IEEE Service Center, Piscataway, NJ 1994) p. 704

[10.356] E. Masson, Y.-J. Wang: European J. Operational Res. 47, 1 (1990)

[10.357] M. McInerney, A. Dhawan: In *Proc. ICNN'94, Int. Conf. on Neural Networks* (IEEE Service Center, Piscataway, NJ 1994) p. 641

[10.358] A. Meyering, H. Ritter: In *Maschinelles Lernen – Modellierung von Lernen mit Maschinen*, ed. by K. Reiss, M. Reiss, H. Spandl (Springer, Berlin, Germany 1992)

[10.359] J. Monnerjahn: In *Proc. ICANN'94, Int. Conf. on Artificial Neural Networks*, ed. by M. Marinaro, P. G. Morasso (Springer, London, UK 1994) p. I-326

[10.360] P. Morasso, A. Pareto, V. Sanguineti: In *Proc. WCNN'93, World Congress on Neural Networks* (Lawrence Erlbaum, Hillsdale, NJ 1993) p. III-372

[10.361] K.-L. Mou, D.-Y. Yeung: In *Proc. Int. Symp. on Speech, Image Processing and Neural Networks* (IEEE Hong Kong Chapter of Signal Processing, Hong Kong 1994) p. II-658

[10.362] E. Oja: In *Proc. Symp. on Image Sensing and Processing in Industry* (Pattern Recognition Society of Japan, Tokyo, Japan 1991) p. 143

[10.363] E. Oja: In *Proc. NORDDATA* (Tietojenkäsittelyliitto, Helsinki, Finland 1992) p. 306

[10.364] E. Oja: In *Proc. Conf. on Artificial Intelligence Res. in Finland*, ed. by C. Carlsson, T. Järvi, T. Reponen, Number 12 in Conf. Proc. of Finnish Artificial Intelligence Society (Finnish Artificial Intelligence Society, Helsinki, Finland 1994) p. 2

[10.365] Y.-H. Pao: *Adaptive Pattern Recognition and Neural Networks* (Addison-Wesley, Reading, MA 1989)

[10.366] S.-T. Park, S.-Y. Bang: Korea Information Science Society Rev. 10, 5 (1992)

[10.367] H. Ritter: PhD Thesis (Technical University of Munich, Munich, Germany 1988)

[10.368] H. Ritter, K. Schulten: In *Proc. ICNN'88 Int. Conf. on Neural Networks* (IEEE Service Center, Piscataway, NJ 1988) p. I-109

[10.369] H. J. Ritter: Psych. Res. 52, 128 (1990)

[10.370] H. Ritter, K. Obermayer, K. Schulten, J. Rubner: In *Models of Neural Networks*, ed. by J. L. von Hemmen, E. Domany, K. Schulten (Springer, New York, NY 1991) p. 281

[10.371] H. Ritter: In *Artificial Neural Networks.*, ed. by T. Kohonen, K. Mäkisara, O. Simula, J. Kangas (Elsevier, Amsterdam, Netherlands 1991) p. 379

[10.372] H. Ritter: In *Proc. NOLTA, 2nd Symp. on Nonlinear Theory and its Applications* (Fukuoka, Japan 1991) p. 5

[10.373] H. Ritter: In *Proc. ICANN'94, Int. Conf. on Artificial Neural Networks*, ed. by M. Marinaro, P. G. Morasso (Springer, London, UK 1994) p. II-803

[10.374] S. K. Rogers, M. Kabrisky: In *Proc. IEEE National Aerospace and Electronics Conf.* (IEEE Service Center, Piscataway, NJ 1989) p. 688

[10.375] T. Röfer: In *Proc. ICANN'94, Int. Conf. on Artificial Neural Networks*, ed. by M. Marinaro, P. G. Morasso (Springer, London, UK 1994) p. II-1311

[10.376] H. Sako: In *Proc. ICNN'94, Int. Conf. on Neural Networks* (IEEE Service Center, Piscataway, NJ 1994) p. 3072

[10.377] H. Sano, Y. Iwahori, N. Ishii: In *Proc. ICNN'94, Int. Conf. on Neural Networks* (IEEE Service Center, Piscataway, NJ 1994) p. 1537

[10.378] O. Scherf, K. Pawelzik, F. Wolf, T. Geisel: In *Proc. ICANN'94, Int. Conf. on Artificial Neural Networks*, ed. by M. Marinaro, P. G. Morasso (Springer, London, UK 1994) p. I-338

[10.379] J. C. Scholtes: In *Proc. IJCNN'91, Int. Joint Conf. on Neural Networks* (IEEE Service Center, Piscataway, NJ 1991) p. I-95

[10.380] H. P. Siemon: In *Artificial Neural Networks, 2*, ed. by I. Aleksander, J. Taylor (North-Holland, Amsterdam, Netherlands 1992) p. II-1573

[10.381] Y. T. So, K. P. Chan: In *Proc. ICNN'94, Int. Conf. on Neural Networks* (IEEE Service Center, Piscataway, NJ 1994) p. 681

[10.382] C. Szepesvári, T. Fomin, A. Lőrincz: In *Proc. ICANN'94, Int. Conf. on Artificial Neural Networks*, ed. by M. Marinaro, P. G. Morasso (Springer, London, UK 1994) p. II-1261

[10.383] J. G. Taylor, C. L. T. Mannion (eds.): *New Developments in Neural Computing. Proc. Meeting on Neural Computing* (Adam Hilger, Bristol, UK 1989)

[10.384] P. Thiran, M. Hasler: In *Proc. Workshop 'Aspects Theoriques des Reseaux de Neurones'*, ed. by M. Cottrell, M. Chaleyat-Maurel (Université Paris I, Paris, France 1992)

[10.385] R. Togneri, D. Farrokhi, Y. Zhang, Y. Attikiouzel: In *Proc. Fourth Australian Int. Conf. on Speech Science and Technology* (Brisbane, Australia 1992) p. 173

[10.386] C. Touzet: *Reseaux de neurones artificiels: introduction au connexionnisme (Artificial neural nets: introduction to connectionism)* (EC2, Nanterre, France 1992)

[10.387] P. C. Treleaven: Int. J. Neurocomputing **1**, 4 (1989)

[10.388] V. Tryba, K. M. Marks, U. Ruckert, K. Goser: ITG-Fachberichte **102**, 407 (1988)

[10.389] V. Tryba, K. M. Marks, U. Rückert, K. Goser: In *Tagungsband der ITG-Fachtagung "Digitale Speicher"* (ITG, Darmstadt, Germany 1988) p. 409

[10.390] R. W. M. Van Riet, P. C. Duives: Informatie **33**, 368 (1991)

[10.391] G. A. v. Velzen: Technical Report UBI-T-92.MF-077 (Utrecht Biophysics Res. Institute, Utrecht, Netherlands 1992)

[10.392] T. Villmann, R. Der, T. Martinetz: In *Proc. ICANN'94, Int. Conf. on Artificial Neural Networks*, ed. by M. Marinaro, P. G. Morasso (Springer, London, UK 1994) p. I-298

[10.393] T. Villmann, R. Der, T. Martinetz: In *Proc. ICNN'94, Int. Conf. on Neural Networks* (IEEE Service Center, Piscataway, NJ 1994) p. 645

[10.394] A. Visa: In *Artificial Neural Networks 2*, ed. by I. Aleksander, J. Taylor (Elsevier, Amsterdam, Netherlands 1992) p. 803

[10.395] L. Xu: In *Proc. ICNN'94, Int. Conf. on Neural Networks* (IEEE Service Center, Piscataway, NJ 1994) p. 315

[10.396] M. M. Yen, M. R. Blackburn, H. G. Nguyen: In *Proc. IJCNN'90-WASH-DC, Int. Joint Conf. on Neural Networks* (IEEE Service Center, Piscataway, NJ 1990) p. II-149

[10.397] J.-H. Yoo, B.-H. Kang, J.-W. Kim: In *Proc. 3rd Int. Conf. on Fuzzy Logic, Neural Nets and Soft Computing* (Fuzzy Logic Systems Institute, Iizuka, Japan 1994) p. 79

[10.398] A. Zell, H. Bayer, H. Bauknecht: In *Proc. WCNN'94, World Congress on Neural Networks* (Lawrence Erlbaum, Hillsdale, NJ 1994) p. IV-269

[10.399] Z. Zhao: In *Artificial Neural Networks, 2*, ed. by I. Aleksander, J. Taylor (North-Holland, Amsterdam, Netherlands 1992) p. I-779

[10.400] M. Cottrell, J.-C. Fort, G. Pagès: In *Proc. ESANN'94, European Symp. on Artificial Neural Networks*, ed. by M. Verleysen (D Facto Conference Services, Brussels, Belgium 1994) p. 235

[10.401] E. Oja: In *Neural Networks for Chemical Engineers, Computer-Aided Chemical Engineering, 6, Unsupervised neural learning.* (Elsevier, Amsterdam 1995) p. 21

[10.402] V. V. Tolat: Biol. Cyb. **64**, 155 (1990)

[10.403] S. P. Luttrell: Neural Computation **6**, 767 (1994)

[10.404] H.-U. Bauer, K. R. Pawelzik: IEEE Trans. on Neural Networks **3**, 570 (1992)

[10.405] H.-U. Bauer, K. Pawelzik, T. Geisel: In *Advances in Neural Information Processing Systems 4*, ed. by J. E. Moody, S. J. Hanson, R. P. Lippmann (Morgan Kaufmann, San Mateo, CA 1992) p. 1141

[10.406] J. C. Bezdek, N. R. Pal: In *Proc. IJCNN-93-Nagoya, Int. Joint Conf. on Neural Networks* (IEEE Service Center, Piscataway, NJ 1993) p. III-2435

[10.407] P. Brauer, P. Knagenhjelm: In *Proc. ICASSP'89, Int. Conf. on Acoustics, Speech and Signal Processing* (IEEE Service Center, Piscataway, NJ 1989) p. 647

[10.408] P. Brauer, P. Hedelin, D. Huber, P. Knagenhjelm: In *Proc. ICASSP'91, Int. Conf. on Acoustics, Speech and Signal Processing* (IEEE Service Center, Piscataway, NJ 1991) p. I-133

[10.409] G. Burel: Bull. d'information des Laboratoires Centraux de Thomson CSF (1992) p. 3

[10.410] G. Burel: Traitement du Signal **10**, 41 (1993)

[10.411] P. Conti, L. D. Giovanni: In *Artificial Neural Networks*, ed. by T. Kohonen, K. Mäkisara, O. Simula, J. Kangas (North-Holland, Amsterdam, Netherlands 1991) p. II-1809

[10.412] R. Der, M. Herrmann, T. Villmann: In *Proc. WCNN'93, World Congress on Neural Networks* (Lawrence Erlbaum, Hillsdale, NJ 1993) p. II-461

[10.413] E. A. Ferrán: In *Artificial Neural Networks, 2*, ed. by I. Aleksander, J. Taylor (North-Holland, Amsterdam, Netherlands 1992) p. I-165

[10.414] E. A. Ferrán: Network **4**, 337 (1993)

[10.415] D. Fox, V. Heinze, K. Möller, S. Thrun, G. Veenker: In *Artificial Neural Networks*, ed. by T. Kohonen, K. Mäkisara, O. Simula, J. Kangas (North-Holland, Amsterdam, Netherlands 1991) p. I-207

[10.416] T. Geszti, I. Csabai, F. Czakó, T. Szakács, R. Serneels, G. Vattay: In *Statistical Mechanics of Neural Networks: Sitges, Barcelona, Spain* (Springer, Berlin, Germany 1990) p. 341

[10.417] I. Grabec: Biol. Cyb. **63**, 403 (1990)

[10.418] M. Hagiwara: In *Proc. IJCNN'93-Nagoya, Int. Joint Conf. on Neural Networks* (IEEE Service Center, Piscataway, NJ 1993) p. I-267

[10.419] S. A. Harp, T. Samad: In *Proc. IJCNN-91-Seattle, Int. Joint Conf. on Neural Networks* (IEEE Service Center, Piscataway, NJ 1991) p. I-341

[10.420] P. Koistinen: In *Proc. Symp. on Neural Networks in Finland*, ed. by A. Bulsari, B. Saxén (Finnish Artificial Intelligence Society, Helsinki, Finland 1993) p. 1

[10.421] P. Koistinen: In *Proc. ICANN'93, Int. Conf. on Artificial Neural Networks, Amsterdam*, ed. by S. Gielen, B. Kappen (Springer, London, UK 1993) p. 219

[10.422] C.-Y. Liou, H.-C. Yang: In *Proc. ICANN'93 Int. Conf. on Artificial Neural Networks*, ed. by S. Gielen, B. Kappen (Springer, London, UK 1993) p. 918

[10.423] C.-Y. Liou, W.-P. Tai: In *Proc. IJCNN-93-Nagoya, Int. Joint Conf. on Neural Networks* (IEEE Service Center, Piscataway, NJ 1993) p. II-1618

[10.424] Z.-P. Lo, Y. Qu, B. Bavarian: In *Proc. IJCNN'92, Int. Joint Conf. on Neural Networks* (IEEE Service Center, Piscataway, NJ 1992) p. I-589

[10.425] Z.-P. Lo, Y. Yu, B. Bavarian: In *Proc. IJCNN'92, Int. Joint Conference on Neural Networks* (IEEE Service Center, Piscataway, NJ 1992) p. IV-755

[10.426] S. P. Luttrell: In *Proc. IJCNN'89, Int Joint Conf. on Neural Networks* (IEEE Service Center, Piscataway, NJ 1989) p. II-495

[10.427] S. P. Luttrell: Technical Report 4742 (DRA, Malvern, UK 1993)

[10.428] Y. Matsuyama, M. Tan: In *Proc. IJCNN-93-Nagoya, Int. Joint Conf. on Neural Networks* (IEEE Service Center, Piscataway, NJ 1993) p. III-2061

[10.429] L. Owsley, L. Atlas: In *Proc. Neural Networks for Signal Processing* (IEEE Service Center, Piscataway, NJ 1993) p. 141

[10.430] F. Peper, M. N. Shirazi, H. Noda: IEEE Trans. on Neural Networks 4, 151 (1993)

[10.431] J. C. Platt, A. H. Barr: In *Neural Information Processing Systems*, ed. by D. Z. Anderson (American Inst. of Physics, New York, NY 1987) p. 612

[10.432] G. Poggi, E. Sasso: In *Proc. ICASSP'93, Int. Conf. on Acoustics, Speech and Signal Processing* (IEEE Service Center, Piscataway, NJ 1993) p. V-587

[10.433] G. Rigoll: In *Proc. IJCNN'90-San Diego, Int. Joint Conf. on Neural Networks* (IEEE Service Center, Piscataway, NJ 1990) p. I-569

[10.434] V. T. Ruoppila, T. Sorsa, H. N. Koivo: In *Proc. ICNN'93, Int. Conf. on Neural Networks* (IEEE Service Center, Piscataway, NJ 1993) p. III-1480

[10.435] G. Tambouratzis, T. J. Stonham: In *Proc. ICANN'93, Int. Conf. on Artificial Neural Networks*, ed. by S. Gielen, B. Kappen (Springer, London, UK 1993) p. 76

[10.436] V. Tryba, K. Goser.: In *Proc. of the 2nd Int. Conf. on Microelectronics for Neural Networks*, ed. by U. Ramacher, U. Ruckert, J. A. Nossek (Kyrill & Method Verlag, Munich, Germany 1991) p. 83

[10.437] V. Tryba, K. Goser: In *Proc. IWANN, Int. Workshop on Artificial Neural Networks*, ed. by A. Prieto (Springer, Berlin, Germany 1991) p. 33

[10.438] V. Tryba, K. Goser: In *Digest of ESANN'93* (D Facto Conference Services, Brussels, Belgium 1993)

[10.439] M. M. Van Hulle, D. Martinez: Neural Computation 5, 939 (1993)

[10.440] W. Y. Yan, H. Kan, Z. Liangzhu, W. J. Wei: In *Proc. NAECON 1992, National Aerospace and Electronics Conference* (IEEE Service Center, Piscataway, NJ 1992) p. I-108

[10.441] A. Dvoretzky: In *Proc. 3rd Berkeley Symp. on Mathematical Statistics and Probability* (Univ. of California Press, Berkeley, CA 1956) p. 39

[10.442] P. Thiran, M. Hasler: In *Proc. Workshop 'Aspects Theoriques des Reseaux de Neurones'*, ed. by M. Cottrell, M. Chaleyat-Maurel (Université Paris I, Paris, France 1992)

[10.443] M. Budinich, J. G. Taylor: Neural Computation 7, 284 (1995)

[10.444] Y. Zheng, J. F. Greenleaf: IEEE Trans. on Neural Networks 7, 87 (1996)

[10.445] W. Duch: Open Systems & Information Dynamics 2, 295 (1994)

[10.446] G. Tambouratzis, T. J. Stonham: Pattern Recognition Letters 14, 927 (1993)

[10.447] K. Minamimoto, K. Ikeda, K. Nakayama: In *Proc. ICNN'95, IEEE Int. Conf. on Neural Networks*, (IEEE Service Center, Piscataway, NJ 1995) p. II-789

[10.448] W. Duch, A. Naud: In *Proc. ESANN'96, European Symp. on Artificial Neural Networks*, ed. by M. Verleysen (D Facto Conference Services, Brussels, Belgium 1996) p. 91

[10.449] J. A. Flanagan, M. Hasler: In *Proc. ESANN'95, European Symp. on Artificial Neural Networks*, ed. by M. Verleysen (D Facto Conference Services, Brussels, Belgium 1995) p. 1

[10.450] R. Der, M. Herrmann: In *Proc. ESANN'94, European Symp. on Artificial Neural Networks*, ed. by M. Verleysen (D Facto Conference Services, Brussels, Belgium 1994) p. 271

[10.451] H. Yin, N. M. Allinson: Neural Computation 7, 1178 (1995)

[10.452] M. Herrmann, H.-U. Bauer, R. Der: In *Proc. ICANN'95, Int. Conf. on Artificial Neural Networks*, ed. by F. Fogelman-Soulié, P. Gallinari, (EC2, Nanterre, France 1995) p. I-75

[10.453] J.-C. Fort, G. Pagès: In *Proc. ESANN'95, European Symp. on Artificial Neural Networks*, ed. by M. Verleysen (D Facto Conference Services, Brussels, Belgium 1995) p. 9

[10.454] J.-C. Fort, G. Pagès: In *Proc. ESANN'96, European Symp. on Artificial Neural Networks*, ed. by M. Verleysen (D Facto Conference Services, Brussels, Belgium 1996) p. 85

[10.455] O. Scherf, K. Pawelzik, F. Wolf, T. Geisel: In *Proc. ICANN'94, Int. Conf. on Artificial Neural Networks*, ed. by M. Marinaro, P. G. Morasso, (Springer, London, UK 1994) p. I-338

[10.456] H. Speckmann, G. Raddatz, W. Rosenstiel: In *Proc. ESANN'94, European Symp. on Artificial Neural Networks*, ed. by M. Verleysen (D Facto Conference Services, Brussels, Belgium 1994) p. 251

[10.457] H. Yin, N. M. Allinson: In *Proc. ICANN'95, Int. Conf. on Artificial Neural Networks*, ed. by F. Fogelman-Soulié, P. Gallinari, (EC2, Nanterre, France 1995) p. II-45

[10.458] G. Tambouratzis: Electronics Letters **30**, 248 (1993)

[10.459] A. Varfis, C. Versino: In *Proc. ESANN'93, European Symposium on Artificial Neural Networks*, ed. by M. Verleysen (D Facto Conference Services, Brussels, Belgium 1993) p. 229

[10.460] A. Kanstein, K. Goser: In *Proc. ESANN'94, European Symp. on Artificial Neural Networks*, ed. by M. Verleysen (D Facto Conference Services, Brussels, Belgium 1994) p. 263

[10.461] S. Garavaglia: In *Proc. WCNN'95, World Congress on Neural Networks*, (INNS, Lawrence Erlbaum, Hillsdale, NJ 1995) p. I-203

[10.462] D. Miller, A. Rao, K. Rose, A. Gersho: In *Proc. NNSP'95, IEEE Workshop on Neural Networks for Signal Processing* (IEEE Service Center, Piscataway, NJ 1995) p. 58

[10.463] C. Bouton, M. Cottrell, J.-C. Fort, G. Pagès: In *Probabilités Numériques*, ed. by N. Bouleau, D. Talay (INRIA, Paris, France 1991) Chap. V.2, p. 163

[10.464] C. Bouton, G. Pagès: Stochastic Processes and Their Applications **47**, 249 (1993)

[10.465] M. Cottrell: PhD Thesis (Université Paris Sud, Centre d'Orsay, Orsay, France 1988)

[10.466] M. Cottrell, J.-C. Fort, G. Pagès: Technical Report 32 (Université Paris 1, Paris, France 1994)

[10.467] D. A. Critchley: In *Artificial Neural Networks, 2*, ed. by I. Aleksander, J. Taylor (North-Holland, Amsterdam, Netherlands 1992) p. I-281

[10.468] I. Csabai, T. Geszti, G. Vattay: Phys. Rev. A [Statistical Physics, Plasmas, Fluids, and Related Interdisciplinary Topics] **46**, R6181 (1992)

[10.469] R. Der, T. Villmann: In *Proc. WCNN'93, World Congress on Neural Networks* (Lawrence Erlbaum, Hillsdale, NJ 1993) p. II-457

[10.470] E. Erwin, K. Obermeyer, K. Schulten: In *Artificial Neural Networks*, ed. by T. Kohonen, K. Mäkisara, O. Simula, J. Kangas (Elsevier, Amsterdam, Netherlands 1991) p. 409

[10.471] J.-C. Fort, G. Pagès: note aux C. R. Acad. Sci. Paris Série I, 389 (1993)

[10.472] O. Francois, J. Demongeot, T. Herve: Neural Networks **5**, 277 (1992)

[10.473] T. M. Heskes, E. T. P. Slijpen, B. Kappen: Physical Review E **47**, 4457 (1993)

[10.474] T. Heskes: In *Proc. ICANN'93, Int. Conf. on Artificial Neural Networks* (Springer, London, UK 1993) p. 533

[10.475] K. Hornik, C.-M. Kuan: Neural Networks **5**, 229 (1992)

[10.476] C.-M. Kuan, K. Hornik: IEEE Trans. on Neural Networks **2** (1991)

[10.477] Z.-P. Lo, B. Bavarian: Biol. Cyb. **65**, 55 (1991)

[10.478] Z.-P. Lo, B. Bavarian: In *Proc. IJCNN'91, Int. Joint Conf. on Neural Networks* (IEEE Service Center, Piscataway, NJ 1991) p. I-201

[10.479] Z.-P. Lo, Y. Yu, B. Bavarian: IEEE Trans. on Neural Networks **4**, 207 (1993)

[10.480] J. Sum, L.-W. Chan: In *Proc. Int. Symp. on Speech, Image Processing and Neural Networks* (IEEE Hong Kong Chapt. of Signal Processing, Hong Kong 1994) p. I-81

[10.481] H. Yang, T. S. Dillon: Neural Networks **5**, 485 (1992)

[10.482] H. Yin, N. M. Allinson: In *New Trends in Neural Computation*, ed. by J. Mira, J. Cabestany, A. Prieto (Springer, Berlin, Germany 1993) p. 291

[10.483] J. Zhang: Neural Computation **3**, 54 (1991)

[10.484] M. Cottrell, J.-C. Fort, G. Pagès: IEEE Trans. on Neural Networks **6**, 797 (1995)

[10.485] N. M. Allinson, H. Yin: In *Proc. ICANN'93, Int. Conf. on Artificial Neural Networks*, ed. by S. Gielen, B. Kappen (Springer, London, UK 1993)

[10.486] P. D. Picton: In *IEE Colloquium on 'Adaptive Filtering, Non-Linear Dynamics and Neural Networks' (Digest No.176)* (IEE, London, UK 1991) p. 7/1

[10.487] K. Watanabe, S. G. Tzafestas: J. Intelligent and Robotic Systems: Theory and Applications **3**, 305 (1990)

[10.488] N. R. Pal, J. C. Bezdek, E. C. Tsao: In *SPIE Vol. 1710, Science of Artificial Neural Networks* (SPIE, Bellingham, WA 1992) p. 500

[10.489] N. R. Pal, J. C. Bezdek, E. C.-K. Tsao: IEEE Trans. on Neural Networks **4**, 549 (1993)

[10.490] N. R. Pal, J. C. Bezdek: In *Proc. IJCNN-93-Nagoya, Int. Joint Conf. on Neural Networks* (IEEE Service Center, Piscataway, NJ 1993) p. III-2441

[10.491] N. R. Pal, J. C. Bezdek, E. C.-K. Tsao: IEEE Trans. on Neural Networks **4**, 549 (1993)
[10.492] K. Ishida, Y. Matsumoto, N. Okino: In *Artificial Neural Networks, 2*, ed. by I. Aleksander, J. Taylor (North-Holland, Amsterdam, Netherlands 1992) p. I-353
[10.493] K. Ishida, Y. Matsumoto, N. Okino: In *Proc. IJCNN-93-Nagoya, Int. Joint Conf. on Neural Networks* (IEEE Service Center, Piscataway, NJ 1993) p. III-2460
[10.494] J. Lampinen, E. Oja: In *Proc. IJCNN'89, Int. Joint Conf. on Neural Networks* (IEEE Service Center, Piscataway, NJ 1989) p. II-503
[10.495] J. Lampinen, E. Oja: In *Neurocomputing: Algorithms, Architectures, and Applications, NATO ASI Series F: Computer and Systems Sciences, vol. 68*, ed. by F. Fogelman-Soulié, J. Herault (Springer, Berlin, Germany 1990) p. 65
[10.496] M. Kelly: In *Artificial Neural Networks*, ed. by T. Kohonen, K. Mäkisara, O. Simula, J. Kangas (North-Holland, Amsterdam, Netherlands 1991) p. II-1041
[10.497] P. Tavan, H. Grubmüller, H. Kühnel: Biol. Cyb. **64**, 95 (1990)
[10.498] G. Barna, R. Chrisley, T. Kohonen: Neural Networks **1**, 7 (1988)
[10.499] G. Barna, K. Kaski: Physica Scripta **T33**, 110 (1990)
[10.500] F. Blayo, R. Demartines: In *Proc. IWANN'91, Int. Workshop on Artificial Neural Networks*, ed. by A. Prieto (Springer, Berlin, Germany 1991) p. 469
[10.501] P. Blonda, G. Pasquariello, J. Smith: In *Proc. IJCNN-93-Nagoya, Int. Joint Conf. on Neural Networks* (IEEE Service Center, Piscataway, NJ 1993) p. II-1231
[10.502] X. Driancourt, L. Bottou, P. Gallinari: In *Proc. IJCNN 91, Int. Joint Conf. on Neural Networks* (IEEE Service Center, Piscataway, NJ 1991) p. II-815
[10.503] X. Driancourt, L. Bottou, P. Gallinari: In *Artificial Neural Networks*, ed. by T. Kohonen, K. Mäkisara, O. Simula, J. Kangas (North-Holland, Amsterdam, Netherlands 1991) p. II-1649
[10.504] J. S. Gruner: M.Sc. Thesis, (Air Force Inst. of Tech., Wright-Patterson AFB, OH 1992)
[10.505] D. R. Hush, J. M. Salas: In *Proc. ISE '89, Eleventh Annual Ideas in Science and Electronics Exposition and Symposium*, ed. by C. Christmann (Ideas in Sci. & Electron.; IEEE, Ideas in Sci. & Electron, Albuquerque, NM 1989) p. 107
[10.506] D. R. Hush, B. Horne: Informatica y Automatica **25**, 19 (1992)
[10.507] R. A. Hutchinson, W. J. Welsh: In *Proc. First IEE Int. Conf. on Artificial Neural Networks* (IEE, London, UK 1989) p. 201
[10.508] A. E. Lucas, J. Kittler: In *Proc. First IEE Int. Conf. on Artificial Neural Networks* (IEE, London, UK 1989) p. 7
[10.509] J. D. McAuliffe, L. E. Atlas, C. Rivera: In *Proc. ICASSP'90, Int. Conf. on Acoustics, Speech and Signal Processing* (IEEE Service Center, Piscataway, NJ 1990) p. IV-2293
[10.510] F. Peper, B. Zhang, H. Noda: In *Proc. IJCNN'93-Nagoya, Int. Conf. on Neural Networks* (IEEE Service Center, Piscataway, NJ 1993) p. II-1425
[10.511] W. Poechmueller, M. Glesner, H. Juergs: In *Proc. ICNN'93, Int. Conf. on Neural Networks* (IEEE Service Center, Piscataway, NJ 1993) p. III-1207
[10.512] C. Pope, L. Atlas, C. Nelson: In *Proc. IEEE Pacific Rim Conf. on Communications, Computers and Signal Processing.* (IEEE Service Center, Piscataway, NJ 1989) p. 521
[10.513] S. Lin: In *Proc. China 1991 Int. Conf. on Circuits and Systems* (IEEE Service Center, Piscataway, NJ 1991) p. II-808
[10.514] T. Tanaka, M. Saito: Trans. Inst. of Electronics, Information and Communication Engineers **J75D-II**, 1085 (1992)
[10.515] C.-D. Wann, S. C. A. Thomopoulos: In *Proc. of the World Congress on Neural Networks* (INNS, Lawrence Erlbaum, Hillsdale, NJ 1993) p. II-549
[10.516] P. C. Woodland, S. G. Smyth: Speech Communication **9**, 73 (1990)
[10.517] F. H. Wu, K. Ganesan: In *Proc. ICASSP'89 Int. Conf. on Acoustics, Speech and Signal Processing, Glasgow, Scotland* (IEEE Service Center, Piscataway, NJ 1989) p. 751
[10.518] F. H. Wu, K. Ganesan: In *Proc. Ninth Annual Int. Phoenix Conf. on Computers and Communications* (IEEE Comput. Soc. Press, Los Alamitos, CA 1990) p. 263
[10.519] A. Hämäläinen: Licentiate's Thesis (University of Jyväskylä, Jyväskylä, Finland 1992)
[10.520] S. P. Luttrell: Technical Report 4392 (RSRE, Malvern, UK 1990)
[10.521] S. P. Luttrell: IEEE Trans. on Neural Networks **2**, 427 (1991)
[10.522] H. Ritter: Report A9 (Helsinki University of Technology, Laboratory of Computer and Information Science, Espoo, Finland 1989)
[10.523] H. Ritter: IEEE Trans. on Neural Networks **2**, 173 (1991)
[10.524] A. Ando, K. Ozeki: In *Artificial Neural Networks*, ed. by T. Kohonen, K. Mäkisara, O. Simula, J. Kangas (North-Holland, Amsterdam, Netherlands 1991) p. 421

[10.525] J. C. Bezdek: In *SPIE Vol. 1826, Intelligent Robots and Computer Vision XI: Biological, Neural Net, and 3-D Methods* (SPIE, Bellingham, WA 1992) p. 280

[10.526] J. C. Bezdek, N. R. Pal, E. C. Tsao: In *Proc. Third Int. Workshop on Neural Networks and Fuzzy Logic, Houston, Texas, NASA Conf. Publication 10111*, ed. by C. J. Culbert (NASA 1993) p. II-199

[10.527] H. Bi, G. Bi, Y. Mao: In *Proc. ICNN'94, Int. Conf. on Neural Networks* (IEEE Service Center, Piscataway, NJ 1994) p. 622

[10.528] H. Bi, G. Bi, Y. Mao: In *Proc. Int. Symp. on Speech, Image Processing and Neural Networks* (IEEE Hong Kong Chapter of Signal Processing, Hong Kong 1994) p. II-650

[10.529] P. Burrascano: IEEE Trans. on Neural Networks **2**, 458 (1991)

[10.530] S. Cagnoni, G. Valli: In *Proc. ICNN'94, Int. Conf. on Neural Networks* (IEEE Service Center, Piscataway, NJ 1994) p. 762

[10.531] C. Diamantini, A. Spalvieri: In *Proc. ICANN'94, Int. Conf. on Artificial Neural Networks*, ed. by M. Marinaro, P. G. Morasso (Springer, London, UK 1994) p. II-1091

[10.532] T. Geszti, I. Csabai: Complex Systems **6**, 179 (1992)

[10.533] T. Geszti: In *From Phase Transitions to Chaos*, ed. by G. Györgyi, I. Kondor, L. Sasvari, T. Tel (World Scientific, Singapore 1992)

[10.534] S. Geva, J. Sitte: IEEE Trans. on Neural Networks **2**, 318 (1991)

[10.535] S. Geva, J. Sitte: In *Proc. ACNN'91, Second Australian Conf. on Neural Networks*, ed. by M. Jabri (Sydney Univ. Electr. Eng, Sydney, Australia 1991) p. 13

[10.536] S. Geva, J. Sitte: Neural Computation **3**, 623 (1991)

[10.537] P. Israel, F. R. Parris: In *Proc. WCNN'93, World Congress on Neural Networks* (Lawrence Erlbaum, Hillsdale, NJ 1993) p. III-445

[10.538] P. M. Kelly, D. R. Hush, J. M. White: In *Proc. IJCNN'92, Int. Joint Conf. on Neural Networks* (IEEE Service Center, Piscataway, NJ 1992) p. IV-196

[10.539] D. Knoll, J. T.-H. Lo: In *Proc. IJCNN'92, Int. Joint Conf. on Neural Networks* (IEEE Service Center, Piscataway, NJ 1992) p. III-573

[10.540] C. Kotropoulos, E. Augé, I. Pitas: In *Proc. EUSIPCO-92, Sixth European Signal Processing Conf.*, ed. by J. Vandewalle, R. Boite, M. Moonen, A. Oosterlinck (Elsevier, Amsterdam, Netherlands 1992) p. II-1177

[10.541] Y.-C. Lai, S.-S. Yu, S.-L. Chou: In *Proc. IJCNN-93-Nagoya, Int. Joint Conf. on Neural Networks* (IEEE Service Center, Piscataway, NJ 1993) p. III-2587

[10.542] E. Maillard, B. Solaiman: In *Proc. ICNN'94, Int. Conf. on Neural Networks* (IEEE Service Center, Piscataway, NJ 1994) p. 766

[10.543] A. LaVigna: PhD Thesis (University of Maryland, College Park, MD 1989)

[10.544] S. Lee, S. Shimoji: In *Proc. ICNN'93, Int. Conf. on Neural Networks* (IEEE Service Center, Piscataway, NJ 1993) p. III-1354

[10.545] F. Poirier: In *Proc. ICASSP'91, Int. Conf. on Acoustics, Speech and Signal Processing* (IEEE Service Center, Piscataway, NJ 1991) p. I-649

[10.546] F. Poirier: In *Proc. EUROSPEECH-91, 2nd European Conf. on Speech Communication and Technology* (Assoc. Belge Acoust.; Assoc. Italiana di Acustica; CEC; et al, Istituto Int. Comunicazioni, Genova, Italy 1991) p. II-1003

[10.547] F. Poirier, A. Ferrieux: In *Artificial Neural Networks*, ed. by T. Kohonen, K. Mäkisara, O. Simula, J. Kangas (North-Holland, Amsterdam, Netherlands 1991) p. II-1333

[10.548] M. Pregenzer, D. Flotzinger, G. Pfurtscheller: In *Proc. ICANN'94, Int. Conf. on Artificial Neural Networks*, ed. by M. Marinaro, P. G. Morasso (Springer, London, UK 1994) p. II-1075

[10.549] M. Pregenzer, D. Flotzinger, G. Pfurtscheller: In *Proc. ICNN'94, Int. Conf. on Neural Networks* (IEEE Service Center, Piscataway, NJ 1994) p. 2890

[10.550] V. R. de Sa, D. H. Ballard: In *Advances in Neural Information Processing Systems 5*, ed. by L. Giles, S. Hanson, J. Cowan (Morgan Kaufmann, San Mateo, CA 1993) p. 220

[10.551] A. Sato, K. Yamada, J. Tsukumo: In *Proc. ICNN'93, Int. Conf. on Neural Networks* (IEEE Service Center, Piscataway, NJ 1993) p. II-632

[10.552] A. Sato, J. Tsukumo: In *Proc. ICNN'94, Int. Conf. on Neural Networks* (IEEE Service Center, Piscataway, NJ 1994) p. 161

[10.553] B. Solaiman, M. C. Mouchot, E. Maillard: In *Proc. ICNN'94, Int. Conf. on Neural Networks* (IEEE Service Center, Piscataway, NJ 1994) p. 1772

[10.554] C. Tadj, F. Poirier: In *Proc. EUROSPEECH-93, 3rd European Conf. on Speech, Communication and Technology* (ESCA, Berlin, Germany 1993) p. II-1009

[10.555] K. S. Thyagarajan, A. Eghbalmoghadam: Archiv für Elektronik und Übertragungstechnik **44**, 439 (1990)

[10.556] N. Ueda, R. Nakano: In *Proc. of IEEE Int. Conf. on Neural Networks, San Francisco* (IEEE Service Center, Piscataway, NJ 1993) p. III-1444

[10.557] M. Verleysen, P. Thissen, J.-D. Legat: In *New Trends in Neural Computation, Lecture Notes in Computer Science No. 686*, ed. by J. Mira, J. Cabestany, A. Prieto (Springer, Berlin, Germany 1993) p. 340

[10.558] W. Xinwen, Z. Lihe, H. Zhenya: In *Proc. China 1991 Int. Conf. on Circuits and Systems* (IEEE Service Center, Piscataway, NJ 1991) p. II-523

[10.559] Z. Wang, J. V. Hanson: In *Proc. WCNN'93, World Congress on Neural Networks* (INNS, Lawrence Erlbaum, Hillsdale, NJ 1993) p. IV-605

[10.560] L. Wu, F. Fallside: In *Proc. Int. Conf. on Spoken Language Processing* (The Acoustical Society of Japan, Tokyo, Japan 1990) p. 1029

[10.561] T. Yoshihara, T. Wada: In *Proc. IJCNN'91, Int. Joint Conf. on Neural Networks* (IEEE Service Center, Piscataway, NJ 1991)

[10.562] A. Zell, M. Schmalzl: In *Proc. ICANN'94, Int. Conf. on Artificial Neural Networks*, ed. by M. Marinaro, P. G. Morasso (Springer, London, UK 1994) p. II-1095

[10.563] B.-s. Kim, S. H. Lee, D. K. Kim: In *Proc. IJCNN-93-Nagoya, Int. Joint Conf. on Neural Networks* (IEEE Service Center, Piscataway, NJ 1993) p. III-2456

[10.564] H. Iwamida, S. Katagiri, E. McDermott, Y. Tohkura: In *Proc. ICASSP'90, Int. Conf. on Acoustics, Speech and Signal Processing* (IEEE Service Center, Piscataway, NJ 1990) p. 1-489

[10.565] H. Iwamida, et al.: In *Proc. ICASSP'91, Int. Conf. on Acoustics, Speech and Signal Processing* (IEEE Service Center, Piscataway, NJ 1991) p. I-553

[10.566] S. Katagiri, E. McDermott, M. Yokota: In *Proc. ICASSP'89, Int. Conf. on Acoustics, Speech and Signal Processing* (IEEE Service Center, Piscataway, NJ 1989) p. I-322

[10.567] S. Katagiri, C. H. Lee: In *Proc. GLOBECOM'90, IEEE Global Telecommunications Conf. and Exhibition. 'Communications: Connecting the Future'* (IEEE Service Center, Piscataway, NJ 1990) p. II-1032

[10.568] D. G. Kimber, M. A. Bush, G. N. Tajchman: In *Proc. ICASSP'90, Int. Conf. on Acoustics, Speech and Signal Processing* (IEEE Service Center, Piscataway, NJ 1990) p. I-497

[10.569] M. Kurimo. M.Sc. Thesis (Helsinki University of Technology, Espoo, Finland 1992)

[10.570] M. Kurimo, K. Torkkola: In *Proc. Int. Conf. on Spoken Language Processing* (University of Alberta, Edmonton, Alberta, Canada 1992) p. 1-543

[10.571] M. Kurimo, K. Torkkola: In *Proc. Workshop on Neural Networks for Signal Processing* (IEEE Service Center, Piscataway, NJ 1992) p. 174

[10.572] M. Kurimo, K. Torkkola: In *Proc. SPIE's Conf. on Neural and Stochastic Methods in Image and Signal Processing* (SPIE, Bellingham, WA 1992) p. 726

[10.573] M. Kurimo: In *Proc. EUROSPEECH-93, 3rd European Conf. on Speech, Communication and Technology* (ESCA, Berlin 1993) p. III-1731

[10.574] S. Makino, A. Ito, M. Endo, K. Kido: IEICE Trans. E74, 1773 (1991)

[10.575] S. Makino, A. Ito, M. Endo, K. Kido: In *Proc. ICASSP'91, Int. Conf. on Acoustics, Speech and Signal Processing* (IEEE Service Center, Piscataway, NJ 1991) p. I-273

[10.576] S. Makino, M. Endo, T. Sone, K. Kido: J. Acoustical Society of Japan [E] **13**, 351 (1992)

[10.577] S. Mizuta, K. Nakajima: In *Proc. ICSLP, Int. Conf. on Spoken Language Processing* (University of Alberta, Edmonton, Alberta, Canada 1990) p. I-245

[10.578] S. Nakagawa, Y. Hirata: In *Proc. ICASSP'90, Int. Conf. on Acoustics Speech and Signal Processing* (IEEE Service Center, Piscataway, NJ 1990) p. I-509

[10.579] P. Ramesh, S. KATAGIRI, C. -H. Lee: In *Proc. ICASSP'91, Int. Conf. on Acoustics, Speech and Signal Processing* (IEEE Service Center, Piscataway, NJ 1991) p. I-113

[10.580] G. Rigoll: In *Neural Networks. EURASIP Workshop 1990 Proceedings*, ed. by L. B. Almeida, C. J. Wellekens (Springer, Berlin, Germany 1990) p. 205

[10.581] G. Rigoll: In *Proc. ICASSP'91, Int. Conf. on Acoustics, Speech and Signal Processing* (IEEE Service Center, Piscataway, NJ 1991) p. I-65

[10.582] P. Utela, S. Kaski, K. Torkkola: In *Proc. ICSLP'92 Int. Conf. on Spoken Language Processing (ICSLP 92)* (Personal Publishing Ltd., Edmonton, Canada 1992) p. 551

[10.583] Z. Zhao, C. Rowden: In *Second Int. Conf. on Artificial Neural Networks (Conf. Publ. No.349)* (IEE, London, UK 1991) p. 175

[10.584] Z. Zhao, C. G. Rowden: IEE Proc. F [Radar and Signal Processing] **139**, 385 (1992)

[10.585] T. Koizumi, J. Urata, S. Taniguchi: In *Artificial Neural Networks*, ed. by T. Kohonen, K. Mäkisara, O. Simula, J. Kangas (North-Holland, Amsterdam, Netherlands 1991) p. I-777

[10.586] E. Monte, J. B. Mariño: In *Proc. IWANN'91, Int. Workshop on Artificial Neural Networks*, ed. by A. Prieto (Springer, Berlin, Germany 1991) p. 370

[10.587] E. Monte, J. B. Mariño, E. L. Leida: In *Proc. ICSLP'92, Int. Conf. on Spoken Language Processing* (University of Alberta, Edmonton, Alberta, Canada 1992) p. I-551

[10.588] J. S. Baras, A. LaVigna: In *Proc. IJCNN-90-San Diego, Int. Joint Conf. on Neural Networks* (IEEE Service Center, Piscataway, NJ 1990) p. III-17

[10.589] J. S. Baras, A. LaVigna: In *Proc. INNC 90, Int. Neural Network Conf.* (Kluwer, Dordrecht, Netherlands 1990) p. II-1028

[10.590] J. S. Baras, A. L. Vigna: In *Proc. 29th IEEE Conf. on Decision and Control* (IEEE Service Center, Piscataway, NJ 1990) p. III-1735

[10.591] Z.-P. Lo, Y. Yu, B. Bavarian: In *Proc. IJCNN'92, Int. Joint Conf. on Neural Networks* (IEEE Service Center, Piscataway, NJ 1992) p. III-561

[10.592] N. Mohsenian, N. M. Nasrabadi: In *Proc. ICASSP'93, Int. Conf. on Acoustics, Speech and Signal Processing* (IEEE Service Center, Piscataway, NJ 1993) p. V

[10.593] W. Suewatanakul, D. M. Himmelblau: In *Proc. Third Workshop on Neural Networks: Academic/Industrial/NASA/Defense WNN92* (Auburn Univ.; Center Commersial Dev. Space Power and Adv. Electron.; NASA, Soc. Comput. Simulation, San Diego, CA 1993) p. 275

[10.594] R. Togneri, Y. Zhang, C. J. S. deSilva, Y. Attikiouzel: In *Proc. Third Int. Symp. on Signal Processing and its Applications* (1992) p. II-384

[10.595] A. Visa: In *Proc. INNC'90, Int. Neural Network Conf.* (Kluwer, Dordrecht, Netherlands 1990) p. 729

[10.596] J. C. Bezdek, N. R. Pal: Neural Networks **8**, 729 (1995)

[10.597] M. Cappelli, R. Zunino: In *Proc. WCNN'95, World Congress on Neural Networks*, (Lawrence Erlbaum, Hillsdale, NJ 1995) p. I-652

[10.598] S.-J. You, C.-H. Choi: In *Proc. ICNN'95, IEEE Int. Conf. on Neural Networks*, (IEEE Service Center, Piscataway, NJ 1995) p. V-2763

[10.599] J. Xuan, T. Adali: In *Proc. WCNN'95, World Congress on Neural Networks*, (Lawrence Erlbaum, Hillsdale, NJ 1995) p. I-756

[10.600] N. Kitajima: In *Proc. ICNN'95, IEEE Int. Conf. on Neural Networks*, (IEEE Service Center, Piscataway, NJ 1995) p. V-2775

[10.601] M. Verleysen, P. Thissen, J.-D. Legat: In *Proc. ESANN'93, European Symposium on Artificial Neural Networks*, ed. by M. Verleysen (D Facto Conference Services, Brussels, Belgium 1993) p. 209

[10.602] E. B. Kosmatopoulos, M. A. Christodoulou: IEEE Trans. on Image Processing **5**, 361 (1996)

[10.603] D. Lamberton, G. Pagès: In *Proc. ESANN'96, European Symp. on Artificial Neural Networks*, ed. by M. Verleysen (D Facto Conference Services, Brussels, Belgium 1996) p. 97

[10.604] H. K. Aghajan, C. D. Schaper, T. Kailath: Opt. Eng. **32**, 828 (1993)

[10.605] R. A. Beard, K. S. Rattan: In *Proc. NAECON 1989, IEEE 1989 National Aerospace and Electronics Conf.* (IEEE Service Center, Piscataway, NJ 1989) p. IV-1920

[10.606] G. N. Bebis, G. M. Papadourakis: Pattern Recognition **25**, 25 (1992)

[10.607] J. Kopecz: In *Proc. ICNN'93, Int. Conf. on Neural Networks* (IEEE Service Center, Piscataway, NJ 1993) p. I-138

[10.608] C. Nightingale, R. A. Hutchinson: British Telecom Technology J. **8**, 81 (1990)

[10.609] E. Oja: In *Neural Networks for Perception, vol. 1: Human and Machine Perception*, ed. by H. Wechsler (Academic Press, New York, NY 1992) p. 368

[10.610] C. Teng: In *Proc. Second IASTED International Symposium. Expert Systems and Neural Networks*, ed. by M. H. Hamza (IASTED, Acta Press, Anaheim, CA 1990) p. 35

[10.611] C. Teng, P. A. Ligomenides: Proc. SPIE – The Int. Society for Optical Engineering **1382**, 74 (1991)

[10.612] W. Wan, D. Fraser: In *Proc. 7th Australasian Remote Sensing Conference, Melborne, Australia* (Remote Sensing and Photogrammetry Association Australia, Ltd 1994) p. 423

[10.613] W. Wan, D. Fraser: In *Proc. 7th Australasian Remote Sensing Conference, Melborne, Australia* (Remote Sensing and Photogrammetry Association Australia, Ltd 1994) p. 145

[10.614] W. Wan, D. Fraser: In *Proc. 7th Australasian Remote Sensing Conference, Melborne, Australia* (Remote Sensing and Photogrammetry Association Australia, Ltd 1994) p. 151

[10.615] J. C. Guerrero: In *Proc. TTIA'95, Transferencia Tecnológica de Inteligencia Artificial a Industria, Medicina y Aplicaciones Sociales*, ed. by R. R. Aldeguer, J. M. G. Chamizo (Spain 1995) p. 189

[10.616] Y. Chen, Y. Cao: In *Proc. ICNN'95, IEEE Int. Conf. on Neural Networks*, (IEEE Service Center, Piscataway, NJ 1995) p. III-1414

[10.617] J. Tanomaru, A. Inubushi: In *Proc. ICNN'95, IEEE Int. Conf. on Neural Networks*, (IEEE Service Center, Piscataway, NJ 1995) p. V-2432

[10.618] M. Antonini, M. Barlaud, P. Mathieu: In *Signal Processing V. Theories and Applications. Proc. EUSIPCO-90, Fifth European Signal Processing Conference*, ed. by L. Torres, E. Masgrau, M. A. Lagunas (Elsevier, Amsterdam, Netherlands 1990) p. II-1091

[10.619] E. Carlson: In *Proc. ICANN'93, Int. Conf. on Artificial Neural Networks*, ed. by S. Gielen, B. Kappen (Springer, London, UK 1993) p. 1018

[10.620] S. Carrato, G. L. Siguranza, L. Manzo: In *Neural Networks for Signal Processing. Proc. 1993 IEEE Workshop* (IEEE Service Center, Piscataway, NJ 1993) p. 291

[10.621] D. D. Giusto, G. Vernazza: In *Proc. ICASSP'90, Int. Conf. on Acoustics, Speech and Signal Processing* (IEEE Service Center, Piscataway, NJ 1990) p. III-2265

[10.622] J. Kennedy, F. Lavagetto, P. Morasso: In *Proc. INNC'90 Int. Neural Network Conf.* (Kluwer, Dordrecht, Netherlands 1990) p. I-54

[10.623] H. Liu, D. Y. Y. Yun: In *Proc. Int. Workshop on Application of Neural Networks to Telecommunications*, ed. by J. Alspector, R. Goodman, T. X. Brown (Lawrence Erlbaum, Hillsdale, NJ 1993) p. 176

[10.624] J. F. Nunes, J. S. Marques: European Trans. on Telecommunications and Related Technologies 3, 599 (1992)

[10.625] M. Antonini, M. Barlaud, P. Mathieu, J. C. Feauveau: Proc. SPIE – The Int. Society for Optical Engineering 1360, 14 (1990)

[10.626] S. S. Jumpertz, E. J. Garcia: In *Proc. ICANN'93, Int. Conf. on Artificial Neural Networks*, ed. by S. Gielen, B. Kappen (Springer, London, UK 1993) p. 1020

[10.627] L. L. H. Andrew, M. Palaniswami: In *Proc. ICNN'95, IEEE Int. Conf. on Neural Networks*, (IEEE Service Center, Piscataway, NJ 1995) p. IV-2071

[10.628] L. L. H. Andrew: In *Proc. IPCS'6 Int. Picture Coding Symposium* (1996) p. 569

[10.629] G. Burel, I. Pottier: Revue Technique Thomson-CSF 23, 137 (1991)

[10.630] G. Burel, J.-Y. Catros: In *Proc. ICNN'93, Int. Conf. on Neural Networks* (IEEE Service Center, Piscataway, NJ 1993) p. II-727

[10.631] A. H. Dekker: Technical Report TR10 (Department of Information and Computer Science, National University of Singapore, Singapore 1993)

[10.632] E. L. Bail, A. Mitiche: Traitement du Signal 6, 529 (1989)

[10.633] M. Lech, Y. Hua: In *Neural Networks for Signal Processing. Proc. of the 1991 IEEE Workshop*, ed. by B. H. Juang, S. Y. Kung, C. A. Kamm (IEEE Service Center, Piscataway, NJ 1991) p. 552

[10.634] M. Lech, Y. Hua: In *Int. Conf. on Image Processing and its Applications* (IEE, London, UK, 1992)

[10.635] N. M. Nasrabadi, Y. Feng: Proc. SPIE – The Int. Society for Optical Engineering 1001, 207 (1988)

[10.636] N. M. Nasrabadi, Y. Feng: In *Proc. ICNN'88, Int. Conf. on Neural Networks* (IEEE Service Center, Piscataway, NJ 1988) p. I-101

[10.637] N. M. Nasrabadi, Y. Feng: Neural Networks 1, 518 (1988)

[10.638] Y. H. Shin, C.-C. Lu: In *Conf. Proc. 1991 IEEE Int. Conf. on Systems, Man, and Cybern. 'Decision Aiding for Complex Systems'* (IEEE Service Center, Piscataway, NJ 1991) p. III-1487

[10.639] R. Li, E. Sherrod, H. Si: In *Proc. WCNN'95, World Congress on Neural Networks*, (INNS, Lawrence Erlbaum, Hillsdale, NJ 1995) p. I-548

[10.640] W. Chang, H. S. Soliman, A. H. Sung: In *Proc. ICNN'94, Int. Conf. on Neural Networks* (IEEE Service Center, Piscataway, NJ 1994) p. 4163

[10.641] O. T.-C. Chen, B. J. Sheu, W.-C. Fang: In *Proc. ICASSP'92, Int. Conf. on Acoustics, Speech and Signal processing* (IEEE Service Center, Piscataway, NJ 1992) p. II-385

[10.642] X. Chen, R. Kothari, P. Klinkhachorn: In *Proc. WCNN'93, World Congress on Neural Networks* (Lawrence Erlbaum, Hillsdale 1993) p. I-555

[10.643] L.-Y. Chiou, J. Limqueco, J. Tian, C. Lirsinsap, H. Chu: In *Proc. WCNN'94, World Congress on Neural Networks* (Lawrence Erlbaum, Hillsdale, NJ 1994) p. I-342

[10.644] K. B. Cho, C. H. Park, S.-Y. Lee: In *Proc. WCNN'94, World Congress on Neural Networks* (Lawrence Erlbaum, Hillsdale, NJ 1994) p. III-26

[10.645] J. A. Corral, M. Guerrero, P. J. Zufiria: In *Proc. ICNN'94, Int. Conf. on Neural Networks* (IEEE Service Center, Piscataway, NJ 1994) p. 4113

[10.646] K. R. L. Godfrey: In *Proc. ICNN'93, Int. Conf. on Neural Networks* (IEEE Service Center, Piscataway, NJ 1993) p. III-1622

[10.647] N.-C. Kim, W.-H. Hong, M. Suk, J. Koh: In *Proc. IJCNN-93-Nagoya, Int. Joint Conf. on Neural Networks* (IEEE Service Center, Piscataway, NJ 1993) p. III-2203

[10.648] A. Koenig, M. Glesner: In *Artificial Neural Networks*, ed. by T. Kohonen, K. Mäkisara, O. Simula, J. Kangas (North-Holland, Amsterdam, Netherlands 1991) p. II-1345

[10.649] R. Krovi, W. E. Pracht: In *Proc. IEEE/ACM Int. Conference on Developing and Managing Expert System Programs*, ed. by J. Feinstein, E. Awad, L. Medsker, E. Turban (IEEE Comput. Soc. Press, Los Alamitos, CA 1991) p. 210

[10.650] C.-C. Lu, Y. H. Shin: IEEE Trans. on Consumer Electronics 38, 25 (1992)

[10.651] L. Schweizer, G. Parladori, G. L. Sicuranza, S. Marsi: In *Artificial Neural Networks*, ed. by T. Kohonen, K. Mäkisara, O. Simula, J. Kangas (North-Holland, Amsterdam 1991) p. I-815

[10.652] W. Wang, G. Zhang, D. Cai, F. Wan: In *Proc. Second IASTED International Conference. Computer Applications in Industry*, ed. by H. T. Dorrah (IASTED, ACTA Press, Zurich, Switzerland 1992) p. I-197

[10.653] D. Anguita, F. Passaggio, R. Zunino: In *Proc. WCNN'95, World Congress on Neural Networks*, (INNS, Lawrence Erlbaum, Hillsdale, NJ 1995) p. I-739

[10.654] R. D. Dony, S. Haykin: Proc. of the IEEE 83, 288 (1995)

[10.655] J. Kangas: In *Proc. NNSP'95, IEEE Workshop on Neural Networks for Signal Processing* (IEEE Service Center, Piscataway, NJ 1995) p. 343

[10.656] J. Kangas: In *Proc. ICANN'95, Int. Conf. on Artificial Neural Networks*, ed. by F. Fogelman-Soulié, P. Gallinari, (EC2, Nanterre, France 1995) p. I-287

[10.657] J. Kangas: In *Proc. ICNN'95, IEEE Int. Conf. on Neural Networks*, (IEEE Service Center, Piscataway, NJ 1995) p. IV-2081

[10.658] K. O. Perlmutter, S. M. Perlmutter, R. M. Gray, R. A. Olshen, K. L. Oehler: IEEE Trans. on Image Processing 5, 347 (1996)

[10.659] P. Kultanen, E. Oja, L. Xu: In *Proc. IAPR Workshop on Machine Vision Applications* (International Association for Pattern Recognition, New York, NY 1990) p. 173

[10.660] P. Kultanen, L. Xu, E. Oja: In *Proc. 10ICPR, Int. Conf. on Pattern Recognition* (IEEE Comput. Soc. Press, Los Alamitos, CA 1990) p. 631

[10.661] L. Xu, E. Oja, P. Kultanen: Res. Report 18 (Lappeenranta University of Technology, Department of Information Technology, Lappeenranta, Finland 1990)

[10.662] L. Xu, E. Oja: In *Proc. 11ICPR, Int. Conf. on Pattern Recognition* (IEEE Comput. Soc. Press, Los Alamitos, CA 1992) p. 125

[10.663] L. Xu, A. Krzyzak, E. Oja: In *Proc. 11ICPR, Int. Conf. on Pattern Recognition* (IEEE Comput. Soc. Press, Los Alamitos, CA 1992) p. 496

[10.664] L. Xu, E. Oja: Computer Vision, Graphics, and Image Processing: Image Understanding 57, 131 (1993)

[10.665] E. Ardizzone, A. Chella, R. Rizzo: In *Proc. ICANN'94, Int. Conf. on Artificial Neural Networks*, ed. by M. Marinaro, P. G. Morasso (Springer, London, UK 1994) p. II-1161

[10.666] K. A. Baraghimian: In *Proc. 13th Annual Int. Computer Software and Applications Conf.* (IEEE Computer Soc. Press, Los Alamitos, CA 1989) p. 680

[10.667] A. P. Dhawan, L. Arata: In *Proc. ICNN'93, Int. Conf. on Neural Networks* (IEEE Service Center, Piscataway, NJ 1993) p. III-1277

[10.668] S. Haring, M. A. Viergever, J. N. Kok: In *Proc. IJCNN-93-Nagoya, Int. Joint Conf. on Neural Networks* (IEEE Service Center, Piscataway, NJ 1993) p. I-193

[10.669] A. Finch, J. Austin: In *Proc. ICANN'94, Int. Conf. on Artificial Neural Networks*, ed. by M. Marinaro, P. G. Morasso (Springer, London, UK 1994) p. II-1141

[10.670] W. C. Lin, E. C. K. Tsao, C. T. Chen: Pattern Recognition 25, 679 (1992)

[10.671] R. Natowicz, F. Bosio, S. Sean: In *Proc. ICANN'93, Int. Conf. on Artificial Neural Networks (ICANN-93)*, ed. by S. Gielen, B. Kappen (Springer, London, UK 1993) p. 1002

[10.672] G. Tambouratzis, D. Patel, T. J. Stonham: In *Proc. ICANN'93, Int. Conf. on Artificial Neural Networks*, ed. by S. Gielen, B. Kappen (Springer, London, UK 1993) p. 903

[10.673] N. R. Dupaguntla, V. Vemuri: In *Proc. IJCNN'89, Int. Joint Conf. on Neural Networks* (IEEE Service Center, Piscataway, NJ 1989) p. I-127

[10.674] S. Ghosal, R. Mehrotra: In *Proc. IJCNN'92, Int. Joint Conference on Neural Networks* (IEEE Service Center, Piscataway, NJ 1992) p. III-297

[10.675] S. Ghosal, R. Mehrotra: In *Proc. ICNN'93, Int. Conf. on Neural Networks* (IEEE Service Center, Piscataway, NJ 1993) p. II-721

[10.676] H. Greenspan, R. Goodman, R. Chellappa: In *Proc. IJCNN-91-Seattle, Int. Joint Conf. on Neural Networks* (IEEE Service Center, Piscataway, NJ 1991) p. I-639

[10.677] S.-Y. Lu, J. E. Hernandez, G. A. Clark: In *Proc. IJCNN'91, Int. Joint Conf. on Neural Networks* (IEEE Service Center, Piscataway, NJ 1991) p. I-683

[10.678] E. Maillard, B. Zerr, J. Merckle: In *Proc. EUSIPCO-92, Sixth European Signal Processing Conference*, ed. by J. Vandewalle, R. Boite, M. Moonen, A. Oosterlinck (Elsevier, Amsterdam, Netherlands 1992) p. II-1173

[10.679] S. Oe, M. Hashida, Y. Shinohara: In *Proc. IJCNN-93-Nagoya, Int. Joint Conf. on Neural Networks* (IEEE Service Center, Piscataway, NJ 1993) p. I-189

[10.680] S. Oe, M. Hashida, M. Enokihara, Y. Shinohara: In *Proc. ICNN'94, Int. Conf. on Neural Networks* (IEEE Service Center, Piscataway, NJ 1994) p. 2415

[10.681] P. P. Raghu, R. Poongodi, B. Yegnanarayana: In *Proc. IJCNN-93-Nagoya, Int. Joint Conf. on Neural Networks* (IEEE Service Center, Piscataway, NJ 1993) p. III-2195

[10.682] O. Simula, A. Visa: In *Artificial Neural Networks, 2*, ed. by I. Aleksander, J. Taylor (North-Holland, Amsterdam, Netherlands 1992) p. II-1621

[10.683] O. Simula, A. Visa, K. Valkealahti: In *Proc. ICANN'93, Int. Conf. on Artificial Neural Networks*, ed. by S. Gielen, B. Kappen (Springer, London, UK 1993) p. 899

[10.684] K. Valkealahti, A. Visa, O. Simula: In *Proc. Fifth Finnish Artificial Intelligence Conf. (SteP-92): New Directions in Artificial Intelligence* (Finnish Artificial Intelligence Society, Helsinki, Finland 1992) p. II-189

[10.685] A. Visa: In *Proc. 3rd Int. Conf. on Fuzzy Logic, Neural Nets and Soft Computing* (Fuzzy Logic Systems Institute, Iizuka, Japan 1994) p. 145

[10.686] H. Yin, N. M. Allinson: In *Proc. ICANN'94, Int. Conf. on Artificial Neural Networks*, ed. by M. Marinaro, P. G. Morasso (Springer, London, UK 1994) p. II-1149

[10.687] E. Oja, K. Valkealahti: In *Proc. ICNN'95, IEEE Int. Conf. on Neural Networks*, (IEEE Service Center, Piscataway, NJ 1995) p. II-1160

[10.688] R.-I. Chang, P.-Y. Hsiao: In *Proc. ICNN'94, Int. Conf. on Neural Networks* (IEEE Service Center, Piscataway, NJ 1994) p. 4123

[10.689] S. Jockusch, H. Ritter: In *Proc. ICANN'94, Int. Conf. on Artificial Neural Networks*, ed. by M. Marinaro, P. G. Morasso (Springer, London, UK 1994) p. II-1105

[10.690] H. Kauniskangas, O. Silvén: In *Proc. Conf. on Artificial Intelligence Res. in Finland*, ed. by C. Carlsson, T. Järvi, T. Reponen, Number 12 in Conf. Proc. of Finnish Artificial Intelligence Society (Finnish Artificial Intelligence Society, Helsinki, Finland 1994) p. 149

[10.691] R. Anand, K. Mehrotra, C. K. Mohan, S. Ranka: In *Proc. Int. Joint Conf. on Artificial Intelligence (IJCAI)* (University of Sydney, Sydney, Australia 1991)

[10.692] R. Anand, K. Mehrotra, C. K. Mohan, S. Ranka: Pattern Recognition **26**, 1717 (1993)

[10.693] R. Gemello, C. Lettera, F. Mana, L. Masera: In *Artificial Neural Networks*, ed. by T. Kohonen, K. Mäkisara, O. Simula, J. Kangas (North-Holland, Amsterdam, Netherlands 1991) p. II-1305

[10.694] R. Gemello, C. Lettera, F. Mana, L. Masera: CSELT Technical Reports **20**, 143 (1992)

[10.695] A. Verikas, K. Malmqvist, M. Bachauskene, L. Bergman, K. Nilsson: In *Proc. ICNN'94, Int. Conf. on Neural Networks* (IEEE Service Center, Piscataway, NJ 1994) p. 2938

[10.696] J. Wolfer, J. Robergé, T. Grace: In *Proc. WCNN'94, World Congress on Neural Networks* (Lawrence Erlbaum, Hillsdale, NJ 1994) p. I-260

[10.697] J. Kangas: Technical Report A21 (Helsinki University of Technology, Laboratory of Computer and Information Science, SF-02150 Espoo, Finland 1993)

[10.698] W. Gong, K. R. Rao, M. T. Manry: In *Conf. Record of the Twenty-Fifth Asilomar Conf. on Signals, Systems and Computers* (IEEE Comput. Soc. Press, Los Alamitos, CA 1991) p. I-477

[10.699] W. Cheng, H. S. Soliman, A. H. Sung: In *Proc. ICNN'93, Int. Conf. on Neural Networks* (IEEE Service Center, Piscataway, NJ 1993) p. II-661

[10.700] J. Lampinen, E. Oja: IEEE Trans. on Neural Networks **6**, 539 (1995)

[10.701] T. Röfer: In *Proc. ICANN'95, Int. Conf. on Artificial Neural Networks*, ed. by F. Fogelman-Soulié, P. Gallinari, (EC2, Nanterre, France 1995) p. I-475

[10.702] K. A. Han, J. C. Lee, C. J. Hwang: In *Proc. ICNN'95, IEEE Int. Conf. on Neural Networks*, (IEEE Service Center, Piscataway, NJ 1995) p. I-465

[10.703] A. H. Dekker: Network: Computation in Neural Systems **5**, 351 (1994)

[10.704] J. Heikkonen: In *Proc. EANN'95, Engineering Applications of Artificial Neural Networks* (Finnish Artificial Intelligence Society, Helsinki, Finland 1995) p. 33

[10.705] N. Bonnet: Ultramicroscopy **57**, 17 (1995)

[10.706] M. M. Moya, M. W. Koch, L. D. Hostetler: In *Proc. WCNN'93, World Congress on Neural Networks* (Lawrence Erlbaum, Hillsdale, NJ 1993) p. III-797

[10.707] D. Hrycej: Neurocomputing **3**, 287 (1991)

[10.708] J. Iivarinen, K. Valkealahti, A. Visa, O. Simula: In *Proc. ICANN'94, Int. Conf. on Artificial Neural Networks*, ed. by M. Marinaro, P. G. Morasso (Springer, London, UK 1994) p. I-334

[10.709] J. Lampinen, E. Oja: In *Proc. INNC'90, Int. Neural Network Conf.* (Kluwer, Dordrecht, Netherlands 1990) p. I-301

[10.710] J. Lampinen: Proc. SPIE – The Int. Society for Optical Engineering **1469**, 832 (1991)

[10.711] J. Lampinen: In *Artificial Neural Networks*, ed. by T. Kohonen, K. Mäkisara, O. Simula, J. Kangas (North-Holland, Amsterdam, Netherlands 1991) p. II-99

[10.712] A. Luckman, N. Allinson: Proc. Society of Photo-optical Instrumentation Engineers **1197**, 98 (1990)

[10.713] A. J. Luckman, N. M. Allinson: In *Visual Search*, ed. by D. Brogner (Taylor & Francis, London, UK 1992) p. 169

[10.714] A. Järvi, J. Järvi: In *Proc. Conf. on Artificial Intelligence Res. in Finland*, ed. by C. Carlsson, T. Järvi, T. Reponen, Number 12 in Conf. Proc. of Finnish Artificial Intelligence Society (Finnish Artificial Intelligence Society, Helsinki, Finland 1994) p. 104

[10.715] E. Oja, L. Xu, P. Kultanen: In *Proc. INNC'90, Int. Neural Network Conference* (Kluwer, Dordrecht, Netherlands 1990) p. I-27

[10.716] A. Visa: In *Proc. of SPIE Aerospace Sensing, Vol. 1709 Science of Neural Networks* (SPIE, Bellingham, USA 1992) p. 642

[10.717] L. Xu, E. Oja: Res. Report 18 (Lappeenranta University of Technology, Department of Information Technology, Lappeenranta, Finland 1989)

[10.718] L. Xu, E. Oja, P. Kultanen: Pattern Recognition Letters **11**, 331 (1990)

[10.719] L. Xu, A. Krzyżak, E. Oja: IEEE Trans. on Neural Networks **4**, 636 (1993)

[10.720] A. Ghosh, S. K. Pal: Pattern Recognition Letters **13**, 387 (1992)

[10.721] A. Ghosh, N. R. Pal, S. R. Pal: IEEE Trans. on Fuzzy Systems **1**, 54 (1993)

[10.722] A. N. Redlich: Proc. SPIE – The Int. Society for Optical Engineering **1710**, 201 (1992)

[10.723] R. J. T. Morris, L. D. Rubin, H. Tirri: IEEE Trans. on Pattern Analysis and Machine Intelligence **12**, 1107 (1990)

[10.724] J. Hogden, E. Saltzman, P. Rubin: In *Proc. WCNN'93, World Congress on Neural Networks* (Lawrence Erlbaum, Hillsdale, NJ 1993) p. II-409

[10.725] J. Heikkonen, P. Koikkalainen: In *Proc. 4th Int. Workshop: Time-Varying Image Processing and Moving Object Recognition*, ed. by V. Cappellini (Elsevier, Amsterdam, Netherlands 1993) p. 327

[10.726] J. Marshall: In *Proc. IJCNN'89, Int. Joint Conf. on Neural Networks* (IEEE Service Center, Piscataway, NJ 1989) p. II-227

[10.727] J. Marshall: Neural Networks **3**, 45 (1990)

[10.728] M. Köppen: In *Proc. 3rd Int. Conf. on Fuzzy Logic, Neural Nets and Soft Computing* (Fuzzy Logic Systems Institute, Iizuka, Japan 1994) p. 149

[10.729] S. P. Luttrell: Technical Report 4437 (RSRE, Malvern, UK 1990)

[10.730] A. P. Kartashov: In *Artificial Neural Networks*, ed. by T. Kohonen, K. Mäkisara, O. Simula, J. Kangas (North-Holland, Amsterdam, Netherlands 1991) p. II-1103

[10.731] N. M. Allinson, M. J. Johnson: In *Proc. Fourth Int. IEE Conf. on Image Processing and its Applications*, Maastricht, Netherlands (1992) p. 193

[10.732] K. K. Truong, R. M. Mersereau: In *Proc. ICASSP'90, Int. Conf. on Acoustics, Speech and Signal Processing* (IEEE Service Center, Piscataway, NJ 1990) p. IV-2289

[10.733] K. K. Truong: In *Proc. ICASSP'91, Int. Conf. on Acoustics, Speech and Signal Processing* (IEEE Service Center, Piscataway, NJ 1991) p. IV-2789

[10.734] N. M. Allinson, A. W. Ellis: IEE Electronics and Communication J. **4**, 291 (1992)

[10.735] M. F. Augusteijn, T. L. Skufca: In *Proc. ICNN'93, Int. Conf. on Neural Networks* (IEEE Service Center, Piscataway, NJ 1993) p. I-392

[10.736] S. Jockusch, H. Ritter: In *Proc. IJCNN-93-Nagoya, Int. Joint Conf. on Neural Networks* (IEEE Service Center, Piscataway, NJ 1993) p. III-2077

[10.737] A. Carraro, E. Chilton, H. McGurk: In *IEE Colloquium on 'Biomedical Applications of Digital Signal Processing' (Digest No.144)* (IEE, London, UK 1989)

[10.738] C. Maggioni, B. Wirtz: In *Artificial Neural Networks*, ed. by T. Kohonen, K. Mäkisara, O. Simula, J. Kangas (North-Holland, Amsterdam, Netherlands 1991) p. I-75

[10.739] A. Meyering, H. Ritter: In *Artificial Neural Networks, 2*, ed. by I. Aleksander, J. Taylor (North-Holland, Amsterdam, Netherlands 1992) p. I-821

[10.740] A. Meyering, H. Ritter: In *Proc. IJCNN'92, Int. Joint Conf. on Neural Networks* (IEEE Service Center, Piscataway, NJ 1992) p. IV-432

[10.741] K. Chakraborty, U. Roy: Computers & Industrial Engineering **24**, 189 (1993)

[10.742] R. C. Luo, H. Potlapalli, D. Hislop: In *Proc. IJCNN-93-Nagoya, Int. Joint Conf. on Neural Networks* (IEEE Service Center, Piscataway, NJ 1993) p. II-1306

[10.743] S. Taraglio, S. Moronesi, A. Sargeni, G. B. Meo: In *Fourth Italian Workshop. Parallel Architectures and Neural Networks*, ed. by E. R. Caianiello (World Scientific, Singapore 1991) p. 378

[10.744] J. Orlando, R. Mann, S. Haykin: In *Proc. IJCNN-90-WASH-DC, Int. Joint Conf. of Neural Networks* (Lawrence Erlbaum, Hillsdale, NJ 1990) p. 263

[10.745] J. R. Orlando, R. Mann, S. Haykin: IEEE J. Oceanic Engineering 15, 228 (1990)
[10.746] R.-J. Liou, M. R. Azimi-Sadjadi, D. L. Reinke: In *Proc. ICNN'94, Int. Conf. on Neural Networks* (IEEE Service Center, Piscataway, NJ 1994) p. 4327
[10.747] A. Visa, K. Valkealahti, J. Iivarinen, O. Simula: In *Proc. SPIE – The Int. Society for Optical Engineering, Applications of Artificial Neural Networks V*, ed. by S. K. R. a Dennis W. Ruck (SPIE, Bellingham, WA 1994) p. 2243-484
[10.748] H. Murao, I. Nishikawa, S. Kitamura: In *Proc. IJCNN-93-Nagoya, Int. Joint Conf. on Neural Networks* (IEEE Service Center, Piscataway, NJ 1993) p. II-1211
[10.749] L. Lönnblad, C. Peterson, H. Pi, T. Rögnvaldsson: Computer Physics Communications 67, 193 (1991)
[10.750] M. Hernandez-Pajares, R. Cubarsi, E. Monte: Neural Network World 3, 311 (1993)
[10.751] Z.-P. Lo, B. Bavarian: In *Proc. Fifth Int. Parallel Processing Symp.* (IEEE Comput. Soc. Press, Los Alamitos, CA 1991) p. 228
[10.752] S. Najand, Z.-P. Lo, B. Bavarian: In *Proc. IJCNN'92, Int. Joint Conference on Neural Networks* (IEEE Service Center, Piscataway, NJ 1992) p. II-87
[10.753] M. Sase, T. Hirano, T. Beppu, Y. Kosugi: Robot p. 106 (1992)
[10.754] M. Takahashi, H. Hashimukai, H. Ando: In *Proc. IJCNN'91, Int. Joint Conf. on Neural Networks* (IEEE Service Center, Piscataway, NJ 1991) p. II-932
[10.755] J. Waldemark, P.-O. Dovner, J. Karlsson: In *Proc. ICNN'95, IEEE Int. Conf. on Neural Networks*, (IEEE Service Center, Piscataway, NJ 1995) p. I-195
[10.756] D. Kilpatrick, R. Williams: In *Proc. ICNN'95, IEEE Int. Conf. on Neural Networks*, (IEEE Service Center, Piscataway, NJ 1995) p. I-32
[10.757] J. Wolfer, J. Robergé, T. Grace: In *Proc. WCNN'95, World Congress on Neural Networks*, (INNS, Lawrence Erlbaum, Hillsdale, NJ 1995) p. I-157
[10.758] E. Kwiatkowska, I. S. Torsun: In *Proc. ICNN'95, IEEE Int. Conf. on Neural Networks*, (IEEE Service Center, Piscataway, NJ 1995) p. IV-1907
[10.759] H. Bertsch, J. Dengler: In *9. DAGM-Symp. Mustererkennung*, ed. by E. Paulus (Deutche Arbeitsgruppe für Mustererkennung, 1987) p. 166
[10.760] C. Comtat, C. Morel: IEEE Trans. on Neural Networks 6, 783 (1995)
[10.761] R. Deaton, J. Sun, W. E. Reddick: In *Proc. WCNN'95, World Congress on Neural Networks*, (INNS, Lawrence Erlbaum, Hillsdale, NJ 1995) p. II-815
[10.762] A. Manduca: In *Proc. ICNN'94, Int. Conf. on Neural Networks* (IEEE Service Center, Piscataway, NJ 1994) p. 3990
[10.763] K. J. Cios, L. S. Goodenday, M. Merhi, R. A. Langenderfer: In *Proc. Computers in Cardiology* (IEEE Comput. Soc. Press, Los Alamitos, CA 1990) p. 33
[10.764] C.-H. Joo, J.-S. Choi: Trans. Korean Inst. of Electrical Engineers 40, 374 (1991)
[10.765] L. Vercauteren, G. Sieben, M. Praet: In *Proc. INNC'90, Int. Neural Network Conference* (Kluwer, Dordrecht, Netherlands 1990) p. 387
[10.766] H.-L. Pan, Y.-C. Chen: Pattern Recognition Letters 13, 355 (1992)
[10.767] D. Patel, I. Hannah, E. R. Davies: In *Proc. WCNN'94, World Congress on Neural Networks* (Lawrence Erlbaum, Hillsdale, NJ 1994) p. I-631
[10.768] M. Turner, J. Austin, N. Allinson, P. Thomson: In *Artificial Neural Networks, 2*, ed. by I. Aleksander, J. Taylor (North-Holland 1992) p. I-799
[10.769] M. Turner, J. Austin, N. Allinson, P. Thompson: In *Proc. British Machine Vision Association Conf.* (1992) p. 257
[10.770] M. Turner, J. Austin, N. M. Allinson, P. Thompson: Image and Vision Computing 11, 235 (1993)
[10.771] P. Arrigo, F. Giuliano, F. Scalia, A. Rapallo, G. Damiani: Comput. Appl. Biosci. 7, 353 (1991)
[10.772] G. Gabriel, C. N. Schizas, C. S. Pattichis, R. Constantinou, A. Hadjianastasiou, A. Schizas: In *Proc. IJCNN-93-Nagoya, Int. Joint Conf. on Neural Networks* (IEEE Service Center, Piscataway, NJ 1993) p. I-943
[10.773] J.-M. Auger, Y. Idan, R. Chevallier, B. Dorizzi: In *Proc. IJCNN'92, Int. Joint Conf. on Neural Networks* (IEEE Service Center, Piscataway, NJ 1992) p. IV-444
[10.774] N. Baykal, N. Yalabik, A. H. Goktogan: In *Computer and Information Sciences VI. Proc. 1991 Int. Symposium*, ed. by M. Baray, B. Ozguc (Elsevier, Amsterdam, Netherlands 1991) p. II-923
[10.775] J. Henseler, J. C. Scholtes, C. R. J. Verhoest. M.Sc. Thesis, Delft University, Delft, Netherlands, 1987
[10.776] J. Henseler, H. J. van der Herik, E. J. H. Kerchhoffs, H. Koppelaar, J. C. Scholtes, C. R. J. Verhoest: In *Proc. Summer Comp. Simulation Conf., Seattle* (1988) p. 14
[10.777] H. J. van der Herik, J. C. Scholtes, C. R. J. Verhoest: In *Proc. European Simulation Multiconference* (1988) p. 350

[10.778] S. W. Khobragade, A. K. Ray: In *Proc. ICNN'93, Int. Conf. on Neural Networks* (IEEE Service Center, Piscataway, NJ 1993) p. III-1606

[10.779] I.-B. Lee, K.-Y. Lee: Korea Information Science Soc. Review 10, 27 (1992)

[10.780] J. Loncelle, N. Derycke, F. Fogelman-Soulié: In *Proc. IJCNN'92, Int. Joint Conf. on Neural Networks* (IEEE Service Center, Piscataway, NJ 1992) p. III-694

[10.781] G. M. Papadourakis, G. N. Bebis, M. Georgiopoulos: In *Proc. INNC'90, Int. Neural Network Conf.* (Kluwer, Dordrecht, Netherlands 1990) p. I-392

[10.782] S. Taraglio: In *Proc. INNC'90, Int. Neural Network Conf.* (Kluwer, Dordrecht, Netherlands 1990) p. I-103

[10.783] R. J. T. Morris, L. D. Rubin, H. Tirri: In *Proc. IJCNN'89 Int. Joint Conf. on Neural Networks* (IEEE Service Center, Piscataway, NJ 1989) p. II-291

[10.784] A. P. Azcarraga, B. Amy: In *Artificial Intelligence IV. Methodology, Systems, Applications. Proc. of the Fourth International Conf. (AIMSA '90)*, ed. by P. Jorrand, V. Sgurev (North-Holland, Amsterdam, Netherlands 1990) p. 209

[10.785] D. H. Choi, S. W. Ryu, H. C. Kang, K. T. Park: J. Korean Inst. of Telematics and Electronics 28B, 1 (1991)

[10.786] W. S. Kim, S. Y. Bang: J. Korean Inst. of Telematics and Electronics 29B, 50 (1992)

[10.787] A. M. Colla, P. Pedrazzi: In *Proc. ICANN'94, Int. Conf. on Artificial Neural Networks*, ed. by M. Marinaro, P. G. Morasso (Springer, London, UK 1994) p. II-969

[10.788] Y. Idan, R. C. Chevallier: In *Proc. IJCNN-91-Singapore, Int. Joint Conf. on Neural Networks* (IEEE Service Center, Piscataway, NJ 1991) p. III-2576

[10.789] K. Nakayama, Y. Chigawa, O. Hasegawa: In *Proc. IJCNN'92, of the Int. Joint Conf. on Neural Networks* (IEEE Service Center, Piscataway, NJ 1992) p. IV-235

[10.790] M. Gioiello, G. Vassallo, F. Sorbello: In *The V Italian Workshop on Parallel Architectures and Neural Networks* (World Scientific, Singapore 1992) p. 293

[10.791] P. J. G. Lisboa: Int. J. Neural Networks – Res. & Applications 3, 17 (1992)

[10.792] K. Yamane, K. Fuzimura, H. Tokimatu, H. Tokutaka, S. Kisida: Technical Report NC93-25 (The Inst. of Electronics, Information and Communication Engineers, Tottori University, Koyama, Japan 1993)

[10.793] K. Yamane, K. Fujimura, H. Tokutaka, S. Kishida: Technical Report NC93-86 (The Inst. of Electronics, Information and Communication Engineers, Tottori University, Koyama, Japan 1994)

[10.794] Z. Chi, H. Yan: Neural Networks 8, 821 (1995)

[10.795] N. Natori, K. Nishimura: In *Proc. ICNN'95, IEEE Int. Conf. on Neural Networks*, (IEEE Service Center, Piscataway, NJ 1995) p. VI-3089

[10.796] J. Wu, H. Yan: In *Proc. ICNN'95, IEEE Int. Conf. on Neural Networks*, (IEEE Service Center, Piscataway, NJ 1995) p. VI-3074

[10.797] P. Morasso: In *Proc. IJCNN'89, Int. Joint Conf. on Neural Networks* (IEEE Service Center, Piscataway, NJ 1989) p. II-539

[10.798] P. Morasso, S. Pagliano: In *Fourth Italian Workshop. Parallel Architectures and Neural Networks*, ed. by E. R. Caianiello (World Scientific, Singapore 1991) p. 250

[10.799] P. Morasso: In *Artificial Neural Networks*, ed. by T. Kohonen, K. Mäkisara, O. Simula, J. Kangas (North-Holland, Amsterdam, Netherlands 1991) p. II-1323

[10.800] P. Morasso, L. Barberis, S. Pagliano, D. Vergano: Pattern Recognition 26, 451 (1993)

[10.801] P. Morasso, L. Gismondi, E. Musante, A. Pareto: In *Proc. WCNN'93, World Congress on Neural Networks* (Lawrence Erlbaum, Hillsdale, NJ 1993) p. III-71

[10.802] L. Schomaker: Pattern Recognition 26, 443 (1993)

[10.803] F. Andianasy, M. Milgram: In *Proc. EANN'95, Engineering Applications of Artificial Neural Networks* (Finnish Artificial Intelligence Society, Helsinki, Finland 1995) p. 61

[10.804] J. Heikkonen, M. Mäntynen: In *Proc. EANN'95, Engineering Applications of Artificial Neural Networks* (Finnish Artificial Intelligence Society, Helsinki, Finland 1995) p. 75

[10.805] G. D. Barmore: M.Sc. Thesis (Air Force Inst. of Tech., Wright-Patterson AFB, OH 1988)

[10.806] H. Behme, W. D. Brandt, H. W. Strube: In *Proc. ICANN'93, Int. Conf. on Artificial Neural Networks*, ed. by S. Gielen, B. Kappen (Springer, London, UK 1993) p. 416

[10.807] H. Behme, W. D. Brandt, H. W. Strube: In *Proc. IJCNN-93-Nagoya, Int. Joint Conf. on Neural Networks* (IEEE Service Center, Piscataway, NJ 1993) p. I-279

[10.808] L. D. Giovanni, S. Montesi: In *Proc. 1st Workshop on Neural Networks and Speech Processing, November 89, Roma*, ed. by A. Paoloni (Roma, Italy 1990) p. 75

[10.809] C. Guan, C. Zhu, Y. Chen, Z. He: In *Proc. Int. Symp. on Speech, Image Processing and Neural Networks* (IEEE Hong Kong Chapter of Signal Processing, Hong Kong 1994) p. II-710

[10.810]   J. He, H. Leich: In *Proc. Int. Symp. on Speech, Image Processing and Neural Networks* (IEEE Hong Kong Chapt. of Signal Processing, Hong Kong 1994) p. I-109
[10.811]   H.-P. Hutter: Mitteilungen AGEN p. 9 (1992)
[10.812]   O. B. Jensen, M. Olsen, T. Rohde: Technical Report DAIMI IR-101 (Computer Science Department, Aarhus University, Aarhus, Denmark 1991)
[10.813]   C.-Y. Liou, C.-Y. Shiah: In *Proc. IJCNN-93-Nagoya, Int. Joint Conf. on Neural Networks* (IEEE Service Center, Piscataway, NJ 1993) p. I-251
[10.814]   E. López-Gonzalo, L. A. Hernández-Gómez: In *Proc. EUROSPEECH-93, 3rd European Conf. on Speech, Communication and Technology* (ESCA, Berlin, Germany 1993) p. I-55
[10.815]   A. Paoloni: In *Proc. 1st Workshop on Neural Networks and Speech Processing, November 89, Roma.*, ed. by A. Paoloni (1990) p. 5
[10.816]   G. N. di Pietro: Bull. des Schweizerischen Elektrotechnischen Vereins & des Verbandes Schweizerischer Elektrizitätswerke **82**, 17 (1991)
[10.817]   W. F. Recla: M.Sc. Thesis (Air Force Inst. of Tech., Wright-Patterson AFB, OH 1989)
[10.818]   F. S. Stowe: M.Sc. Thesis (Air Force Inst. of Tech., School of Engineering, Wright-Patterson AFB, OH 1990)
[10.819]   K. Torkkola, M. Kokkonen: In *Proc. ICASSP'91, Int. Conf. on Acoustics, Speech and Signal Processing* (IEEE Service Center, Piscataway, NJ 1991) p. I-261
[10.820]   K. Torkkola: PhD Thesis (Helsinki University of Technology, Espoo, Finland 1991)
[10.821]   P. Utela, K. Torkkola, L. Leinonen, J. Kangas, S. Kaski, T. Kohonen: In *Proc. SteP'92, Fifth Finnish Artificial Intelligence Conf., New Directions in Artificial Intelligence* (Finnish Artificial Intelligence Society, Helsinki, Finland 1992) p. II-178
[10.822]   L. Knohl, A. Rinscheid: In *Proc. EUROSPEECH-93, 3rd European Conf. on Speech, Communication and Technology* (ESCA, Berlin 1993) p. I-367
[10.823]   L. Knohl, A. Rinscheid: In *Proc. IJCNN-93-Nagoya, Int. Joint Conf. on Neural Networks* (IEEE Service Center, Piscataway, NJ 1993) p. I-243
[10.824]   P. Dalsgaard, O. Andersen, W. Barry: In *Proc. EUROSPEECH-91, 2nd European Conf. on Speech Communication and Technology Proceedings* (Istituto Int. Comunicazioni, Genova, Italy 1991) p. II-685
[10.825]   J. Kangas, K. Torkkola, M. Kokkonen: In *Proc. ICASSP'92, Int. Conf. on Acoustics, Speech and Signal Processing* (IEEE Service Center, Piscataway, NJ 1992)
[10.826]   J.-S. Kim, C.-M. Kyung: In *International Symp. on Circuits and Systems* (IEEE Service Center, Piscataway, NJ 1989) p. III-1879
[10.827]   T. M. English, L. C. Boggess: In *Proc. Cooperation, ACM Eighteenth Annual Computer Science Conf.* (ACM, New York, NY 1990) p. 444
[10.828]   L. A. Hernandez-Gomez, E. Lopez-Gonzalo: In *Proc. ICASSP'93, Int. Conf. on Acoustics, Speech and Signal Processing* (IEEE Service Center, Piscataway, NJ 1993) p. II-628
[10.829]   J. Thyssen, S. D. Hansen: In *Proc. ICASSP'93, Int. Conf. on Acoustics, Speech and Signal Processing* (IEEE Service Center, Piscataway, NJ 1993) p. II-431
[10.830]   H. C. Card, S. Kamarsu: In *Proc. WCNN'95, World Congress on Neural Networks*, (Lawrence Erlbaum, Hillsdale, NJ 1995) p. I-128
[10.831]   R. Togneri, M. Alder, Y. Attikiouzel: In *Proc. Third Australian Int. Conf. on Speech Science and Technology* (Melbourne, Australia 1990) p. 304
[10.832]   A. Canas, J. Ortega, F. J. Fernandez, A. Prieto, F. J. Pelayo: In *Proc. IWANN'91, Int. Workshop on Artificial Neural Networks*, ed. by A. Prieto (Springer, Berlin, Germany 1991) p. 340
[10.833]   V. H. Chin: In *C-CORE Publication no. 91-15* (C-CORE 1991)
[10.834]   Z. Huang, A. Kuh: IEEE Trans. Signal Processing **40**, 2651 (1992)
[10.835]   V. Z. Kepuska, J. N. Gowdy: In *Proc. Annual Southeastern Symp. on System Theory 1988* (IEEE Service Center, Piscataway, NJ 1988) p. 388
[10.836]   V. Z. Kepuska, J. N. Gowdy: In *SOUTHEASTCON '90* (IEEE Service Center, Piscataway, NJ 1990) p. I-64
[10.837]   L. S. Javier Tuya, E. A, J. A. Corrales: In *Proc. IWANN'93, Int. Workshop on Neural Networks, Sitges, Spain*, ed. by A. P. J. Mira, J. C (Springer, Berlin, Germany 1993) p. 550
[10.838]   T. Matsuoka, Y. Ishida: In *Proc. ICNN'95, IEEE Int. Conf. on Neural Networks*, (IEEE Service Center, Piscataway, NJ 1995) p. V-2900
[10.839]   O. Anderson, P. Cosi, P. Dalsgaard: In *Proc. 1st Workshop on Neural Networks and Speech Processing, November 89, Roma*, ed. by A. Paoloni (Roma, Italy 1990) p. 18
[10.840]   U. Dagitan, N. Yalabik: In *Neurocomputing, Algorithms, Architectures and Applications. Proc. NATO Advanced Res. Workshop*, ed. by F. Fogelman-Soulié, J. Herault (Springer, Berlin, Germany 1990) p. 297

[10.841] M. A. Al-Sulaiman, S. I. Ahson, M. I. Al-Kanhal: In *Proc. WCNN'93, World Congress on Neural Networks* (Lawrence Erlbaum, Hillsdale, NJ 1993) p. IV-84

[10.842] T. R. Anderson.: In *Proc. ICASSP'91, Int. Conf. on Acoustics, Speech and Signal Processing* (IEEE Service Center, Piscataway, NJ 1991) p. I-149

[10.843] T. Anderson: In *Proc. ICNN'94, Int. Conf. on Neural Networks* (IEEE Service Center, Piscataway, NJ 1994) p. 4466

[10.844] D. Chen, Y. Gao: In *Proc. INNC'90, Int. Neural Network Conference* (Kluwer, Dordrecht, Netherlands 1990) p. I-195

[10.845] P. Dalsgaard: Computer Speech and Language 6, 303 (1992)

[10.846] S. Danielson: In *Proc. IJCNN-90-WASH-DC, Int. Joint Conf. on Neural Networks* (IEEE Service Center, Piscataway, NJ 1990) p. III-677

[10.847] M. Hanawa, T. Hasega-Wa: Trans. Inst. of Electronics, Information and Communication Engineers D-II J75D-II, 426 (1992)

[10.848] J. Kangas, O. Naukkarinen, T. Kohonen, K. Mäkisara, O. Ventä: Report TKK-F-A585 (Helsinki University of Technology, Espoo, Finland 1985)

[10.849] J. Kangas: M.Sc. Thesis (Helsinki University of Technology, Espoo, Finland 1988)

[10.850] J. Kangas, T. Kohonen: In *Proc. First Expert Systems Applications World Conference* (IITT International, France 1989) p. 321

[10.851] J. Kangas, T. Kohonen: In *Proc. EUROSPEECH-89, European Conf. on Speech Communication and Technology* (ESCA, Berlin, Germany 1989) p. 345

[10.852] N. Kasabov, E. Peev: In *Proc. ICANN'94, Int. Conf. on Artificial Neural Networks*, ed. by M. Marinaro, P. G. Morasso (Springer, London, UK 1994) p. I-201

[10.853] V. Z. Kepuska, J. N. Gowdy: In *Proc. IEEE SOUTHEASTCON* (IEEE Service Center, Piscataway, NJ 1989) p. II-770

[10.854] V. Z. Kepuska, J. N. Gowdy: In *Proc. ICASSP'89, Int. Conf. on Acoustics, Speech and Signal Processing* (IEEE Service Center, Piscataway, NJ 1989) p. I-504

[10.855] K. Kiseok, K. I. Kim, H. Heeyeung: In *Proc. 5th Jerusalem Conf. on Information Technology (JCIT). Next Decade in Information Technology* (IEEE Comput. Soc. Press, Los Alamitos, CA 1990) p. 364

[10.856] D.-K. Kim, C.-G. Jeong, H. Jeong: Trans. Korean Inst. of Electrical Engineers 40, 360 (1991)

[10.857] P. Knagenhjelm, P. Brauer: Speech Communication 9, 31 (1990)

[10.858] T. Kohonen: Report TKK-F-A463 (Helsinki University of Technology, Espoo, Finland 1981)

[10.859] F. Mihelic, I. Ipsic, S. Dobrisek, N. Pavesic: Pattern Recognition Letters 13, 879 (1992)

[10.860] P. Wu, K. Warwick, M. Koska: Neurocomputing 4, 109 (1992)

[10.861] T. Kohonen, K. Torkkola, J. Kangas, O. Ventä: In *Papers from the 15th Meeting of Finnish Phoneticians, Publication 31, Helsinki University of Technology, Acoustics Laboratory* (Helsinki University of Technology, Espoo, Finland 1988) p. 97

[10.862] T. Kohonen: In *Neural Computing Architectures*, ed. by I. Aleksander (North Oxford Academic Publishers/Kogan Page, Oxford, UK 1989) p. 26

[10.863] T. Kohonen: In *The Second European Seminar on Neural Networks, London, UK, February 16-17* (British Neural Networks Society, London, UK 1989)

[10.864] T. Kohonen: In *Proc. IEEE Workshop on Neural Networks for Signal Processing* (IEEE Service Center, Piscataway, NJ 1991) p. 279

[10.865] T. Kohonen: In *Applications of Neural Networks* (VCH, Weinheim, Germany 1992) p. 25

[10.866] M. Kokkonen, K. Torkkola: In *Proc. EUROSPEECH-89, European Conf. on Speech Communication and Technology*, ed. by J. P. Tubach, J. J. Mariani (Assoc. Belge des Acousticiens; Assoc. Recherche Cognitive; Comm. Eur. Communities; et al, CEP Consultants, Edinburgh, UK 1989) p. II-561

[10.867] M. Kokkonen, K. Torkkola: Speech Communication 9, 541 (1990)

[10.868] M. Kokkonen: M.Sc. Thesis (Helsinki University of Technology, Espoo, Finland 1991)

[10.869] H. Skinnemoen. *New Advances and Trends in Speech Recognition and Coding*, MOR-VQ for Speech Coding over Noisy Channels. NATO ASI Series F. (Springer, Berlin, Germany 1993)

[10.870] B. Brückner, T. Wesarg, C. Blumenstein: In *Proc. ICNN'95, IEEE Int. Conf. on Neural Networks*, (IEEE Service Center, Piscataway, NJ 1995) p.V-2891

[10.871] J. M. Colombi: M.Sc. Thesis (Air Force Inst. of Tech., School of Engineering, Wright-Patterson AFB, OH 1992)

[10.872] J. M. Colombi, S. K. Rogers, D. W. Ruck: In *Proc. ICASSP'93, Int. Conf. on Acoustics, Speech and Signal Processing* (IEEE Service Center, Piscataway, NJ 1993) p. II-700

[10.873] S. Hadjitodorov, B. Boyanov, T. Ivanov, N. Dalakchieva: Electronics Letters 30, 838 (1994)

[10.874] X. Jiang, Z. Gong, F. Sun, h Chi: In *Proc. WCNN'94, World Congress on Neural Networks* (Lawrence Erlbaum, Hillsdale, NJ 1994) p. IV-595

[10.875] J. Naylor, A. Higgins, K. P. Li, D. Schmoldt: Neural Networks **1**, 311 (1988)

[10.876] D. Çetin, F. Yildirim, D. Demirekler, B. Nakiboğlu, B. Tüzün: In *Proc. EANN'95, Engineering Applications of Artificial Neural Networks* (Finnish Artificial Intelligence Society, Helsinki, Finland 1995) p. 267

[10.877] J. He, L. Liu, G. Palm: In *Proc. ICNN'95, IEEE Int. Conf. on Neural Networks*, (IEEE Service Center, Piscataway, NJ 1995) p. IV-2052

[10.878] S. Nakamura, T. Akabane: In *ICASSP'91. 1991 Int. Conf. on Acoustics, Speech and Signal Processing* (IEEE Service Center, Piscataway, NJ 1991) p. II-853

[10.879] J. Naylor, K. P. Li: Neural Networks **1**, 310 (1988)

[10.880] H. Hase, H. Matsuyama, H. Tokutaka, S. Kishida: Technical Report NC95-140 (The Inst. of Electronics, Information and Communication Engineers, Tottori University, Koyama, Japan 1996)

[10.881] M. Alder, R. Togneri, E. Lai, Y. Attikiouzel: Pattern Recognition Letters **11**, 313 (1990)

[10.882] R. Togneri, M. Alder, Y. Attikiouzel: IEE Proceedings-I **139**, 123 (1992)

[10.883] M. V. Chan, X. Feng, J. A. Heinen, R. J. Niederjohn: In *Proc. ICNN'94, Int. Conf. on Neural Networks* (IEEE Service Center, Piscataway, NJ 1994) p. 4483

[10.884] W. Barry, P. Dalsgaard: In *Proc. EUROSPEECH'93, 3rd European Conf. on Speech, Communication and Technology* (1993) p. I-13

[10.885] M. P. DeSimio, T. R. Anderson: In *Proc. ICASSP'93, Int. Conf. on Acoustics, Speech and Signal Processing* (IEEE Service Center, Piscataway, NJ 1993) p. I-521

[10.886] T. Hiltunen, L. Leinonen, J. Kangas: In *Proc. ICANN'93, Int. Conf. on Artificial Neural Networks*, ed. by S. Gielen, B. Kappen (Springer, London, UK 1993) p. 420

[10.887] J. Kangas, P. Utela: Tekniikka logopediassa ja foniatriassa p. 36 (1992)

[10.888] P. Utela, J. Kangas, L. Leinonen: In *Artificial Neural Networks, 2*, ed. by I. Aleksander, J. Taylor (North-Holland, Amsterdam, Netherlands 1992) p. I-791

[10.889] J. Kangas, L. Leinonen, A. Juvas: University of Oulu, Publications of the Department of Logopedics and Phonetics p. 23 (1991)

[10.890] L. Leinonen, J. Kangas, K. Torkkola, A. Juvas, H. Rihkanen, R. Mujunen: Suomen Logopedis-Foniatrinen Aikakauslehti **10**, 4 (1991)

[10.891] L. Leinonen, J. Kangas, K. Torkkola: Tekniikka logopediassa ja foniatriassa p. 41 (1992)

[10.892] L. Leinonen, T. Hiltunen, J. Kangas, A. Juvas, H. Rihkanen: Scand. J. Log. Phon. **18**, 159 (1993)

[10.893] M. Beveridge: M.Sc. Thesis (University of Edinburgh, Department of Linguistics, Edinburgh, UK 1993)

[10.894] R. Mujunen, L. Leinonen, J. Kangas, K. Torkkola: Folia Phoniatrica **45**, 135 (1993)

[10.895] T. Räsänen, S. K. Hakumäki, E. Oja, M. O. K. Hakumäki: Folia Phoniatrica **42**, 135 (1990)

[10.896] L. Leinonen, T. Hiltunen, K. Torkkola, J. Kangas: J. Acoust. Soc. of America **93**, 3468 (1993)

[10.897] L. Leinonen, R. Mujunen, J. Kangas, K. Torkkola: Folia Phoniatrica **45**, 173 (1993)

[10.898] J. Reynolds: Report OUEL 1914/92 (Univ. of Oxford, Oxford, UK 1992)

[10.899] J. Reynolds, L. Tarassenko: Neural Computing & Application **1**, 169 (1993)

[10.900] L. P. J. Veelenturf: In *Twente Workshop on Language Technology 3: Connectionism and Natural Language Processing*, ed. by A. N. Marc F. J. Drossaers (Department of Computer Science, University of Twente, Enschede, Netherlands 1992) p. 1

[10.901] A. J. D. Cohen, M. J. Bishop: In *Proc. WCNN'94, World Congress on Neural Networks* (Lawrence Erlbaum, Hillsdale, NJ 1994) p. IV-544

[10.902] P. Boda, G. G. Vass: In *Proc. Conf. on Artificial Intelligence Res. in Finland*, ed. by C. Carlsson, T. Järvi, T. Reponen, Number 12 in Conf. Proc. of Finnish Artificial Intelligence Society (Finnish Artificial Intelligence Society, Helsinki, Finland 1994) p. 47

[10.903] D.-S. Kim, S.-Y. Lee, M.-S. Han, C.-H. Lee, J.-G. Park, S.-W. Suh: In *Proc. 3rd Int. Conf. on Fuzzy Logic, Neural Nets and Soft Computing* (Fuzzy Logic Systems Institute, Iizuka, Japan 1994) p. 541

[10.904] M. Leisenberg: In *Proc. IMACS Int. Symp. on Signal Processing, Robotics and Neural Networks* (IMACS, Lille, France 1994) p. 594

[10.905] J.-F. Leber: PhD Thesis (Eidgenöss. Techn. Hochsch., Zürich, Switzerland 1993)

[10.906] I. Hernáez, J. Barandiarán, E. Monte, B. Extebarria: In *Proc. EUROSPEECH-93, 3rd European Conf. on Speech, Communication and Technology* (ECSA, Berlin, Germany 1993) p. I-661

[10.907] G. Cammarata, S. Cavalieri, A. Fichera, L. Marletta: In *Proc. IJCNN-93-Nagoya, Int. Joint Conf. on Neural Networks* (IEEE Service Center, Piscataway, NJ 1993) p. II-2017

[10.908] S. Madekivi: In *Proc. ICASSP'88, Int. Conf. on Acoustics, Speech and Signal Processing* (IEEE Service Center, Piscataway, NJ 1988) p. 2693

[10.909]   J. P. Thouard, P. Depalle, X. Rodet: In *Proc. INNC'90, Int. Neural Network Conf.* (Kluwer, Dordrecht, Netherlands 1990) p. I-196
[10.910]   R. O. Gjerdingen: Computer Music J. **13**, 67 (1989)
[10.911]   M. Leman, P. v Renterghem: Technical Report SM-IPEM-#17 (University of Ghent, Inst. for Psychoacoustics and Electronic Music, Ghent, Belgium 1989)
[10.912]   P. Cosi, G. D. Poli, G. Lauzzana: In *Proc. ICANN'94, Int. Conf. on Artificial Neural Networks*, ed. by M. Marinaro, P. G. Morasso (Springer, London, UK 1994) p. II-925
[10.913]   J. Kennedy, P. Morasso: In *Proc. Neural Networks. EURASIP Workshop 1990*, ed. by L. B. Almeida, C. J. Wellekens (Springer, Berlin, Germany 1990) p. 225
[10.914]   J. A. Schoonees: In *Proc. COMSIG'88, Southern African Conf. on Communications and Signal Processing* (IEEE Service Center, Piscataway, NJ 1988) p. 76
[10.915]   J. Kindermann, C. Windheuser: In *Proc. Workshop on Neural Networks for Signal Processing 2*, ed. by S. Y. Kung, F. Fallside, J. A. Sörenson, C. A. Kamm (IEEE Service Center, Piscataway, NJ 1992) p. 184
[10.916]   S. L. Speidel: U.S. Patent No. 5,146,541, 1989
[10.917]   S. L. Speidel: In *IEEE Conf. on Neural Networks for Ocean Engineering* (IEEE Service Center, Piscataway, NJ 1991) p. 77
[10.918]   S. L. Speidel: IEEE J. Oceanic Engineering **17**, 341 (1992)
[10.919]   T. R. Damarla, P. Karpur, P. K. Bhagat': Ultrasonics **30**, 317 (1992)
[10.920]   S. C. Ahalt, T. P. Jung, A. K. Krishnamurthy: In *Proc. IJCNN'89, Int. Joint Conf. on Neural Networks* (IEEE Service Center, Piscataway, NJ 1989) p. II-605
[10.921]   G. Fiorentini, G. Pasquariello, G. Satalino, F. Spilotros: In *Proc. ICANN'94, Int. Conf. on Artificial Neural Networks*, ed. by M. Marinaro, P. G. Morasso (Springer, London, UK 1994) p. I-276
[10.922]   R. O. Harger: Proc. SPIE – The Int. Society for Optical Engineering **1630**, 176 (1992)
[10.923]   R. Mann, S. Haykin: In *Artificial Neural Networks*, ed. by T. Kohonen, K. Mäkisara, O. Simula, J. Kangas (North-Holland, Amsterdam, Netherlands 1991) p. II-1699
[10.924]   G. Whittington, C. T. Spracklen: In *Artificial Neural Networks, 2*, ed. by I. Aleksander, J. Taylor (North-Holland, Amsterdam, Netherlands 1992) p. II-1559
[10.925]   T. Fritsch: In *Neural Networks in Telecommunications*, ed. by B. Yuhas, N. Ansari (Kluwer, Dordrecht, Netherlands 1994) p. 211
[10.926]   W. R. Kirkland, D. P. Taylor: In *Neural Networks in Telecommunications*, ed. by B. Yuhas, N. Ansari (Kluwer Academic Publishers, Dordrecht, Netherlands 1994) p. 141
[10.927]   R. Lancini: In *Neural Networks in Telecommunications*, ed. by B. Yuhas, N. Ansari (Kluwer Academic Publishers, Dordrecht, Netherlands 1994) p. 287
[10.928]   A. Habibi: Proc. SPIE – The Int. Society for Optical Engineering **1567**, 334 (1991)
[10.929]   D. S. Bradburn: In *Proc. IJCNN'89, Int. Joint Conf. on Neural Networks* (IEEE Service Center, Piscataway, NJ 1989) p. II-531
[10.930]   J. A. Naylor: In *Proc. ICASSP'90, Int. Conf. on Acoustics, Speech and Signal Processing* (IEEE Service Center, Piscataway, NJ 1990) p. I-211
[10.931]   T. Kohonen, K. Raivio, O. Simula, O. Ventä, J. Henriksson: In *Proc. IJCNN-90-San Diego, Int. Joint Conf. on Neural Networks* (1990) p. I-223
[10.932]   T. Kohonen, K. Raivio, O. Simula, O. Ventä, J. Henriksson: In *Proc. IJCNN-90-WASH-DC, Int. Joint Conf. on Neural Networks* (1990) p. II-249
[10.933]   T. Kohonen, K. Raivio, O. Simula, J. Henriksson: In *Artificial Neural Networks*, ed. by T. Kohonen, K. Mäkisara, O. Simula, J. Kangas (North-Holland, Amsterdam, Netherlands 1991) p. II-1677
[10.934]   T. Kohonen, K. Raivio, O. Simula, J. Henriksson: In *Proc. Int. Conf. on Communications, Chicago, Ill.* (IEEE Service Center, Piscataway, NJ 1992) p. 1523
[10.935]   K. Raivio, J. Henriksson, O. Simula: In *Proc. ICNN'95, IEEE Int. Conf. on Neural Networks*, (IEEE Service Center, Piscataway, NJ 1995) p. IV-1566
[10.936]   M. Peng, C. L. Nikias, J. G. Proakis: In *Conf. Record of the Twenty-Fifth Asilomar Conf. on Signals, Systems and Computers* (IEEE Comput. Soc. Press, Los Alamitos, CA 1991) p. I-496
[10.937]   K. Raivio, O. Simula, J. Henriksson: Electronics Letters **27**, 2151 (1991)
[10.938]   K. Raivio, T. Kohonen: In *XIX Convention on Radio Science, Abstracts of Papers*, ed. by V. Porra, P. Alinikula (Helsinki University of Technology, Electronic Circuit Design Laboratory, Espoo, Finland 1993) p. 11
[10.939]   K. Raivio, T. Kohonen: In *Proc. ICANN'94, Int. Conf. on Artificial Neural Networks*, ed. by M. Marinaro, P. G. Morasso (Springer, London, UK 1994) p. II-1037
[10.940]   S. Carter, R. J. Frank, D. S. W. Tansley: In *Proc. Int. Workshop on Application of Neural Networks to Telecommunications*, ed. by J. Alspector, R. Goodman, T. X. Brown (Lawrence Erlbaum, Hillsdale, NJ 1993) p. 273

[10.941] P. Barson, N. Davey, S. Field, R. Frank, D. S. W. Tansley: In *Proc. Int. Workshop on Applications of Neural Networks to Telecommunications 2*, ed. by J. Alspector, R. Goodman, T. X. Brown (Lawrence Erlbaum, Hillsdale, NJ 1995) p. 234

[10.942] N. Ansari, Y. Chen: In *Proc. GLOBECOM'90, IEEE Global Telecommunications Conf. and Exhibition. 'Communications: Connecting the Future'* (IEEE Service Center, Piscataway, NJ 1990) p. II-1042

[10.943] N. Ansari, D. Liu: In *Proc. GLOBECOM'91, IEEE Global Telecommunications Conf. Countdown to the New Millennium. Featuring a Mini-Theme on: 'Personal Communications Services (PCS).'* (IEEE Service Center, Piscataway, NJ 1991) p. I-110

[10.944] T. Fritsch, W. Mandel: In *Proc. IJCNN'91 Int. Joint Conf. on Neural Networks* (IEEE Service Center, Piscataway, NJ 1991) p. I-752

[10.945] T. Fritsch, M. Mittler, P. Tran-Gia: Neural Computing & Applications 1, 124 (1993)

[10.946] T. Fritsch, P. H. Kraus, H. Przuntek, P. Tran-Gia: In *Proc. ICNN'93, Int. Conf. on Neural Networks* (IEEE Service Center, Piscataway, NJ 1993) p. I-93

[10.947] T. Fritsch, S. Hanshans: In *Proc. ICNN'93, Int. Conf. on Neural Networks* (IEEE Service Center, Piscataway, NJ 1993) p. II-822D

[10.948] S. Field, N. Davey, R. Frank: In *Proc. Int. Workshop on Applications of Neural Networks to Telecommunications 2*, ed. by J. Alspector, R. Goodman, T. X. Brown (Lawrence Erlbaum, Hillsdale, NJ 1995) p. 226

[10.949] T. Haitao, O. Simula: In *Proc. ICNN'95, IEEE Int. Conf. on Neural Networks*, (IEEE Service Center, Piscataway, NJ 1995) p. IV-1561

[10.950] J. Kangas: In *Proc. WCNN'95, World Congress on Neural Networks*, (Lawrence Erlbaum, Hillsdale, NJ 1995) p. I-517

[10.951] P. Knagenhjelm: PhD Thesis (Chalmers University of Technology, Göteborg, Sweden 1993)

[10.952] P. H. Skinnemoen: PhD Thesis (The Norwegian Institute of Technology, Trondheim, Norway 1994)

[10.953] H. Skinnemoen: In *Proc. NORSIG'94 Nordig Signal Processing Symposium* (IEEE Service Center, Piscataway, NJ 1994) p. 28

[10.954] H. Skinnemoen: In *Proc. ISIT'94 IEEE Int. Symp. on Inf. Theory* (IEEE Service Center, Piscataway, NJ 1994) p. 238

[10.955] H. Skinnemoen: In *Proc. IEEE GLOBECOM* (IEEE Service Center, Piscataway, NJ 1994)

[10.956] E. R. Addison, W. Dedmond: Neural Networks 1, 419 (1988)

[10.957] K. Gelli, R. A. McLaughlan, R. Challoo, S. I. Omar: In *Proc. ICNN'94, Int. Conf. on Neural Networks* (IEEE Service Center, Piscataway, NJ 1994) p. 4028

[10.958] K. Gelli, R. McLauchlan, R. Challoo, S. I. Omar: In *Proc. WCNN'94, World Congress on Neural Networks* (Lawrence Erlbaum, Hillsdale, NJ 1994) p. I-679

[10.959] G. Whittington, T. Spracklen: Proc. SPIE – The Int. Society for Optical Engineering **1294**, 276 (1990)

[10.960] R. A. Lemos, M. Nakamura, H. Kuwano: In *Proc. IJCNN-93-Nagoya, Int. Joint Conf. on Neural Networks* (IEEE Service Center, Piscataway, NJ 1993) p. II-2009

[10.961] J. T. Alander, A. Autere, L. Holmström, P. Holmström, A. Hämäläinen, J. Tuominen: In *Communication Control and Signal Processing*, ed. by E. Arikan (Elsevier, Amsterdam, Netherlands 1990) p. 1757

[10.962] A. Autere, J. T. Alander, L. Holmström, P. Holmström, A. Hämäläinen, J. Tuominen: Res. Reports A2 (Rolf Nevanlinna Institute, Helsinki, Finland 1990)

[10.963] H. Keuchel, E. von Puttkamer, U. R. Zimmer: In *Proc. ICANN'93, Int. Conf. on Artificial Neural Networks*, ed. by S. Gielen, B. Kappen (Springer, London, UK 1993) p. 230

[10.964] F. Davide, C. D. Natale, A. D'Amico: In *Proc. ICANN'94, Int. Conf. on Artificial Neural Networks*, ed. by M. Marinaro, P. G. Morasso (Springer, London, UK 1994) p. I-354

[10.965] K. Fujimura, H. Tokutaka, S. Kishida, K. Nishimori, N. Ishihara: In *Proc. JNNS-93, Annual Conf. of Japanese Neural Network Society* (JNNS, Tokyo, JApan 1993) p. 197

[10.966] K. Fujimura, H. Tokutaka, S. Kishida: Trans. IEE of Japan **115-C**, 736 (1995)

[10.967] L. Ludwig, W. Kessler, J. Göbbert, W. Rosenstiel: In *Proc. EANN'95, Engineering Applications of Artificial Neural Networks* (Finnish Artificial Intelligence Society, Helsinki, Finland 1995) p. 379

[10.968] V. Lobo, F. Moura-Pires: In *Proc. EANN'95, Engineering Applications of Artificial Neural Networks* (Finnish Artificial Intelligence Society, Helsinki, Finland 1995) p. 601

[10.969] G. Hessel, W. Schmitt, F.-P. Weiss: In *Proc. SAFEPROCESS'94, IFAC Symp. on Fault Detection, Supervision and Technical Processes*, (1994) p. I-153

[10.970] C. C. Fung, K. W. Wong, H. Eren, R. Charlebois: In *Proc. ICNN'95, IEEE Int. Conf. on Neural Networks*, (IEEE Service Center, Piscataway, NJ 1995) p. I-526

[10.971] P. H. Mähönen, P. J. Hakala: The Astrophysical Journal **452**, L77 (1995)

[10.972] T. Trautmann, T. Denœux: In *Proc. ICNN'95, IEEE Int. Conf. on Neural Networks*, (IEEE Service Center, Piscataway, NJ 1995) p. I-73

[10.973] M. Schumann, R. Retzko: In *Proc. WCNN'95, World Congress on Neural Networks*, (INNS, Lawrence Erlbaum, Hillsdale, NJ 1995) p. I-189

[10.974] M. Schumann, R. Retzko: In *Proc. ICANN'95, Int. Conf. on Artificial Neural Networks*, ed. by F. Fogelman-Soulié, P. Gallinari, (EC2, Nanterre, France 1995) p. II-401

[10.975] G. Myklebust, J. G. Solheim: In *Proc. ICNN'95, IEEE Int. Conf. on Neural Networks*, (IEEE Service Center, Piscataway, NJ 1995) p. II-1054

[10.976] S. T. Toborg: In *Proc. SPIE – The Int. Society for Optical Engineering, Volume 2243 Applications of Artificial Neural Networks V*, ed. by S. K. R. a Dennis W. Ruck (SPIE, Bellingham, WA 1994) p. 200

[10.977] M. Vapola, O. Simula, T. Kohonen, P. Meriläinen: In *Proc. ICANN'94, Int. Conf. on Artificial Neural Networks*, ed. by M. Marinaro, P. G. Morasso (Springer, London, UK 1994) p. I-350

[10.978] M. Vapola, O. Simula, T. Kohonen, P. Meriläinen: In *Proc. Conf. on Artificial Intelligence Res. in Finland*, ed. by C. Carlsson, T. Järvi, T. Reponen, Number 12 in Conf. Proc. of Finnish Artificial Intelligence Society (Finnish Artificial Intelligence Society, Helsinki, Finland 1994) p. 55

[10.979] L. J. Scaglione: In *Proc. ICNN'94, Int. Conf. on Neural Networks* (IEEE Service Center, Piscataway, NJ 1994) p. 3415

[10.980] C.-X. Zhang: In *Proc. Int. Workshop on Application of Neural Networks to Telecommunications*, ed. by J. Alspector, R. Goodman, T. X. Brown (Lawrence Erlbaum, Hillsdale, NJ 1993) p. 225

[10.981] C. Yunping: Power System Technology p. 56 (1993)

[10.982] L. Ding, J. Li, Y.Xi : Acta Electronica Sinica 20, 56 (1992)

[10.983] K. Möller: In *Proc. ICANN'93, Int. Conf. on Artificial Neural Networks*, ed. by S. Gielen, B. Kappen (Springer, London, UK 1993) p. 593

[10.984] W. Trumper: Automatisierungstechnik 40, 142 (1992)

[10.985] T. Yamaguchi, M. Tanabe, J. Murakami, K. Goto: Trans. Inst. of Electrical Engineers of Japan, Part C 111-C, 40 (1991)

[10.986] C. P. Matthews, K. Warwick: In *Proc. EANN'95, Engineering Applications of Artificial Neural Networks* (Finnish Artificial Intelligence Society, Helsinki, Finland 1995) p. 449

[10.987] K. Goser, K. M. Marks, U. Rueckert, V. Tryba: In *3. Internationaler GI-Kongress über Wissensbasierte Systeme, München, October 16-17* (Springer, Berlin, Heidelberg 1989) p. 225

[10.988] E. Govekar, E. Susič, P. Mužič, I. Grabec: In *Artificial Neural Networks, 2*, ed. by I. Aleksander, J. Taylor (North-Holland, Amsterdam, Netherlands 1992) p. I-579

[10.989] J. O'Brien, C. Reeves: In *Proc. 5th Int. Congress on Condition Monitoring and Diagnostic Engineering Management*, ed. by R. B. K. N. Rao, G. J. Trmal (University of the West of England, Bristol. UK 1993) p. 395

[10.990] P. J. C. Skitt, M. A. Javed, S. A. Sanders, A. M. Higginson: J. Intelligent Manufacturing 4, 79 (1993)

[10.991] V. Tryba, K. Goser: In *Artificial Neural Networks*, ed. by T. Kohonen, K. Mäkisara, O. Simula, J. Kangas (North-Holland, Amsterdam, Netherlands 1991) p. 847

[10.992] A. Ultsch: In *Proc. ICANN'93, Int. Conf. on Artificial Neural Networks*, ed. by S. Gielen, B. Kappen (Springer, London, UK 1993) p. 864

[10.993] O. Simula, J. Kangas. *Neural Networks for Chemical Engineers, Computer-Aided Chemical Engineering, 6*, Process monitoring and visualization using self-organizing maps. (Elsevier, Amsterdam 1995) p. 371

[10.994] J. T. Alander, M. Frisk, L. Holmström, A. Hämäläinen, J. Tuominen: In *Artificial Neural Networks*, ed. by T. Kohonen, K. Mäkisara, O. Simula, J. Kangas (North-Holland, Amsterdam, Netherlands 1991) p. II-1229

[10.995] J. T. Alander, M. Frisk, L. Holmström, A. Hämäläinen, J. Tuominen: Res. Reports A5 (Rolf Nevanlinna Institute, Helsinki, Finland 1991)

[10.996] F. Firenze, L. Ricciardiello, S. Pagliano: In *Proc. ICANN'94, Int. Conf. on Artificial Neural Networks*, ed. by M. Marinaro, P. G. Morasso (Springer, London, UK 1994) p. II-1239

[10.997] T. Sorsa, H. N. Koivo, H. Koivisto: IEEE Trans. on Syst., Man, and Cyb. 21, 815 (1991)

[10.998] T. Sorsa, H. N. Koivo: Automatica 29, 843 (1993)

[10.999] P. Tse, D. D. Wang, D. Atherton: In *Proc. ICNN'95, IEEE Int. Conf. on Neural Networks*, (IEEE Service Center, Piscataway, NJ 1995) p. II-927

[10.1000] J.-M. Wu, J.-Y. Lee, Y.-C. Tu, C.-Y. Liou: In *Proc. IECON '91, Int. Conf. on Industrial Electronics, Control and Instrumentation* (IEEE Service Center, Piscataway, NJ 1991) p. II-1506

[10.1001] H. Furukawa, T. Ueda, M. Kitamura: In *Proc.3rd Int. Conf. on Fuzzy Logic, Neural Nets and Soft Computing* (Fuzzy Logic Systems Institute, Iizuka, Japan 1994) p. 555

[10.1002] C. Muller, M. Cottrell, B. Girard, Y. Girard, M. Mangeas: In *Proc. WCNN'94, World Congress on Neural Networks* (Lawrence Erlbaum, Hillsdale, NJ 1994) p. I-360

[10.1003] N. Ball, L. Kierman, K. Warwick, E. Cahill, D. Esp, J. Macqueen: Neurocomputing **4**, 5 (1992)

[10.1004] Y.-Y. Hsu, C.-C. Yang: IEE Proc. C [Generation, Transmission and Distribution] **138**, 407 (1991)

[10.1005] N. Macabrey, T. Baumann, A. J. Germond: Bulletin des Schweizerischen Elektrotechnischen Vereins & des Verbandes Schweizerischer Elektrizitätswerke **83**, 13 (1992)

[10.1006] D. J. Nelson, S.-J. Chang, M. Chen: In *Proc. 1992 Summer Computer Simulation Conference. Twenty-Fourth Annual Computer Simulation Conference*, ed. by P. Luker (SCS, San Diego, CA 1992) p. 217

[10.1007] D. Niebur, A. J. Germond: In *Proc. Third Symp. on Expert Systems Application to Power Systems* (Tokyo & Kobe 1991)

[10.1008] H. Mori, Y. Tamaru, S. Tsuzuki: In *Conf. Papers. 1991 Power Industry Computer Application Conf. Seventeenth PICA Conf.* (IEEE Service Center, Piscataway, NJ 1991) p. 293

[10.1009] H. Mori, Y. Tamaru, S. Tsuzuki: IEEE Trans. Power Systems **7**, 856 (1992)

[10.1010] R. Fischl: In *Proc. ICNN'94, Int. Conf. on Neural Networks* (IEEE Service Center, Piscataway, NJ 1994) p. 3719

[10.1011] D. Niebur, A. J. Germond: In *Conf. Papers. 1991 Power Industry Computer Application Conference. Seventeenth PICA Conference.* (IEEE Service Center, Piscataway, NJ 1991) p. 270

[10.1012] D. Niebur, A. J. Germond: In *Proc. First Int. Forum on Applications of Neural Networks to Power Systems*, ed. by M. A. El-Sharkawi, R. J. M. II (IEEE Service Center, Piscataway, NJ 1991) p. 83

[10.1013] D. Niebur, A. J. Germond: Int. J. Electrical Power & Energy Systems **14**, 233 (1992)

[10.1014] D. Niebur, A. J. Germond: IEEE Trans. Power Systems **7**, 865 (1992)

[10.1015] T. Baumann, A. Germond, D. Tschudi: In *Proc. Third Symp. on Expert Systems Application to Power Systems* (Tokyo & Kobe 1991)

[10.1016] A. Schnettler, V. Tryba: Archiv für Elektrotechnik **76**, 149 (1993)

[10.1017] A. Schnettler, M. Kurrat: In *Proc. 8th Int. Symp. on High Voltage Engineering, Yokohama* (1993) p. 57

[10.1018] J. Yu, Z. Gue, Z. Liu: In *Proc. First Int. Forum on Applications of Neural Networks to Power Systems*, ed. by M. A. El-Sharkawi, R. J. M. II (IEEE Service Center, Piscataway, NJ 1991) p. 293

[10.1019] S. Cumming: Neural Computing & Applications **1**, 96 (1993)

[10.1020] J. T. Gengo. M.Sc. Thesis (Naval Postgraduate School, Monterey, CA 1989)

[10.1021] H. Ogi, Y. Izui, S. Kobayashi: Mitsubishi Denki Giho **66**, 63 (1992)

[10.1022] S. Zhang, T. S. Sankar: In *Proc. IMACS, Int. Symp. on Signal Processing, Robotics and Neural Networks* (IMACS, Lille, France 1994) p. 183

[10.1023] L. Monostori, A. Bothe: In *Industrial and Engineering Applications of Artificial Intelligence and Expert Systems. 5th Int. Conf., IEA/AIE-92*, ed. by F. Belli, F. J. Radermacher (Springer, Berlin, Heidelberg 1992) p. 113

[10.1024] J. Lampinen, O. Taipale: In *Proc. ICNN'94, Int. Conf. on Neural Networks* (IEEE Service Center, Piscataway, NJ 1994) p. 3812

[10.1025] K.-H. Becks, J. Dahm, F. Seidel: In *Industrial and Engineering Applications of Artificial Intelligence and Expert Systems. 5th International Conference, IEA/AIE-92*, ed. by F. Belli, F. J. Radermacher (Springer, Berlin, Heidelberg 1992) p. 109

[10.1026] S. Cai, H. Toral, J. Qiu: In *Proc. ICANN-93, Int. Conf. on Artificial Neural Networks*, ed. by S. Gielen, B. Kappen (Springer, London, UK 1993) p. 868

[10.1027] S. Cai, H. Toral: In *Proc. IJCNN-93-Nagoya, Int. Joint Conf. on Neural Networks* (IEEE Service Center, Piscataway, NJ 1993) p. II-2013

[10.1028] Y. Cai: In *Proc. WCNN'94, World Congress on Neural Networks* (Lawrence Erlbaum, Hillsdale, NJ 1994) p. I-516

[10.1029] P. Burrascano, P. Lucci, G. Martinelli, R. Perfetti: In *Proc. IJCNN'90-WASH-DC, Int. Joint Conf. on Neural Networks* (IEEE Service Center, Piscataway, NJ 1990) p. I-311

[10.1030] P. Burrascano, P. Lucci, G. Martinelli, R. Perfetti: In *Proc. ICASSP'90, Int. Conf. on Acoustics, Speech and Signal Processing* (IEEE Service Center, Piscataway, NJ 1990) p. IV-1921

[10.1031] K. L. Fox, R. R. Henning, J. H. Reed, R. P. Simonian: In *Proc. 13th National Computer Security Conference. Information Systems Security. Standards – the Key to the Future* (NIST, Gaithersburg, MD 1990) p. I-124

[10.1032] J. J. Garside, R. H. Brown, T. L. Ruchti, X. Feng: In *Proc. IJCNN'92, Int. Joint Conf. on Neural Networks* (IEEE Service Center, Piscataway, NJ 1992) p. II-811

[10.1033] B. Grossman, X. Gao, M. Thursby: Proc. SPIE – The Int. Soc. for Opt. Eng. **1588**, 64 (1991)

[10.1034] N. Kashiwagi, T. Tobi: In *Proc. IJCNN-93-Nagoya, Int. Joint Conf. on Neural Networks* (IEEE Service Center, Piscataway, NJ 1993) p. I-939

[10.1035] W. Kessler, D. Ende, R. W. Kessler, W. Rosenstiel: In *Proc. ICANN-93, Int. Conf. on Artificial Neural Networks*, ed. by S. Gielen, B. Kappen (Springer, London, UK 1993) p. 860

[10.1036] M. Konishi, Y. Otsuka, K. Matsuda, N. Tamura, A. Fuki, K. Kadoguchi: In *Third European Seminar on Neural Computing: The Marketplace* (IBC Tech. Services, London, UK 1990) p. 13

[10.1037] R. R. Stroud, S. Swallow, J. R. McCardle, K. T. Burge: In *Proc. IJCNN-93-Nagoya, Int. Joint Conf. on Neural Networks* (IEEE Service Center, Piscataway, NJ 1993) p. II-1857

[10.1038] W. Fushuan, H. Zhenxiang: In *Third Biennial Symp. on Industrial Electric Power Applications* (Louisiana Tech. Univ, Ruston, LA, USA 1992) p. 268

[10.1039] G. A. Clark, J. E. Hernandez, N. K. DelGrande, R. J. Sherwood, S.-Y. Lu, P. C. Schaich, P. F. Durbin: In *Conf. Record of the Twenty-Fifth Asilomar Conf. on Signals, Systems and Computers* (IEEE Comput. Soc. Press, Los Alamitos, CA 1991) p. II-1235

[10.1040] T. Sorsa, H. N. Koivo, R. Korhonen: In *Preprints of the IFAC Symp. on On-Line Fault Detection and Supervision in the Chemical Process Industries, Newark, Delaware, April 1992* (1992) p. 162

[10.1041] P. Vuorimaa: In *Proc. Conf. on Artificial Intelligence Res. in Finland*, ed. by C. Carlsson, T. Järvi, T. Reponen, Number 12 in Conf. Proc. of Finnish Artificial Intelligence Society (Finnish Artificial Intelligence Society, Helsinki, Finland 1994) p. 177

[10.1042] P. Franchi, P. Morasso, G. Vercelli: In *Proc. ICANN'94, Int. Conf. on Artificial Neural Networks*, ed. by M. Marinaro, P. G. Morasso (Springer, London, UK 1994) p. II-1287

[10.1043] E. Littman, A. Meyering, J. Walter, T. Wengerek, H. Ritter: In *Applications of Neural Networks*, ed. by K. Schuster (VCH, Weinheim, Germany 1992) p. 79

[10.1044] T. Martinetz, K. Schulten: Computers & Electrical Engineering 19, 315 (1993)

[10.1045] B. W. Mel: In *Proc. First IEEE Conf. on Neural Information Processing Systems*, ed. by D. Z. Anderson (IEEE Service Center, Piscataway, NJ 1988) p. 544

[10.1046] H. Ritter, T. Martinetz, K. Schulten: MC-Computermagazin 2, 48 (1989)

[10.1047] P. van der Smagt, F. Groen, F. van het Groenewoud: In *Proc. ICNN'94, Int. Conf. on Neural Networks* (IEEE Service Center, Piscataway, NJ 1994) p. 2787

[10.1048] F. B. Verona, F. E. Lauria, M. Sette, S. Visco: In *Proc. IJCNN-93-Nagoya, Int. Joint Conf. on Neural Networks* (IEEE Service Center, Piscataway, NJ 1993) p. II-1861

[10.1049] D. A. C. Barone, A. R. M. Ramos: In *Proc. EANN'95, Engineering Applications of Artificial Neural Networks* (Finnish Artificial Intelligence Society, Helsinki, Finland 1995) p. 95

[10.1050] J. S. J. v. Deventer: In *Proc. ICNN'95, IEEE Int. Conf. on Neural Networks*, (IEEE Service Center, Piscataway, NJ 1995) p. VI-3068

[10.1051] T. Harris, L. Gamlyn, P. Smith, J. MacIntyre, A. Brason, R. Palmer, H. Smith, A. Slater: In *Proc. ICNN'95, IEEE Int. Conf. on Neural Networks*, (IEEE Service Center, Piscataway, NJ 1995) p. II-686

[10.1052] M. Mangeas, A. S. Weigend, C. Muller: In *Proc. WCNN'95, World Congress on Neural Networks*, (Lawrence Erlbaum, Hillsdale, NJ 1995) p. II-48

[10.1053] D. W. M. a. C. Aldrict, J. S. J. v. Deventer. *Neural Networks for Chemical Engineers, Computer-Aided Chemical Engineering*, The videographic characterization of flotation froths using neural networks. (Elsevier, Amsterdam, Netherlands 1995) p. 535

[10.1054] K. Röpke, D. Filbert: In *Proc. SAFEPROCESS'94, IFAC Symp. on Fault Detection, Supervision and Technical Processes*, (IFAL 1994) p. II-720

[10.1055] D. Vincent, J. McCardle, R. Stroud: In *Proc. ICNN'95, IEEE Int. Conf. on Neural Networks*, (IEEE Service Center, Piscataway, NJ 1995) p. I-522

[10.1056] J. C. H. Yeh, L. G. C. Hamey, T. Westcott, S. K. Y. Sung: In *Proc. ICNN'95, IEEE Int. Conf. on Neural Networks*, (IEEE Service Center, Piscataway, NJ 1995) p. I-37

[10.1057] J. L. Buessler, D. Kuhn, J. P. Urban: In *Proc. WCNN'95, World Congress on Neural Networks*, (INNS, Lawrence Erlbaum, Hillsdale, NJ 1995) p. II-384

[10.1058] A. H. Dekker, P. K. Piggott: In *Proc. of Robots for Australian Industries, National Conference of the Australian Robot Association* (Australian Robot Association, 1995) p. 369

[10.1059] J. Heikkonen, J. del R. Millán, E. Cuesta: In *Proc. EANN'95, Engineering Applications of Artificial Neural Networks* (Finnish Artificial Intelligence Society, Helsinki, Finland 1995) p. 119

[10.1060] D. Lambrinos, C. Scheier, R. Pfeifer: In *Proc. ICANN'95, Int. Conf. on Artificial Neural Networks*, ed. by F. Fogelman-Soulié, P. Gallinari, (EC2, Nanterre, France 1995) p. II-467

[10.1061] E. Cervera, A. P. del Pobil, E. Marta, M. A. Serna: In *Proc. CAEPIA'95, VI Conference of the Spanish Association for Artificial Intelligence* (1995) p. 415

[10.1062] J. Heikkonen, M. Surakka, J. Riekki: In *Proc. EANN'95, Engineering Applications of Artificial Neural Networks* (Finnish Artificial Intelligence Society, Helsinki, Finland 1995) p. 53

[10.1063] E. Cervera, A. P. del Pobil, E. Marta, M. A. Serna: In *Proc. TTIA'95, Transferencia Tecnológica de Inteligencia Artificial a Industria, Medicina y Aplicaciones Sociales*, ed. by R. R. Aldeguer, J. M. G. Chamizo (1995) p. 3

[10.1064] D. Graf, W. LaLonde: In *Proc. IJCNN'89, Int. Joint Conf. on Neural Networks* (IEEE Service Center, Piscataway, NJ 1989) p. II-543

[10.1065] T. Hesselroth, K. Sarkar, P. P. v. d. Smagt, K. Schulten: IEEE Trans. on Syst., Man and Cyb. 24, 28 (1993)

[10.1066] T. Hirano, M. Sase, Y. Kosugi: Trans. Inst. Electronics, Information and Communication Engineers J76D-II, 881 (1993)

[10.1067] M. Jones, D. Vernon: Neural Computing & Applications 2, 2 (1994)

[10.1068] S. Kieffer, V. Morellas, M. Donath: In *Proc. Int. Conf. on Robotics and Automation* (IEEE Comput. Soc. Press, Los Alamitos, CA 1991) p. III-2418

[10.1069] T. Martinetz, H. Ritter, K. Shulten: In *Proc. IJCNN'89, Int. Joint Conf. on Neural Networks* (IEEE Service Center, Piscataway, NJ 1989) p. II-351

[10.1070] T. Martinetz, H. Ritter, K. Schulten: In *Proc. Int. Conf. on Parallel Processing in Neural Systems and Computers (ICNC), Düsseldorf* (Elsevier, Amsterdam, Netherlands 1990) p. 431

[10.1071] T. Martinetz, H. Ritter, K. Schulten: In *Proc. ISRAM-90, Third Int. Symp. on Robotics and Manufacturing* (Vancouver, Canada 1990) p. 521

[10.1072] T. M. Martinetz, K. J. Schulten: In *Proc. IJCNN-90-WASH-DC, Int. Joint Conf. on Neural Networks* (IEEE Service Center, Piscataway, NJ 1990) p. II-747

[10.1073] T. M. Martinetz, H. J. Ritter, K. J. Schulten: IEEE Trans. on Neural Networks 1, 131 (1990)

[10.1074] H. Ritter, K. Schulten: In *Neural Networks for Computing, AIP Conference Proc. 151, Snowbird, Utah*, ed. by J. S. Denker (American Inst. of Phys., New York, NY 1986) p. 376

[10.1075] H. Ritter, K. Schulten: In *Neural Computers*, ed. by R. Eckmiller, C. v. d. Malsburg (Springer, Berlin, Heidelberg 1988) p. 393.

[10.1076] H. Ritter, T. M. Martinetz, K. J. Schulten: Neural Networks 2, 159 (1989)

[10.1077] H. Ritter, T. Martinetz, K. Schulten: In *Neural Networks, from Models to Applications*, ed. by L. Personnaz, G. Dreyfus (EZIDET, Paris, France 1989) p. 579

[10.1078] J. A. Walter, T. M. Martinetz, K. J. Schulten: In *Artificial Neural Networks*, ed. by T. Kohonen, K. Mäkisara, O. Simula, J. Kangas (North-Holland, Amsterdam, Netherlands 1991) p. I-357

[10.1079] J. A. Walter, K. Schulten: IEEE Trans. on Neural Networks 4, 86 (1993)

[10.1080] P. Morasso, V. Sanguineti: In *Proc. Conf. on Prerational Intelligence – Phenomenology of Complexity Emerging in Systems of Agents Interagtion Using Simple Rules*, (, Center for Interdisciplinary Research, University of Bielefeld 1993) p. II-71

[10.1081] N. Ball, K. Warwick: In *Proc. American Control Conf.* (American Automatic Control Council, Green Valley, AZ 1992) p. 3062

[10.1082] N. R. Ball, K. Warwick: IEE Proc. D (Control Theory and Applications) 140, 176 (1993)

[10.1083] N. R. Ball: In *Proc. IMACS Int. Symp. on Signal Processing, Robotics and Neural Networks* (IMACS, Lille, France 1994) p. 294

[10.1084] D. H. Graf, W. R. LaLonde: In *Proc. ICNN'88, Int. Conf. on Neural Networks* (IEEE Service Center, Piscataway, NJ 1988) p. I-77

[10.1085] J. Heikkonen, P. Koikkalainen, E. Oja, J. Mononen: In *Proc. Symp. on Neural Networks in Finland, Åbo Akademi, Turku, January 21.*, ed. by A. Bulsari, B. Saxén (Finnish Artificial Intelligence Society, Helsinki, Finland 1993) p. 63

[10.1086] J. Heikkonen, P. Koikkalainen, E. Oja: In *Proc. ICANN'93, Int. Conf. on Artificial Neural Networks*, ed. by S. Gielen, B. Kappen (Springer, London, UK 1993) p. 262

[10.1087] J. Heikkonen, E. Oja: In *Proc. IJCNN-93-Nagoya, Int. Joint Conf. on Neural Networks* (IEEE Service Center, Piscataway, NJ 1993) p. I-669

[10.1088] J. Heikkonen, P. Koikkalainen, E. Oja: In *Proc. WCNN'93, World Congress on Neural Networks* (Lawrence Erlbaum, Hillsdale, NJ 1993) p. III-141

[10.1089] O. G. Jakubowicz: Proc. SPIE – The Int. Society for Optical Engineering 1192, 528 (1990)

[10.1090] B. J. A. Kröse, M. Eecen: In *Proc. ICANN'94, Int. Conf. on Artificial Neural Networks*, ed. by M. Marinaro, P. G. Morasso (Springer, London, UK 1994) p. II-1303

[10.1091] R. C. Luo, H. Potlapalli: In *Proc. ICNN'94, Int. Conf. on Neural Networks* (IEEE Service Center, Piscataway, NJ 1994) p. 2703

[10.1092] P. Morasso, G. Vercelli, R. Zaccaria: In *Proc. IJCNN-93-Nagoya, Int. Joint Conf. on Neural Networks* (IEEE Service Center, Piscataway, NJ 1993) p. II-1875

[10.1093] U. Nehmzow, T. Smithers: Technical Report DAI-489 (Department of Artificial Intelligence, University of Edinburgh, Edinburgh, Scotland 1990)

[10.1094] U. Nehmzow, T. Smithers, J. Hallam: In *Information Processing in Autonomous Mobile Robots. Proc. of the Int. Workshop*, ed. by G. Schmidt (Springer, Berlin, Germany 1991) p. 267

[10.1095] U. Nehmzow, T. Smithers: In *Toward a Practice of Autonomous Systems. Proc. First European Conf. on Artificial Life*, ed. by F. J. Varela, P. Bourgine (MIT Press, Cambridge, MA, USA 1992) p. 96

[10.1096] U. Nehmzow: PhD Thesis (University of Edinburgh, Department of Artificial Intelligence, Edinburgh, UK 1992)

[10.1097] H.-G. Park, S.-Y. Oh: In *Proc. ICNN'94, Int. Conf. on Neural Networks* (IEEE Service Center, Piscataway, NJ 1994) p. 2754

[10.1098] H. Ritter: In *Neural Networks for Sensory and Motor Systems*, ed. by R. Eckmiller (Elsevier, Amsterdam, Netherlands 1990)

[10.1099] H. Ritter: In *Advanced Neural Computers*, ed. by R. Eckmiller (Elsevier, Amsterdam, Netherlands 1990) p. 381

[10.1100] W. D. Smart, J. Hallam: In *Proc. IMACS Int. Symp. on Signal Processing, Robotics and Neural Networks* (IMACS, Lille, France 1994) p. 449

[10.1101] J. Tani, N. Fukumura: In *Proc. IJCNN-93-Nagoya, Int. Joint Conf. on Neural Networks* (IEEE Service Center, Piscataway, NJ 1993) p. II-1747

[10.1102] N. W. Townsend, M. J. Brownlow, L. Tarassenko: In *Proc. WCNN'94, World Congress on Neural Networks* (Lawrence Erlbaum, Hillsdale, NJ 1994) p. II-9

[10.1103] G. Vercelli: In *Proc. ICANN'94, Int. Conf. on Artificial Neural Networks*, ed. by M. Marinaro, P. G. Morasso (Springer, London, UK 1994) p. II-1307

[10.1104] J. M. Vleugels, J. N. Kok, M. H. Overmars: In *Proc. ICANN-93, Int. Conf. on Artificial Neural Networks*, ed. by S. Gielen, B. Kappen (Springer, London, UK 1993) p. 281

[10.1105] A. Walker, J. Hallam, D. Willshaw: In *Proc. ICNN'93, Int. Conf. on Neural Networks* (IEEE Service Center, Piscataway, NJ 1993) p. III-1451

[10.1106] U. R. Zimmer, C. Fischer, E. von Puttkamer: In *Proc. 3rd Int. Conf. on Fuzzy Logic, Neural Nets and Soft Computing* (Fuzzy Logic Systems Institute, Iizuka, Japan 1994) p. 131

[10.1107] Y. Coiton, J. C. Gilhodes, J. L. Velay, J. P. Roll: Biol. Cyb. **66**, 167 (1991)

[10.1108] J. L. Velay, J. C. Gilhodes, B. Ans, Y. Coiton: In *Proc. ICANN-93, Int. Conf. on Artificial Neural Networks*, ed. by S. Gielen, B. Kappen (Springer, London, UK 1993) p. 51

[10.1109] R. Brause: In *Proc. INNC'90, Int. Neural Network Conference* (Kluwer, Dordrecht, Netherlands 1990) p. I-221

[10.1110] R. Brause: In *Proc.2nd Int. IEEE Conference on Tools for Artificial Intelligence* (IEEE Comput. Soc. Press, Los Alamitos, CA 1990) p. 451

[10.1111] R. Brause: Int. J. Computers and Artificial Intelligence **11**, 173 (1992)

[10.1112] N. R. Ball: In *Proc. ESANN'96, European Symp. on Artificial Neural Networks*, ed. by M. Verleysen (D Facto Conference Services, Brussels, Belgium 1996) p. 155

[10.1113] D. DeMers, K. Kreutz-Delgado: IEEE Trans. on Neural Networks **7**, 43 (1996)

[10.1114] A. J. Knobbe, J. N. Kok, M. H. Overmars: In *Proc. ICANN'95, Int. Conf. on Artificial Neural Networks*, ed. by F. Fogelman-Soulié, P. Gallinari, (EC2, Nanterre, France 1995) p. II-375

[10.1115] S. Sehad, C. Touzet: In *Proc. WCNN'95, World Congress on Neural Networks*, (INNS, Lawrence Erlbaum, Hillsdale, NJ 1995) p. II-350

[10.1116] H. A. Mallot, H. H. Bülthoff, P. Georg, B. Schölkopf, K. Yasuhara: In *Proc. ICANN'95, Int. Conf. on Artificial Neural Networks*, ed. by F. Fogelman-Soulié, P. Gallinari, (EC2, Nanterre, France 1995) p. II-381

[10.1117] D. D. Caviglia, G. M. Bisio, F. Curatelli, L. Giovannacci, L. Raffo: In *Proc. EDAC, European Design Automation Conf., Glasgow, Scotland* (IEEE Comput. Soc. Press, Washington, DC 1990) p. 650

[10.1118] R.-I. Chang, P.-Y. Hsiao: In *Proc. ICNN'94, Int. Conf. on Neural Networks* (IEEE Service Center, Piscataway, NJ 1994) p. 3381

[10.1119] A. Hemani, A. Postula: Neural Networks **3**, 337 (1990)

[10.1120] S.-S. Kim, C.-M. Kyung: In *Proc. 1991 IEEE Int. Symp. on Circuits and Systems* (IEEE Service Center, Piscataway, NJ 1991) p. V-3122

[10.1121] B. Kiziloglu, V. Tryba, W. Daehn: In *Proc. IJCNN-93-Nagoya, Int. Joint Conf. on Neural Networks* (IEEE Service Center, Piscataway, NJ 1993) p. III-2413

[10.1122] L. Raffo, D. D. Caviglia, G. M. Bisio: In *Proc. COMPEURO'92, The Hague, Netherlands, May 4-8* (IEEE Service Center, Piscataway, NJ 1992) p. 556

[10.1123] R. Sadananda, A. Shestra: In *Proc. IJCNN-93-Nagoya, Int. Joint Conf. on Neural Networks* (IEEE Service Center, Piscataway, NJ 1993) p. II-1955

[10.1124] T. Shen, J. Gan, L. Yao: In *Proc. IJCNN'92, Int. Joint Conf. on Neural Networks* (IEEE Service Center, Piscataway, NJ 1992) p. IV-761
[10.1125] T. Shen, J. Gan, L. Yao: Chinese J. Computers **15**, 641 (1992)
[10.1126] T. Shen, J. Gan, L. Yao: Chinese J. Computers **15**, 648 (1992)
[10.1127] T. Shen, J. Gan, L. Yao: Acta Electronica Sinica **20**, 100 (1992)
[10.1128] M. Takahashi, K. Kyuma, E. Funada: In *Proc. IJCNN-93-Nagoya, Int. Joint Conf. on Neural Networks* (IEEE Service Center, Piscataway, NJ 1993) p. III-2417
[10.1129] V. Tryba, S. Metzen, K. Goser: In *Neuro-Nîmes '89. Int. Workshop on Neural Networks and their Applications* (EC2, Nanterre, France 1989) p. 225
[10.1130] C.-X. Zhang, D. A. Mlynski: In *Proc. Int. Symp. on Circuits and Systems, New Orleans, Luisiana, May* (IEEE Service Center, Piscataway, NJ 1990) p. 475
[10.1131] C. Zhang, D. Mlynski: GME Fachbericht **8**, 297 (1991)
[10.1132] C. Zhang, A. Vogt, D. Mlynski: Elektronik **15**, 68 (1991)
[10.1133] C.-X. Zhang, A. Vogt, D. A. Mlynski: In *Proc. Int. Symp. on Circuits and Systems, Singapore* (IEEE Service Center, Piscataway, NJ 1991) p. 2060
[10.1134] C.-X. Zhang, D. A. Mlynski: In *Proc. IJCNN-91-Singapore, Int. Joint Conf. on Neural Networks* (IEEE Service Center, Piscataway, NJ 1991) p. 863
[10.1135] M. S. Zamani, G. R. Hellestrand: In *Proc. EANN'95, Engineering Applications of Artificial Neural Networks* (Finnish Artificial Intelligence Society, Helsinki, Finland 1995) p. 279
[10.1136] M. Z. Zamani, G. R. Hellestrand: In *Proc. ICNN'95, IEEE Int. Conf. on Neural Networks*, (IEEE Service Center, Piscataway, NJ 1995) p. V-2185
[10.1137] G. Mitchison: Neural Computation **7**, 25 (1991)
[10.1138] M. Yasunaga, M. Asai, K. Shibata, M. Yamada: Trans. of the Inst. of Electronics, Information and Communication Engineers **J75D-I**, 1099 (1992)
[10.1139] M. Collobert, D. Collobert: In *Proc. Int. Workshop on Applications of Neural Networks to Telecommunications 2*, ed. by J. Alspector, R. Goodman, T. X. Brown (Lawrence Erlbaum, Hillsdale, NJ 1995) p. 334
[10.1140] K. M. Marks, K. F. Goser: In *Proc. of Neuro-Nîmes, Int. Workshop on Neural Networks and their Applications* (EC2, Nanterre, France 1988) p. 337
[10.1141] V. Sankaran, M. J. Embrechts, L.-E. Harsson, R. P. Kraft: In *Proc. WCNN'95, World Congress on Neural Networks*, (INNS, Lawrence Erlbaum, Hillsdale, NJ 1995) p. II-642
[10.1142] A. C. Izquierdo, J. C. Sueiro, J. A. H. Mendez: In *Proc. IWANN'91, Int. Workshop on Artificial Neural Networks.*, ed. by A. Prieto (Springer, Berlin, Heidelberg 1991) p. 401
[10.1143] A. Hemani, A. Postula: In *Proc. EDAC, European Design Automation Conference* (IEEE Comput. Soc. Press, Washington, DC 1990) p. 136
[10.1144] A. Hemani, A. Postula: In *Proc. IJCNN-90-WASH-DC, Int. Joint Conf. on Neural Networks* (IEEE Service Center, Piscataway, NJ 1990) p. II-543
[10.1145] A. Hemani: PhD Thesis (The Royal Inst. of Technology, Stockholm, Sweden 1992)
[10.1146] A. Hemani: In *Proc. 6th Int. Conf. on VLSI Design, Bombay* (IEEE Service Center, Piscataway, NJ 1993)
[10.1147] W. J. Melssen, J. R. M. Smits, G. H. Rolf, G. Kateman: Chemometrics and Intelligent Laboratory Systems **18**, 195 (1993)
[10.1148] I. Csabai, F. Czako, Z. Fodor: Phys. Rev. D **44**, R1905 (1991)
[10.1149] I. Scabai, F. Czakó, Z. Fodor: Nuclear Physics **B374**, 288 (1992)
[10.1150] A. Cherubini, R. Odorico: Z. Physik C [Particles and Fields] **53**, 139 (1992)
[10.1151] M. Killinger, J. L. D. B. D. L. Tocnaye, P. Cambon: Ferroelectrics **122**, 89 (1991)
[10.1152] A. Raiche: Geophysical J. International **105**, 629 (1991)
[10.1153] G.-S. Jang: J. Franklin Inst. **330**, 505 (1993)
[10.1154] W. J. Maurer, F. U. Dowla, S. P. Jarpe: In *Australian Conf. on Neural Networks* (Department of Energy, Washington, DC, 1991)
[10.1155] W. J. Maurer, F. U. Dowla, S. P. Jarpe: In *Proc. Third Australian Conf. on Neural Networks (ACNN '92)*, ed. by P. Leong, M. Jabri (Sydney Univ, Sydney, Australia 1992) p. 162
[10.1156] B. Bienfait: J. Chemical Information and Computer Sciences **34**, 890 (1994)
[10.1157] J. Gasteiger, J. Zupan: Angewandte Chemie, Intrenational Edition in English **32**, 503 (1993)
[10.1158] A. Zell, H. Bayer, H. Bauknecht: In *Proc. ICNN'94, Int. Conf. on Neural Networks* (IEEE Service Center, Piscataway, NJ 1994) p. 719
[10.1159] E. A. Ferrán, P. Ferrara: Biol. Cyb. **65**, 451 (1991)
[10.1160] E. A. Ferrán, P. Ferrara: In *Artificial Neural Networks*, ed. by T. Kohonen, K. Mäkisara, O. Simula, J. Kangas (North-Holland, Amsterdam, Netherlands 1991) p. II-1341
[10.1161] E. A. Ferrán, P. Ferrara: Computer Applications in the Biosciences **8**, 39 (1992)

[10.1162] E. A. Ferrán, B. Pflugfelder, P. Ferrara: In *Artificial Neural Networks, 2*, ed. by I. Aleksander, J. Taylor (North-Holland, Amsterdam, Netherlands 1992) p. II-1521
[10.1163] E. A. Ferrán, P. Ferrara: Physica A **185**, 395 (1992)
[10.1164] E. A. Ferrán, P. Ferrara, B. Pflugfelder: In *Proc. First Int. Conf. on Intelligent Systems for Molecular Biology*, ed. by L. Hunter, D. Searls, J. Shavlik (AAAI Press, Menlo Park, CA 1993) p. 127
[10.1165] E. A. Ferrán, B. Pflugfelder: Computer Applications in the Biosciences **9**, 671 (1993)
[10.1166] J. J. Merelo, M. A. Andrade, C. Urena, A. Prieto, F. Morán: In *Proc. IWANN'91, Int. Workshop on Artificial Neural Networks*, ed. by A. Prieto (Springer, Berlin, Germany 1991) p. 415
[10.1167] J. J. Merelo, M. A. Andrare, A. Prieto, F. Morán: In *Neuro-Nîmes '91. Fourth Int. Workshop on Neural Networks and Their Applications* (EC2 1991) p. 765
[10.1168] J. J. Merelo, M. A. Andrare, A. Prieto, F. Morán: Neurocomputing **6**, 1 (1994)
[10.1169] M. A. Andrare, P. Chacón, J. J. Merelo, F. Morán: Protein Engineering **6**, 383 (1993)
[10.1170] E. A. Ferrán, P. Ferrara: Int. J. Neural Networks **3**, 221 (1992)
[10.1171] M. Turner, J. Austin, N. M. Allinson, P. Thomson: In *Proc. ICANN'94, Int. Conf. on Artificial Neural Networks*, ed. by M. Marinaro, P. G. Morasso (Springer, London, UK 1994) p. II-1087
[10.1172] F. Menard, F. Fogelman-Soulié: In *Proc. INNC'90, Int. Neural Network Conf.* (Kluwer, Dordrecht, Netherlands 1990) p. 99
[10.1173] R. Goodacre, M. J. Neal, D. B. Kell, L. W. Greenham, W. C. Noble, R. G. Harvey: J. Appl. Bacteriology **76**, 124 (1994)
[10.1174] R. Goodacre: Microbiology Europe **2**, 16 (1994)
[10.1175] R. Goodacre, S. A. Howell, W. C. Noble, M. J. Neal: Zentralblatt für Microbiologie (1994)
[10.1176] M. Blanchet, S. Yoshizawa, N. Okudaira, S.-i. Amari: In *Proc. 7'th Symp. on Biological and Physiological Engineering* (Toyohashi University of Technology, Toyohashi, Japan 1992) p. 171
[10.1177] G. Dorffner, P. Rappelsberger, A. Flexer: In *Proc. ICANN'93, Int. Conf. on Artificial Neural Networks*, ed. by S. Gielen, B. Kappen (Springer, London, UK 1993) p. 882
[10.1178] P. Elo, J. Saarinen, A. Värri, H. Nieminen, K. Kaski: In *Artificial Neural Networks, 2*, ed. by I. Aleksander, J. Taylor (North-Holland, Amsterdam, Netherlands 1992) p. II-1147
[10.1179] P. Elo: Technical Report 1-92 (Tampere University of Technology, Electronics Laboratory, Tampere, Finland 1992)
[10.1180] S. Kaski, S.-L. Joutsiniemi: In *Proc. ICANN'93, of Int. Conf. on Artificial Neural Networks*, ed. by S. Gielen, B. Kappen (Springer, London, UK 1993) p. 974
[10.1181] P. E. Morton, D. M. Tumey, D. F. Ingle, C. W. Downey, J. H. Schnurer: In *Proc. IEEE Seventeenth Annual Northeast Bioengineering Conf.*, ed. by M. D. Fox, M. A. F. Epstein, R. B. Davis, T. M. Alward (IEEE Service Center, Piscataway, NJ 1991) p. 7
[10.1182] M. Peltoranta: PhD Thesis (Graz University of Technology, Graz, Austria 1992)
[10.1183] S. Roberts, L. Tarassenko: In *Proc. Second Int. Conf. on Artificial Neural Networks* (IEE, London, UK 1991) p. 210
[10.1184] S. Roberts, L. Tarassenko: IEE Proc. F [Radar and Signal Processing] **139**, 420 (1992)
[10.1185] S. Roberts, L. Tarassenko: In *IEE Colloquium on 'Neurological Signal Processing' (Digest No.069)* (IEE, London, UK 1992) p. 6/1
[10.1186] M. Pregenzer, G. Pfurtscheller, C. Andrew: In *Proc. ESANN'95, European Symp. on Artificial Neural Networks*, ed. by M. Verleysen (D Facto Conference Services, Brussels, Belgium 1995) p. 247
[10.1187] M. Süssner, M. Budil, T. Binder, G. Porental: In *Proc. EANN'95, Engineering Applications of Artificial Neural Networks* (Finnish Artificial Intelligence Society, Helsinki, Finland 1995) p. 461
[10.1188] D. Graupe, R. Liu: In *Proc. 32nd Midwest Symp. on Circuits and Systems* (IEEE Service Center, Piscataway, NJ 1990) p. II-740
[10.1189] C. N. Schizas, C. S. Pattichis, R. R. Livesay, I. S. Schofield, K. X. Lazarou, L. T. Middleton: In *Computer-Based Medical Systems*, Chap. 9.2, Unsupervised Learning in Computer Aided Macro Electromyography (IEEE Computer Soc. Press, Los Alamitos, CA 1991)
[10.1190] M. Bodruzzaman, S. Zein-Sabatto, O. Omitowoju, M. Malkani: In *Proc. WCNN'95, World Congress on Neural Networks*, (INNS, Lawrence Erlbaum, Hillsdale, NJ 1995) p. II-854
[10.1191] K. Portin, R. Salmelin, S. Kaski: In *Proc. XXVII Annual Conf. of the Finnish Physical Society, Turku, Finland*, ed. by T. Kuusela (Finnish Physical Society, Helsinki, Finland 1993) p. 15.2
[10.1192] S. Roberts, L. Tarassenko: Med. & Biol. Eng. & Comput. **30**, 509 (1992)
[10.1193] T. Conde: In *Proc. ICNN'94, Int. Conf. on Neural Networks* (IEEE Service Center, Piscataway, NJ 1994) p. 3552
[10.1194] M. Morabito, A. Macerata, A. Taddei, C. Marchesi: In *Proc. Computers in Cardiology* (IEEE Comput. Soc. Press, Los Alamitos, CA 1991) p. 181

[10.1195] Y. H. Hu, S. Palreddy, W. J. Tompkins: In *Proc. NNSP'95, IEEE Workshop on Neural Networks for Signal Processing* (IEEE Service Center, Piscataway, NJ 1995) p. 459

[10.1196] M. J. Rodríquez, F. d Pozo, M. T. Arredondo: In *Proc. WCNN'93, World Congress on Neural Networks* (Lawrence Erlbaum, Hillsdale, NJ 1993) p. II-469

[10.1197] K. Kallio, S. Haltsonen, E. Paajanen, T. Rosqvist, T. Katila, P. Karp, P. Malmberg, P. Piirilä, A. R. A. Sovijärvi: In *Artificial Neural Networks*, ed. by T. Kohonen, K. Mäkisara, O. Simula, J. Kangas (North-Holland, Amsterdam, Netherlands 1991) p. I-803

[10.1198] P. Morasso, A. Pareto, S. Pagliano, V. Sanguineti: In *Proc. ICANN'93, Int. Conf. on Artificial Neural Networks*, ed. by S. Gielen, B. Kappen (Springer, London, UK 1993) p. 806

[10.1199] T. Harris: In *Proc. IJCNN-93-Nagoya, Int. Joint Conf. on Neural Networks* (IEEE Service Center, Piscataway, NJ 1993) p. I-947

[10.1200] B. W. Jervis, M. R. Saatchi, A. Lacey, G. M. Papadourakis, M. Vourkas, T. Roberts, E. M. Allen, N. R. Hudson, S. Oke: In *IEE Colloquium on 'Intelligent Decision Support Systems and Medicine' (Digest No.143)* (IEE, London, UK 1992) p. 5/1

[10.1201] X. Liu, G. Cheng, J. Wu: In *Proc. ICNN'94, Int. Conf. on Neural Networks* (IEEE Service Center, Piscataway, NJ 1994) p. 649

[10.1202] S. Breton, J. P. Urban, H. Kihl: In *Proc. WCNN'95, World Congress on Neural Networks*, (Lawrence Erlbaum, Hillsdale, NJ 1995) p. II-406

[10.1203] M. Köhle, D. Merkl: In *Proc. ESANN'96, European Symp. on Artificial Neural Networks*, ed. by M. Verleysen (D Facto Conference Services, Brussels, Belgium 1996) p. 73

[10.1204] S. Lin, J. Si, A. B. Schwartz: In *Proc. ICANN'95, Int. Conf. on Artificial Neural Networks*, ed. by F. Fogelman-Soulié, P. Gallinari, (EC2, Nanterre, France 1995) p. I-133

[10.1205] W. W. v Osdol, T. G. Myers, K. D. Paull, K. W. Kohn, J. N. Weinstein: In *Proc. WCNN'95, World Congress on Neural Networks*, (Lawrence Erlbaum, Hillsdale, NJ 1995) p. II-762

[10.1206] F. Giuliano, P. Arrigo, F. Scalia, P. P. Cardo, G. Damiani: Comput. Applic. Biosci. 9, 687 (1993)

[10.1207] J. N. Weinstein, T. G. Myers, Y. Kan, K. D. Paull, D. W. Zaharevitz, K. W. K. W. W. v Osdol: In *Proc. WCNN'95, World Congress on Neural Networks*, (INNS, Lawrence Erlbaum, Hillsdale, NJ 1995) p. II-750

[10.1208] R. H. Stevens, P. Wang, A. Lopo: In *Proc. WCNN'95, World Congress on Neural Networks*, (Lawrence Erlbaum, Hillsdale, NJ 1995) p. II-785

[10.1209] G. Pfurtscheller, D. Flotzinger, K. Matuschik: Biomedizinische Technik 37, 122 (1992)

[10.1210] M. J. v. Gils, P. J. M. Cluitsman: In *Proc. ICANN'93, Int. Conf. on Artificial Neural Networks*, ed. by S. Gielen, B. Kappen (Springer, London, UK 1993) p. 1015

[10.1211] A. Glaría-Bengoechea, Y. Burnod: In *Artificial Neural Networks*, ed. by T. Kohonen, K. Mäkisara, O. Simula, J. Kangas (Elsevier, Amsterdam, Netherlands 1991) p. 501

[10.1212] G. Pfurtscheller, D. Flotzinger, W. Mohl, M. Peltoranta: Electroencephalography and Clinical Neurophysiology 82, 313 (1992)

[10.1213] T. Pomierski, H. M. Gross, D. Wendt: In *Proc. ICANN-93, Int. Conf. on Artificial Neural Networks*, ed. by S. Gielen, B. Kappen (Springer, London, UK 1993) p. 142

[10.1214] E. Dedieu, E. Mazer: In *Toward a Practice of Autonomous Systems. Proc. First European Conf. on Artificial Life*, ed. by F. J. Varela, P. Bourgine (MIT Press, Cambridge, MA 1992) p. 88

[10.1215] G. Pfurtscheller, W. Klimesch: J. Clin. Neurophysiol. 9, 120 (1992)

[10.1216] K. Obermayer, K. Schulten, G. G. Blasdel: In *Advances in Neural Information Processing Systems 4*, ed. by J. E. Moody, S. J. Hanson, R. P. Lippmann (Morgan Kaufmann, San Mateo, CA 1992) p. 83

[10.1217] K. Obermayer: In *Proc. Conf. on Prerational Intelligence – Phenomenology of Complexity Emerging in Systems of Agents Interagtion Using Simple Rules*, (Center for Interdisciplinary Research, University of Bielefeld, Bielefeld, Germany 1993) p. I-117

[10.1218] T. Kohonen: In *Proc. WCNN'94, World Congress on Neural Networks* (Lawrence Erlbaum, Hillsdale, NJ 1994) p. III-97

[10.1219] P. Morasso, V. Sanguineti: In *Proc. ICANN'94, Int. Conf. on Artificial Neural Networks*, ed. by M. Marinaro, P. G. Morasso (Springer, London, UK 1994) p. II-1247

[10.1220] H. Kita, Y. Nishikawa: In *Proc. WCNN'93, World Congress on Neural Networks* (Lawrence Erlbaum, Hillsdale, NJ 1993) p. II-413

[10.1221] H.-U. Bauer: In *Proc. ICANN'94, Int. Conf. on Artificial Neural Networks*, ed. by M. Marinaro, P. G. Morasso (Springer, London, UK 1994) p. I-42

[10.1222] H.-J. Boehme, U.-D. Braumann, H.-M. Gross: In *Proc. ICANN'94, Int. Conf. on Artificial Neural Networks*, ed. by M. Marinaro, P. G. Morasso (Springer, London, UK 1994) p. II-1189

[10.1223] T. Grönfors: In *Proc. Conf. on Artificial Intelligence Res. in Finland*, ed. by C. Carlsson, T. Järvi, T. Reponen, Number 12 in Conf. Proc. of Finnish Artificial Intelligence Society (Finnish Artificial Intelligence Society, Helsinki, Finland 1994) p. 44

[10.1224] T. Martinetz, H. Ritter, K. Schulten: In *Connectionism in Perspective*, ed. by R. Pfeifer, Z. Schreter, F. Fogelman-Soulié, L. Steels (North-Holland, Amsterdam, Netherlands 1989) p. 403

[10.1225] K. Obermayer, H. Ritter, K. Schulten: In *Proc. IJCNN-90-WASH-DC, Int. Joint Conf. of Neural Networks* (IEEE Service Center, Piscataway, NJ 1990) p. 423

[10.1226] K. Obermayer, H. J. Ritter, K. J. Schulten: Proc. Natl Acad. of Sci., USA 87, 8345 (1990)

[10.1227] K. Obermayer, H. Ritter, K. Schulten: IEICE Trans. Fund. Electr. Comm. Comp. Sci. E75-A, 537 (1992)

[10.1228] K. Obermayer, G. G. Blasdel, K. Schulten: In *Artificial Neural Networks*, ed. by T. Kohonen, K. Mäkisara, O. Simula, J. Kangas (Elsevier, Amsterdam, Netherlands 1991) p. 505

[10.1229] K. Obermayer, H. Ritter, K. Schulten: In *Advances in Neural Information Processing Systems 3*, ed. by R. P. Lippmann, J. E. Moody, D. S. Touretzky (Morgan Kaufmann, San Mateo, CA 1991) p. 11

[10.1230] K. Obermayer, G. G. Blasdel, K. Schulten: Physical Review A [Statistical Physics, Plasmas, Fluids, and Related Interdisciplinary Topics] 45, 7568 (1992)

[10.1231] K. Obermayer: Annales du Groupe CARNAC 5, 91 (1992)

[10.1232] K. Obermayer: *Adaptive neuronale Netze und ihre Anwendung als Modelle der Entwicklung kortikaler Karten* (Infix Verlag, Sankt Augustin, Germany 1993)

[10.1233] G. G. Sutton III, J. A. Reggia, S. L. Armentrout, C. L. D'Autrechy: Neural Computation 6, 1 (1994)

[10.1234] N. V. Swindale: Current Biology 2, 429 (1992)

[10.1235] J. B. Saxon: M.Sc. Thesis (Texas A&M University, Computer Science Department, College Station, TX 1991)

[10.1236] E. B. Werkowitz: M.Sc. Thesis (Air Force Inst. of Tech., School of Engineering, Wright-Patterson AFB, OH, USA 1991)

[10.1237] S. Garavaglia: In *Proc. WCNN'93, World Congress on Neural Networks* (Lawrence Erlbaum, Hillsdale, NJ 1993) p. I-362

[10.1238] A. Ultsch, H. Siemon: In *Proc. INNC'90, Int. Neural Network Conf.* (Kluwer, Dordrecht, Netherlands 1990) p. 305

[10.1239] A. Ultsch: In *Information and Classification* ed.by O Opitz, B. Lausen, R. Klar (Springer, London UK 1993) p. 307

[10.1240] A. Varfis, C. Versino: In *Artificial Neural Networks, 2*, ed. by I. Aleksander, J. Taylor (North-Holland, Amsterdam, Netherlands 1992) p. II-1583

[10.1241] X. Zhang, Y. Li: In *Proc. IJCNN-93-Nagoya, Int. Joint Conf. on Neural Networks* (IEEE Service Center, Piscataway, NJ 1993) p. III-2448

[10.1242] B. Back, G. Oosterom, K. Sere, M. v. Wezel: In *Proc. Conf. on Artificial Intelligence Res. in Finland*, ed. by C. Carlsson, T. Järvi, T. Reponen, Number 12 in Conf. Proc. of Finnish Artificial Intelligence Society (Finnish Artificial Intelligence Society, Helsinki, Finland 1994) p. 140

[10.1243] D. L. Binks, N. M. Allinson: In *Artificial Neural Networks*, ed. by T. Kohonen, K. Mäkisara, O. Simula, J. Kangas (North-Holland, Amsterdam, Netherlands 1991) p. II-1709

[10.1244] F. Blayo, P. Demartines: Bull. des Schweizerischen Elektrotechnischen Vereins & des Verbandes Schweizerischer Elektrizitätswerke 83, 23 (1992)

[10.1245] B. Martín-del-Brío, C. Serrano-Cinca: Neural Computing & Application 1, 193 (1993)

[10.1246] L. Vercauteren, R. A. Vingerhoeds, L. Boullart: In *Parallel Processing in Neural Systems and Computers*, ed. by R. Eckmiller, G. Hartmann, G. Hauske (North-Holland, Amsterdam, Netherlands 1990) p. 503

[10.1247] C. L. Wilson: In *Proc. ICNN'94, Int. Conf. on Neural Networks* (IEEE Service Center, Piscataway, NJ 1994) p. 3651

[10.1248] A. Varfis, C. Versino: Neural Network World 2, 813 (1992)

[10.1249] C. Serrano, B. Martín, J. L. Gallizo: In *Proc. 16th Annual Congress of the European Accounting Associatian* (1993)

[10.1250] K. Marttinen: In *Proc. of the Symp. on Neural Networks in Finland, Åbo Akademi, Turku, January 21.*, ed. by A. Bulsari, B. Saxén (Finnish Artificial Intelligence Society, Helsinki, Finland 1993) p. 75

[10.1251] E. Carlson: In *Artificial Neural Networks*, ed. by T. Kohonen, K. Mäkisara, O. Simula, J. Kangas (North-Holland, Amsterdam, Netherlands 1991) p. II-1309

[10.1252] E. A. Riskin, L. E. Atlas, S.-R. Lay: In *Proc. Workshop on Neural Networks for Signal Processing*, ed. by B. H. Juang, S. Y. Kung, C. A. Kamm (IEEE Service Center, Piscataway, NJ 1991) p. 543

[10.1253] C.-Y. Shen, Y.-H. Pao: In *Proc. WCNN'95, World Congress on Neural Networks*, (Lawrence Erlbaum, Hillsdale, NJ 1995) p. I-142

[10.1254] A. Ultsch: In *Information and Classification*, ed. by O. Opitz, B. Lausen, R. Klar (Springer, London, UK 1993) p. 301

[10.1255] A. Ultsch, D. Korus: In *Proc. ICNN'95, IEEE Int. Conf. on Neural Networks*, (IEEE Service Center, Piscataway, NJ 1995) p. IV-1828

[10.1256] P. Demartines: PhD Thesis (Grenoble University, Grenoble, France 1995)

[10.1257] A. Guérin-Dugué, C. Aviles-Cruz, P. M. Palagi: In *Proc. ESANN'96, European Symp. on Artificial Neural Networks*, ed. by M. Verleysen (D Facto Conference Services, Brussels, Belgium 1996) p. 229

[10.1258] N. Mozayyani, V. Alanou, J. F. Dreyfus, G. Vaucher: In *Proc. ICANN'95, Int. Conf. on Artificial Neural Networks*, ed. by F. Fogelman-Soulié, P. Gallinari, (EC2, Nanterre, France 1995) p. II-75

[10.1259] M. Budinich: Neural Computation 7, 1188 (1995)

[10.1260] E. Cervera, A. P. del Pobil: In *Proc. CAEPIA'95, VI Conference of the Spanish Association for Artificial Intelligence* (Spain 1995) p. 129

[10.1261] J. P. Bigus: In *Proc. ICNN'94, Int. Conf. on Neural Networks* (IEEE Service Center, Piscataway, NJ 1994) p. 2442

[10.1262] K. M. Marks: In *Proc. 1st Interface Prolog User Day* (Interface Computer GmbH, Munich, Germany 1987)

[10.1263] D. Unlu, U. Halici: In *Proc. IASTED Int. Symp. Artificial Intelligence Application and Neural Networks – AINN'90*, ed. by M. H. Hamza (IASTED, ACTA Press, Anaheim, CA 1990) p. 152

[10.1264] S. Heine, I. Neumann: In *28th Universities Power Engineering Conf. 1993* (Staffordshire University, Stafford, UK 1993)

[10.1265] J. B. Arseneau, T. Spracklen: In *Proc. ICANN'94, Int. Conf. on Artificial Neural Networks*, ed. by M. Marinaro, P. G. Morasso (Springer, London, UK 1994) p. II-1384

[10.1266] J. B. Arseneau, T. Spracklen: In *Proc. WCNN'94, World Congress on Neural Networks* (Lawrence Erlbaum, Hillsdale, NJ 1994) p. I-467

[10.1267] A. Ultsch, G. Halmans: In *Proc. IJCNN'91, Int. Joint Conf. on Neural Networks* (IEEE Service Center, Piscataway, NJ 1991)

[10.1268] D. Merkl, A. M. Tjoa, G. Kappel: In *Proc. 2nd Int. Conf. of Achieving Quality in Software, Venice, Italy* (1993) p. 169

[10.1269] D. Merkl: In *Proc. IJCNN-93-Nagoya, Int. Joint Conf. on Neural Networks* (IEEE Service Center, Piscataway, NJ 1993) p. III-2468

[10.1270] D. Merkl, A. M. Tjoa, G. Kappel: *Retrieval of Reusable Software Based on Semantic Similarity: An Artificial Neural Network Approach.* Technical Report (Institut für Angewandte Informatik und Informationssysteme, Universität Wien, Vienna, Austria 1993)

[10.1271] D. Merkl, A. M. Tjoa, G. Kappel: In *Proc. 5th Australian Conf. on Neural Networks*, ed. by A. C. Tsoi, T. Downs (Univ. Queensland, St Lucia, Australia 1994) p. 13

[10.1272] D. Merkl, A. M. Tjoa, G. Kappel: In *Proc. ICNN'94, Int. Conf. on Neural Networks* (IEEE Service Center, Piscataway, NJ 1994) p. 3905

[10.1273] A. Dekker, P. Farrow: *Artificial Intelligence and Creativity*, Creativity, Chaos and Artificial Intelligence. (Kluwer, Dordrecht, The Netherlands 1994)

[10.1274] P. Morasso, J. Kennedy, E. Antonj, S. di Marco, M. Dordoni: In *Proc. INNC'90, Int. Neural Network Conf.* (Kluwer, Dordrecht, Netherlands 1990) p. 141

[10.1275] M. B. Waldron, S. Kim: In *Proc. ICNN'94, Int. Conf. on Neural Networks* (IEEE Service Center, Piscataway, NJ 1994) p. 2885

[10.1276] P. Wittenburg, U. H. Frauenfelder: In *Twente Workshop on Language Technology 3: Connectionism and Natural Language Processing*, ed. by M. F. J. Drossaers, A. Nijholt (Department of Computer Science, University of Twente, Enschede, Netherlands 1992) p. 5

[10.1277] S. Finch, N. Chater: In *Artificial Neural Networks, 2*, ed. by I. Aleksander, J. Taylor (North-Holland, Amsterdam, Netherlands 1992) p. II-1365

[10.1278] T. Hendtlass: In *Proc. 5th Australian Conf. on Neural Networks*, ed. by A. C. Tsoi, T. Downs (University of Queensland, St Lucia, Australia 1994) p. 169

[10.1279] H. Ritter, T. Kohonen: *Self-Organizing Semantic Maps* (Helsinki Univ. of Technology, Lab. of Computer and Information Science, Espoo, Finland 1989)

[10.1280] J. C. Scholtes: In *Worknotes of the AAAI Spring Symp. Series on Machine Learning of Natural Language and Ontology, Palo Alto, CA, March 26-29* (American Association for Artificial Intelligence 1991)

[10.1281] J. C. Scholtes: In *Proc. IJCNN'91, Int. Conf. on Neural Networks* (IEEE Service Center, Piscataway, NJ 1991) p. I-107

[10.1282] P. G. Schyns: In *Connectionist Models: Proc. of the 1990 Summer School* (Morgan-Kaufmann, San Mateo, CA 1990) p. 228
[10.1283] P. G. Schyns: Cognitive Science **15**, 461 (1991)
[10.1284] T. Honkela, V. Pulkki, T. Kohonen: In *Proc. ICANN'95, Int. Conf. on Artificial Neural Networks*, ed. by F. Fogelman-Soulié, P. Gallinari, (EC2, Nanterre, France 1995) p. II-3
[10.1285] R. Paradis, E. Dietrich: In *Proc. ICNN'94, Int. Conf. on Neural Networks* (IEEE Service Center, Piscataway, NJ 1994) p. 2339
[10.1286] R. Paradis, E. Dietrich: In *Proc. WCNN'94, World Congress on Neural Networks* (Lawrence Erlbaum, Hillsdale, NJ 1994) p. II-775
[10.1287] S. W. K. Chan, J. Franklin: In *Proc. ICNN'95, IEEE Int. Conf. on Neural Networks*, (IEEE Service Center, Piscataway, NJ 1995) p. VI-2965
[10.1288] J. C. Bezdek, N. R. Pal: IEEE Transactions on Neural Networks **6**, 1029 (1995)
[10.1289] J. Scholtes: In *Proc. 3rd Twente Workshop on Language Technology* (University of Twente, Twente, Netherlands 1992)
[10.1290] J. C. Scholtes: In *Proc. 2nd SNN, Nijmegen, The Netherlands, April 14-15* (1992) p. 86
[10.1291] J. C. Scholtes: In *Proc. First SHOE Workshop* (University of Tilburg, Tilburg, Netherlands 1992) p. 279
[10.1292] J. C. Scholtes, S. Bloembergen: In *Proc. IJCNN-92-Baltimore, Int. Joint Conf. on Neural Networks* (IEEE Service Center, Piscataway, NJ 1992) p. II-69
[10.1293] J. C. Scholtes, S. Bloembergen: In *Proc. IJCNN-92-Beijing, Int. Joint Conf. on Neural Networks* (IEEE Service Center, Piscataway, NJ 1992)
[10.1294] J. C. Scholtes: In *Artificial Neural Networks*, 2, ed. by I. Aleksander, J. Taylor (North-Holland, Amsterdam, Netherlands 1992) p. II-1347
[10.1295] T. Honkela, A. M. Vepsäläinen: In *Artificial Neural Networks*, ed. by T. Kohonen, K. Mäkisara, O. Simula, J. Kangas (North-Holland, Amsterdam, Netherlands 1991) p. I-897
[10.1296] T. Honkela: In *Proc. ICANN'93, Int. Conf. on Artificial Neural Networks*, ed. by S. Gielen, B. Kappen (Springer, London, UK 1993) p. 408
[10.1297] W. Pedrycz, H. C. Card: In *IEEE Int. Conf. on Fuzzy Systems* (IEEE Service Center, Piscataway, NJ 1992) p. 371
[10.1298] J. C. Scholtes: In *Proc. Informatiewetenschap 1991, Nijmegen* (STINFON, Nijmegen, Netherlands 1991) p. 203
[10.1299] J. C. Scholtes: In *Proc. 2nd Australian Conf. on Neural Nets* (University of Sydney, Sydney, Australia 1991) p. 38
[10.1300] J. C. Scholtes: In *Proc. SNN Symposium* (STINFON, Nijmegen, Netherlands 1991) p. 64
[10.1301] J. C. Scholtes: In *Proc. CUNY 1991 Conf. on Sentence Processing, Rochester, NY, May 12-14* (1991) p. 10
[10.1302] J. C. Scholtes: In *The Annual Conf. on Cybernetics: Its Evolution and Its Praxis, Amherst, MA, July 17-21* (1991)
[10.1303] J. C. Scholtes: In *Worknotes of the Bellcore Workshop on High Performance Information Filtering* (Bellcore, Chester, NJ 1991)
[10.1304] J. C. Scholtes: In *Artificial Neural Networks*, ed. by T. Kohonen, K. Mäkisara, O. Simula, J. Kangas (North-Holland, Amsterdam, Netherlands 1991) p. II-1751
[10.1305] J. C. Scholtes: Technical Report (Department of Computational Linguistics, University of Amsterdam, Amsterdam, Netherlands 1991)
[10.1306] J. C. Scholtes: In *Proc. SPIE Conf. on Applications of Artificial Neural Networks III, Orlando, Florida, April 20-24* (SPIE, Bellingham, WA 1992)
[10.1307] J. C. Scholtes: In *Proc. 3rd Australian Conf. on Neural Nets, Canberra, Australia, February 3-5* (1992)
[10.1308] J. C. Scholtes: In *Proc. Symp. on Document Analysis and Information Retrieval, Las Vegas, NV, March 16-18* (UNLV Publ. 1992) p. 151
[10.1309] J. C. Scholtes: In *Proc. First SHOE Workshop, Tilburg, Netherlands, February 27-28* (1992) p. 267
[10.1310] J. M. Campanario: Scientometrics **33**, 23 (1995)
[10.1311] G. Cheng, X. Liu, J. X. Wu: In *Proc. WCNN'94, World Congress on Neural Networks* (Lawrence Erlbaum, Hillsdale, NJ 1994) p. IV-430
[10.1312] K. G. Coleman, S. Watenpool: AI Expert **7**, 36 (1992)
[10.1313] R. Kohlus, M. Bottlinger: In *Proc. ICANN'93, Int. Conf. on Artificial Neural Networks*, ed. by S. Gielen, B. Kappen (Springer, London, UK 1993) p. 1022
[10.1314] P. G. Schyns: In *Proc. IJCNN-90-WASH-DC, Int. Joint Conf. on Neural Networks* (Lawrence Erlbaum, Hillsdale, NJ 1990) p. I-236
[10.1315] H. Tirri: New Generation Computing **10**, 55 (1991)

[10.1316] A. Ultsch, G. Halmans, R. Mantyk: In *Proc. Twenty-Fourth Annual Hawaii Int. Conf. on System Sciences*, ed. by V. Milutinovic, B. D. Shriver (IEEE Service Center, Piscataway, NJ 1991) p. I-507

[10.1317] A. Ultsch: In *Artificial Neural Networks, 2*, ed. by I. Aleksander, J. Taylor (North-Holland, Amsterdam, Netherlands 1992) p. I-735

[10.1318] A. Ultsch, R. Hannuschka, U. H. M. Mandischer, V. Weber: In *Artificial Neural Networks*, ed. by T. Kohonen, K. Mäkisara, O. Simula, J. Kangas (North-Holland, Amsterdam, Netherlands 1991) p. I-585

[10.1319] X. Lin, D. Soergel, G. Marchionini: In *Proc. 14th. Ann. Int. ACM/SIGIR Conf. on R & D In Information Retrieval* (1991) p. 262

[10.1320] J. C. Scholtes: In *Proc. IJCNN'91, Int. Joint Conf. on Neural Networks* (IEEE Service Center, Piscataway, NJ 1991) p. 18

[10.1321] J. C. Scholtes: ITLI Prepublication Series for Computational Linguistics CL-91-02 (University of Amsterdam, Amsterdam, Netherlands 1991)

[10.1322] B. Fritzke, C. Nasahl: In *Artificial Neural Networks*, ed. by T. Kohonen, K. Mäkisara, O. Simula, J. Kangas (North-Holland, Amsterdam, Netherlands 1991) p. 1375

[10.1323] J. C. Scholtes: In *Proc. IEEE Symp. on Neural Networks, Delft, Netherlands, June 21st* (IEEE Service Center, Piscataway, NJ 1990) p. 69

[10.1324] J. C. Scholtes. Computational Linguistics Project, (CERVED S.p.A., Italy, 1990)

[10.1325] A. J. Maren: IEEE Control Systems Magazine 11, 34 (1991)

[10.1326] E. Wilson, G. Anspach: In *Applications of Neural Networks, Proc. of SPIE Conf. No. 1965, Orlando, Florida* (SPIE, Bellingham, WA 1993)

[10.1327] A. B. Baruah, L. E. Atlas, A. D. C. Holden: In *Proc. IJCNN'91, Int. Joint Conf. on Neural Networks* (IEEE Service Center, Piscataway, NJ 1991) p. I-596

[10.1328] J. Buhmann, H. Kühnel: In *Proc. IJCNN'92, Int. Conf. on Neural Networks* (IEEE Service Center, Piscataway, NJ 1992) p. IV-796

[10.1329] W. Snyder, D. Nissman, D. Van den Bout, G. Bilbro: In *Advances in Neural Information Processing Systems 3*, ed. by R. P. Lippmann, J. E. Moody, D. S. Touretzky (Morgan Kaufmann, San Mateo, CA 1991) p. 984

[10.1330] C.-D. Wann, S. C. A. Thomopoulos: In *Proc. WCNN'93, World Congress on Neural Networks* (Lawrence Erlbaum, Hillsdale, NJ 1993) p. II-545

[10.1331] C. Ambroise, G. Govaert: In *Proc. ICANN'95, Int. Conf. on Artificial Neural Networks*, ed. by F. Fogelman-Soulié, P. Gallinari, (EC2, Nanterre, France 1995) p. I-425

[10.1332] S. Schünemann, B. Michaelis: In *Proc. ESANN'96, European Symp. on Artificial Neural Networks*, ed. by M. Verleysen (D Facto Conference Services, Brussels, Belgium 1996) p. 79

[10.1333] G. Tambouratzis: Pattern Recognition Letters 15, 1019 (1994)

[10.1334] V. Venkatasubramanian, R. Rengaswamy. *Neural Networks for Chemical Engineers, Computer-Aided Chemical Engineering, 6*, Clustering and statistical techniques in neural networks. (Elsevier, Amsterdam 1995) p. 659

[10.1335] H. Lari-Najafi, V. Cherkassky: In *Proc. NIPS'93, Neural Information Processing Systems* (1993)

[10.1336] M. Alvarez, J.-M. Auger, A. Varfis: In *Proc. ICANN'95, Int. Conf. on Artificial Neural Networks*, ed. by F. Fogelman-Soulié, P. Gallinari, (EC2, Nanterre, France 1995) p. II-21

[10.1337] T. Heskes, B. Kappen: In *Proc. ICANN'95, Int. Conf. on Artificial Neural Networks*, ed. by F. Fogelman-Soulié, P. Gallinari, (EC2, Nanterre, France 1995) p. I-81

[10.1338] S. Zhang, R. Ganesan, Y. Sun: In *Proc. WCNN'95, World Congress on Neural Networks*, (INNS, Lawrence Erlbaum, Hillsdale, NJ 1995) p. I-747

[10.1339] P. Hannah, R. Stonier, S. Smith: In *Proc. 5th Australian Conf. on Neural Networks*, ed. by A. C. Tsoi, T. Downs (University of Queensland, St Lucia, Australia 1994) p. 165

[10.1340] J. Walter, H. Ritter, K. Schulten: In *Proc. IJCNN-90-San Diego, Int. Joint Conf. on Neural Networks* (IEEE Service Center, Piscataway, NJ 1990) Vol. 1, p. 589

[10.1341] F. Mulier, V. Cherkassky: Neural Computation 7, 1165 (1995)

[10.1342] F. M. Mulier, V. S. Cherkassky: Neural Networks 8, 717 (1995)

[10.1343] M. Kurimo: Licentiate's Thesis (Helsinki University of Technology, Espoo, Finland 1994)

[10.1344] A. Hämäläinen: PhD Thesis (Jyväskylä University, Jyväskylä, Finland 1995)

[10.1345] L. Holmström, A. Hottinen, A. Hämäläinen: In *Proc. EANN'95, Engineering Applications of Artificial Neural Networks* (Finnish Artificial Intelligence Society, Helsinki, Finland 1995) p. 445

[10.1346] D. Hamad, S. Delsert: In *Proc. EANN'95, Engineering Applications of Artificial Neural Networks* (Finnish Artificial Intelligence Society, Helsinki, Finland 1995) p. 457

[10.1347] M. A. Kraaijveld, J. Mao, A. K. Jain: IEEE Trans. on Neural Networks 6, 548 (1995)

[10.1348] J. Joutsensalo, A. Miettinen, M. Zeindl: In *Proc. ICANN'95, Int. Conf. on Artificial Neural Networks*, ed. by F. Fogelman-Soulié, P. Gallinari, (EC2, Nanterre, France 1995) p. II-395

[10.1349] J. Joutsensalo, A. Miettinen: In *Proc. ICNN'95, IEEE Int. Conf. on Neural Networks*, (IEEE Service Center, Piscataway, NJ 1995) p. I-111
[10.1350] K. Kopecz: In *Proc. ICANN'95, Int. Conf. on Artificial Neural Networks*, ed. by F. Fogelman-Soulié, P. Gallinari, (EC2, Nanterre, France 1995) p. I-431
[10.1351] J. C. Principe, L. Wang: In *Proc. NNSP'95, IEEE Workshop on Neural Networks for Signal Processing* (IEEE Service Center, Piscataway, NJ 1995) p. 11
[10.1352] C. M. Privitera, R. Plamondon: In *Proc. ICNN'95, IEEE Int. Conf. on Neural Networks*, (IEEE Service Center, Piscataway, NJ 1995) p. IV-1999
[10.1353] J. Lampinen, S. Smolander: In *Proc. ICANN'95, Int. Conf. on Artificial Neural Networks*, ed. by F. Fogelman-Soulié, P. Gallinari, (EC2, Nanterre, France 1995) p. II-315
[10.1354] M. Alvarez, A. Varfis: In *Proc. ESANN'94, European Symp. on Artificial Neural Networks*, ed. by M. Verleysen (D Facto Conference Services, Brussels, Belgium 1994) p. 245
[10.1355] R. M. V. França, B. G. A. Neto: In *Proc. EANN'95, Engineering Applications of Artificial Neural Networks* (Finnish Artificial Intelligence Society, Helsinki, Finland 1995) p. 481
[10.1356] P. Knagenhjelm: In *Proc. ICSPAT-92, Int. Conf. on Signal Processing Applications and Technology* (1992) p. 948
[10.1357] B. J. Oommen, I. K. Altinel, N. Aras: In *Proc. ICNN'95, IEEE Int. Conf. on Neural Networks*, (IEEE Service Center, Piscataway, NJ 1995) p. VI-3062
[10.1358] V. R. de Sa: In *Proc. NIPS'93, Neural Information Processing Systems*, ed. by J. D. Cowan, G. Tesauro, J. Alspector (Morgan Kaufmann Publishers, San Francisco, CA 1993) p. 112
[10.1359] V. R. de Sa: PhD Thesis (University of Rochester, Department of Computer Science, Rochester, New York, NY 1994)
[10.1360] K. Smith: In *Proc. ICNN'95, IEEE Int. Conf. on Neural Networks*, (IEEE Service Center, Piscataway, NJ 1995) p. IV-1876
[10.1361] G. Tambouratzis, D. Tambouratzis: Network: Computation in Neural Systems 5, 599 (1994)
[10.1362] S. A. Khaparde, H. Gandhi: In *Proc. ICNN'93, Int. Conf. on Neural Networks* (IEEE Service Center, Piscataway, NJ 1993) p. II-967
[10.1363] J. Meister: J. Acoust. Soc. of America 93, 1488 (1993)
[10.1364] J. Rubner, K. Schulten, P. Tavan: In *Proc. Int. Conf. on Parallel Processing in Neural Systems and Computers (ICNC), Düsseldorf* (Elsevier, Amsterdam, Netherlands 1990) p. 365
[10.1365] J. Rubner, K. J. Schulten: Biol. Cyb. 62, 193 (1990)
[10.1366] S.-Y. Lu: In *Proc. IJCNN-90-San Diego, Int. Joint Conf. on Neural Networks* (IEEE Service Center, Piscataway, NJ 1990) p. III-471
[10.1367] V. Pang, M. Palaniswami: In *IEEE TENCON'90: 1990 IEEE Region 10 Conf. on Computer and Communication Systems* (IEEE Service Center, Piscataway, NJ 1990) p. II-562
[10.1368] I. Bellido, E. Fiesler: In *Proc. ICANN'93, Int. Conf. on Artificial Neural Networks*, ed. by S. Gielen, B. Kappen (Springer, London, UK 1993) p. 772
[10.1369] T. M. English, L. C. Boggess: In *Proc. ICASSP'92, Int. Conf. on Acoustics, Speech, and Signal Processing* (IEEE Service Center, Piscataway, NJ 1992) p. III-357
[10.1370] S. N. Kavuri, V. Venkatasubramanian: In *Proc. IJCNN'92, Int. Joint Conf. on Neural Networks* (IEEE Service Center, Piscataway, NJ 1992) p. I-775
[10.1371] K. Matsuoka, M. Kawamoto: In *Proc. WCNN'93, World Congress on Neural Networks* (Lawrence Erlbaum, Hillsdale, NJ 1993) p. II-501
[10.1372] S.-Y. Oh, J.-M. Song: Trans. of the Korean Inst. of Electrical Engineers 39, 985 (1990)
[10.1373] S.-Y. Oh, I.-S. Yi: In *IJCNN-91-Seattle: Int. Joint Conf. on Neural Networks* (IEEE Service Center, Piscataway, NJ 1991) p. II-1000
[10.1374] G. L. Tarr: M.Sc. Thesis (Air Force Inst. of Tech., Wright-Patterson AFB, OH 1988)
[10.1375] Z. Bing, E. Grant: In *Proc. IEEE Int. Symp. on Intelligent Control* (IEEE Service Center, Piscataway, NJ 1991) p. 180
[10.1376] A. Di Stefano, O. Mirabella, G. D. Cataldo, G. Palumbo: In *Proc. ISCAS'91, Int. Symp. on Circuits and Systems* (IEEE Service Center, Piscataway, NJ 1991) p. III-1601
[10.1377] M. Cottrell, P. Letrémy, E. Roy: In *New Trends in Neural Computation, IWANN'93* (Springer, Berlin, Germany 1993)
[10.1378] M. Cottrell, P. Letrémy, E. Roy: Technical Report 19 (Université Paris 1, Paris, France 1993)
[10.1379] D. DeMers, K. Kreutz-Delgado: In *Proc. WCNN'94 World Congress on Neural Networks* (Lawrence Erlbaum, Hillsdale, NJ 1994) p. II-54
[10.1380] A. L. Perrone, G. Basti: In *Proc. 3rd Int. Conf. on Fuzzy Logic, Neural Nets and Soft Computing* (Fuzzy Logic Systems Institute, Iizuka, Japan 1994) p. 501
[10.1381] I. Grabec: In *Artificial Neural Networks*, ed. by T. Kohonen, K. Mäkisara, O. Simula, J. Kangas (North-Holland, Amsterdam, Netherlands 1991) p. I-151

[10.1382] M. D. Alder, R. Togneri, Y. Attikiouzel: IEE Proc. I [Communications, Speech and Vision] **138**, 207 (1991)

[10.1383] O. Sarzeaud, Y. Stephan, C. Touzet: In *Neuro-Nîmes '90. Third Int. Workshop. Neural Networks and Their Applications* (EC2, Nanterre, France 1990) p. 81

[10.1384] O. Sarzeaud, Y. Stephan, C. Touzet: In *Artificial Neural Networks*, ed. by T. Kohonen, K. Mäkisara, O. Simula, J. Kangas (North-Holland, Amsterdam, Netherlands 1991) p. II-1313

[10.1385] W. K. Tsai, Z.-P. Lo, H.-M. Lee, T. Liau, R. Chien, R. Yang, A. Parlos: In *Proc. IJCNN-91, Int. Joint Conf. on Neural Networks* (IEEE Service Center, Piscataway, NJ 1991) p. II-1003

[10.1386] M. Gera: In *Artificial Neural Networks, 2*, ed. by I. Aleksander, J. Taylor (North-Holland, Amsterdam, Netherlands 1992) p. II-1357

[10.1387] S. Herbin: In *Proc. ICANN'95, Int. Conf. on Artificial Neural Networks*, ed. by F. Fogelman-Soulié, P. Gallinari, (EC2, Nanterre, France 1995) p. II-57

[10.1388] F. Murtagh: International Statistical Review **64**, 275 (1994)

[10.1389] F. Murtagh: Pattern Recognition Letters **16**, 399 (1995)

[10.1390] F. Murtagh, M. Hernández-Pajares: Statistics in Transition – Journal of the Polish Statistical Association **2**, 151 (1995)

[10.1391] F. Murtagh, M. Hernández-Pajares: Journal of Classification **12** (1995)

[10.1392] S. Ibbou, M. Cottrell: In *Proc. ESANN'95, European Symp. on Artificial Neural Networks*, ed. by M. Verleysen (D Facto Conference Services, Brussels, Belgium 1995) p. 27

[10.1393] A. Furukawa, N. Ishii: In *Proc. ICNN'95, IEEE Int. Conf. on Neural Networks*, (IEEE Service Center, Piscataway, NJ 1995) p. III-1316

[10.1394] K. Fujimura, H. Tokutaka, S. Kishida, K. Nishimori, N. Ishihara, K. Yamane, M. Ishihara: In *Proc. IJCNN-93-Nagoya, Int. Joint Conf. on Neural Networks* (IEEE Service Center, Piscataway, NJ 1993) p. III-2472

[10.1395] K. Fujimura, H. Tokutaka, S. Kishida: Technical Report NC93-146 (The Inst. of Electronics, Information and Communication Engineers, Tottori University, Koyama, Japan 1994)

[10.1396] K. Fujimura, H. Tokutaka, S. Kishida, K. Nishimori, N. Ishihara, K. Yamane, M. Ishihara: Technical Report NC92-141 (The Inst. of Electronics, Information and Communication Engineers, Tottori University, Koyama, Japan 1994)

[10.1397] K. Fujimura, H. Tokutaka, Y. Ohshima, S. Kishida: Technical Report NC93-147 (The Inst. of Electronics, Information and Communication Engineers, Tottori University, Koyama, Japan 1994)

[10.1398] M. K. Lutey: M.Sc. Thesis (Air Force Inst. of Tech., Wright-Patterson AFB, OH 1988)

[10.1399] H. E. Ghaziri: In *Artificial Neural Networks*, ed. by T. Kohonen, K. Mäkisara, O. Simula, J. Kangas (North-Holland, Amsterdam, Netherlands 1991) p. I-829

[10.1400] E. H. L. Aarts, H. P. Stehouwer: In *Proc. ICANN'93, Int. Conf. on Artificial Neural Networks*, ed. by S. Gielen, B. Kappen (Springer, London, UK 1993) p. 950

[10.1401] B. Angèniol, G. D. L. C. Vaubois, J. Y. L. Texier: Neural Networks **1**, 289 (1988)

[10.1402] M. Budinich: In *Proc. ICANN'94, Int. Conf. on Artificial Neural Networks*, ed. by M. Marinaro, P. G. Morasso (Springer, London, UK 1994) p. I-358

[10.1403] D. Burr: In *Proc. ICNN'88, Int. Conf. on Neural Networks* (IEEE Service Center, Piscataway, NJ 1988) p. I-69

[10.1404] F. Favata, R. Walker: Biol. Cyb. **64**, 463 (1991)

[10.1405] J.-C. Fort: Biol. Cyb. **59**, 33 (1988)

[10.1406] M. Geraci, F. Sorbello, G. Vassallo: In *Fourth Italian Workshop. Parallel Architectures and Neural Networks*, ed. by E. R. Caianiello (Univ. Salerno; Inst. Italiano di Studi Filosofici, World Scientific, Singapore 1991) p. 344

[10.1407] G. Hueter: In *Proc. ICNN'88, Int. Conf. on Neural Networks* (IEEE Service Center, Piscataway, NJ 1988) p. I-85

[10.1408] S.-C. Lee, J.-M. Wu, C.-Y. Liou: In *Proc. ICANN'93, Int. Conf. on Artificial Neural Networks*, ed. by S. Gielen, B. Kappen (Springer, London, UK 1993) p. 842

[10.1409] H. Tamura, T. Teraoka, I. Hatono, K. Yamagata: Trans. Inst. of Systems, Control and Information Engineers **4**, 57 (1991)

[10.1410] S. Amin: Neural Computing & Applications **2**, 129 (1994)

[10.1411] M. Budinich: Neural Computation **8**, 416 (1996)

[10.1412] C. S.-T. Choy, W.-C. Siu: In *Proc. ICNN'95, IEEE Int. Conf. on Neural Networks*, (IEEE Service Center, Piscataway, NJ 1995) p. V-2632

[10.1413] K. Fujimura, H. Tokutaka, Y. Ohshima, S.-I. Tanaka, S. Kishida: Trans. IEE of Japan **116-C**, 350 (1996)

[10.1414] S.-I. Tanaka, K. Fujimura, H. Tokutaka, S. Kishida: Technical Report NC95-70 (The Inst. of Electronics, Information and Communication Engineers, Tottori University, Koyama, Japan 1995)

[10.1415] H. Tokutaka, A. Tanaka, K. Fujimura, T. Koukami, S. Kishida, H. Hase: Technical Report NC94-79 (The Inst. of Electronics, Information and Communication Engineers, Tottori University, Koyama, Japan 1995)

[10.1416] M. Goldstein: In *Proc. INNC'90, Int. Neural Network Conf.* (Kluwer, Dordrecht, Netherlands 1990) p. I-258

[10.1417] C.-Y. Hsu, M.-H. Tsai, W.-M. Chen: In *Proc. Int. Symp. on Circuits and Systems* (IEEE Service Center, Piscataway, NJ 1991) p. II-1589

[10.1418] P. S. Khedkar, H. R. Berenji: In *Proc. WCNN'93, World Congress on Neural Networks* (Lawrence Erlbaum, Hillsdale, NJ 1993) p. II-18

[10.1419] H. R. Berenji: In *Proc. Int. Conf. on Fuzzy Systems* (IEEE Service Center, Piscataway, NJ 1993) p. 1395

[10.1420] C. V. Buhusi: In *Proc. IJCNN-93-Nagoya, Int. Joint Conf. on Neural Networks* (IEEE Service Center, Piscataway, NJ 1993) p. I-786

[10.1421] C. Isik, F. Zia: In *Proc. WCNN'93, World Congress on Neural Networks* (Lawrence Erlbaum, Hillsdale, NJ 1993) p. II-56

[10.1422] A. O. Esogbue, J. A. Murrell: In *Proc. Int. Conf. on Fuzzy Systems* (IEEE Service Center, Piscataway, NJ 1993) p. 178

[10.1423] B. Michaelis, O. Schnelting, U. Seiffert, R. Mecke: In *Proc. WCNN'95, World Congress on Neural Networks*, (INNS, Lawrence Erlbaum, Hillsdale, NJ 1995) p. III-103

[10.1424] J. H. L. Kong, G. P. M. D. Martin: In *Proc. ICNN'95, IEEE Int. Conf. on Neural Networks*, (IEEE Service Center, Piscataway, NJ 1995) p. III-1397

[10.1425] C. Andrew, M. Kubat, G. Pfurtscheller: In *Proc. ESANN'95, European Symp. on Artificial Neural Networks*, ed. by M. Verleysen (D Facto Conference Services, Brussels, Belgium 1995) p. 291

[10.1426] A. Baraldi, F. Parmiggiani: In *Proc. ICNN'95, IEEE Int. Conf. on Neural Networks*, (IEEE Service Center, Piscataway, NJ 1995) p. V-2444

[10.1427] R. Dogaru, A. T. Murgan, C. Cumaniciu: In *Proc. ESANN'96, European Symp. on Artificial Neural Networks*, ed. by M. Verleysen (D facto conference services, Bruges, Belgium 1996) p. 309

[10.1428] S.-J. Huang, C.-C. Hung: In *Proc. ICNN'95, IEEE Int. Conf. on Neural Networks*, (IEEE Service Center, Piscataway, NJ 1995) p. II-708

[10.1429] R. M. Kil, Y. I. Oh: In *Proc. WCNN'95, World Congress on Neural Networks*, (Lawrence Erlbaum, Hillsdale, NJ 1995) p. I-778

[10.1430] A. R. M. Ramos, D. A. C. Barone: In *Proc. WCNN'95, World Congress on Neural Networks*, (Lawrence Erlbaum, Hillsdale, NJ 1995) p. I-770

[10.1431] T. Ojala, V. T. Ruoppila, P. Vuorimaa: In *Proc. WCNN'95, World Congress on Neural Networks*, (Lawrence Erlbaum, Hillsdale, NJ 1995) p. II-713

[10.1432] C. N. Manikopoulos, J. Li: In *Proc. IJCNN'89, Int. Joint Conf. on Neural Networks* (IEEE Service Center, Piscataway, NJ 1989) p. II-573

[10.1433] C. Manikopoulos, G. Antoniou, S. Metzelopoulou: In *Proc. IJCNN'90, Int. Joint Conf. on Neural Networks* (IEEE Service Center, Piscataway, NJ 1990) p. I-481

[10.1434] C. N. Manikopoulos, J. Li, G. Antoniou: J. New Generation Computer Systems **4**, 99 (1991)

[10.1435] C. N. Manikopoulos, G. E. Antoniou: J. Electrical and Electronics Engineering, Australia **12**, 233 (1992)

[10.1436] M. Hernandez-Pajares, E. Monte: In *Proc. IWANN'91, Int. Workshop on Artificial Neural Networks*, ed. by A. Prieto (Springer, Berlin, Germany 1991) p. 422

[10.1437] A. Langinmaa, A. Visa: Tekniikan näköalat (TEKES, Helsinki, Finland 1990) p. 10

[10.1438] M. Stinely, P. Klinkhachorn, R. S. Nutter, R. Kothari: In *Proc. WCNN'93, World Congress on Neural Networks* (Lawrence Erlbaum, Hillsdale, NJ 1993) p. I-597

[10.1439] X. Magnisalis, E. Auge, M. G. Strintzis: In *Parallel and Distributed Computing in Engineering Systems. Proc. IMACS/IFAC Int. Symp.*, ed. by S. Tzafestas, P. Borne, L. Grandinetti (North-Holland, Amsterdam, Netherlands 1992) p. 383

[10.1440] L. D. Giovanni, M. Fedeli, S. Montesi: In *Artificial Neural Networks*, ed. by T. Kohonen, K. Mäkisara, O. Simula, J. Kangas (North-Holland, Amsterdam, Netherlands 1991) p. II-1803

[10.1441] Y. Kojima, H. Yamamoto, T. Kohda, S. Sakaue, S. Maruno, Y. Shimeki, K. Kawakami, M. Mizutani: In *Proc. IJCNN-93-Nagoya, Int. Joint Conf. on Neural Networks* (IEEE Service Center, Piscataway, NJ 1993) p. III-2161

[10.1442] F. Togawa, T. Ueda, T. Aramaki, A. Tanaka: In *Proc. IJCNN'93, Int. Joint Conf. on Neural Networks* (IEEE Service Center, Piscataway, NJ 1991) p. II-1490

[10.1443] R. Togneri, M. D. Alder, Y. Attikiouzel: In *Proc. AI'90, 4th Australian Joint Conf. on Artificial Intelligence*, ed. by C. P. Tsang (World Scientific, Singapore 1990) p. 274

[10.1444] H. K. Kim, H. S. Lee: In *EUROSPEECH-91. 2nd European Conf. on Speech Communication and Technology* (Assoc. Belge Acoust.; Assoc. Italiana di Acustica; CEC; et al, Istituto Int. Comunicazioni, Genova, Italy 1991) p. III-1265

[10.1445] E. McDermott, S. Katagiri: In *Proc. ICASSP'89, Int. Conf. on Acoustics, Speech and Signal Processing* (IEEE Service Center, Piscataway, NJ 1989) p. I-81

[10.1446] E. McDermott: In *Proc. Acoust. Soc. of Japan* (March, 1990) p. 151

[10.1447] E. McDermott, S. Katagiri: IEEE Trans. on Signal Processing **39**, 1398 (1991)

[10.1448] J. T. Laaksonen: In *Proc. EUROSPEECH-91, 2nd European Conf. on Speech Communication and Technology* (Assoc. Belge Acoust.; Assoc. Italiana di Acustica; CEC; et al, Istituto Int. Comunicazioni, Genova, Italy 1991) p. I-97

[10.1449] R. Alpaydin, U. Ünlüakin, F. Gürgen, E. Alpaydin: In *Proc. IJCNN'93-Nagoya, Int. Joint Conf. on Neural Networks* (IEEE Service Center, Piscataway, NJ 1993) p. I-239

[10.1450] S. Nakagawa, Y. Ono, K. Hur: In *Proc. IJCNN-93-Nagoya, Int. Joint Conf. on Neural Networks* (IEEE Service Center, Piscataway, NJ 1993) p. III-2223

[10.1451] K. S. Nathan, H. F. Silverman.: In *Proc. ICASSP'91, Int. Conf. on Acoustics, Speech and Signal Processing* (IEEE Service Center, Piscataway, NJ 1991) p. I-445

[10.1452] Y. Bennani, N. Chaourar, P. Gallinari, A. Mellouk: In *Proc. Neuro-Nîmes '90, Third Int. Workshop. Neural Networks and Their Applications* (EC2, Nanterre, France 1990) p. 455

[10.1453] Y. Bennani, N. Chaourar, P. Gallinari, A. Mellouk: In *Proc. ICASSP'91, Int. Conf. on Acoustics, Speech and Signal Processing* (IEEE Service Center, Piscataway, NJ 1991) p. I-97

[10.1454] C. Zhu, L. Li, C. Guan, Z. He: In *Proc. WCNN'93, World Congress on Neural Networks* (Lawrence Erlbaum, Hillsdale, NJ 1993) p. IV-177

[10.1455] K. Kondo, H. Kamata, Y. Ishida: In *Proc. ICNN'94, Int. Conf. on Neural Networks* (IEEE Service Center, Piscataway, NJ 1994) p. 4448

[10.1456] L. D. Giovanni, R. Lanuti, S. Montesi: In *Proc. Fourth Italian Workshop. Parallel Architectures and Neural Networks*, ed. by E. R. Caianiello (World Scientific, Singapore 1991) p. 238

[10.1457] A. Duchon, S. Katagiri: J. Acoust. Soc. of Japan **14**, 37 (1993)

[10.1458] S. Olafsson: BT Technology J. **10**, 48 (1992)

[10.1459] T. Komori, S. Katagiri: J.Acoust.Soc.Japan **13**, 341 (1992)

[10.1460] Y. Cheng, et al.: In *Proc. ICASSP'92, Int. Conf. on Acoustics, Speech and Signal Processing* (IEEE Service Center, Piscataway, NJ 1992) p. I-593

[10.1461] J.-F. Wang, C.-H. Wu, C.-C. Haung, J.-Y. Lee: In *Proc. ICASSP'91, Int. Conf. on Acoustics, Speech and Signal Processing* (IEEE Service Center, Piscataway, NJ 1991) p. I-69

[10.1462] C.-H. Wu, J.-F. Wang, C.-C. Huang, J.-Y. Lee: Int. J. Pattern Recognition and Artificial Intelligence **5**, 693 (1991)

[10.1463] G. Yu, et al.: In *Proc. ICASSP'90, Int. Conf. on Acoustics, Speech and Signal Processing* (IEEE Service Center, Piscataway, NJ 1990) p. I-685

[10.1464] M. Kurimo: In *Proc. Int. Symp. on Speech, Image Processing and Neural Networks* (IEEE Hong Kong Chapter of Signal Processing, Hong Kong 1994) p. II-718

[10.1465] M. W. Koo, C. K. Un: Electronics Letters **26**, 1731 (1990)

[10.1466] F. Schiel: In *Proc. EUROSPEECH-93, 3rd European Conf. on Speech, Communication and Technology* (ESCA, Berlin, Germany 1993) p. III-2271

[10.1467] Y. Bennani, F. Fogelman-Soulié, P. Gallinari: In *Proc. ICASSP'90, Int. Conf. on Acoustics, Speech and Signal Processing* (IEEE Service Center, Piscataway, NJ 1990) p. I-265

[10.1468] Y. Bennani, F. Fogelman-Soulié, P. Gallinari: In *Proc. INNC'90, Int. Neural Network Conf.* (Kluwer, Dordrecht, Netherlands 1990) p. II-1087

[10.1469] G. C. Cawley, P. D. Noakes: In *Proc. IJCNN-93-Nagoya, Int. Joint Conf. on Neural Networks* (IEEE Service Center, Piscataway, NJ 1993) p. III-2227

[10.1470] H. Fujita, M. Yamamoto, S. Kobayashi, X. Youheng: In *Proc. IJCNN-93-Nagoya, Int. Joint Conf. on Neural Networks* (IEEE Service Center, Piscataway, NJ 1993) p. I-951

[10.1471] D. Flotzinger, J. Kalcher, G. Pfurtscheller: Biomed. Tech. (Berlin) **37**, 303 (1992)

[10.1472] D. Flotzinger, J. Kalcher, G. Pfurtscheller: In *Proc. WCNN'93, World Congress on Neural Networks* (Lawrence Erlbaum, Hillsdale, NJ 1993) p. I-224

[10.1473] D. Flotzinger: In *Proc. ICANN'93, Int. Conf. on Artificial Neural Networks*, ed. by S. Gielen, B. Kappen (Springer, London, UK 1993) p. 1019

[10.1474] S. C. Ahalt, T. Jung, A. K. Krishnamurthy: In *Proc. IEEE Int. Conf. on Systems Engineering* (IEEE Service Center, Piscataway, NJ 1990) p. 609

[10.1475] M. M. Moya, M. W. Koch, R. J. Fogler, L. D. Hostetler: Technical Report 92-2104 (Sandia National Laboratories, Albuquerque, NM 1992)

[10.1476] P. Ajjimarangsee, T. L. Huntsberger: Proc. SPIE – The Int. Society for Optical Engineering **1003**, 153 (1989)

[10.1477] T. Yamaguchi, T. Takagi, M. Tanabe: Trans. Inst. of Electronics, Information and Communication Engineers **J74C-II**, 289 (1991)

[10.1478] Y. Sakuraba, T. Nakamoto, T. Moriizumi: In *Proc. 7'th Symp. on Biological and Physiological Engineering, Toyohashi, November 26-28, 1992* (Toyohashi University of Technology, Toyohashi, Japan 1992) p. 115

[10.1479] Y. Bartal, J. Lin, R. E. Uhrig: In *Proc. ICNN'94, Int. Conf. on Neural Networks* (IEEE Service Center, Piscataway, NJ 1994) p. 3744

[10.1480] T. Jukarainen, E. Kärpänoja, P. Vuorimaa: In *Proc. Conf. on Artificial Intelligence Res. in Finland*, ed. by C. Carlsson, T. Järvi, T. Reponen, Number 12 in Conf. Proc. of Finnish Artificial Intelligence Society (Finnish Artificial Intelligence Society, Helsinki, Finland 1994) p. 155

[10.1481] A. Kurz: In *Artificial Neural Networks, 2*, ed. by I. Aleksander, J. Taylor (North-Holland, Amsterdam, Netherlands 1992) p. I-587

[10.1482] V. S. Smolin: In *Artificial Neural Networks*, ed. by T. Kohonen, K. Mäkisara, O. Simula, J. Kangas (North-Holland, Amsterdam, Netherlands 1991) p. II-1337

[10.1483] T. Rögnvaldsson: Neural Computation **5**, 483 (1993)

[10.1484] M. Vogt: In *Proc. ICNN'93, Int. Conf. on Neural Networks* (IEEE Service Center, Piscataway, NJ 1993) p. III-1841

[10.1485] M. Tokunaga, K. Kohno, Y. Hashizume, K. Hamatani, M. Watanabe, K. Nakamura, Y. Ageishi: In *Proc. 2nd Int. Conf. on Fuzzy Logic and Neural Networks, Iizuka, Japan* (1992) p. 123

[10.1486] P. Koikkalainen, E. Oja: In *Proc. ICNN'88, Int. Conf. on Neural Networks* (IEEE Service Center, Piscataway, NJ 1988) p. 533

[10.1487] P. Koikkalainen, E. Oja: In *Proc. COGNITIVA'90* (North-Holland, Amsterdam, Netherlands 1990) p. II-769

[10.1488] P. Koikkalainen, E. Oja: In *Advances in Control Networks and Large Scale Parallel Distributed Processing Models*, ed. by M. Frazer (Ablex, Norwood, NJ 1991) p. 242

[10.1489] A. Cherubini, R. Odorico: Computer Phys. Communications **72**, 249 (1992)

[10.1490] T. Kohonen, J. Kangas, J. Laaksonen, K. Torkkola: In *Proc. IJCNN'92, Int. Joint Conf. on Neural Networks* (IEEE Service Center, Piscataway, NJ 1992) p. I-725

[10.1491] Y. Lirov: Neural Networks **5**, 711 (1992)

[10.1492] G. Whittington, C. T. Spracklen: In *IEE Colloquium on 'Neural Networks: Design Techniques and Tools' (Digest No.037)* (IEE, London, UK 1991) p. 6/1

[10.1493] T. Nordström: In *Proc. DSA-92, Fourth Swedish Workshop on Computer System Artchitecture* (1992)

[10.1494] T. Nordström: PhD Thesis (Lule University of Technology, Lule, Sweden 1995)

[10.1495] M. E. Azema-Barac: In *Proc. Sixth Int. Parallel Processing Symp.*, ed. by V. K. Prasanna, L. H. Canter (IEEE Computer Soc. Press, Los Alamitos, CA 1992) p. 527

[10.1496] C. Bottazzi: Informazione Elettronica **18**, 21 (1990)

[10.1497] V. Demian, J.-C. Mignot: In *Parallel Processing: CONPAR 92-VAPP V. Second Joint Int. Conf. on Vector and Parallel Processing*, ed. by L. Bouge, M. Cosnard, Y. Robert, D. Trystram (Springer, Berlin, Germany 1992) p. 775

[10.1498] V. Demian, J.-C. Mignot: In *Proc. IJCNN-93-Nagoya, Int. Joint Conf. on Neural Networks* (IEEE Service Center, Piscataway, NJ 1993) p. I-483

[10.1499] B. Dorizzi, J.-M. Auger: In *Proc. INNC'90, Int. Neural Network Conference* (Kluwer, Dordrecht, Netherlands 1990) p. II-681

[10.1500] D. Gassilloud, J. C. Grossetie (eds.). *Computing with Parallel Architectures: T.Node* (Kluwer, Dordrecht, Netherlands 1991)

[10.1501] R. Hodges, C.-H. Wu, C.-J. Wang: In *Proc. IJCNN-90-WASH-DC, Int. Joint Conf. on Neural Networks* (1990) p. II-141

[10.1502] G. Whittington, C. T. Spracklen: In *Proc. ICNN'94, Int. Conf. on Neural Networks* (IEEE Service Center, Piscataway, NJ 1994) p. 17

[10.1503] C.-H. Wu, R. E. Hodges, C. J. Wang: Parallel Computing **17**, 821 (1991)

[10.1504] K. Wyler: In *Proc. WCNN'93, World Congress on Neural Networks* (Lawrence Erlbaum, Hillsdale, NJ 1993) p. II-562

[10.1505] B. Martín-del-Brío: IEEE Trans. on Neural Networks **3**, 529 (1996)

[10.1506] D. Hammerstrom, N. Nguyen: In *Artificial Neural Networks*, ed. by T. Kohonen, K. Mäkisara, O. Simula, J. Kangas (North-Holland, Amsterdam, Netherlands 1991) p. I-715

[10.1507] A. König, X. Geng, M. Glesner: In *Proc. ICANN'93, Int. Conf. on Artificial Neural Networks*, ed. by S. Gielen, B. Kappen (Springer, London, UK 1993) p. 1046

[10.1508] M. Manohar, J. C. Tilton: In *DCC '92. Data Compression Conf.*, ed. by J. A. Storer, M. Cohn (IEEE Comput. Soc. Press, Los Alamitos, CA 1992) p. 181

[10.1509] J. M. Auger: In *Computing with Parallel Architectures: T.Node*, ed. by D. Gassilloud, J. C. Grossetie (Kluwer, Dordrecht, Netherlands 1991) p. 215

[10.1510] P. Koikkalainen, E. Oja: In *Proc. SteP-88, Finnish Artificial Intelligence Symp.* (Finnish Artificial Intelligence Society, Helsinki, Finland 1988) p. 621

[10.1511] K. Obermayer, H. Heller, H. Ritter, K. Schulten: In *NATUG 3: Transputer Res. and Applications 3*, ed. by A. S. Wagner (IOS Press, Amsterdam, Netherlands 1990) p. 95

[10.1512] K. Obermayer, H. Ritter, K. Schulten: Parallel Computing **14**, 381 (1990)

[10.1513] K. Obermayer, H. Ritter, K. Schulten: In *Parallel Processing in Neural Systems and Computers*, ed. by R. Eckmiller, G. Hartmann, G. Hauske (North-Holland, Amsterdam, Netherlands 1990) p. 71

[10.1514] B. A. Conway, M. Kabrisky, S. K. Rogers, G. B. Lamon: Proc. SPIE – The Int. Society for Optical Engineering **1294**, 269 (1990)

[10.1515] A. Singer: Parallel Computing **14**, 305 (1990)

[10.1516] T.-C. Lee, I. D. Scherson: In *Proc. Fourth Annual Parallel Processing Symp.* (IEEE Service Center, Piscataway, NJ 1990) p. I-365

[10.1517] T. Lee, A. M. Peterson: In *Proc. 13th Annual Int. Computer Software and Applications Conf.* (IEEE Comput. Soc. Press, Washington, DC 1989) p. 672

[10.1518] S. Churcher, D. J. Baxter, A. Hamilton, A. F. Murray, H. Reekie: In *Proc. 2nd Int. Conf. on Microelectronics for Neural Networks*, ed. by U. Ramacher, U. Ruckert, J. A. Nossek (Kyrill & Method Verlag, Munich, Germany 1991) p. 127

[10.1519] P. Heim, B. Hochet, E. Vittoz: Electronics Letters **27**, 275 (1991)

[10.1520] P. Heim, X. Arregvit, E. Vittoz: Bull. des Schweizerischen Elektrotechnischen Vereins & des Verbandes Schweizerischer Elektrizitaetswerke **83**, 44 (1992)

[10.1521] D. Macq, M. Verleysen, P. Jespers, J.-D. Legat: IEEE Trans. on Neural Networks **4**, 456 (1993)

[10.1522] J. R. Mann, S. Gilbert: In *Advances in Neural Information Processing Systems 1*, ed. by D. S. Touretzky (Morgan Kaufmann, San Mateo, CA 1989) p. 739

[10.1523] B. J. Sheu, J. Choi, C. F. Chang: In *1992 IEEE Int. Solid-State Circuits Conf. Digest of Technical Papers. 39th ISSCC*, ed. by J. H. Wuorinen (IEEE Service Center, Piscataway, NJ 1992) p. 136

[10.1524] E. Vittoz, P. Heim, X. Arreguit, F. Krummenacher, E. Sorouchyari: In *Proc. Journées d'Électronique 1989, Artificical Neural Networks, Lausanne, Switzerland, October 10-12* (Presses Polytechniques Romandes, Lausanne, Switzerland 1989) p. 291

[10.1525] H. Wasaki, Y. Horio, S. Nakamura: Trans. Inst. of Electronics, Information and Communication Engineers A **J76-A**, 348 (1993)

[10.1526] Y. Kuramoti, A. Takimoto, H. Ogawa: In *Proc. IJCNN-93-Nagoya, Int. Joint Conf. on Neural Networks* (IEEE Service Center, Piscataway, NJ 1993) p. III-2023

[10.1527] T. Lu, F. T. S. Yu, D. A. Gregory: Proc. SPIE – The Int. Society for Optical Engineering **1296**, 378 (1990)

[10.1528] T. Lu, F. T. S. Yu, D. A. Gregory: Optical Engineering **29**, 1107 (1990)

[10.1529] F. T. S. Yu, T. Lu: In *Proc. IEEE TENCON'90, 1990 IEEE Region 10 Conf. Computer and Communication Systems* (IEEE Service Center, Piscataway, NJ 1990) p. I-59

[10.1530] D. Ruwisch, M. Bode, H.-G. Purwins: In *Proc. ICANN'94, Int. Conf. on Artificial Neural Networks*, ed. by M. Marinaro, P. G. Morasso (Springer, London, UK 1994) p. II-1335

[10.1531] Y. Owechko, B. H. Soffer: In *Proc. Optical Implementation of Information Processing, SPIE Vol 2565* (SPIE, Bellingham, WA 1995) p. 12

[10.1532] N. M. Allinson, M. J. Johnson, K. J. Moon: In *Advances in Neural Information Processing Systems 1* (Morgan Kaufmann, San Mateo, CA 1989) p. 728

[10.1533] E. Ardizzone, A. Chella, F. Sorbello: In *Artificial Neural Networks*, ed. by T. Kohonen, K. Mäkisara, O. Simula, J. Kangas (North-Holland, Amsterdam, Netherlands 1991) p. I-721

[10.1534] S. M. Barber, J. G. Delgado-Frias, S. Vassiliadis, G. G. Pechanek: In *Proc. IJCNN'93-Nagoya, Int. Joint Conf. on Neural Networks* (IEEE Service Center, Piscataway, NJ 1993) p. II-1927

[10.1535] M. A. de Barros, M. Akil, R. Natowicz: In *Proc. IJCNN-93-Nagoya, Int. Joint Conf. on Neural Networks* (IEEE Service Center, Piscataway, NJ 1993) p. I-197

[10.1536] N. E. Cotter, K. Smith, M. Gaspar: In *Advanced Res. in VLSI. Proc. of the Fifth MIT Conf.*, ed. by J. Allen, F. T. Leighton (MIT Press, Cambridge, MA 1988) p. 1

[10.1537] F. Deffontaines, A. Ungering, V. Tryba, K. Goser: In *Proc. Neuro-Nîmes* (1992)

[10.1538] M. Duranton, N. Mauduit: In *First IEE Int. Conf. on Artificial Neural Networks* (IEE, London, UK 1989) p. 62

[10.1539] W.-C. Fang, B. J. Sheu, O. T.-C. Chen, J. Choi: IEEE Trans. Neural Networks **3**, 506 (1992)

[10.1540] M. Gioiello, G. Vassallo, A. Chella, F. Sorbello: In *Trends in Artificial Intelligence. 2nd Congress of the Italian Association for Artificial Intelligence, AI IA Proceedings*, ed. by E. Ardizzone, S. Gaglio, F. Sorbello (Springer, Berlin, Germany 1991) p. 385

[10.1541] M. Gioiello, G. Vassallo, A. Chella, F. Sorbello: In *Fourth Italian Workshop. Parallel Architectures and Neural Networks*, ed. by E. R. Caianiello (World Scientific, Singapore 1991) p. 191

[10.1542] M. Gioiello, G. Vassallo, F. Sorbello: In *Int. Conf. on Signal Processing Applications and Technology* (1992) p. 705

[10.1543] K. Goser: In *Tagungsband der ITG-Fachtagung "Digitale Speicher"* (ITG, Darmstadt, Germany 1988) p. 391

[10.1544] K. Goser: Z. Mikroelektronik 3, 104 (1989)

[10.1545] K. Goser, I. Kreuzer, U. Rueckert, V. Tryba: Z. Mikroelektronik me4, 208 (1990)

[10.1546] K. Goser: In *Artificial Neural Networks*, ed. by T. Kohonen, K. Mäkisara, O. Simula, J. Kangas (North-Holland, Amsterdam, Nethderlands 1991) p. I-703

[10.1547] K. Goser, U. Ramacher: Informationstechnik (1992)

[10.1548] R. E. Hodges, C.-H. Wu, C.-J. Wang: In *Proc. ISCAS'90, Int. Symp. on Circuits and Systems* (IEEE Service Center, Piscataway, NJ 1990) p. I-743

[10.1549] T. Kohonen: Report A 15 (Helsinki Univ. of Technology, Lab. of Computer and Information Science, Espoo, Finland 1992)

[10.1550] P. Kotilainen, J. Saarinen, K. Kaski: In *Proc. ICANN'93, Int. Conf. on Artificial Neural Networks*, ed. by S. Gielen, B. Kappen (Springer, London, UK 1993) p. 1082

[10.1551] P. Kotilainen, J. Saarinen, K. Kaski: In *Proc. IJCNN-93-Nagoya, Int. Joint Conf. on Neural Networks* (IEEE Service Center, Piscataway, NJ 1993) p. II-1979

[10.1552] C. Lehmann: In *Proc. ICANN'93, Int. Conf. on Artificial Neural Networks*, ed. by S. Gielen, B. Kappen (Springer, London, UK 1993) p. 1082

[10.1553] M. Lindroos: Technical Report 10-92 (Tampere University of Technology, Electronics Laboratory, Tampere, Finland 1992)

[10.1554] N. Mauduit, M. Duranton, J. Gobert, J.-A. Sirat: In *Proc. IJCNN'91, Int. Joint Conf. on Neural Networks* (IEEE Service Center, Piscataway, NJ 1991) p. I-602

[10.1555] N. Mauduit, M. Duranton, J. Gobert, J.-A. Sirat: IEEE Trans. on Neural Networks 3, 414 (1992)

[10.1556] H. Onodera, K. Takeshita, K. Tamaru: In *1990 IEEE Int. Symp. on Circuits and Systems* (IEEE Service Center, Piscataway, NJ 1990) p. II-1073

[10.1557] V. Peiris, B. Hochet, G. Corbaz, M. Declercq, S. Piguet: In *Proc. Journees d'Electronique 1989. Artificial Neural Networks* (Presses Polytechniques Romandes, Lausanne, Switzerland 1989) p. 313

[10.1558] V. Peiris, B. Hochet, S. Abdo, M. Declercq: In *Int. Symp. on Circuits and Systems* (IEEE Service Center, Piscataway, NJ 1991) p. III-1501

[10.1559] V. Peiris, B. Hochet, T. Creasy, M. Declercq: Bull. des Schweizerischen Elektrotechnischen Vereins & des Verbandes Schweizerischer Elektrizitaetswerke 83, 41 (1992)

[10.1560] S. Rueping, U. Rueckert, K. Goser: In *Proc. IWANN-93, Int. Workshop on Artificial Neural Networks* (1993) p. 488

[10.1561] A. J. M. Russel, T. E. Schouten: In *Proc. ICANN'93, Int. Conf. on Artificial Neural Networks*, ed. by S. Gielen, B. Kappen (Springer, London, UK 1993) p. 456

[10.1562] J. Saarinen: PhD Thesis (Tampere University of Technology, Tampere, Finland 1991)

[10.1563] J. Saarinen, M. Lindroos, J. Tomberg, K. Kaski: In *Proc. Sixth Int. Parallel Processing Symp.*, ed. by V. K. Prasanna, L. H. Canter. (IEEE Comput. Soc. Press, Los Alamitos, CA 1991) p. 537

[10.1564] H. Speckmann, P. Thole, W. Rosentiel: In *Proc. IJCNN-93-Nagoya, Int. Joint Conf. on Neural Networks* (IEEE Service Center, Piscataway, NJ 1993) p. II-1983

[10.1565] H. Speckmann, P. Thole, M. Bogdan, W. Rosentiel: In *Proc. ICNN'94, Int. Conf. on Neural Networks* (IEEE Service Center, Piscataway, NJ 1994) p. 1959

[10.1566] H. Speckmann, P. Thole, M. Bogdan, W. Rosenstiel: In *Proc. WCNN'94, World Congress on Neural Networks* (Lawrence Erlbaum, Hillsdale, NJ 1994) p. II-612

[10.1567] J. Van der Spiegel, P. Mueller, D. Blackman, C. Donham, R. Etienne-Cummings, P. Aziz, A. Choudhury, L. Jones, J. Xin: Proc. SPIE – The Int. Society for Optical Engineering 1405, 184 (1990)

[10.1568] J. Tomberg: PhD Thesis (Tampere University of Technology, Tampere, Finland 1992)

[10.1569] J. Tomberg, K. Kaski: In *Artificial Neural Networks, 2*, ed. by I. Aleksander, J. Taylor (North-Holland, Amsterdam, Netherlands 1992) p. II-1431

[10.1570] V. Tryba, H. Speckmann, K. Goser: In *Proc. 1st Int. Workshop on Microelectronics for Neural Networks* (1990) p. 177

[10.1571] M. A. Viredaz: In *Proc. of Euro-ARCH'93, Munich*, ed. by P. P. Spies (Springer, Berlin, Germany 1993) p. 99

[10.1572] J. Vuori, T. Kohonen: In *Proc. ICNN'95, IEEE Int. Conf. on Neural Networks*, (IEEE Service Center, Piscataway, NJ 1995) p. IV-2019
[10.1573] V. Peiris, B. Hochet, M. Declercq: In *Proc. ICNN'94, Int. Conf. on Neural Networks* (IEEE Service Center, Piscataway, NJ 1994) p. 2064
[10.1574] T. Ae, R. Aibara: IEICE Trans. Elecronics E76-C, 1034 (1993)
[10.1575] A. G. Andreou, K. A. Boahen: Neural Computation 1, 489 (1989)
[10.1576] J. Choi, B. J. Sheu: IEEE J. Solid-State Circuits 28, 579 (1993)
[10.1577] Y. He, U. Çilingiroğlu: IEEE Trans. Neural Networks 4, 462 (1993)
[10.1578] B. Hochet, V. Peiris, G. Corbaz, M. Declercq: In *Proc. IEEE 1990 Custom Integrated Circuits Conf.* (IEEE Service Center, Piscataway, NJ 1990) p. 26.1/1
[10.1579] B. Hochet, V. Peiris, S. Abdo, M. J. Declerq: IEEE J. Solid-State Circuits 26, 262 (1991)
[10.1580] P. Ienne, M. A. Viredaz: In *Proc. Int. Conf. on Application-Specific Array Processors (ASAP'93), Venice, Italy*, ed. by L. Dadda, B. Wah (IEEE Computer Society Press, Los Alamitos, CA 1993) p. 345
[10.1581] J. Mann, R. Lippmann, B. Berger, J. Raffel: In *Proc. Custom Integrated Circuits Conference* (IEEE Service Center, Piscataway, NJ 1988) p. 10.3/1
[10.1582] D. E. Van den Bout, T. K. Miller III: In *Proc. IJCNN'89, Int. Joint Conf. on Neural Networks* (IEEE Service Center, Piscataway, NJ 1989) p. II-205
[10.1583] D. E. Van den Bout, W. Snyder, T. K. Miller III: In *Advanced Neural Computers*, ed. by R. Eckmiller (North-Holland, Amsterdam, Netherlands 1990) p. 219

第11章

[11.1] J. Anderson, J. Silverstein, S. Ritz, R. Jones: Psych. Rev. 84, 413 (1977)
[11.2] K. Fukushima: Neural Networks 1, 119 (1988)
[11.3] R. Penrose: Proc. Cambridge Philos. Soc. 51, 406 (1955)

索　引

■ A–Z

ANN の範疇　（Categories of ANNs）　89–95
ASSOM　223, 242, 272

CARELIA シミュレータ　（CARELIA simulator）　380
CNAPS コンピュータ（CNAPS computer）　380
COKOS チップ（COKOS chip）　351

EEG 分類（EEG classification）　379

FASSOM　247

HMM パラメータ評価（HMM parameter estimation）　371

K-d 木（K-d tree）　366
K 最近接近傍分類（KNN）（K-nearest-neighbor classification）　42, 260

LPC タンデム（縦列）操作（LPC tandem operation）　371
LVQ-SOM　267
LVQ_PAK　323, 380
LVQ1　252
LVQ2　258
LVQ3　258
LVQNET　380
LVQ の初期化　（Initialization of LVQ）　260, 367

MatLab　325
MDS　38
MIMD（複数命令複数データ流）コンピュータ（MIMD computer）　348
MST 位相関係（MST topology）　208

Nenet　325
NO 仮説（NO hypothesis）　190
n 重字（n-gram）　28, 31

OCR（光学的文字読み取り装置）OCR　378

OLVQ1　255
OLVQ3　256

PCA　34
PCA 型学習則（PCA-type learning law）　99
pp から tt 事象までの識別（pp to tt events discrimination）　374
Prolog データベース上での多重ユーザ（Multiuser on a Prolog database）　375

SIMD（単一命令複数データ流）コンピュータ　（SIMD computer）　337, 345–348, 380
SOM Toolbox　324
SOM_PAK　323, 380
SOM についての現実的な助言（Practical advices about SOM）　165–167
SOM による ANN の設計　（ANN design by SOM）　377
SOM の実例　（Demonstrations of SOM）　121–172
SOM のシミュレーション（Simulations of SOM）　121–132
SOM の収束極限値　（Convergence limit of SOM）　143
SOM の初期化　（Initialization of SOM）　148, 199, 212, 319, 324, 331, 334
　線形（linear）　148, 319
　無作為（random）　148
SOM の数学的導出　（Mathematical derivations of SOM）　132–148
SOM の数学的な導出　（Mathematical derivations of SOM）　361
SOM の数学的誘導　（Mathematical derivations of SOM）　144
SOM の定常状態　（Stationary state of SOM）　143
SOM の平衡条件（Equilibrium condition of SOM）　144
SOM の向きの修正（Rectified orientation of SOM）　203
SOM 配列（SOM array）　115

SOM 用チップ　　　（Chips for SOM）
　　351–353, 381
TIMIT データベース　（TIMIT database）
　　236
TInMANN チップ　　（TInMANN chip）
　　351–353

U-マトリックス　（U-matrix）　320, 325, 327
Usenet ニュース・グループ　　　（Usenet newsgroup）　294, 297

Viscovery SOMine　326
VLSI 回路　（VLSI circuit）　373
VLSI プロセス・データ　　（VLSI process data）　373

WEBSOM　292, 297
WTA 回路，静的　（WTA circuit, static）　340

■ア行
アクセントの分類（Accent classification）370
浅い水域での音響　　　（Shallow-water acoustics）　371
アダマール積（Hadamard product）　17
アダライン（Adaline）　45, 76
アトラクタ（牽引子）（Attractor）　87, 89
アドレス・デコーダ（番地解読機）（Address decoder）　88
アドレス・ポインタ　　（Address pointer）27, 204, 294
アナログ・クラス分類器（Analog classifier）338
アナログ・コンピュータ（Analog computer）339
アナログ・ディジタル SOM（Analog-digital SOM）　381
アナログ・ディジタル変換　（Analog-to-digital conversion）　273
アナログ SOM（Analog SOM）　380
アナログ表現　（Analog representation）83
油変成器（Oil transformer）　276
アメフラシ（Aplysia）　96
誤分類割合　（Rate of misclassifications）252
誤りからの回復　（Recovery from errors）83
誤り許容（Fault tolerance）　83
誤り状態の検出　　　（Fault-condition detection）　372
歩様パターン（Gait pattern）　375
アルファベット（Alphabet）　287
泡（Bubble）　189
安全評価（Security assessment）　372

意識（Consciousness）　102
意思決定（Decision making）　42
意思決定制御 ASSOM（Decision-controlled ASSOM）　249
意思決定制御による選択　　（Decision-controlled choice）　57
意思決定制御部分空間 SOM　（Decision-controlled ASSOM）　249
意思の伝達（Communication）　377
位相解析（Topology analysis）　365
位相幾何誤差　320
位相的関係（Topological relations）　108
位相的近傍　（Topological neighborhood）143, 196
位相的順序　（Topological order）　108, 362, 363
位相鈍感特徴（Phase-insensitive features）223–249
位相補間　　（Topological interpolation）360
位相保持マップ化　（Topology-preserving mapping）　121
1 次結合（Linear combination）　37
1 次元 SOM　（One-dimensional SOM）133–143
一括学習（Batch training）　360
一括マップ　319
一酸化窒素（Nitric oxide）　190
一致（Matching）　22, 31
一般化（Generalization）　100
一般化された距離（Generalized distance）152, 153
一般化された中央値（Generalized median）112
一般化中点（Generalized median）　31
遺伝的アルゴリズム　（Genetic algorithm）85, 218, 219, 378
移動物体の追跡　　（Tracking of moving objects）　368
移動ロボット（Mobile robot）　373
イネーブル・フラグ（Enable flag）　351
異物体検出　（Foreign-object detection）369
意味的構造（Semantic structure）　30
意味マップ（Semantic map）　287, 359
意味論における役割　（Role in semantics）287
医用画像（Medical imaging）　367, 369
色画像量子化（Color image quantization）378
色分類（Color classification）　368
印刷応用（Printing applications）　367
印刷の質の評価（Print-quality evaluation）372
因子（Factor）　35
因子負荷量（Factor loading）　35
因子分析（Factor analysis）　34
インターネット（Internet）　294
インパルス周波数　（Impulse frequency）86, 92

ウェーブレット (Wavelet) 223, 225, 242, 272
ウェーブレット変換 (Wavelet transform) 225
ヴェグスタイン修正 (Wegstein modification) 145
ウォード法 (Ward clustering) 327
内挿 (Interpolation) 179
宇宙起源分類 (Astrophysical source classification) 372
海氷のレーダ分類 (Radar classification of sea ice) 368
運動皮質機能特性 (Motor cortex functional characterization) 375
運動量 (Momentum) 286

影響領域 (Influence region) 144, 146
衛星画像 (Satellite image) 369
閲覧用インターフェース (Browsing interface) 298
エネルギ (Energy) 286
エネルギ関数 (Energy function) 154, 364, 365
エネルギ損失の計算 (Energy-loss calculation) 372
エピソード (Episode) 229
遠隔検知 (Remote sensing) 367, 368
遠距離通信 (Telecommunications) 371
遠距離通信交通網解析 (Telecommunications-traffic analysis) 371
演算子 (Operator) 9, 214
演算子の積 (Operator product) 9
演算子マップ (Operator map) 199, 214–217
遠心性制御 (Centrifugal control) 248
エントロピ (Entropy) 286, 293, 365

オイラーの変分方程式 (Euler variational equation) 67
応答 (Response) 76, 115
応答の位置 (Location of response) 88
遅い抑制性の中間ニューロン (Slow inhibitory interneuron) 189
音位相マップ (Tonotopic map) 104, 105, 130
重みづき(荷重)行列 (Weighting matrix) 21
重みづきユークリッド距離 (Weighted Euclidean distance) 200
重みづき類似度測度 (Weighted similarity measure) 21
重みづけ規則 (Weighting rule) 147
重みベクトル (Weight vector) 46
音楽パターンの分析 (Musical pattern analysis) 371
音響騒音公害 (Acoustic-noise pollution) 371
音響的前処理 (Acoustic preprocessing) 273
音響特徴動力学 (Acoustic-feature dynamics) 371
音響ラベル (Acoustic label) 283
音質 (Voice quality) 370
音声空間次元 (Speech space dimension) 370
音声空間のパラメータ化 (Speech space parametrization) 379
音声合成 (Speech synthesis) 379
音声コード化(符号化) (Speech coding) 370
音声障害診断 (Speech disorder diagnosis) 279
音声処理 (Speech processing) 370, 379
音声診断 (Diagnosis of speech) 279
音声スペクトル (Speech spectra) 113, 114
音声タイプライタ (Phonetic typewriter) 67
音声認識 (Recognition of speech) 69
音声認識 (Speech recognition) 30, 69, 72, 221, 280, 337, 341, 367, 369, 370, 379
音声認識装置 (Speech recognizer) 213
音声の高さ (Pitch of speech) 281
音声の分割 (Segmentation of speech) 370
音声発声 (Speech voicing) 279
音声表記装置 (Speech transcriber) 370
音声フィルタ (Speech filter) 240
音声分析 (Speech analysis) 369, 379
音声翻字(転写) (Phonetic transcription) 30, 67
音声マップ (Phonotopic map) 132, 279
音声無秩序 (Voice disorder) 371
音素 (Phoneme) 132, 266, 281, 370
音素クラス (Phonemic class) 222
音素状態 (Phoneme states) 285
音素転写(複写) (Phonemic transcription) 213, 281
音素認識 (Phoneme recognition) 132, 221, 263, 266, 342, 370, 379
音素分割 (Phoneme segmentation) 379
音素マップ (Phoneme map) 216
音素列 (Phoneme string) 69, 72

■カ行
カーネル(核) (Kernel) 271
回帰 (Regression) 110, 123
外挿 (Extrapolation) 179
階層型 SOM (Hierarchical SOM) 359
階層構造 (Hierarchy) 359
階層的情報処理 (Hierarchical information processing) 100
階層的探索 (Hierarchical searching) 198, 203
階層的探索法 (Hierarchical searching scheme) 203
階層的ベクトル量子化 (Hierarchical vector quantization) 204

階層データ構造　（Hierarchical data structure）　168
階層マップ（Hierarchical map）　198
海中鉱床探知（Undersea-mine detection）　372
回転（Rotation）　53, 57
回転不変フィルタ　（Rotation-invariant filter）　243
解読器（Decoder）　184
概念（Concept）　376
概念空間（Conceptual space）　106
海馬（Hippocampus）　104
解剖学的写像　（Anatomical projection）　103
解剖学的マップ（Anatomical map）　183
ガウス・マルコフ評価装置（Gauss-Markov estimator）　315
ガウス型ノイズ（雑音）（Gaussian noise）　19
カウンタ・プロパゲーション（対向伝搬）（Counterpropagation）　378
カエルの目（Frog's eye）　356
カオス（Chaos）　377
カオス系（Chaotic system）　377
顔の表情（Facial expressions）　368
過学習（Overlearning）　261
化学的制御（Chemical control）　74, 80, 94, 108
化学的伝達物質　（Chemical transmitter）　77
化学的な作用因子　（Chemoterapeutic agent）　375
化学的ラベルづけ　（Chemical labeling）　107
化学伝達物質　（Chemical transmitter）　74, 189
化学プロセス（Chemical process）　372
蝸牛移植（Cochlear implant）　371
拡散（Diffusion）　192
核酸解析（Nucleic acid analysis）　375
拡散した化学的制御　（Diffuse chemical control）　96, 189
核酸順列上での特色の同定（Nucleic-acid-sequence motif identification）　369
学習（Learning）　115
学習因子（Learning factor）　184
学習行列（Learning matrix）　76
学習順序（Training sequence）　334
学習則（Learning law）　95, 96, 99
学習の監視　（Monitoring of learning）　167
学習部分空間法　（Learning subspace method）　56, 78
学習ベクトル量子化　（Learning vector quantization）　90, 250
学習方程式（Learning equation）　191
学習率（Learning-rate）　319
学習率係数（Learning-rate factor）　96, 116, 135, 150, 190, 199, 218
学習率時定数　（Learning-rate time constant）　97
拡大係数（Magnification factor）　158, 195, 365, 366
拡大縮小（Zooming）　245
拡大縮小不変フィルタ　（Scale-invariant filter）　245
拡大出力SOM　（Augmented-output SOM）　359
角度，一般化された（Angle, generalized）　5, 19, 42
確率（Probability）　33
確率近似　（Stochastic approximation）　45, 152, 199, 215, 308, 363
確率の表記　（Probabilistic notations）　33
確率変数（Stochastic variable）　32, 33
確率密度関数　（Probability density function）　33, 118, 362, 366
隠れマルコフ・モデル　（Hidden Markov Model）　283, 367, 379
欠けたデータ（Missing data）　171
可視化　（Visualization）　37, 90, 268, 287, 346
荷重ベクトルの捕獲（Trapping of weight vectors）　267
ガス検知（Gas recognition）　379
数の矩形配列（Arrays of numbers）　9
画素（Picture element）　2
画素（Pixel）　2
画像圧縮（Compression）　367
画像圧縮（Image compression）　313, 367
画像解析（Image analysis）　285, 367, 368, 378
仮想画像（Virtual image）　128
画像コード化（符号化）（Image coding）　367
画像逐次コード化　（Image-sequence coding）　379
画像伝送（Transmission of images）　313, 367, 368
画像における特異性（Anomalies in images）　368
画像のしきい値化　（Thresholding of images）　369
画像の正規化　（Image normalization）　368
画像の符号化（Encoding of image）　367
画像分割（Image segmentation）　368, 379
加速的探索（Accelerated searching）　197
可塑性（Plasticity）　94
可塑性制御カーネル　（Plasticity-control kernel）　185
可塑性制御関数　（Plasticity-control function）　96
可塑性制御モデル　（Plasticity-control model）　94
可塑性の制御（Plasticity control）　189
可塑性の側方制御　（Lateral control of

plasticity) *189*
活性化前の状態 (Pre-activation) *262*
活性制御カーネル (Activity-control kernel) *185*
活性な伝送線 (Active transmission line) *91*
活性な伝送媒体 (Active transmission medium) *80*
活性な媒体 (Active media) *381*
活性のリセット化 (Resetting of activity) *188*
活発な学習 (Active learning) *97*
活発な忘却 (Active forgetting) *96*
過渡マップ (Transient map) *283*
ガボール・ジェット (Gabor jet) *272*
ガボール・フィルタ (Gabor filter) *242*
ガボール関数 (Gabor function) *101, 226, 272*
ガボール変換 (Gabor transform) *225*
紙質の測定 (Paper-quality measurement) *379*
紙の特性 (Characterization of paper) *368*
紙の特性 (Paper characterization) *368*
カラー量子化 (Color quantization) *368*
カルマン・フィルタ (Kalman filter) *215, 366*
感覚運動系 (Sensorimotor system) *375*
感覚運動の関連性(Sensorimotor relevance) *375*
感覚遮断 (Sensory deprivation) *103*
感覚投射 (Sensory projection) *103*
感覚様相 (Sensory modality) *103*
環境監視 (Environmental monitoring) *372*
環境の位相マップ (Topographic map of environment) *128*
関係 (Relation) *168*
監視 (Monitoring) *274*
漢字認識 (Kanji recognition) *379*
漢字文書読み取り器 (Chinese text reader) *369*
感情反応 (Emotional reaction) *84*
関数近似 (Function approximation) *377*
関数展開 (Functional expansion) *268*
関数の近似 (Approximation of functions) *377*
慣性項 (Momentum term) *360, 366*
肝臓組織の分類(Liver tissue classification) *369*
観測行列 (Observation matrix) *11*
がん治療 (Cancer treatment) *375*
緩和 (Relaxation) *86–88, 94, 115, 156, 181*

キーワード (Keyword) *26*
機械状態の解析 (Machine-state analysis) *274*
機械振動解析 (Machine-vibration analysis) *372*
帰還系 (Feedback system) *87*
記号言語の判読 (Sign-language interpretation) *377*
木構造 (Tree structure) *48, 106*
木構造 SOM (Tree-structured SOM) *202–204, 359*
木構造探索 SOM (Tree-search SOM) *198*
記号のヒストグラム (Histogram of symbols) *24*
記号文字列 (Symbol string) *23, 109, 211, 283*
記号列 (Symbol string) *30*
記号列の誤り (String error) *31*
記号列のバッチ・マップ (Batch map for strings) *212*
記述子 (Descriptor) *21*
基準化 (Scaling) *166*
擬似乱数 (Pseudorandom number) *27*
軌跡 (Trajectory) *280*
規則性 (Regularization) *110*
期待値 (Expectation value) *33*
基底関数 (Basis function) *89, 271*
基底ベクトル (Basis vector) *6, 37, 224, 227*
基底ベクトル (Vector basis) *8*
基底膜 (Basilar membrane) *104*
軌道 (Trajectory) *277*
機能的構造 (Functional structure) *84*
帰納的平均 (Recursive mean) *149*
機能特定細胞 (Feature-specific cell) *78*
基本行列 (Elementary matrix) *16*
基本形 (Base form) *303*
基本周波数 (Fundamental frequency) *281*
逆行列 (Inverse matrix) *15, 18*
擬逆行列 (Pseudoinverse matrix) *45*
吸収状態 (Absorbing state) *134, 362*
行 (Row) *9*
境界効果 (Border effect) *146*
境界効果 (Boundary effect) *137*
強化学習 (Reinforcement learning) *378*
共起行列 (Co-occurrence matrix) *286*
競合学習 (Competitive learning) *90, 231, 356*
競合学習ネットワーク (Competitive-learning network) *89*
競合的学習過程 (Competitive learning) *56*
教師あり SOM (Supervised SOM) *200, 221–223, 282, 360*
教師あり学習 (Supervised learning) *90, 222, 250, 252*
教師ありクラス分類 (Supervised classification) *41, 56*
教師なし分類(Unsupervised classification) *47, 221*
共通性 (Communality) *36*
胸部 X 線写真の分類 (Chest-radiograph

classification) 379
共分散行列 (Covariance matrix) 21, 34, 45, 57
行ベクトル (Row vector) 9
行列 (Matrix) 9
　階数 (rank) 15
　基本 (elementary) 16
　逆 (inverse) 15
　擬逆 (pseudoinverse) 45
　固有値 (eigenvalue) 12
　固有ベクトル (eigenvector) 12
　固有和 (trace of) 16
　次元数 (dimensionality) 9
　正の定符号 (positive definite) 16
　正の半定符号 (positive semidefinite) 16
　ゼロ空間 (null space) 15
　添え字 (indexing) 9
　対角 (diagonal) 11
　対称 (symmetric) 11, 14
　単位 (unit) 11
　値域 (range) 15
　特異 (singular) 15
　非特異 (正則) (nonsingular) 15
　微分 (derivative) 17
　分割 (partitioning) 11
　ベキ乗 (power) 17
　べき等 (idempotent) 15
行列演算 (Matrix operation) 11
行列式 (Determinant) 15
行列とベクトルの積 (Matrix-vector product) 10
行列の階数 (Rank of matrix) 15
行列の積 (Matrix product) 9
行列の値域 (Range of matrix) 15
行列のノルム (Matrix norm) 16
行列の微分 (Derivative of matrix) 17
行列の微分計算 (Matrix differential calculus) 17
行列の偏微分 (Partial derivative of matrix) 17
行列のユークリッド・ノルム (Euclidean matrix norm) 16
行列微分方程式 (Matrix differential equation) 17
行列方程式 (Matrix equation) 15, 17
局所因子 (Local factor) 175
局所因子負荷 (Local factor loading) 175
局所応答 (Localized response) 115
局所主成分 (Local principal component) 175
局所順序づけ (Local order) 90
局所的関数順序づけ (Local functional order) 218
局所的な特徴 (Local feature) 223, 272
局所特徴 (Local feature) 31
曲線検出 (Curve detection) 368
曲線成分分析 (Curvilinear component analysis) 40

虚像 (Virtual image) 103
距離 (Distance) 4, 19, 37, 42, 47, 49
距離行列 (Distance matrix) 37, 38
距離格子 (Distance lattice) 70
距離測度 (Distance measure) 19, 23–25
ギルバート乗算器 (Gilbert multiplier) 339
筋電図検査 (Electro-myography) 374
筋肉生検 (Muscle biopsy) 369
筋表層放電パターン (Motor cortical discharge pattern) 375
近傍 (Neighborhood) 107, 198, 204, 206
近傍カーネル (核) (Neighborhood kernel) 116
近傍関数 (Neighborhood function) 116, 152, 191, 215, 346, 365
近傍集合 (Neighborhood set) 112, 116, 133, 138, 143, 151
近傍の縮み (Shrinking of neighborhood) 116, 117, 145, 151, 204, 207
近傍の星の運動学 (Neighbor-star kinematics) 368
近傍領域 (Neighborhood) 319

食い違い (Mismatching) 22
空間認知 (Perception of space) 128–130
空間の順序づけ (Spatial order) 105
空間光変調制御 (Spatial-light-modulator control) 374
クォーク・グルオン噴流分離 (Quark-gluon jet separation) 374
雲の分類 (Cloud classification) 286, 368
雲分類 (Cloud classification) 369
クラス間距離 (Interclass distance) 48
クラス境界 (Class border) 42, 90
クラスタ化 (Clustering) 36, 47, 172, 174, 209, 275, 366, 368, 377
　階層型 (hierarchical) 48
　簡単な (simple) 47
クラスタの可視化 (Visualization of clusters) 39
クラスタの見取り図 (Cluster landscape) 172
クラス分布 (Class distribution) 251
クラス平均 (Class mean) 45, 48
クラス分けでの部分空間法 (Subspace method of classification) 61
クラッタ(擾乱)分類 (Clutter classification) 371
グラフ化プログラム (Graphic program) 380
グラフ整合 (Graph matching) 378
グラム・シュミット法 (Gram-Schmidt process) 7, 50
繰り返し縮小写像 (Iterative contractive mapping) 144
繰り返しての提示 (Reiterative

グレー・スケール（濃度階調度）（Gray scale） 277
グレー・レベル（濃淡階調）（Gray level） 172
クローン検出用ソフトウェア （Clone detection software） 371
クロスバ（交差型）（Crossbar） 338
グロスバーグの膜方程式 （Grossberg membrane equation） 92
クロネッカのデルタ （Kronecker delta） 8
区分け（Compartmentalization） 80
訓練ベクトルの集合（Training set） 57

経済的データ分析 （Economic-data analysis） 375
形式言語（Formal language） 68
形式ニューロン（Formal neuron） 74, 91–93
形状認識（Shape recognition） 368
形状ベクトル （Configuration vector） 306, 310
系の安定性解析（System-stability analysis） 372
系やエンジン状態の可視化（Visualization of system and engine conditions） 372
経路計画（Path planning） 373
血圧時系列（Blood pressure time series） 374
欠陥素子の除去 （Defective-cell elimination） 373
結合律（Associativity） 3
欠損データ（Missing data） 320
決定変数（Determining variable） 35
ケプストラム （Cepstrum） 263, 274, 281
ケプストラム係数 （Cepstral coefficient） 263, 266, 274
ケミカル・マーカ（化学標識物質）（Chemical marker） 104
原型（プロトタイプ）（Prototype） 57
健康モニタ（Health monitoring） 374
言語データ（Linguistic data） 376
検出器（Detector） 86, 110
原子力発電プラントの過渡診断（Nuclear-power-plant transient diagnostics） 379
顕微鏡解析（Microscopic analysis） 368

語彙（Lexicon） 376
語彙集（Vocabulary） 287
語彙的接近（Lexical acces） 30
降雨予測（Rainfall estimation） 368
光学繊維束の標準パラメータ化 （Parametrization of fibre bundles） 377
光学的計算（Optical computing） 381
光学的なパターン（Optical pattern） 2
光学的文字読み取り装置（Optical character reader） 369
光学ホログラフィ・コンピュータ（Optical-holography computer） 381
交換律（Commutativity） 3
高次元数の問題 （High-dimensional problem） 341
較正（Calibration） 119, 287, 290
構成要素平面（Component plane） 277
構造化された知識（Structured knowledge） 377
構造的画像コードブック（Structural-image codebook） 368
高速ディジタル・クラス分類器（Fast digital classifier） 341
高速ディジタル信号処理アーキテクチャ （Digital-signal-processor architecture） 381
高速な距離計算 （Fast distance computation） 299
高速フーリエ変換（Fast Fourier transform） 274
交通標識認識 （Traffic-sign recognition） 368
交通旅程計画（Traffic routing） 372
行動モデル（Behavioral model） 84
勾配（Gradient） 18
勾配演算子（Gradient operator） 18
勾配降下法 （Gradient-descent method） 76, 164
構文解析（Parsing） 376
コードブック（Codebook） 61, 314
コードブック・ベクトル （Codebook vector） 61, 90, 251
互換条件 （Compatibility condition） 176
顧客の概略（Customer profiling） 375
誤差逆伝搬アルゴリズム （Error-back-propagation algorithm） 89
誤差許容符号化（Error-tolerant encoding） 368
誤差理論（Theory of errors） 363
故障検出マップ （Fault-detection map） 278
故障診断（Fault diagnosis） 372
故障の同定（Fault identification） 277
コスト関数（Cost function） 43
弧切断アルゴリズム （Arc-cutting algorithm） 48
固定点（Fixed point） 99, 133
固定点計算 （Fixed-point computation） 61
コネクション・マシン （Connection machine） 380
コプロセッサ（Co-processor） 344
固有値（Eigenvalue） 13
固有ベクトル（Eigenvector） 12, 34, 57, 100, 271
固有方程式 （Characteristic equation） 12
固有和（Trace） 16

孤立単語認識（Isolated-word recognition） 370, 379
混同行列（Confusion matrix） 25
コンピュータ系の性能アップ（Computer-performance tuning） 375

■サ行
最近接近傍（Nearest neighbor） 62
最近接近傍規則（Nearest-neighbor rule） 251
最近接近傍分類（Nearest-neighbor classification） 42, 254
財産相続（Property inheritance） 106
最小仮特徴距離（Smallest tentative feature distance） 30
最小記述長原理（Minimum-description-length principle） 67, 284
最小結合木位相関係（Minimal-spanning-tree topology） 207
最小結合木構造（Minimal spanning tree） 48, 169, 207
最小値選択器（Minimum selector） 339
最小値探索（Minimum search） 347
最小の環境表現（Minimal environment representation） 369
細心映像（Attentive vision） 368
最整合（Best match） 20, 115, 196
財政的データ分析（Financial-data analysis） 375
最大階数（Full rank） 15
最大事後確率距離（Maximum posterior probability distance） 25
最大値選択器（Maximum selector） 340
最適意思決定（Optimal decision） 250
最適化（Optimization） 197
最適化学習率（Optimized learning rate） 255
最適学習率係数（Optimal learning-rate factor） 148–151
最適マップ（Optimal map） 167
細胞外効果（Extracellular effect） 97
細胞内効果（Intracellular effect） 97
細胞膜（Cell membrane） 80, 91
細胞膜モデル（Membrane model） 81
再利用可能ソフトウェア（Reusable software） 376
削減されたカーネル（核）推定（Reduced-kernel estimation） 377
サッカード（Saccade） 375
様々な射影法（Projection method） 1
サモンのマップ化（Sammon's mapping） 38, 166, 212, 275, 322, 325, 333, 365
3重字（Trigram feature） 28
参照パターン（Reference pattern） 42
参照ベクトル（Reference vector） 62, 114, 119
サンプリング（標本化）（Sampling） 274
サンプリング格子（Sampling lattice） 228, 235
サンプル（Sample） 235

サンプル・ベクトル（sample vector） 226
サンプル依存性（Dependence of samples） 366
サンプル関数（Sample function） 46, 215
視覚・言語判断（Visuo-verbal judgment） 375
視覚運動の制御（Visuomotor control） 306
視覚運動の調整（Visuomotor coordination） 373
視覚化（Visualization） 111
視覚検査（Visual inspection） 368
視覚野（Visual cortex） 247
視覚優性帯モデル化（Ocular-dominance band modeling） 375
時間窓（Time window） 210, 342
しきい値・論理ユニット（Threshold-logic unit） 74
しきい値論理素子（Threshold-logic switches） 76
磁気共鳴影像（MRI）（Magnetic-resonance image） 369
磁気的脳造影法（Magneto-encephalography） 374
識別力（Discriminatory power） 176
軸索（Axon） 76, 80, 104
シグモイド関数（Sigmoid function） 76, 93
シグモイド非線形（Sigmoid nonlinearity） 92
時系列信号（Sequential signal） 199
時系列の予測（Time-series prediction） 377
次元（Dimension） 2
次元削減（Dimension reduction） 369
次元数（Dimensionality） 2, 9, 56, 80
次元数の削減（Dimensionality reduction） 108, 123–125
次元低減（Dimensionality reduction） 303
試験用単語（Test word） 280
指向-聴覚マップ（Directional-hearing map） 105
自己回帰処理（Autoregressive process） 215, 216
自己想起型写像（Autoassociative mapping） 315
自己想起型符号化法（Autoassociative encoding） 315
自己相似ウェーブレット（Self-similar wavelet） 225, 272
自己組織化過程（Self-organizing process） 90, 119
自己組織化特徴マップ（Self-organizing feature map） 90, 224
自己組織化マップ（SOM）（Self-organizing map） 90
辞書（Dictionary） 28

事象（Event） 33
糸状体（Filaments） 198
シストリック・アレイ（拍動型配列回路）
　（Systolic array） 349, 380
自然言語（Natural language） 109
自然選択（Natural choice） 219
自然文の解析（Natural-sentence analysis）
　376
質的推論（Qualitative reasoning） 375
次点者（Runner-up） 189, 254
自動操作（Automaton） 82
自動ラベルづけ （Automatic labeling）
　301
自動リセット（Automatic reset） 190
シナプス（Synapse） 80
シナプス荷重（Synaptic weight） 92, 95
シナプス可塑性 （Synaptic plasticity）
　95, 96, 184, 190
シナプス場モデル（Synaptic-field model）
　357
シナプス前的学習（Presynaptic learning）
　96
シナプス前入力（Presynaptic input） 84
シマウマの縞模様（Zebra stripes） 125
縞模様（Stripes） 125
射影（Projection） 6, 50, 115
射影演算子（Projection operator） 16,
　51
射影行列（Projection matrix） 37
射影定理（Projection theorem） 7
射影法（Projection method） 36
尺度化（Scaling） 200
尺度不変（Scale invariance） 272
車体鋼の同定 （Car-body steel
　identification） 372
シャノンのエントロピ（Shannon entropy）
　293
斜方向SOM （Oblique orientation of
　SOM） 200
車両経路選択（Vehicle routing） 372
主因子（Principal factor） 35
周期動作（Cyclic operation） 189
集合中点（Set median） 30
集合内の一般化された中央値（Generalized
　set median） 112
終止規則（Stopping rule） 48, 261
収束の証明（Convergence proofs） 365
集団の効果（Collective effect） 85
集中制御（Centralized control） 84
主曲線（Principal curve） 40
縮小写像（Contractive mapping） 161
主座標（Principal axis） 35
主軸（Principal axis） 319
主成分（Principal component） 34, 271
主成分軸（Principal axis） 175
主成分分析 （Principal-component
　analysis） 34, 37, 91
出力応答（Output response） 216
受容野（Receptive field） 128, 234
準安定状態（Metastable state） 151,
　365
準安定な形 （Metastable configuration）
　151
準音素（Quasiphoneme） 282, 283
準音素列の復号 （Decoding of
　quasiphoneme strings） 283
巡回セールスマン問題（Traveling-salesman
　problem） 157, 361, 378
循環的マップ（Cyclic maps） 206
順序づけ，の定義 （Order, definition of）
　114, 362
順序づけされた集合（Ordered set） 9
順序づけ条件（Ordering condition） 365
順序づけ測度（Ordering measure） 365
順序づけの建設的証明（Constructive proof
　of ordering） 138, 363
順序づけられていない集合 （Unordered
　set） 20, 24
順序投射（Ordered projection） 183
準等角写像 （Quasiconformal mapping）
　158
蒸気タービン（Steam turbine） 372
消去（Dissipation） 238
照合（Matching） 29
勝者（Winner） 107
勝者が全てを取る回路 （Winner-take-all
　circuit） 52
勝者が全てを取る関数 （Winner-take-all
　function） 184, 187, 188, 356
勝者探索の近道（Shortcut winner search）
　177
状態空間（State space） 276
状態空間分割 （State-space partition）
　377
状態転送ネットワーク （State-transfer
　network） 89
状態密度関数 （State density function）
　285
冗長性（Redundancy） 85
冗長性ハッシュ番地指定（Redundant hash
　addressing） 28
衝突（相反）（Conflict） 69
衝突（Collision） 27
衝突（Conflict） 27, 68
衝突回避運行 （Collision-free navigation）
　373
衝突ビット（Conflict bit） 70
消費警報（Consumption alarm） 372
情報管理 （Information management）
　375
情報検索（Information retrieval） 375,
　377
情報の融合（Fusing of information） 310
触角機構（Feeler mechanism） 128
処理状態の監視（Process-state monitoring）
　274
自律システム （Autonomous system）
　200
自律ロボット（Autonomous robot） 84,
　373

470 索引

進化学習 (Evolutionary learning) 218
進化学習 SOM (Evolutionary-learning SOM) 200, 218
進化学習フィルタ (Evolutionary-learning filter) 218
進化的学習 (Evolutionary learning) 378
進化的最適化 (Evolutionary optimization) 360
神経核 (神経細胞) (Nucleus) 80, 104
神経系の情報処理 (Neural information processing) 81
神経細胞 (Neural cell) 76
神経細胞の可塑性 (Neural plasticity) 104
神経細胞の反応の活発化 (Recruitement of cells) 104
信号ダイナミクス (動力学) (Signal dynamics) 85
人工ニューラルネットワーク (Artificial neural network) 74
信号位相解析 (Signal-phase analysis) 371
信号近似 (Signal approximation) 61
信号空間 (Signal space) 206
信号空間近傍 (Signal-space neighborhood) 206–210
信号結合 (Signal coupling) 97
信号処理 (Signal processing) 371, 379
信号処理器 (Signal processor) 347
信号処理チップ (Signal-processor chip) 283
人工知能 (Artificial intelligence) 79
信号部分空間 (Signal subspace) 229
信号分類 (Signal classification) 375
信号変換 (Signal transformation) 86
信号領域 (Signal domain) 118
心臓冠状動脈疾患の検出 (Coronary-artery disease detection) 369
心臓血管造影の逐次コード化 (Cardio-angiographic sequence coding) 369
診断体系 (Diagnonis system) 374
心電図 (Electro-cardiography) 374
振動 (Oscillation) 190
侵入検出 (Intrusion detection) 372
推移演算子 (Transitive operator) 10
水中音波信号解析 (Sonar-signal analysis) 371
推定子 (Estimator) 199, 215
推定子マップ (Estimator map) 215
睡眠分類 (Sleep classification) 374, 375
水面下構造物の認識 (Underwater-structure recognition) 368
数字認識 (Digit recognition) 379
数値的最適化 (Numerical optimization) 197
スカラ (Scalar) 2
スカラ積 (Scalar product) 3, 19

スカラ倍 (Scalar multiplication) 3
スカラ量子化 (Scalar quantization) 159, 342
スパイク (とげ状の波) (Spiking) 185
スピン類似性 (Spin analogy) 82
スペクトル解析 (Spectral analysis) 272, 281
スペクトル半径 (Spectral radius) 12
正規化 (Normalization) 97, 120, 167, 171, 191, 216, 274, 321
正規直交基底 (Orthonormal basis) 34
正規分布 (Normal distribution) 45
制御構造 (Control structures) 200
整合基準 (Matching criterion) 196
星座目録の構築 (Stellar-catalogue construction) 379
製紙機械の質制御 (Paper machine quality control) 372
精神的概念 (Psychic concept) 376
生成規則 (Production rule) 67, 68
製造システム (Manufacturing system) 373
声帯 (Vocal cords) 281
成長 SOM (Growing SOM) 179, 359
声道 (Vocal tract) 279, 281
性能指数 (Performance index) 86
性能の指標 (Performance index) 45
正の定符号行列 (Positive definite matrix) 16
正の半定符号行列 (Positive semidefinite matrix) 16
生物学的神経系 (Biological nervous system) 80
生理学的 SOM のアニメーション (Animation of physiological SOM) 193
世界銀行 (World Bank) 37
赤外スペクトルのマップ化 (Infrared-spectra mapping) 374
積分極限の微分 (Differentiation of integration limits) 154–155
絶対的修正規則 (Absolute correction rule) 58
セマチック・マッパー (主題的地図化) (Thematic mapper) 369
競り売り方法 (Auction method) 30
ゼロ空間 (Null space) 15
ゼロ次位相関係 (Zero-order topology) 159, 357
ゼロベクトル (Zero vector) 3
線形演算子 (Linear operator) 9
線形横断型イコライザ (Linear transversal equalizer) 312
線形化 (Linearization) 306
線形結合 (Linear combination) 5, 15, 49, 50, 229
線形射影 (Linear projection) 37
線形従属 (Linear dependence) 5, 6
線形従属集合 (Linearly dependent set)

226
線形多様体 (Linear manifold) 5
線形適応モデル (Linear adaptive model) 100
線形独立 (Linear independence) 5
線形配列 (Linear array) 133
線形判別関数 (Linear discriminant function) 45
線形部分空間 (Linear subspace) 5, 37, 49, 224
線形変換 (Linear transformation) 9, 10, 16
線形方程式, の系 (Linear equations, systems of) 16
線形方程式, 連立 (Linear equations, systems of) 12
線形方程式 (Linear equation) 16
線形予測符号化 (Linear predictive coding) 216
先験的確率 (A priori probability) 43
先験的知識 (A priori knowledge) 42
潜在的な意味の指標 (Latent semantic indexing) 293
センサ配列 (Sensor array) 372
センサ融合 (Sensor fusion) 372, 379
染色体特徴抽出 (Chromosome-feature extraction) 369, 374
線図 (Line figures) 270
全体的な特徴 (Global feature) 271
全テキスト解析 (Full-text analysis) 376
先頭細胞 (Principal cell) 185
先頭ニューロン (Principal neuron) 186
船舶雑音の分類 (Ship noise classification) 372

相関 (Correlation) 19, 33
　正規化なし (unnormalized) 19
相関行列 (Correlation matrix) 33, 271
相関行列記憶 (Correlation matrix memory) 96
相関係数 (Correlation coefficient) 20
相互想起型写像 (Heteroassociative mapping) 316
相似不変 (Similarity invariant) 368
側方相互作用 (Lateral interaction) 90, 184, 359
属性 (Attribute) 168
属性マップ (Attribute map) 168, 171
測度 (Metric) 4, 42
測度ベクトル (Metric vector) 275
速度要素マップ (Velotopic map) 372
側方結合強度 (Lateral connection strength) 186
側方制御 (Lateral control) 184
側方フィードバック (Lateral feedback) 184
側抑制 (Lateral inhibition) 107
ソノグラム (Sonogram) 281
ソフトウェア・パッケージ (Software packages) 380

ソフトウェアの設計変更 (Software reengineering) 376
損害評価 (Damage assessment) 372
損失関数 (Loss function) 43
損失項 (Loss term) 92
損失効果 (Loss effect) 185

■タ行
多安定 (Multistability) 87
台(サポート) (Support) 32
タイ・ブレイク (均衡破壊) (Tie break) 213
大域的勾配 (Global gradient) 154
大局的順序づけ (Global ordering) 115
対向伝搬ネットワーク(Counterpropagation network) 359
退行用媒介物質 (Retrograde messenger) 248
対向領域 (Counter field) 30
体姿勢の識別 (Body-posture identification) 368
大小の順序 (Rank order) 40
体性感覚マップ (Somatotopic map) 105
ダイナミック・レンジ(動的範囲) (Dynamic range) 276
大脳 (Cerebrum) 104
大脳皮質 (Cerebral cortex) 103
大脳皮質 (Cortex) 375
大脳皮質内構造 (Cortical structure) 375
代表勝者 (Representative winner) 229, 230
大量並列計算 (Massively parallel computation) 85
互いに影響するSOM (Interacting SOMs) 204
多機能構造 (Multi-faculty structure) 378
多元細胞 (Hypercomplex cell) 247
多次元尺度法 (Multidimensional scaling) 37
多重画像パターン (Multiple image patterns) 368
多重キーワード (Multiple keywords) 28
多重言語の音声データベース (Multilingual speech database) 370
多重出力応答 (Multiple response) 340
多重TSP (Multiple TSP) 378
多重分解の階層型 (Multiresolution hierarchy) 359
多数決 (Majority voting) 29, 42, 72
多層SOM (Multilayer SOM) 359
多層パーセプトロン (Multilayer Perceptron) 76, 89, 378
多胞体 (Polytope) 66
畳み込み (Convolution) 270, 271
多段SOM (Multi-stage SOM) 359
多値論理 (Multiple-valued logic) 22
タニモトの類似度 (Tanimoto similarity) 20

多変数ガウス分布（Gaussian multivariate distribution） 45
多様体（Manifold） 32, 49, 224
多様体の数値パラメータ化（Parametrization of manifolds） 378
多様体を張る（Spanning of manifold） 6
多粒子相互作用（Many-particle interactions） 76
単位行列（Unit matrix） 11
単位コスト（Unit cost） 43
単一結合（Single linkage） 49, 207
単語検出（Word spotting） 280
単語範疇（Word category） 290
単語範疇マップ（Word category map） 295
単語ヒストグラム（Word histogram） 292
探索的データ解析（Exploratory data analysis） 1, 36, 269
探索引き数（Search argument） 29
探索表（Lookup table） 315
単純細胞（Simple cell） 247
弾性ネット（Elastic net） 110, 365
弾性表面（Elastic surface） 116
蛋白質の分類（Protein classification） 374

チェイン・コード（Chain code） 273
地球物理学上の逆転（Geophysical inversion） 374
逐次探索（Sequential search） 198
逐次入力（Sequential inputs） 359
知識獲得（Knowledge acquisition） 377
知識抽出（Knowledge extraction） 375
知性（Intelligence） 86
知性の発生（Emergence of intelligence） 83, 86
知的センサ構造（Intelligent sensory architecture） 379
チャネル（通路）（Channel） 101
中央面（Midplane） 62
中間ニューロン（Interneuron） 186
抽出（Abstraction） 111
抽象化（Abstraction） 86, 90, 100, 104
抽象的特徴（Abstract feature） 103, 183
抽象的特徴マップ（Abstract feature map） 183, 194
中点（Median） 31
超越マップ（Hypermap） 198, 359, 379
超音波画像解析（Ultrasound-image analysis） 379
超音波信号解析（Ultrasonic-signal analysis） 371, 379
調音間違いの検出（Misarticulation detection） 371
聴覚感覚（Auditory sensation） 375
聴覚脳幹応答（Auditory brainstem response） 375
聴覚誘発電位（Auditory evoke potential） 375
超大規模集積回路（Very-large-scale integration） 337, 373
超球（Hypersphere） 66
重複マップ（Overlapping maps） 195
超平面（Hyperplane） 6, 56, 62
超立方体（Hypercube） 380
超立方体位相関係（Hypercube topology） 206
超立方体の出力空間（Hypercubical output space） 359
調和（Harmonicity） 113
調和関数（Harmonic function） 113
調和的な属分類器（Harmonic-family classifier） 377
直交化（Orthogonalization） 7
直交化（Orthonormalization） 232
直交基底（Orthogonal basis） 7
直交基底ベクトル（Orthogonal vector basis） 8
直交空間（Orthogonal space） 6
直交射影（Orthogonal projection） 6, 34, 58, 59, 225
直交射影演算子（Orthogonal projection operator） 51
直交振幅変調（Quadrature-amplitude modulation） 311, 371
直交性（Orthogonality） 5, 6, 20, 270
直交的に回転（Orthogonal rotation） 36
直交補空間（Orthogonal complement） 7

通信路均一化（Channel equalization） 312
通路計画（Path-planning） 379
綴り（Orthography） 281
強いAI（Strong AI） 79

ディジタル・フーリエ変換（Digital Fourier transform） 274
ディジタルSOM（Digital SOM） 381
ディジタル系の合成（Digital-system synthesis） 374
ディジタル符号化（Digital coding） 374
低精度表現（Low-accuracy representation） 341
ディリクレ（Dirichlet）問題（Dirichlet problem） 181
データ圧縮（Data compression） 375
データ解析（Data analysis） 168, 269, 375
データ行列（Data matrix） 168
データ正規化（Data normalization） 376
データファイル（Data file） 327
データ分析（Data analysis） 322
手書き文字の読み取り（Script reading） 369
適応（Adaptation） 86
適応近傍関数（Adaptive neighborhood

function) 206
適応検出器 (Adaptive detector) 310
適応構造SOM (Adaptive structure of SOM) 204
適応信号転送ネットワーク (Adaptive signal-transfer network) 89
適応線形素子 (Adaptive linear element) 45
適応部分空間SOM (Adaptive-subspace SOM) 200, 223, 232, 242
適応部分空間定理 (Adaptive-subspace theorem) 54
適応モデル (Adaptive model) 94
テキスト処理 (Text processing) 377
テキスト文書 (Text document) 292
テクスチャ(織り目模様) (Texture) 368
テクスチャ解析 (Texture analysis) 285
デルタ変調 (Delta modulation) 371
電圧変成器制御 (Voltage-transformer control) 372
電気通信 (Telecommunications) 310
電気泳動画像 (Electrophoresis images) 374
転写(複写) (Transcription) 284
電場緊張処理過程(Electrotonic processing) 80
伝送誤り効果 (Transmission-error effect) 371
伝送線 (Transmission line) 91
テンソル荷重(Tensorial weight) 200–202
転置 (Transpose) 9, 10
点広がり関数 (Point spread function) 270
点密度, 数値解析的チェック (Point density, numerical check) 159–165
点密度 (Point density) 65, 158, 357, 366
電力系解析 (Power-system analysis) 372
電力工学 (Power-engineering) 276
電力需要 (Electricity demand) 373
電力消費解析 (Electricity-consumption analysis) 372
電力流れの分類 (Power-flow classification) 372
電力変成器 (Power transformer) 277
電力変成器の解析 (Power-transformer analysis) 276–277, 372
電力利用ピーク負荷検出 (Utility-peak load detection) 372
伝令物質 (Messenger) 189

同一でない入力 (Nonidentical input) 196
投影 (Projection) 293
投影行列 (Projection matrix) 303
投影法 (Projection method) 298
等価器 (Equalizer) 371
動径基底関数ネットワーク (Radial-basis-function network) 89

統計的な指標 (Statistical indicator) 37
統計的パターン解析 (Statistical pattern recognition) 32
統計的パターン認識 (Statistical pattern recognition) 61, 90, 250
統計的モデル (Statistical model) 75, 303
動作計画 (Motion planning) 373
同時調音効果 (Coarticulation effect) 283
同時発生確率 (Joint probability) 44
動的位相関係SOM (Dynamical-topology SOM) 204, 206
動的拡張文脈 (Dynamically expanding context) 67–73, 284
動的近傍 (Dynamic neighborhood) 360
動的計画法 (Dynamic programming) 24, 31
動的事象 (Dynamic event) 100
動的焦点文脈 (Dynamically focusing context) 284
動的パターン (Dynamic pattern) 214
動的要素 (Dynamical element) 210
動的SOM (Dynamic SOM) 359
道路分類 (Road classification) 368
特異性 (Singularity) 15
特異値分解 (Singular-value decomposition) 293
特徴 (Feature) 28, 78, 270
特徴距離 (Feature distance) 29, 211
特徴結合 (Feature linking) 368
特徴–固有の領域 (Feature-specific cell) 103
特徴座標系 (Feature coordinate) 110
特徴次元 (Feature dimension) 124
特徴集合 (Feature set) 271
特徴抽出 (Feature extraction) 224–249, 368, 370, 377
特徴敏感細胞 (Feature-sensitive cell) 88, 90, 96, 183, 356
特徴ベクトル (Feature vector) 35, 342
特徴マップ (Feature map) 106, 108, 110
独立成分分析 (Independent-component analysis) 91
都市ブロック距離 (City-block distance) 20, 153, 346
都市ブロック測度 (City-block metric) 351
土地価格の評価 (Land-value appraisal) 375
特許抄録 (Patent abstracts) 303
特許分類 (Patent classification) 304
ドット積 (Dot product) 3
ドボレツキ・アルゴリズム (Dvoretzky algorithm) 363
トランスピュータ (Transputer) 348, 380
トルクの推定 (Torquees estimation) 372

■ナ行

内耳 (Inner ear) 104
内積, ドット積 (Dot product) 19
内積 (Inner product) 3, 21
内積型 SOM (Dot-product SOM) 120, 122, 191
内部刺激 (Internal stimulation) 375
内容参照可能探索 (Content-addressable search) 303
内容参照可能メモリ (Content-addressable memory) 77, 297
流れ管理体制の同定 (Flow-regime identification) 372
並び替え (Sorting) 375

臭いセンサの量の表現 (Odor sensory quantity expression) 379
臭い分類 (Odor classification) 372
2次関数 (Quadratic function) 45
2次形式 (Quadratic form) 16
2次元カラー(色)センサ (2-D color sensor) 369
2重字特徴 (Bigram feature) 28
2進数データ行列 (Binary data matrix) 169
2進属性 (Binary attribute) 169
2相SOM (Two-phase SOM) 359
2値コード (Binary code) 23
2値パターン (Binary pattern) 23
2値ベクトル (Binary vector) 4
2分木 (Binary tree) 48
ニューラル・イコライザ (Neural equalizer) 312
ニューラル・ガス (Neural gas) 198, 210
ニューラル媒体 (Neural medium) 94
入力活性度 (Input activation) 91, 92
ニューロ・ファジィ制御器 (Neuro-fuzzy controller) 373
ニューロ言語学 (Neurolinguistics) 377
ニューロコンピュータ (Neurocomputer) 337, 347
ニューロのモデル化 (Neural modeling) 74
ニューロン (Neuron) 76
任意ベクトル (Random vector) 289
人間の情報処理 (Human information processing) 75
認識 (Recognition of)
  音響信号 (acoustic signals) 371
  音声 (speech) 30, 221, 280, 337, 341, 367, 369, 370, 379
  音素 (phonemes) 132, 221, 263, 266, 370
  顔 (faces) 368
  手書きアルファベットと数字 (handwritten alphabet and digits) 369
  手書き数字 (handwritten digits) 369
  手書き文字 (handprinted characters) 369
  筆記書体 (cursive handwriting) 369
  標的 (targets) 368
  文字 (characters) 379
認識地図 (Cognitive map) 373
認知機能 (Cognitive function) 84
熱分解質量分析 (Pyrolysis mass spectrometry) 374
脳機能 (Brain function) 80, 84
脳機能のモデル (Brain function model) 375
脳コード (Brain code) 82
脳腫瘍の分類 (Brain tumor classification) 369
脳地図 (Brain map) 375
脳波検査法 (Electro-encephalography) 374, 379
脳マップ (Brain map) 103
脳領野 (Brain area) 104
ノルム (Norm) 4, 16
両立 (consistent) 16

■ハ行

パーセプトロン (Perceptron) 76
肺音の分類 (Lung-sound classification) 374
媒介物質 (Messenger) 74, 80
ハイパー(超越)マップ (Hypermap) 261–267, 370
ハイフォンでつなぐ (Hyphenation) 377
パイプライン(輸送回路) (Pipeline) 351
バケット (Bucket) 27
パターン (Pattern) 1, 2, 19
パターン系列 (Pattern sequence) 199
パターン認識 (Pattern recognition) 41, 77
パターン認識システム (Pattern-recognition system) 270
発音治療 (Pronounciation therapy) 371
発音の仕方の可視化フィードバック治療 (Visual feedback therapy of pronounciation) 371
発火 (Priming) 262
バックグラウンド (Background) 368
発見的プログラミング (Heuristic programming) 79
ハッシュ・コード化 (Hash coding) 26, 296
ハッシュ・コード化による探索 (Probing in hash-coding) 27
ハッシュ関数 (Hashing function) 26
ハッシュ索引表 (Hash index table) 28
ハッシュ番地 (Hash address) 26
ハッシュ番地指定 (Hash addressing) 26
ハッシュ表 (Hash table) 27
バッチ-LVQ1 (Batch-LVQ1) 256
  記号列のための (for symbol strings) 257

バッチ処理（Batch process） 112
バッチ・マップ（Batch map） 211, 218, 256
ハフ変換（Hough transform） 368
ハミング・コード化（Hamming coding） 377
ハミング距離（Hamming distance） 4, 23
パラメータ化SOM（Parametrized SOM） 359
パラメータの変化（Parametric change） 94
パラメトリック分類（Parametric classification） 45
張られた部分空間（Spanning of subspace） 56
パルス振幅変調（Pulse amplitude modulation） 313
パルス発振レーザ用材料（Pulsed-laser material） 374
ハングル文字読み取り器（Hangul reader） 369
範疇（Category） 287, 376
範疇ヒストグラム（Category histogram） 295
範疇マップ（Category map） 109
ハンチントン氏病，のふるい分け（Huntington's disease, screening） 374
判定帰還型イコライザ（Decision-feedback equalizer） 312
バンド幅圧縮（Bandwidth compression） 371
判別関数（Discriminant function） 43, 51, 250
判別平面（Decision surface） 57
判別平面（Discriminating surface） 42
範例（Paradigm） 74, 75

ビール品質の等級づけ（Beer-quality grading） 372
比較法（Comparison method） 41
非可換性（Noncommutativity） 11, 17
引き金（Triggering） 76
非計量多次元尺度法（Nonmetric multidimensional scaling） 39
ビジョン（Vision） 367
ヒストグラム・ベクトル（Histogram vector） 24
微生物系の特徴表示（Microbial systems characterization） 374
非線形系の同定（Nonlinear-system identification） 378
非線形動的モデル（Nonlinear dynamic model） 91, 92, 185, 338
非線形方程式，の解（Nonlinear equation, solution） 144
ビデオ会議コード化（Video-conference coding） 379
ビデオフォン画像処理（Videophone-image processing） 368
ビデオフォンでの読唇術（Lipreading of videophone） 368
非同期（Asynchronism） 83
非同期計算（Asynchronous computation） 83, 85
非特異（正則）性（Nonsingularity） 15
1つ残し（Leave one out） 285
非パラメータ回帰（Nonparametric regression） 110, 196, 206, 377
非負定符号行列（Nonnegative definite matrix） 16
非ベクトル変数（Nonvectorial variables） 30
評価装置（Estimator） 315
表現（Representation） 2, 9, 106, 196
表現ベクトル（Representation vector） 2, 11
表示精度（Representation accuracy） 301
病巣検出（Lesion detection） 379
表探索（Table-look-up） 306, 341, 342
表探索（Tabular search） 341, 342
標的認識（Target recognition） 368
標本（Sample） 32
表面分類（Surface classification） 372
ピラミッド（Pyramid） 203
非類似度（Dissimilarity） 19
広い音声クラス（Broad phonetic class） 132
貧困（Poverty） 37
貧困マップ（Poverty map） 171, 172, 174

部・族分類（Part-family classification） 368
ファクタ・アナリシス（因子分析）（Factor analysis） 175
ファジィLVQ（Fuzzy LVQ） 360
ファジィSOM（Fuzzy SOM） 360
ファジィ規則（Fuzzy rule） 378
ファジィ系合成（Fuzzy-system synthesis） 378
ファジィ集合（Fuzzy set） 22, 85, 360, 367, 378
ファジィ推論系（Fuzzy reasoning system） 380
ファジィ適応制御（Fuzzy adaptive control） 378
ファジィ論理（Fuzzy logic） 85, 378
ファジィ論理による推論（Fuzzy-logic inference） 378
ファジィ論理による制御（Fuzzy-logic control） 378
不安定性（Instability） 237
フィードフォワード・ネットワーク（Feedforward network） 89
フィッツヒュウ方程式（FitzHugh equation） 91
フィルタ・マップ（Filter map） 216

ブートストラップ学習 (Bootstrap learning) 166
フーリエ変換 (Fourier transform) 242
部外者 (Outlier) 207
不活性 (Inactivation) 192, 204
負荷データ解析 (Load-data analysis) 375
負荷予測 (Load prediction) 372, 375
不完全データ行列 (Incomplete data matrix) 171
復号器 (Decoder) 86, 88, 110, 115
複雑細胞 (Complex cell) 247
符号帳 (Codebook) 78
不思議なテレビ (Magic TV) 125
舞台の位相マップ (Topographic map of stage) 129
双子の SOM (Twin SOM) 359
部品配置 (Component placement) 373
部分記号的な計算 (Subsymbolic computing) 356
部分行列 (Submatrix) 11
部分空間 (Subspace) 5, 15, 49
　回転 (rotation) 57
　次元数 (dimensionality) 56
部分空間分類器 (Subspace classifier) 52
部分空間分類法 (Subspace method of classification) 49
部分空間法による分類 (Subspace method of classification) 51
不変性 (Invariance) 100, 223
不変的な特徴 (Invariant feature) 223
不変特徴集団 (Invariance group) 224
不変な特徴 (Invariant feature) 270
浮揚泡 (Flotation froths) 373
ブライテンバーグ車 (Braitenberg vehicles) 375
フラグ (旗) (Flag) 347
フラクタル形状 (Fractal form) 119
フラクタル次元 (Fractal dimension) 360, 365
プラント診断解析 (Plant symptom analysis) 372
フリーマン・コード (Freeman code) 273
プログラムの書き換え (実行) (Emulation) 83, 86
プログラム・パッケージ (Program packages) 322
プロセス状態の同定 (Process-state identification) 372
プロセス制御 (Process control) 372
プロセスの誤り検出 (Process-error detection) 372
分解 (Decomposition) 6
分解定理 (Decomposition theorem) 8
分割 (Segmentation) 283, 371
分割アルゴリズム (Division algorithm) 27
分割表 (統計) (Contingency table) 377
噴射特徴の抽出 (Jet-feature extraction) 368

文章の符号化 (Sentence encoding) 30
文書の関連性分析 (Document relevance analysis) 21
文書の統計モデル (Statistical model of document) 292
文書マップ (Document map) 296, 304
文節の発生と解析 (Clause generation and analysis) 287
分配律 (Distributivity) 3
文脈 (Context) 67, 68, 262, 263, 284
文脈依存生成規則 (Context-dependent production) 71
文脈依存マップ (Context-dependent mapping) 68
文脈上の特徴 (Contextual feature) 109
文脈独立生成規則 (Context-independent production) 69
文脈パターン (Context pattern) 287, 289
文脈敏感生成規則 (Context-sensitive production) 68
文脈マップ (Contextual map) 287–291
文脈レベル (Contextual level) 69
分類法 (Taxonomy) 48
　数値 (numerical) 48
分裂 (Splitting) 48

ペアノ曲線 (Peano curve) 119, 124
平滑化 (Smoothing) 115, 181, 377
平滑カーネル (Smoothing kernel) 116
平均軌跡 (Averaged trajectory) 97, 136
平均期待誤差 (Average expected error) 76, 362
平均期待歪み測度 (Average expected distortion measure) 152
平均場 (Mean field) 191
平均的条件つき損失 (Average conditional loss) 43
併合 (Merging) 48, 49
平行移動 (Translation) 223
平行移動不変フィルタ (Translation-invariant filter) 242
並進不変 (Translatorial invariance) 272
ベイズ確率 (Bayes probability) 44, 250
ベイズ境界 (Bayes border) 252
ベイズ決定境界 (Bayes decision border) 251
ベイズ分類器 (Bayes classifier) 365
並読 (Collateral reading) 26, 47
並列化一括マップ・アルゴリズム (Parallelized batch map) 300
並列連想処理機 (Parallel associative processor) 380
べき等行列 (Idempotent Matrix) 15
ベクトル (Vector) 2, 10
ベクトル基底 (Vector basis) 7
ベクトル空間 (Vector space) 2, 19
　線形 (linear) 2

ベクトル空間モデル（Vector space model） 292
ベクトル方程式（Vector equation） 12
ベクトル量子化 （Vector quantization） 61, 78, 119, 207, 357, 377
ヘブの仮定（Hebb's hypothesis） 95
ヘブの法則（Hebb's law） 95
ヘビサイド関数 （Heaviside function） 93
変換（Transformation） 10, 86, 101, 223
変換核（Transformation kernel） 225
変換群（Transformation group） 270
編集距離（Edit distance） 24
編集操作（Editing operations） 24
変数の寄与 （Contribution of a variable） 176
ベンチマーク（性能評価）（Benchmarking） 285, 345, 366, 378
偏微分方程式 （Partial differential equations） 80
変分法（Calculus of variations） 66

ポインタ （Pointer） 27, 29, 177, 204, 294
忘却（Forgetting） 149
忘却効果（Forgetting effect） 96
忘却率汎関数（Forgetting-rate functional） 97
方向余弦（Direction cosine） 19, 42
放射状基底関数 （Radial basis function） 378, 380
報酬・罰計画法 （Reward-punishment scheme） 252
放電診断（Discharge diagnosis） 372
放電発生源検出 （Discharge-source detection） 373
棒の平衡保持装置（Pole balancer） 310
ホーム番地（Home address） 27
母音認識（Vowel recognition） 379
ぼかし（Blurring） 270, 296
ホジキン・ハクスレイ方程式 （Hodgkin-Huxley equation） 81, 91
ポスト代数（Post algebra） 22
補足運動皮質 （Supplementary motor cortex） 80
ホップフィールド・ネットワーク（Hopfield network） 89
ポテンシャル関数 （Potential function） 153
ボルツマン・マシン（Boltzmann machine） 89
ホログラム（Hologram） 103
ボロノイ・モザイク分割 （Voronoi tessellation） 62, 124, 154, 260, 362
ボロノイ集合（Voronoi set） 62, 144
翻字（転写）精度（Transcription accuracy） 73

■マ行
埋蔵物体の位置（Buried-object location） 372
前処理（Preprocessing） 223, 269, 273, 281, 303, 321
前もっての注意（Pre-attention） 375
前もっての量子化 （Pre-quantization） 377
マカロック・ピッツ　ネットワーク（McCulloch-Pitts network） 94
摩擦母音同時調音 （Fricative-vowel coarticulation） 371
マジック係数（Magic factor） 39
マシン・ビジョン（Machine vision） 367
麻酔系（Anaesthesia system） 372
麻酔装置（Anaesthesia system） 278
マダリン（Madaline） 89
マップ・ファイル（Map file） 329
窓（Window） 235, 258, 263
マハラノビス距離（Mahalanobis distance） 21
マルコフ過程（Markov process） 133, 363, 364
マルコフモデル（Markov model） 285
丸め誤差（Round-off errors） 341
まれな場合の強調（Enhancement of rare cases） 166

乱れ指標（Index of disorder） 139
ミンコフスキ計量法 （Minkowski metric） 20, 153

ムア・ペンローズの擬逆行列 （Moore-Penrose pseudoinverse matrix） 45
無声閉鎖音（Unvoiced stop） 379

メキシカンハット（Mexican hat） 184, 189
目印（Landmark） 301
メタ（中位）可塑性 （Metaplasticity） 184
メモリ効果（Memory effect） 95
メモリなしモデル （Memoryless model） 94
メリン変換 （Mellin transformation） 272
メンバシップ関数（Membership function） 378

網膜中心窩の固定（Foveal fixation） 375
網膜-中脳域マップ化 （Retino-tectal mapping） 107
モード・マップ（Mode map） 360
木製板の分類 （Wooden-board classification） 372
目的関数（Objective function） 45
目的物方向検出 （Object-orientation detection） 368
目標に向かった動き （Goal-directed movements） 373
目標-領域マップ （Target-range map） 105

文字方向, の検出 (Orientation of character, detection) 369
モジュール型の SOM (Modular SOM) 359
文字列誤り (String error) 28, 67
文字列修正 (String correction) 67
最も起こりやすい軌跡 (Most probable trajectory) 97
モデル (Model) 74, 111
元の勝者 (Old winner) 177, 300
元の勝者の位置決め (Addressing old winners) 177
漏れ効果 (Leakage effect) 185
問題の次元数 (Dimensionality of problem) 337

■ヤ行
ヤコビアン行列 (Jacobian matrix) 306
ヤコビの関数行列式 (Jacobi functional determinant) 215

ユークリッド・ノルム (Euclidean norm) 5
ユークリッド距離 (Euclidean distance) 4, 20
ユークリッド空間 (Euclidean space) 5
有限要素メッシュ (Finite-element mesh) 378
ユーザ・インターフェース (User interface) 301, 322
ユーザ同定 (User identification) 375
歪み測度 (Distortion measure) 65, 152, 154, 158, 162, 365
歪みべき指数 (Distortion exponent) 160
歪み密度 (Distortion density) 66
輸送形成 (Traffic shaping) 371
緩電位 (Slow potential) 77

要求ベースの学習 (Query-based learning) 360
溶鉱炉の操作 (Blast furnace operation) 372
要素が疎らなベクトル (Sparce vector) 300
要素平面 (Component plane) 333
陽電子放出型断層撮影 (PET) (Positron-emission tomography) 369
横ずれ速度算定 (Shear-velocity estimation) 372
予測 (Prediction) 199, 215, 377
予測因子 (Predictor) 35
予測誤差 (Prediction error) 215
予備的データ解析 (Exploratory data analysis) 375
弱い AI (Weak AI) 79

■ラ行
ラベルづけ (Labeling) 301, 321
乱数発生器 (Randomizer) 26
乱数ハフ変換 (Randomized Hough transform) 368
ランダム投影 (Random projection) 293, 298, 303
ランダム投影されたヒストグラム (Randomly projected histogram) 293
ランダム・ポインタ法 (Random pointer method) 294, 298

リアプノフ関数 (Lyapunov function) 364
離散時間表現 (Discrete-time representation) 87
離散的位相関係 (Disjoint topology) 204
離散的事象 (Discrete event) 33
離散マップ (Disjoint map) 204
リセット関数 (Reset function) 185, 189
リッカチ型学習則 (Riccati-type learning law) 96, 191
リッカチ型微分方程式 (Riccati differential equation) 98
利得行列 (Gain matrix) 46
粒子衝突雑音の検出 (Particle-impact noise detection) 372
粒子噴出の分析 (Particle-jet analysis) 372
留保した番地位置 (Reserve location) 27
流量率測定 (Flow-rate measurement) 372
量子化 SOM (Quantized SOM) 364
量子化誤差 (Quantization error) 62, 65, 78, 152, 167, 202, 278, 332, 357
量子化された信号 (Quantized signal) 310
量子化尺度 (Quantized scale) 301, 342
両立するノルム (Consistent norm) 16
緑内障のデータ解析 (Glaucomatous data analysis) 374
輪郭検出 (Contour detection) 368

類似図 (Similarity diagram) 211
類似度 (Similarity) 19, 42, 108, 171
類似度の描画 (Similarity graph) 111
ルックアップ・テーブル (探索用の表) (Lookup table) 306, 377
ルンゲ・クッタ数値積分法 (Runge-Kutta numerical integration) 190

レーダ信号分類 (Radar-signal classification) 379
レーダスクリーン上の擾乱 (Radar clutter) 371
レーダ測定 (Radar measurement) 371
レーダの目標物認識 (Radar-target recognition) 379
レーベンシュタイン距離 (Levenshtein

distance)　24, 70, 211
　重みづき（weighted）　24, 31
列（Column）　9
列ベクトル（Column vector）　9
レビュー記事（Review articles）　355
連結（Concatenation）　210, 222
連合領野（Associative area）　103
連想記憶（Associative memory）　95
連想写像（Associative mapping）　315
連想ネット（Associative net）　77
連続音声（Continuous speech）　280
連続音声認識（Continuous-speech recognition）　370, 379
連続画像（Image sequences）　367
連続単語認識（Connected-word recognition）　370
連続値論理（Continuous-valued logic）　22
連動（Interlocking）　83

漏出積分器（Leaky integrator）　92
ロバン・モンロの確率近似（Robbins-Monro stochastic approximation）　45
ロボット腕（Robot arm）　128, 306, 310, 373
ロボット運行（Robot navigation）　373, 379
ロボット映像（Robot vision）　367
ロボット工学（Robotics）　273, 306, 355, 373
論理的証明の最適化（Optimization of logical proofs）　377
論理的同値（Logical equivalence）　22

■ワ行
枠（Frame）　69
話者集団（Speaker clustering）　370
話者適応（Speaker adaptation）　379
話者同定（Speaker identification）　370, 379
話者独立（Speaker independence）　370
話者標準化（Speaker normalization）　370

【著 者】
T. コホネン（Teuvo Kohonen）
Professor Emeritus
Academician
Helsinki University of Technology Neural Networks Research Centre
P.O.Box 5400
02015 HUT, Espoo, FINLAND

【監修者】

徳高 平蔵（とくたか へいぞう）
鳥取大学名誉教授，有限会社SOMジャパン

大藪 又茂（おおやぶ またしげ）
金沢工業大学教授

堀尾 恵一（ほりお けいいち）
九州工業大学大学院 生命体工学研究科脳情報専攻

藤村 喜久郎（ふじむら きくお）
鳥取大学大学院 工学研究科・情報エレクトロニクス専攻

大北 正昭（おおきた まさあき）
鳥取大学名誉教授，有限会社SOMジャパン

【訳 者】

倉田 耕治（くらた こうじ）
琉球大学工学部 機械システム工学科

中塚 大輔（なかつか だいすけ）
鳥取大学大学院工学研究科情報生産工学専攻
（初版時）

内野 英治（うちの えいじ）
山口大学大学院 理工学研究科 数理複雑系科学領域

山川 烈（やまかわ たけし）
九州工業大学大学院 生命体工学研究科脳情報専攻

和久屋 寛（わくや ひろし）
佐賀大学理工学部 電気電子工学科

伊藤 則夫（いとう のりお）
有限会社 シー・エー・イー

加藤 聡（かとう さとる）
松江工業高等専門学校 情報工学科

自己組織化マップ　改訂版

平成24年6月30日　発　行
平成28年2月20日第3刷発行

監修者
徳　高　平　蔵
大　藪　又　茂
堀　尾　恵　一
藤　村　喜久郎
大　北　正　昭

編　集　シュプリンガー・ジャパン株式会社

発行者　池　田　和　博

発行所　丸善出版株式会社
〒101-0051 東京都千代田区神田神保町二丁目17番
編集：電話(03)3512-3266／FAX (03)3512-3272
営業：電話(03)3512-3256／FAX (03)3512-3270
http://pub.maruzen.co.jp/

© Maruzen Publishing Co., Ltd., 2012

プリントオンデマンド・大日本印刷株式会社

ISBN 978-4-621-06551-8　C3055　　　Printed in Japan

本書の無断複写は著作権法上での例外を除き禁じられています．

本書は，2005年6月にシュプリンガー・ジャパン株式会社より出版された同名書籍を再出版したものです．